电网调控运行技术

主　编　杨　林　赵守忠
副主编　王　亮　郑伟强　詹克明
　　　　刘　锷　赵泓博

中国电力出版社
CHINA ELECTRIC POWER PRESS

内 容 提 要

为保证电网的安全、稳定、优质、经济运行，提高电网调控运行人员操作的规范性、科学性，提高电网异常及事故处理的正确性和快速性，根据《国家电网公司技能人员岗位能力培训规范》（调控运行值班）的要求，结合电网调控运行岗位工作实际，组织编写了《电网调控运行技术》一书。

本书分为十章，主要内容包括电网调度运行管理、电网一次设备、继电保护及安全自动装置、发电厂运行及新能源、电网监控、电网调控、电网操作、电网异常处理、电网事故处理、调度仿真培训系统案例分析与处理。本书附有 18 个附录：调度术语、操作指令、调控运行交接班管理规定、电力安全事故等级划分标准、重大事件汇报要求、线路及变压器等设备常用额定参数、电网常见继电保护装置定值单、监控运行分析月报、监控班月度工作指导及季节性事故预防卡、监控常见信息处理流程、监控值班工作日历、运行方式通知单、变电站新设备命名申请单、电网运行风险预警通知单、事故跳闸（预）报告、事故跳闸（正式）报告、220kV 设备故障跳闸向省调处理汇报规范、××供电公司××220kV 变电站事故处理演习方案。

本书既可作为省、地（市）、县三级电网调控运行人员培训教材，也可供相关技术和管理人员参考、使用。

图书在版编目（CIP）数据

电网调控运行技术/杨林，赵守忠主编．—北京：中国电力出版社，2018.8（2019.3 重印）
ISBN 978-7-5198-2068-8

Ⅰ. ①电…　Ⅱ. ①杨…②赵…　Ⅲ. ①电力系统调度　Ⅵ. ①TM73

中国版本图书馆 CIP 数据核字（2018）第 108342 号

出版发行：中国电力出版社
地　　址：北京市东城区北京站西街 19 号（邮政编码 100005）
网　　址：http://www.cepp.sgcc.com.cn
责任编辑：孙　芳（010-63412381）　董艳荣
责任校对：黄　蓓　朱丽芳　马　宁
装帧设计：王英磊　赵姗姗
责任印制：石　雷

印　　刷：北京雁林吉兆印刷有限公司
版　　次：2018 年 8 月第一版
印　　次：2019 年 3 月北京第二次印刷
开　　本：787 毫米×1092 毫米　16 开本
印　　张：31
字　　数：768 千字
定　　价：120.00 元

编　委　会

前　言

为贯彻落实国家电网公司“人才强企”战略，努力满足智能电网发展对电网技术、技能人才培养的新要求，促进电网调控运行岗位员工尽快适应公司和岗位需要，提高员工培训的针对性、系统性和实用性。本书以《国家电网公司技能人员岗位能力培训规范》（调控运行值班）为依据，结合电网调控运行岗位工作实际，在编写原则上，突出岗位能力；在内容定位上，遵循“知识够用，符合岗位”的原则。采取理论与实践相结合的方式，案例突出实用性、典型性和针对性，不断提升员工岗位胜任能力。

国网辽宁省电力有限公司技能培训中心和国网辽宁省电力有限公司电力调度控制中心共同组织国网辽宁电力优秀专兼职培训师和生产现场专家，紧密结合电网调控运行人员岗位职责、员工特点和国网辽宁技培中心现有的仿真培训资源，特组织编写了《电网调控运行技术》一书。参加编写的单位主要有国网辽宁省电力有限公司技能培训中心、国网辽宁省电力有限公司电力调度控制中心、国网营口供电公司、国网锦州供电公司、国网丹东供电公司、国网鞍山供电公司等。

本书共十章。第一章电网调度运行管理主要由郑伟强编写，第二章电网一次设备主要由杨林、赵泓博编写，第三章继电保护及安全自动装置主要由赵守忠编写，第四章发电厂运行及新能源主要由詹克明编写，第五章电网监控主要由刘锷、路明编写，第六章电网调控主要由王亮编写，第七章电网操作主要由郑伟强编写，第八章电网异常处理主要由卢崇毅、孙道军编写，第九章电网事故处理主要由卢崇毅、杨林编写，第十章调度仿真培训系统案例分析与处理主要由郑伟、杨林编写。本书附有 18 个附录：调度术语、操作指令、调控运行交接班管理规定、电力安全事故等级划分标准、重大事件汇报要求、线路及变压器等设备常用额定参数、电网常见继电保护装置定值单、监控运行分析月报、监控班月度工作指导及季节性事故预防卡、监控常见信息处理流程、监控值班工作日历、运行方式通知单、变电站新设备命名申请单、电网运行风险预警通知单、事故跳闸（预）报告、事故跳闸（正式）报告、220kV 设备故障跳闸向省调处理汇报规范、××供电公司××220kV 变电站事故处理演习方案。附录部分主要由杨林、王亮、张宇时、郑伟强、刘锷、卢崇毅编写。全书由杨林组织编写和统稿。

在本书编写过程中，许多同仁给予了大力支持和帮助，同时本书参考了许多相关规程和文献，在此一并向他们表示衷心的感谢。由于编者的水平有限，加之时间仓促，难免存在疏漏及不妥之处，恳请各位专家和读者批评指正，并提出宝贵意见，以便修订时改进和完善。

编　者

2018 年 7 月

前言

目　录

第一章

电网调度运行管理

第一节 电网调度管理

培训目标

熟悉电网调度的概念、电网调度的任务、我国电网调度的结构、电网调度管理的基本概念和基本原则。

《中华人民共和国电力法》规定：电网运行实行统一调度、分级管理；各级调度机构对各自调度管辖范围内的电网进行调度，依靠法律、经济、技术并辅之必要的行政手段，指挥和保证电网安全、稳定、经济运行，维护国家安全和各利益主体的利益。《中华人民共和国电力法》明确了电力生产和电网运行应当遵守安全、优质、经济的原则。

一、电网调度的概念

《电网调度管理条例》中所称的电网调度是指电网调度机构（简称调度机构）为保障电网的安全、优质、经济运行，对电网运行进行的组织、指挥、指导和协调。电网调度应当符合社会主义市场经济的要求和电网运行的客观规律。

二、电网调度的基本任务

调度管理的任务是组织、指挥、指导、协调电力系统的运行，保证实现下列基本要求：

（1）按最大范围优化配置资源的原则，实现优化调度，充分发挥电网的发电、输电、供电设备能力，最大限度地满足社会和人民生活用电的需要。

（2）按照电网的客观规律和有关规定使电网连续、稳定、正常运行，使电能质量（频率、电压和谐波分量等）指标符合国家规定的标准。

（3）按照“公平、公正、公开”的原则，依据有关合同或协议，保护发电、供电、用电等各方的合法权益。

（4）根据本电网的实际情况，充分且合理地利用一次能源，使全电网在供电成本最低或者发电能源消耗率及网损率最小的条件下运行。

（5）按照电力市场调度规则，组织电力市场运营。

三、我国电网调度的结构

调度系统包括各级电网调度机构以及调度管辖范围内的发电厂、变电站的运行值班单位。电网调度机构是电网运行的一个重要指挥部门，负责领导电网内发电、输电、变电、配电、用电设备的运行、操作和事故处理，以保证电网安全、优质、经济运行，向电力用户有计划地供应符合质量标准的电能。电网调度这一重要作用决定了其地位，即调度机构既是生产运行单位，又是电网管理部门的职能机构，代表本级电网管理部门在电网运行中行使调度权。

《电网调度管理条例》中明确规定我国电网调度机构分为五级：国家调度机构，跨省、自治区、直辖市调度机构，省、自治区、直辖市级调度机构，省辖市级调度机构，县级调度机构（通常也将这五级调度简称为国调、网调、省调、地调和县调）。各级调度在电网业务活动中是上、下级关系，下级调度机构必须服从上级调度机构的调度。

四、电网调度管理的基本概念

电网调度管理是指电网调度机构为确保电网安全、优质、经济运行，依据有关规定对电网生产运行、电网调度系统及其人员职务活动所进行的管理。一般包括调度运行管理、调度计划管理、继电保护和安全自动装置管理、电网调度自动化管理、电力通信管理、水电厂水库调度管理、调度系统人员培训管理等。

五、电网调度管理的基本原则

1. 统一调度、分级管理的原则

《电网调度管理条例》所称统一调度，其内容一般是指：

（1）由电网调度机构统一组织全网调度计划（或称电网运行方式）的编制和执行，其中包括统一平衡和实施全网发电、供电调度计划，统一平衡和安排全网主要发电、供电设备的检修进度，统一安排全网的主接线方式，统一布置和落实全网安全稳定措施等。

（2）统一指挥全网的运行操作和事故处理。

（3）统一布置和指挥全网的调峰、调频和调压。

（4）统一协调和规定电网继电保护、安全自动装置、调度自动化系统和调度通信系统的运行。

（5）统一协调水电厂水库的合理运用。

（6）按照规章制度统一协调有关电网运行的各种关系。

《电网调度管理条例》所称分级管理，是指根据电网分层的特点，为了明确各级调度机构的责任和权限，有效地实施统一调度，由各级电网调度机构在其调度管理范围内具体实施电网调度管理的分工。

2. 按照调度计划发电、用电的原则

按照计划用电是我国在电力使用上的一项重要政策，它是根据我国的具体用电情况，逐步认识并不断总结正、反两方面的经验而提出来的，对电力的合理使用和保障国民经济的发展起到了促进作用。

在缺电的情况下，因为计划用电执行的好坏直接影响到电网的安全、优质和经济运行，直接关系到社会正常的生产和生活用电秩序能否得到保障，所以规定任何单位和个人不得超计划分配电力和电量，不得超计划使用电力和电量。调度机构可对超计划用电的电力用户予以警告，警告无效时，可发布限电指令，并可采取强行扣还电力、电量的措施，必要时可部分或全部暂时停止供电。拉闸限电或终止供电造成的经济损失由超计划用电的电力用户负责。

3. 维护电网整体利益，保护有关单位和电力用户合法权益相结合的原则

维护电网的整体利益是指确保电网安全、优质和经济运行，因为这是电网内各单位包括电力用户的共同利益所在，也是国家利益所存。

我国实行社会主义市场经济，电力企业和电力用户都有自己的经济利益；各地区、各部

门广大电力用户都有自己的利益，但从全网整体看，这仍然是局部利益。局部要服从全局，而为保证电网的安全、优质、经济运行被迫采取的一个必要措施，就是按照超计划用电的限电序位表拉闸限电，即牺牲局部保整体，只有满足电网安全的大前提，电力企业和电力用户的共同利益才能得到保证。

4. 值班调度员履行职责受法律保护的原则

值班调度员履行职责受到国家法律的保护，任何单位和个人不得非法干预调度系统值班人员发布或执行调度指令，调度值班人员依法执行公务，有权拒绝各种非法干预。

5. 调度指令具有强制力的原则

调度指令具有强制力，这样才能保证调度指挥的畅通和有效，才能及时处理电网事故，保证电网安全、优质和经济运行。

调度系统中调度指令必须执行，当执行调度指令可能危及人身及设备安全时，调度系统的值班人员应当向上级值班调度人员报告，由上级值班调度人员决定调度指令的执行或者撤销。

电网管理部门的负责人或者调度机构负责人，对上级调度机构的值班调度人员发布的调度指令有不同意见时，可以向上级电网电力行政主管部门或上级调度机构提出，但是在其未做出答复前，受令调度机构的值班调度人员，必须按照上级调度机构值班人员发布的调度指令执行。

6. 电网调度应当符合社会主义市场经济的要求和电网运行客观规律的原则

建立社会主义市场经济体制对电力行业，同时也对电网调度管理工作提出了一系列要求。电网调度管理工作要从发展社会主义市场经济这一大局出发，正确认识市场经济条件下电网调度管理工作的地位和作用。转换电力企业经营机制，提高电能也是商品的社会意识。电能作为商品具有价值和使用价值，而且，电能这种商品具有生产、销售、消费同时完成的特点，必须通过电网进行交换和流通。因此，电网调度工作要依据国家法律和法规进行。电网调度要注意维护并网运行各方的合法权益，保护消费者——电力使用者的合法权益，做到调度工作的公平和公正，这就要求把电力生产、供应、使用各环节直接或间接纳入市场经济的体系之中。

另外，电网运行科学性、技术性强，具有其内在的客观规律性，也是电网调度必须无条件遵循的。

六、电网调度管理的主要工作

电网调度管理具体包括以下主要工作：

（1）组织编制和执行电网的调度计划（运行方式）。

（2）负责负荷预测及负荷分析。

（3）指挥调度管辖范围内的设备操作。

（4）指挥电网的频率调整和电压调整。

（5）指挥电网事故的处理，负责电网事故分析，制定并组织实施提高电网安全运行水平的措施。

（6）编制调度管辖范围内设备的检修进度表，根据情况批准其按计划进行检修。

（7）负责本调度机构管辖的继电保护、安全自动装置、电力通信和电网调度自动化设备的运行管理；负责对下级调度机构管辖的上述设备、装置的配置和运行进行技术指导。

（8）组织电力通信和电网调度自动化规划的编制工作，组织继电保护及安全自动装置规划的编制工作。

（9）参与电网规划和工程设计审查工作。

（10）参加编制发电、供电计划，严格控制按计划指标发电、用电。

（11）负责指挥电网的经济运行。

（12）组织调度系统有关人员的业务培训。

（13）统一协调水电厂水库的合理运用。

（14）协调有关所辖电网运行的其他关系。

第二节　电网调度规程及调控运行人员岗位职责

培训目标

本节介绍了典型调度规程的编写意义、约束对象和省、地、县三级电网调控人员岗位职责。

一、调度规程的编写意义

电网的所有发电、供电（输电、变电、配电）、用电设施和为保证这些设施正常运行所需的保护和安全自动装置、计量装置、电力通信设施、电网自动化设施等是一个紧密联系的整体。电网调度系统包括各级电网调度机构和网内厂站的运行值班单位等。根据《中华人民共和国电力法》《电网调度管理条例》，以及有关规程、规定，为了加强电网调度管理，保障电网安全、优质和经济运行，保护用户利益，按照统一调度、分级管理的原则，结合各级电网实际情况，制定所在调度机构的电力系统调度规程。

全国互联电网调度管理规程，适用于全国互联电网的调度运行、电网操作、事故处理和调度业务联系等涉及调度运行相关的各专业的活动。各电力生产运行单位颁发的有关电网调度的规程、规定等，均不得与该规程相抵触。与全国互联电网运行有关的各电网调度机构和国调直调的发电、输电、变电等单位的运行、管理人员均须遵守该规程：非电网调度系统人员凡涉及全国互联电网调度运行的有关活动也均须遵守该规程。

二、调度规程的约束对象

电网调度机构是电网运行的组织、指挥、指导和协调机构，对调度规程的基本要求就是使电网安全运行和连续可靠供电（供热），电能质量符合国家规定的标准；按最大范围优化配置资源的原则，实现优化调度，充分发挥网内发电、供电设备能力，最大限度地满足社会和人民生活用电的需要；依据有关合同、协议或规定，保护发电、供电、用电等各方的合法权益。因此，调度规程的约束对象包括国调、网调、省调、地调和县调，各级调度除受本级调度规程的约束外，还受上级调度部门的约束，各级调度机构的主要职责如下。

（一）调度主要职责

1．省调的主要职责

（1）负责省网的安全、优质、经济运行及调度管理工作。

（2）组织编制和执行电网的年、月、日调度计划（运行方式）。

（3）指挥调度管辖范围内设备的操作。

（4）根据网调的指令调峰、调频或控制联络线潮流及负责所辖范围内无功电压的运行和管理。

（5）指挥省网事故处理，负责进行电网事故分析，制定并组织实施提高电网安全运行水平的措施。

（6）参与编制调度管辖范围内设备的年度检修计划，并根据年度检修计划安排月、日检修计划。

（7）负责对省网继电保护和安全自动装置、电网调度自动化和电力通信系统进行专业管理，并对下级调度机构管辖的上述设备和装置的配置进行技术指导。

（8）参与省网规划编制工作及电网工程项目的可行性研究和设计审查工作，批准新建、扩建和改建工程接入电网运行，参与工程项目的验收，负责制定新设备投运、试验方案。

（9）参与电力生产年度计划的编制，依据年度及年度分月计划并结合电网实际，组织编制和实施月、日调度生产计划，负责实时调度中相关指标的统计考核。

（10）负责指挥省网的经济运行及管辖范围内的网损管理。

（11）负责制定事故和超计划用电限电序位表，报省人民政府的有关部门批准后执行。

（12）组织调度系统有关人员的业务培训和召开有关调度会议。

（13）统一协调水电厂水库的合理运用。

（14）负责与有关单位签订并网调度协议。

（15）协调有关所辖电网运行的其他关系。

（16）行使本电网管理部门或者上级调度机构批准（或者授予）的其他职权。

2. 地调的主要职责

（1）负责本地区（市）电网的调度管理，执行上级调度机构发布的调度指令；执行上级调度机构及上级有关部门制定的有关标准和规定；负责制定本地区（市）电网运行的有关规章制度和对县调调度管理的考核办法，并报省调备案。

（2）参与制定本地区（市）电网运行技术措施、规定。

（3）维护本地区（市）电网的安全、优质、经济运行，按计划和合同规定发电、供电，并按省调要求上报电网运行信息。

（4）组织编制和执行本地区（市）电网的运行方式；运行方式中涉及上级调度管辖设备的要报该级调度核准。

（5）根据省调下达的日供电调度计划制定、下达和调整本地区（市）电网日发、供电调度计划；监督计划执行情况；批准调度管辖范围内设备的检修。

（6）根据省调的指令进行调峰、调频或控制联络线潮流；指挥实施并考核本地区（市）电网的调峰和调压。

（7）负责指挥调度管辖范围内的运行操作和事故处理。

（8）负责划分本地区（市）所辖县（市）级电网调度机构的调度管辖范围。

（9）负责制定本地区（市）电网超计划限电序位表和事故限电序位表，经本级人民政府批准后执行。

（10）参与本地区（市）电网规划编制工作，批准新建、扩建和改建工程接入电网运行，参与工程项目的验收，负责制定新设备投运、试验方案。

（11）负责本地区（市）和所辖县（市）电网继电保护及安全自动装置、电力通信、电网调度自动化系统规划的制定及运行管理和技术管理。

（12）负责与有关单位签订所辖范围内的并网调度协议。

（13）负责本地区（市）电网调度系统值班人员的业务培训，负责所辖县（市）电网调度值班人员的业务指导技术培训。

（14）行使上级电网管理部门或上级调度机构授予的其他职权。

3. 县调的主要职责

（1）负责本县（市）电网的调度管理，执行上级调度及有关部门制定的有关规定；负责制定本县（市）电网运行的有关规章制度。

（2）维护本县（市）电网的安全、优质、经济运行，按计划和合同规定发电、供电，并按上级调度要求上报电网运行信息。

（3）负责根据地调下达的日供电调度计划制定、下达和调整本县（市）电网日发、供电调度计划；监督计划执行情况；批准调度管辖范围内设备的检修；运行方式中涉及上级调度管辖设备的要报上级调度核准。

（4）根据上级调度的指令进行调峰、调频或控制联络线潮流，指挥、实施并考核本县（市）电网的调峰和调压。

（5）负责指挥调度管辖范围内的运行操作和事故处理。

（6）参与本县（市）电网继电保护及安全自动装置、电力通信、电网调度自动化系统规划的制定并负责其运行管理和技术管理。

（7）负责本县（市）电网调度系统值班人员的业务指导和培训。

（二）监控与监控员的主要职责

1. 监控职责

（1）负责接入调度监控系统的受控站的运行监视及规定范围内的遥控、遥调等工作。

（2）负责受控站的运行方式、设备运行状态的确认及监视工作。依照有关单位及部门下达的监视参数进行运行限额监视。

（3）按规定接受、转发、执行各级调度的调度指令，正确完成受控站的遥控、遥调等操作。

（4）负责与各级调度、现场运维人员之间的业务联系。

（5）按规定负责电网无功、电压调整和功率控制。

（6）发现设备异常及故障情况应及时向相关调度汇报，通知现场运维人员进行现场事故及异常检查处理，按调度指令进行事故异常处理。

（7）对监控主站系统监控信息、画面等功能进行验收。负责受控站新建、扩建、改造及设备检修后上传至监控主站系统“五遥”（遥控、遥调、遥信、遥测、遥视）功能的验收及有关生产准备工作。

（8）当发生危及人身、设备或电网安全情况时，值班监控员可用遥控拉开关的方式将故障设备隔离，事后必须立即汇报调度并通知运维人员进行现场检查。

（9）电网需紧急拉路时，值班监控员应按值班调度员指令或按有关规程规定自行进行遥控操作。

（10）值班监控员每次进行遥控操作后，应汇报相关值班调度员，并告知现场运维人员。

（11）按规定完成各类报表的编制、上报工作。

2. 监控员职责

（1）完成受控站日常运行监视工作。

（2）填写、转发各级调度的操作指令，完成受控站、遥控工作。

（3）完成管辖范围内电网运行监控、异常及事故处理工作。

（4）进行受控站无功电压调整工作。

（5）参与所辖变电站新建、扩建、技改等工程的“五遥”验收工作。

（6）完成重大操作、危险源点分析及预控。

（7）收存并保管报表、文件资料、图纸，并做好记录，防止丢失和泄密。

三、调度规程应包括的主要内容

调度规程是组织、指挥、指导和协调电网运行的规范性文件，由于各级调度机构的职能和所辖范围的不同，调度规程所涉及内容也不尽相同，但为确保电网安全、优质、经济运行，调度规程一般应包括以下主要内容。

（1）总则。包括调度规程的制定依据和目的、管理原则、机构设置、管理范围和约束对象等。

（2）调度管理。包括调度管理任务，所辖各级调度的主要职责和调度管辖范围划分原则；调度管理制度，电网运行方式的编制要求，电网稳定管理的主要任务和内容，检修管理方法，电能质量管理要求和方式方法，电网频率与无功调整的管理规定；负荷管理的任务与负荷预测要求，电网经济运行管理原则和分工及主要工作，水库调度管理的原则和方法，同期并列装置管理；新设备投产的调度管理，并网管理要求，继电保护和安全自动装置的运行管理，调度通信的管理，电网调度自动化的管理规定等。

（3）调度操作。包括操作管理与基本操作制度，并、解列操作，线路停送电操作，变压器运行及操作，母线操作规定；事故处理的基本原则，异常频率、异常电压、线路跳闸事故、变压器事故、联络线过负荷、开关异常、母线失压、发电机跳闸、电网解列、设备过负荷（过热）、系统振荡事故的处理方法，电网黑启动方法和失去通信时的规定等。

（4）附录。包括电力调度中心调度管辖设备，电网电压考核点，典型操作的原则步骤，违反调度指令考核与处罚细则，电力系统异常及事故汇报制度，新设备投产前应报送的相关资料清单，相关法律、法规、规定及行业标准，设备命名及编号规定，电网调度术语等。

第三节　电网运行方式

培训目标

掌握电网运行方式的概念、电网运行方式的分类、电网运行方式的接线原则、电网年度运行方式编制内容。

一、电力系统运行方式的基本概念

1. 电力系统组成

电力系统是由发电、输电、变电、配电、用电等设备和相应调度辅助系统组成，将一次能源转换为电能，并输送到电力用户的一个复杂的、可控的统一系统。

2. 电力系统运行方式的概念

电力系统运行方式是指为达到安全、稳定、经济、合理的要求，各级电力调度根据系统主接线的形式，排列出的各种可行的运行形式；在每个可行的运行形式中，规定了各个具体设备及元件的运行状态，是合理利用系统各种资源（化石、水力、核能、生物质能、风力、太阳能等）的一种决策。

对电力系统中的每一个设备来说它都存在“运行”“热备用”“冷备用”和“检修”4种状态。为使系统安全、经济、合理运行，或者满足检修工作的要求，需要经常变更系统的运行方式，由此相应地引起了系统参数的变化。例如：变压器的运行方式调整，可以并联运行也可以单独运行；电网的若干处可以并环运行也可以解环运行；同样的地区负荷可以切至A变电站，也可以切至B变电站；变电站母线运行方式调整；变压器中性点运行方式调整；变压器分接开关的调整；消弧线圈挡位的调整；发电机的运行方式的调整等，这些都属于电力系统运行方式的变化。

3. 电力系统运行方式主要研究对象

（1）网内电源与负荷的电力电量平衡（以额定频率50Hz为依据）。

（2）主要厂站的主接线方式及保护配合。厂站的主接线方式随基建完工投运后基本固定；保护配合根据每年一次电网阻抗变化进行计算并确定，正常情况下也是固定的；当设备检修或电网发生故障时，电网的负荷发生变化后，才考虑调整和校核保护的配合；保护配合同时考虑自动装置的投切。

（3）各电网间的联网及联络线传输功率的控制。

1）电网间的联网传输功率的控制：一般受电力交易市场交易行为的限制。

2）联络线传输功率的控制：根据负荷和发电出力的变化，在稳定导则的规定情况下，对相关联络线进行潮流控制。

3）控制方法：调整接线方式、降低送电端发电出力、增加受电端发电出力、在受电端限电。

（4）电网的调峰。在负荷高峰来临之前开启备用水电、抽水蓄能机组、燃气等机组，增加发电负荷曲线。

（5）无功电源的经济运行调度。

1）电压的合格：保证各种运行方式下，变电站、发电厂的母线电压在合格范围内。

2）无功补偿：以分层分区、就地平衡为补偿原则。

（6）各负荷情况下电网的运行特性。各类负荷对电网的影响是不一致的，如电力机车、大型电机、电弧炉等启动造成的冲击负荷，整流负荷对电网产生的谐波等。

（7）电网结构的优化。合理的电网结构是各种运行方式的基础，它可以规定电网的运行方式。

针对不同的电网结构和不同的运行方式，研究电网的特性，确定各种事故条件下应采取的对策，是电网运行工作的重要任务之一。

二、电网、变电站接线方式及接线原则

（一）电网接线方式

电网接线方式分为无备用（单回路）和有备用（双回路或多回路）两种。

1. 无备用接线方式

（1）无备用的放射式接线如图 1-1 所示。

（2）无备用的干式接线如图 1-2 所示。

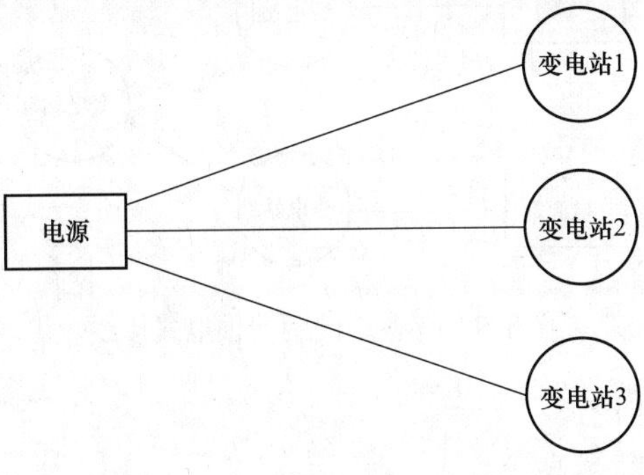

图 1-1 无备用的放射式接线

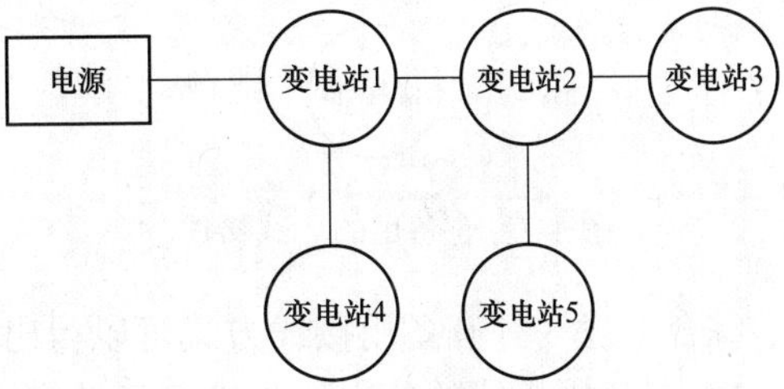

图 1-2 无备用的干式接线

（3）无备用的链式接线如图 1-3 所示。

综合上述 3 种无备用接线方式可以得出以下结论：

1）无备用接线方式的优点：简单、经济、运行方便。

2）无备用接线方式的缺点：供电可靠性差，不适应于一级负荷占很大比重的场合。

2. 有备用接线方式

（1）有备用的放射式接线如图 1-4 所示。

（2）有备用的干式接线如图 1-5 所示。

（3）有备用的链式接线如图 1-6 所示。

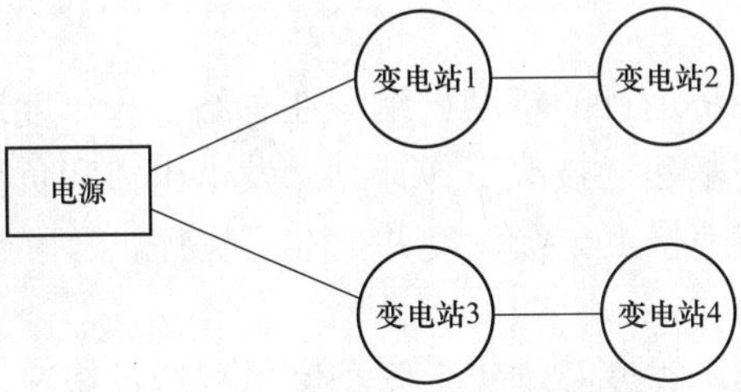

图 1-3 无备用的链式接线

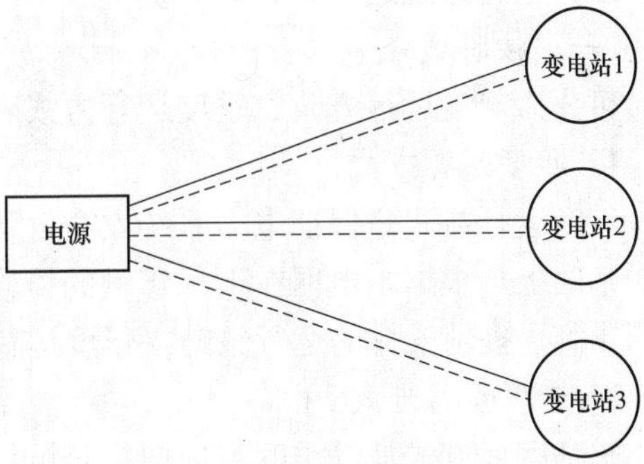

图 1-4 有备用的放射式接线

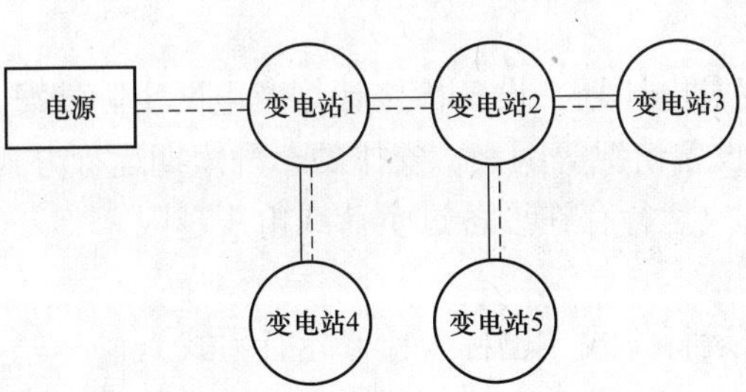

图 1-5 有备用的干式接线

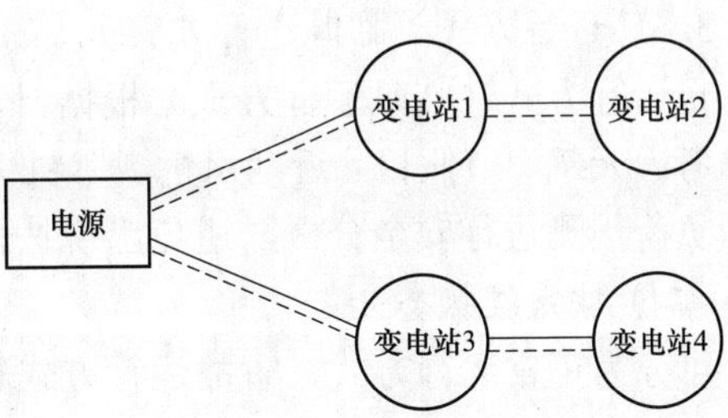

图 1-6 有备用的链式接线

（4）有备用的环式接线如图 1-7 所示。

（5）有备用的两端供电式接线如图 1-8 所示。

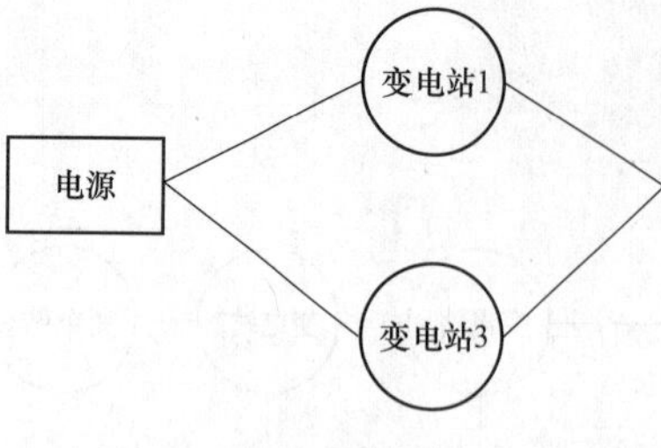

图 1-7　有备用的环式接线

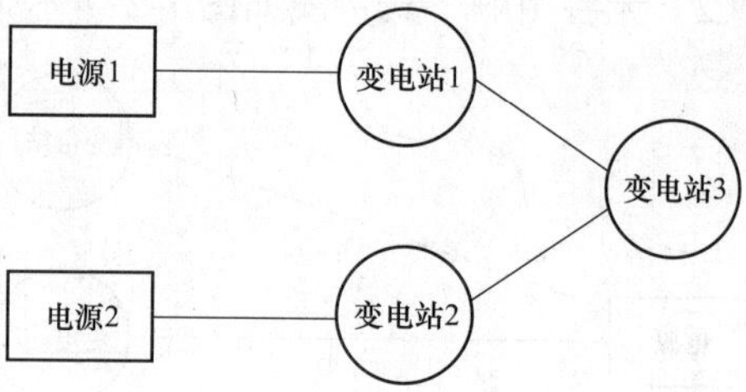

图 1-8　有备用的两端供电式接线

综合上述 5 种有备用接线方式可以得出以下结论：

1）有备用接线的优点：供电可靠性高、电压质量高。

2）有备用接线的缺点：可能不够经济（环式除外），适应于重要负荷占很大比重的场合。

（二）变电站的接线方式

（1）单母线：单母线、单母线分段、单母线带旁路、单母线分段带旁路。

（2）双母线：双母线、双母线分段、双母线带旁路、双母线分段带旁路。

（3）三母线：三母线、三母线分段、三母线带旁路。

（4）3/2 接线。

（5）线路变压器组（单元式接线）。

（6）桥形接线：内桥形接线、外桥形接线、跨桥形接线。

（7）角形接线（环形接线）：三角形接线、四角形接线、多角形接线。

三、电力系统运行方式的分类

（一）按时域分

可分为年度运行方式、季度运行方式和日运行方式（临时运行方式）。

1. 年度运行方式

年度运行方式是保证电力系统安全、优质、经济运行的年度大纲，在总结上一年度运行方式基础上，根据本电网在下一年度的检修计划、基建、技改工作计划、发电出力和负荷增长的预测，提前安排的运行策略。年度运行方式需上报上一级调度并批准后执行。

2. 季度运行方式

季度运行方式是以季度为周期，分析总结往年本季度及本年上一季度电网运行情况，从而制定出本季度的一种中短期运行方式。

3. 日运行方式（临时运行方式）

日运行方式（临时运行方式）根据日、月度发电计划、设备检修计划及电网实际情况，综合考虑天气、节假日、近期水情、燃料供应、设备情况等因素，安排的一种短期运行方式。根据负荷预测进行安全分析，避免出现按预定方式运行存在设备过负荷或电压越限。

（二）按系统状态分

可分为正常运行方式、事故运行方式和特殊运行方式（也称为检修运行方式）。

1. 以电力系统为依据分

（1）电力系统正常运行方式。电力系统正常运行方式是指正常检修计划和按负荷曲线及季节变化的水电、火电发电出力，最大、最小负荷和最大、最小开机方式及抽水蓄能运行工况等较长期出现的运行方式。

（2）电力系统事故后运行方式。电力系统事故后运行方式是指电力系统事故消除后，在恢复到正常方式前所出现的短期稳态运行方式。

（3）电力系统特殊运行方式。电力系统特殊运行方式是指主干线路、大的联络变压器等设备检修，以及对稳定运行影响较大的运行方式。包括节假日运行方式、主干线路、变压器或其他系统重要元件、设备计划外检修，电网主要安全稳定控制装置退出，以及其他对系统安全稳定运行影响较为严重的方式。

2. 以电网运行为依据分

（1）电网正常运行方式。电网正常运行方式能充分满足用户对电能的需求；电网所有设备不出现过负荷和过电压问题，所有输电线路的传输功率都在稳定极限以内；有符合规定的有功及无功功率备用容量；继电保护及安全自动装置配置得当且整定正确；系统运行符合经济性要求；电网结构合理，有较高的可靠性、稳定性和抗事故能力；通信畅通，信息传送正常。

（2）电网事故运行方式。电网事故运行方式多是针对电网运行上的薄弱环节按可能发生的影响较大的事故而编制的，此时，电网运行的可靠性下降，要求加强监视，尽快恢复正常方式。

事故运行方式的运行时间主要取决于以下几个方面：

1）电网各级调度人员能否迅速正确地处理事故。

2）备用设备投入的速度。

3）事故损坏设备的修复或替代措施的速度。

因此，研究电网事故运行方式后的状态，并编制出运行方式，可以指导各级调度和运行人员正确处理事故，减少电网事故损失和对用户的影响，并可事先采取各种措施进行防范。

（3）电网特殊运行方式（也称检修运行方式）。电网特殊运行方式是指进行主要设备检修和继电保护装置校验时，会引起电网运行状况的较大变化，因此应事先编制好一种相应运行方式，并制定出提高电网安全稳定的措施。

（三）以设备短路电流大小为电网的最大运行方式和电网的最小运行方式

1. 电网的最大运行方式

电网的最大运行方式是电网在该方式下运行时具有最小的短路阻抗值，发生短路后产生的短路电流为最大的一种运行方式。

最大运行方式的作用：一般根据电网最大运行方式的短路电流值校验所选用的电气设备的稳定性。

2. 电网的最小运行方式

电网的最小运行方式是电网在该方式下运行时具有最大的短路阻抗值，发生短路后产生的短路电流为最小的一种运行方式。

最小运行方式的作用：一般根据电网最小运行方式的短路电流值校验继电保护装置的灵敏度。

四、电网正常运行接线方式原则

1. 系统接线原则

为保证全系统和重要用户的连续可靠供电，电网的接线方式应具有较大的紧凑度，即并列运行的线路尽可能并列运行，环状系统尽可能环状并列运行，使网内设备最大限度地互为备用，并提高重合闸的利用率，同时还应满足以下条件：

（1）必须保证系统电能质量。正常和事故时，潮流电压分布合理。

（2）短路容量符合设备要求。

（3）继电保护和自动装置配合协调。

（4）保证系统灵活性，使系统操作方便，并能迅速消除事故和防止事故扩大。

（5）保证系统运行的最大经济性。

2. 系统各厂、站母线接线原则

（1）正常时应按规定的固定连接方式双母线运行，母差保护健全使用。只有当设备检修影响或为了事故处理的需要时才允许破坏固定连接方式。

（2）当只有3个元件在母线上运行时，为尽量减少不必要的高压设备带电而增加事故机会，原则上为单母线运行，而另一母线备用。

（3）各厂、站的母线连接方式，根据系统情况应每年检查一次，按需要做必要的改变。

3. 双母线固定接线方式应符合的要求

（1）每条母线上的电源、负荷应基本平衡，使通过母联开关的功率最小。

（2）任一母线故障（或母线送出的开关因故障拒跳）停下后，余下运行母线及所连接的系统应尽可能满足较大的紧凑度，尽量减少对用户的影响。一般同一电源的双回线或同一变电站的双回线应分别接于不同母线，在负荷侧解列运行，并加装备用电源自动投入装置；如双回线必须并列运行，电源侧必须接于同一条母线。

（3）当母差保护未投入或未装时，其母线连接方式应满足母线故障继电保护的选择性要求。

4. 网络的接线原则

（1）双回线尽可能并列运行。

（2）同级电压环网尽可能环状运行。

（3）电磁环网原则上应解列运行。

（4）有小电源的受端系统应将负荷合理安排，合理选定解列点，力争自动解列后地区负荷与电源基本上自行平衡，损失最小。

五、地区电网66kV变电站主变压器运行方式规定

（1）两台主变压器容量相同情况。

1）当变电站全站最大负荷大于该站单台主变压器容量的50%、小于130%时，宜采用两台主变压器分列方式运行，10kV分段（母联）开关热备用、备自投投入。当变电站全站最大负荷大于该站单台主变压器容量的130%时，宜采用两台主变压器分列方式运行，10kV分段开关热备用、备自投停用。

2）当变电站全站最大负荷小于该站单台主变压器容量的50%时，宜采用单台主变压器运行的方式，另一台主变压器热备用，主变压器备自投启用。

（2）两台主变压器容量不同情况。当变电站全站最大负荷小于该站较大主变压器容量的60%时，宜采用较大主变压器单台主变压器运行方式，另一台主变压器热备用。当变电站全站最大负荷小于较小主变压器容量的130%时，主变压器备自投启用；全站最大负荷大于该站较小主变压器容量的130%时，主变压器备自投停用。

（3）10kV分段（母联）备自投按调度指挥权限划分，由相关县（配）调指挥，使用方式按各级调度机构规定执行。

（4）特殊保供电、节假日等主变压器运行方式按上级要求执行。

（5）变电站如果负荷变化较大，应根据变电站实际运行情况及时调整主变压器运行方式。

六、电网年度运行方式管理

（一）电网年度运行方式的编制

1. 年度运行方式组成

第一部分是上一年度电力系统运行情况分析。

（1）指标：地区电厂发电量、年（月）分区用电量、最大（小）负荷、负荷率、无功电压、线损等。

（2）生产运行：新设备投产情况，发电、输电、变电设备检修及安全运行情况，事故统计分析，安全稳控装置和措施落实情况等。

（3）电网规模：并入地区电网的发电容量、变电站、主变压器、线路数量，电气及地理接线图，存在问题及分析总结。

第二部分是本年度电网运行方式安排。

（1）新设备投产及电网改造计划，一次运行方式，设备检修计划，电力、电量平衡。

（2）潮流分析、稳定计算、短路容量校核、无功电压和线损分析、安全稳控装置及稳定措施等。

第三部分是下级电网年度运行方式概要汇编。

2. 日运行方式或临时运行方式编制

根据电网运行和检修需要编制：

（1）运行方式变更内容及原因。

（2）接线方式、电压变动情况，继电保护及自动装置的变更。

（3）操作原则、注意事项及新方式事故处理原则。

注意：值班调度员遇有特殊情况，为使电网安全、经济运行，改善电能质量可根据当时具体情况临时改变运行方式，但方式变化较大或影响用户正常供电时须经调控中心领导或生产主管副总经理（总工程师）批准。

3. 编制运行方式时应考虑的因素

（1）潮流分布。

（2）短路容量。

（3）电网稳定和安全。

（4）系统调峰。

（5）继电保护。

（6）电网内过电压。

（二）不同电网运行方式所编制的主要内容

以 2017 年运行方式为例，说明地区年方式的编制内容。

第一部分　2016 年度××地区电网运行总结

第一章　2016 年度新设备投产情况及系统规模

1.1　2016 年度新投产设备及设备规范

1.2 2016 年度末系统规模
1.3 2016 年度末地区电网供电区域划分情况
第二章 2016 年度生产运行情况分析
2.1 电力供需形势
2.2 本网供电负荷特性分析
2.3 主要生产指标
第三章 2016 年度电网安全运行分析
3.1 电网运行方式变化大事记
3.2 系统事故简述及原因分析
3.3 2015 年度电网薄弱环节分析
3.4 安全自动装置动作情况及分析
3.5 2015 年度电网运行方式提出措施的落实情况
3.6 2015 年度运行方式专业重点工作开展情况
第二部分 2017 年度××地区电网运行方式
第一章 电网新设备投产计划
1.1 2017 年度计划投产发电机组
1.2 2017 年度计划投产 35kV 及以上变电设备
1.3 2017 年度计划投产 35kV 及以上输电线路
第二章 供电负荷预测
第三章 电网主要设备检修计划
第四章 电网结构变化及运行方式安排
4.1 网络结构变化及各时期的结构特点
4.2 供电区域划分及电网开环点
4.3 调管各变电站/电厂固定运行方式安排
4.4 110kV 及以上主变压器中性点接地方式
第五章 电网潮流计算、N–1 静态安全分析
5.1 电网潮流计算
5.2 N–1 静态安全分析
第六章 电网短路电流分析
6.1 短路电流计算的有关说明
6.2 短路电流计算结果
6.3 计算结果分析
6.4 防止短路容量越限的措施建议
6.5 继电保护整定校验、短路电流计算结果
第七章 无功电压和网损管理
7.1 2016 年度末无功补偿装置配置及运行情况
7.2 2017 年度无功电压计算分析
7.3 2017 年度理论网损计算情况

第八章 电网安自装置和低频低压减负荷整定方案
8.1 2016年度末某地区电网备自投装置配置情况及运行规定
8.2 2016年度末某地区电网稳控装置配置情况及运行规定
8.3 2016年度末某地区电网联切装置配置情况及投退规定
8.4 2016年度末某地区电网同期装置配置情况
8.5 某地区电网低频低压减负荷整定方案
第九章 电网运行存在的问题及措施
9.1 电网安全方面存在的问题及措施
9.2 无功电压存在的问题及措施
9.3 小水电、火电并网存在的问题及措施
第十章 电网事故处理预案
10.1 各供电区事故处理预案
10.2 主要输电线路正常、检修运行方式及事故处理预案
10.3 正常、检修运行方式及事故处理预案说明
10.4 2016年度末电网紧急事故断电、事故限电序位表
第十一章 2017年运行方式重点工作
第三部分 下级电网年度运行方式概要汇编
附录：略

第四节 电网检修计划管理

培训目标

掌握电网设备检修的分类、设备检修计划的编制流程、设备检修计划的受理过程、设备检修计划的变更程序、设备检修计划的注意事项。

电网输变电设备停电计划应以基建、重点工程和重点技改项目为主线，其他检修项目与之配合，同时要按时间均衡安排停电计划，优化基建项目配合停电方案，减少设备停电次数和停电时间，利用一次设备停电的机会，开展所有相关检修工作，力争做到设备年内不重复停电，提高可靠性指标，保证电网安全、稳定运行。电网输变电设备计划停电工作应与电厂机组检修工作结合，尽可能减小停电计划对局部电网供电能力和电厂发电的影响。

设备检修分为计划检修、临时检修和事故抢修。计划检修由检修专责负责安排；临时检修可次日处理的由检修专责负责安排，需当日处理的由当值调度员负责安排；事故抢修则由当值调度员负责安排。

一、电网设备检修计划的概念

申请凡属调度管辖范围内的发电、供电、用电设备因检修、试验、基建或改造工程等影响运行设备的停电、备用和运行方式改变以及出力减少时，均应由设备维护单位向所属调度提出检修申请，经批准后执行。

根据电力设备状态检修相关规定，为了减少重复停电，检修、试验（继电、高压）和工程应统一配合进行，同时还应考虑运行方式既可靠又经济。

有关220kV系统带电作业应向地调提出申请，地调报省调批准后方可执行。对于66kV系统带电作业，凡不涉及运行方式变化的且当天能完成的作业由当值调度员处理。

调度检修专责根据设备检修申请，在保证系统安全运行的前提下，综合考虑线损、电压、有/无功电源平衡等因素后，填写设备停电检修计划任务书，将有关操作顺序、联系事项、运行方式标明，经调度主任，运行专责和继电专业、通信专业、自动化专业会签后应于开工前12h前交调度室执行，重大设备检修要经调控中心主任，公司总工程师批准。

二、电网设备检修计划的受理时间及任务内容

停电检修计划任务书包括停电设备名称、停电范围、作业人员、停电时间、对负荷和继电保护自动装置的影响以及需要调度布置的安全措施等内容。

凡生产改造、基建工程等大型作业引起系统发生较大运行方式变化者，在上报计划的同时一并上报工程简要方案。待停电日期确定后，提前一个月上报经各部门及主管领导会签后完整版施工方案。

工作日11时前为地调受理设备检修申请时间，下午不受理检修申请（特殊情况除外）。当日16时以前批复次日或近期开工的检修申请。

设备在计划检修中，因发现重大缺陷、天气影响及其他意外情况，不能在原批准工期内完成，必须在原检修工期过半前向各级调度机构提出延期申请。对延长工期较长的需提出书面延期报告，延长工期较短的可以用电话形式申请。经各级调度机构批准延期后（220kV及以上设备经省调批准延期后），按新批准工期执行，但只允许延期一次。对于不及时提出延期申请造成严重后果者将通报批评。

三、电网设备检修计划的编制

（1）公司检修计划由调控中心负责组织编制。

（2）检修计划分年度检修计划和月检修计划。

（3）各分公司、专业职能部门和专业工区按设备的维护范围于每年的10月底前提报下年度各自的检修计划；运维检修部于每年的10月底前提报下年度生产改造工程的初步意向；建设部于每年的10月底前提报下年度基本建设项目涉及接网部分的初步安排意向。调控中心负责上述提报计划和意向的平衡和汇总，形成公司年度待批计划。需要上级调度批准的检修计划由调控中心负责上报。

（4）由调控中心组织年度检修计划的审核，参与审核的单位由相关职能部门构成，需要时应有设备维护单位参加。检修计划由指定的总工程师批准。批准的年度检修计划以公司文件的形式于12月底前下发执行。

（5）每月20日前，由调控中心组织进行下个月的月度检修计划的审核，参与审核的单位由相关职能部门构成，需要时应有设备维护单位参加。月度检修计划由指定的总工程师批准。每月25日前在公司主页发布下个月的检修计划。

停电计划管理流程和停电申请单申报流程如图1-9、图1-10所示。

四、电网设备检修计划的变更

（1）检修计划变更是指由于系统方式变化、天气原因或其他不可预见的因素影响，维护作业不能按批准的时间开工。

（2）检修计划变更处理程序。

1）系统方式变化使检修计划变更，由调度部门报公司有关领导批准，并负责通知有关设备运行和维护单位。

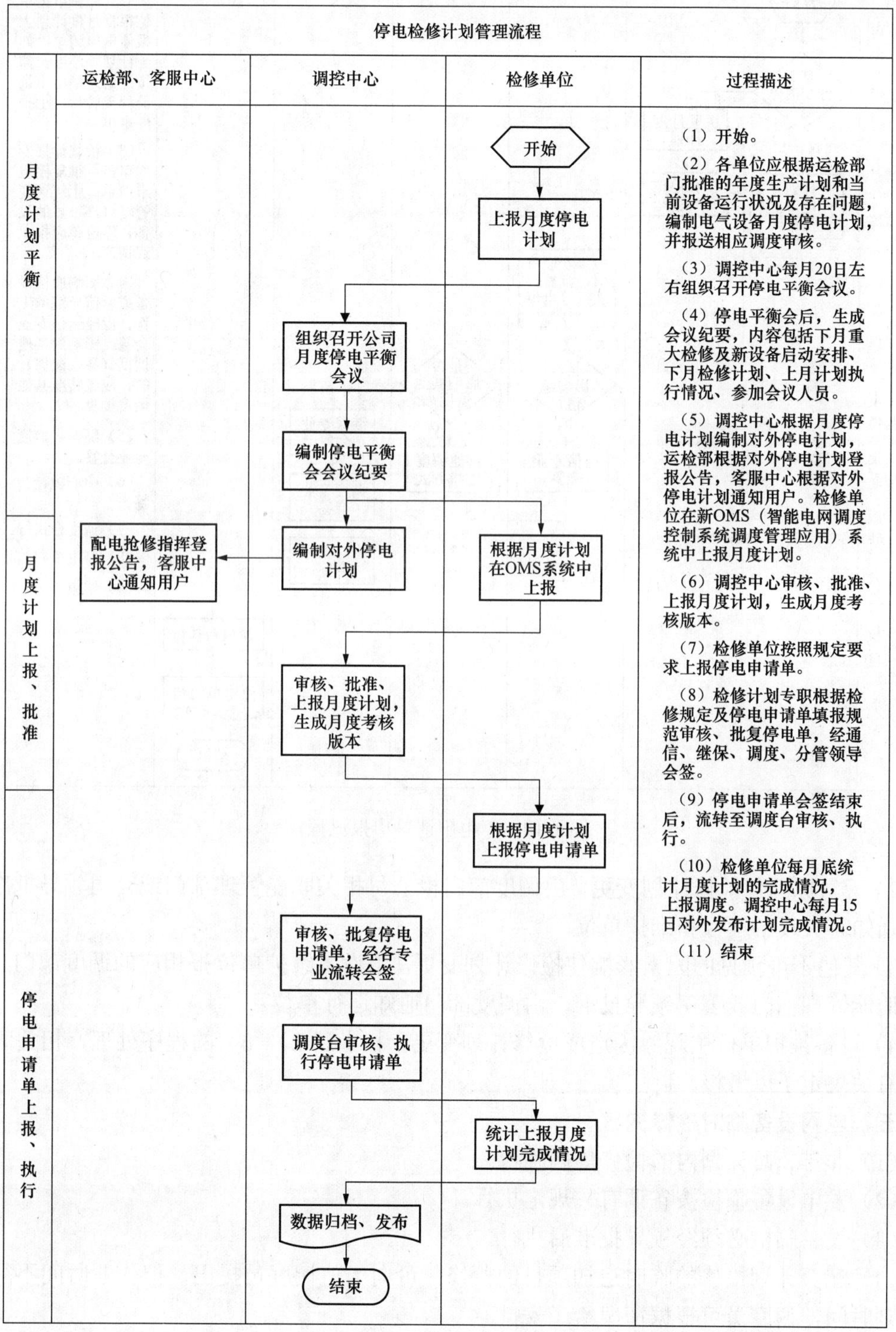

图1-9　停电检修计划管理流程

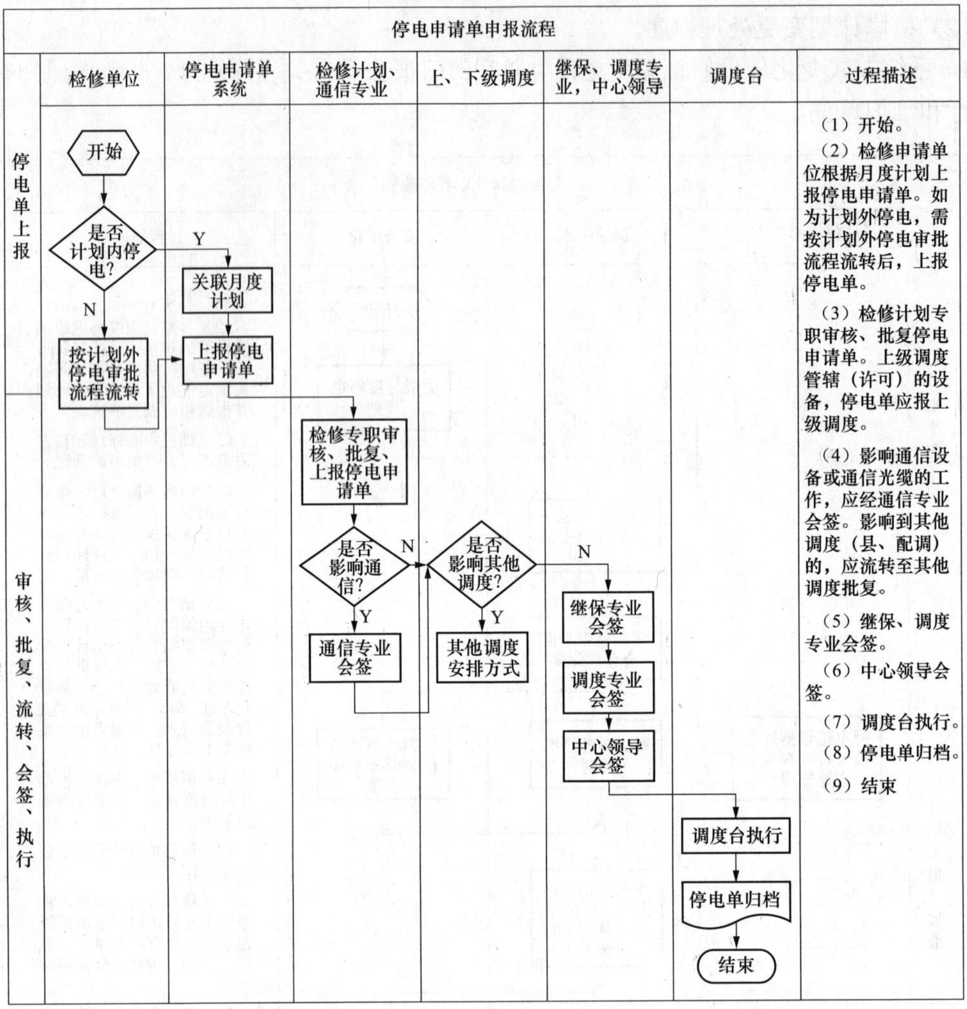

图 1-10　停电申请单申报流程

2）天气原因使检修计划变更，由调度部门报公司相关职能管理部门或公司领导批准，并负责通知有关设备运行和维护单位。

3）其他不可预见的因素影响使检修计划变更，由设备维护单位报相应的调度部门、公司相关职能管理部门或公司领导批准，由调度部门通知运行单位。

4）设备维护单位主观原因造成检修计划变更，按上述 2）、3）的程序处理，相关职能部门按有关规定予以考核。

五、电网设备临时检修内容

（1）非年、月计划内的检修均属临检。

（2）发电设备临检按省调有关规定执行。

（3）设备临检必须经领导批准后执行。

（4）配合计划检修的临时追加项目的检修，可向当值调度员提出，但作业时间不得超过原计划时间，调度员可根据情况给予安排。

（5）当值调度员有权批准当值内可完工，且对系统运行方式无大影响，不影响用户停电的设备检修。

运行中设备发生严重缺陷，急待处理的临时检修，可随时向值班调度员提出，经过主管领导批准，值班调度员可按事故抢修尽快予以安排，事后向领导汇报。当值调度员认为申请不属于紧急处理，且无后果的临时检修，可以申请次日检修计划。

第五节　电力调度的负荷预测管理

培训目标

掌握电力市场定义、电力负荷预测的概念、电力负荷预测的方法、电力负荷预测的影响因素、电力负荷预测的特性分析、电力负荷预测的相关管理制度。

一、电力市场的内涵

电力市场属于商品市场的范畴，它是以电力这一能源的特殊物质形态作为市场客体来定义和界定市场内涵的。电力市场是电力的买方和卖方相互作用以决定其电价和电量的过程。

二、电力负荷预测

（一）电力负荷预测的基本概念

负荷预测是根据系统的运行特性、经济与社会发展状况等诸多因数，在满足一定精度要求的条件下，确定未来某特定时刻的负荷数据，其中负荷是指电力需求量（功率）或用电量。

（二）负荷预测的分类

1. 负荷预测按时间分类

电力负荷预测按时间期限进行分类，通常分为长期、中期、短期和超短期负荷预测。长期负荷预测一般指10年以上并以年为单位的预测，中期指5年左右并以年为单位的预测。

2. 负荷预测按行业分类

负荷预测可以分为城市民用负荷、商业负荷、农村负荷、工业负荷以及其他负荷的负荷预测。

3. 负荷预测按特性分类

根据负荷预测表示的不同特性，常常又分为最高负荷、最低负荷、平均负荷、负荷峰谷差、高峰负荷平均、低谷负荷平均、平峰负荷平均、全网负荷、母线负荷、负荷率等类型的负荷预测，以满足供电、用电部门的管理工作的需要。

（三）电力负荷预测的作用

负荷预测是电力系统经济调度中的一项重要内容，对提高电厂机组运行的经济性，合理安排电网机组的备用容量、检修计划，合理安排电厂设备的检修计划有重要的参考价值。因此，负荷预测在电力系统规划和运行方面发挥着重要作用，做好负荷预测已成为实现电力系统管理现代化的重要手段。

三、确定合理的网供负荷预测方法

对于地区电网，一般由网供负荷和地方电厂所供负荷两部分构成，网供负荷曲线受地方电厂机组运行状况、启停机组等因素影响，会有突变情况，这样的网供负荷曲线并不能真正反映供电区内负荷变化规律的真实情况，以此作为预测基准的预测曲线反而会有偏差。

鉴于以上原因，可以将预测网供负荷曲线改为预测供电区负荷曲线。供电区负荷预测曲线减去安排的地方电厂机组出力曲线，便得出供电区网供预测曲线。这样得到的网供负荷曲线可以真实反映负荷变化规律和特性，同时便于负荷预测员对供电区不同时期负荷情况进行分析、研究，充分考虑地方电厂机组出力情况，合理调整地方电厂备用容量，为控制负荷走势留有足够的调节手段，从而提高预测准确率。通过大量的实践证明，采用人工干预和预测软件相结合的方式进行预测，能够明显提高预测准确率。

四、影响短期电力负荷预测的因素

在实际的负荷预测的工作中，影响负荷预测准确率的因素有很多，这些因素可能引起较大的负荷波动，可能导致预测准确率降低。主要影响因素有：

（1）天气预报不准确，突然出现的降雨或异常高温天气引起负荷突然下降或上升。

（2）一些冶炼、锻造等冲击性负荷变化没有规律，很难对其进行准确的预测。

（3）各县域内负荷性质差异较大，对负荷预测相关工作不够重视，缺乏负荷预测手段。

（4）对大客户的用电计划信息掌握不够全面、具体，对其生产计划安排了解不准确。

（5）工作日与节假日的负荷性质及负荷构成有很大区别，能否掌握两者之间的变化规律对负荷预测准确率有较大影响。

五、负荷变化特性分析

负荷变化特性是指各种负荷变化规律、各地区及各个时段负荷的构成。准确把握负荷变化特性是做好负荷预测工作的重要前提。

1. 地区电网负荷总体特点分析

（1）按负荷性质分类大致可分为工业负荷、季节性降温、取暖负荷、城乡居民用电负荷、商业负荷及其他负荷。

（2）对于高耗能企业较多的地区，用户充分利用峰谷平电价差，一般晚间负荷会出现峰值，白天负荷为低谷，此时高耗能冶炼负荷在全网中所占比例较大。

（3）根据北方地区气候变化特点，由于降温负荷通常高于取暖负荷，电网最高负荷可能出现在每年 8 月或 12 月。

（4）通常日负荷曲线可分为峰、平、谷三段，晚高峰随季节的变化出现的时间也有所不同，夏季一般出现在 21:00 前后，冬季一般出现在 19:00 前后。

2. 对不同的供电区的负荷特性进行分析

各供电区所带负荷性质不尽相同，需要查阅大量历史数据，对不同供电区的负荷特性及构成进行分析。特别是对于冲击负荷比重较大的供电区要重点分析，找出造成负荷较大波动的线路及大用户，进行跟踪分析，找出负荷变化规律。

3. 分析气候突变引起的负荷变化规律

降温或取暖负荷对温度变化反应比较灵敏，温度突变是造成负荷预测准确率下降的主要原因。若出现气候突变，需采用人工干预手段对预测曲线进行修正，以使预测曲线更接近实际负荷曲线。

4. 负荷曲线分时段研究

每个时间段负荷特性及负荷构成均不相同，不同时段曲线走势有较大不同。可以将负荷曲线细分成若干段，对每个时间段负荷曲线进行详细的分析和研究，找出规律。

5. 建立基准、典型负荷曲线库

找出基准负荷，对于负荷曲线的预测工作具有指导意义。春、秋季负荷受温度、天气突变等因素影响较少，因此春、秋季负荷曲线可以作为全年负荷预测的基准负荷。对于夏季出现温度突变或强降雨天气时形成的实际负荷曲线、冬季下雪时的实际负荷曲线可以作为典型日负荷曲线，录入数据库，进行保存。在出现类似天气情况时，调出典型负荷曲线作为参考，为负荷预测提供有力的数据支撑。

六、建立相关管理制度及规范

1. 建立与县调的负荷预测联系制度

随着城市产业结构的调整，原有工业负荷从市区逐渐向各县境内转移，从而使县域负荷增长较快，同时随着县域经济的快速发展，县域负荷增长迅速，能否准确预测县域负荷直接影响整个供电区的负荷预测准确率。因此，规范县级调度机构负荷预测工作对提高负荷预测准确率是至关重要的，各县级调度部门要及时向地区调度部门汇报各自县域内大负荷投产或大负荷停运的情况，负荷预测人员根据此信息及时调整预测曲线。

2. 建立与大客户定期联系制度

对于工业经济比重较大的地区，由于工业负荷占总负荷比重较大，工业大客户的用电情况直接影响供电区负荷。若企业需要设备检修或扩大生产规模，生产所用负荷将有较大变化，对预测曲线有较大影响。所以必须规范用户负荷管理工作，建立与大客户定期联系制度，当有较大负荷变化时，用户及时将信息反馈给地调负荷预测人员，使负荷预测人员能够及时了解用户负荷变化，进而提高负荷预测准确率。

3. 规范地方电厂机组启停管理制度

对于供电区内地调所辖地方电厂较多的地区，地方电厂机组出力对负荷预测准确率影响较大。以某一个220kV供电区为例，网供负荷为1000MW，若供电区内一台50MW机组由于设备故障临时停运检修，将使该供电区网供负荷增长到1050MW，同时整个供电区负荷也将增长50MW，跳机前供电区负荷预测及实际曲线均为1000MW，预测准确率为100%，跳机后供电区负荷增长到1050MW，则负荷预测率准确率下降5%。可见，地方电厂机组运行是否稳定，对负荷预测准确率影响非常大。因此，需要规范地方电厂机组并网管理，对非计划停机要制定考核制度，规范机组停运及并网，减少其对供电区负荷预测率的影响。

4. 制定负荷预测分析制度

地调应设置专门的负荷预测人员，如果人员满足要求，尽量实行两人定期轮换预测模式，每周轮换一次。这样可以相互交流经验，找出造成预测率偏差较大的原因，提出有效建议和措施，提高负荷预测准确率。

调度员在日常工作中密切监视负荷曲线，及时调整地方电厂增减出力，是负荷预测曲线的执行者，对造成预测率不准确的原因最清楚。在负荷预测准确率比较低时，当班调度员应写出原因分析报告，找出造成预测准确率低的原因，并提出切实有效的改进建议。

5. 规范、细化气象信息服务

要求气象部门提供每日供电区气象基本情况，同时还要提供各县的气象情况以及每个时间段天气情况，规范、细化气象台提供的气象服务，以便在开展负荷预测工作时，能够掌握更多、更详尽的气象资料，为负荷预测提供尽量可靠的参考依据。同时将每日气象信息存档，便于日后分析时查找。

第六节　电　厂　管　理

培训目标

掌握地调电厂并网、调度运行管理及并网注意事项等内容。

地调电厂作为地区电网电源的补充，在地方经济发展和地区电网安全稳定运行中起着重要作用。

一、地调电厂并网管理

（1）并入地区电网运行的发电厂（含自备电厂），必须与地区供电公司签订《电厂并分调度协议》《购售电协议》，协议签订后，双方必须严格遵守。因故需要变更或重新签订《电厂并分调度协议》《购售电协议》时，需提前一个月告知对方，双方协商一致后，重新签订《并分调度协议》《购售电协议》。

（2）地调电厂电气值班员必须经过地调组织的调度规程培训，了解《中华人民共和国电力法》《电网调度管理条例》《电力安全规程》《地区电网调度规程》等相关知识，理解调度术语及其含义，熟知其涉网及内部设备运行状况等内容，并经考试合格后，方可上岗。

（3）应根据地调电厂并分调度协议，明确地调电厂并网点，严禁随意变更地调电厂并网点。如因电网发展等情况，确需变更并网点的，地调应进行电厂稳定性分析，提出合理的地调电厂并网点，经地区供电公司相关领导批准后方可执行。

二、地调电厂运行管理

（1）地区电力调度中心宜设置地方电厂管理专责岗（可兼职），对地调电厂进行有效统一管理。

（2）地调应根据“三公调度”原则，定期召开地调电厂信息披露会，信息披露会由各电厂生产负责人参加，地调向各地调电厂介绍电网运行情况，发布电厂发电量、机组运行、值班纪律等信息。

（3）地调电厂值班员须严格遵守调度纪律，服从地调统一调度及管理。

（4）地调电厂的远动信息必须完整、准确、实时、可靠地传送地调，为调度员提供准确的设备运行信息。

（5）地调电厂应加强设备的维护管理和运行监督，严格控制机组临停次数，减少机组临停对电网造成的影响。

（6）地调电厂应严格按照地调下达的发电曲线调整发电出力，避免扯皮、推诿，保证电网安全、稳定运行。

（7）地调电厂作为系统调压的重要措施，应保证机端电压运行在合格范围内，同时，根据地调命令，进行无功出力调整。

（8）地调电厂应严格按照地区调度计划管理流程申报梯级调度计划。

（9）地调电厂发电机、锅炉等设备被迫紧急停运时，电厂应及时将设备故障情况汇报地调值班员，并同时申报故障设备转检修计划。

（10）地调电厂发生事故时，电厂值班员要如实反映电气设备的真实故障情况，否则，导致事故的扩大或给分析处理事故造成困难的，除承担相应责任外，并按违反调度纪律处理。

（11）严禁地调电厂私自转供电，以免扰乱正常供电秩序。

第七节　新（改）建设备投运管理

培训目标

掌握电网新设备投入运行申请书、电网新设备投运的报送资料、电网新设备投运的流程、电网新设备投运的注意事项。

（1）新设备投入运行申请书。凡接入××电力系统的新建或改建工程，在投入运行前，由主管单位向调度提报《新设备投入运行申请书》，该申请书应提供下列有关资料：

1）电气主接线图、电气设备平面布置图、继电保护原理图。

2）主要设备规范及主要参数。

3）有功、无功负荷情况，厂矿生产性质、特点及保安电力情况。

4）输电线路长度，导线型号、排列方式，杆塔数及导线换位情况等有关资料。

5）设备正常运行时的运行方式及有关运行规程，试运行、投产计划。

6）有关运行人员名单、联系方式。

7）有关风力发电、光伏发电等新能源用户及含有谐波源用户须提出电能质量技术评估报告。谐波源用户及可能产生谐波的用户在正常投产后15天内进行电能质量测试，如注入电网谐波值超标，停产整改。

注：220kV新设备应于正式投运前3个月报送。改建设备于正式投运前30日报送。66kV及以下新设备应于正式投运前1个月报送。改建设备于正式投运前15日向地调报送。

（2）用户变电站新设备投运资料。66kV用户变电站除提供上述有关资料外，还应与调度完成下列事项：

1）提供与公司签署的供电协议复印件。

2）提供新设备投运试验报告。

3）提供新设备投运的措施方案及操作程序。

4）提报新设备计划投运时间并由营销部。（客户服务中心营业及电费室等部门签署投运意见）

5）与各级调度机构签订供电调度协议。

各有关单位的新建或改建工程投入运行申请书及经本单位领导批准的投运方案于正式运行前30日报各级调度机构。

（3）调控中心的新设备受理流程。

1）调度部门取得上述资料后应进行下列工作：

a．确定新设备调度管辖范围，并对设备进行编号、命名及下达调度指挥关系。

b．进行必要的潮流电压计算，确定运行方式及变压器分接头位置。（用户变电站主变压器分接头位置由用户确定）

c. 进行参数管理，包括电网经济运行、无功电压参数管理，调度自动化系统高级应用参数管理，继电保护及自动装置整定的有关参数管理。

d. 进行线路电容电流及消弧线圈的整定计算。

e. 修改系统接线图、调度模拟屏及调度自动化系统。

f. 根据报送的投运方案制定有关新建或改建设备投入运行的措施方案及操作程序。

g. 修订或补充调度运行规程，制定有关设备的事故处理原则。

h. 调控运行人员应在投运前3天熟悉投入方案，并做好操作准备和事故预案。

i. 必要时，组织调度人员到现场了解设备实际情况。

2）新投产的变电站或发电厂，值班员需经电力调度控制中心进行《电网调度管理条例》及地区电力系统运行方面的培训，并经考试合格方可上岗。

（4）新建及改建66kV及以上线路，由运检部或建设部组织继电、试验等部门确定线路参数测试方案，并报地调。（220kV新设备应于正式投运前1个月报送，66kV及以下线路应于正式投运前15日报送）

线路参数测试由运维检修部或建设部指定专人负责与调度联系。

（5）与一次设备同步投运的继电保护、安全自动装置、通信及调度自动化设备，由各设备维护单位向地调提报过渡投运方案，以及定值、运行规定和原理说明等资料，并按规定的时间完成调度自动化系统（数据库、画面、EMS软件）及调度通信的调试工作。

1）220kV新设备应于正式投运前1个月报送。改建设备于正式投运前15日报送。

2）66kV及以下新设备应于正式投运前15日报送。改建设备于正式投运前7日向地调报送。

（6）当新设备投入运行涉及面较广或需要采用过渡方式投入运行时，应在公司统一领导下由相关部门及有关生产单位组成试投运领导小组，再由运行单位和试验单位提出试运行方案和试验方案，经试运行领导小组审批后执行。

（7）新建或改建工程施工，如涉及运行设备停电时，由运行单位按规定向调度提出停电申请。

（8）运行单位在新建或改建设备计划投运前7天，向调度部门提交正式投运申请，需与电网并列的设备的启动、送电等事宜，均由运行单位指定专人与调度联系。

投运申请应写明计划投运的设备、投运时间、设备经有关部门组织验收合格具备投运条件等内容，并经相关管理部门（系统设备由××公司生技部，厂矿设备由××公司基建工程主管部门）批准。

重大或复杂的新设备投入，值班调度员应提前3天将送电操作预令下达运行单位，运行单位要做好操作准备和事故预想。

（9）新（改）建设备投入运行时注意如下工作：

1）按有关规定对新投设备进行全电压合闸，合闸时应尽可能用双重开关和双重保护。

2）相位和相序要核对正确。

3）相应的继电保护、安全自动装置，通信、调度自动化设备同步调试投入运行。

辽宁电网10kV线路新设备投入运行方案见表1-1。

表 1-1　　　　新设备投入运行方案

<table>
<tr><td colspan="4">运行方式变更通知单</td><td colspan="4">编号 2017007（配网）</td></tr>
<tr><td colspan="8">运行方式变更内容：新民 66kV 变电站 10kV 新路线送电方案</td></tr>
<tr><td colspan="8">新民 66kV 变电站 10kV 新路线建设已竣工，线路已经形成，公司检修试验、二次检修、自动化等调试完成，经运维检修部组织相关专业验收无问题，具备投运条件，定于 2017 年 4 月 7 日 14 时 00 分投入系统运行，投运方案如下：
一、设备命名及编号
（1）设备命名：新路线；
（2）编号：28103。
二、设备参数
（1）变电设备。
（2）10kV 新路线线路参数。
1）电缆：型号为 YJV22-3×300，长度为 0.145km。
2）导线：型号为 JKLYJ-240，长度为 1.621km。
三、新路线报装总容量
总容量为 3595kVA。
四、送电操作方案
（1）新民 66kV 变电站：汇报 10kV 新路线作业全部结束，一、二次设备试验验收均合格，现场安措全部拆除，10kV 新路线开关在开位，小车开关在检修位置，具备送电条件。
（2）太和供电分公司：汇报 10kV 新路线线路作业全部结束，现场安措全部拆除，10kV 新路线 1 号隔离开关在开位，具备送电条件。
（3）配调：与地调监控班核实园区 66kV 变电站 10kV 新路线远动信息、通信确已接入，试验校定正确，具备投运条件。
（4）配调：请示地调 10kV 新路线送电。
（5）新民 66kV 变电站：10kV 新路线全部保护启用。
（6）新民 66kV 变电站：将 10kV 新路线小车开关推至工作位置。
（7）新民 66kV 变电站：合上 10kV 新路线开关充电至 1 号隔离开关。
（8）太和供电分公司：确认 10kV 新路线 1 号隔离开关有电。
（9）新民 66kV 变电站：拉开 10kV 新路线开关停充。
（10）太和供电分公司：合上 10kV 新路线 1 号隔离开关。
（11）新民 66kV 变电站：合上 10kV 新路线开关送电至 37 号。
（12）太和供电分公司：在 10kV 新路线 37 号两侧隔离开关核定新路线与太和线相位正确。
（13）园区 66kV 变电站：二次检修在 10kV 新路线保护测相位保证正确（现场自行负责）。
（14）园区 66kV 变电站：10kV 新路线重合闸启用。
（15）太和供电分公司：在 10kV 新政线 37 号两侧隔离开关核定新政线与科技 2 号线相位正确</td></tr>
<tr><td>执行时间</td><td colspan="4">年　月　日　时　分</td><td>检查人</td><td colspan="2"></td></tr>
<tr><td>编制</td><td></td><td>继电</td><td></td><td>批准</td><td></td><td>时间</td><td>年　月　日</td></tr>
</table>

第八节　继电保护及安全自动装置管理

培训目标

掌握继电保护的调度管理内容、线路保护的原则、自动保护装置的管理方式、继电保护定值书的管理、继电保护定值书的整定方法。

保护定值作为继电保护的核心，其准确与否直接决定保护装置能否正确动作，进而影响电网安全稳定运行。因此，继电保护定值管理必须实现全程可控、在控的闭环管理，以杜绝继电保护误整定事故发生，保障继电保护装置安全、可靠运行。

一、继电保护的调度管理

（1）电网中的设备、线路在投入运行前，必须根据设备或线路的运行方式，按相应的继电保护调度运行规程将保护投入运行。

（2）运行中的设备、线路不允许无保护运行。但在特殊情况下，按调度范围经有关手续批准，允许停用一种保护或双重化配置的其中一套保护。

（3）保护的运行必须根据值班调度员的命令或相应的《继电保护现场运行规程》进行。

1）值班调度员应根据有关保护规程进行调度并记入调度记录。

2）保护的整定和定值的改变，均以继电保护定值整定通知单为凭证。

3）保护第一次投入运行及保护定值发生改变后，变电运行人员应按“继电保护运行日志”报告核对实际定值。值班调度员应与变电运行人员核对保护定值，核对无误后方可将保护下令投入，并在定值书上签字。现场实际整定值与定值书不符时该保护不准投入运行。

（4）电网发生故障或异常保护动作后，变电运行人员必须准确记录保护动作情况，记录的内容如下。

1）跳闸开关、相别、时间。

2）保护动作及动作结果、动作信号。

3）电流、电压、功率波动情况。

4）录波器动作情况。

（5）接有多电源的变电站（备用电源除外），当变电站为单电源受电时须按单带负荷处理。

1）将线路受电侧开关的纵联保护投信号、其他保护退出运行，重合闸停用，有关安全自动装置及母差保护做相应的改动。

2）线路送电侧开关的重合闸由单重改为三重或检同期重合闸改为检无压重合闸，现场规程中有特殊规定者除外。

（6）110kV及以上的变电站中性点接地方式的原则规定。

1）主系统发电厂或变电站至少应有一台变压器中性点接地运行。

2）变压器的技术规范要求其中性点必须接地运行。

3）为改善主系统接地保护的效果，某些厂、站按省调规定的接地方式运行。

4）属区调的变压器，其中性点接地运行时或变压器接地运行台数超出规定范围均须经省调批准，影响地调范围内保护的问题由地调负责处理。

以上规定也适用于联网的自备发电厂及自备变电站。

5）110kV及以上的变压器其中性点不接地运行时，必须采取防止出现不接地系统的工频过电压的措施，其保护方式如下：

a．对于低压侧无小电源系统的终端110kV变压器，110kV侧采用放电间隙作为变压器中性点过电压保护，不设置中性点间隙过电压继电保护装置。

b．对于低压侧接有小电源系统的终端110kV变压器，110kV侧除采用放电间隙作为变压器中性点过电压保护外，还必须装设防止中性点过电压的继电保护装置。

c．220kV变压器高、中压侧均投入间隙过电压继电保护装置。

（7）66kV及以上母线电压互感器停用或线路电压互感器停用时，应按下列原则处理。

1）220kV及以上双母线中一组电压互感器停用时，采用单母线运行。

2）66kV的双母线中一组电压互感器停用时，按下列方法处理。

a．对电压互感器二次侧具备手动并列条件者，允许采用电压互感器二次并列方式运行，此时应将停用电压互感器端子箱的二次侧开关及隔离开关全部断开，两母线并列运行，母联开关解除跳闸，相应的母差保护投非选择方式运行。

b．对电压回路为自动切换方式者，应采用单母线运行。

3）桥母线及分段单母线，当一组电压互感器停用时，须将原带的保护均倒至运行的电压互感器上，并应采取防止保护及安全自动装置误动的措施。对于外桥接线母线，还应将无电压检定的重合闸停用。

4）只有一组电压互感器的母线，当该电压互感器停用时，必须对与该电压互感器有关的各种保护及安全自动装置采取防止误动措施。

5）线路侧电压互感器停用时，应先停用有关的保护与安全自动装置。

（8）由双回线双T接或由两条线路分别T接供电的变电站，除预先有规定者外，不允许在该变电站合环运行，包括经两台变压器串联合环情况，但允许倒路时短时间在变压器高压侧合环并列。

1）变电站低压侧倒路时，应先在变压器高压侧合环并列，变压器变为单电源受电后，再进行倒路。倒闸操作应尽量缩短合环时间。

2）小系统不论直接连接于哪一电压等级，都必须有联网的系统保护，并按调度范围报送有关设备的参数，经审查批准后方可并入主系统。对于小系统并网，必须在适当地点装设解列保护装置，并对系统侧开关采取防止保护误动和误重合的措施。

（9）线路各种形式的纵联保护的通用原则规定。

1）线路两侧的纵联保护必须同时投入或退出。

2）线路两侧任意一侧的纵联保护装置、收发信机及通道出现异常时，应将两侧相关的纵联保护退出运行。

3）当合环运行的双回线路所配置的全部纵联保护均因故退出运行时，应将相应的双回线路开环运行。此时，应保证线路任一点发生短路故障时后备保护切除故障的时间不影响主系统稳定。

4）两端接于不同系统的220kV及以上的单回线路，当所配置的两套纵联保护均因故退出运行时，必须将该线路停运。

5）线路两侧任一开关代路时，纵联保护不能临时切换至旁路开关的应将两侧纵联保护退出运行。

6）纵联保护投入运行前，对于其高频通道现场运行人员必须进行对试，对试结果符合现场规定数据时方可投入运行。

（10）各种距离保护的通用规定。

1）当距离保护失去交流电压时，运行人员应立即处理，不能立即处理的将有关距离保护退出运行。

2）正常情况下，距离保护的振荡闭锁动作不复归时，应尽快通知保护人员进行处理，一般可不必将该距离保护退出运行。

（11）220kV及以上重合闸的使用规定。

1）两端均有电源或双回线合环运行线路两侧必须投入相同的重合闸方式。

2）单侧电源的线路，除有特殊规定者外，电源侧投三相重合闸方式。

3）3/2开关接线的线路重合闸，其工作方式为故障后跳开两台开关，先重合中间开关，重合成功后，再由手动或自动合入另一台开关。如先合开关重合不成功，则两台开关均跳开三相。

4）当线路开关不能分闸时，应将线路两侧的重合闸停用。

5）装有大容量机组（200MW及以上）的电厂，其出线不允许使用三相重合闸方式。

（12）检定重合闸的规定。

1）检定无压的重合闸，允许同时投入同期检定回路；检定同期的重合闸不允许同时投入无压检定回路。

2）重合闸检定接用的电压抽取装置等设备停用时，应将相关的重合闸停用。

（13）母线差动保护的规定。

1）按双重化原则配置的两套220kV母差保护，除新建、扩建及改造的线路或设备接入母线需测相量以外，禁止将两套母差保护同时退出或改投信号位置。

2）母差保护全部退出或改投信号位置时，连接于该母线上的设备禁止倒闸操作。

3）按全电流比较原理构成的双母线接线的母差保护，允许断开母联开关运行。

4）运行于双母线接线的中阻抗型或微机型母差保护，连接于该母线上的任何一组开关倒母线操作时，母联开关解除跳闸操作前将母差保护投非选择性方式，倒母线操作完毕，立即将母差保护投选择方式。

5）运行中的母差保护复合电压闭锁因失压启动时，不必将母差保护改投信号位置或退出运行，应立即查明原因，及时恢复正常运行。

6）母差保护发装置告警或差电流越限告警信号且不能复归，应立即将该母差保护退出运行或改投信号位置。

（14）220kV开关失灵保护的规定。

1）双母线运行时，一个开关的两组母线隔离开关不允许同时合入，母联开关除外。

2）母联兼旁路开关代线路开关时，应将代路开关启动失灵保护的连接片及跳闸连接片均投入。

3）专用旁路开关代线路开关时，应将启动失灵保护及跳闸连接片均投入。

4）运行中的220kV开关失灵保护的复合电压闭锁因失压启动时，不宜将失灵保护改投信号或退出运行，但应立即查明原因，及时恢复正常运行。

（15）旁路开关代路时，应按下列原则处理。

1）旁路开关代线路开关时，须将距离保护、零序电流保护、重合闸以及开关非全相保护均投入，纵联保护临时切换至代路开关运行。

2）旁路开关代变压器开关运行时，须将差动保护切换至代路开关运行。差动保护切换后有保护盲区时，须将代路开关相间距离保护一段及零序电流保护一段或接地距离一段投入运行。

（16）母联开关、分段、旁路及自投应配置充电保护，在充电前投入充电保护，在充电完毕退出充电保护。

（17）3/2开关接线的短引线保护的运行规定。

1）3/2开关接线的线路侧或变压器侧隔离开关断开时，相关的两组开关禁止一组开关在停电或检修状态另一组开关运行。

2）3/2开关接线的线路侧或变压器侧隔离开关断开，相关的两组开关均在运行状态时，将相应的短引线保护投入运行，其他一切情况下禁止将短引线保护投入运行。

（18）变压器保护的运行规定。

1）按双重化配置的两套 220kV 变压器保护，禁止同时退出或改投信号，新投入或改动二次回路后差动保护测相量除外。

2）变压器非电量保护运行规定。

a．运行中的变压器本体重瓦斯、有载调压重瓦斯、强迫油循环冷却器全停保护投跳闸。

b．变压器无有载调压重瓦斯保护的有载调压压力突变保护投跳闸。

c．干式变压器的绕组过温保护投跳闸。

d．本体压力释放、带有载调压重瓦斯保护变压器的有载压力释放、主变压器油位过高、主变压器温度过高、本体轻瓦斯、有载调压轻瓦斯等保护投信号。

3）220kV 变压器中性点接地运行时，中性点间隙保护应退出，零序过流及零序方向过流保护投入；中性点不接地运行时，中性点间隙保护投入，零序过流及零序方向过流保护退出。

（19）故障录波器运行规定。

1）故障录波器必须投入运行，出现异常时应及时处理。

2）当系统发生故障后，变电运行人员应立即检查故障录波器动作情况，打印录波报告，向值班调度员报告故障测距，录波报告保存一周。

（20）变电站查找直流接地时的保护处理。变电站查找直流接地，应本着先户外、后户内的原则，按照明、动力、信号、控制，最后查找保护的顺序进行。拉、合保护直流电源前，将该直流电源所涉及的所有保护退出运行，线路两端的纵联保护必须同时退出运行。

（21）新建、扩建、改造设备及线路启动投入，保护按以下规定执行：

1）所有安装的保护必须与设备、线路同步投入运行。

2）启动前，按现场实际整定值核对全部保护定值书。

3）新线路充电后，带负荷测相量时，线路纵联方向保护及纵联距离保护不应退出运行。如果线路纵联电流差动保护误动不会切除有功负荷，线路保护检查相量过程中纵联电流差动保护宜投入运行。如果线路纵联保护误动会切除有功负荷，线路带负荷前将纵联差动保护退出。

4）新建工程母线充电前必须将母差保护投入跳闸。采用投并联电容器检查母差保护相量过程中，母差保护宜投跳闸。采用投有功负荷检查母差保护相量，母线带有功负荷前，将母差保护退出，待母差保护测相量正确后改投跳闸。

5）当有扩建的线路或设备接入母线投运时按下列顺序操作：

a．合上新投设备或线路开关两侧隔离开关。

b．将相应母线的母差保护改投信号。

c．合上新投设备或线路的开关。

6）线路纵联保护误动会切除有功负荷，线路带负荷前将纵联保护退出运行，须做带负荷试验的保护如下：

a．纵联保护。

b．距离保护。

c．差动保护。

d．带有方向的保护。

（22）新投入或改动了二次回路的变压器差动保护，变压器第一次投入系统时必须投入跳闸。采用投并联电容器和调节变压器环流的方法检查变压器差动保护相量过程中变压器差动保护宜投跳闸。采用投有功负荷检查变压器保护相量，变压器带负荷前将差动保护退出，待差动保护测相量后将差动保护改投跳闸。

（23）新设备、线路启动时，如采用母联串带方式，应投入母联开关的相应保护，其定值在启动前确定。

（24）启动工作完毕后，现场运行人员应按《变电站现场运行规程》核对保护方式。

二、安全自动装置的调度管理

（1）安全自动装置的调度管辖范围原则上与电网一次设备一致。

（2）安全自动装置的设置、设计及运行。

1）调度应根据对管辖电网的计算分析及运行情况，提出提高电网安全稳定水平的措施及相应的安全自动装置的设置，并负责组织实施。

2）安全自动装置投运前，制造和调试单位应向调度部门及安全自动装置的运行单位提供有关资料。

3）凡装有安全自动装置的变电站，县（配）调应根据电网运行方式制定安全自动装置的运行方案，编制相应的调度运行规程和现场运行规程。

4）凡装有安全自动装置厂、站的运行人员，应对安全自动装置的运行状况进行详细的记录。安全自动装置出现故障或异常的情况，运行人员应先行退出有关装置，然后报告调度部门。

5）县（配）调负责组织对所辖安全自动装置的运行情况进行分析。

6）使用通信通道传送信号的安全自动装置，当通信装置停用或通道异常时应停用该装置。

三、继电保护定值整定

（1）继电保护定值应由地区电网调度机构统一管理，整定范围一般与调度管辖范围相适应。地区电网调度机构负责 10kV 及以上电压等级的线路保护、主变压器保护及与系统相配合的有关保护定值的整定，地方电厂、用户自调设备保护定值由所在单位整定，并需确保与上一级保护配合。

（2）继电保护装置的整定计算必须依照 DL/T 559—2007《220kV～750kV 电网继电保护装置运行整定规程》、DL/T 584—2007《3kV～66kV 电网继电保护装置运行整定规程》的整定配合原则和规定进行。

（3）整定计算人员应结合电力系统发展变化，编制或修订系统继电保护整定方案。整定方案的编制应以调度运行部门提供的系统运行方式为依据，系统运行方式包括正常运行方式、检修运行方式、最大有功及无功潮流、最低运行电压、最佳重合闸时间、最佳解列点、系统稳定约束等，同时要考虑规划发展部门提供的系统近期发展规划。

（4）定值通知书编制应根据现场装置打印的定值清单严格进行，内容应包括被保护设备名称、电压等级、TA 变比、保护型号、保护版本号、编制时间以及正常和特殊方式下有关调度运行和保护投退的注意事项和规定事项等。

（5）保护定值书应由专人计算、专人校核，并经地领导审核、批准后方始生效。

（6）凡加入电网运行的保护装置必须有相应调度部门或运行维护部门下达的正式《保护定值通知单》，否则不允许投入运行。

（7）新设备投运前，调度员应与现场运行人员核对保护定值，并在定值书上注明执行日期及执行人。

（8）整定算稿要整理成册，妥善保管。

（9）保护定值应定期复核，复核周期一般为3年。复核结果按照定值审批流程审批存档。

四、继电保护定值通知书管理

（1）继电保护定值通知单一式若干份，应编号并注明编发日期，及时下达给有关部门。

（2）继电保护定值不得随意更改，必须由设备调度部门下达调度命令，并依据保护定值书进行更改，更改前，调度人员与运行人员须双方核对保护定值，确定无误。

（3）更改保护定值工作结束后，继电保护现场工作人员应在内定时间内返回保护定值回执单，并在回执单注明执行人、执行时间，特殊情况如不能如期完成的，应通知整定计算人员并得到认可。

（4）定值通知单严禁涂改，若定值内容有改动，必须重新下发定值通知单，并履行相应审批手续。

（5）低频低压减载、低周低压解列装置的定值，保护计算人员根据运行方式部门书面下达的年度整定方案进行整定。

（6）设备试运行期间的临时定值，如无特殊情况，由试运行现场继电保护工作人员依据试运行方案进行整定，试运行结束后应依照保护定值通知单恢复正常定值。

五、整定计算所需设备参数管理

（1）整定计算人员应向要求电网建设部门或工程施工部门提供书面设备资料，并应保证所提供新设备参数的正确性。

（2）继电保护定值整定部门若无设备参数，不得随意整定设备继电保护定值。

（3）整定计算所需设备参数应由专人整理成册，妥善保管，以备后期查询、核算。

（4）整定计算所需的电气一次接线图、二次接线图、保护原理图、电气设备及线路参数（包括设备运行规范、技术说明书、保护订货技术协议）等资料，工程施工单位或建设单位应在设备投运前30天（实测参数至少在设备投运前7天），送交整定计算部门，并有本单位（部门）签字印章。

（5）整定计算所需设备参数明细。

1）一次设备参数（包括架空线路、电缆、变压器、电抗器、电容器等）。

2）保护用TA变比。

3）保护装置随盘技术说明书及版本号。

4）保护装置现场打印的定值清单。

5）保护装置原理图、电气二次接线图。

6）保护订货技术协议。

第九节　调度经济运行管理

培训目标

掌握电网网损包含的内容、母线网损情况、主变压器网损情况、线路网损情况、调度网损管理任务、变压器经济运行的相关管理规定、简单输电网经济运行的计算方法。

一、电网网损内容介绍

（1）调控中心为地区的一次网损归口管理单位。

（2）公司一次网损包括220kV主变压器损失率、220kV母线不平衡率、220kV线路损失率。调控中心于每月1日计算上月的网损情况，并在“××电网一次网损统计分析系统”中上报。

1）母线损失情况。

母线损失电量=流入母线电量–流出母线电量

母线不平衡率=（流入母线电量–流出母线电量）/流入母线电量×100%

220kV母线不平衡率大于1%视为不合格，66kV母线不平衡率大于2%视为不合格，如果不合格，应查明原因，进行处理。

2）主变压器损失情况。

主变压器损失电量=主变压器一次净受入电量–主变压器二、三次净送出电量

主变压器损失率=主变压器损失电量/(主变压器一次受入电量+主变压器二、三次受入电量) ×100%

当主变压器损失率大于1%时，应查明原因，进行处理，做好记录。

3）线路损失情况。

线路损失电量=本侧线路净送出电量–对侧线路净受入电量

线路损失率=线路损失电量/本侧线路送出电量×100%

当线路损失率大于2%时，视为该条线路损失率不合格，应查明原因，进行处理，做好记录。

4）220kV用户线路线损率。供电量由调控中心提供，售电量由用户提供，若发生损失率异常情况，查看该条线路变电站的母线损失率情况，如母线损失率正常，说明供电量正确，如母线损失率异常，应查明问题原因，进行处理，做好记录。

5）220kV联络线线路线损率。此联络线为供电公司间联络线，按地理位置提供相应数据，若发生损失率异常情况，查看该条线路变电站的母线损失率情况。如母线损失率正常，说明供电量正确；如母线损失率异常，应查明问题原因，进行处理，做好记录。

二、调度经济运行管理

为了电网系统更高效率运行，减少输变电损失，做好主变压器损失管理，各级调度机构应做好如下工作：

（1）负责制定送变电降损措施计划。

（2）负责送变电损失理论计算。

（3）负责主变压器经济运行及主变压器损失计算。

（4）合理改变运行方式，提高运行电压，努力降低送变电损失。

（5）做好电量统计和电量预测工作，加强日常管理和主变压器损失分析，提出改进措施。

（6）加强监视计量点表计的准确性，发现问题及时通知计量所处理。

（7）按期进行220kV变电站主变压器损失理论计算工作，提出主变压器经济运行分析，完成公司下达的主变压器损失率指标。

（8）季度有降损措施计划，按时上报季度降损措施完成情况。

三、变压器经济运行管理

目前我国变压器损耗比发达国家高，节能大有潜力。变压器经济运行的基本要求是，在保证整个系统安全、可靠和电能质量符合标准的前提下，采用投退变压器以及改变电网运行方式等技术措施，减少变压器损耗，最大限度地降低电能损失。

（一）变压器经济运行的基本原理

以变压器运行时的有功损耗为目标，通过对变压器在各种运行方式下的有功损耗进行分析，确定出在各种负荷情况下的变压器最佳运行方案。

（二）变压器经济运行管理办法

1. 变压器经济运行范围

（1）除带重要负荷的220kV变电站外，其他220kV变电站必须开展变压器经济运行工作。

（2）10～66kV变电站均应开展变压器经济运行工作。

（3）10kV及以下配网变压器在条件许可时也应积极开展经济运行。

（4）迎峰度夏（冬）、节假日保电期间不宜开展变压器经济运行。

2. 变压器经济运行的主要内容

（1）确定变压器经济负载率及经济运行区间。

（2）根据负荷变化特点，选择变电站多台变压器经济运行方式。

（3）开展技术经济评估，改变电网运行方式，停运负载率长期偏低的变压器。

（4）合理调整变压器二次侧负荷分配。

3. 变压器经济运行的技术要求

（1）应在充分比较分析以及详细计算的基础上编制经济运行方案。

（2）220kV变电站及供城区和重要负荷的66kV变电站必须安装变压器备用电源自投装置（以下简称备自投），变压器备自投应具备分段（母联）备自投、变压器备自投两种功能，并能根据变电站运行方式自行识别。220kV变电站以及供电区有重要负荷的66kV变电站应具备变压器备自投功能。

（3）变压器本体及相关设备（包括断路器、继电保护及安全自动装置等）运行正常，无影响运行的设备缺陷或隐患。应根据断路器的机械特性和使用寿命，合理安排变压器经济运行的频度。

（4）不具备并列运行条件的变压器，应调整变压器二次侧负荷分配与变压器容量分配基本一致，并根据负荷的变化开展月、季变压器经济运行工作。

（5）积极开展变压器经济运行应用系统的开发工作，调度EMS/SCADA（能量管理/数据采集与监视控制系统）应逐步完善变压器经济运行软件，实时提供变压器经济运行的工作状态。

4. 变压器经济运行的工作流程

（1）每年各单位调度部门收集整理所辖调度电网变电站接线图、变压器技术参数，计算变压器经济运行的负荷临界值，制定本单位变压器年度经济运行方案。

（2）每年各单位线损管理专责审核变压器经济运行方案，确定开展变压器经济运行的变电站范围，经分管领导批准后，根据分级管理原则报上级安监部门备案。

（3）每月末调度部门经济运行专责人根据预测负荷制定变压器月度经济运行方案，经工作小组审核批准后，下发各调度及变电站。

（4）经济运行方案由调度值班人员执行。

5. 变压器经济运行方案编制要求

（1）年度经济运行方案应包括以下内容：

1）参与经济运行变电站的范围。

2）确定所有参与经济运行变电站的负荷临界值。

3）根据负荷预测结果，初步确定经济运行时段。

4）年度经济运行方案的具体内容及计算方法。

（2）月度经济运行方案应包括以下内容：

1）各变电站下月平均负荷、最大负荷、负荷率。

2）确定各参与经济运行变电站的变压器运行方式，以及实施经济运行的条件。

3）确定各变电站变压器参与经济运行的频度。

（3）变压器增容、更新改造投运前，应及时开展变压器经济运行方案的计算工作，修订经济运行方案。

（三）变压器经济运行的注意事项

（1）变压器的经济运行必须保证电压合格，只有保证了电压的质量，才能谈得上经济运行。

（2）变压器的经济运行要注意挡位的变化、电容器的投退、功率因数等影响电网潮流的因素，在改变运行方式后，是否会造成一些不利的影响，比如多投一台变压器，会多消耗一部分无功，在调整运行方式时，要掌握负荷周期性变化的规律，不能过于频繁地倒换方式，注意综合考虑运行方式调整的时机。

（3）实际运行中还有以下两种常见运行方式：一种是中压侧或者低压侧母线分段运行的情况，由于分段运行侧的负荷被强行分布，电网潮流变化比较复杂，无法得出一个简单的通用公式；另一种是变压器中压侧或者低压侧的一侧并列，另一侧负荷由单台变压器带。

（4）在电网的实时调度中，按照简化计算公式计算出来的临界负荷，主要是用来指导的工作，当电网潮流变化较复杂的情况下，最简单适用的办法是根据实际的潮流分布，计算各种负载情况下的有功损耗，根据有功损耗最小的原则来选取最经济的运行方式。

（5）关于双绕组和三绕组变压器的并列和单台变压器的经济运行，将在下一步进行探讨和计算。

四、输电网经济运行介绍

输电网经济运行的基本要求是在保证整个系统安全可靠和电能质量符合标准的前提下，采用改变电网运行方式等技术措施，努力提高输送的效率，尽量降低供电成本。

输电网经济运行包含两方面的内容：

（1）电力线路的经济运行。其是指通过经济电流、安全电流、电压降、最小有功损耗、最小无功损耗、综合最小损耗等约束条件的计算分析，择优选取最适合的电力线路和进行负荷调整的优化，使电力线路损耗最小。

（2）运行方式的选择。当一个负荷点可以由两条及两条以上线路供电时，通过优化计算，确定某一条线路供电损耗最小，并选择其作为该负荷点的主供方式。

第十节 智能电网调度技术

培训目标

了解智能电网的概念、智能调度的概念、智能调度的特征、智能电网的发展前景。

一、智能电网的概念

智能电网是现代化的电能传输系统，能监视、保护和自动优化所有相连元件的运行，包括集中式和分布式电源、高压输电网络和配电系统、储能装置、工业用户、楼宇自动化系统、终端用户及用户恒温调节器、电动汽车等。

坚强智能电网是以特高压电网为骨干网架、各级电网协调发展的坚强网架为基础，以通信信息平台为支撑，具有信息化、自动化、互动化特征，包含电力系统的发电、输电、变电、配电、用电和调度各个环节，覆盖所有电压等级，实现“电力流、信息流、业务流”的高度一体化融合的现代电网。

智能电网是指一个完全自动化的供电网络，其中的每个用户和节点都得到实时监控，并保证从发电厂到用户端电器之间的每一点上的电流和信息的双向流动。它通过广泛应用的分布式智能和宽带通信，以及自动控制系统的集成，保证市场交易的实时进行和电网上各成员之间的无缝连接及实时互动。

二、电网智能调度控制技术

智能调度是保障智能电网运行和发展的重要手段。智能调度面向电网，综合运用各种先进科技和智能化手段，对电网进行主动式和智能化的监测、分析、预警、辅助决策和自愈控制，提供全方位的智能化业务支撑。智能调度能够及时感知电网全景信息，实现趋前广域预警，能够实现动态自适应调整。智能调度是一个高度实时智能在线、高度感知可视化、高度一体化协调控制的电网调度体系。

智能调度是建设统一坚强智能电网的关键内容，是智能输电网的神经中枢，是维系电力生产过程的基础，是保障智能电网运行和发展的重要手段。OMS是一类典型的分布式电力生产运行管理信息系统，在电力调度生产运行以及相关专业管理过程中起着越来越重要的技术支撑作用。

智能调度主要包括调度运行管理系统、调度日志系统、调度信息发布系统、电网负荷电源辅助决策系统、电网实时信息系统、省调自动化值班日志、继电保护信息管理系统、三项分析制度系统、电源管理系统、二次专业管理系统、智能电网数据上报系统、电网网损系统、电网检修计划管理系统、操作票系统等。

电网智能化调度在智能电网体系中起到“神经中枢”的作用。借助先进的计算机、通信、电力系统分析和控制理论及技术，实现对电网调度的全局优化与协调控制，保证大电网的安全、经济运行。

智能电网调度将构建智能调度中心，在信息支撑方面，建立分布式一体化数据和参数共享平台，实现基于三维可视化的智能互动式人机交互系统；在电网安全防御方面，建成在线安全评估和预警防控体系；实现基于 PMU 的高级应用和广域安全稳定监控；在电网运行优化方面，实现计划和调度的时空优化协调，实现基于全局信息优化的有功、无功闭环控制。

三、智能电网发展愿景

近年来，为了应对全球气候变化，降低对化石能源的依赖程度，实现能源产业的可持续发展，世界能源发展格局正发生着重大而深刻的变化，新一轮的世界能源变革的序幕已经拉开。本轮能源变革的目标是通过科技创新，实现能源的清洁化、低碳化、高效化，实现以低碳能源为核心的低碳经济。因此，引入可再生能源和发展清洁火电，降低电力输送损耗，全面优化电力生产、输送、消费全过程，将有助于推动低碳电力、低碳能源乃至低碳经济的发展。在此过程中，智能电网发挥重要作用。另外，随着数字时代的到来，用户对供电可靠性和电能质量的要求也越来越高。智能电网是当今世界能源产业发展变革的最新进展，在全球范围内得到了广泛认可和接受，世界主要发达国家纷纷把发展智能电网作为抢占未来低碳经济制高点的一项重要战略措施。我国电力工业也面临着新的形势，能源发展格局、电力供需状况、电力发展方式正在发生着深刻变化。加快建设有中国特色的智能电网，努力实现从传统电网向智能电网的转变，加快新能源、新材料、信息网络技术、节能环保等高新技术研究和新兴清洁能源产业的发展，对促进我国经济又快又好发展将起到关键的支撑作用。

未来电力系统需以更经济、更安全、更环保的方式满足不断增长的需求能源系统正日益成为支撑经济社会发展最重要的基础之一，电力在现代能源系统中的地位也越来越突出。

思 考 题

1. 什么是电网调度？
2. 电网调度管理的基本原则是什么？
3. 地区调度的主要职责是什么？
4. 电网运行方式的接线原则是什么？
5. 电网年度运行方式编制的内容包括什么？
6. 电网设备检修分哪几类？
7. 电网设备检修计划的编制流程是什么？
8. 电网设备检修计划的受理过程是什么？
9. 什么是电力负荷预测？
10. 电力负荷预测有哪些方法？
11. 怎样分析电力负荷预测？
12. 地区调度电厂管理应注意什么？
13. 用户变电站新设备投入运行应准备什么资料？
14. 调控中心对新设备投运的受理流程是什么？
15. 新设备投入运行时应注意什么？
16. 线路纵联保护的通用原则是什么？
17. 变压器保护运行有哪些规定？
18. 继电保护定值整定原则是什么？
19. 继电保护整定计算都需要什么参数？

20．调度经济运行需要做好哪些工作？

21．变压器经济运行的相关管理规定有哪些？

22．输电网经济运行的计算方法有哪些？

23．什么是智能电网？

24．什么是智能调度？

25．智能电网调度将构建怎样的调度中心？

第二章

电网一次设备

第一节 变 压 器

培训目标

掌握变压器的结构、性能参数及运行要求等。

一、基本结构

电力变压器（简称变压器）是变电站最主要的一次设备，它的作用是进行电压变换和电流变换。变压器主要由变压器本体、冷却器装置、调压装置、套管、保护装置及其他附件组成。

220kV 三绕组变压器如图 2-1 所示。

图 2-1 220kV 三绕组变压器

1. 变压器本体

铁芯和绕组是变压器本体的主要部分，铁芯是导磁部件，绕组是导电部件。为防止变压器在运行或试验时，由于静电感应在铁芯等金属构件上产生悬浮电位，造成对地放电，铁芯及其金属附件必须且仅有一点接地。

变压器运行中会产生铜损和铁损，使铁芯和绕组发热，温度升高，影响变压器的运行，尤其影响变压器绝缘材料的绝缘强度。温度越高绝缘老化越快。在我国，电力变压器大多数采用 A 级绝缘，正常运行中，铁芯和绕组温度不能超过 105℃。

电力变压器大都是油浸式变压器，变压器油对绕组起绝缘和冷却的作用，一般通过监测上层油温来控制变压器绕组最热点的工作温度，使绕组运行温度不超过其绝缘材料的允许温度，以保证变压器的绝缘使用寿命。由于绕组的平均温度比油温高 10℃，当周围最高空气温度为+40℃时，油浸自冷或风冷变压器上层油温允许值一般不宜超过 85℃，最高允许温度为 95℃。

2. 冷却器装置

运行中变压器铁芯和绕组产生的热量是通过绝缘油经油道带出并传至散热器和油箱散发冷却的，带风扇加强散热的称为油浸风冷式；有油泵加强油的循环的称为强迫油循环风冷式，该冷却方式将变压器油箱上部的热油，经潜油泵抽入上集油器，经风扇吹冷的热油冷却后，由下集油器回流入油箱中。

油浸风冷变压器在风扇停止工作时，允许的负荷和运行时间应遵守制造厂的规定，220kV 及以下变压器一般采用油浸自冷、风冷等冷却方式。

3. 调压装置

调压装置又叫分接开关，是变压器为了稳定负荷中心电压的调压设备。它在变压器的某一绕组上设置分接头，当变换分接头时就改变了绕组的匝数，改变了绕组的匝数比。绕组匝数的改变使电压相应改变，从而达到了调整电压的目的。

分接开关的调压方式有无载调压和有载调压两种。

（1）无载调压装置。无载调压装置是用于油浸变压器在无励磁状态下进行分接头变换的装置。按相数分有单相和三相；按安装方式分为卧式和立式；按结构形式分为鼓形、笼形、条形和盘形；按调压部位分为中性点调压、中部调压和线端调压。

变压器无载调压装置的额定调压范围较窄，调节级数较少。额定调压范围以变压器额定电压的百分数表示为±5%或±2×2.5%。

无载调压装置要求开关动作位置准确，操作灵活、方便，有良好的绝缘性能和稳定性能，同时要求机械强度好，寿命长，外形尺寸小且便于维护等。在对二次侧电压进行调整时，首先对该变压器进行停电。变换分接头位置时，要求正反转动 3 个挡位，消除触头上的氧化膜及油污，然后正式变换分接头。变换分接头后测量绕组挡位的直流电阻，并检查销子位置，以确保接触良好、可靠。分接头变换情况应做好记录并报告调度部门。

由于每次变换分接头位置比较麻烦，无载调压装置只适用于不经常调整电压或季节性调整电压的变压器。

（2）有载调压装置。有载调压装置是用于油浸变压器在变压器励磁（带负载）状态下变换分接头位置，它必须满足两个基本条件：①在变换分接头过程中保证电流的连续，不能开路；②在变换分接头过程中保证分接头间不能短路。

为满足以上两个基本条件，在变换过程中必然在某一瞬间同时桥接两个分接头以确保电流连续。在桥接的两个分接头间，必须串入阻抗以限制循环电流，该阻抗称为过渡阻抗。调压变压器绕组有多个分接头，需要一套电路来选择这些分接头，该电路称为选择电路。不同的调压方式要求有不同的调压电路。因此，有载调压装置的电路由过渡电路、选择电路、调压电路 3 部分组成。变压器有载调压装置的调节级数较多，调压范围较宽，一般为±8×1.25%。

有载调压时应遵守以下规定：

1）有载分接开关切换调节时，应注意分接开关位置指示、变压器电流和母线电压变化情况，并做好记录。

2）有载调压时应逐级调压，原则上每次只操作一挡，隔 1min 后再进行下一挡的调节。严禁分接开关在变压器过负荷时进行切换。

3）分相安装的有载分接开关，应三相同步电动操作，一般不允许分相操作。

4）两台有载调压变压器并联运行时，其调压操作应轮流逐级进行。

5）有载调压变压器与无载调压变压器并联运行时，有载调压变压器的分接头电压应尽量靠近无载调压变压器的分接电压，使电压尽量接近。

4. 保护装置

（1）储油柜。储油柜也称油枕，用以补偿油的热胀冷缩或缺油、漏油引起的油位变化；并能使空气与本体油不直接接触，减少油的氧化。储油柜储油的总量为变压器油的 10%，其面积小，缩小了空气对油的接触面。

（2）吸湿器。吸湿器也称空气滤过器，可防止空气中的水分和杂质进入储油柜，安装在变压器油枕的呼吸器管路上。吸湿器是一个圆形的玻璃容器，上端通过连管接通到油枕里面油面上，下端是空气的进出口，通过油封与大气相通，可以起到呼吸作用。其中的变色硅胶吸湿后，由蓝色变粉红色（或白色），当变色达 2/3 时应予以更换。

（3）气体继电器。气体继电器也称为瓦斯继电器。常用的有浮子式和挡板式气体继电器。

1）浮子式气体继电器。浮子式气体继电器是比较老旧的，其应用历史比较长，目前在很大一部分变压器上还在使用。在浮子式气体继电器容器内部上下各有一个带水银触点的玻璃泡，它们可以以支点为中心自由转动。正常运行时，气体继电器整个容器内充满油，上触点保持水平，下触点保持垂直状态。当变压器内部有少量不正常气体产生时，气体上升到变压器箱壳的顶部，然后沿着管道流向气体继电器，由于气体发生比较缓慢，气体开始凝聚在容器的上部，迫使油面逐渐下降，当下降到一定程度时，上玻璃泡内的水银触点闭合，接通信号回路，发出轻瓦斯信号。当变压器内部故障时，大量气体突然发生，强烈的油流会急促地涌向气体继电器，冲动下玻璃泡，水银触点闭合，接通跳闸回路，跳开变压器各侧开关，将故障变压器从系统中切除。

2）挡板式气体继电器。挡板式气体继电器是比较新型的，比浮子式气体继电器动作更可靠。它也是装在储油柜与变压器箱盖的连管之间，运行时气体继电器整个容器内充满油。当变压器内部轻微故障时，产生少量气体，聚集于继电器顶部，使上油杯带动磁铁下降，使干簧继电器触点接通，发出轻瓦斯信号。当变压器内部严重故障时，急速的油流冲击挡板，使挡板向上撬起，磁铁吸合干簧继电器触点，接通跳闸回路，重瓦斯保护动作跳闸。

（4）压力释放阀和防爆管。压力释放阀和防爆管是变压器的安全装置，作用是当变压器内部发生故障，变压器油产生大量气体，使变压器内部压力骤然猛增时能有一个排气泄压处，以避免变压器壳因受高压而发生爆裂。

（5）净油器。净油器也称温差过滤器，是一个充有吸附剂的金属容器。变压器油流经吸附剂时，油中水分、游离酸和各种氧化物均被吸附剂吸收，使油得到连续再生，使油质能长时间保持在合格状态。如果压力释放阀与全密封式储油柜配合使用，可以不装净油器。常用的净油器有温差环流法净油器和强制环流法净油器。

5. 监测部件

（1）温度计。电力变压器中一般装设有油面温度指示计和绕组温度指示计，用来监视上层油温和绕组的温度。常用的温度计形式有水银温度计、指针式温度计和电阻式温度计。

（2）油位计。变压器油位过高可能因温度上升溢出，过低可能因温度下降引起气体继电器动作。因此必须监视变压器油位的高低。油位计上有–30℃、+20℃、+40℃时的油位。

二、基本参数

（1）额定电压。额定电压是变压器长时间所承受的工作电压。长时间过压将影响主绝缘和纵绝缘的承受能力。

（2）额定电流。额定电流是允许长时间通过的电流。如长时间超标准运行将影响变压器的发热、温度和寿命。

（3）温度及温升。变压器中所使用的材料，在长期温度作用下，会逐渐降低原有的绝缘性能，温度越高绝缘老化越快。电力变压器大多都是油浸式变压器，运行中各部分的温度是不同的，绕组温度最高，铁芯温度次之，变压器油的温度最低。运行中必须监视各部分温度的变化，确保变压器绝缘使用寿命。

运行中的变压器不仅要监视上层油温，而且还要监视上层油温的温升。当周围环境温度较低时，变压器外壳的散热能力大大加强，使外壳温度降低较多，但内部散热能力却提高很少，即使上层油温不超过允许值，变压器绕组温度可能会超过允许值。油浸自冷或风冷变压器上层油的允许温升（周围环境温度为+40℃，额定负荷）为55℃。

（4）效率。效率是变压器二次输出功率 P_2 与一次输入功率 P_1 之比，即

$$\eta=P_2/P_1\times100\%$$

效率关系到变压器的经济运行。

（5）频率：50Hz。

（6）变压器的联结组别。变压器的联结组别就是表示绕组的连接形式及时钟表示的方法标示出高低压绕组相位的关系。220kV 变电站主变压器联结组别：双绕组变压器为 YNd11，三绕组变压器为 YNyn0d11。

三、变压器的运行规定

（1）过负荷的一般规定。

1）变压器允许的过负荷倍数和时间按照厂家说明书或现场运行规程掌握。

2）有缺陷的变压器不宜过负荷运行。

3）变压器的载流附件和外部回路元件应能满足超额定电流运行的要求，当任一附件和回路元件不能满足要求时，应按负载能力最小的附件和元件限制负载。

（2）运行电压要求。变压器的运行电压一般不应高于运行分接开关额定电压的105%，最高不得高于额定电压的110%。

（3）运行温度要求。油浸式变压器顶层油温一般不应超过表2-1规定（制造厂另有规定的除外）。当冷却介质温度较低时，顶层油温也相应降低。自然循环冷却变压器的顶层油温一般不宜经常超过85℃。

表 2-1　　油浸式变压器顶层油温一般限值　　℃

冷却方式	冷却介质最高温度	最高顶层油温
自然循环风冷	40	95
强迫油循环风冷	40	85

（4）冷却装置的运行要求。

1）不允许在带有负荷的情况下将强油冷却器全停，以免产生过大的铜油温差，使变压器

绝缘受损伤。在运行中，当冷却系统发生故障切除全部冷却器时，变压器在额定负载下允许运行 20min。当油面温度尚未达到 75℃时，允许上升到 75℃，但冷却器全停的最长运行时间不得超过 1h。

2）同时具有多种冷却方式［如 ONAN（油浸自冷）、ONAF（油浸风冷）、OFAF（强迫油循环风冷）ODAF（强迫导向油循环风冷）］的变压器应按制造厂规定执行。如型号为 SFPSZ10-180000/220 型片散式变压器在各种冷却方式下允许长期运行的负荷如表 2-2 所示。

表 2-2　SFPSZ10-180000/220 型片散式变压器在各种冷却方式下允许长期运行的负荷

冷却方式	长期运行负荷允许值	冷却方式	长期运行负荷允许值
ONAN	$63\%S_N$	OFAF	$100\%S_N$
ONAF	$80\%S_N$		

注　S_N为变压器的额定容量，kVA。

3）油浸风冷变压器，风机停止工作时，允许的负载和运行时间应按制造厂的规定。

4）冷却装置部分故障时，变压器的允许负载和运行时间应按制造厂规定。

（5）并列运行要求。

1）变压器并列运行条件是一次和二次额定电压分别相等或电压比相等，联结组别相同，短路阻抗百分值相近。

2）电压比不等或短路阻抗不等的变压器并列运行时，每台变压器并列运行绕组的环流应满足制造厂的要求。

3）短路阻抗不同的变压器，可通过调整分接头位置，适当提高短路阻抗大的变压器的二次电压，使并列运行变压器的容量均能充分利用。

（6）变压器三相负载不平衡时，应监视最大一相的电流。

（7）变压器间隙过流保护与零序过电流保护采用共用中性点电流互感器，变压器投入运行时，中性点放电间隙保护应退出运行，合上变压器中性点接地开关。送电结束后，根据运行方式安排拉开中性点接地开关，投入间隙零序保护连接片。间隙零序保护必须在变压器中性点隔离开关合上前停用，拉开后投入。变压器间隙过流保护采用间隙回路单独电流互感器，在变压器中性点切换时，间隙保护连接片可不用切换。

第二节　高压断路器

培训目标

掌握高压断路器的结构、性能参数及运行要求等。

一、高压断路器的类型及结构

高压断路器是变电站的重要设备，既用来断开或闭合正常工作电流，也用来断开或闭合短路电流。

高压断路器主要由导流部分、绝缘部分、灭弧部分和操动机构组成。根据高压断路的装设地点，可分为户内和户外两种形式。按断路器使用的灭弧介质和灭弧原理可分为六氟化硫（SF_6）断路器、真空断路器、油断路器（多油断路器和少油断路器）、空气断路器等。由于油断路器运行维护量大，且有火灾的危险，而空气断路器具有结构复杂、制造工艺和材料要求高、有色金属消耗量大、维护周期长等缺点，目前油断路器、空气断路器逐渐被SF_6断路器和真空断路器取代。操动机构应用最多的是液压机构、气动机构、弹簧储能机构。

（一）SF_6断路器基本原理和构造

采用具有优良灭弧性能和绝缘性能的SF_6气体作为灭弧介质的断路器称为SF_6断路器。这种断路器具有开断能力强、全开断时间短、体积小、运行维护量小等优点。由于SF_6断路器的优良性能，目前35kV及以上系统得到广泛应用，尤其以SF_6断路器为主体的封闭式组合电器（GIS）。

1. SF_6断路器构造

SF_6断路器构造如图2-2、图2-3所示。

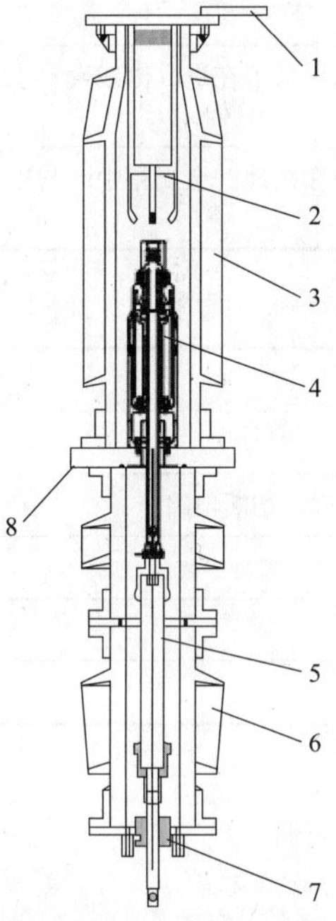

图2-2 SF_6断路器构造

1—上接线端子；2—静触头系统；3—灭弧室瓷套；4—动触头系统；5—绝缘拉杆；6—支持瓷套；7—直动密封；8—下接线端子

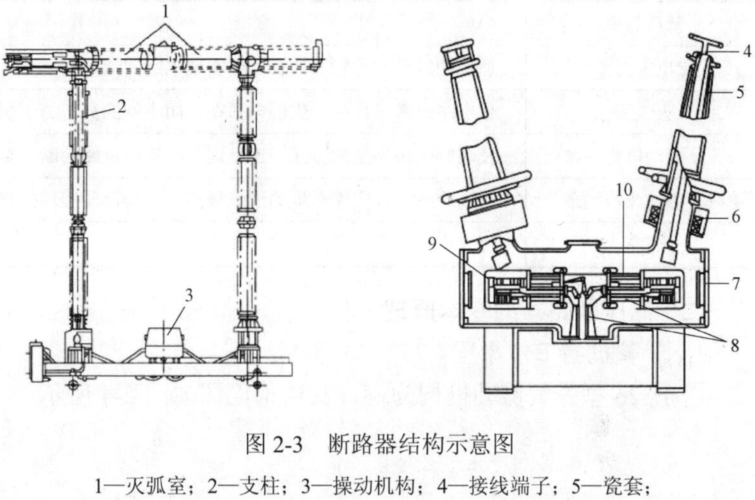

图2-3 断路器结构示意图

1—灭弧室；2—支柱；3—操动机构；4—接线端子；5—瓷套；6—套管式电流互感器；7—吸附剂；8—环氧支持绝缘子；9—合闸电阻；10—灭弧室

2. SF_6断路器灭弧室原理

SF_6断路器采用的是自能式灭弧方式，断路器分闸时，提升杆带动压气缸高速运动，运动过程中，一方面，压气缸内的SF_6气体被压缩增压；另一方面，利用电弧产生的能量对压气缸内的SF_6气体增压。分闸过程中，高速的SF_6气体通过喷口吹向电弧，对电弧进行冷却。电弧在电流过零时熄灭，此后，只要SF_6介质的恢复强度大于断口间的电压恢复强度，电流就被成功开断。

（二）真空断路器

利用真空（133.3×10^{-4}Pa以下）的高介质强度来实现灭弧的断路器称为真空断路器。真空断路器具有开断能力强、灭弧迅速、运行维护简单、灭弧室不需要检修等优点。真空断路器由真空灭弧室（真空泡）、保护罩（屏蔽罩）、动触头、静触头、导电杆、开合操作机构、支持绝缘子、支持套管、支架等构成，其核心是真空灭弧室（真空泡）。目前，真空断路器在10kV配电系统得到广泛应用。

（三）断路器的结构形式

断路器是一个组合器件，不同的结构形式，导致工作性能不尽相同，其结构形式及特点见表 2-3，各部件名称及作用见表 2-4。

表 2-3　　断路器的结构形式及特点

结构类型	特　点
绝缘子支柱型结构	灭弧室处于高电位，靠支柱绝缘子对地绝缘，可以串联若干个灭弧室和加高对地绝缘支柱的方法组成更高电压等级的断路器
罐式型结构	灭弧室及触头系统装在接地的金属箱中，导电回路靠套管引出，可在进、出线套管上装设电流互感器
全封闭组合结构	把断路器、隔离开关、互感器、避雷器和连接引线全部封闭在接地的金属箱中，与出线回路的连接采用套管或专用气室

表 2-4　　断路器的基本部件及作用

部件名称	基　本　作　用
导电主回路	通过动触头、静触头的合、分实现电路的通、断
灭弧室	使电路分断过程中产生的电弧在密闭小室的高压力下快速熄灭，切断电路
操动机构	使动触头按指定的方式和速度运动，实现电路的断、合
绝缘支撑件及传动部分	通过绝缘支柱实现对地的电气隔离，传动部件实现操作传递
底座	用来支撑和固定断路器

二、高压断路器的基本原理

1. 弹簧机构工作原理

以 TA26 型弹簧操动机构为例，其结构简图如图 2-4 所示。

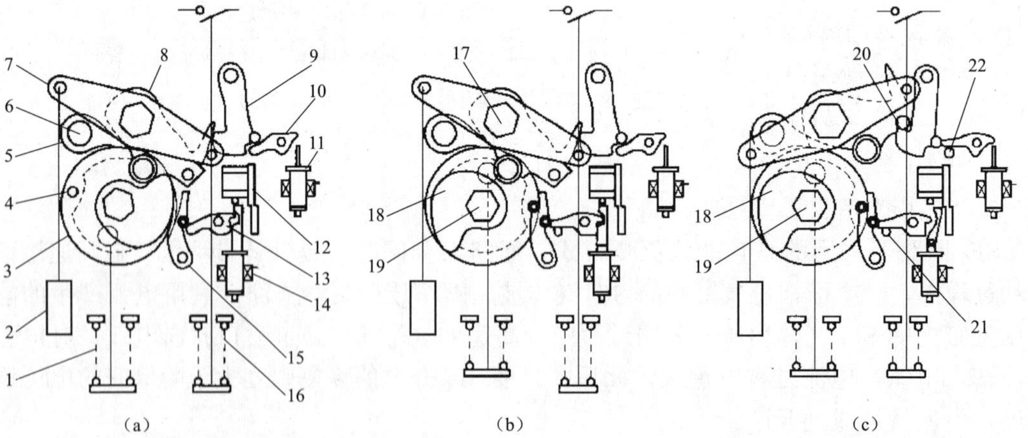

图 2-4　TA26 型弹簧操动机构

（a）分闸位置（合闸弹簧释放状态）；（b）分闸位置（合闸弹簧储能状态）；（c）合闸位置（合闸弹簧储能状态）
1—合闸弹簧；2—油缓冲；3—棘轮；4—储能保持销；5—棘爪；6—棘爪轴；7—输出拐臂；8—大拐弯；
9—合闸保持掣子；10—分闸掣子；11—分闸电磁铁；12—机械防跳装置；13—合闸掣子；
14—合闸电磁铁；15—储能保持掣子；16—分闸弹簧；17—输出轴；18—凸轮；
19—储能轴；20—合闸保持销；21—合闸防动销孔；22—分闸防动销孔

（1）合闸弹簧储能。合闸弹簧处于预压缩状态，储能拐臂通过蜗轮、蜗杆与电动机相连。

储能时，电动机通过蜗杆带动蜗轮转动，蜗轮通过轴销推动储能拐臂逆时针旋转，通过与储能拐臂键相连的储能轴的传动，弹簧拐臂与其相连接的销及拉杆拉动合闸弹簧压缩储能，当销越过左侧顶点位置时，合闸弹簧带动储能拐臂逆时针转过约5°，储能拐臂上的储能保持销被保持掣子扣住，完成储能动作；此时电动机电源被切断，棘爪与棘轮相脱离。

（2）合闸操作。断路器处于分闸位置，合闸弹簧已储能。当机构得到合闸指令，合闸线圈受电，合闸电磁铁的动铁芯吸合，带动合闸导杆撞击合闸掣子顺时针旋转，释放储能保持掣子，合闸弹簧带动棘轮逆时针快速旋转，与棘轮同轴的凸轮打击输出拐臂上的合闸滚子，使拐臂向上运动，通过连杆带动断路器本体实现合闸操作，此时输出拐臂上的合闸保持销被合闸保持掣子扣住，实现合闸保持；同时，与输出拐臂同轴的分闸弹簧拐臂压缩分闸弹簧储能，准备分闸操作。

合闸操作也可通过手动撞击合闸电磁铁导杆实现。合闸操作完成后，行程开关自动投入电动机，再次对合闸弹簧储能。

（3）分闸操作。断路器处于合闸位置，合闸弹簧与分闸弹簧均已储能。机构接到分闸指令，分闸线圈受电，分闸电磁铁动铁芯吸合，带动分闸导杆撞击分闸掣子顺时针旋转，释放合闸保持掣子，分闸弹簧释放能量通过拐臂、连杆带动断路器本体实现分闸操作。分闸操作也可通过手动撞击分闸电磁铁导杆实现。

ZN12-10断路器主要由真空灭弧室、操动机构及支持部分组成。在用钢板焊接的机构箱13上固定支持绝缘子1，灭弧室3通过上出线座2和下出线座6固定在支持绝缘子1上，下出线座6上装有软连接4，软连接4与真空灭弧室动导电杆的底部装有万向杆端轴承7，该杆端轴承通过辅销8与下出线端上的杠杆9相连，断路器主轴12通过绝缘拉杆10，把力传递给动导电杆，使断路器实现合、分闸动作。

2. 液压机构工作原理

液压操动机构的主要结构如图2-5所示。

液压操动机构是利用液压差动原理来实现开关动作的，也就是利用工作缸活塞两侧液体压力的不同实现活塞的运动。图2-5中工作缸活塞左侧为合闸腔，右侧为分闸腔。

（1）建压过程。油箱注油到规定油位后，启动油泵，将液压油打压并经防振容器减振后，送入储压筒压缩氮气储能，当油压达到额定工作压力时，微动开关动作，切断油泵电源。此时，高压油也进入了工作缸和信号缸的分闸腔，断路器在分闸状态，为合闸操作做好了准备。

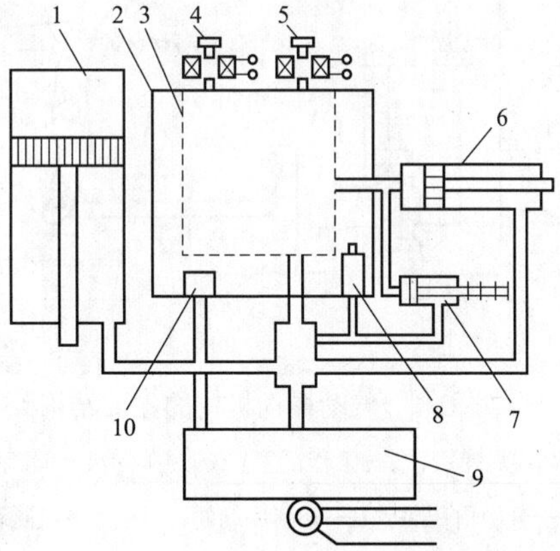

图2-5 液压操动机构的主要结构

1—储压筒；2—低压油箱；3—两级控制阀；4—合闸电磁铁；5—分闸电磁铁；6—工作缸；7—信号缸及辅助触头；8—安全阀；9—油泵；10—过滤器

（2）合闸过程。合闸线圈带电后，电磁铁动作，向控制阀发出合闸命令，控制阀动作，使高压油进入工作缸和信号缸左侧的合闸腔，此时，虽然合闸腔与分闸腔都有高压油，但由于合闸腔受力面积大于分闸腔，所以活塞向右运动，使断路器合闸，同时信号缸动作，通过辅助触头断开断路器的合闸回路并发出信号。

（3）分闸过程。分闸线圈带电后，电磁铁动作，向控制阀发出分闸命令，控制阀动作，使工作缸和信号缸合闸腔的高压油迅速泄放，活塞在分闸腔高压油的作用下，向左运动，使断路器分闸，同时信号缸动作，通过辅助触头断开断路器的分闸回路并发出信号。

通过以上描述可以看出，因为断路器合闸时利用工作缸活塞两侧受力面积不同来动作，所以合闸需要的油压要高于分闸需要的油压；而断路器分闸时，因为合闸腔的高压油泄放回油箱，所以分闸操作时液压机构油压下降较多，一般油泵会启动打压。

3. 气动操动机构工作原理

西开公司生产的ZF9-252kV型SF_6封闭式组合电器使用的CQ6型气动操动机构，是一种以压缩空气做动力进行分闸操作，辅以合闸弹簧作为合闸储能元件的操动机构。压缩空气靠产品自备的压缩机进行储能，分闸过程中通过气缸活塞给合闸弹簧进行储能，同时经过机械传递单元使触头完成分闸操作，并经过锁扣系统使合闸弹簧保持在储能状态。合闸时，锁扣借助磁力脱扣，弹簧释放能量，经过机械传递单元使触头完成合闸操作。

气动操动机构控制压缩空气的阀系统为一级阀结构。合闸弹簧为螺旋压缩弹簧。运行时分闸所需的压缩空气通过控制阀封闭在储气罐中，而合闸弹簧处于释放状态。这样分、合闸各有一独立的系统。储气罐的容量能满足这样设计的弹簧操动机构，可满足开关 O-0.3s-CO-180s-CO 操作循环。

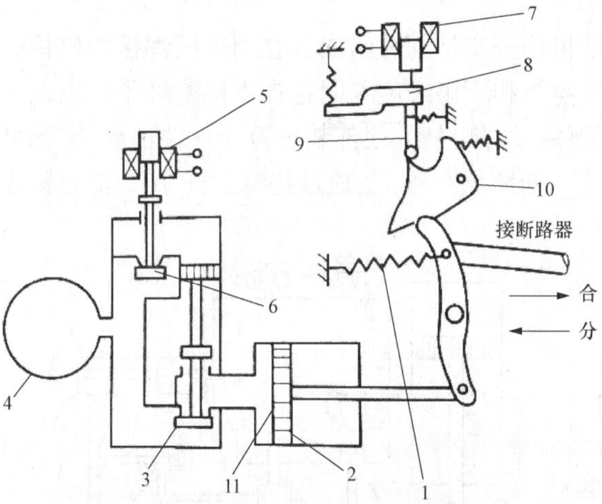

图 2-6　气动操动机构的主要结构

1—合闸弹簧；2—工作活塞；3—主阀；4—储气筒；5—分闸电磁铁；6—分闸启动阀；7—合闸电磁铁；8、9、10—合闸脱扣（分闸保持）机构；11—活塞

气动操动机构是由活塞和气缸组成的驱动机构，还包括控制压缩空气的控制阀，由电信号操纵的合闸和分闸电磁铁以及合闸弹簧，缓冲器，分闸保持掣子、脱扣器等其他零部件。

气动操动机构的主要结构如图 2-6 所示。

（1）分闸动作过程分析。开关处于合闸位置，由控制阀内弹簧在连板上产生的顺时针方向的力矩被掣子在连板上产生的逆时针方向的力矩抵消，使控制阀不能动作，控制阀将压缩空气封闭在储气罐中，使压缩空气罐内的压缩空气不能通过。产品在合闸弹簧作用下保持合闸位置。

分闸操作过程如下：

1）分闸信号使分闸电磁铁通电。

2）分闸电磁铁的动铁芯向下运动，撞击掣子。掣子由两个连杆和三根短轴组成，白色轴连接着两个连杆，两根黑色轴将两个连杆分别连在机架上。掣子右侧的连杆在铁芯的撞击下顺时针旋转，左侧的连杆逆时针旋转，因而连板和掣子的约束被释放。

3）连板顺时针转动，使控制阀在其内部弹簧力的作用下打开。

4）压缩空气罐内的压缩空气进入气缸。

5）压缩空气推动活塞向下与活塞相连的动触头被带动，断路器分闸。

6）在分闸操作的最后阶段，连板被与活塞相连的凸轮下压，使控制阀又回到合闸位置状态。气缸内的空气通过排气口排出。最后轴被分闸保持掣子锁住，断路器分闸操作完成。在分闸操作时，合闸弹簧由活塞作功储能。

（2）合闸动作过程分析。断路器在分闸位置，是由通过连接在机架上的分闸保持掣子在机械上锁住。分闸保持掣子受到由合闸弹簧力产生的逆时针方向的力矩作用，此时其又与脱扣器和自身轴销构成“死点”结构产生顺时针方向力矩，保持产品的分闸状态。

触头合闸需要的能量是从合闸弹簧取得的。当轴被释放，活塞由合闸弹簧驱动向上经传动系统使动触头闭合。合闸操作过程如下：

1）合闸信号使合闸电磁铁通电。

2）合闸电磁铁的铁芯向下撞击脱扣器。

3）脱扣器和分闸保持掣子之间的“死点”状态解除。

4）分闸保持掣逆时针转动，轴从分闸保持掣子的约束中释放。

5）活塞和动触头由合闸弹簧驱动向上完成合闸。

三、高压断路器的基本技术参数

1. 额定电压（U_N）

额定电压是指断路器长期工作的标准电压。产品铭牌上标明的额定电压是指正常工作的线电压。我国采用的额定电压等级有10、35、66、110、220、330、500、750、1000kV等。

考虑到输电线路的首、末断运行电压不同及电力系统调压要求，高压断路器又规定了与额定电压对应的最高工作电压 U_{alm}。当 $U_N \leqslant 220$kV 时，$U_{alm}=1.15U_N$；当 $U_N > 220$kV 时，$U_{alm}=1.1U_N$。额定电压的高低影响断路器的外形尺寸和绝缘水平，电压越高，要求绝缘水平越高，外形尺寸越大。

2. 额定电流（I_N）

额定电流是指断路器长期允许通过的最大工作电流。电气设备长期通过 I_N 时，其发热温度不会超过国家标准规定值。额定电流的大小，决定断路器导电部分和触头的尺寸及结构，在相同的允许温升下，电流越大，则要求导电部分和触头的截面越大，以便减小损耗和增大散热面积。

3. 额定开断电流（I_{Nbr}）

开断电流是指断路器在开断操作时，首先起弧的那相电流。额定开断电流是指断路器在额定电压下能保证正常开断的最大短路电流。它是标志断路器开断能力的一个重要参数。开断电流和电压有关。在低于额定电压下，断路器开断电流可以提高，但受灭弧装置机械强度的限制，开断电流仍有一极限值，此极限值称为极限开断电流。

4. 关合电流（I_{Ncl}）

当线路上存在短路故障时，断路器一合闸就会有短路电流流过，这种故障称为预伏故障。当断路器关合有预伏故障的线路时，在动、静触头接触前几毫米就发生预击穿，随之出现短路电流，给断路器关合造成阻力，影响动触头合闸速度及触头的接触压力，甚至出现触头弹跳、熔化、焊接以至断路器爆炸等事故。

短路时，保证断路器能够关合而不致发生触头熔焊或其他损伤的最大电流称为断路器的关合电流。其数值用关合操作时瞬态电流第一个最大半波峰值来表示，制造部门对关合电流一般取额定开断电流的$1.8\sqrt{2}$倍，即

$$I_{Ncl}=1.8\sqrt{2}I_{Nbr}=2.55I_{Nbr}$$

断路器关合短路电流的能力与断路器操动机构的功率、断路器灭弧装置性能等有关。

5. t 秒热稳定电流（I_t）

t 秒热稳定电流是指在 t 秒内，通过断路器使其各部分发热不超过短时发热允许温度的最大短路电流。它是标志断路器承受短路电流热效应能力的一个重要参数。

6. 动稳定电流（I_{es}）

动稳定电流也称极限通过电流。动稳定电流是指断路器在合闸位置时，允许通过的短路电流最大峰值。在通过这一电流后，断路器不应损坏而是能继续正常工作。短路电流最大峰值用短路电流的第一个半波最大峰值来表示，即

$$I_{es}=2.55I_{Nbr}$$

动稳定电流表示断路器对短路电流的动稳定性，它决定于导体部分及支持绝缘子部分的机械强度，并决定于触头的结构形式。额定关合电流在数值应等于动稳定电流，以保证关合与开断能力相匹配。

7. 全开断（分闸）时间（t_t）

全开断时间是指断路器接到分闸命令瞬间起到各相电弧完全熄灭为止的时间间隔，即

$$t_t=t_1+t_2$$

式中 t_1——断路器固有分闸时间，指断路器接到分闸命令瞬间到各相触头都分离的时间间隔；

t_2——燃弧时间，指断路器触头从分离燃弧瞬间到各相电弧完全熄灭的时间间隔。

断路器开断单相电路时，各个时间的关系示意图如图 2-7 所示。

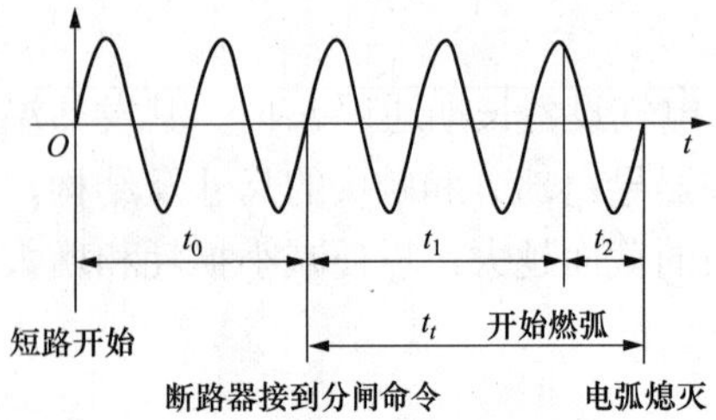

图 2-7 断路器开断电路时的有关时间

全开断时间是表征断路器开断过程快慢的主要参数。从电力系统对开断短路电流的要求来看，希望 t_t 越小越好，因为它直接影响故障设备的损坏程度、故障范围、传输容量和系统的稳定性。高速动作的断路器，$t_t<0.08$s；低速动作的断路器，$t_t>0.12$s；中速动作的断路器，$t_t=0.08\sim0.12$s。

8. 合闸时间（t_{hz}）

合闸时间是指处于分闸位置的断路器，从接到合闸命令瞬间起到各相的触头均接触为止的时间间隔。合闸时间决定于断路器的操动机构及中间传动机构。电力系统对合闸时间一般要求不高，但希望稳定。

9. 操作循环

操作循环也是表征断路器操作性能的指标。架空线路的短路故障大多为暂时性的，短路电流切除后，故障迅速消失。为了提高架空线路供电的可靠性和系统运行的稳定性，断路器应能承受一次或两次以上的关合、开断或关合后立即开断的能力。此种按一定时间间隔进行多次分、合的操作称为操作循环。我国规定断路器的额定操作循环如下。

（1）自动重合闸操作循环：分——θ——合分——t——合分。

（2）非自动重合闸操作循环：分——t——合分——t——合分。

其中，分——分闸操作；

θ——无电流间隔时间，标准值为 0.3s 或 0.5s；

合分——合闸后立即分闸的动作；

t——强送电时间，标准时间为 180s。

高压断路器自动重合闸操作循环有关时间如图 2-8 所示。图 2-8 中，t_0、t_t和θ的定义与前述相同，t_3为预击穿时间，t_4为金属断路时间，t_5为燃弧时间。

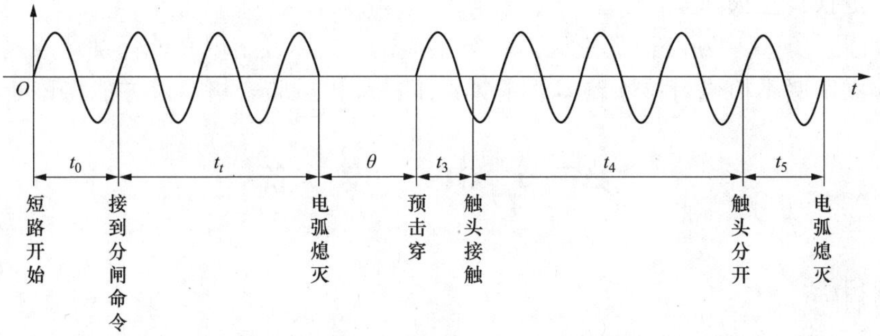

图 2-8　高压断路器自动重合闸操作循环有关时间

断路器的全分闸时间加上间隔无电流时间称为自动重合闸时间。从断路器重合操作触头闭合到第二次触头分开为止的时间称为金属短接时间。因为重合操作是在线路可能仍处于故障下的合闸，所以为提高电力系统的稳定性，要求所使用的断路器具有较高的动作速度，除了缩短全分闸时间外，金属短接时间也必须较短。

断路器所允许的无电流间隔时间取决于第一次开断后断路器恢复熄弧能力所需要的时间。如果时间太短，则当高压断路器重合后再次分闸时，会因其灭弧能力尚未恢复，而使断路器在第二次分闸时的开断能力降低。

四、高压断路器的运行规定

（1）高压断路器外露的带电部分应有醒目的相色漆；本体无锈蚀，液压系统无渗漏；机构箱密封良好，无漏雨进水。

（2）正常情况下，断路器应按铭牌规定的参数运行，不得超过额定值，断路器及其辅助设备应处于良好的工作状态。

（3）高压断路器规定了额定负荷下允许切断次数及故障电流下允许切断次数。当达到规定跳闸次数时，应汇报申请检修，一般不再投入运行。当达到停用重合闸次数时，应退出重合闸。操动机构在断路器动作次数达到允许切断次数时，报缺陷，要求检修，各计数器不得随意复零。

（4）发出 SF_6压力低闭锁的断路器即认为失去断路能力，不得投入运行。SF_6断路器的气体压力与断路器的灭弧能力和绝缘能力相关，运行中必须严密监视 SF_6气体压力及其泄漏情况。定期记录 SF_6气体压力、温度。

（5）装有“远方”和“就地”操作方式选择开关的断路器，正常操作时，应采用“远方”操作，仅在调试或紧急事故处理时，才可使用“就地”操作。

（6）长期停运、检修后的断路器，在送电前，试操作 2～3 次，无异常后方能正式操作。

（7）断路器及操动机构有若干加热器以防止结露，加热器应始终处于接通状态。低温加热器在 0℃时投入，在 10℃时退出。

（8）断路器液压机构，应通过监视信号和压力表对油压进行严密的监视，保证断路器有足够的操作动力和良好的操作性。油泵打压频率超过 1 次/1h，应立即汇报。

（9）真空灭弧室的使用或储存期超过产品规定的有效期（自真空灭弧室出厂之日算起），应更换真空灭弧室。

（10）真空灭弧室触头的累计磨损超过产品使用说明的规定值，多数真空断路器在动触杆上标有允许磨损量警戒标志，当磨损量累计超过规定值时，断路器合闸后即看不见警戒标志，此时应更换真空灭弧室。

（11）如果发现真空断路器真空灭弧室发生撞击、损坏或出现其他怀疑造成真空度降低的现象时，应立即联系检修对该断路器做工频耐压试验，试验合格后，方能将该断路器投运。

第三节　GIS　设　备

培训目标

掌握 SF_6 全封闭组合电器的结构、性能参数及运行要求等。

GIS 是气体绝缘全封闭组合电器（Gas Insulated Switchgear）的简称。SF_6 全封闭组合电器是按电气主接线的要求，将各电气设备依次连接成一个整体，全部封装在封闭着的接地金属壳体内，壳体内充以 SF_6 气体，作为灭弧和绝缘介质用，以优质环氧树脂绝缘子作支撑的一种新型成套高压电器。

SF_6 全封闭组合电器所采用的断路器大多为专门设计制造的专用设备，断路器结构与单独的瓷套绝缘方式有明显不同，通常采用在金属筒内按同心布置并做直线运动的断路器。避雷器可以采用常规气隙与电阻式元件，安装在充满 SF_6 气体的圆筒箱体内；也可以采用完全 SF_6 化的避雷器，即以 SF_6 气体作为气隙的灭弧介质的避雷器。电流互感器可以采用套管型电流互感器，而电压互感器可以采用安装在金属容器内的充满 SF_6 气体的干式电压互感器，但通常对于 220kV 及以上电压等级的 GIS，多采用电容式电压互感器。母线和导线在 GIS 中具有显著的特点，虽然只是在圆筒状外壳中用固体绝缘支持导线的简单结构，但是与一般变电站中用绝缘子支持的母线相比，空间显著缩小。

一、GIS 结构组成

GIS 是将断路器、隔离开关、接地开关、电流互感器、电压互感器、避雷器、母线、进出线套管或电缆终端等元件组合封闭在接地的金属壳体内，充以一定压力的 SF_6 气体作为绝缘介质和灭弧介质所组成的成套开关设备。GIS 的气体系统可以分为若干气室。一般断路器压力高，它和电流互感器组成一个气室：主母线、电压互感器、避雷器分别为独立的气室，其他元件根据工程确定气室划分。各气室分别由相应的密度继电器监测气体压力，并辅以一些过渡元件（如弯头、三通、波纹管等）。

GIS 一般由实现各种不同功能的单元组成，称间隔，主要有进（出）线间隔、母联间隔、测量保护间隔等，并根据用户的不同要求组成桥形接线、单母线分段、双母线等不同的接线方式。

GIS 一般每间隔设有一个就地控制柜，各元件控制、状态信号，各气室密度监测信号，以及电压、电流互感器二次出线全部引到就地控制柜，并通过就地控制柜与主控室相连。

220kV GIS 出线间隔组成设备如图 2-9 所示。该 220kV GIS 为主母线三相共箱，其他元件分箱式结构，主导电回路由固体绝缘件支撑在壳体中央，采用梅花触头作为过渡连接；可以通过充气套管与架空线连接，也可以通过电缆终端与电力电缆相连，或经油气套管直接与变压器连接。

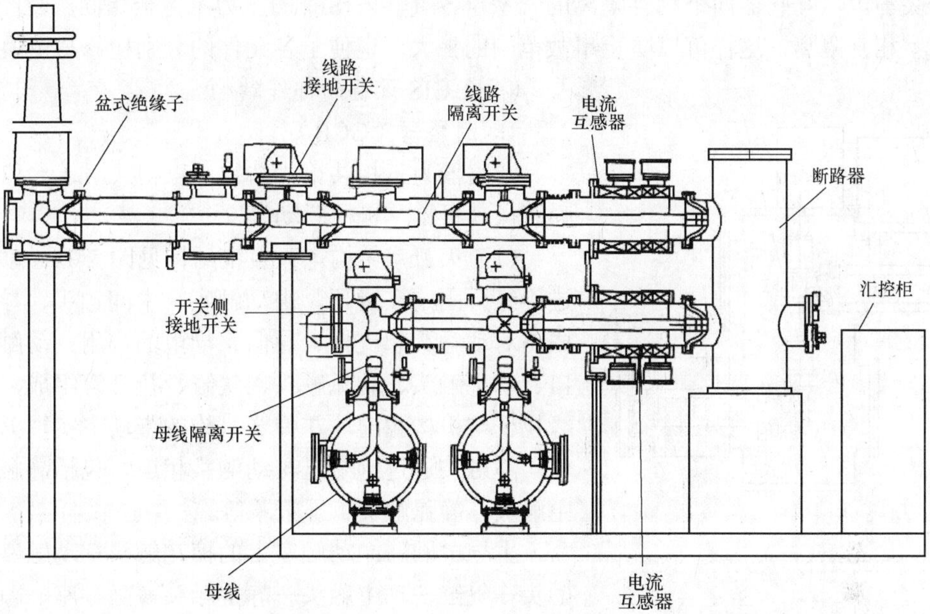

图 2-9 220kV GIS 出线间隔组成设备

图 2-10 所示为 110kV 单母线接线的 SF_6 全封闭组合电器断面图。为了便于支撑和检修，母线布置在下部。母线采用三相共筒式结构。配电装置按照电气主接线的连接顺序，布置成

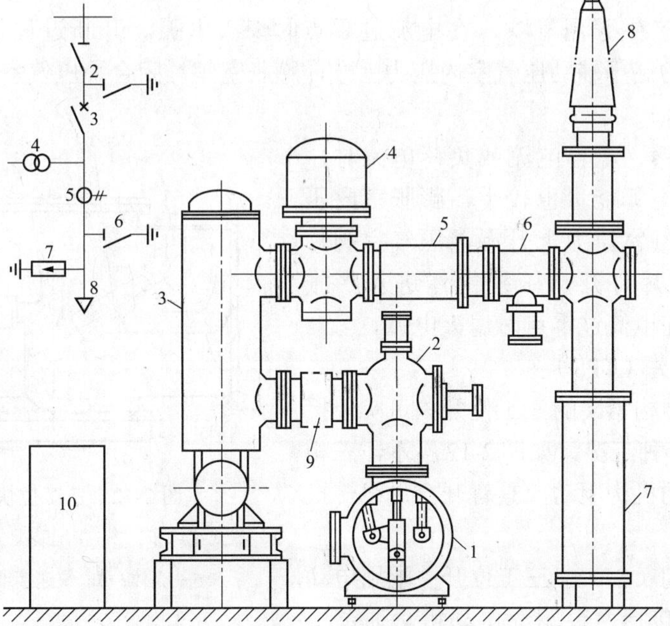

图 2-10 110kV 单母线接线 SF_6 全封闭组合电器断面图

1—母线；2—隔离开关、接地开关；3—断路器；4—电压互感器；5—电流互感器；6—快速接地开关；

7—避雷器；8—引线套管；9—波纹管；10—操动机构

Π型，使结构更紧凑，以节省占地面积和空间，该封闭组合电器内部分为母线、断路器以及隔离开关与电压互感器四个相互隔离的气室，各气室内 SF_6 的压力不完全相同。封闭组合电器各气室相互隔离，这样可以防止事故范围的扩大，也便于各元件的分别检修与更换。

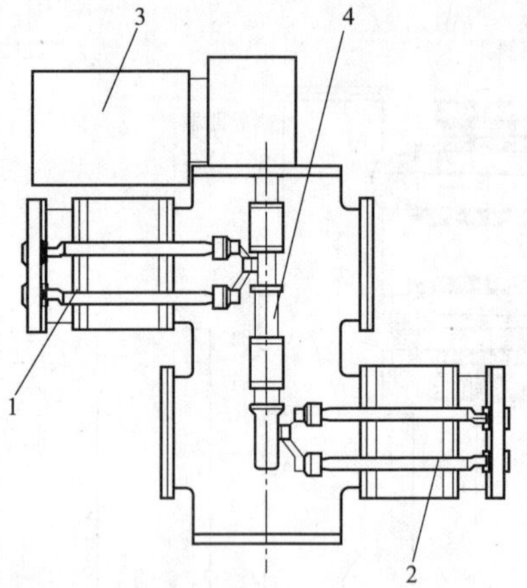

图 2-11　断路器外形及灭弧室示意图

1、2—电流互感器；3—灭弧室；4—TA26 型弹簧操动机构

（一）GIS 设备的部件结构

1. 断路器（GCB）

断路器为三相共箱式结构，三相共用 1 台 TA26 型弹簧操动机构，机械联动。

（1）灭弧室结构。灭弧室结构见图 2-11。动触座通过绝缘台固定在罐顶，由动触座、中间触头、导线等组成，对动触头起支持、导向、导电的作用；动触头由喷口、动主触头、动弧触头、气缸、拉杆等组成，通过绝缘拉杆与机构相连，在弹簧机构的带动下实现分合闸操作。静触头通过绝缘子与动触头相连，包括静触座、静主触头、静弧触头、屏蔽罩等。

主导电回路：动触座上的梅花触头—动触座—中间触头—气缸—动主触头—静主触头—静触座—静触座上的梅花触头。

（2）灭弧原理。断路器采用“热膨胀+助吹”的自能式灭弧原理。

当开断短路电流时，电弧在动静触头间燃烧，巨大的能量加热膨胀室内的 SF_6 气体使温度升高，膨胀室内气体压力随之升高，产生内外压差；当动触头分闸达到一定位置，静弧触头拉出喷口，产生强烈气吹，在电流过零点时熄灭电弧。开断过程中，由于电弧能量大，膨胀室内压力高于辅助压气室内压力上升，膨胀室阀片闭合，压气室阀片打开，压气室压力释放。

当开断小电感、电容电流或负荷电流时，所开断电流小，电弧能量也较小，膨胀室内压力上升比辅助压气室压力上升慢，压气室阀片闭合，膨胀室阀片打开，压缩气体进入膨胀室，产生气吹，在电流过零点时熄灭电弧。

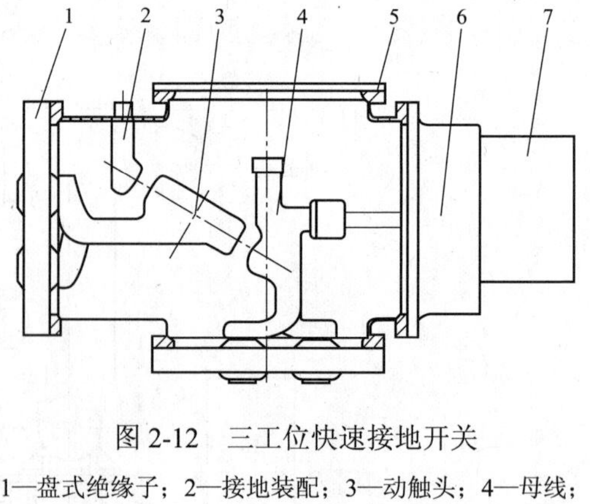

图 2-12　三工位快速接地开关

1—盘式绝缘子；2—接地装配；3—动触头；4—母线；5—壳体；6—快速接地开关；7—机构

2. 三工位开关（TPS）

（1）本体。结构紧凑的三工位开关可实现接通、隔离、接地 3 种工况，如图 2-12 所示，三相联动，由 1 台操动机构驱动，具有开合母线转换电流的能力。

（2）操动机构（CJ）。三工位开关配用电动操动机构，机构包括两台驱动电动机，通过电动机的正反转驱动丝杠转动，丝杠带动驱动螺母做直线运动，驱动螺母通过销轴推动输出轴转动，经齿轮、齿条的转换，实现动触头在接通隔离接地间的往复运动。

3. 接地开关（ES、FES）

除三工位开关内的接地开关（用于在检修时保护安全的工作接地）外，也可单独安装，并有两种形式，即具有关合短路电流及开合感应电流能力的快速接地开关（FES，又称故障关合接地开关）和用于在检修时保护安全的工作接地开关（ES）；工作接地开关配用电动机机构，快速接地开关配用电动弹簧操动机构。

接地开关可与工作接地的壳体绝缘断开，当需要进行回路电阻测量、机械特性等试验时，将与接地外壳相连的接地母线拆除，即可通过接地开关的动触头与主回路进行电气连接，极大地方便了试验工作。

快速接地开关与相关的三工位开关、断路器通过机构进行电气联锁，以防止误操作。

工作接地开关配用与三工位开关同一或类似的电动机机构，快速接地开关配用电动弹簧机构（CTJ）。

CTJ 型电动弹簧机构由电动机、传动机构、储能弹簧、缓冲器、微动开关等组成。操作时，电动机带动蜗杆、蜗轮转动，蜗轮通过销轴带动弹簧拐臂压缩储能弹簧，当弹簧经过死点即压缩量达到最大时，储能弹簧自动释放能量，弹簧拐臂通过销轴带动从动拐臂快速旋转，与从动拐臂联动的输出拐臂通过连杆系统带动接地开关实现快速分合闸。

机构分合闸操作是通过控制电动机正反转实现的。CTJ 型机构可以用操作手柄在就地进行手动分合闸操作。

4. 电流互感器

电流互感器是 GIS 中实现电流量的测量与过电流保护功能的元件。GIS 配用 LR（D）型电流互感器，为三相封闭、穿心式结构，一次绕组为主回路导电杆，二次绕组缠绕在环形铁芯上。导电杆与二次绕组间有屏蔽筒，二次绕组的引出线通过环氧浇注的密封端子板引到外部，结构如图 2-13 所示。

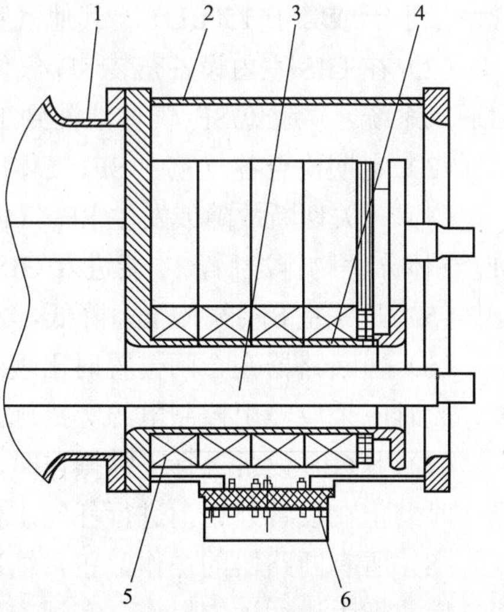

图 2-13 电流互感器结构

1—断路器罐体；2—电流互感器罐体；3—一次导电杆；4—屏蔽筒；5—电流互感器线圈；6—接线板

5. 电压互感器

电压互感器是GIS中实现电压量的测量与异常电压保护功能的元件。GIS 配用三相共箱式 SF_6 电压互感器，电压互感器为电磁式电压互感器，二次绕组和一次绕组绕制在同轴圆筒上，二次绕组端子和一次绕组的“N”端经环氧浇注的接线板引出壳体。一次绕组的 A、B、C 端和高压电极相连。

6. 避雷器

GIS 采用 SF_6 绝缘三相共筒罐式无间隙金属氧化物避雷器，其保护特性优异，残余电压低。

7. 母线

GIS 主母线为三相共箱式（部分母线与三工位开关共用），三相导体在壳体内呈品字形结构，导体通过绝缘子固定在外壳上。

8. 套管

GIS 与架空线连接使用充 SF_6 气体的瓷套管或硅橡胶套管，其外绝缘爬电比距为 25mm/kV（III

级污秽）或 31mm/kV（Ⅳ级污秽），安装方式有垂直安装或水平安装两种。

（二）GIS 二次系统

因为 GIS 的二次控制、测量和监视装置集中装设于就地控制柜中，所以就地控制柜既是 GIS 间隔内、外各元件之间进行电气联络的中继枢纽，也是对 GIS 设备进行现场控制、监视以及进行遥测、遥控、遥调、遥信的集中枢纽，对电气设备的正常运行起着非常重要的作用。

GIS 的就地控制柜一般具有就地操作、信号传输、保护和中继、对 GIS 各间隔气室进行监视等功能，主要功能如下：

（1）对间隔内一次设备（如断路器、三工位开关、快速接地开关等）实施就地-远方选择操作。既可实现在控制柜上对上述一次设备进行就地操作，又可在 GIS 正常运行时改为远方操作。

（2）监视断路器、三工位开关、接地开关的分合闸位置状态。

（3）监视各气室 SF_6 气体密度是否处于正常状态。

（4）监视断路器储能弹簧的储能状态。

（5）监视控制回路电源是否正常。

（6）显示 GIS一次电气设备的主接线形式及运行状态。

（7）实现 GIS 本间隔内各断路器、三工位开关、接地开关之间的电气联锁及间隔与间隔之间的电气联锁。

（8）监测 GIS 设备机构箱及端子箱内的温、湿度并自动投入加热除湿装置。

（9）作为 GIS 各元件间及 GIS 与主控室之间控制、信号的中继端子箱接收和发送信号。

二、SF_6 全封闭组合电器的运行规定

（1）SF_6 全封闭组合电器各气室 SF_6 气体年漏气率运行中小于或等于 1%，开关气室 SF_6 含水量小于或等于 150μL/L，其他气室 SF_6 含水量小于或等于 250μL/L。

（2）在 GIS 室内设备充装 SF_6 气体时，周围环境相对湿度应小于或等于 80%，同时必须开启通风系统，并避免 SF_6 气体泄漏到工作区。工作区空气中 SF_6 气体含量不得超过 1000μL/L。

（3）定期检查各气室中 SF_6 气体压力和外部环境温度，判断有无漏气倾向。

（4）开关切断故障或发生 SF_6 气体泄漏时，应开启全部通风系统，只有将室内彻底通风，SF_6 气体分解物排净后，才能进入 GIS 室，必须要戴防毒面具，穿防护服。

（5）开关室 SF_6 气体压力降低，发报警信号时，禁止分、合闸操作。

（6）当断路器在合闸位置时出现气动机构压力降低到压力闭锁时，断路器维持在合闸位置，此时应采取停用控制电源等措施，立即进行汇报处理。

（7）当 GIS 设备进行正常操作时，为了防止触电危险，禁止触及外壳，并保持一定距离。操作时禁止在设备外壳上进行任何工作。

（8）所有断路器的操作，正常情况下必须在控制室内利用监控机进行远方操作或用测控柜的操作把手进行远方操作，在远方控制出现故障或其他原因不能进行远方操作时，应征得相关负责人同意，才能到就地控制柜上进行操作。

（9）GIS 的断路器、隔离开关、接地开关一般情况下禁止手动操作，只有在检修、调试时经相关领导同意方能使用手动操作，操作时必须有专业人员在现场进行指导。

（10）当 GIS 设备某一间隔发出“闭锁”信号时，此间隔上禁止任何设备操作，结合设备异常信号和设备位置状态，查明原因，在原因没有分析清楚前，禁止进行任何操作；同时迅速向调度和工区汇报情况，通知检修人员处理，待处理正常后方可操作。

（11）操作GIS设备的接地开关无法验电，必须严格使用联锁功能，采用间接验电的方法，并加强监护；线路侧接地开关可在相应线路侧验电（电缆出线利用带电显示装置间接验电），变压器接地开关可在变压器侧验电。

（12）断路器转检修时，应断开测控屏“遥控”连接片。

第四节 隔离开关

培训目标

掌握隔离开关的结构、性能参数及运行要求等。

隔离开关是变电站中常用的电气设备，它需与断路器配合使用。隔离开关主要由导电部分、绝缘部分、操动机构三部分组成，比断路器少了灭弧装置。隔离开关触头裸露在空气中，有明显的开断点。因此，不能用它来开断负荷电流和短路电流。

一、隔离开关的用途

（1）隔离电源。将需要检修的电气设备与电源隔开，产生明显可见断开点，以保证检修工作的安全进行。

（2）倒闸操作。投入备用母线或旁路母线以及改变运行方式时，常用隔离开关配合断路器，协同操作来完成。

（3）分、合小电流。隔离开关具有一定的分、合小电感电流和电容电流的能力。

在实际操作中，既能用断路器开断也能用隔离开关开断的电路，用断路器开断。不能用试的方式确定隔离开关能否开断电路，否则，会引起严重的误操作。

二、隔离开关的基本要求和基本参数

按所担负的工作任务，隔离开关应满足以下基本要求：

（1）应具有明显可见的断开点，使检修、运行人员能清楚地观察隔离开关的分、合状态。

（2）断开点应具有可靠的绝缘，即使在恶劣的气候条件下，也不能发生漏电或闪络现象，以确保检修、运行人员的人身安全。

（3）应具有足够的短路稳定性。

（4）结构简单，动作可靠。

（5）隔离开关装有接地开关时，主隔离开关与接地开关之间应具有机械的或电气的联锁以保证“先断开主隔离开关，后闭合接地开关；先断开接地开关，后闭合主隔离开关”的操作顺序。

隔离开关的基本参数有额定电压、额定电流、动稳定电流、t秒热稳定电流等，各参数的意义与断路器相同。

三、隔离开关的结构

隔离开关按照不同的分类标准大致分为以下几种：

（1）按安装地点分为户内型和户外型两种。

（2）按绝缘支柱数量分为单柱式、双柱式、三柱式三种。

（3）按触头运动方式分水平回转式、垂直回转式、伸缩式（即折架式）三种。

（4）按接地形式分为不接地、单接地、双接地、三接地四种。其中单柱式隔离开关最多只能是单接地，双柱式、三柱式最多可以双接地，双柱式的动、静触头组合隔离开关最多可以三接地。

（一）单柱式隔离开关

单柱式隔离开关每极的静触头悬挂于母线或独立的支座上，其动触头都用单独的底座或框架支撑，其断口方向与底座平面垂直。单柱式隔离开关在分闸后形成垂直方向的绝缘单断口。

单柱式隔离开关可直接放置于母线正下方，作母线隔离开关用，既可节省占地面积又可节省引线。

下面以单柱单臂式户外高压隔离开关（以下简称隔离开关）为例介绍单柱式隔离开关的具体结构和动作原理，如图 2-14 所示。

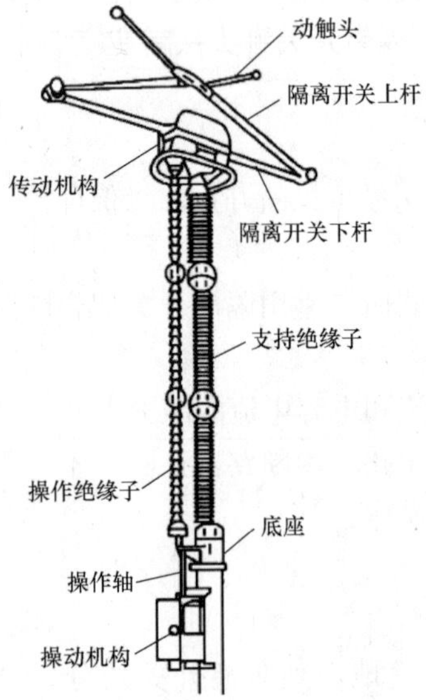

图 2-14 剪刀式隔离开关结构示意图

1. 结构简介

隔离开关主要由底座、支柱瓷瓶与旋转瓷瓶、动触头柱、静触头、接地刀闸及各自的操动机构组成。

导电部分由动触头、上下导电管、连轴节、操作杆等组成。在分闸位置时，上下导电管通过连轴节折叠在支柱瓷瓶顶部。

主隔离开关操动机构采用电动机操动机构操作；252kV 及以下的采用三相机械连动操作；252kV 以上的为单相操作，三相电气连动。接地开关一般由手动操动机构操作。

2. 动作原理

电动机通过减速装置将力矩传递给操动机构输出轴，再传给隔离开关操作绝缘子，带动导电隔离开关动作。

合闸过程：导电隔离开关的下导电管以基座转轴为圆心向上转动，上导电管以连轴节为圆心作圆周运动，使上下导电管串成直线，最终使动触头抓住静触头。分闸过程与此相反，上下导电管水平折叠在绝缘支柱顶部，保证断口的安全绝缘距离。

操作接地开关时，操动机构通过连杆将力矩传递给接地开关转轴，使导电杆以接地开关转轴为中心旋转，当动、静触头相接触后，动触头改变运动轨迹向上作直线运动，插入静触头，完成合闸动作；分闸与此相反。

主隔离开关与接地开关通过机械联锁装置与电气闭锁回路达到主分-地合、地分-主合。

（二）双柱式隔离开关

（1）双柱式隔离开关为断口方向与底座平面平行的隔离开关，它有三种基本结构形式。

第一种形式每极有两个可水平转动的触头，分别安装在单独的瓷柱上，且在两支柱之间接触。

第二种形式为单刀立开式结构，每极有一个可动触头和一个静触头，分别安装在单独的瓷柱上。

第三种形式为单臂水平伸缩式结构，每极有一个可动触头和一个静触头，分别安装在单独的瓷柱上，在分闸后形成水平方向的绝缘单断口。

（2）双柱式隔离开关分为双柱水平伸缩式和双柱水平开启式隔离开关两种。

1）双柱水平伸缩式隔离开关。其结构形式与单柱单臂式是完全一样的，只是运动方向不一样；双柱水平伸缩式隔离开关可以组成动、静触头组合隔离开关，这时就可组成三接地；也可与电流互感器组合成组合电器。隔离开关采用电动机操动机构操作；252kV及以下的采用三相机械连动操作；252kV以上的为单相操作，三相电气连动。

2）双柱水平开启式隔离开关。它主要由底座、支柱绝缘子及导电部部组成，接地开关与隔离开关之间设有机械联锁，能保证主分-地合、地分-主合的顺序动作。

图 2-15 所示为 GW4-110 型双柱式隔离开关。每相有两个绝缘支柱 1、2，既是支持瓷瓶又是绝缘瓷瓶，分别装在底座 13 两端的滚珠轴承上，并以交叉连杆 3 连接，可以水平转动。导电部分分成两半（隔离开关 6、7，触头 8，连接端子 9、10，挠性连接导体 11、12），分别固定在一个绝缘支柱的顶上，触头为指形，加罩以防雨、尘、冰、雪等。进行操作时，操动机构带动一个绝缘支柱转动 90°角，另一个支柱由于连杆传动也同时转动 90°角，于是隔离开关向同一侧断开或闭合。为使引出线不随支柱的转动而扭曲，在隔离开关与出线接线座之间装有滚珠轴承和可以导电的挠性连接。GW4 型双柱式隔离开关有 35～220kV 系列。

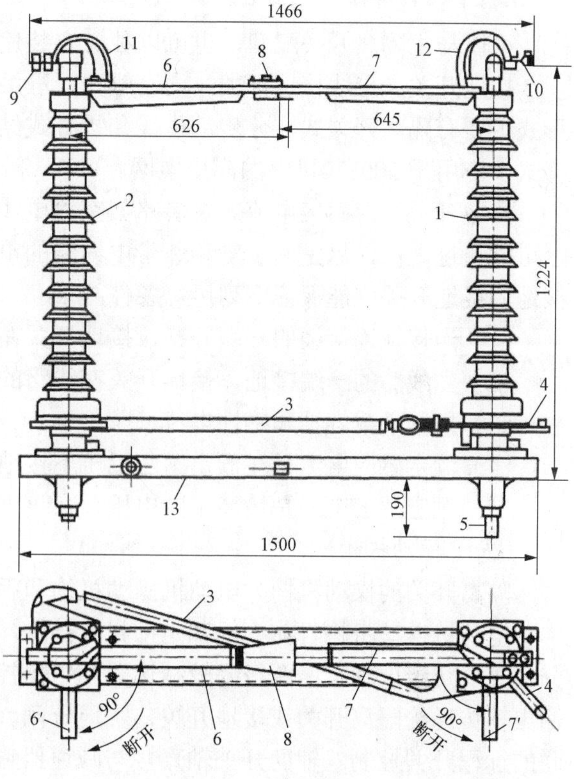

图 2-15　GW4-110 型双柱式隔离开关

1、2—绝缘支柱；3—连杆；4—操动机构的牵引杆；
5—绝缘支柱的轴；6、7—隔离开关；8—触头；
9、10—接线端子；11、12—挠性连接的导体；13—底座

隔离开关为双柱水平单断口，主导电部分分成左、右两部分，分别固定在支柱绝缘子的顶端，隔离开关主隔离开关操作时，由操动机构通过操作拐臂带动两侧绝缘子相对旋转 90°，合闸时接触部分基本在两个支柱绝缘子的中间，合闸时触头嵌入触指内。

隔离开关的接地开关由接地静触头和接地动触头组成，接地开关在分闸时处于底座的水平位置，接地开关与隔离开关之间设有机械联锁装置，能保证主分-地合、地分-主合的操作顺序动作。

（三）三柱式隔离开关

三柱式隔离开关具有两个相互串联的断口，其断口方向与底座平面平行，使导电回路在两处断开。隔离开关在分闸后形成平面方向的绝缘双断口，电流大的三柱式隔离开关一般都

做成翻转式结构；采用动触头主导电杆先摆动再转动（翻转），因此，导电接触部分增加了触指压力，因为分合闸因翻转动作克服了动触头插入时的阻力，所以不受增加触指压力的影响，操作比较灵活、轻便。

三柱式隔离开关由安装底座、支柱式绝缘子、旋转绝缘子、动触头导电杆、静触头、接地开关和操动机构等组成。隔离开关可配单接地或双接地，操动机构一般采用电动机操动机构和手动操动机构。三柱式隔离开关也可与电流互感器等组合成组合电器。

（四）接地开关

可以与主隔离开关配套，也可以独立安装使用。

接地开关（母线接地开关）由动触头、静触头、绝缘支柱、支架和操动机构组成。结构形式主要有隔离开关式、分步动作式和折叠式结构；动、静触头有破冰和触头自净能力。折叠式多应用于500kV以上的高压电网。

接地开关开合感应电流。在多路架空输电线布置的情况下，不带电并且接地的输电线路上可能通过电流，这是由于与相邻带电线路的电容和电感耦合的结果。因此，用于这些线路接地的接地开关应能保证下列运行条件：

（1）当接地连接线的一端开路，接地开关在线路的另一端操作时开断和关合容性电流。

（2）当线路的一端接地，接地开关在线路的另一端操作时开断和关合感性电流。

（3）持续承载容性和感性电流。

（4）额定感应电流是在额定感应电压下接地开关能够开合的最大电流。

（5）额定感应电压是最高工频电压，在该电压下接地开关能够开合额定感应电流。

（五）操动机构

隔离开关的操动机构分电动机操动机构和手动操动机构。

电动机操动机构目前一般都是密封式结构，采用油脂润滑，不需加油，免维护；传动部分由一台交流电动机、两级蜗轮减速器和电器控制元件组成。电动机的动力通过减速器，由输出轴传递给隔离开关或接地开关，实现分闸、合闸动作。输出轴的旋转角度靠两组两个串联的行程开关控制。辅助开关轴直接与减速器输出轴的下端相连。因此，辅助开关的转角与机构输出轴的转角是一致的。机构带有“就地”和“远方”切换开关，在就地操作时也可进行手动操作，手动操作与电动操作有一套电磁铁闭锁装置，当手柄插入手柄孔时，压下了闭锁微动开关电动操作控制回路被切断，电气部分有主隔离开关、接地开关的电气闭锁回路。为防止机构箱内产生凝露一般都装有一套带加热器的温度控制器。另外，在箱体内应有透气孔等。

四、隔离开关运行规定

（1）隔离开关在运行中一般采用就地进行分合操作，进行分合操作时应分相认真检查。

（2）正常运行时，远方/就地切换开关切至远方位置，并断开操作电源开关。

（3）隔离开关运行时，电流、电压不超过其额定值。

（4）隔离开关引弧指、导电管、传动机构、夹紧机构、均压环应完好；导电部位无过热现象；传动机构无卡涩；绝缘子无污秽、闪络。

（5）运行中隔离开关与断路器、接地开关的电气及机械闭锁应完善、可靠。

（6）隔离开关导电接触部位应涂有凡士林导电膏，传动变速部位涂黄干油，支持、转动瓷瓶涂 RTV（电力设备外绝缘用持久性就地成型防污闪复合涂料），均压环涂有相应相的相色漆。

五、隔离开关操动机构运行规定

（1）隔离开关操动机构箱应密封良好、透气孔良好，箱门无漏雨进水；内部电气接线正确、整齐，热继电器、接触器、辅助开关、限位开关完好，照明灯、门控开关完好。

（2）机构箱内各开关应标签齐全、正确，箱内各电器应无灰尘及小动物等杂物。

（3）操作电动机在85%～110%额定电压下应能正常运转。

（4）电动隔离开关操作完毕，应将操作电动机电源停用。

（5）在带电的隔离开关二次回路进行工作时，应采取足够的安全措施，防止隔离开关突然分闸，造成带负荷断开隔离开关的事故发生。

第五节 高压开关柜

培训目标

掌握高压开关柜的结构、性能参数及运行要求等。

高压开关柜是以断路器为主体，将其他电气元件按一定要求组装为一体的成套电气设备。开关柜除一次电器元件外，还包括控制、测量、保护和调整等方面的元件和电气连接辅件、外壳等，这些元件有机组合在一起即构成开关柜。高压开关柜大量应用在3～35kV系统。

一、分类

我国目前生产的3～35kV高压开关柜按结构形式可分为固定式和手车式两种。

固定式高压开关柜断路器安装位置固定，采用母线和线路的隔离开关作为断路器检修的隔离措施，结构简单；断路器室体积小，断路器维修不便；固定式高压开关柜中的各功能区是敞开相通的，容易造成故障范围的扩大。

手车式高压断路器安装于可移动手车上，断路器两侧使用一次插头与固定的母线侧、线路侧静插头构成导电回路，检修的隔离措施采用插头式的触头断路器手车可移出柜外检修。并且同类型断路器手车具有通用性，备用断路器手车可代替检修的断路器手车，以减少停电时间。手车式高压开关柜的各个功能区采用金属封闭或者采用绝缘板方式封闭，有一定的限制故障扩大的能力。

手车柜目前大体上可分为铠装型和间隔型两种。金属封闭铠装型开关柜采用金属板材组成全封闭结构，各小室间均采用金属板材作隔离；而金属封闭间隔式开关柜柜体结构与金属封闭铠装型开关柜基本相同，但部分间隔使用绝缘板。间隔型比铠装型造价低，深度尺寸小，可简化触头盒和活门结构。但从整个开关柜的造价比例看，间隔型节省造价不多，而安全等级要比铠装型低得多。因此，近几年来铠装型柜应用较多而间隔柜较少。

铠装型手车的位置可分为落地式和中置式两种。落地式的主要特点是落地手车易于兼容SF_6、真空断路器，配置弹簧操动机构，制造工艺较中置式要求低，手车进、出和停放方便，便于维修。中置式开关柜是在真空、SF_6断路器小型化后设计出的产品，小车断路器导轨置于中间隔层。手车小型化后，有利于手车的互换性和经济性，提高了电缆终端的高度，符合用户的要求；同时，也使柜体尺寸（宽度）大为缩小；可实现单面维护。总的来讲，中置柜的使用性能有所提高，近几年来国内外推出的新柜型以中置式居多。

二、“五防”的功能

防止电气误操作和保证人身安全，要求高压开关柜具有“五防”的功能：

（1）防止误分、误合断路器。

（2）防止带负荷将手车拉出或者推进。

（3）防止带电将接地开关合闸。

（4）防止接地开关在合闸位置合断路器。

（5）防止进入带电的开关柜内部。

三、金属铠装中置式高压开关柜

中置式开关柜近年来很受欢迎，其小车断路器导轨置于中间隔层，断路器隔离插头中心线对中问题易保证，具有精度高、互换性强等优点。

图 2-16 和图 2-17 所示分别为 KYN28A-12（GZS1）交流金属铠装中置式开关柜外形图及内部结构图。它是 3～10kV 单母线及单母线分段系统普遍采用的成套配电装置。KYN28A-12（GZS1）交流金属铠装中置式开关柜主要用于发电厂变电站、工矿企业，作为受电、送电及大型高压电动机启动的控制、保护及监测之用。其整体是由柜体和中置式可抽出部件（即手车）两大部分组成，柜体分四个单独的隔室。开关柜的主要电气元件都有其独立的隔室，即断路器隔室、母线隔室、电缆隔室、继电器仪表室。除继电器室外，其他三隔室都分别有其泄压通道。由于采用了中置式形式，电缆室高度大大增加，所以设备可接多路电缆。具有架

图 2-16　KYN28A-12（GZS1）交流金属铠装中置式开关柜外形图

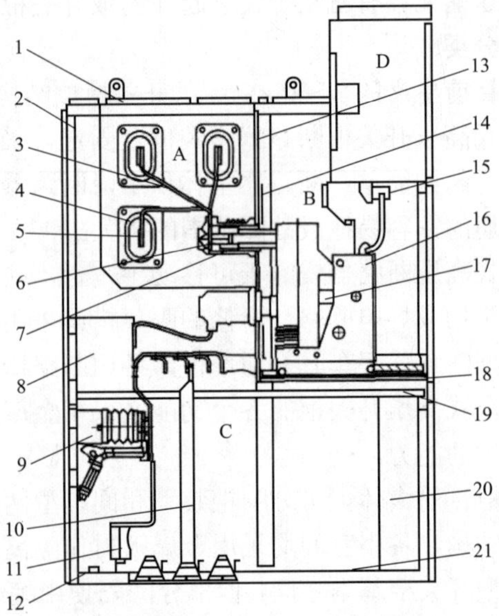

图 2-17　KYN28A-12（GZS1）交流金属铠装中置式开关柜内部结构图

1—泄压装置；2—外壳；3—分支小母线；4—套管；5—主母线；6—静触头装置；7—静触头盒；8—TA；9—接地开关；10—电缆；11—避雷器；12—接地主母线；13—隔板；14—活门；15—二次插头；16—手车；17—加热装置；18—可抽出式隔板；19—接地开关操动机构；20—控制小线槽；21—底板

空进出线、电缆进出线及其他功能方案，经排列、组合后能成为各种方案形式的配电装置。开关柜可以从正面进行安装调试和维护，因此，它可以背靠背组成双重排列和靠墙安装，提高开关设备的安全性、灵活性，减少了占地面积。整体精度高、质量轻、机械强度高、外形美观。

四、手车式开关柜运行操作规定

（1）断路器的大修、维护周期按制造厂家规定进行。

（2）断路器检修后投入运行前，应对跳合闸及重合闸各试验一次。

（3）小车断路器的跳合闸试验，应将手车开关推至“试验位置”进行，开关运行中不允许就地手动分、合闸。

（4）小车断路器送电时，必须将小车断路器推至（摇至）“运行位置”，并确定上、下触头接触良好后，方可合上开关。

（5）开关柜运行中严禁装拆后封板。

（6）推、拉、摇小车断路器必须在断路器分闸后进行。

（7）开关柜被隔板分割成开关室、母线室、电缆室、仪表室，各室应密封良好、闭锁可靠。

（8）操作前及合线路侧接地开关前应检查带电显示装置指示正确。

（9）更换 10、35kV TV 高压熔断器时，应将 TV 柜拉至（摇至）“检修位置”，然后用临时地线放电，再进行更换高压熔断器的工作。

（10）小车断路器在由试验位置推至（摇至）工作位置前应检查开关确在分闸位置且未储能，并将储能电源停用。小车断路器由试验位置推至（摇至）工作位置后，再将储能电源合上进行机构储能。

（11）10kV 小车断路器需拉出检修时，应将手车托盘推至开关柜前，将托盘前左右两个固定插头插入开关柜固定孔内，并将托盘中间固定钩固定在盘前固定孔内，两手将手车拉把向内拉入，再向外拉出手车至托盘上，托盘高度可根据实际情况进行调整。

（12）检查断路器分、合闸位置与实际位置对应，柜门锁好。

（13）柜内照明正常，加热器按规定投入并工作正常。

第六节　互　感　器

培训目标

掌握电压互感器和电流互感器的结构、性能参数及运行要求等。

互感器是联系一、二次系统的中间设备，能按一定的比例将高电压和大电流降低，提供给测量、计量、继电保护及自动装置使用。互感器包括电流互感器和电压互感器。因为同一母线上的电压基本相等，所以电压互感器一般按母线安装；因为每个间隔的电流各不相同，所以电流互感器按间隔安装。

互感器是一种特殊的变压器，其工作原理与变压器相同，包括电压互感器和电流互感器。电压互感器和电流互感器的原理接线图如图 2-18 所示。电压互感器 TV 的一次侧绕组并联接在被测的一次电路中，将高电压变成低电压，二次侧绕组与测量仪表或继电器的电压线圈并联，二次侧的额定电压为 100V 或 $100/\sqrt{3}$ V；电流互感器 TA 的一次侧绕组串联于被测的一次电路中，将大电流变成小电流，二次测绕组与测量仪表或继电器的电流线圈串联，二次侧的额定电流为 5A 或 1A。

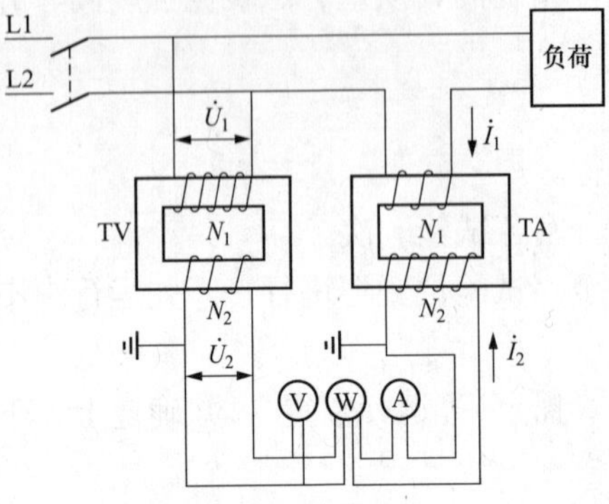

图 2-18 电压互感器和电流互感器的原理接线图

互感器为一次系统和二次系统间的联络元件，其作用如下。

（1）将一次系统的高电压和大电流变换成二次系统的低电压和小电流，用以分别向测量仪表、继电器的电压线圈和电流线圈供电，正确反映电气设备的正常运行参数和故障情况。

（2）能使测量仪表和继电器等二次侧的设备与一次侧高压设备在电气方面隔离，以保证工作人员的安全。

（3）能使测量仪表和继电器等二次设备实现标准化、小型化而且结构轻巧、价格便宜、便于屏内安装。

（4）能够采用低压小截面控制电缆，实现远距离测量和控制。

（5）当一次系统发生短路故障时，能够保护测量仪表和继电器等二次设备免受大电流的损害。

为了确保人在接触测量仪表和继电器时的安全，互感器的二次绕组必须接地。这样可以防止互感器绝缘损坏，高电压传到低电压侧时，在仪表和继电器上出现危险的高电压。

一、电流互感器

电流互感器将一次的大电流变换为标准的小电流（5A 或 1A）。

1. 分类

（1）按安装方式可分为穿墙式、支持式和套管式。

（2）按绝缘可分为干式、浇注式、油浸式和气体绝缘式。

（3）按一次绕组匝数可分为单匝式和多匝式。

（4）按电流变换原理分为电磁式和电子式。

2. 结构特点

110、220kV 电流互感器广泛使用单匝 U 字形绕组，为了使电场均匀分布，在一次绕组 U 形铝管上包扎成电容型绝缘，即缠绕一定厚度的电缆纸后，包一层铝箔纸，最外一层铝箔纸为末屏，铝管与末屏间形成若干个串联电容器，因此，运行中末屏必须接地。有些电流互感器具有多个没有磁联系的独立铁芯，一次绕组是公共的，而每个铁芯上都有一个二次绕组，变比可相同或不同，由此可得到不同准确度和特性的电流互感器。保护和测量装置所需要的电流互感器特性是不同的，比如保护用电流互感器在系统发生故障时，为了快速正确动作，希望其尽快饱和，以免大电流通过仪表造成损坏。

3. 误差及准确度等级

1）比差$\Delta I\%$。其是指经电流互感器二次表计测出的一次电流与实际一次电流的差值与实际一次电流之比的百分数。

2）角差δ。其是指二次电流相量旋转 180°后与一次电流相量之间的夹角，并且规定二次电流超前时，角度为正。

3）复合误差。其是指二次电流瞬时值乘以变比与一次电流瞬时值的差值，再与额定电流之比的百分数。

电流互感器的准确度等级一般是按100%～120%额定电流时比差的数值来确定，如0.25、0.5级；对于保护用电流互感器，准确度等级考量的是复合误差，现在用 P 表示，如10P20表示在20倍额定电流下，复合误差不大于±10%。

4. 工作原理

电力系统中广泛采用的是电磁式电流互感器，它的工作原理和变压器相似，但其用途与变压器完全不同。电流互感器的原理接线如图2-16所示。电流互感器有以下特点：

（1）电流互感器的一次绕组（原绕组）串联在电路中，并且匝数很少。因此，一次绕组中的电流完全取决于被测电路的一次负荷电流，而与电流互感器二次电流无关。

（2）电流互感器的二次绕组（副绕组）与测量仪表、继电器等的电流线圈串联，由于测量仪表和继电器等元件的电流线圈阻抗都很小，电流互感器的正常工作方式接近于短路状态。

电流互感器一次额定电流 I_{1N} 和二次额定电流 I_{2N} 之比称为电流互感器的额定变流比，用 K_i 表示，即

$$K_i = \frac{I_{1N}}{I_{2N}} \approx \frac{N_2}{N_1}$$

式中 N_1、N_2——电流互感器一次绕组和二次绕组的匝数。

由于电流互感器二次额定电流通常为5A或1A，设计电流互感器时，已将其一次额定电流标准化（如100、300、600、800、1000、1250、1600、2000A等），所以电流互感器的变流比是标准化的。

5. 电流互感器的运行规定

（1）运行中的电流互感器二次侧禁止开路，备用的二次绕组应短接接地。

（2）各连接良好无过热现象，瓷质无闪络。

（3）电流互感器端子箱内的二次连接片应连接良好，严禁随意拆动。

（4）运行中的电流互感器的二次侧只允许有一处接地点，其他地方不得有接地点。

（5）SF_6 绝缘电流互感器释压动作时，应立即断开电源，进行检修。

（6）电流互感器的二次连接片操作顺序是先短接，后断开。

（7）6kV及以上电流互感器一次侧用1000～2500V绝缘电阻表测量，其绝缘电阻值不低于50MΩ；二次侧用1000V绝缘电阻表测量，其绝缘电阻值不低于1MΩ；0.4kV电压、电流互感器用500V绝缘电阻表测量，其值不低于0.5MΩ。

（8）电流互感器允许在设备最高电流下和额定电流下长期运行。

（9）电容型电流互感器一次绕组的末（地）屏必须可靠接地。

（10）倒立式电流互感器二次绕组屏蔽罩的接地端子必须可靠接地。

（11）三相电流互感器一相在运行中损坏，更换时要选用电压等级、电流比、二次绕组、二次额定输出、准确级、准确限值系数等技术参数相同，保护绕组伏安特性无明显差别的互感器，并进行试验合格，以满足运行要求。

（12）66kV及以上电磁式油浸互感器应装设膨胀器或隔膜密封，应有便于观察的油位指示器，并有最低和最高限值标志。

二、电压互感器

按照工作原理，电压互感器可分为电磁式和电容分压式两种。目前，电力系统广泛应用的电压互感器，电压等级为110kV及以下时，多为电磁式电压互感器，220kV及以上时，多采用电容分压式电压互感器。

电磁式电压互感器是根据电磁感应原理，利用一、二次绕组匝数不同实现电压的变换；电容式电压互感器是先利用电容分压器分压，再经中间电磁式电压互感器降压实现电压的变换。电压互感器有2～3个二次绕组，分为基本绕组和辅助绕组，基本绕组接成星形，提供给保护和测量装置使用，辅助绕组接成开口三角形，提供给接地保护使用。一般基本绕组的额定相电压均为100/$\sqrt{3}$V，而辅助绕组的额定相电压却与电压等级有关，应用在大电流接地系统中额定电压为100V，应用在小电流接地系统中额定电压为100/3V，其目的是为了发生单相接地故障时，在开口三角处都能得到100V的电压。而当大电流接地系统失去接地点运行时，发生单相接地故障，开口三角处的电压理论上为300V，因此，间隙过电压保护一般定值为150V或180V。

1. 电磁式电压互感器工作原理

电磁式电压互感器的工作原理、构造和连接方法都与变压器相同。其主要区别在于电压互感器的容量很小，通常只有几十到几百伏安。电压互感器原理接线如图2-18所示。

电压互感器一次额定电压U_{1N}和二次额定电压U_{2N}之比称为电压互感器的额定电压比，用K_u表示，K_u近似等于一、二次绕组的匝数比，即

$$K_u = \frac{U_{1N}}{U_{2N}} \approx \frac{N_1}{N_2}$$

式中　N_1、N_2——电压互感器一次绕组和二次绕组的匝数。

由于电压互感器一次额定电压是电网的额定电压，已标准化（如10、35、66、110、220、330、500kV等）。二次额定电压已统一为100V（或100/$\sqrt{3}$V），所以电压互感器的变压比也是标准化的。

电压互感器与电力变压器相比，其工作状态有以下特点：

（1）电压互感器一次侧的电压（即电网电压），不受互感器二次侧负荷的影响，并且在大多数情下，二次侧负荷是恒定的。

（2）电压互感器二次侧所接的负荷是测量仪表和继电器的电压线圈，它们的阻抗很大，因此，电压互感器的正常工作方式接近于空载状态。必须指出，电压互感器二次侧不允许短路，因为短路电流大，会烧坏电压互感器。

2. 电容式电压互感器

随着电力系统输电电压的增高，电磁式电压互感器的体积就越来越大，成本也越来越高，因此，电容式电压互感器应运而生。它是利用电容分压原理实现电压变换。电容式电压互感器原理如图2-19所示。

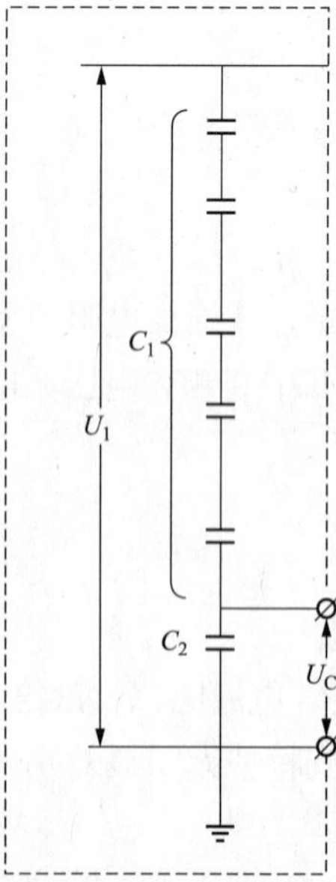

图2-19　电容式电压互感器原理图

$$K=C_1/(C_1+C_2)$$

$$U_{C2}=C_1/(C_1+C_2)\times U_1=K\times U_1$$

式中 K——分压比。

改变 C_1 和 C_2 的比值，可得到不同的分压比。此类型 PT 被广泛应用于 110～500kV 及以上中性点接地系统中。

电容式电压互感器由相互绝缘的一次绕组、二次绕组、铁芯以及构架、壳体、接线端子等组成，其结构如图 2-20 所示。

3. 电压互感器的运行规定

（1）运行中的电压互感器严禁二次短路，不得长期过电压、过负荷运行。

（2）电磁式电压互感器一次绕组 N 端必须可靠接地，电容式电压互感器的电容分压器低压端子须直接接地或通过载波回路线圈接地。

（3）电容式电压互感器断开电源后，须将导电部分多次放电，方可接触。

（4）在停用运行中的电压互感器之前，必须先将该组电压互感器所带的负荷全部切至另一组电压互感器。否则，须经调度值班员批准，将该组电压互感器所带的保护及自动装置暂时退出，然后再退出电压互感器。

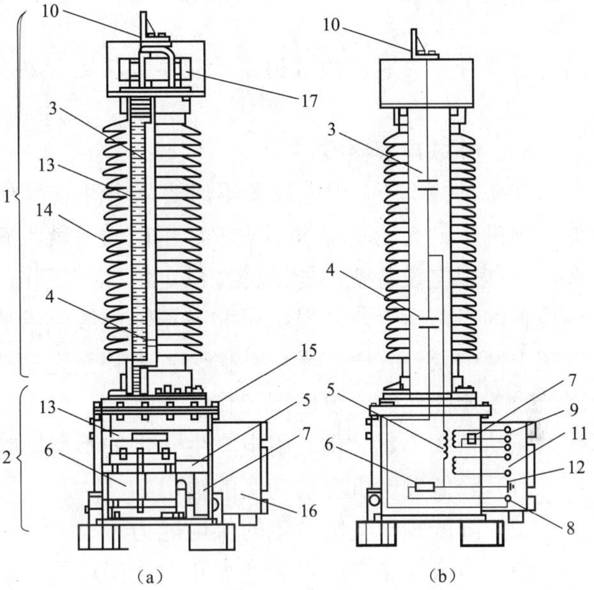

图 2-20 电压互感器结构示意

（a）典型结构原理；（b）典型电气连接原理

1—电容分压器；2—电磁单元；3—高压电容；4—中压电容；5—中间变压器；6—补偿电抗器；7—阻尼器；8—电容分压器低压端；9—阻尼器连接线；10——次接线端；11—二次输出端；12—接地端；13—绝缘油；14—电容分压器瓷套管；15—电磁单元箱体；16—端子箱；17—外置式金属膨胀器

（5）在切换电压互感器二次负荷的操作中，应注意先将电压互感器一次侧并列运行，再切换二次负荷。

（6）电压互感器退出运行前，下列保护应退出：距离保护、方向保护、低电压闭锁（复压闭锁）保护、低电压保护、过励磁保护、阻抗保护。

（7）停用电压互感器必须先断开二次开关、再拉开一次隔离开关，以防反充电。

（8）线路停电检修时必须取下线路电压互感器二次熔断器（或断开空气断路器）。

（9）电压互感器停电或二次回路断开，若一时不能恢复，可参考电流表和相关的表计计算电量。

（10）电压互感器停电时的操作顺序：拉开二次开关（取下二次熔断器），拉开一次侧隔离开关，验电，合上接地开关。电压互感器送电时操作顺序相反。

（11）新投入或大修后的可能变动的电压互感器必须定相。

（12）电压互感器的各个二次绕组必须有可靠的保护接地，且只允许有一个接地点。

（13）电容式电压互感器的电容分压器单元、电磁装置、阻尼器等在出厂时，均经过调整误差后配套使用，安装时不得互换，运行中如发生电容分压器单元损坏，更换时应注意重新调整互感器误差；互感器的外接阻尼器必须接入，否则不得投入运行。

（14）停运半年及以上的互感器应按有关规定试验检查合格后方可投运。

第七节　并 联 电 容 器

培训目标

掌握并联电容器的结构、性能参数及运行要求等。

一、并联电容器概述

在正常情况下，用电设备不但要从电源取得有功功率，同时还需要从电源取得无功功率。如果电网中的无功功率供不应求，用电设备就没有足够的无功功率来建立正常的电磁场，那么，这些用电设备就不能维持在额定情况下工作，用电设备的端电压就要下降，从而影响用电设备的正常运行。从发电机和高压输电线供给的无功功率，远远满足不了负荷的需要，所以在电网中要设置一些无功补偿装置来补充无功功率，以保证用户对无功功率的需要，这样用电设备才能在额定电压下工作。

无功功率不足对供、用电产生一定的不良影响，主要表现为：

（1）降低发电机有功功率的输出。

（2）降低输、变电设备的供电能力。

（3）造成线路电压损失增大和电能损耗的增加。

（4）造成低功率因数运行和电压下降，使电气设备容量得不到充分发挥。

电容器可分为纸膜电容器和金属化电容器。电容器由外壳和芯子组成，外壳用薄钢板密封焊接而成，外壳盖上焊有出线瓷套管，在两侧壁上焊有供安装的吊攀，一侧吊攀上装有接地螺栓；芯子由若干个元件和绝缘件叠压而成，元件用电容器纸或膜纸复合，或用纯薄膜作介质和铝铂作极板卷制而成。为适应各种电压，元件可接成串联或并联。电容器内部设有放电电阻，电容器从电网断开后能自行放电。

电容器的型号含义如下：

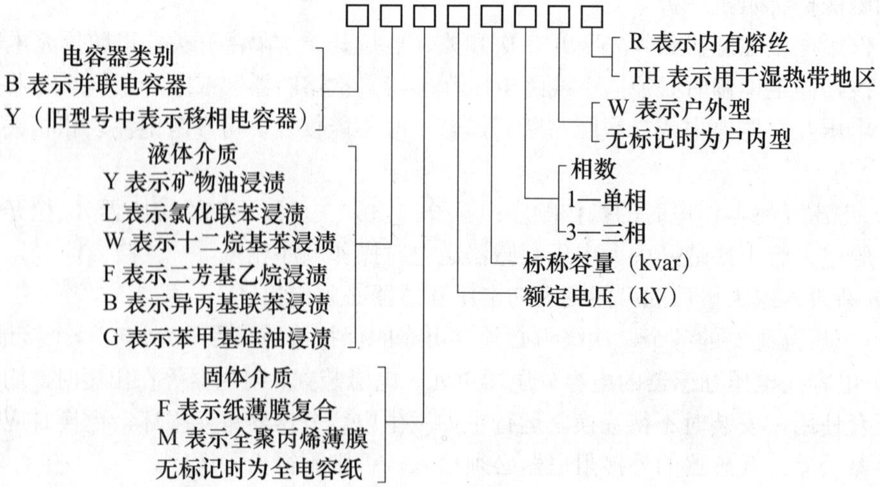

二、并联电容器提高功率因数的原理

交流电路中，纯电阻电路负载中的电流 I_R 与电压 U 同相位，纯电感负载中的电流 I_L 滞后电压 90°。而纯电容的电流 I_C 则超前于电压 90°。可见，电容中的电流与电感中的电流相差 180°，能够互相抵消。电力系统中的负载，大部分是感性的，因此，总电流 I 将滞后于电压 U 一个角度 φ。如果将并联电容器与负载并联，则电容器的电流 I_C 将抵消一部分电感电流，从而使电感电流 I_L 减小到 I_L'，总电流从 I 减少到 I'，功率因数将由 $\cos\varphi_1$ 提高到 $\cos\varphi_2$，这就是并联补偿的原理，如图 2-21 所示。

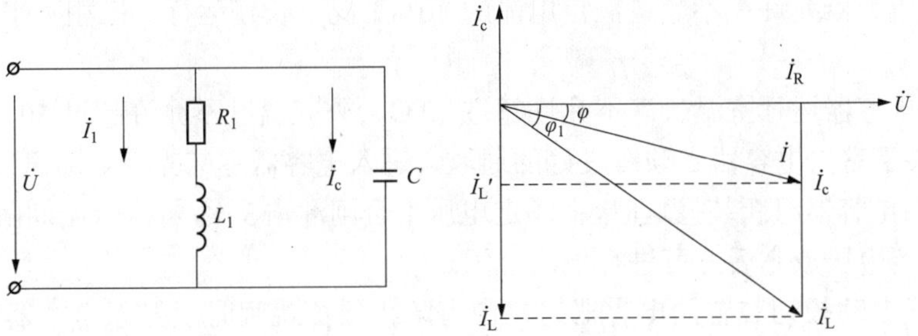

图 2-21　并联补偿的原理图

三、并联电容器在电力系统中的作用

（1）补偿无功功率，提高功率因数。

（2）增加电网的传输能力，提高设备的利用率。

（3）降低线路损耗和变压器有功损耗。

（4）减少设备容量。

（5）改善电压质量。

并联电容器的作用主要是进行无功补偿，调整电网电压，提高功率因数。并联电容器组包括电容器及其配套设备（如串联电抗器、放电线圈等）。串联电抗器的电抗百分数是根据其作用进行选择的，只用于限制合闸涌流时，可选 1%的电抗器；主要用于限制五次谐波时，可选 4%～6%的电抗器；主要用于限制三次谐波时，可选 12%～13%的电抗器。

四、高压并联电容器的运行要求

（1）电容器装置必须按照有关消防规定设置消防设施，并设有总的消防通道。

（2）电容器室不宜设置采光玻璃，门应向外开启。相邻两电容器的门应能向两个方向开启。

（3）电容器室的进、排风口应有防止风雨和小动物进入的措施。

（4）运行中的电抗器室温度不应超过 35℃，当室温超过 35℃时，干式三相重叠安装的电抗器线圈表面温度不应超过 85℃，单独安装不应超过 75℃。

（5）运行中的电抗器室不应堆放铁件、杂物，且通风口也不应堵塞，门窗应严密。

（6）电容器组电缆投运前应定相，应检查电缆头接地良好，并有相色标志。两根以上电缆两端应有明显的编号标志，带负荷后应测量负荷分配是否适当。在运行中需加强监视，一般可用红外线测温仪测量温度，在检修时，应检查各接触面的表面情况。停电超过一个星期不满一个月的电缆，在重新投入运行前，应用绝缘电阻表测量绝缘电阻。

（7）电力电容器允许在额定电压的±5%波动范围内长期运行。电力电容器过电压倍数及运行持续时间按表 2-5 执行，尽量避免在低于额定电压下运行。

表 2-5　　电力电容器过电压倍数及运行持续时间

过电压倍数（U_g/U_N）	持续时间	说　明	过电压倍数（U_g/U_N）	持续时间	说　明
1.05	连续		1.20	5min	轻荷载时电压升高
1.10	每24h中8h		1.30	1min	
1.15	每24h中30min	系统电压调整与波动			

注　U_g为工作电压；U_N为额定电压。

（8）电力电容器允许在不超过额定电流的30%工况下长期运行。三相不平衡电流不应超过±5%。

（9）电力电容器运行室温最高不允许超过40℃，外壳温度不允许超过50℃。

（10）安装于室内电容器必须有良好的通风，进入电容器室应先开启通风装置。

（11）电力电容器组新装投运时，在额定电压下合闸冲击3次，每次合闸间隔时间为5min，应将电容器残留电压放完后方可进行下次合闸。

（12）装设自动投切装置的电容器组，应有防止保护跳闸时误投入电容器装置的闭锁回路，并应设置操作解除控制开关。

（13）电容器熔断器熔丝的额定电流按不小于电容器额定电流的1.43倍选择。

（14）在出现保护跳闸或因环境温度长时间超过允许温度，以及电容器大量渗油时禁止合闸；电容器温度低于下限温度时，避免投入操作。

（15）电容器正常运行时，应保证每季度进行一次红外成像测温，运行人员每周进行一次测温，以便于及时发现设备存在的隐患，保证设备安全、可靠运行。

第八节　消　弧　线　圈

培训目标

掌握消弧线圈的结构、作用、性能参数及运行要求等。

中性点不接地系统单相接地时，由于没有形成短路回路，流入接地点的电流是非故障相的电容电流之和，该值不大，且三相线电压不变且对称，不必切除接地相，允许继续运行，因此，供电可靠性高，但其他两条完好相对地电压升到线电压，是正常时的$\sqrt{3}$倍，因此绝缘水平要求高，增加绝缘费用，对无线通信有一定影响。

中性点经消弧线圈接地方式，就是在中性点和大地之间接入一个电感消弧线圈。该方式在系统发生单相接地故障时，利用消弧线圈中的电感电流对接地电容电流进行补偿，使得流过接地点的电流减小，从而使电弧自行熄灭。消弧线圈是一个带铁芯的电抗线圈。正常运行时，由于中性点对地电压为零，消弧线圈上无电流。发生单相接地故障后，接地点与消弧线圈的接地点形成短路电流。中性点电压升高为相电压，作用在消弧线圈上，将产生一感性电流，在接地故障处，该电感电流与接地故障点处的电容电流相抵消，从而减少了接地点的电流，使电弧易于自行熄灭，提高了用电可靠性。

$$\dot{I}_D = \dot{I}_L + \dot{I}_{C\Sigma}$$

式中　$\dot{I}_D$——接地点电流；

$\dot{I}_L$——电感电流；

$\dot{I}_{C\Sigma}$——单相接地电容电流。

一、消弧线圈的结构及作用

图 2-22　消弧线圈

消弧线圈的作用是补偿系统发生单相接地时流过故障点的接地电容电流，使接地故障点形成的电弧自然熄灭，保持系统继续运行。消弧线圈的结构与单相变压器的结构相似，如图 2-22 所示。一般为油浸自冷式，由铁芯、绕组、油箱、套管、玻璃管油位计、信号温度计、呼吸器和气体继电器等组成。消弧线圈的电阻很小，电抗很大，铁芯和绕组均浸泡在油箱中，引线经套管引出。铁芯为均匀多间隙铁芯柱结构，在铁芯柱的间隙中填满绝缘纸板；间隙的作用主要是为了避免铁芯的磁饱和，并能得到一个比较稳定的电抗值，使补偿电流与电压呈线性关系，从而使消弧线圈能保持有效的消弧作用。消弧线圈接地网中单相接地时的电流分布如图 2-23 所示。

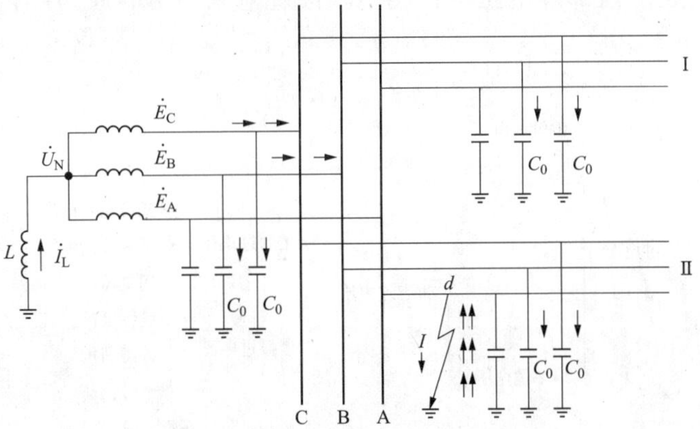

图 2-23　消弧线圈接地电网中单相接地时的电流分布图

为了改变消弧线圈的电抗值，66kV 消弧线圈一般具有 9 或 14 个分接头可供调节电抗值。为了测量消弧线圈的端电压和补偿电流，消弧线圈内部还装有电压互感器和电流互感器。电压互感器二次绕组的电压为 100V，额定电流为 10A。电流互感器安装于接地端，其二次侧额定电流为 5A。此外，在电压互感器二次侧还装有接地信号装置，当电力系统有接地故障或中性点电位位移过大时，保护装置动作，发出告警信号。

二、消弧线圈的运行要求

（1）消弧线圈应有标明基本技术参数的铭牌标志，技术参数必须满足装设地点运行工况的要求。

（2）消弧线圈应有明显的接地符号标志，接地端子应与设备底座可靠连接。接地螺栓直径应不小于 12mm，引下线截面应满足安装地点短路电流的要求。

（3）消弧线圈装置本体及附件的安装位置应在变电站避雷针保护范围之内。

（4）停运半年及以上的消弧线圈装置应按有关规定试验检查合格后方可投运。

（5）消弧线圈装置投入运行前，调度部门必须按系统的要求调整保护定值，确定运行挡位。

（6）中性点经消弧线圈接地系统，应运行于过补偿状态。

（7）中性点位移电压小于 15%相电压时，允许长期运行。

（8）运行人员每半年进行一次消弧线圈装置运行工况的分析。分析的内容包括系统接地的次数、起止时间、故障原因、整套装置是否正常等，并上报相关部门。

第九节 避 雷 器

培训目标

掌握避雷器的结构、作用、性能参数及运行要求等。

一、过电压的类型

电气设备在运行中承受的过电压，主要有来自外部的雷电过电压和由于电力系统内部电磁能积聚、转换引起的内部过电压两种类型。按过电压产生的原因，它们可大致分为如图 2-24 所示几类。

- 过电压
  - 雷电过电压
    - 直击雷过电压
    - 感应雷过电压
    - 侵入雷电波过电压
  - 内部过电压
    - 暂态过电压
      - 工频过电压
        - 长线电容效应
        - 不对称接地故障
        - 用负荷
      - 谐振过电压
        - 线性谐振
        - 铁磁谐振
        - 参数谐振
    - 操作过电压
      - 操作电容负荷过电压
      - 操作电感负荷过电压
      - 解列过电压
      - 间歇电弧过电压

图 2-24　过电压的类型

二、避雷器性能参数

变电站中为防止雷直击于电气设备装设避雷针。用避雷针保护以后，电力设备几乎可以免受直接雷击。但是长达数十、数百公里的输电线路，虽然有避雷线保护，但由于雷电的绕击和反击，仍不能完全避免输电线上遭受大气过电压的侵袭，其幅值可达一、二百万伏。此过电压波还会沿着输电线侵入变电站，直接危及变压器等电气设备，造成事故，因此，需要配置避雷器。避雷器的作用是防止雷电波沿线路侵入变电站危害电气设备绝缘，它必须与被保护设备并联，避雷器的冲击放电电压要低于被保护设备的绝缘击穿电压。当出现危及被保护设备的过电压时，避雷器动作，对地放电，从而限制了被保护设备上的过电压数值。

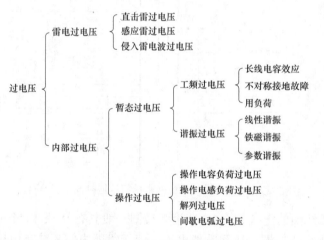

目前，使用的避雷器主要有四种类型：保护间隙、排气式避雷器、阀式避雷器、金属氧化物避雷器；新建变电站中广泛采用金属氧化物避雷器。金属氧化物避雷器（MOA）是 20 世纪 70 年代发展起来的一种新型过电压保护设备，它由封装在瓷套（或硅橡胶等合成材料护套）内的若干非线性电阻阀片串联组成。其阀片以氧化锌为主要原料，并配以其他金属氧化物，因此又称为氧化锌（ZnO）避雷器。

1. 金属氧化物避雷器的伏安特性

金属氧化物避雷器具有优异的非线性伏安特性，在正常工作电压的作用下，其阻值很大，通过的泄漏电流很小（在 10^{-5}A 以下），而在过电压的作用下，阻值会急剧变小。氧化物避雷器阀片的伏安特性可表示为

$$u = Ci^{\alpha}$$

式中 C——常数，等于阀片上流过 1A 电流时的压降，其值取决于阀片的材料和尺寸；

α——非线性系数。

氧化锌阀片的伏安特性如图 2-25 所示，伏安特性可分三个典型区域。区域Ⅰ是小电流区，电流在 1mA 以下，非线性系数较高，α约为 0.2，故曲线较陡峭，在正常运行电压下，氧化锌阀片工作于此小电流区。区域Ⅱ为工作电流区，电流为 10^{-3}～3×10^{3}A，非线性系数大大降低，α为 0.02～0.04，此区域内曲线较平坦，呈现出理想的非线性关系，因此此区域也称为非线性区。区域Ⅲ为饱和电流区，随电压的增加电流增长不快，α约为 0.1，非线性减弱。

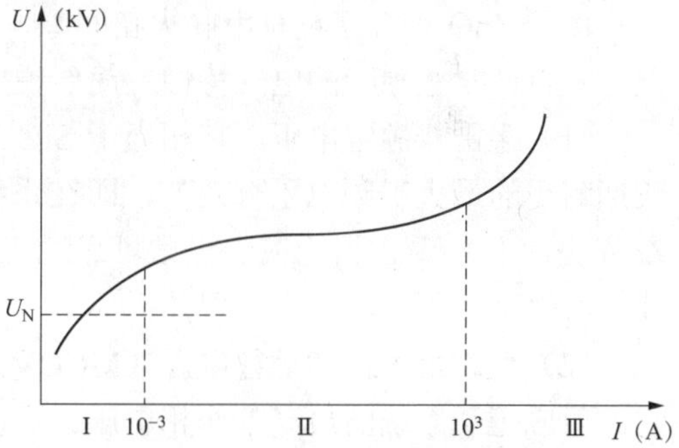

图 2-25 氧化锌阀片的伏安特性

氧化锌阀片比碳化硅阀片有非常优异的伏安特性，两者的伏安特性曲线比较如图 2-26 所示。通过对比可见，在 I =10^{4}A 时两者的残压基本相等；在相电压下，SiC 阀片将流过幅值达数百安的电流，必须用火花间隙加以隔离，而 ZnO 阀片在相电压下流过的电流数量级只有 10^{-5}A。因此，用这种阀片制成的 ZnO 避雷器可以省去串联的火花间隙，成为无间隙避雷器。

由图 2-25 可见，在额定电压下，流过氧化锌阀片的电流仅为 10^{-5}A 以下，实际上阀片相当于绝缘体，因此，它可以不用串联火花间隙来隔离工作电压与阀片。当作用在氧化锌避雷器上的电压超过一定值（称其为启动电压）时，阀片“导通”，将冲击电流通过阀片泄入地中，此时，其残压不会超过被保护设备的耐压，从而达到了过电压保护的目的。此后，当工频电压降到启动电压以下时，阀片自动终止“导通”状态，恢复绝缘状态。因此，整个过程中不存在电弧的燃烧与熄灭问题。

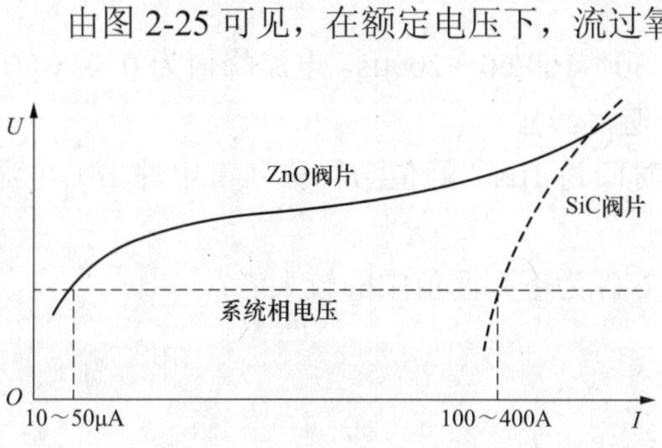

图 2-26 氧化锌阀片比碳化硅阀片伏安特性的比较

不过有些氧化锌避雷器内仍存在间隙，但不是那种与工作电阻串联的火花间隙，而是跨

接在部分阀片上的并联间隙。这是因为 ZnO 阀片在大电流时伏安特性有上翘的趋势（a 变大），如图 2-25 所示。为了进一步降低大电流时的残压，我国和国外某些产品采用均匀电场短间隙并联在一部分 ZnO 阀片上，一旦残压超过允许值，这个并联间隙立即放电而短接了部分阀片，如图 2-27 所示。正常运行时，由 R_1 和 R_2 共同承担工作电压，可以将泄漏电流限制到足够低的数值：而在遇到冲击放电电流过大、残压可能超过应有的保护水平时，并联间隙立即放电短接 R_2，残压将仅由 R_1 决定，大大降低。解决大电流下残压过高问题的另一种办法是采用多个阀片柱相并联的设计制成多柱式 ZnO 避雷器，以减小每柱通过的冲击电流和相应的残压。

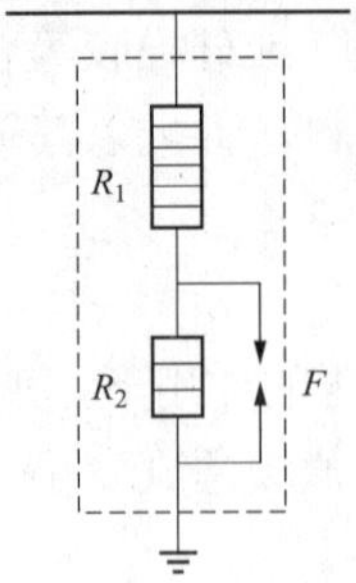

图 2-27　并联间隙的 ZnO 避雷器原理图

2. 金属氧化物避雷器技术参数

由于 ZnO 避雷器没有串联火花间隙，也就无所谓灭弧电压、冲击放电电压等特性参数，但也有自己某些独特的电气特性，简要说明如下：

（1）避雷器额定电压。它相当于 SiC 避雷器的灭弧电压，但含义不同，它是避雷器能较长期耐受的最大工频电压有效值，即在系统中发生短时工频电压升高时（此电压直接施加在 ZnO 阀片上），避雷器也应能正常可靠地工作一段时间（完成规定的雷电及操作过电压动作负载、特性基本不变、不会出现热损坏）。

（2）允许最大持续运行电压（MCOV）。避雷器能长期持续运行的最大工频电压有效值。它一般应等于系统的最高工作相电压。

（3）起始动作电压（也称参考电压或转折电压）。起始动作电压大致位于 ZnO 阀片伏安特性曲线由小电流区上升部分进入大电流区平坦部分的转折处，可认为避雷器此时开始进入动作状态以限制过电压。通常以通过 1mA 电流时的电压 U_{1mA} 作为起始动作电压。

（4）残压。放电电流通过 ZnO 避雷器时，其端子间出现的电压峰值，此时存在三个残压值。

1）雷电冲击电流下的残压 $U_{R(1)}$。电流波形为 7～9/8～22μs，标称放电电流为 5、10、20kA。

2）操作冲击电流下的残压 $U_{R(s)}$。电流波形为 30～100/60～200μs，电流峰值为 0.5kA（一般避雷器）、1kA（330kV 避雷器）、2kA（500kV 避雷器）。

3）陡波冲击电流下的残压 $U_{R(st)}$。电流波前时间为 1μs，峰值与标称（雷电冲击）电流相同。

（5）保护水平。ZnO 避雷器的雷电保护水平 $U_{P(1)}$为下列两值中的较大者：

1）雷电冲击残压 $U_{R(1)}$。

2）陡波冲击残压 $U_{R(st)}$除以 1.15。

ZnO 避雷器的操作保护水平 $U_{R(s)}$等于操作冲击残压 $U_{R(s)}$。

（6）压比。指 ZnO 避雷器在波形为 8/20μs 的冲击电流规定值（例如 10kA）作用下的残压 U_{10kA} 与起始动作电压 U_{1mA} 之比。压比越小，表明非线性越好、避雷器的保护性能越好。目前产品制造水平所能达到的压比为 1.6～2.0。

（7）荷电率（AVR）。它的定义是允许最大持续运行电压的幅值与起始动作电压之比。它是表示阀片上电压负荷程度的一个参数。设计 ZnO 避雷器时为它选择一个合理的荷电率是很重要的，这时应综合考虑阀片特性的稳定度、漏电流的大小、温度对伏安特性的影响、阀片预期寿命等因素。选定的荷电率大小对阀片的老化速度有很大的影响。在中性点非有效接地系统中，因为一相接地时健全相上的电压会升至线电压，所以一般选用较小的荷电率。

3. 避雷器的运行规定

（1）避雷器的监测仪动作次数及泄漏电流应指示正确、动作可靠。

（2）避雷器应定期试验。

（3）系统跳闸或预试工作结束后，对避雷器进行针对性检查并及时记录。

（4）雷雨过后或产生操作过电压后，必须逐台对避雷器的动作情况进行统计记录。

（5）避雷器投运前、更换全相避雷器及试验后，应登记动作指示数。

（6）雷雨天气严禁接近避雷器及避雷针。

（7）定期抄录避雷器泄漏电流值，并认真分析，及时发现缺陷。在线监测泄漏电流值三相泄漏电流不平衡率不超过 25%。

（8）均压环水平安装、不歪斜、方向正确，均压环相色漆完好、无脱落。

第十节 架空电力线路

培训目标

掌握架空电力线路的组成及作用、电力线路专业术语等。

一、电力线路的分类

现代电力系统中发电厂大多数建设在能源所在地附近，如水力发电厂建在水力资源点，火力发电厂大都集中在煤炭、石油和其他能源的产地，而电力负荷中心往往集中在工业区和大城市，这就导致发电厂和负荷中心往往相距很远，从而出现了电能输送与分配的问题，而承担这一重要任务的，就是电力系统中的电力线路。

电力线路根据电压等级可分为输电线路和配电线路。根据电能性质可分为交流输电线路和直流输电线路。输电线路的主要功能是由发电厂向电力负荷中心输送电能以及并联各发电厂、变电站，使之并列运行，实现电力系统联网，并实现电力系统间的功率传递；配电线路的主要功能是由电力负荷中心向电力用户分配电能。目前，我国采用的电压等级主要有：交流 380/220V，10、35、66、110、220、330、500、750、1000kV 等；直流±500、±660、±800、±1100 kV 等。一般来说，线路输送容量越大，输送距离越远，要求输电电压就越高。

配电线路按电压等级分类见表 2-6。

表 2-6　配电线路按电压等级分类

线路类型	低压配电线路	中压配电线路	高压配电线路
电压等级	1kV 以下	10、20kV	35、66、110kV

输电线路按电压等级分类见表 2-7。

表 2-7　　输电线路按电压等级分类

线路类型	高压输电线路	超高压输电线路	特高压输电线路
电压等级	110～220kV	交流 330、500、750kV，直流±500、±660kV	交流 1000kV 及以上直流±800kV 及以上

电力线路根据其结构又可分为架空线路和电缆线路。架空线路主要指架空明线，架设在地面之上，架设及维修比较方便，成本较低，散热性能好，输送容量大，但容易受到气象和环境（如大风、雷击、污秽、冰雪等）的影响而引起故障，同时整个输电走廊占用土地面积较多，易对周边环境造成电磁干扰。输电电缆则不受气象和环境的影响，主要通过电缆隧道或电缆沟架设，但造价较高，发现故障及检修维护等不方便。本节重点介绍架空线路的基本知识。

二、架空电力线路的组成

架空电力线路的主要组成部分包括导线、架空地线（避雷线）、金具、绝缘子、杆塔、拉线和基础、接地装置等，如图 2-28 所示。

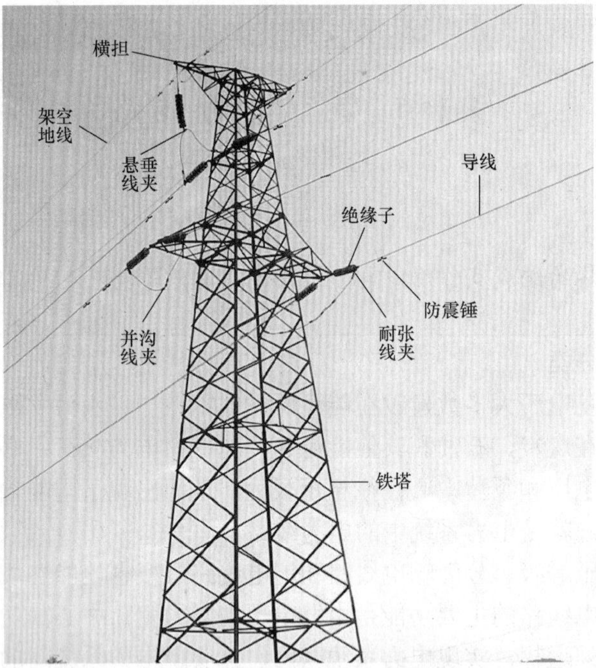

图 2-28　架空电力线路的构成

各部分的主要作用如下：

（1）导线：传导电流，输送电能。

（2）架空地线：防止雷电直击导线，将雷电流引入大地，提高线路的耐雷水平。

（3）线路金具：主要用于支持、固定和接续裸导线、导体及绝缘子连接成串，也用于保护导线和绝缘子。

（4）绝缘子：使导线或地线与杆塔之间绝缘，同时具有固定导线的作用。

（5）杆塔：支撑导线和架空地线，使导线之间，导线与地线之间及其对大地、树木、建筑物以及被跨越的电力线路、通信线路等保持足够的安全距离要求。

(6) 拉线：主要作用是在架设导线能平衡杆塔所承受的导线张力，以防止杆塔倾倒、影响正常供电。

(7) 杆塔基础：将杆塔及拉线固定于土壤中，支撑杆塔，保证杆塔的稳定，使杆塔不致因承受垂直荷载、水平荷载、事故断线张力和外力作用而上拔、下沉或倾倒。

三、导线和架空地线

(一) 导线

1. 导线概述

导线是用来传导电流、输送电能的元件。架空线路的导线、避雷线架设在野外，常年在露天情况下运行，不仅经常承受自身张力作用，还受各种气象条件的影响，有时还会受大气中各种化学气体和杂质的侵蚀。因此，导线和避雷线除了要求有良好的导电性能外，还要求有较高的机械强度。

对架空线路的导线有如下具体要求。

(1) 导电率高，以减少线路的电能损耗和压降。

(2) 耐热性好，以提高输送容量。

(3) 机械强度高、弹性系数大、有一点柔软性、容易弯曲，以便加工制造。

(4) 具有良好的耐振、耐磨、耐化学腐蚀性能，能够适应自然环境条件和一定污秽，以保证使用寿命。

(5) 质量轻，价格低，性能稳定。

2. 导线的分类

架空导线分为裸导线和绝缘导线，目前输电线路一般都采用架空裸导线。裸导线一般可以分为铜线、铝线、钢芯铝绞线、镀锌钢绞线等。

铜是导电性能很好的金属，能抗腐蚀，但比重大，价格高，且机械强度不能满足大挡距的强度要求，现在的架空输电线路一般都不采用。铝的导电率比铜的低，质量轻，价格低，在电阻值相等的条件下，铝线的质量只有铜线的一半左右，但缺点是机械强度较低，运行中表面形成氧化铝薄膜后，导电性能降低，抗腐蚀性差，在高压电力线路用得较多；钢的机械强度虽高，但导电性能差，抗腐蚀性也差，易生锈，一般都只用作地线或拉线，不用作导线。

按构造方式的不同，裸导线也可分为一种金属或两种金属的绞线。

一种金属的多股绞线有铜绞线、铝绞线、镀锌钢绞线等，在输电线路中采用较少。

两种金属的多股绞线主要是钢芯铝绞线，绞线的优点是易弯曲。绞线的相邻两层绕向相反，一是不易反劲松股；二是每层导线之间距离较大，增大线径，有利于降低电晕损耗。钢芯铝线除正常型外，还有减轻型和加强型两种，见图 2-29。

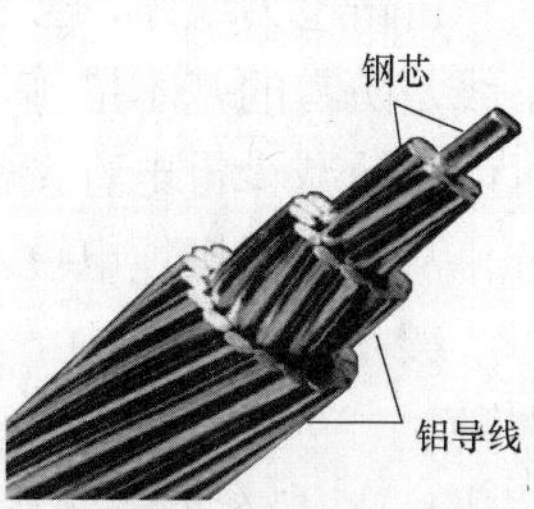

图 2-29 钢芯铝绞线

目前，架空输电线路导线几乎全部使用钢芯铝绞线。钢的机械强度高，铝的导电性能好，导线的内部有几股是钢线，以承受拉力；外部为多股铝线，以传导电流。由于交流电的集肤效应，电流主要在导体外层通过，这就充分利用了铝的导电能力和钢的机械强度，取长补短，互相配合。

3. 导线的型号

裸导线的型号是用制造导线的材料、导线的结构和截面积三部分表示的。其中导线的材料和结构用汉语拼音字母表示，即“T”表示铜线，“L”表示铝，“G”表示钢线，“J”表示多股绞线或加强型，“Q”表示轻型，“H”表示合金，“F”表示防腐。例如“TJ”表示铜绞线，“LJ”表示铝绞线，“GJ”表示钢绞线，“LHJ”表示铝合金绞线，“LGJ”表示钢芯铝绞线，“LGJJ”表示加强型钢芯铝绞线，“LGJQ”表示轻型钢芯铝绞线。导线的截面积用数字表示，单位为 mm^2。例如“LGJ-240/30”表示铝标称截面积为 $240mm^2$、钢标称截面积为 $30mm^2$ 的钢芯铝绞线。

4. 分裂导线

输电线路为了减小电晕以降低损耗和对无线电、电视等的干扰，提高线路的输送能力，高压和超高压输电线路的导线应采用扩径导线、空芯导线或分裂导线。因扩径导线和空芯导线制造和安装不便，故输电线路多采用分裂导线。分裂导线每相分裂的根数一般为 2～8 根，近几年投运的±800kV 直流特高压输电线路采用了 6×720 分裂导线，1000kV 的特高压输电线路采用了 8×500 分裂导线，国外有考虑采用多至 12 根的分裂导线。

分裂导线由数根导线组成一相，每一根导线称为次导线，两根次导线间的距离称为次线间距离，一个挡距中，一般每隔 30～80m 装一个间隔棒，使次导线间保持次线间距离，两相邻间隔棒间的水平距离称为次挡距。

分裂导线在超高压线路得到广泛应用。它除具有表面电位梯度小、临界电晕电压高的特性外，还有以下优点：

（1）单位电抗小，其电气效果与缩短线路长度相同。

（2）单位电纳大，等于增加了无功补偿。

（3）由普通标号导线组成，制造较方便。

（4）分裂导线装间隔棒可减少导线振动，实测表明双分裂导线比单根导线减小振幅 50%，减少振动次数 20%，四分裂减少更大。

5. 架空导线的排列方式

导线在杆塔上的排列方式：对单回线路可采用上字形、三角形或水平排列，对双回路线路可采用伞形、倒伞形、干字形或六角形排列。

（二）架空地线

雷击电力线路，会引起线路绝缘闪络、跳闸，甚至导线断股、断线事故。因此，架设避雷线是防雷的基本措施，通过架空地线对导线的屏蔽，以及导线、架空地线间的耦合作用，可以有效减少雷电直接击于导线的机会。当雷击杆塔时，雷电流可以通过架空地线分流一部分，从而降低塔顶电位，以提高线路耐雷水平。

架空地线可分为一般架空地线、绝缘架空地线、屏蔽架空避雷线和复合光纤架空地线四种。

1. 一般架空避雷线

一般架空避雷线主要材料是镀锌钢绞线。为使地线有足够的机械强度，其截面的选择是根据导线截面来决定的，可按 GB 50545—2010《110kV～750kV 架空输电线路设计规范》规定，架空避雷线的型号一般配合导线截面进行选择，其配合见表 2-8。

表 2-8 避雷线采用镀锌钢绞线时与导线的配合

导线型号		LGJ-185/30 及以下	LGJ-185/45-LGJ-400/35	LGJ-400/50 及以上
镀锌钢绞线最小标称截面（mm^2）	无冰区	35	50	80
	覆冰区	50	80	100

注 500kV 及以上输电线路无水区段、覆冰区段避雷线最小标称截面积应分别不小于 80、100mm^2。

2. 绝缘架空避雷线

绝缘架空避雷线与一般架空避雷线一样，所不同的就是它利用一只悬式绝缘子将避雷线与杆塔绝缘隔开，并通过防雷间隙再接地。这样，它起到了一般避雷线同样的防雷保护作用，同时，可利用它作高频通信，便于测量杆塔的接地电阻及降低线路的附加电能损失等。

3. 屏蔽架空避雷线

屏蔽架空避雷线是防止本电力线路所发生的电磁感应对附近通信线路的影响。它的主要材料是屏蔽系数小于或等于 0.65 的优良的导电线材。目前，一般多采用 LGJ-95/55 型钢芯铝绞线。因屏蔽架空避雷线耗费有色金属和投资造价比钢绞线高，所以只在架空电力线路对重要通信线影响超过规定标准时才考虑架设屏蔽避雷线。它可与一般避雷线分段配合进行架设。

4. 复合光纤架空避雷线

复合光纤架空避雷线（OPGW）是一种引进的先进技术，它既起到架空避雷线的防雷保护和屏蔽作用（外层铝合金绞线），又起到抗电磁干扰的通信作用（芯线的光导纤维）。因此，在电网中使用复合光纤架空避雷线，可大大改善电网中的通信系统，但造价较高，目前只能视其必要性选用。

四、杆塔

杆塔是输电线路重要的部件，投资占全部造价的 30%～50%，其作用是支持导线和避雷线，在各种气象条件下，以使导线之间、导线与架空地线之间、导线与地面及交叉跨越物之间保持一定的安全距离，保证线路的安全运行。杆塔应具有足够的机械强度，耐用、价廉、便于运输和架设等特点。

杆塔的结构塔型与线路的额定电压、导线及安装方式、回路数、线路所经过的自然条件、线路的重要性有关。在满足上述条件下根据综合技术经济比较，择优选用。

（一）杆塔的分类

1. 按材料分类

杆塔按其原材料可分为钢筋混凝土电杆、钢管杆和铁塔。

（1）钢筋混凝土电杆（水泥杆）。钢筋混凝土电杆是由环形断面的钢筋混凝土杆段组成，其特点是结构简单、加工方便，使用的砂、石、水泥等材料便于供应，并且价格便宜，混凝土有一定的耐腐蚀性，故电杆寿命较长，维护量少，钢材消耗少，线路造价低。但电杆质量大，运输比较困难。主要应用在 10kV 配电网中。

（2）钢管电杆。钢管电杆简称钢杆，它不仅具有钢筋混凝土电杆及铁塔的优点，同时还有它们无法比拟的优点。钢杆的主要优点体现在其生产周期短、占地面积小、施工简便、能承受较大的应力、杆型漂亮美观等诸多方面，特别适用于城市景观道路、狭窄道路和其他无法安装拉线的地方。但相对而言，钢杆造价高、制造工艺复杂、质量大，因此，在选用时，必须对它们进行技术经济比较。

（3）铁塔。铁塔是用型钢组装而成的立体桁架，它可以根据工程需要做成各种不同高度和不同形式的铁塔。目前，送电线路采用的多为钢管塔、角钢塔和混凝土烟囱式塔。铁塔机械强度大，使用年限长，运输和维护较方便，但消耗钢材量大，价格较高。目前，在 330～500kV 线路上，几乎全线采用铁塔，而在 35～220kV 线路中，大部分杆塔采用铁塔。在变电站进、出线或线路通道狭窄地段，一般多采用双回窄基铁塔。

2. 按用途分类

杆塔根据其用途可分为直线杆塔、转角杆塔、耐张杆塔、终端杆塔、换位杆塔、跨越杆塔和分支杆塔七种类别的杆塔，如图 2-30 所示。

（a）　（b）　（c）

（d）　（e）　（f）

图 2-30　各种类型的杆塔

（a）直线杆塔；（b）转角杆塔；（c）耐张杆塔；（d）终端杆塔；（e）换位杆塔；（f）跨越杆塔

（1）直线杆塔。直线杆塔又称为中间杆塔，用于线路直线段中，支持导线和避雷线，导线和避雷线在直线杆塔处不开断，且被定位于杆塔横担上（通过绝缘部件）。直线杆塔正常运行时，一般只承受导线和避雷线的自重、冰重和风压力，当两侧挡距相差悬殊或一侧发生断线时，直线杆塔还要承受产生的不平衡张力。

直线杆塔是线路中使用最多的杆塔，在平坦地区，这种杆塔占总数的 80%左右，其设计是否简单经济、在整条线路中所占的比例是决定线路造价高低的重要因素之一。

（2）转角杆塔（分直线转角和耐张转角）。线路转角处的杆塔叫转角杆。正常情况下转角杆除承受导线、地线的垂直荷重和内角平分线方向风力水平荷重外，还要承受内角平分线方向导线、地线全部拉力的合力。转角杆的角度是指原有线路方向的延长线和转角后线路方向之间的夹角，有转角30°、60°、90°之分。转角杆塔的形式是根据转角的角度与导线截面的大小而定的。

（3）耐张杆塔（分直线耐张和转角耐张）。耐张杆塔又称承力杆塔，与直线杆塔相比较，其强度较大，导线用耐张线夹和耐张绝缘子固定在杆塔上，耐张绝缘子串的位置几乎与地面平行。它承受导线的拉力，用于锚固线路的导线和避雷线，它除了要承受与直线杆塔相同的荷载外，还要求能承受各种情况下可能出现的最大纵向张力，耐张杆塔将线路分隔成若干耐张段，以便于线路的施工和检修。

两耐张杆塔之间的距离称耐张段，35～220kV线路耐张段的长度一般为3～5km，而超高压线路考虑便于张力放线的条件，一般可达10～20km。正常运行时，耐张杆塔承受的荷重可以认为与直线杆塔相同或稍重一些，但在线路发生断线事故时，应能承受顺线路（纵向）方向导线和避雷线的不平衡张力，以限制事故的范围。

（4）终端杆塔。终端杆塔定位于变电站或升（降）压变电站的门型构架前，用于线路的首末端，是线路的起始或终止杆塔。它的一侧为正常张力，而另一侧是松弛张力，因此，承受的不平衡张力很大。终端杆塔还允许兼作线路转角杆塔使用。

（5）换位杆塔。换位杆塔是用来改变线路上三相导线相互位置的杆塔。线路杆塔上的导线排列，除等边三角形外，其他的排列方式，导线之间的距离均不相等。因此，每相导线的感应阻抗都不相等，电压降也不相等。导线换位（相）的目的是使每相导线的电容也相等，可减少邻近的平行电力线路相互影响和对邻近的平行电信线路干扰影响。导线换位一般在直线杆塔上进行，全绝缘架空地线的换位，有时也在耐张杆塔上进行。

（6）跨越杆塔：线路经过地区遇有通信线、电力线、公路、铁路、河流时，必须满足规程规定的跨越要求，一般杆塔的呼称高较低，大多不能满足要求，这就必须适当地增加杆塔的高度，并根据不同的跨越要求有不同高度的跨越杆塔型。

导线、避雷线不直接张拉于杆塔上时，称为直线跨越杆塔，反之则称为耐张或转角跨越杆塔。为满足交叉跨越安全距离的要求，减少杆塔承载力，节省材料和降低工程造价，一般应尽量采用直线跨越杆塔。跨越杆塔多为高杆塔，我国在珠江和南京长江边建造的钢结构跨越塔和烟囱式钢筋混凝土跨越塔，其总高度分别为235.7m和257m.。

（7）分支杆塔：分支杆塔又称T形杆塔或T接杆塔，用在线路中间出现分歧线路的情况。分支杆塔在配电线路上使用较多，送电线路上使用较少。分支塔又分直线分支杆塔、耐张分支杆塔和转角分支杆塔，其受力情况比较复杂。

一般在耐张杆塔上加装分歧横担。若在导线直线段上做分歧接头，除施工、检修不便外，故障时还能把导线烧坏，造成扩大事故。

3. 按架设的回路数分类

（1）单回路杆塔。在杆塔上只架设一回路的三相线路。

（2）双回路杆塔。在同一杆塔上架设两个回路的线路。

（3）多回路杆塔。在同一杆塔上架设两个以上的线路，一般用于出线回路较多、地面拥挤的发电厂、变电站及工矿企业的出线段。

（二）杆塔的型号

1. 杆塔用途分类代号含义

Z—直线杆塔；ZJ—直线转角杆塔；N—耐张杆塔；J—转角杆塔；D—终端杆塔；F—分支杆塔；K—跨越杆塔；H—换位杆塔。

2. 杆塔外形或导线布置形式代号含义

S—上字型；C—叉骨型；M—猫头型；V—V 型；J—三角型；G—干字型；Y—羊角型；B—酒杯型；SZ—正伞型；SD—倒伞型；T—田字型；W—王字型；A—A 型；Me—门型；Gu—鼓型。

3. 杆塔外形结构

（1）拉线铁塔。其是由接线保持稳定性的杆塔，用字母符号“X”表示。

拉线塔由塔头、主柱和拉线组成，塔头和主柱为角钢组成的空间桁架体，有较好的整体稳定性，能承受较大的轴向压力。

拉线塔又分为单柱拉线塔、拉门型塔、拉 V 型塔、拉猫型塔等。

（2）自立铁塔。其是不依靠其他辅助设施就能实现预定功能的铁塔，用字母符号“T”表示。

由于电压等级、回路数不同，自立塔可分为导线呈三角形排列的叉骨型、猫头型、上字型、干字型及导线呈水平排列的酒杯型、门型等两大类。

五、绝缘子

（一）绝缘子的作用

绝缘子又称瓷瓶，是悬挂在导线或地线上，用来固定导线或地线，使之与杆塔绝缘，保证线路具有可靠的电气绝缘强度的材料设备。在运行过程中，绝缘子不仅承受导线或地线传来的荷重，还要承受高压的作用、气温变化和周围环境的影响。因此，它必须具有良好的绝缘性能和机械性能。

（二）对绝缘子的要求

绝缘子一般是由瓷制成，因为瓷能够满足绝缘子的绝缘强度和机械强度的要求。绝缘子也可用钢化玻璃制成，钢化玻璃具有很好的电气绝缘性能及耐热和化学稳定性，这种玻璃绝缘子比瓷质绝缘子的尺寸小、质量轻、价格便宜。复合绝缘子是一种新产品，其主要特点是质量轻、减少维护工作量。

为了使导线固定在绝缘子上，绝缘子具有金属配件，即牢固地固定在瓷件上的铸钢。瓷件和铸钢大多数是用水泥胶合剂胶在一起，瓷件的表面涂有一层釉，以提高绝缘子的绝缘性能。铸钢和瓷件胶合处胶合剂的外表面涂以防潮剂。

通常，绝缘子的表面被做成波纹形的。其原因如下。

（1）可以增加绝缘子的爬电距离，同时每个波纹又能起到阻断电弧的作用。

（2）当下雨时，从绝缘子上流下的污水不会直接从绝缘子上部流到下部，避免形成污水柱造成短路事故，起到阻断污水水流的作用。

（3）当空气中的污秽物质落到绝缘子上时，由于绝缘子波纹凹凸不平，污秽物质将不能均匀地附在绝缘子上，在一定程度上提高了绝缘子的抗污能力。因此，将绝缘子做成波纹形能够显著提高绝缘子的电气绝缘性能。

（三）绝缘子的分类

1. 按制造材料划分

绝缘子根据制造材料的不同，可分为瓷质绝缘子、玻璃绝缘子和合成绝缘子。

2. 按使用的电压等级进行划分

绝缘子根据电压等级不同，可分为高压绝缘子（用于电压为1000V以上的输配电线路）和低压绝缘子两种，具体包括0.22、0.4、10、35、66、110、220、330、500、750kV等电压等级的绝缘子。

3. 按结构用途划分

根据不同的结构用途，线路绝缘子可分为以下几种。

（1）针式绝缘子。针式绝缘子如图2-31所示。主要用于线路电压不超过35kV，导线张力不大的直线杆或小转角杆塔。其优点是制造简易、价廉，缺点是耐雷水平不高，容易闪络。

图2-31 针式绝缘子

按使用电压的不同，针式绝缘子可分为高压针式绝缘子和低压针式绝缘子两种，常用型号低压有P-6、P-10型，高压有P-15、P-20型等；按针脚的长度分，可分为长脚和短脚两种，长脚针式绝缘子用于木横担，短脚针式绝缘子用于铁横担。

（2）悬式绝缘子。悬式绝缘子按其帽与铁脚的连接方法，可分为槽形和球头形两种，如图2-32所示。

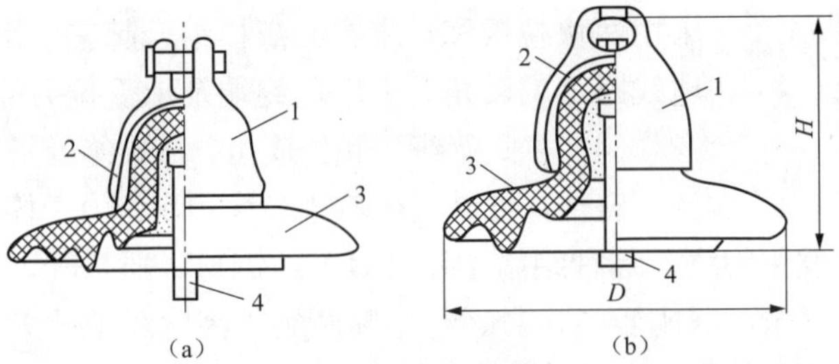

图2-32 悬式绝缘子

（a）槽形；（b）球头形

1—铸钢帽；2—水泥胶合剂；3—瓷质部分；4—铁脚；H—瓷瓶高；D—瓷瓶宽

对于有严重污秽地区，常采用防污绝缘子。防污绝缘子与普通绝缘子的区别是防污绝缘子有较大的泄漏路径，其裙边的尺寸、形状和布置考虑了该绝缘子在运行中便于自然清扫和人工清扫。常见防污绝缘子形式如图2-33所示。

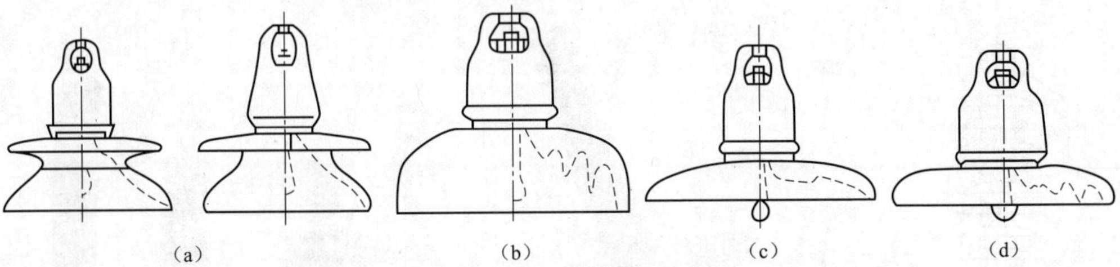

图2-33 各种类型的防污绝缘子

（a）双伞形；（b）钟罩形；（c）流线形；（d）大爬距绝缘子

1）双伞形。如图2-33（a）所示，双伞形绝缘子的特点是伞形光滑、积污量少、便于人工清扫，因而在电力系统得到普遍推广应用。

2）钟罩形。如图2-33（b）所示，钟罩式绝缘子是伞棱深度比普通型大得多的耐污型绝缘子，以达到增大爬距、提高抗污闪能力的目的。其特点是便于机械成型，但伞槽间距离小，易于积污，且不便于人工清扫。

3）流线形。如图 2-33（c）所示，流线形绝缘子由于其表面光滑，不易积污，因而比普通型或其他耐污型绝缘子有一定的优势。但由于爬距较小，且缺少能阻抑电弧发展延伸的伞棱结构，因而其抗污闪性能的提高也是有限的。除不易积污外，也有便于人工清扫的优点。有些地区为防治冰溜及鸟粪污闪，在横担下第一片用伞盘较大的流线形绝缘子可收到一定的效果。

4）大爬距（或大盘径）绝缘子。如图 2-33（d）所示，大爬距绝缘子，其伞棱大小和普通型相近，但比钟罩形要小些。设计良好的大爬距绝缘子的抗污闪性能也可与其他耐污型绝缘子的性能相近。

悬式绝缘子还有使用钢化玻璃制作的悬式钢化玻璃绝缘子，如图 2-34 所示，其主要特点为质量轻、强度高，耐雷性能和耐高、低温性能均较好；当绝缘子发生闪络时，其玻璃伞裙会自行爆裂。

图 2-34　悬式钢化玻璃绝缘子

（3）蝶式绝缘子。蝶式绝缘子也叫茶台，可分为高压蝶式绝缘子和低压蝶式绝缘子两种。主要结构由一个空心瓷件构成，并采用两块拉板和一根穿心螺栓组合起来供用户使用，通常用作配电线路上的转角、分段、终端及承受拉力的电杆上。

（4）棒式绝缘子和瓷横担。棒式绝缘子如图 2-35 所示，它是一个整体，可以代替悬式绝缘子串。由于棒式绝缘子上的积污易被雨水冲走，故不易发生闪络。这种绝缘子还具有节约钢材、质量轻、长度短等优点。但棒式绝缘子制造工艺较复杂，成本较高，且运行中易断裂，因此还未被大量采用。

瓷横担是棒式绝缘子的另一种形式，如图 2-36 所示，适用于高压输配电线路，它代替了针式、悬式绝缘子，且省去了横担。

瓷横担具有如下优点。

1）绝缘水平高，事故率低，运行安全可靠。

2）由于代替了部分横担，所以能大量地节约木材和钢材。

3）结构简单，安装方便。目前应用于 10～110kV 输配电线路上。

（5）合成绝缘子。合成绝缘子如图 2-37 所示。

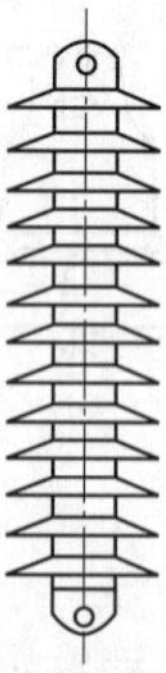

图 2-35　棒式绝缘子

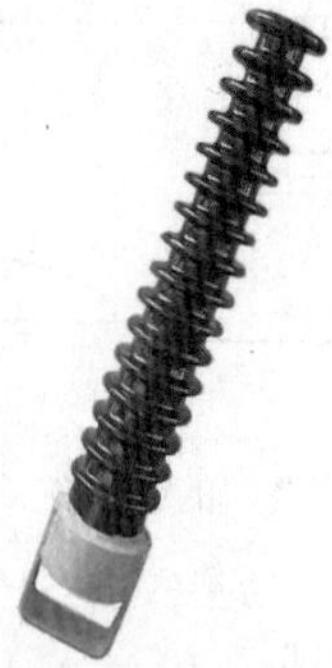

图 2-36　瓷横担

图 2-37　合成绝缘子

合成绝缘子是一种新型的防污绝缘子，它由伞裙、芯棒和端部金具等组成，110kV 以上线路用合成绝缘子还配有均压环。合成绝缘子选用高强度玻璃钢芯棒和耐气候变化性优异的硅橡胶材料分别满足其使用的机械和电气性能的要求。这种结构的绝缘子将材料的性能发挥到极致，因而它具有如下特点：

1）体积小、质量轻、安装运输方便。

2）机械强度高。

3）抗污闪能力强。

4）无零值，可靠性高。

5）抗冲击破坏能力强。

尤其适合污秽地区使用，能有效地防止输电线路污闪事故的发生。

六、线路金具

线路金具是用于将电力线路杆塔、导线、避雷线和绝缘子连接起来，或对导线、避雷线、绝缘子等起保护作用的金属零件。

线路金具一般都是由铸钢或可锻铸铁制成，由于长期在气候复杂、污秽程度不一的环境条件下运行，除需要承受导线、避雷线和绝缘子等自身的荷载外，还需要承受覆冰和风的荷载。因此，要求线路金具应具有足够的机械强度、耐磨和耐腐蚀性。对连接导电体的部分金具，还应具有良好的电气性能。

线路金具按其主要性能和用途可分为线夹类、连接金具类、接续金具类、防护金具类、拉线金具类。

（一）线夹类

1. 悬式线夹

悬式线夹用于将导线固定在直线杆塔的悬垂绝缘子串上，或将架空地线悬挂在直线杆塔的架空地线支架上。悬式线夹在线路正常运行情况下，主要承受导线的垂直荷载和水平风荷载组成的总荷载。因此，悬垂线夹在导线产生最大荷载时，其机械强度应满足安全系数（K=2.5）的要求。

悬式线夹如图 2-38 所示。

2. 耐张线夹

耐张线夹用于耐张、转角或终端杆塔，承受导、地线的拉力，用来紧固导线的终端，使其固定在耐张绝缘子串上，也用于避雷线终端的固定及拉线的锚固，如图 2-39 所示。

图 2-38 悬式线夹

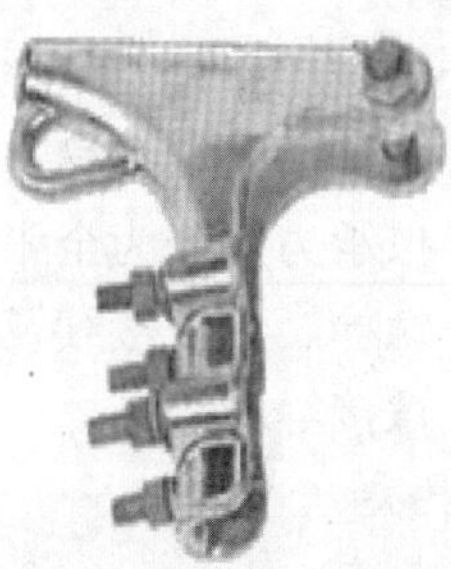

图 2-39 耐张线夹

耐张线夹有三大类，即螺栓式耐张线夹、压缩型耐张线夹、楔型线夹。

（1）螺栓式耐张线夹。其借 U 形螺栓的垂直压力与线夹的波浪形线槽所产生的摩擦效应来固定导线。

（2）压缩型耐张线夹。它由铝管与钢锚组成。钢锚用来接续和锚固钢芯铝绞线的钢芯，然后套上铝管本体，用压力使金属产生塑性变形，从而使线夹与导线结合为一整体，采用液压时，应用相应规格的钢模用液压机进行压缩。采用爆压时，可采用一次爆压或二次爆压的方式，将线夹和导线（架空地线）压成一个整体。

（3）楔型线夹。用来安装钢绞线，紧固架空地线及拉线杆塔的拉线。它利用楔的劈力作用，使钢绞线锁紧在线夹内。

（二）连接金具类

连接金具是用来将绝缘子串与杆塔之间、线夹与绝缘子串之间、架空地线线夹与杆塔之间进行连接的金具，如图 2-40 所示。

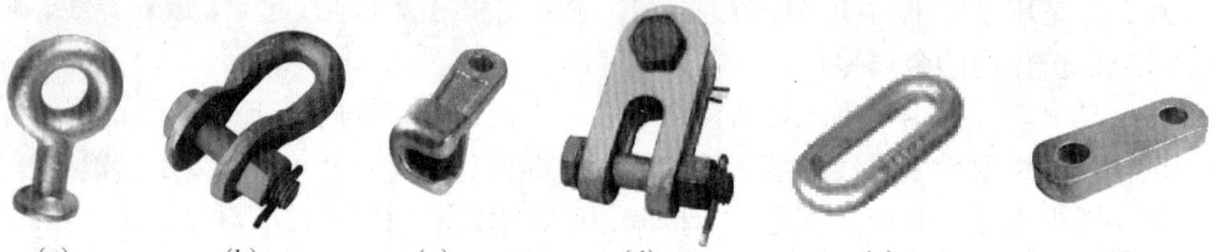

(a)　(b)　(c)　(d)　(e)　(f)

图 2-40　连结金具

（a）球头挂环；（b）U 形挂环；（c）碗头挂板；（d）直角挂板；（e）延长环；（f）二联板

常用的连接金具如下。

（1）球头挂环、碗头挂板。分别用于连接悬式绝缘子上端钢帽及下端钢脚。

（2）直角挂板。一种转向金具，可按要求改变绝缘子串的连接方向。

（3）U 形挂环。直接将绝缘子串固定在横担上。

（4）延长环。用于组装双联耐张绝缘子串等。

（5）二联板。用于将两串绝缘子组装成双联绝缘子串等。

连接金具的破坏载荷均不应小于该金具型号的标称载荷值，7 型不小于 70kN，10 型不小于 100kN，12 型不小于 120kN 等。所有黑色金属制造的连接金具及紧固件均应热镀锌，其机械强度安全系数一般不小于 2.5。

（三）接续金具类

接续金具用于导线的接续及架空地线的接续、耐张杆塔跳线的接续、承担与导线相同的电气负荷，大部分接续金具承担导线或避雷线的全部张力，以字母 J 表示。

导线接续金具按承力可分为全张力接续金具和非全张力接续金具两类。按施工方法又可分为钳压、液压、螺栓、爆压接续及预绞式螺旋接续金具等。按接续方法还可分为绞接、对接、搭接、插接、螺接等。

（四）防护金具类

常用的防护金具有：

（1）防振锤。用于抑制架空输电线路上的微风振动，保护线夹出口处的架空线不疲劳破坏。

（2）预绞丝护线条。用于大跨越线路导线抗振。

（3）重锤。悬挂于悬垂线夹之下，用于增大垂向荷载，减小悬垂串的偏摆，防止悬垂串上扬。

（4）间隔棒。间隔棒用于维持分裂导线的间距，防止子导线之间的鞭击，抑制次挡距振荡，抑制微风振动。

（5）放电线夹。放电线夹应用于中压绝缘线防雷击断线，安装在绝缘导线两侧，当雷击过电压放电时，使电弧烧灼线夹，避免烧断、烧伤导线。

（6）均压屏蔽金具。均压屏蔽金具是输电线路中的电气保护金具，用来控制绝缘子和其他金具上的电晕和闪络的发生。常用的有均压环和屏蔽环等。

防振锤如图 2-41 所示，预绞丝护线条如图 2-42 所示，均压环如图 2-43 所示。

图 2-41　防振锤

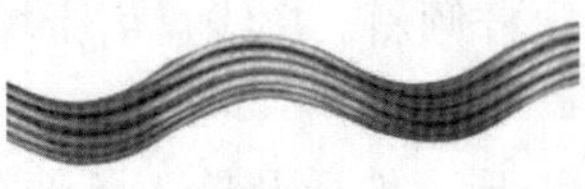

图 2-42　预绞丝护线条

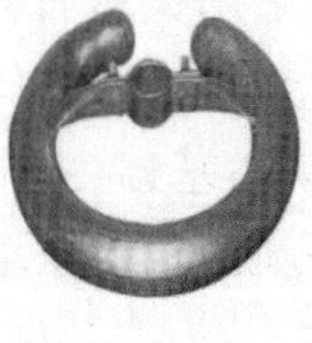

图 2-43　均压环

（五）拉线金具类

拉线金具包括从杆塔顶端至地面拉线基础的出土环之间的所有零件（拉线除外），主要用于拉线的紧固、调节和连接，保证拉线杆塔的安全运行。常用的拉线金具有可调式 UT 形线夹、钢线卡子及双拉线联板等。

七、拉线和基础

（一）拉线

拉线的主要作用是平衡作用于杆塔的横向荷载和导线张力，并抵抗风力，一方面可以提高杆塔的强度，承担外部荷载对杆塔的作用力，以减少杆塔的材料消耗量，降低线路造价；另一方面，连同拉线棒和托线盘，一起将杆塔固定在地面上，以保证杆塔不发生倾斜和倒塌。

拉线多采用钢绞线制成，拉线上端通过拉线抱箍和拉线相连接，下部通过可调节的拉线金具与埋入地下的拉线棒、拉线盘相连接。拉线底盘采用预制混凝土拉线盘。木杆拉线中间装设拉线绝缘子，以免雷击时通过拉线对地放电。导线与拉线之间必须保持安全距离。

根据拉线的用途和作用不同，一般有以下几种。

（1）普通拉线。用于线路的转角、耐张、终端、分支杆塔，作用是起平衡拉力的作用（或平衡固定性不平衡荷载）。电杆与拉线的夹角一般为 45°，受地形限制时，不应小于 30°。

（2）水平拉线。水平拉线也叫过道拉线，电杆离道路太近，不能就地装设拉线时，需在路的另一侧立一基拉线杆，水平拉线与路面需保持一定距离。

（3）人字拉线。人字拉线也叫两侧拉线。拉线装设在垂直线路方向上，作用是加强电杆防风倾倒的能力。常用在海边、市郊及平地风大的地区。

（4）十字拉线。十字拉线也叫四方拉线。在横线路方向电杆两侧和顺线路方向电杆的两侧都装设拉线，作用是用以增强耐张杆和土质松软地区电杆的稳定性。

（5）共用拉线。共用拉线也叫共同拉线。在直线线路的电杆上产生不平衡拉力时，受地形限制不能安装拉线时，可采用共用拉线；将拉线固定在相邻电杆上，用以平衡拉力。

（6）V形拉线。分为垂直V形和水平V形两种，主要用在电杆较高、横担较多、架设导线条数较多时，在拉力合力点上、下两处各安装一条拉线，其下部则为一条拉线棒。

（7）弓形拉线。弓形拉线也叫自身拉线。为防止电杆弯曲，因地形限制不能安装拉线时可采用弓形拉线，此时电杆的地中横木要适当加强。

（二）基础

杆塔埋入地下部分统称为基础。基础的作用是保证杆塔的稳定，不因杆塔的垂直荷重、水平荷重、事故断线张力和外力作用而上拨、下沉或倾倒。杆塔分为电杆基础和铁塔基础两类。

1. 电杆基础

电杆基础一般采用底盘、卡盘、拉线盘，即“三盘”。“三盘”通常用钢筋混凝土预制而成，也可采用天然石料制作。底盘用于减少杆根底部地基承受的下压力，防止电杆下沉。卡盘用于增加杆塔的抗倾覆力，防止电杆倾斜。拉线盘用于增加拉线的抗拔力，防止拉线上拔。

2. 铁塔基础

铁塔基础根据铁塔类型、塔位地形、地质及施工条件等具体情况确定。常用的基础有以下几种：

（1）混凝土或钢筋混凝土基础。这种基础在施工季节暖和，沙、石、水来源方便的情况下可以考虑采用。

（2）预制钢筋混凝土基础。这种基础适用于沙、石、水的来源距塔位较远，或者因在冬季施工、不宜在现场浇注混凝土基础时采用，但预制件的单件质量应适合现场运输条件。

（3）金属基础。这种基础适用于高山地区、交通运输困难的塔位。

（4）灌注桩式基础。它分为等径灌注桩和扩底短桩两种基础。当塔位处于河滩时，考虑到河床冲刷或飘浮物对铁塔的影响，常采用等径灌注桩深埋基础。扩底短桩基础适用于黏性土或其他坚实土壤的塔位。由于这类基础埋置在近原状的土壤中，所以它变形较小，抗拔能力强，并且采用它可以节约土石方工程量，改善劳动条件。

（5）岩石基础。这种基础应用于山区岩石裸露或覆盖层薄且岩石的整体性比较好的塔位。方法是把地脚螺栓或钢筋直接锚固在岩石内，利用岩石的整体性和坚固性取代混凝土基础。

3. 杆塔基础的一般要求

杆塔基础应按杆塔荷载及现场实际合理确定形式。其埋深必须在冻土层以下，地面应有高300mm的防沉土台。埋设在土中的金属基础和金属件应有防腐措施。混凝土基础的标号必须满足设计要求，表面必须光洁，无露筋情况。杆塔基础的其他指标包括基础高差、地脚螺栓出土高度、地脚螺栓偏心、立柱端面尺寸等。

八、电力线路专业术语

（1）挡距。相邻两基杆塔之间的水平直线距离称为挡距，一般用L表示。

（2）弧垂。对于水平架设的线路来说，导线相邻两个悬挂点之间的水平连线与导线最低点的垂直距离称为弧垂或弛度，用f表示。

（3）限距。导线对地面或对被跨越设施的最小距离。一般指导线最低点到地面的最小允许距离，常用h表示。

（4）水平挡距。相邻两挡距之和的一半称为水平挡距，常用L_h表示，即

$$L_h = (L_1 + L_2)/2$$

（5）垂直挡距。相邻两挡距间导线最低点之间的水平距离称为垂直挡距，常用l_n表示。

（6）代表挡距。一个耐张段里，除孤立挡外，往往有多个挡距。由于导线跨越的地形、地物不同，各挡距的大小不相等，导线的悬挂点标高也不一样，各挡距的导线受力情况也不同。而导线的应力和弧垂跟挡距的关系非常密切，挡距变化，导线的应力和弧垂也变化，如果每个挡距一个一个计算，会给导线力学计算带来困难。但一个耐张段里同一相导线，在施工时是一道收紧起来的，因此，导线的水平拉力在整个耐张段里是相等的，即各挡距弧垂最低点的导线应力是相等的。通常把大小不等的一个多挡距的耐张段，用一个等效的假想挡距来代替，这个能够表达整个耐张力学规律的假想挡距，称为代表挡距，用 L_0 表示。

（7）杆塔高度。杆塔最高点至地面的垂直距离，称为杆塔高度，用 H_1 表示。

（8）杆塔呼称高度。杆塔最下层横担至地面的垂直距离称为杆塔呼称高度，简称呼称高，用 H_2 表示。

（9）悬挂点高度。导线悬挂点至地面的垂直距离称为导线悬挂点高度，用 H_3 表示。

（10）线间距离。两相导线之间的水平距离称为线间距离，用 D 表示。

（11）根开。两电杆根部或塔脚之间的水平距离称为根开，用 A 表示。

（12）架空地线保护角。架空地线和边导线的外侧连线与架空地线铅垂线之间的夹角称为架空地线保护角。

（13）杆塔埋深。电杆（塔基）埋入土壤中的深度称为杆塔埋深，用 h_0 表示。

（14）跳线。连接承力杆塔（耐张、转角和终端杆塔）两侧导线的引线称为跳线，也称引流线。

（15）导线的初伸长。导线初次受到外加拉力而引起的永久性变形（延着导线轴线伸长）称为导线初伸长。

（16）分裂导线。一相导线有多根（2、3、4 根）组成形式，称为分裂导线。它相当于加粗了导线的“等效直径”，改善了导线附近的电场强度，减少了电晕损失，降低了对无线电的干扰，提高了送电线路的输送能力。

（17）导线换位。送电线路的导线排列方式，除正三角形排列外，三根导线的线间距离不相等。而导线的电抗取决于线间距离及导线半径，因此，导线如不进行换位，三相阻抗是不平衡的，线路越长，这种不平衡越严重。因而，会产生不平衡电压和电流，对电网的运行及无线电通信产生不良的影响。送电线路设计规程规定：“在中性点直接接地的电力网中，长度超过 100km 的送电线路均应换位”。一般在换位塔进行导线换位。

（18）导（地）线振动。在线路挡距中，当架空线受到垂直于线路方向的风力作用时，就会在其背风面形成按一定频率上、下交替的稳定涡流，在涡流升力分量的作用下，使架空线在其垂直面内产生周期性振荡，称为架空线振动。

第十一节 电力电缆

培训目标

掌握电力电缆分类、结构、作用及型号含义等。

电力电缆是电缆线路中的主要元件，一般敷设在地下的廊道内，其作用是传输和分配电能。电力电缆主要用于城区、国防工程和电站等必须采用地下输电的部位。

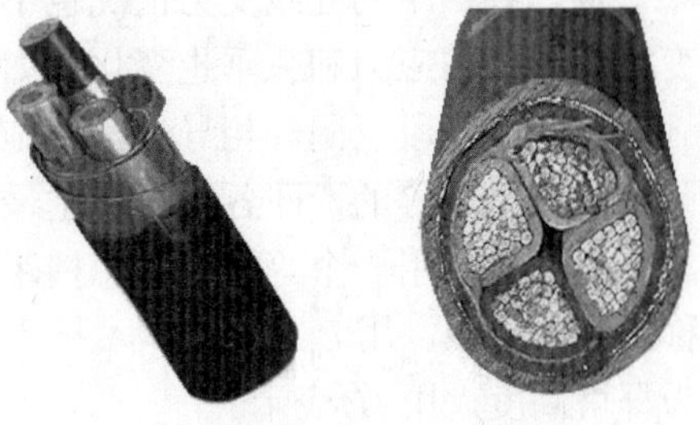

图 2-44　电力电缆

电力电缆如图 2-44 所示。

与架空线路相比，电力电缆具有以下优点：一般埋于土壤或敷设于地下管道、沟道、隧道中，占用地面空间少，有利于市容美观；受气候（雷电、风雨、盐雾、污秽等）和周围环境条件影响小，供电可靠，安全性高；运行简单方便，维护费用低；能适应地下、水底等环境。但也存在着如下缺点：投资费用高，是架空线的几倍；电缆故障隐蔽，测试较难，修复时间长；电缆不容易分支；连接困难。

一、电力电缆的种类

电力电缆种类规格较多，分类方法也多种多样，通常按照绝缘材料、结构、电压等级和特殊需求等方法进行分类。

（一）按电缆的绝缘材料分类

根据绝缘材料的不同，电力电缆可分为油纸绝缘电缆、挤包绝缘电缆和压力电缆三大类。

1. 油纸绝缘电缆

油纸绝缘电缆是绕包绝缘纸带后浸渍绝缘剂（油类）作为绝缘的电缆。

它是历史最久、应用最广和最常用的一种电缆。其绝缘性能好，耐热能力强，承受电压高，使用年限长，成本低，但加工制造和安装较为复杂，不适应高度差较大的敷设环境。

按绝缘纸浸渍剂浸渍情况，油浸纸绝缘电缆又可分为黏性浸渍纸绝缘电缆和不滴流浸渍纸绝缘电缆两种。两者构造完全相同，只是在制造时浸渍工艺有所不同。不滴流浸渍纸绝缘电缆的浸渍剂黏度大，在工作温度下不滴流，能满足高差较大的环境条件。

根据绝缘结构不同，油纸绝缘电缆可分为统包绝缘电缆、分相屏蔽电缆和分相铅包电缆。

2. 挤包绝缘电缆

挤包绝缘电缆又称固体挤压聚合电缆，它是以热塑性或热固性材料挤包形成绝缘的电缆。目前主要有聚氯乙烯（PVC）电缆、聚乙烯（PE）电缆、交联聚乙烯（XLPE）电缆和乙丙橡胶（EPR）电缆等，具体使用情况根据电压等级来决定。

3. 压力电缆

压力电缆是在电缆中充以能流动，并具有一定压力的绝缘油或气体的电缆。在制造和运行过程中，油纸绝缘电缆的纸层间会不可避免地产生气隙。气隙在电场强度较高时，会出现游离放电，最终导致绝缘层击穿。压力电缆的绝缘处在一定压力下，抑制了绝缘层中形成气隙，使电缆绝缘工作场强明显提高，可用于 66kV 及以上电压等级的电缆线路。

（二）按电缆结构分类

电力电缆按照电缆芯数的数量不同，可分为单芯电缆和多芯电缆。

单芯电缆指单独一相导体构成的电缆，一般大截面导体、高电压等级电缆多采用此种结构。

多芯电缆指由多相导体构成的电缆，有两芯、三芯、四芯等，多应用于小截面、中低电压电缆中。

（三）按电压等级分类

电缆按照额定电压 U 分为低压、中压、高压和超高压四类。

（1）低压电缆：额定电压 U 小于 1kV。

（2）中压电缆：额定电压 U 介于 6～35kV 之间。

（3）高压电缆：额定电压 U 介于 35～150kV 之间。

（4）超高压电缆：额定电压 U 介于 220～500kV 之间。

（四）按特殊需求分类

按对电力电缆的特殊需求，主要有输送大容量电能的电缆、阻燃电缆和光纤复合电缆等品种。

（1）输送大容量电能的电缆主要有管道充气电缆（GIC）、低温有阻电缆和超导电缆。GIC 适用于电压等级在 400kV 及以上的超高压、传送容量在 100 万 kVA 以上的大容量电站，高落差和防火要求较高的场所。超导电缆利用超低温下出现失阻现象的某些金属及其合金作为材料，在超导状态下导体的直流电阻为零，从而提高了电缆的传输容量。

（2）防火电缆主要有阻燃电缆和耐火电缆两种。

（3）光纤复合电力电缆将光纤组合在电力电缆的结构层中，使其同时具有电力传输和光纤通信的功能，从而降低了工程建设投资和运行维护的费用。

二、电力电缆的结构

电力电缆线路一般由电缆本体、附件和其他安装器材组成。

电力电缆的基本结构一般由导体、绝缘层、保护层组成，对于 6kV 及以上电缆，其导体外和绝缘层外还增加了屏蔽层。

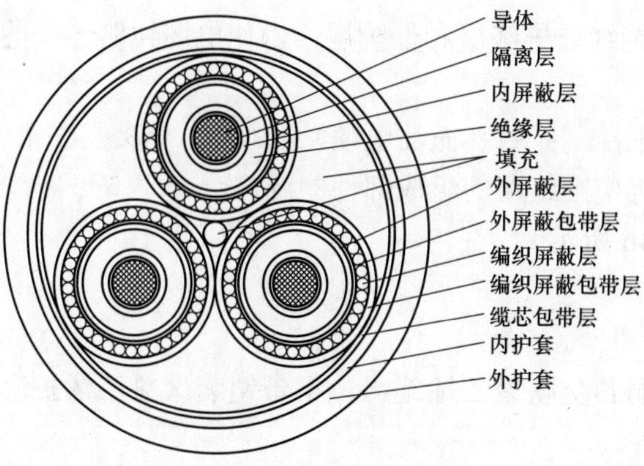

图 2-45　电力电缆结构

电力电缆结构如图 2-45 所示。

（一）线芯导体

线芯导体是传导电流的通路，它应有较高的导电性能和较小的线路损耗，大多采用铜或铝制作。铜的电导率大，机械强度高、易于加工，是制作电缆导体最常用的材料。

为了满足电缆的柔软性和可弯曲性，电缆导体一般由多根导线绞合而成。绞合导体的外形有圆形、扇形、腰圆形和中空圆形等，具体使用情况根据电压等级的不同来决定。圆形绞合常用于 20kV 及以上油纸电缆和 10kV 及以上交联聚乙烯电缆；10kV 及以下多芯油纸电缆和 1kV 及以下多芯塑料电缆多采用扇形或腰圆形导体结构；中空圆形导体适用于自容式充油电缆。

（二）电缆绝缘层

电缆绝缘层将线芯与大地及不同相的线芯在电气上彼此隔离，承受电网电压，起绝缘作用。电缆运行时绝缘层应具有稳定的特性，较高的绝缘电阻、击穿强度，优良的耐树枝放电和局部放电性能，优秀的耐热性能。

电缆绝缘主要有挤包绝缘、油纸绝缘、压力电缆绝缘三种。

（三）电缆保护层

电缆保护层的主要作用是避免电缆受到机械损伤，防止绝缘受潮和绝缘油流出，满足各种使用条件和环境的要求。典型的护层结构分为内护套和外护套两种。内护套紧贴绝缘层，是绝缘的直接保护层。外护套是包覆在内护套外面的保护层，通常，外护层由内衬层、铠装层和外被层组成。

（四）电缆屏蔽层

电缆导体由多根导线绞合而成，它与绝缘层之间易形成气隙；而导体表面不光滑会造成电场集中。在导体表面加一层半导体材料的屏蔽层，它与被屏蔽的导体等电位，并与绝缘层良好接触，从而可避免在导体与绝缘层之间发生局部放电。这层屏蔽层又称为内屏蔽层。

在绝缘表面和护套接触处，也可能存在间隙；电缆弯曲时，油纸电缆绝缘表面易造成裂纹或皱折，这些都是引起局部放电的因素。在绝缘层表面加一层半导电材料的屏蔽层，它与被屏蔽的绝缘层有良好接触，与金属护套等电位，从而可以避免在绝缘层与护套之间发生局部放电。这层屏蔽层被称为外屏蔽层。

电缆屏蔽层分类如下。

（1）导体屏蔽层和绝缘屏蔽层。其主要作用是改善电场分布，避免导体-绝缘层-内护层发生局部放电。

（2）交联聚乙烯屏蔽层。采用挤包半导体屏蔽，绝缘屏蔽层外有金属接地屏蔽层，既是短路电流通道，又起到屏蔽作用。

（五）电缆附件

（1）电缆终端。安装在电缆末端，以使电缆与其他电气设备或架空输电线相连接，并维持绝缘直至连接点的装置。

（2）电缆接头。连接电缆与电缆的导体、绝缘、屏蔽层和保护层，以使电缆线路连续的装置。

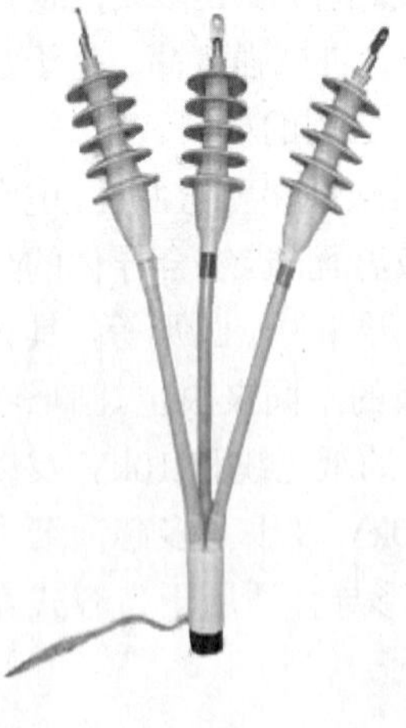

图 2-46　电缆终端

（3）电缆附件。终端、接头、（充油电缆）压力箱、交叉互联箱、接地箱、护层保护器等电缆线路的组成部件的统称。

电缆终端如图 2-46 所示。

三、电缆的型号

1. 电缆的型号分类

（1）YJV22——铜芯交联聚乙烯绝缘，钢带铠装聚氯乙烯护套电力电缆。

（2）ZR-VLV22——铝芯聚氯乙烯绝缘钢带铠装聚氯乙烯护套阻燃电力电缆。

2. 代号含义

（1）绝缘种类：V 代表聚氯乙烯；X 代表橡胶；Y 代表聚乙烯；YJ 代表交联聚乙烯；Z 代表纸。

（2）导体材料：L 代表铝；T（省略）代表铜。

（3）内护层：V 代表聚氯乙烯护套；Y 代表聚乙烯护套；L 代表铝护套；Q 代表铅护套；H 代表橡胶护套；F 代表氯丁橡胶护套。

（4）特征：D 代表不滴流；F 代表分相；CY 代表充油；P 代表贫油干绝缘；P 代表屏蔽；

Z 代表直流。

（5）控制层：0 代表无；2 代表双钢带；3 代表细钢丝；4 代表粗钢丝。

（6）外被层：0 代表无；1 代表纤维外被；2 代表聚氯乙烯护套；3 代表聚乙烯护套。

（7）阻燃电缆在代号前加 ZR；耐火电缆在代号前加 NH；防火电缆在代号前加 DH。

电缆结构各部分代号含义表见表 2-9。

表 2-9　电缆结构各部分代号含义表

<table>
<tr><th>型号组成</th><th>简单名称</th><th>代号</th><th colspan="2">型号组成</th><th>简单名称</th><th>代号</th></tr>
<tr><td>绝缘层</td><td>纸绝缘
橡皮绝缘
聚氯乙烯绝缘
聚乙烯绝缘
交联聚乙烯绝缘</td><td>Z
X
V
Y
YJ</td><td colspan="2">特征</td><td>不滴流
充油
滤尘器用</td><td>D
CY
C</td></tr>
<tr><td>导体</td><td>铜
铝</td><td>不表示
L</td><td rowspan="3">外护层</td><td>防腐</td><td>一级
二级</td><td>1
2</td></tr>
<tr><td>护套</td><td>铅包
铝包
聚氯乙烯护套
非燃性橡套</td><td>Q
L
V
HF</td><td rowspan="2">麻包及铠装</td><td>麻包
钢带铠装麻包
细钢丝铠装麻包
相应裸外护层</td><td>1
2
3
5</td></tr>
<tr><td>特征</td><td>统包型
分相铅包、分相护套
干绝缘</td><td>不表示
F
P</td><td>相应内铠装外护层
聚氯乙烯护套
聚乙烯护套</td><td>9
02
03</td></tr>
</table>

3. 充油电缆型号及产品表示方法

充油电缆型号由产品系列代号和电缆结构各部分代号组成。自容式充油电缆产品系列代号为 CY。外护套结构从里到外用加强层、铠装层、外被层的代号组合表示。绝缘种类、导体材料、内护层代号及各代号的排列次序以及产品的表示方法与 35kV 及以下电力电缆相同。如 CYZQ102 220/1×400 表示铜芯、纸绝缘、铅护套、铜带径向加强、无铠装、聚氯乙烯护套、额定电压 220kV、单芯、标称截面积 400mm^2 的自容式充油电缆。

充油电缆外护层代号含义如下：

（1）加强层：1 代表铜带径向加强；2 代表不锈钢带径向加强；3 代表钢带径向加强；4 代表不锈钢带径向、窄不锈钢带，纵向加强。

（2）铠装层：0 代表无铠装；2 代表钢带铠装；4 代表粗钢丝铠装。

（3）外被层：1 代表纤维层；2 代表聚氯乙烯护套；3 代表聚乙烯护套。

思　考　题

1．变压器的主要结构包括什么？

2．变压器并列运行的条件有哪些？

3．高压断路器主要由哪几部分构成？

4．SF_6 全封闭组合电器的概念是什么？

5．隔离开关的作用有哪些？

6. 高压开关柜具有的“五防”功能包括哪些？

7. 电流互感器分为哪几类？

8. 按照工作原理，电压互感器可分为哪几类？分别应用在什么场合？

9. 并联电容器在电力系统中的作用有哪些？

10. 消弧线圈的作用是什么？

11. 电网中的防雷设备有哪些？

12. 避雷器、避雷线和避雷针的作用包括哪些？

13. 架空电力线路的主要组成部分包括哪些？作用分别是什么？

14. 杆塔根据其用途可分为哪几种？

15. 输电线路中限距的含义是什么？

16. 架空地线保护角的含义是什么？

17. 导线换位的含义是什么？

18. 电力电缆的基本结构一般包括哪些？

19. 试说明电力电缆 YJV22-10kV-3×300 的含义及安全载流量。

20. 试说明架空线 LGJ-240/30 的含义及安全载流量。

21. 说明 LW30-72.5/T3150-40 型断路器各符号的含义。

22. 说明 SFP29-180000/220 型号变压器的含义，额定电压为（220±8×1.25%）/69kV，计算高、低压侧额定电流。

第三章

继电保护及安全自动装置

第一节 母线的故障及保护

培训目标

了解母线的故障形式，理解母线保护的原理、组成，掌握生产现场常用双母线差动保护的类型、构成及动作过程，掌握母联失灵保护、死区保护及充电保护的原理，掌握断路器失灵保护的原理。

一、母线的故障形式

母线的作用是汇集和分配电能，在变电站中起重要作用。虽然母线结构简单，运行可靠，相对于其他设备而言发生故障的机率比较小。母线故障的后果是十分严重的，会造成系统的大范围停电。造成母线的故障原因有：

（1）外力破坏。如果变电站施工时吊车碰撞母线，母线附近高大设备倒塌，刮风时异物飘落母线等原因，造成母线故障。

（2）污秽闪络。断路器、电流互感器、电压互感器套管，隔离开关及母线绝缘子因表面污秽闪络而导致母线故障。

（3）误操作。运行人员误操作，如带负荷拉隔离开关；倒闸操作时引起断路器或隔离开关绝缘瓷瓶损坏，造成母线故障，如图 3-1 所示。

图 3-1 母线断落地面

（4）设备故障。互感器、避雷器击穿故障，GIS 设备损坏、气体泄漏，也会造成母线故障。

二、母线的保护

母线的保护方式通常有两种：①利用供电元件的保护装置兼作母线故障保护，如利用变压器低（或高）后备保护兼作母线故障的远后备；②装设专用的母线保护，如深圳南瑞的 BP-2B 型微机母线保护、南京南瑞的 RCS-915AB 型微机母线保护、国电南自 SG B750 系列数字式母线保护等。

（一）母线保护的原理

结合生产实际，在这里重点介绍一下微机型比率制动式双母线差动保护的原理。

1. 基本原理

微机型双母线差动保护：差动回路包括母线大差回路和各段母线小差回路。

大差回路是除母联回路外所有支路电流所构成的差回路。某段母线的小差回路指该段所连接的包括母联回路的所有支路电流构成的差动回路。

大差电流：不包括母联电流以外的所有元件电流之和，即

$$I_d = I_1 + I_2 + \cdots + I_n$$

小差电流：包括一条母线各元件及母联电流之和，即

$$I_d = I_1 + I_2 + \cdots + I_k + I_m$$

大差电流用于判别母线区内和区外故障，即由大差比率元件是否动作，判断母线区外故障还是母线区内故障。

小差电流用于故障母线的选择，即由小差比率元件是否动作，判断故障发生在哪一段母线。

双母线差流计算示意图如图 3-2 所示。

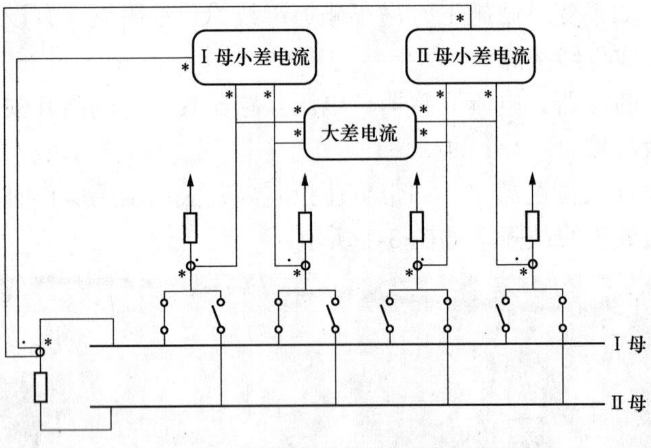

图 3-2　双母线差流计算示意图

下面就介绍一下正常运行方式下、母线区外及区内故障时，大差、小差元件的动作情况。

（1）正常运行时，大差、小差元件的差流计算示意图如图 3-3 所示。

大差元件（框 1 所示）：差流 $\Sigma I_M = 0$，即 $I_1 + I_2 - I_3 - I_4 = 0$，大差元件不启动。

Ⅰ母小差（框 2 所示）：差流 $\Sigma I_{\mathrm{I}M} = 0$，即 $I_1 + I_2 - I_0 = 0$，Ⅰ母小差元件不启动。

Ⅱ母小差（框 3 所示）：差流 $\Sigma I_{\mathrm{II}M} = 0$，即 $-I_3 - I_4 + I_0 = 0$，Ⅱ母小差元件不启动。

（2）区外故障时，大差、小差元件的差流计算示意图如图 3-4 所示。

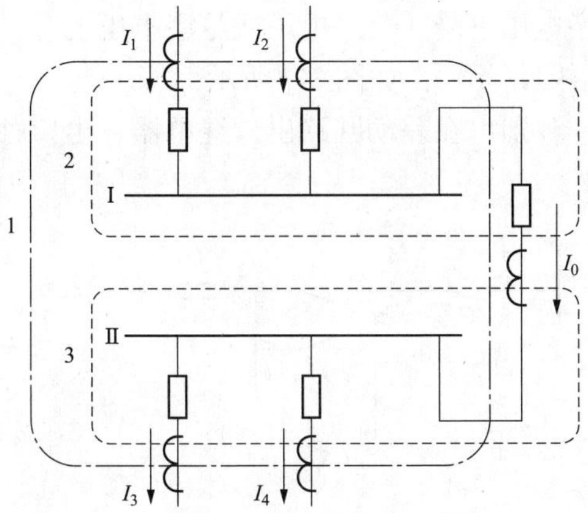

图 3-3　正常运行时，大差、小差元件的差流计算示意图

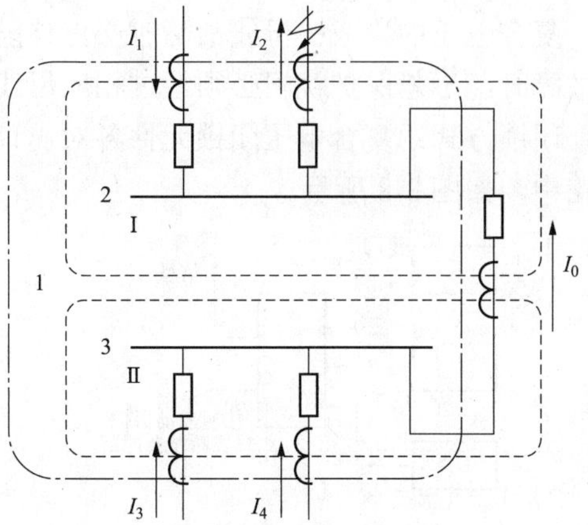

图 3-4　区外故障时，大差、小差元件的差流计算示意图

大差元件（框 1 所示）：差流$\Sigma I_{M}=0$，即$I_1-I_2+I_3+I_4=0$，大差元件不启动。

（3）区内故障时，大差、小差元件的差流计算示意图如图 3-5 所示。

大差元件（框 1 所示）：差流$\Sigma I_{M}\neq 0$，即$I_1+I_2+I_3+I_4\neq 0$，大差元件启动。

Ⅰ母小差（框 2 所示）：差流$\Sigma I_{ⅠM}\neq 0$，即$I_1+I_2+I_0\neq 0$，Ⅰ母小差元件启动跳Ⅰ母。

Ⅱ母小差（框 3 所示）：差流$\Sigma I_{ⅡM}=0$，即$I_3+I_4-I_0=0$，Ⅱ母小差元件不启动。

2. BP-2B 型微机母线保护动作原理

BP-2B 型微机母线保护动作逻辑图如图 3-6 所示。

当Ⅰ母线故障时，大差元件及Ⅰ母小差元件动作，同时Ⅰ母复合电压元件开放，Ⅰ母小差元件出口，跳开母联及Ⅰ母线上各元件开关。

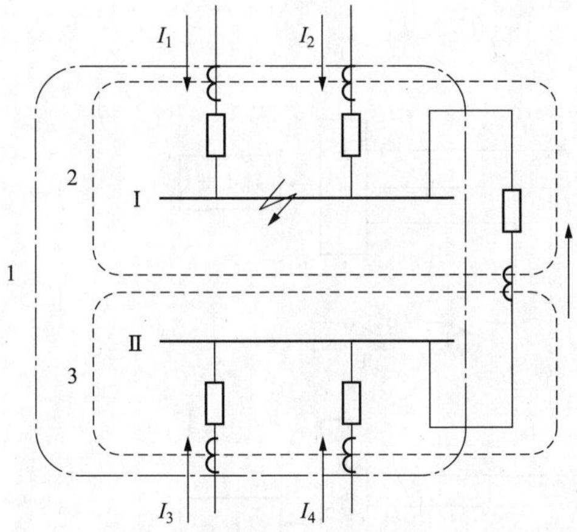

图 3-5　区内故障时，大差、小差元件的差流计算示意图

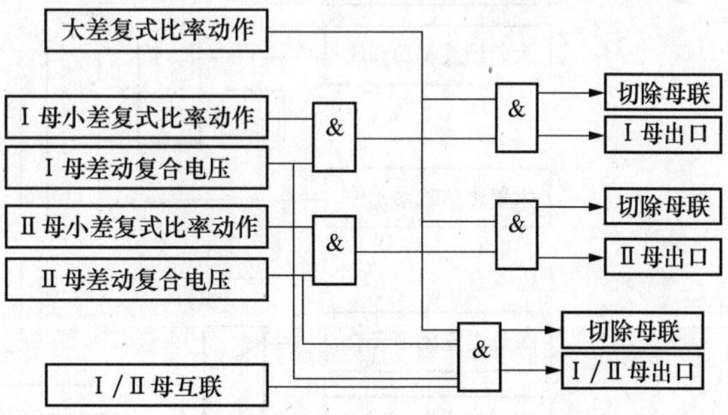

图 3-6　BP-2B 型微机母线保护动作逻辑图

当倒母线操作时，操作前要拉开母联开关的操作直流，同时投入母差保护的“互联”压板。此时一旦发生母线故障，母差保护不经小差元件选择故障母线了，而是直接非选择地将两组母线跳闸。

母线差动采用复合电压闭锁的目的是防止母差保护误动作，特别是防止误碰出口继电器等人为原因造成的母差保护误动。

复合电压的构成：母线故障时必然伴随着正序电压下降、负序电压或零序电压上升。母线故障时，母差保护跳闸必须经过相应母线的电压闭锁元件，如图 3-7 所示。

闭锁方式：复合电压闭锁元件各对出口触点，分别串在差动回路出口继电器各出口触点回路中，如图 3-8 所示。

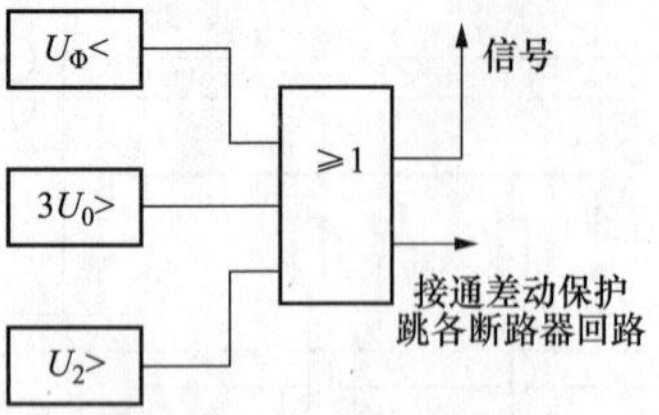

图 3-7　复合电压的构成

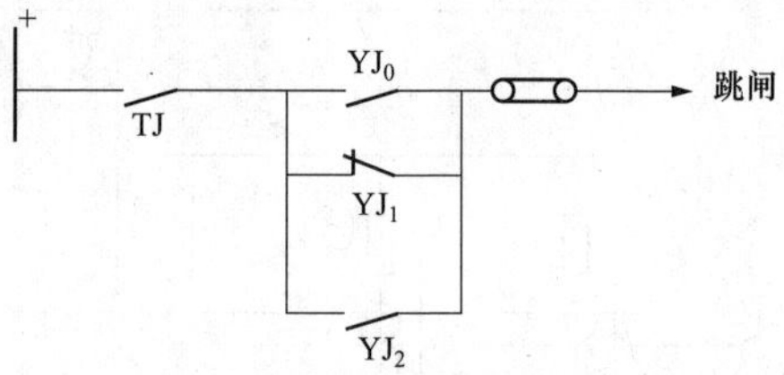

图 3-8　复合电压的闭锁方式

图 3-8 中，YJ_1 低电压闭锁元件，在母线发生三相短路时，开放母差保护。YJ_0 零序电压闭锁元件，在母线发生单相短路时，开放母差保护。YJ_2 负序电压闭锁元件，在母线发生两相短路时，开放母差保护。

由于母差保护出口环节多加了一个闭锁接点，不可避免地会影响母线保护动作的可靠性。在一次系统为 3/2 接线的情况下，由于母线保护误动跳开一条母线不会影响一次设备供电，因此，3/2 接线的母线保护不设复合电压闭锁。

3. RCS-915AB 型微机母线保护动作原理

RCS-915AB 型微机母线保护动作逻辑图如图 3-9 所示。

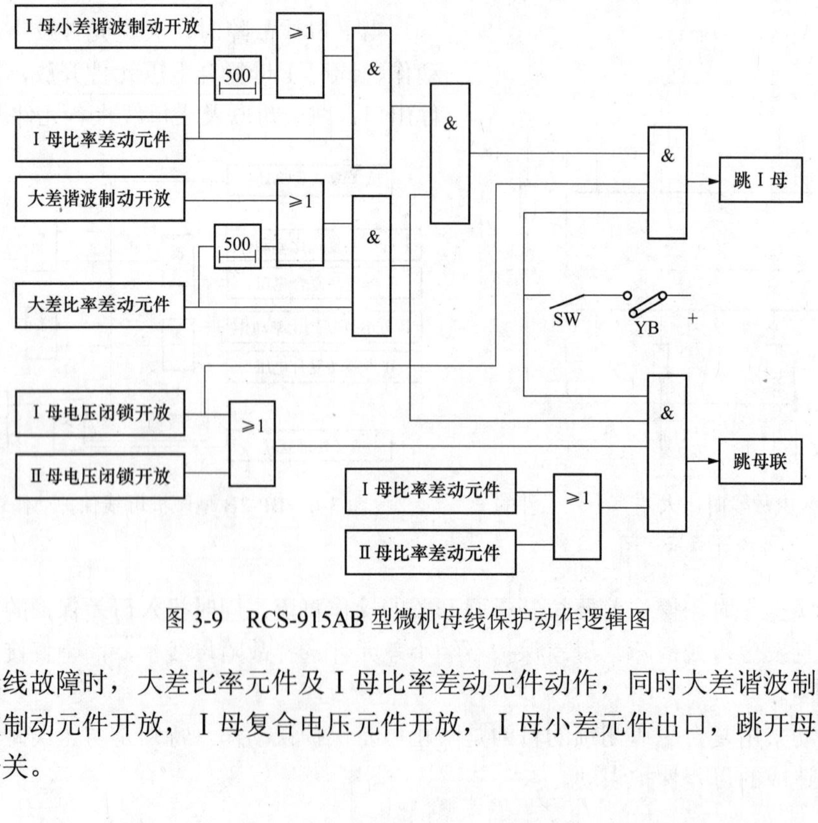

图 3-9　RCS-915AB 型微机母线保护动作逻辑图

当Ⅰ母线故障时，大差比率元件及Ⅰ母比率差动元件动作，同时大差谐波制动元件及Ⅰ母小差谐波制动元件开放，Ⅰ母复合电压元件开放，Ⅰ母小差元件出口，跳开母联及Ⅰ母线上各元件开关。

为防止母差保护在母线近端发生区外故障时电流互感器严重饱和的情况下发生误动作。本装置根据电流互感器饱和的波形特点设置了电流互感器饱和检测元件，用以判别差动电流是否由区外故障电流互感器饱和引起，如果是则闭锁差动保护出口，否则开放保护出口。

（二）母联失灵保护和死区保护

母联断路器在双母线接线中用来连接两条母线，作用和地位特殊。一旦在母线故障伴随母联开关失灵，或在母联开关与母联电流互感器之间发生短路时，产生的后果都是十分严重的。因此，在母联开关上要配置失灵保护和死区保护。

母联开关失灵时，母联失灵保护经 300ms 延时跳开另一条母线。母联开关与电流互感器之间故障时，启动母联死区保护，经 100ms 后切除另一母线。

1. BP-2B 型母联失灵和死区保护

如图 3-10 所示，母线并列运行，当保护向母联开关发出指令后，经整定延时，若大差元件不返回，母联回路中仍有电流，则母联失灵保护经母线复合电压闭锁元件开放后，切除相关母线各元件开关。

如图 3-11 所示，母线并列运行，当故障发生在母联开关与母联电流互感器之间时，断路器侧母线段开关跳闸无法切除故障，而电流互感器侧故障依然存在，大差电流元件不返回，母联开关已跳开，而母联电流互感器中仍有电流，则启动死区保护，经复合电压闭锁后切除相关母线。

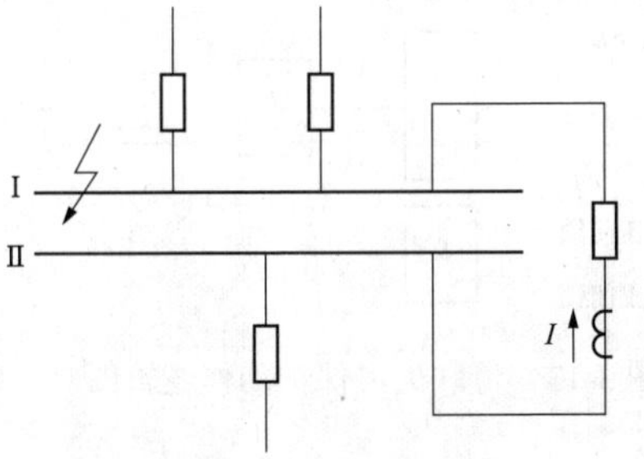

图 3-10　母联失灵示意图

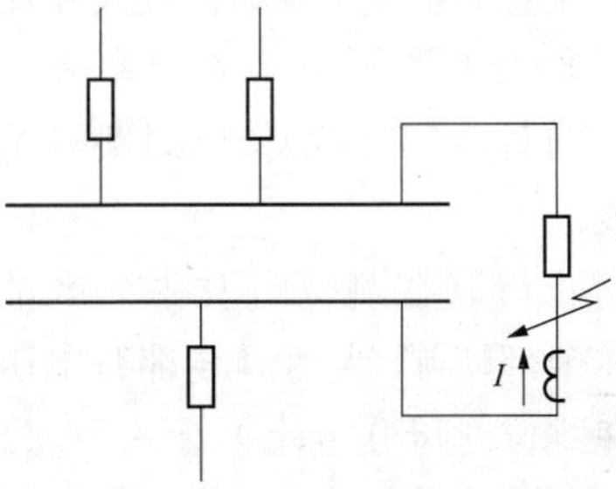

图 3-11　母联死区故障示意图

上述两个保护共同之处，故障点在母线上，跳母联开关经延时后，大差元件不返回且母联电流互感器中仍有电流，跳两条母线。因此可共用一个保护逻辑，如图 3-12 所示。

当双母线分列运行时，死区点如果发生故障，由于母联 TA 已被封闭，所以保护可以直接跳故障母线，避免了故障切除范围的扩大。

2. RCS-915AB 型母联失灵和死区保护

（1）母联失灵：当保护向母联发跳令后，经整定延时母联电流仍大于母联失灵电流定值时，母联失灵保护经两母线电压闭锁后切除两母线上所有连接元件。

通常情况下，只有母差保护和充电保护才启动母联失灵保护。当投入“母联过流启动失灵”控制字时，母联过流也可启动母联失灵保护。

母联失灵保护动作逻辑图如图 3-13 所示。

（2）母联死区保护：母联开关和母联电流互感器之间发生故障，断路器侧母线跳闸后故障依然存在，正好处于母联电流互感器侧母线小差的死区，为提高保护动作速度，专设了母联死区保护。

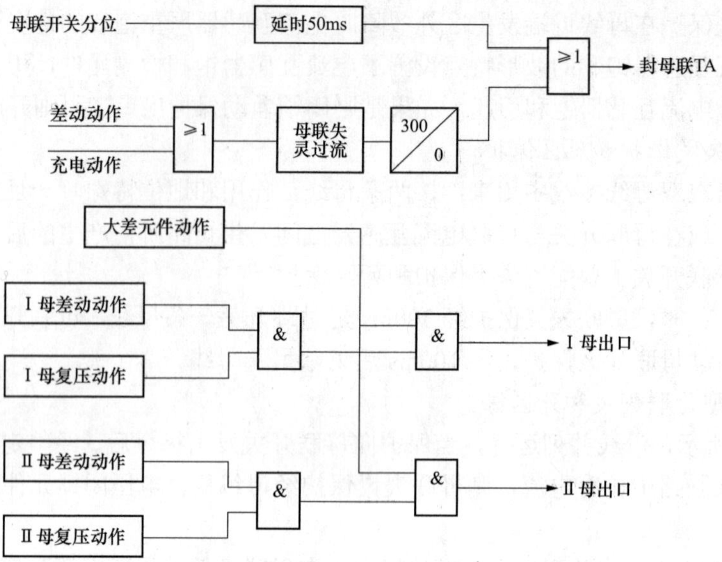

图 3-12　母联失灵保护、死区保护逻辑图

本装置的母联死区保护在差动保护发母线跳闸指令后，母联开关已跳开而母联电流互感器仍有电流，且大差比率差动元件及断路器侧小差比率差动元件不返回时，经死区动作延时跳开另一条母线。

为防止母联在跳位时发生死区故障将母线全部切除，当两母线都有电压且母联在跳位时母联电流不计入小差。

母联死区保护动作逻辑图如图 3-14 所示。

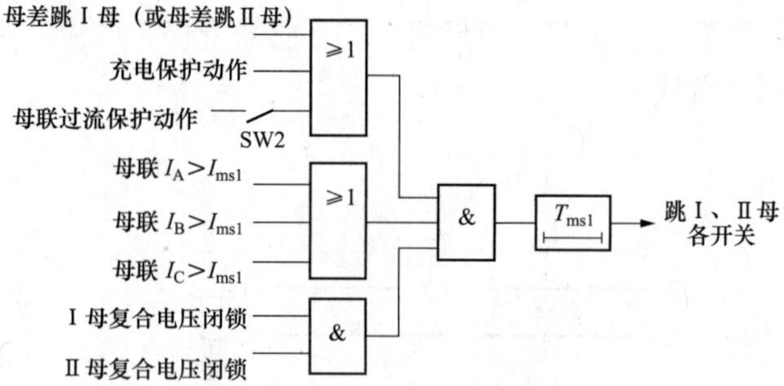

图 3-13　母联失灵保护动作逻辑图

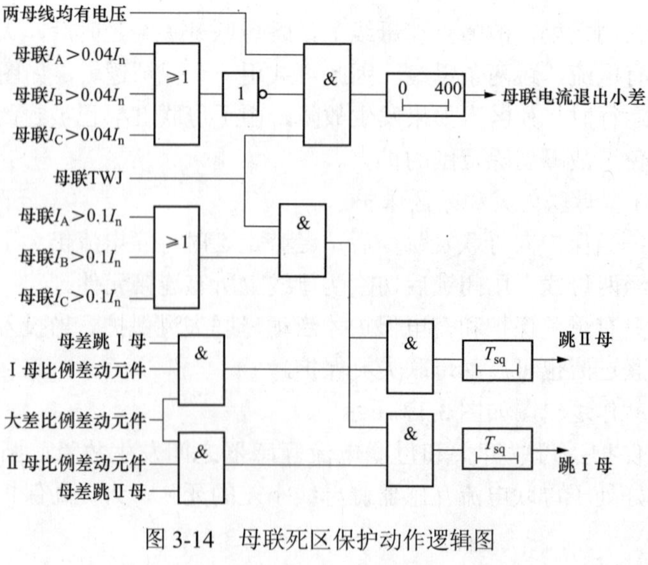

图 3-14　母联死区保护动作逻辑图

（三）母联（分段）充电保护

1. BP-2B 母联（分段）充电保护

双母线接线中，当其中一段母线检修后，可通过母联（分段）开关对检修母线充电，此时投入母联（分段）充电保护。

母联（分段）充电保护的启动需同时满足三个条件：

（1）母联（分段）充电保护连接片投入。

（2）其中一段母线已失压，且母联（分段）开关已断开。

（3）母联电流从无到有。

充电保护一旦投入自动展宽 200ms 后退出。充电保护投入后，当母联任一相电流大于充电电流定值，可经整定延时跳开母联开关，不经复合电压闭锁。

如图 3-15 所示，BP-2B 母联充电保护动作逻辑图。

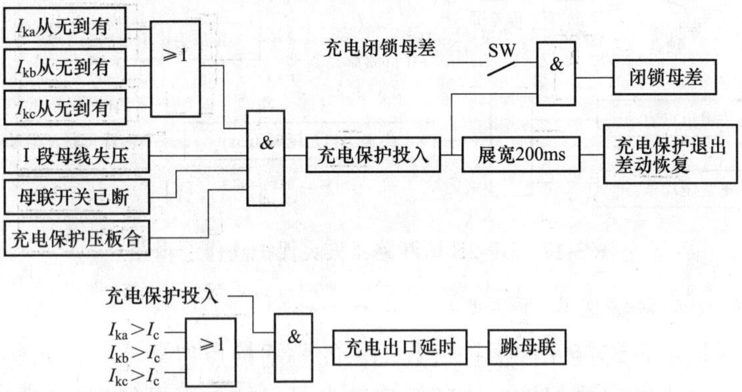

图 3-15　BP-2B 母联充电保护动作逻辑图

I_{ka}、I_{kb}、I_{kc}：母联 A、B、C 相电流。

I_c：充电保护电流定值。

2. RCS-915AB 母联充电保护

当母联断路器 TWJ 由“1”变为“0”，母联由无流变为有流（大于 $0.04I_n$）及两母线变为均有压状态，则开放充电保护 300ms。同时，根据控制字决定是否闭锁母差保护。在充电保护开放期间，若母联电流大于充电保护定值电流，则将母联开关跳闸。母联充电保护不经复合电压闭锁。RCS-915AB 母联充电保护动作逻辑图如图 3-16 所示。

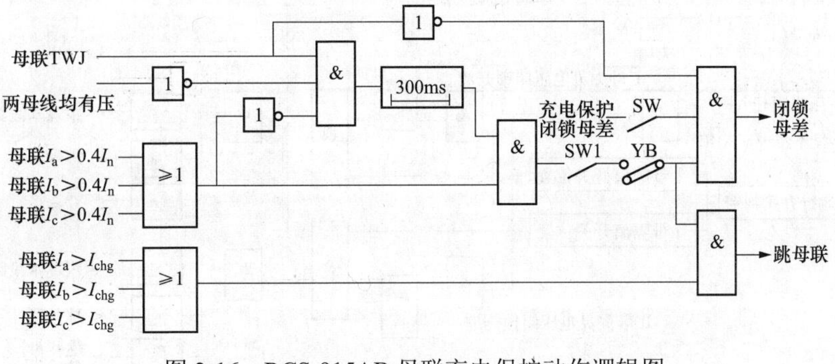

图 3-16　RCS-915AB 母联充电保护动作逻辑图

I_{chg}——母联充电保护定值。

（四）断路器失灵保护

断路器失灵保护是当故障线路的保护发出跳闸命令后，断路器拒绝动作，能够以较短时限切除同一母线上其他断路器，以使停电范围限制为最小的一种后备保护。

1. BP-2B 型断路器失灵保护

断路器失灵保护启动条件：保护出口持续动作未返回，同时串联一个电流继电器判断故障线路有电流，复合电压闭锁开放，失灵保护 0.3s 后跳母联开关及故障线路所在母线的其他支路开关。

失灵保护的动作时间应大于故障元件断路器跳闸时间和继电保护装置的返回时间之和。

BP-2B 型断路器失灵保护动作逻辑图如图 3-17 所示。

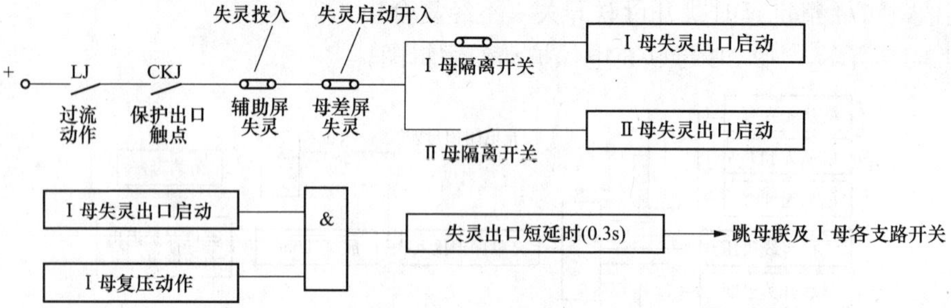

图 3-17　BP-2B 型断路器失灵保护动作逻辑图

2. RCS-915AB 型断路器失灵保护

断路器失灵保护由各连接元件保护装置提供的跳闸接点启动，若该元件的对应相电流大于失灵相电流定值，则经失灵保护电压闭锁启动失灵保护。失灵保护启动后，经跟跳延时再次动作于该线路断路器，再经母联延时动作于母联，经失灵延时切除该元件所在母线的各个连接元件。

RCS-915AB 型断路器失灵保护动作逻辑图如图 3-18 所示。

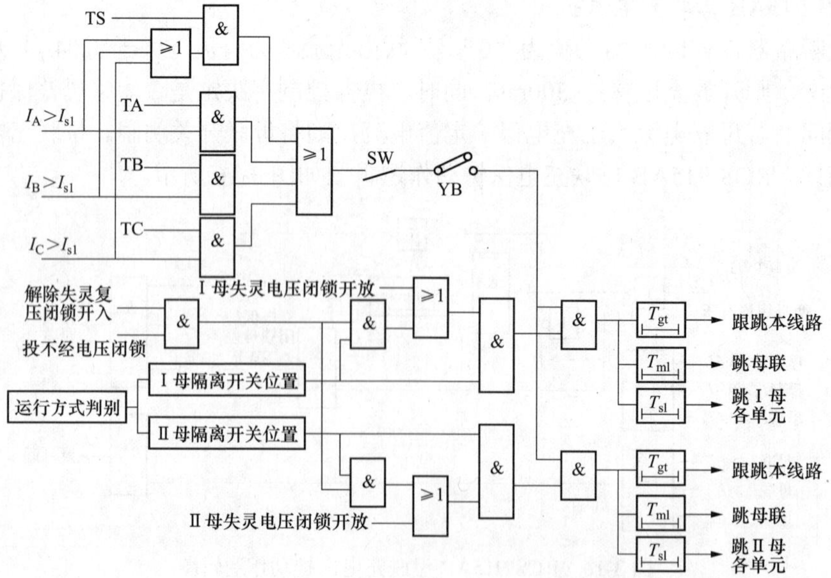

图 3-18　RCS-915AB 型断路器失灵保护动作逻辑图

考虑到主变压器低压侧故障高压侧开关失灵时，高压侧母线的电压闭锁灵敏度有可能不够，因此可通过控制字选择主变压器支路跳闸时失灵保护不经电压闭锁。同时将另一付跳闸触点接至解除失灵复压闭锁开入，该接点动作时才允许解除电压闭锁。

第二节　变压器保护

培训目标

了解变压器的故障、不正常运行方状态及保护方式，理解变压器保护的原理、组成，掌握生产现场常用变压器保护的类型、构成及动作过程。

一、变压器的故障、不正常运行状态及保护方式

变压器是变电站非常重要的电气设备，它一旦发生故障，对电网的正常供电及系统的稳定运行都会带来严重的影响。因此，在变压器上应装设性能完善、动作可靠的继电保护装置，以保证变压器的安全运行。

变压器的故障可分为油箱内故障和油箱外故障两种。油箱内故障包括绕组的相间短路、接地短路、匝间短路以及铁芯的烧损，如图 3-19 所示。油箱外故障主要是套管和引出线上发生的相间短路和接地短路等。

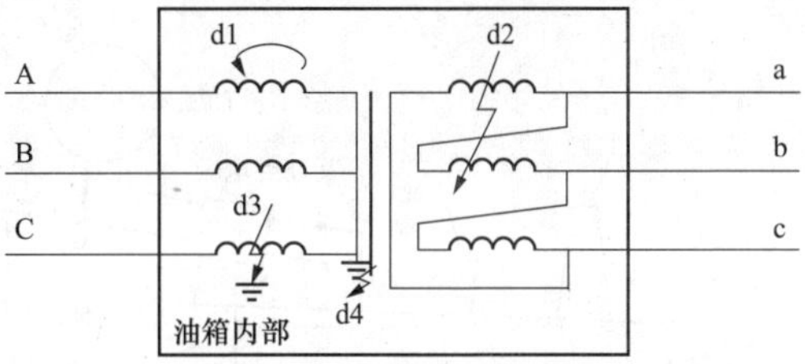

图 3-19　油箱内故障示意图

d1—匝间短路；d2—相间短路；d3—单相接地；d4—铁芯烧损

变压器的不正常工作状态有外部相间短路引起的过电流和外部接地短路引起的过电流和中性点过电压；由于负荷超过额定容量引起的过负荷以及由于漏油等原因而引起的油面降低。此外，对于大容量变压器，在过电压或低频等异常运行方式下，还会发生变压器的过励磁故障。

根据上述故障类型和不正常运行状态，变压器应装设下列保护：

1. 瓦斯保护

容量在 800kVA 以上的油浸式变压器配置瓦斯保护。它反映油箱内各种故障及油面降低。其中轻瓦斯保护动作于信号，重瓦斯保护动作于跳闸。

2. 差动保护

容量在 6300kVA 以上并列运行的变压器应装设差动保护。它反映变压器绕组、套管及引出线的故障。

重瓦斯保护和差动保护均能 0s 跳开变压器各侧的断路器。因此，重瓦斯保护和差动保护构成变压器的主保护。

3. 外部相间短路的后备保护

对于外部相间短路引起的变压器过电流，一般采用复合电压启动的过流保护。当灵敏度不满足要求时，可采用阻抗保护。

4. 外部接地短路的后备保护

对于中性点直接接地的电网，由外部接地短路引起过电流时，如果变压器中性点接地运

行，应装设零序电流保护。

如果电网中部分变压器中性点接地运行，为防止发生接地短路时，中性点接地的变压器断开后，中性点不接地的变压器仍带接地故障运行。此时，中性点不接地的变压器应有零序过电压保护，中性点放电间隙加零序电流保护。

5. 过负荷保护

容量在400kV以上的变压器，应根据可能的过负荷情况，装设过负荷保护。

6. 过励磁保护

500kV及以上的变压器，对频率降低和电压升高而引起的变压器励磁电流的增大，应装设过励磁保护。

7. 其他非电量保护

对变压器油温过高、油箱内压力升高和冷却系统故障，应装设动作于信号或跳闸的装置。

二、变压器的瓦斯保护

（一）瓦斯保护的原理

当变压器发生内部故障时，故障点产生的电弧使绝缘物和变压器油分解而产生大量的气体。气体排出的多少与变压器故障的严重程度和性质有关。利用这种气体的出现来实现的保护装置称为瓦斯保护。

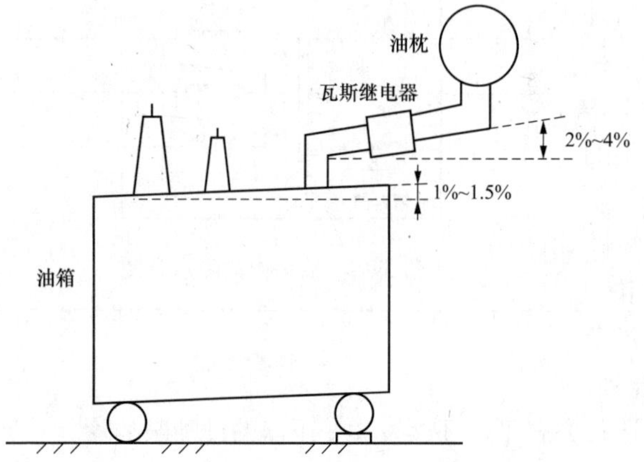

图3-20 瓦斯继电器的安装图

瓦斯保护由瓦斯继电器来实现，瓦斯继电器安装在油箱与油枕之间的连接管道中上，如图3-20所示。油箱内产生的气体出现时都要通过瓦斯继电器流向油枕。为了不妨碍气体的流通，变压器安装时的顶盖和连接管沿瓦斯继电器的方向有一定的升高坡度。

变压器内部发生轻微故障时，产生的气体聚集在继电器的上部，迫使油面下降，瓦斯继电器轻瓦斯触点闭合，发出“轻瓦斯动作”信号。

变压器内部发生严重故障时，产生大量的气体以及强烈的油流冲击挡板。当油流速度达到整定值时，瓦斯继电器重瓦斯触点闭合，发出“重瓦斯跳闸”脉冲，切除变压器。

变压器漏油使油面降低时，瓦斯继电器轻瓦斯触点闭合，同样发出“轻瓦斯动作”信号。

（二）瓦斯保护的接线

瓦斯保护的原理接线如图3-21所示。瓦斯继电器KG上面的触点表示“轻瓦斯保护”，下面的触点表示“重瓦斯保护”。当油箱发生严重故障时，由于油流的不稳定可能造成重瓦斯触点的抖动，此时为了使断路器可靠跳闸，应选用具有电流自保持线圈的出口继电器KCO。此外，为防止变压器换油或进行试验时引起重瓦斯保护误动作跳闸，可利用连接片将跳闸回路切换到信号回路。

瓦斯保护的优点是动作迅速、灵敏度高，能反映变压器油箱内的各种故障，特别是能反映轻微匝间短路。它也是油箱漏油或绕组、铁芯烧损的唯一保护。

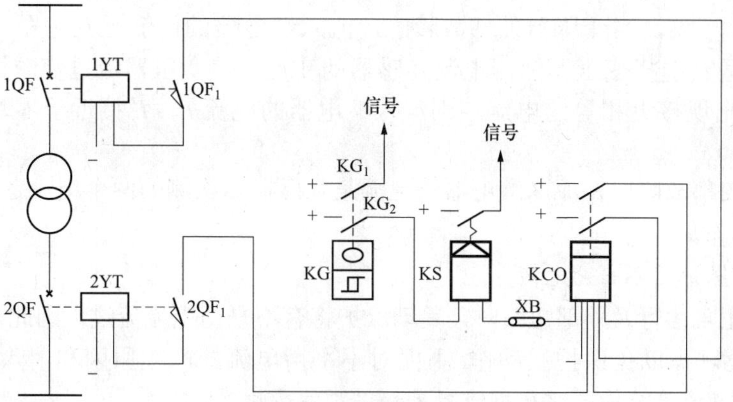

图 3-21　瓦斯保护的原理接线

瓦斯保护的缺点是不能反映油箱外变压器套管和引出线的故障。瓦斯保护与差动保护在保护范围上有一定互补性，不能相互代替，一起作为变压器的主保护。

瓦斯保护在下列情况时应由跳闸改信号：

（1）变压器进行补、滤油时。

（2）潜油泵更换、硅胶罐更换吸附剂时。

（3）变压器除采油样和瓦斯继电器上部放气阀门放气外，在其他所有地方打开放气、放油阀门前。

（4）开闭瓦斯继电器连接管上的阀门或风冷器进行放油检修工作时。

（5）在瓦斯保护及其二次回路上工作时。

（6）当油位计的油面异常升高或呼吸系统有异常，需打开放气或放油阀前。

三、变压器的差动保护

（一）差动保护的原理

变压器差动保护的原理接线如图 3-22 所示。

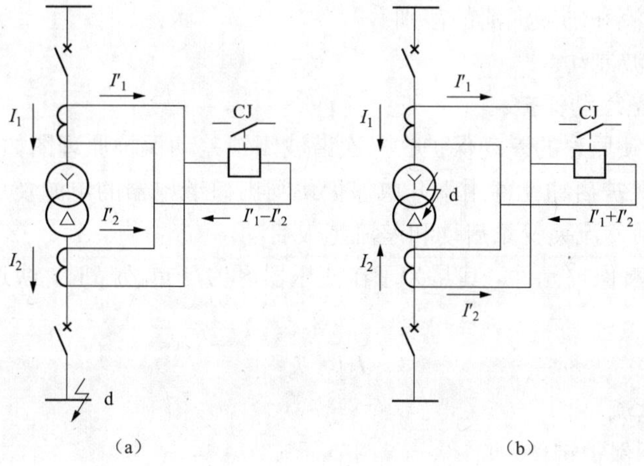

图 3-22　变压器差动保护的原理接线

（a）变压器外部故障时的电流分布；（b）变压器内部故障时的电流分布

由图 3-22 可见，当变压器外部故障时，流入继电器的电流是互感器二次侧的两个电流之差。如果适当选择变压器两侧电流互感器的变比，使变压器流过穿越性电流时，在互感器的二次侧出现接近相等的电流，则流入继电器的电流 $I_1'-I_2'$ 接近于零，继电器 CJ 不会动作。

当变压器内部故障时，流入继电器的电流是互感器二次侧的两个电流之和 $I_1'+I_2'$，足以使继电器 CJ 动作。

（二）差动保护的不平衡电流

变压器在正常运行及外部短路时，差动保护将有不平衡电流流过，因此差动保护应能躲过不平衡电流影响，以免保护误动作。下面对不平衡电流的产生原因和消除方法进行分析。

1. 由励磁涌流产生的不平衡电流对差动保护的影响

（1）励磁涌流的特点。当变压器空载投入和外部故障切除后电压恢复时，会出现数值很大的励磁电流，又称励磁涌流。如果空载合闸时，正好电源电压瞬时值 $u=0$ 时接通电路，此时变压器的励磁涌流数值最大，可达额定电流的 6～8 倍，同时含有大量的高次谐波和非周期分量。

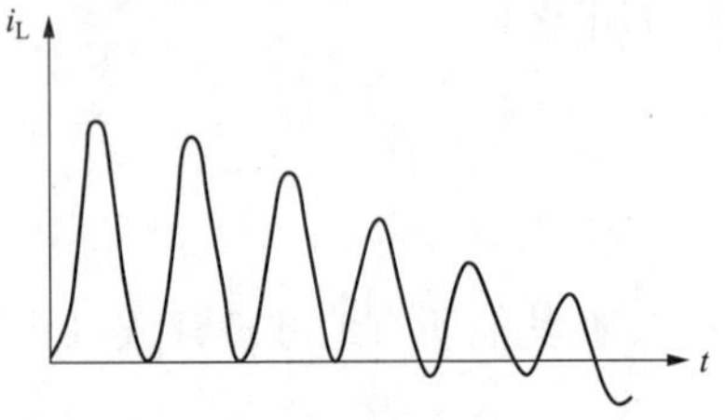

图 3-23 励磁涌流的波形

对三相变压器，无论在任何瞬间合闸，至少有两相出现程度不同的励磁涌流。励磁涌流的波形如图 3-23 所示。

对三相变压器，无论在任何瞬间合闸，至少有两相出现程度不同的励磁涌流。

励磁涌流的特点如下：

1）含有很大成分的非周期分量，使涌流偏向时间轴的一侧。

2）含有大量的高次谐波，而以二次谐波为主。

3）波形之间出现间断，在一个周期中间断角为 θ。

根据励磁涌流的特点，差动保护防止励磁涌流影响的方法如下：

a．采用速饱和铁芯的差动继电器。

b．鉴别短路电流和励磁涌流的差别。

c．采用二次谐波制动。

（2）PST-1200 型差动保护。

1）二次谐波闭锁原理的差动保护。二次谐波闭锁差动保护原理图如图 3-24 所示。

a．启动元件。保护启动元件用于开放保护跳闸出口继电器的电源及启动该保护故障处理程序。启动方式包括差流突变量启动和差流越限启动。

b．差动电流速断保护元件。其是为了在变压器区内严重故障时，快速跳开变压器各侧开关，动作判据为

$$I_d > I_{sd}$$

式中 I_d——差动电流；

I_{sd}——差速断保护定值。

c．二次谐波制动元件。其是为了在变压器空载合闸时防止励磁涌流引起差动保护误动，动作判据为

$$I^{(2)}>I_d \times XB_2$$

式中　$I^{(2)}$——二次谐波电流；

I_d——差动电流；

XB_2——制动系数。

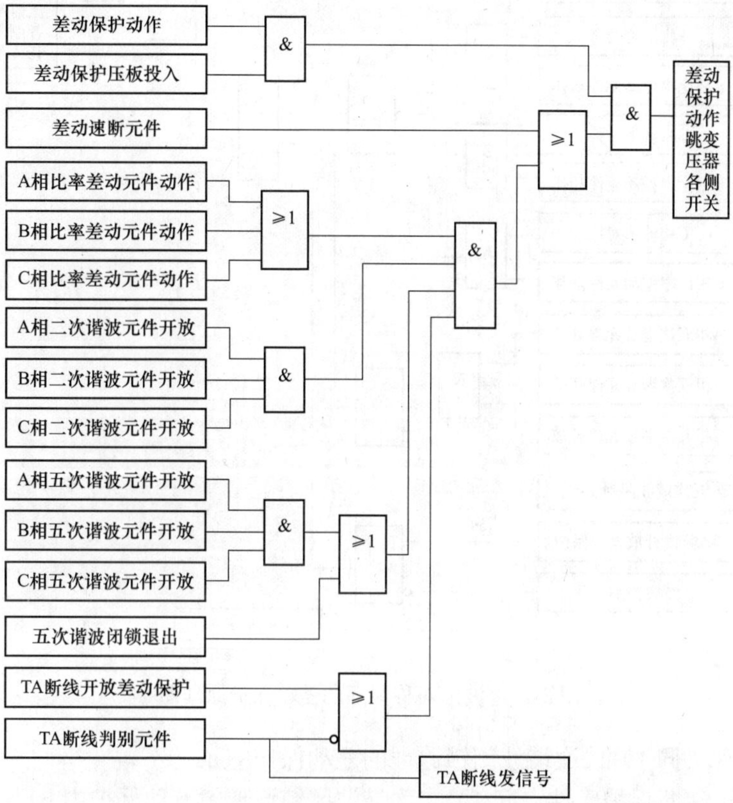

图 3-24　二次谐波闭锁差动保护原理图

d．五次谐波制动元件。其是为了在变压器过励磁时防止差动保护误动，动作判据为

$$I^{(5)} > I_d \times XB_5$$

式中　$I^{(5)}$——五次谐波电流；

I_d——差动电流；

XB_5——制动系数。

e．比率制动元件。其是为了在变压器区外故障时差动保护有可靠的制动作用，同时在内部故障时有较高的灵敏度，动作判据为

$$I_{cdd} = |I_1 + I_2|$$

$$I_{zdd} = \max(|I_1|, |I_2|)$$

式中　I_{cdd}——差动电流；

I_{zdd}——制动电流。

f．TA 回路异常判别元件。其是为了在变压器正常运行时判别 TA 回路状况，发现异常情况发告警信号，并可由控制字投退来决定是否闭锁差动保护。

2）波形对称原理的差动保护。波形对称原理的差动保护原理图如图 3-25 所示。

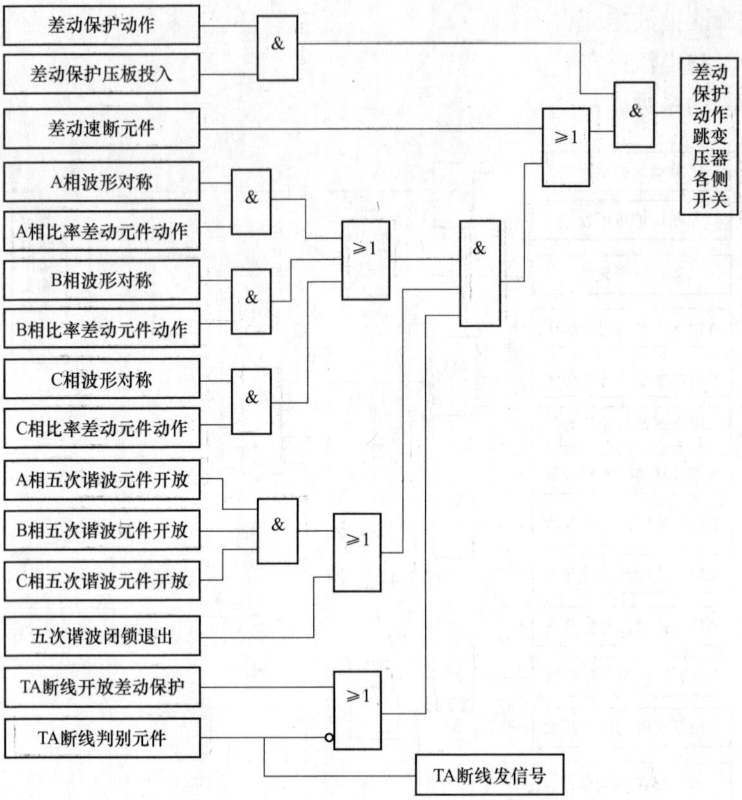

图 3-25　波形对称原理的差动保护原理图

a．启动元件。同 1）二次谐波闭锁原理的差动保护中 a。

b．差动电流速断保护元件。同 1）二次谐波闭锁原理的差动保护中 b。

c．波形对称判别元件。其采用波形对称算法，将变压器空载合闸时产生的励磁涌流与故障电流分开。当变压器空载合闸至内部故障或外部故障切除转化为内部故障时，本保护能瞬时动作。

d．五次谐波制动元件。同 1）二次谐波闭锁原理的差动保护中 d。

e．比率制动元件。同 1）二次谐波闭锁原理的差动保护中 e。

f．TA 回路异常判别元件。同 1）二次谐波闭锁原理的差动保护中 f。

2．由变压器两侧电流相位不同产生的不平衡电流对差动保护的影响

由于变压器通常采用 Yd11 接线，d 侧电流超前 Y 侧电流 30°，如果变压器两侧的电流互感器都接成星形，在正常运行时，两侧电流互感器的二次电流也会有 30°的相角差，此时会有一个相当大的不平衡电流流入差动继电器，造成保护误动作。

通常将变压器 Y 侧的电流互感器接成△形，将变压器 d 侧的电流互感器接成 Y 形，这样在正常运行时，使两侧电流互感器的二次电流 I_{aY}、I_{bY}、I_{cY}与 $I_{A\triangle}$、$I_{B\triangle}$、$I_{C\triangle}$同相位，再通过适当的选择两侧电流互感器的变比，使二次电流 I_{aY}、I_{bY}、I_{cY}与 $I_{A\triangle}$、$I_{B\triangle}$、$I_{C\triangle}$相等，保证流入差动继电器中的电流为零，防止正常运行或外部故障时差动继电器误动作。

Yd11 接线变压器差动保护接线图如图 3-26 所示。

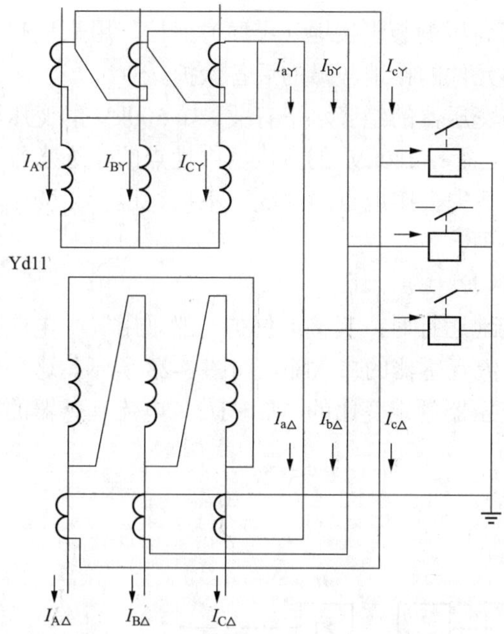

图 3-26　Yd11 接线变压器差动保护接线图

对于现在普遍采用的微机型变压器差动保护，变压器两侧电流互感器都采用星形接线，二次电流直接接入保护装置。变压器两侧电流互感器二次电流的相位由软件调整，装置采用 Y→△变化调整差流平衡。

四、变压器相间短路的后备保护

为反映变压器外部短路而引起的变压器过电流以及在变压器内部故障时作为差动保护和瓦斯保护的后备，变压器一般装设复合电压启动的过电流保护。

（一）复合电压闭锁元件

变压器过电流保护采用复合电压启动的作用是降低了电流元件的动作电流整定值，从而提高了过电流保护动作的灵敏度。

电流元件的整定值可以不考虑变压器可能出现的最大负荷电流，而是按变压器的额定电流来整定。

过流元件的电流取自本侧的电流互感器。

复合电压元件由负序电压和低电压部分组成。负序电压反映系统的不对称故障，低电压反映系统的对称故障。

当发生各种不对称短路时，由于出现负序电压，由负序电压元件来启动过流保护。当发生对称的三相短路时，由于短路开始瞬间会出现负序电压，由负序电压元件来启动低电压元件，待负序电压消失后，负序电压元件返回，但由于三相短路时三相电压均降低，故低电压元件仍处于动作状态。

复合电压可取本侧电压互感器或变压器各侧电压互感器的二次电压值。

（二）复合电压启动过流保护原理图

变压器复合电压启动过电流保护原理图如图 3-27 所示。

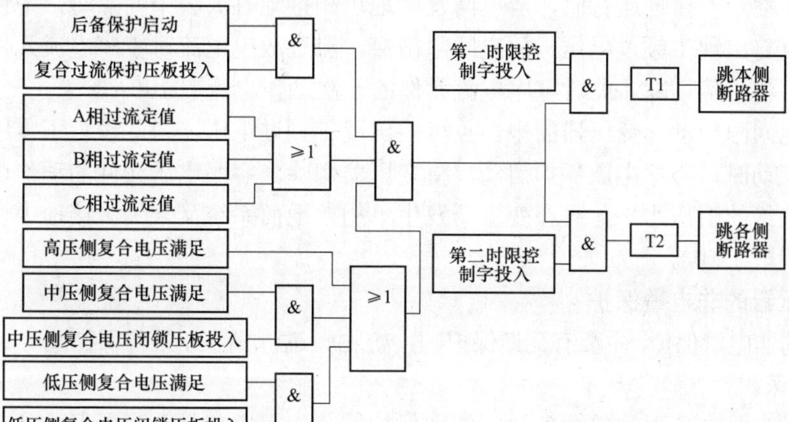

图 3-27　变压器复合电压启动过电流保护原理图

五、变压器接地短路的后备保护

对于中性点直接接地电网中的变压器，在其高压侧装设接地（零序）保护，用来反映接地故障，并作为变压器主保护的后备保护和相邻元件的接地故障的后备保护。

变压器高压绕组中性点是否直接接地运行与变压器的绝缘水平有关。如 500kV 的变压器中性点的绝缘水平为 38kV，其中性点必须接地运行；220kV 的变压器中性点的绝缘水平为 110kV，其中性点可直接接地运行，也可在系统不失去接地点的情况下不接地运行。变压器中性点运行方式不同，接地保护的配置方式也不同。

（一）变压器中性点直接接地时的零序电流保护

当变电站单台或并列运行的变压器中性点接地运行时，其接地保护一般采用零序电流保护。该保护的电流继电器接到变压器中性点处电流互感器的二次侧，如图 3-28 所示。这种保护接线简单，动作可靠。电流互感器的变比为变压器额定变比的 1/3～1/2，电流互感器的额定电压可选低一个等级。

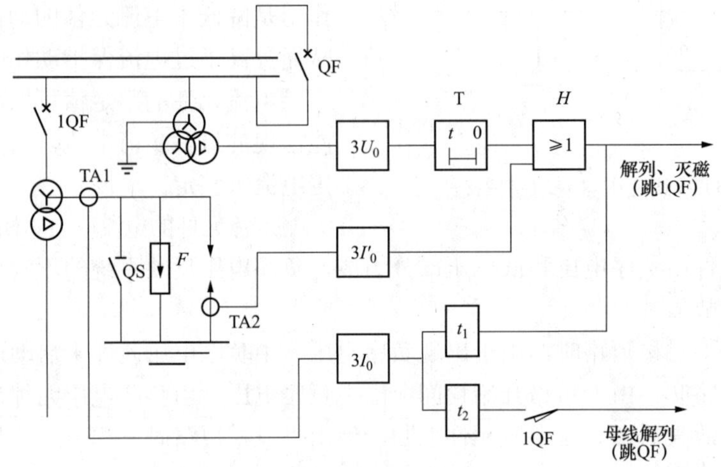

图 3-28　变压器接地保护原理图

零序电流保护动作后，以较短的时间跳母联、以较长的时间跳变压器各侧。

（二）变压器中性点不接地时的零序电压保护和间隙零序保护

变压器中性点不接地运行时，当电网发生地单相接地且失去中性点时，中性点不接地变压器的中性点将出现工频过电压，放电间隙击穿，流过放电电流时零序电流元件启动，瞬时跳开变压器，将故障切除。此时零序电流元件的一次动作电流取 100A。

如果放电间隙拒动，变压器的中性点可能出现工频过电压，为此设置了零序电压保护。在放电间隙拒动时，零序电压保护启动，将变压器切除。零序电压元件的动作电压应低于变压器中性点绝缘的耐压水平，且在变压器发生单相接地而系统又未失去接地中性点时，可靠不动作，一般取 180V。

六、变压器的非电量保护

变压器的非电量保护，主要有瓦斯保护、压力保护、温度保护、油位保护及冷却器全停保护。

1. 压力保护

压力保护也是变压器油箱内部故障的主保护。其作用原理与重瓦斯保护基本相同，但它反映的是变压器油的压力。

压力继电器又称压力开关，由弹簧和触点组成，置于变压器本体油箱上部。

当变压器内部故障时，温度升高，油膨胀压力增高，弹簧动作带动继电器动触点，使触点闭合，切除变压器。

2. 温度及油位保护

当变压器温度升高时，温度保护动作发出告警信号。

油位保护是反映油箱内油位异常的保护。运行时，因变压器漏油或其他原因使油位降低时动作，发出告警信号。

3. 冷却器全停保护

在变压器运行中，若冷却器全停，变压器的温度会升高。如不及时处理，可能会导致变压器绕组绝缘的损坏。

冷却器全停保护是在变压器运行过程中冷却器全停时动作。其动作后立即发出告警信号，并延时切除变压器。

第三节　线　路　保　护

培训目标

熟悉三段式电流保护的构成、原理，理解零序保护、距离保护、纵联保护的原理。掌握生产现场常用线路保护的类型、构成及动作过程。

一、三段式电流保护

三段式电流保护的组成如图 3-29 所示。

三段式：
- 第Ⅰ段——瞬时电流速断保护　}主保护
- 第Ⅱ段——限时电流速断保护　}主保护
- 第Ⅲ段——定时限过电流保护　后备保护

图 3-29　三段式电流保护的组成

优点：反映电流变化，原理简单、可靠。

缺点：受系统运行方式影响大，保护范围变化大，灵敏度低，不适合高压电网。

（一）瞬时电流速断保护（电流保护Ⅰ段）

仅反映于电流增大而瞬时动作，与其他线路间没有配合关系。

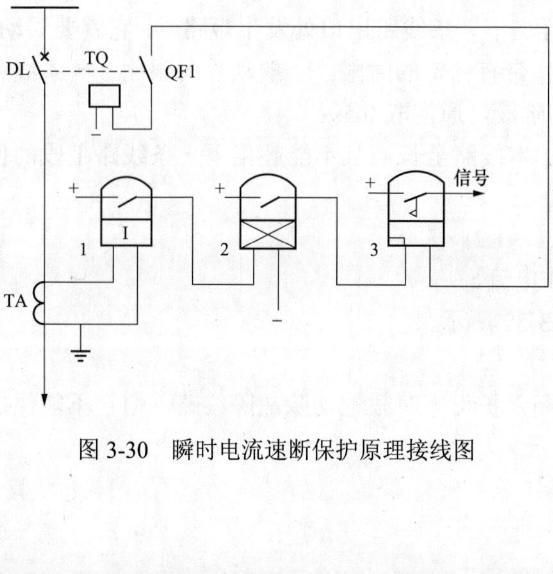

图 3-30　瞬时电流速断保护原理接线图

保护范围：只能保护线路一部分，最大运行方式时保护范围约为全长的 50%，最小保护范围不应小于全长的 15%。

动作速度快，但有 0.06s 左右延时。

1. 保护构成

瞬时电流速断保护原理接线图如图 3-30 所示。

（1）中间继电器 2 的作用。

1）利用 2 的常开触点（大容量）代替电流继电器 1 的小容量触点，接通 TQ 线圈。

2）利用带有 0.06～0.08s 延时的中间

继电器，以增大保护的固有动作时间，躲过避雷器放电时间（一般放电时间可达 0.04～0.06s），以防止避雷器放电，引起保护误动作。

（2）信号继电器 3 的作用。用于指示该保护动作，以便运行人员处理和分析故障。

2. 工作原理

正常运行时，负荷电流流过线路，反映在电流继电器 1 中的电流小于启动电流，1 不动作，其常开触点是断开的，2 常开触点也是断开的，信号继电器 3 线圈和断路器 QF 跳闸线圈中无电流，断路器主触头闭合处于送电状态。

当线路短路时，短路电流超过保护装置的启动电流，电流继电器 1 常开触点闭合启动中间继电器 2，2 常开触点闭合将正电源接入 3 的线圈，并通过断路器的常开辅助触点 QF1，接到跳闸线圈 TQ，构成通路，断路器 DL 执行跳闸动作，DL 跳闸后切除故障线路。

3. 动作电流 I_{dZI} 的整定

整定公式为

$$I_{dZI}=(1.2\sim1.3)\times I_b$$

式中 I_b——本线路末端三相短路时流过本保护的电流。

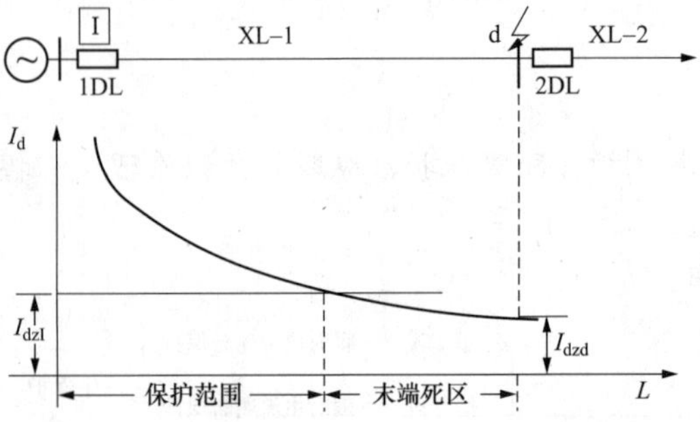

图 3-31 瞬时电流速断保护的动作电流整定

瞬时电流速断保护的动作电流整定如图 3-31 所示。

（二）限时电流速断保护（电流保护Ⅱ段）

具有较短的动作时限的电流速断保护称为限时电流速断。

限时电流速断保护用来切除本线路上瞬时速断范围以外的故障，能保护本线路的全长。

保护范围：可以保护本线路全长，通常要求Ⅱ段延伸到下一条线路的保护范围，但不能超出下一条线路Ⅰ段的保护范围。

在线路上装设了电流速断和限时电流速断保护以后，它们的联合工作就可以保证全线路范围内的故障都能在 0.5s 的时间内予以切除，在一般情况下都能满足速动性的要求。具有这种性能的保护称为该线路的主保护。

保护动作带延时的原因，由于要求限时电流速断保护必须保护本线路的全长，所以它的保护范围必然要延伸到下一条线路中去，这样当下一条线路出口处发生短路时，它就要误动。为了保证动作的选择性，就必须使保护的动作带有一定的时限。一般动作时限比下一条线路的电流速断保护（Ⅰ段）高出一个 Δt 的时间阶段，通常取 0.5s。

$I_{dZ\text{II}}$ 的整定：为了使Ⅱ段电流保护能保护本线路全长，且不能超出下一条线路Ⅰ段的保护范围。则Ⅱ段电流保护的动作电流为

$$I_{dZ\text{II}}=(1.1\sim1.2)\times I_x$$

式中 I_x——下一条线路Ⅰ段电流保护的动作电流。

限时电流速断保护的动作电流整定如图 3-32 所示。

（三）定时限过电流保护（电流保护Ⅲ段）

采用电流保护Ⅲ段的原因：Ⅰ段电流速断保护可无时限地切除故障线路，但它不能保护线路的全长。

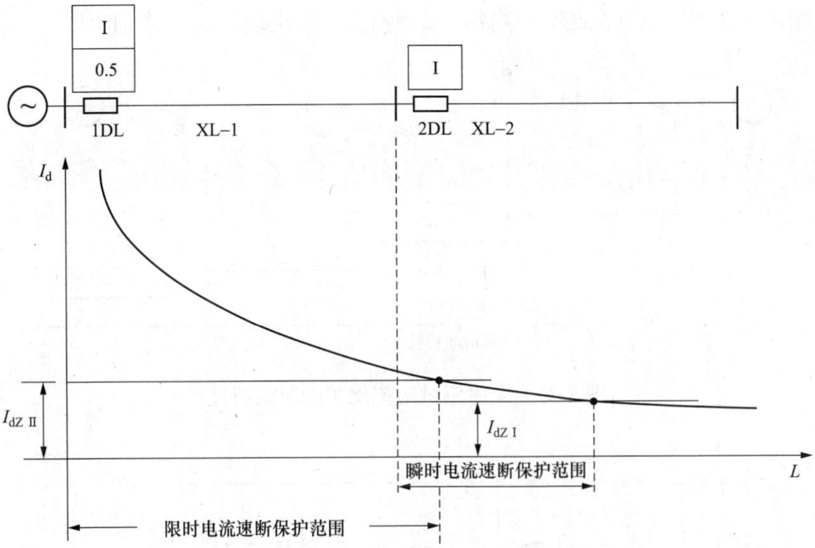

图 3-32　限时电流速断保护的动作电流整定

Ⅱ段限时电流速断保护虽然可以带较小的时限切除线路全长上任一点的故障，但它不能作相邻线路故障的后备，即不能保护相邻线路的全长。因此，引入定时限过电流保护，又称为Ⅲ段电流保护。

定时限过电流保护的保护范围：它不仅能够保护本线路的全长，而且也能保护相邻线路的全长，作为本线路Ⅰ段、Ⅱ段主保护的近后备以及相邻保护的远后备。

1. 动作电流 $I_{dZ\text{Ⅲ}}$的整定

按躲过被保护线路最大负荷电流整定。

这样就可保证电流保护Ⅲ段在正常运行时不启动，而在发生短路故障时启动，并以延时来保证选择性。

第Ⅲ段的 $I_{dZ\text{Ⅲ}}$比第Ⅰ、Ⅱ段的 I_{dZ} 小得多。其灵敏度比第Ⅰ、Ⅱ段更高。

2. 动作时限整定

为了保证选择性，各段线路电流保护Ⅲ段的动作时限按阶梯原则整定，这个原则是从用户到电源的各段线路保护的第Ⅲ段的动作时限逐段增加一个 Δt。

在电网中某处发生短路故障时，从故障点至电源之间所有线路上的电流保护第Ⅲ段的电流元件均可能动作。

如图 3-33 所示，d 点短路时，保护 1～4 都可能启动。为了保证选择性，须对各段线路的定时限过电流保护加延时元件且其动作时间必须相互配合。越接近电源，延时越长。

（四）三段式电流保护的构成

Ⅰ段：保护本线路一部分，最大运行方式约为全长的 50%，最小保护范围不应小于全长的 15%。动作时间快。

Ⅱ段：可以保护本线路全长，通常要求Ⅱ段延伸到下一段线路的保护范围，但不能超出下一段线路Ⅰ段的保护范围。动作时间有延时。

Ⅲ段：不仅能够保护本线路的全长，而且也能保护相邻线路的全长。动作时间长。

三段式电流保护的时限特性如图 3-34 所示。线路首端附近发生的短路故障，由第Ⅰ段切除，线路末端附近发生的短路故障，由第Ⅱ段切除，第Ⅲ段只起后备作用。

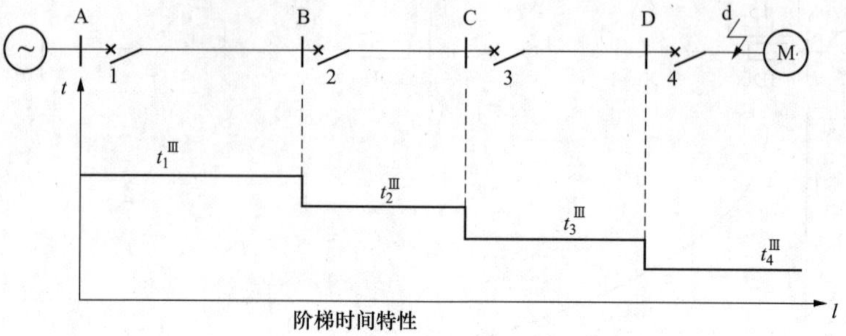

图 3-33　定时限过电流保护的时限特性

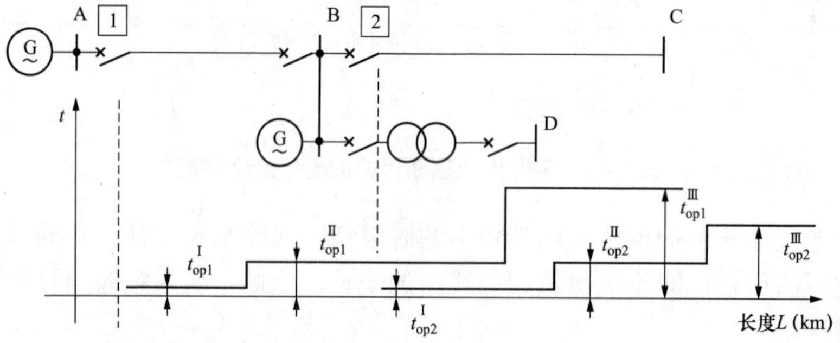

图 3-34　三段式电流保护的时限特性

三段式电流保护的整定：

（1）瞬时电流速断的电流整定：按躲过被保护线路末端的最大短路电流整定。一般整定电流取线路末端最大短路电流 I_{dzd} 的 1.2～1.3 倍。

（2）第Ⅱ段电流整定：其整定电流一般取下一段线路的瞬时电流速断的 1.1～1.2 倍，并在本线末端故障最小短路电流时，可靠动作。

（3）第Ⅲ段的动作电流 I_{dZ}：按照躲开最大负荷电流来整定。

二、中性点直接接地电网的零序电流保护

（一）中性点直接接地电网单相接地时的零序分量

中性点直接接地电网单相接地时的零序分量如图 3-35 所示。

（1）故障点的零序电压最高。离故障点越远，零序电压越低，变压器接地中性点的零序电压为零。

（2）零序电流是从故障点流向中性点接地的变压器，但零序电流的正方向仍规定为从母线到线路，所以零序电流为$-3I_0$。

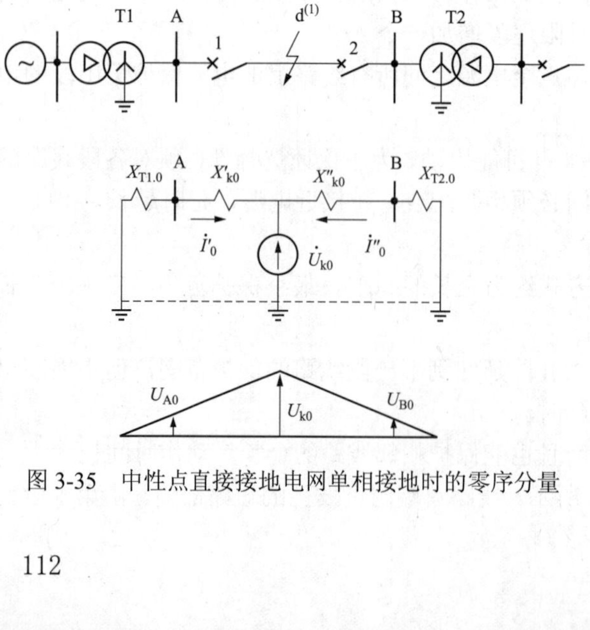

图 3-35　中性点直接接地电网单相接地时的零序分量

（3）零序电流的大小取决于输电线路的零序阻抗和中性点接地变压器的数目。因此，接地短路后，不仅电源侧有零序电流，负荷侧也有零序电流。

（4）短路点零序功率最大，越靠近变压器中性点处零序功率越小。零序功率方向与正序功率方向相反，由线路指向母线。

（5）零序电压与零序电流的相位关系：$3U_0$ 电压在相位上滞后 $3I_0$ 电流−110°，如图 3-36 所示。

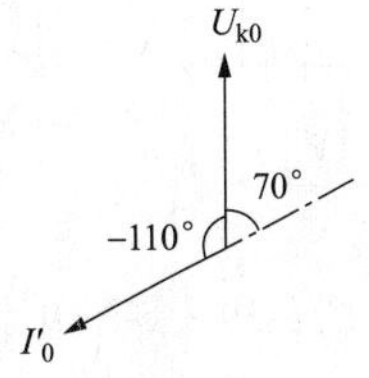

图 3-36　零序电压与零序电流的相位关系

（二）零序电压、零序电流滤过器

1. 零序电压滤过器

零序电压滤过器接线如图 3-37 所示。零序电压滤过器开口三角两端电压为

$$\dot{U}_{mn}=\dot{U}_a+\dot{U}_b+\dot{U}_c=3\dot{U}_0$$

目前，计算机保护的零序功率方向继电器已舍弃了从零序电压滤过器开口三角获取零序电压的方法（外接 $3U_0$），而采用自产 $3U_0$ 的方法获取零序电压。原因是 $3U_0$ 通常是反极性接入继电器，极易造成接线错误，从而在发生短路时使保护误动或拒动。

2. 零序电流滤过器

零序电流滤过器接线如图 3-38 所示。零序电流滤过器的输出电流为

$$\dot{I}=\dot{I}_a+\dot{I}_b+\dot{I}_c=3\dot{I}_0$$

因为只有在接地故障时才产生零序电流，理想情况下 $I=0$，继电器不会动作。但实际上由于三相电流互感器励磁特性不一致，继电器中会有不平衡电流流过。

零序电流滤过器的等效电路如图 3-39 所示。

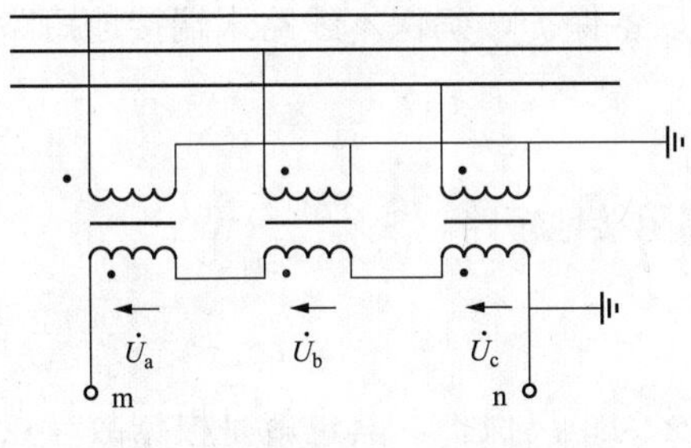

图 3-37　零序电压滤过器接线

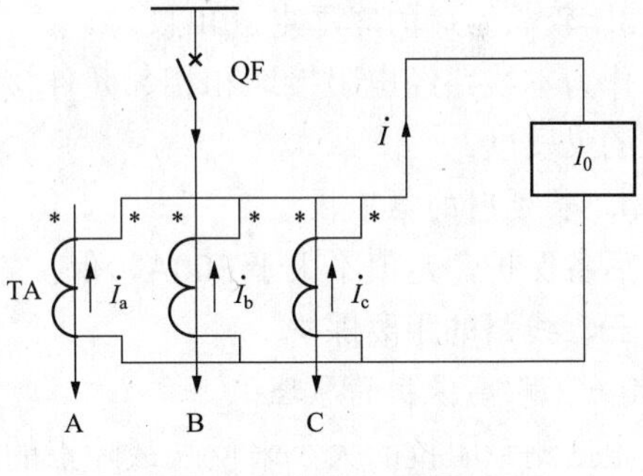

图 3-38　零序电流滤过器接线

流入继电器的电流为

$$\begin{aligned}\dot{I}&=\frac{1}{n_{TA}}[(\dot{I}_A-\dot{I}_{EA})+(\dot{I}_B-\dot{I}_{EB})+(\dot{I}_C-\dot{I}_{EC})]\\&=\frac{1}{n_{TA}}(\dot{I}_A+\dot{I}_B+\dot{I}_C)-\frac{1}{n_{TA}}(\dot{I}_{EA}+\dot{I}_{EB}+\dot{I}_{EC})\\&=\frac{1}{n_{TA}}\times3\dot{I}_0+\dot{I}_{unb}\end{aligned}$$

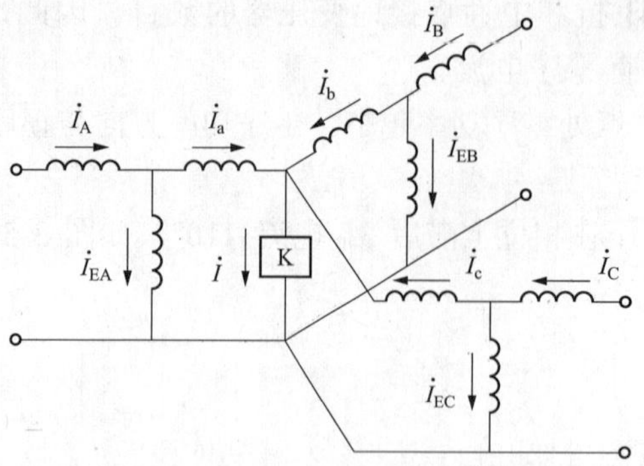

图 3-39　零序电流滤过器的等效电路

$$\dot{I}_{unb}=-\frac{1}{n_{TA}}(\dot{I}_{EA}+\dot{I}_{EB}+\dot{I}_{EC})$$

式中　$\dot{I}_{unb}$——不平衡电流。

（三）阶段式零序电流保护

1. 快速零序Ⅰ段

只能保护本线路的一部分。

（1）灵敏Ⅰ段：定值较小，用于全相运行下的接地故障。

1）应躲过被保护线路末端发生单相或两相接地短路时流过本线路的最大零序电流 $3I_{0.max}$。

$$I_{act}^{I}=K_{rel}\times 3I_{0.max}$$

2）躲过由于断路器三相触头不同时合闸出现的最大零序电流 $3I_{0.unb.max}$。

$$I_{act}^{I}=K_{rel}\times 3I_{0.unb.max}$$

式中　I_{act}^{I}——快速零序Ⅰ段启动电流；

K_{rel}——可靠系数，取 1.2～1.3。

整定值取 1）、2）中的大者，作为整定值。

（2）不灵敏Ⅰ段：定值较大，用于非全相下的接地故障。

当线路上采用单相自动重合闸时，按躲过非全相状态下发生振荡时所出现的最大零序电流。

2. 短延时零序Ⅱ段

能以较短的延时尽可能地切除本线路范围内的故障。

3. 较长延时的零序电流Ⅲ段

作为本线路经电阻接地和相邻元件接地故障的后备保护，确保本线路末端接地短路时有一定的灵敏度。

4. 长延时的第Ⅵ段

后备保护，定值不大于 300A，保护本线路的高阻接地短路。

三、线路的距离保护

（一）距离保护的原理

根据测量阻抗的大小来反映故障点的远近，故称为距离保护。其也就是根据故障点至保护安装处的距离来确定动作时间的一种保护方式。由于它是反映阻抗参数而工作的，故也称为阻抗保护。显然其性能不受系统运行方式的影响，具有足够的灵敏性和快速性。

距离保护是反映被保护线路始端电压和线路电流的比值而工作的一种保护，这个比值称为测量阻抗。

（1）正常运行时，距离保护的测量阻抗如图 3-40 所示，即

$$Z_m=\frac{U}{I}=Z_f$$

式中　Z_f——负荷阻抗。

正常运行时，距离保护的测量阻抗为负荷阻抗，数值较大，距离保护不动作。

（2）短路故障时，距离保护的测量阻抗如图 3-41 所示，即

$$Z_{\mathrm{m}}=\frac{U}{I}=Z_{\mathrm{K}}$$

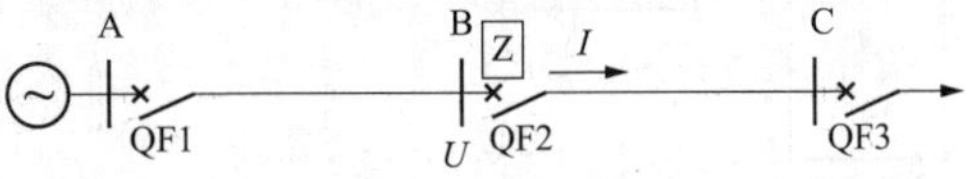

图 3-40　正常运行时，距离保护的测量阻抗

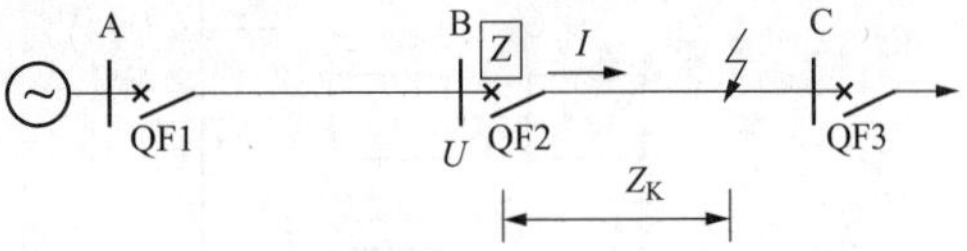

图 3-41　短路故障时，距离保护的测量阻抗

短路故障时，距离保护的测量阻抗为短路点至保护安装处这段线路的阻抗，数值很小，距离保护动作。

（二）距离保护的动作特性

阻抗继电器的动作特性是一个圆特性，如图 3-42 所示。圆内为动作区，圆外为非动作区。

为了消除在正方向的保护出口发生短路时保护死区及消除过渡电阻对距离保护的影响，通常采用四边形特性的阻抗继电器，如图 3-43 所示。

（三）三段式距离保护

距离保护一般由三段组成，第Ⅰ段整定阻抗较小，动作时限是阻抗元件的固定时限，即瞬时动作；第Ⅱ、Ⅲ段整定阻抗值逐渐增大，动作时限也逐渐增加，分别由时间继电器来调整时限。

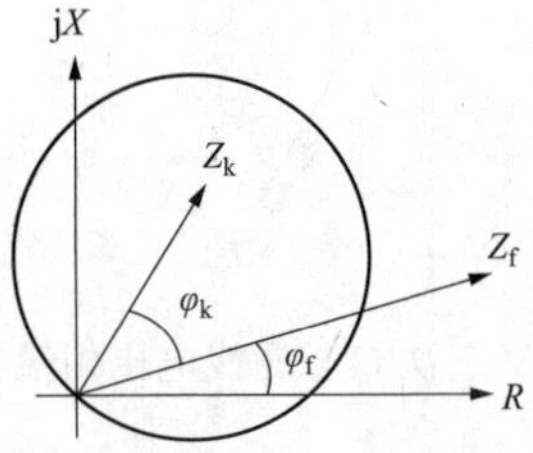

图 3-42　阻抗继电器的动作特性

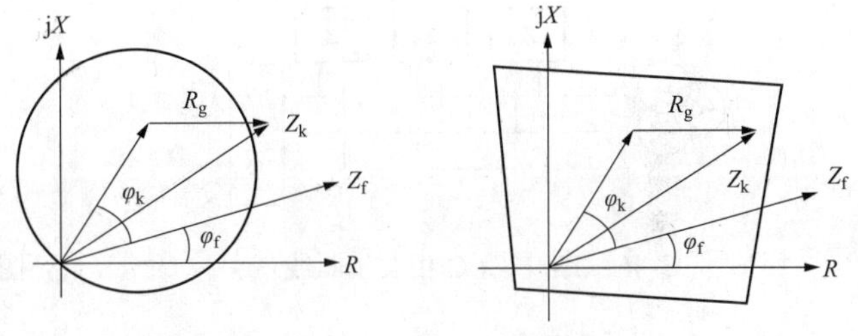

图 3-43　阻抗继电器的特性分析

距离Ⅰ段：一般保护线路全长的 80%。

距离Ⅱ段：一般保护线路的全长并且与下一条线路的距离Ⅰ段有重合部分。

距离Ⅲ段：作为本线路与下一条相邻线路的后备保护，按躲过最大负荷阻抗整定。

（四）距离保护的时限特性

距离保护的动作时间 t 与短路距离的关系称为距离保护的时限特性。其中Ⅰ、Ⅱ段联合作为主保护，第Ⅲ段为后备保护，如图 3-44 所示。

（五）距离保护逻辑图

距离保护逻辑回路图如图 3-45 所示。

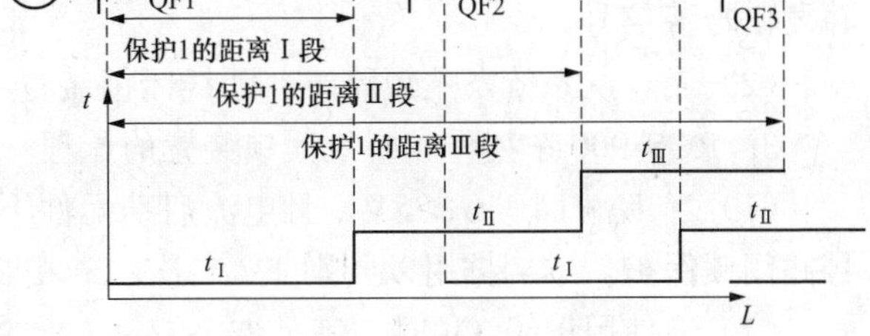

图 3-44　距离保护的时限特性

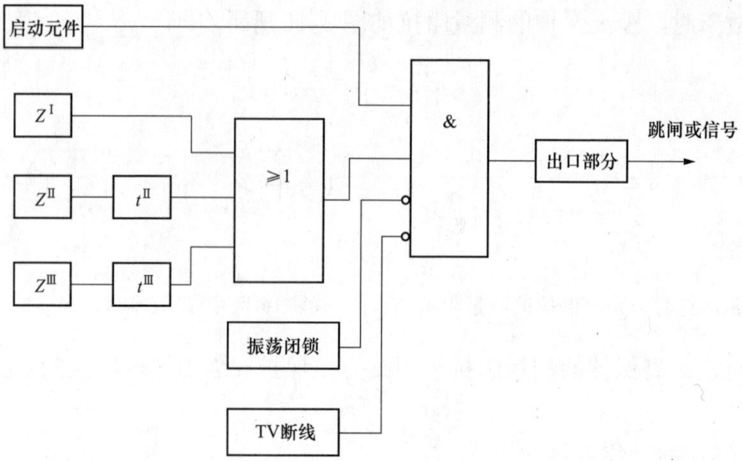

图 3-45　距离保护逻辑回路图

（六）距离保护断线闭锁装置

1. TV 断线对距离保护的影响

二次 C 相发生断线如图 3-46 所示，TV 二次侧 C 相发生断线。由相量图 3-47 可知，TV 的 C 相二次断线时，阻抗继电器 2ZKJ、3ZKJ 的电压减少一半。

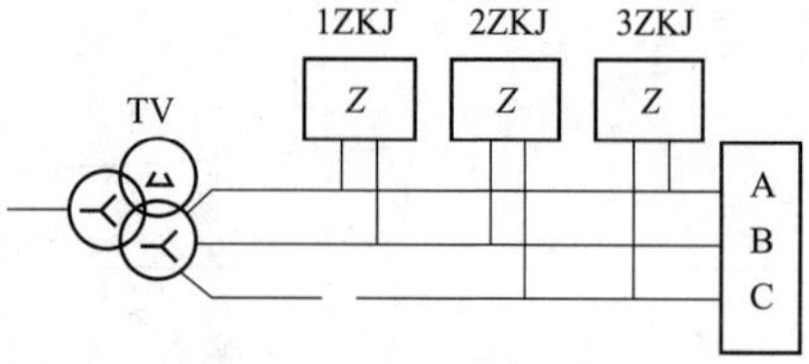

图 3-46　TV 二次 C 相发生断线

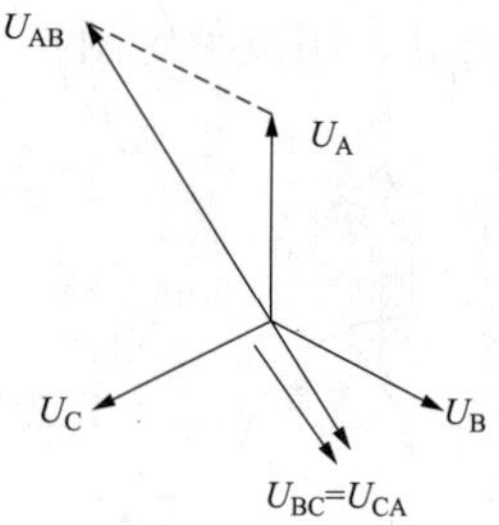

图 3-47　TV 二次 C 相断线电压相量图

现在保护都采用启动元件（即相电流突变量和零序电流启动），因此 TV 二次断线时，计算机保护的启动元件不会动作，故距离保护不会误动。但如果此时系统出现波动或发生区外故障，造成启动元件动作，距离保护就会误动。因此，纵联距离保护及采用自产 $3U_0$ 纵联零序方向保护都需闭锁。

2. 对断线闭锁装置的要求

（1）当 TV 二次回路出现一相、两相或三相断线时，断线闭锁装置都应将距离保护闭锁，并发出告警信号。

（2）当一次系统发生短路时，断线闭锁装置不应误动，以免将距离保护误闭锁。

3. RCS-900 系列保护断线闭锁装置的原理

（1）当 $U_a+U_b+U_c>8V$，且电流启动元件不启动，延时 1.25s 发出 TV 二次回路异常信号并闭锁保护。本判据用以判别 TV 二次的一相和两相断线。

（2）当使用母线 TV 时，满足 $U_a+U_b+U_c<8V$，$U_1<30V$，且电流启动元件不启动，延时 1.25s 发出 TV 二次回路异常信号并闭锁保护。本判据用以判别 TV 二次的三相断线。

（七）距离保护振荡闭锁装置

1. 振荡的概念

电力系统稳定运行时，各发电厂发电机的电动势都以相同的角频率旋转，各电动势之间的相角差ϕ维持不变。

当电力系统振荡时，发电厂发电机出现失步，两侧电源电动势之间的相角差ϕ将在 0°～360°间作周期性变化。

完成一个周期变化所需要的时间称为振荡周期。最长的振荡周期按 1.5s 考虑。

2. 振荡的原因

（1）传输功率超过静稳极限。

（2）无功不足引起电压下降。

（3）故障切除时间过长。

（4）非同期重合闸。

3. 振荡对距离保护的影响

系统接线图如图 3-48 所示。振荡时两侧电源电势的相角差的变化如图 3-49 所示。

设$|E_r| = |E_s| = |E|$，$Z_s = Z_r = Z$，振荡电流为

$$I = \frac{2E}{Z_s + Z_f + Z_r}\sin(\phi/2) = \frac{E}{Z + Z_f/2}\sin(\phi/2)$$

振荡电流曲线如图 3-50 所示。

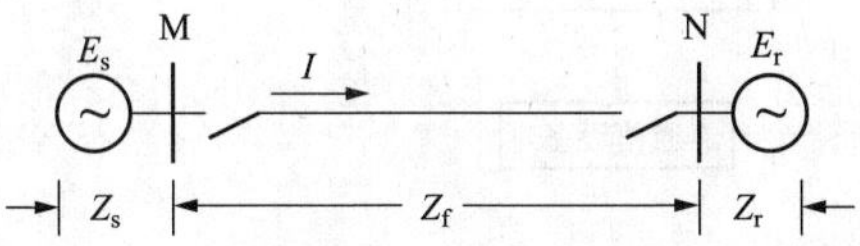

图 3-48　系统接线图

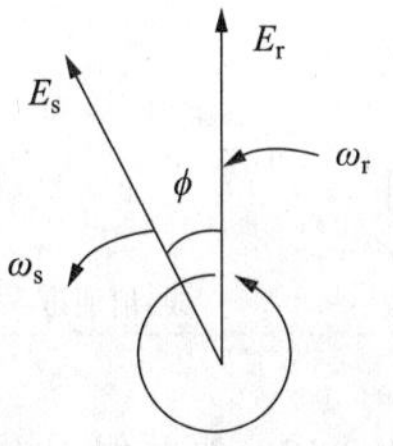

图 3-49　振荡时两侧电源电势的相角差的变化

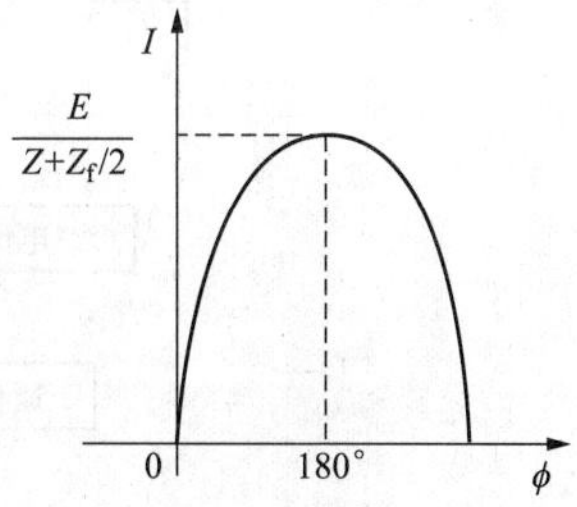

图 3-50　振荡电流曲线

当ϕ= 180°时，振荡电流为

$$I = \frac{E}{Z + Z_f/2}$$

相当于在线路中点发生三相短路，线路的中点即为振荡中心。此时线路各点的电压如图 3-51 所示。

因此，当振荡中心落在阻抗继电器动作特性圆内部时，阻抗继电器在振荡时将会误动。

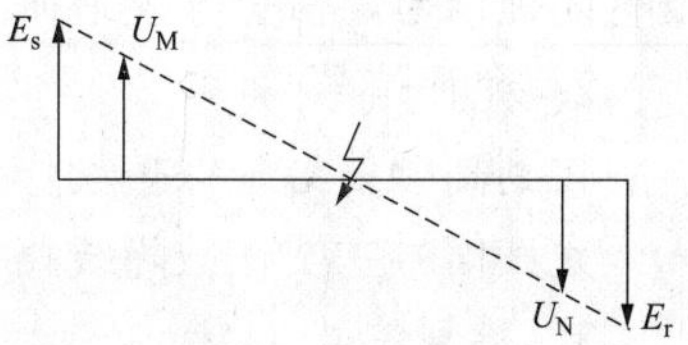

图 3-51　振荡时线路各点的电压

4. 对振荡闭锁装置的总体考虑

振荡闭锁只控制距离的Ⅰ段和Ⅱ段，距离Ⅲ段不受振荡闭锁的控制。距离Ⅰ段和Ⅱ段在发出跳令之前，要检查振荡闭锁允不允许它跳闸，如果振荡闭锁发现是振荡，不允许它跳闸。而距离Ⅲ段是独立的，因

系统中最长的振荡周期按 1.5s 考虑，阻抗继电器在振荡时误动时间不会大 1.5s。因此，距离Ⅲ段的延时只要大于 1.5s，就可以躲过振荡的影响。

四、线路的纵联保护

（一）反映线路一端电气量保护的缺陷

无论是电流保护、电压保护、零序保护还是距离保护都是反映输电线路一端电气量变化的保护。以上保护都存在无法区分本线路末端短路与相邻线路出口短路的问题。短路示意图如图 3-52 所示，本线路末端 d_1 点短路和相邻线路出口 d_2 点短路时，保护 1 感受到的电气量变化相同。因此，反映线路一端电气量变化的保护不能保护线路全长，无法实现全线速动。

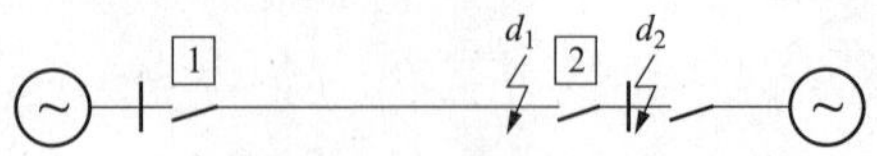

图 3-52　短路示意图

（二）线路的纵联保护

纵联保护是利用某种通信通道将线路两端的保护装置纵向连接起来，将两端的电气量（电流、功率方向）传送到对端，与对端的电气量进行比较，以判断故障在本线路范围内还是在线路范围以外，从而决定是否切除被保护线路。纵联保护构成示意图如图 3-53 所示。纵联保护的通道过去是采用输电线路作为通信通道，称载波通道（或高频通道），如今采用光纤作为通信通道，将电信号转化为光信号在通道中传输。光纤通道的优点是通信容量大、不受电磁干扰，通道和输电线路无关，线路故障不影响通道工作。

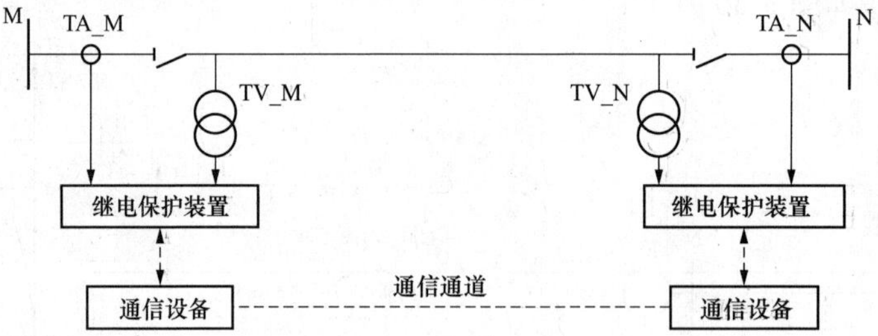

图 3-53　纵联保护构成示意图

（三）高频信号的性质

1. 闭锁信号

收不到高频信号是保护动作于跳闸的必要条件，即收到高频信号将跳闸闭锁，如图 3-54 所示。

闭锁信号主要在非故障线路上传输，保护收到信号把保护闭锁。在故障线路上最后应该没有闭锁信号，保护才能跳闸。

2. 允许信号

收到高频信号是保护动作于跳闸的必要条件，如图 3-55 所示。

允许信号主要在故障线路上传输，保护收到对端的允许信号才有可能跳闸。

3. 跳闸信号

收到高频信号是保护动作于跳闸的充分条件，如图 3-56 所示。

跳闸信号是在故障线路上传输，保护收到跳闸信号就可以去跳闸。

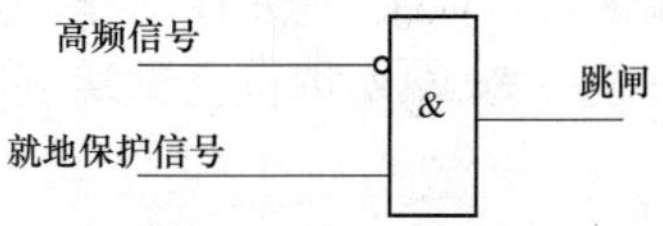

图 3-54　闭锁信号

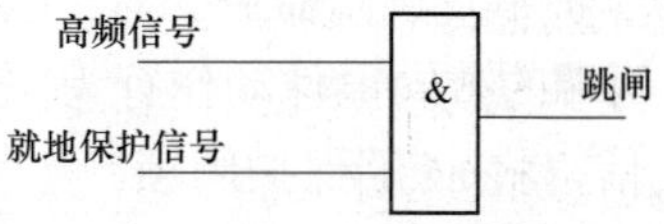

图 3-55　允许信号

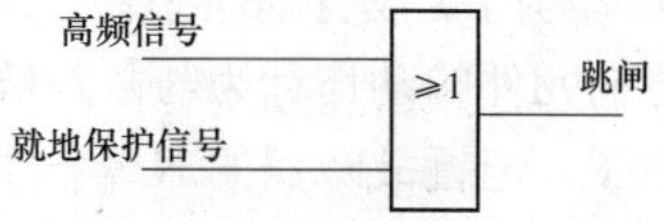

图 3-56　跳闸信号

（四）闭锁式纵联方向保护

1. 基本原理

在线路每一端都装两个方向元件：一个是正方向元件 F+，其保护方向是正方向，反方向短路时不动作；另一个是反方向元件 F–，其保护方向是反方向，正方向短路时不动作，如图 3-57 所示。

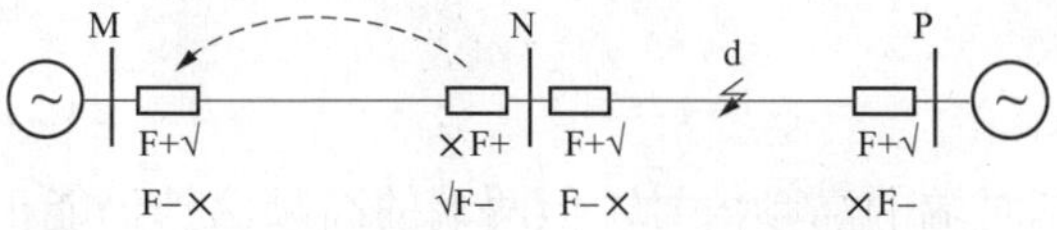

图 3-57　闭锁式纵联方向保护基本原理

故障线路的特征：故障线路两端的正方向元件 F+均动作，两端的反方向元件 F–均不动。

非故障线路的特征：至少有一端（靠近故障点一端）的 F+元件不动作，而 F–元件动作。

闭锁式纵联方向保护的做法：在 F+不动作或 F–动作的这一端（非故障线路上近故障点的一端）一直发高频信号，两端保护收到闭锁信号将保护闭锁。

2. 原理框图

闭锁式纵联方向保护原理框图如图 3-58 所示。

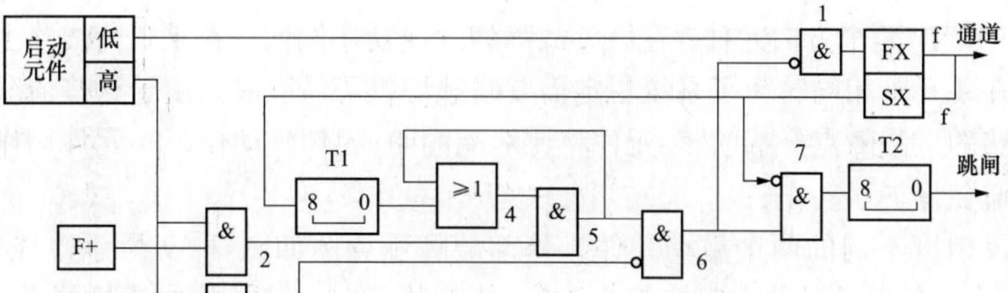

图 3-58　闭锁式纵联方向保护原理框图

（1）各侧保护动作分析。

1）故障线路 NP 两端保护动作情况。以 N 端保护为例分析。NP 线路 N 端保护在发生短路后，低定值启动元件启动，与门 1 有输出立即发信。同时，高定值启动元件也启动，由于 F+元件动作，与门 2 有输出，给与门 5 一个动作条件。在此期间发信机一直在发信，收信机也一直收到信号。一方面将与门 7 闭锁，另一方面 T1 元件一直在计延时。8ms 以后，与门 4 有输出给与门 5 一个动作条件，与门 5 输出给与门 6 一个动作条件，使本侧发信机停信。在两端都停信以后，收信机收不到信号，与门 7 有输出，经 8ms 延时发跳闸命令。

2）非故障线路 MN 两端保护动作情况。先分析近故障点 N 端保护动作情况。短路后低定值启动元件启动并立即发信，高定值启动元件启动后，由于 F+元件不动作，与门 2 没有输出，因此与门 5 也没有输出，与门 6 不具备动作条件，与门 1 一直有输出，N 端保护一直发信。与门 7 没有动作条件，N 端保护不发跳闸命令。对于 M 端保护，如果 F+元件动作，其方向元件的动作行为与故障线路两端的方向原件动作行为完全一致。M 端保护自己这端虽停信了，但近故障点的 N 端一直发信，将 M 端保护闭锁。

（2）保护动作条件。

1）高定值启动元件动作，只有高定值启动元件动作后，程序才进入故障计算程序。

2）F−元件不动作。

3）曾连续收到过 8ms 的高频信号。

4）F+元件动作。同时满足上述 4 个条件时去停止发信。

5）收信机收不到信号。同时满足上述 5 个条件 8ms 后即可启动出口继电器，发跳闸命令。

需要指出：

在故障线路上如果通道异常使收信机收不到对端的高频信号，但两端的高频保护仍能正确地切除故障。但在非故障线路上如果通道异常使远离故障点的 M 端保护收不到近故障点的 N 端的高频信号时将可能造成 M 端保护误动，因此，使用闭锁信号的高频保护要比使用允许信号的高频保护误动的概率高。

（3）对方向元件的要求。

1）要有明确的方向性。F+元件反方向短路时不能误动，F−元件正方向短路时不能误动。

2）F+元件要确保在本线路全长范围内的短路能可靠动作。

3）F−元件比 F+元件动作更快、更加灵敏。任何时候只要 F−元件动作，说明反方向短路，立即发闭锁信号。

（4）用 F+、F−两个方向元件。在区外故障切除或功率倒向或在重负荷线路上发生单相接地时，保护在跳开单相同时为了系统稳定需要联锁切机等情况时，由于这些情况下故障点在区外，本线路的近故障点一端的 F−元件将比对端的 F+元件先动作，F−元件动作后发信闭锁两端保护，避免保护误动作。

（5）用灵敏度不同的两个启动元件。外部故障示意图如图 3-59 所示，线路 MN 上的两端保护只用一个启动元件，定值都为 1A。外部故障时，若故障电流恰好是 1A，由于各种误差的影响可能出现近故障点的 N 端启动元件不启动，而远离故障点的 M 端启动元件动作，于是 M 端启动发信并开放保护，在收到自发自收的 8ms 高频信号后停信，发出跳闸命令。

（6）要先收到 8ms 高频信号后才允许停信。如图 3-60 所示，外部故障时，M 端方向元件 F−不动，M 端方向元件 F+动作以后如果立即停止发信，此时对端 N 端发的闭锁信号还可能未到达 M 端，尤其在 N 端是远方启信的情况下，因此，M 端保护匆忙停止发信后，由于收信机收不到信号将造成保护误动。M 端停信等待的延时应包括高频信号往返一次的延时，加上对端发信机启动发信的延时再加上足够的裕度时间，一般为 5～8ms。

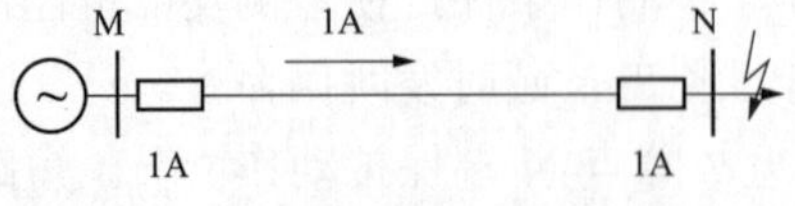

图 3-59 外部故障示意图

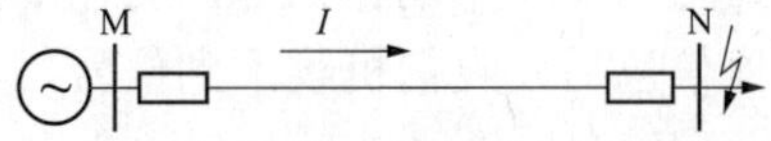

图 3-60 系统图

（7）母线保护、失灵保护动作停信。在保护装置的后端子上有“其他保护动作”的开关量输入端子。该开关量接点来自于母线和失灵保护动作的接点，在母线和失灵保护动作后该接点闭合。纵联方向保护得知母差保护动作后立即停信，为了在开关与电流互感器之间发生短路时让对端的保护立即动作跳闸，如图 3-61 所示。

为了让 N 端的保护可靠跳闸，在 M 端母线保护动作的开关量返回后继续停信 150ms。

（五）允许式纵联方向保护

1. 基本原理与框图

如图 3-62 所示，在功率方向为正的一端向对端发送允许信号，此时每端的收信机只能接收对端的信号而不能接收自身的信号。每端的保护必须在方向元件动作，同时又收到对端的允许信号之后，才能动作于跳闸，显然只有故障线路的保护符合这个条件。

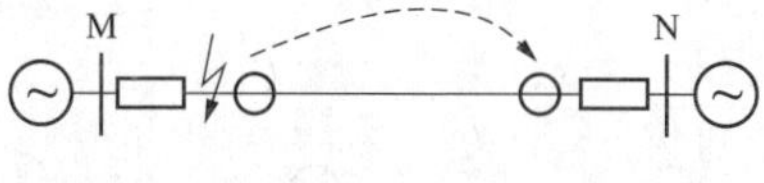

图 3-61　死区故障示意图

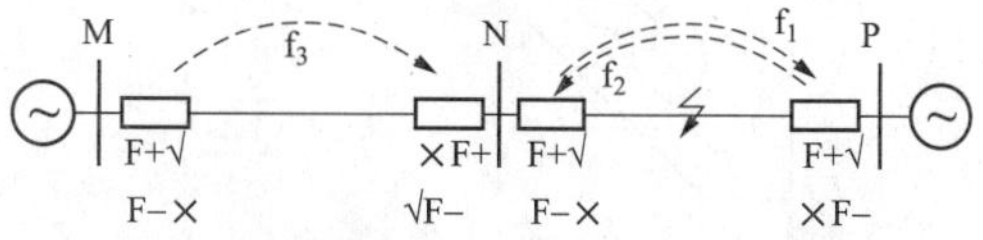

图 3-62　允许式纵联保护基本原理图

（1）对方向元件的要求。

1）要有明确的方向性，这是原理决定的。

2）F+要保证在本线路全长范围内故障时可靠动作。

3）F−元件比 F+元件动作更快、更加灵敏。

（2）要用双频制，每端的收信机只能接收对端的信号而不能接收本端信号。

允许式纵联保护的逻辑框图如图 3-63 所示。

2. 允许式纵联方向保护一些规定

在允许式纵联保护中从原理上讲并不一定要用两个灵敏度不同的启动元件。在区外故障时即使一端启动元件启动，另一端启动元件不启动，由于启动元件不启动的一端不会发允许信号，所以不会造成启动元件启动一端的保护误动。

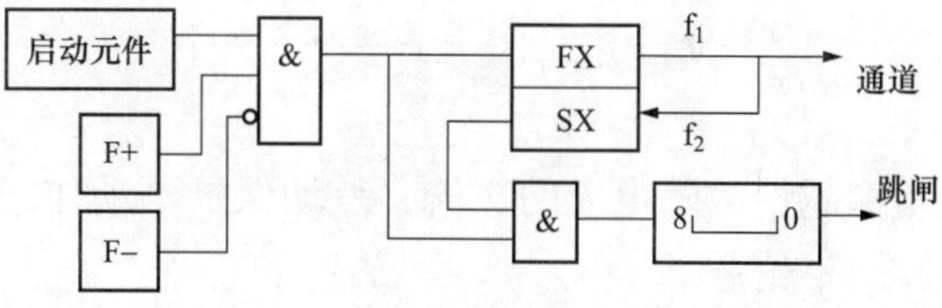

图 3-63　允许式纵联保护的逻辑框图

母线保护、失灵保护动作发信，目的是解决在 M 端开关与电流互感器间短路时，N 端纵联保护拒动的问题。M 端保护在母线保护动作的开关量返回后继续发信 150ms。

（六）光纤纵联电流差动保护

1. 纵联电流差动保护的原理

光纤纵联电流差动保护是将输电线路两端的电流信号转换成光信号经光纤传送到对端，保护装置收到对端传来的光信号先转换成电信号再与本端的电流信号构成纵差保护，如图 3-64 所示。

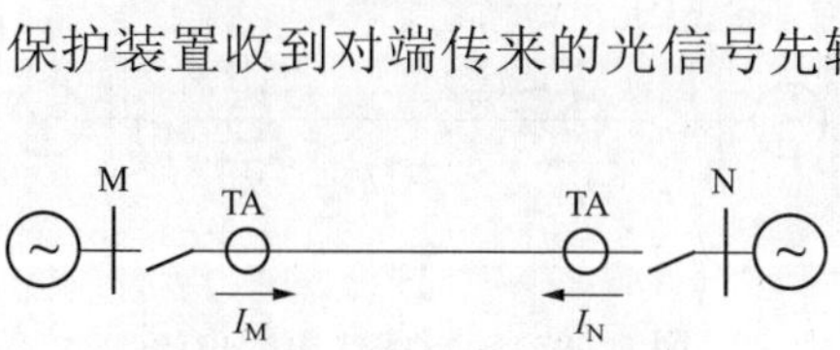

图 3-64　纵联电流差动保护示意图

电流正方向：以母线流向线路方向为正。

动作电流 I_d（差电流）为

$$I_d = |I_M + I_N|$$

制动电流 I_r 为

$$I_r = |I_M - I_N|$$

制动系数 K_r 为

$$K_r = I_d / I_r$$

动作条件

$$I_d > I_{qd}$$

式中 I_{qd}——差动继电器的启动电流。

由上知 $$I_d > K_r I_r$$

因此，绘制比率制动特性如图 3-65 所示。

（1）区内故障。区内故障如图 3-66 所示。

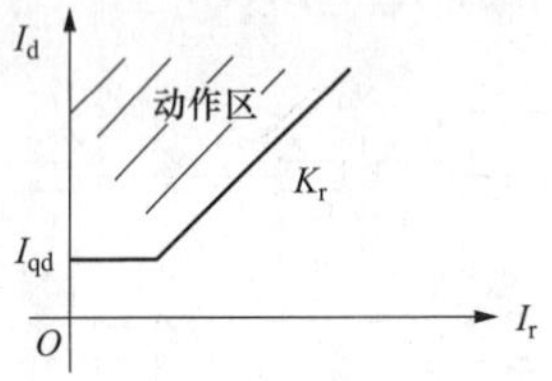

图 3-65　比率制动特性

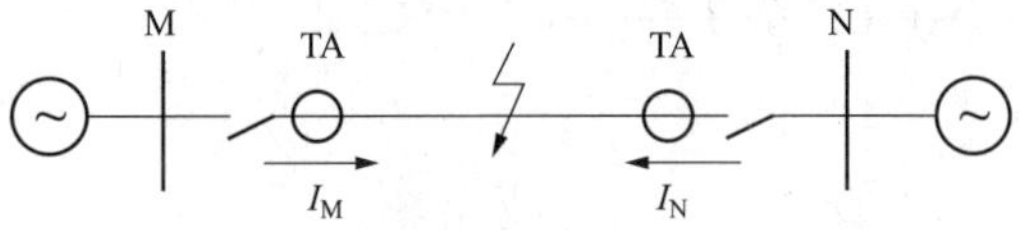

图 3-66　区内故障

1）$I_d = |I_M + I_N| = I_k$，动作电流很大。

2）$I_r = |I_M - I_N| = |I_M + I_N - 2I_N| = |I_k - 2I_N|$，制动电流很小。

3）工作点落在保护的动作区，差动保护动作。

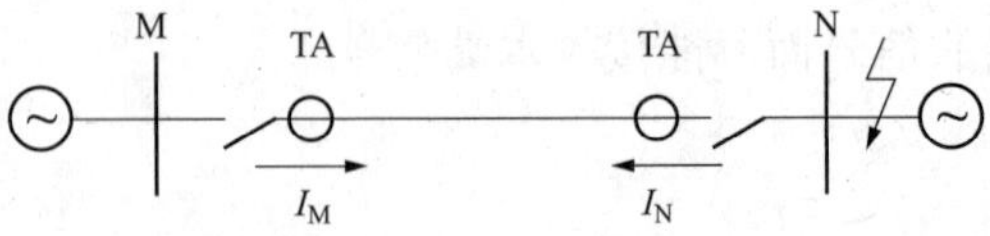

图 3-67　区外故障

（2）区外故障。区外故障如图 3-67 所示。

$$I_M = I_k \quad I_N = -I_k$$

$I_d = |I_M + I_N| = |I_k - I_k| = 0$，动作电流是 0。

$I_r = |I_M - I_N| = |I_k + I_k| = 2I_k$，制动电流很大，是穿越性故障电流的 2 倍；差动保护不动作。

推论：

1）只要在线路内部有流出的电流，例如线路内部的短路电流、本线路的电容电流，这些电流都将成为动作电流。

2）只要是穿越性的电流，例如外部短路时流过线路的短路电流、负荷电流，都只能形成制动电流。穿越性电流的 2 倍是制动电流。

2. 纵联电流差动保护应解决的问题

理想状态下，线路外部短路时差动继电器里的动作电流应为零。但实际上在外部短路时（含正常运行）时动作电流不为零，把这种电流称为不平衡电流。

（1）产生不平衡电流的因素。

1）输电线路电容电流的影响。输电线路电容电流如图 3-68 所示。

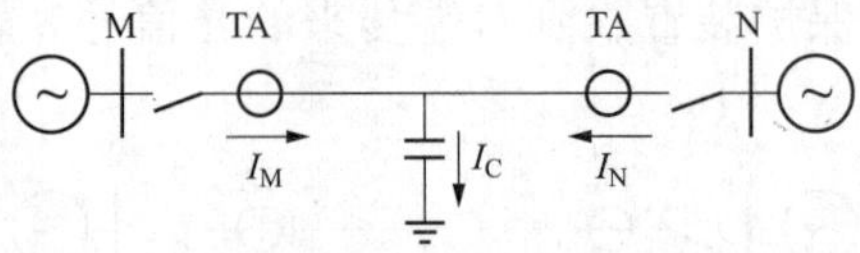

图 3-68　输电线路电容电流

本线路的电容电流是从线路内部流出的电流，它构成动作电流。在某种情况下会造成保护误动。电压等级越高，输电线路越长的分列导线，电容电流就越大，它对纵联电流差动保护的影响就越大。

2）防止电容电流造成保护误动的措施。

a．提高启动电流 I_{qd} 的定值来躲过电容电流的影响。I_{qd} 值可取正常运行时本线路电容电流的 4～6 倍。

b．加短延时（如 40ms），使高频分量的电容电流得到很大的衰减（在外部短路、外部短路切除和线路空充的初瞬阶段上会产生数值很大高频分量的暂态电容电流），从而降低启动电流 I_{qd} 的定值。用 1.5 倍的电容电流作为启动电流的定值再加延时来躲过电容电流。

c．并联电抗器进行电容电流的补偿。

（2）电流互感器断线时防止电流差动保护误动的措施及“长期有差流”的告警信号。正常运行情况下当线路一端 TA 断线时，差动继电器的动作电流和制动电流都等于未断线一端的负荷电流。由于制动系数 K_r 小于 1，启动电流 I_{qd} 值又较小，所以造成差动继电器误动。

解决办法：当本线路内部短路时，两端的启动元件都是动作的，但一端 TA 断线时，TA 未断线侧的启动元件是不启动的，只有 TA 断线一端的启动元件可能启动。因此，采取只有两端启动元件都启动，两端差动继电器都动作的情况下保护才启动跳闸的措施。从而避免正常运行时 TA 断线的误动。

1）纵联电流差动保护跳闸出口的条件。

a．本端启动元件启动。

b．本端差动继电器动作。同时满足以上两个条件，向对端发“差动动作”的允许信号。

c．收到对端“差动动作”的允许信号。

2）在 TA 断线时，保护由“高压差流元件”发出“长期有差流”的告警信号。发出告警信号的条件：

a．差流元件动作。

b．差流元件的动作相（只有一个差流元件动作时）或动作相间（有两个差流元件动作时）的电压大于 0.6 倍的额定电压。

c．满足上两条件 10s。

条件 1）证明出现差动电流（动作电流），条件 2）证明系统没有出现短路。需要指出：TA 断线或装置内部某相电流数据采样通道故障及两侧装置采样不同步时，都可发“长期有差流”的告警信号。当 TA 断线时无论是断线侧还是未断线侧，如果“高压差流元件”动作，10s 后都可发“长期有差流”的告警信号。

当装置发“长期有差流”的信号后，当控制字为 1 时，闭锁差动保护，防止由于系统波动或发生区外故障时，TA 未断线侧的启动元件启动造成的保护误动作。当控制字为 0 时，不闭锁差动保护，但差动继电器的动作电流抬高到“TA 断线差流定值”。该定值按大于最大负荷电流整定，避免 TA 断线期间由于系统波动使 TA 未断线侧的启动元件启动造成的保护误动作。但在 TA 断线期间又发生区外故障时保护将误动。

3. RCS-931 型分相电流差动保护的框图

RCS-931 型分相电流差动保护的框图如图 3-69 所示。

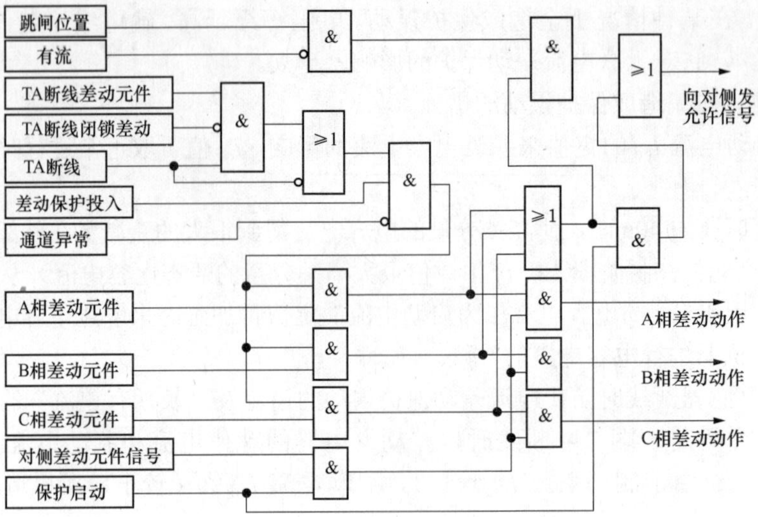

图 3-69　RCS-931 型分相电流差动保护的框图

第四节　备自投装置

培训目标

熟悉备用电源自动投入装置的种类、构成、原理、配置和要求等。

一、备自投的方式、基本要求

备用电源自动投入装置就是当工作电源因故障被断开以后，能迅速将备用电源投入工作，使用户迅速恢复供电的一种自动装置。

1. 备自投的方式

备自投的方式分主变压器备自投、母联备自投和进线备自投等。

（1）若正常运行时，一台主变压器带两段母线并列运行，另一台主变压器作为明备用，采用主变压器备自投。

（2）若正常运行时，每台主变压器各带一段母线，两主变压器互为暗备用，采用母联开关备自投。

（3）若正常运行时，主变压器带母线运行，两路电源进线作为明备用，两段母线均失压投两路电源进线，采用进线备自投。

2. 对备自投的基本要求

（1）工作母线失压，备自投应启动。

（2）工作电源断开后，备用电源才能投入。

（3）备自投装置只能动作一次。备自投装置只有经过一段时间充满电，满足启动条件后才有可能动作。

（4）手动断开工作电源时，备自投装置不应动作。

（5）备自投装置的动作时间，应使负荷的停电时间尽可能短。备自投的动作时间以 3.5～7s 为宜。

（6）当工作母线电压互感器二次保险熔断或空气断路器跳闸时，备自投装置不应动作。

（7）当备用电源无电压时，备自投装置不应动作。

（8）备自投装置应具有闭锁功能，防止将备用电源投到故障设备上。

1）主变压器的后备保护动作，闭锁备自投。

2）主变压器低压侧母线的差动保护动作，闭锁备自投。

3. 备自投的启动条件

（1）检主变压器低压侧母线无压。

（2）检主变压器低压侧无流。

闭锁备自投的说明图如图 3-70 所示。

二、2 号主变压器备自投

主变压器备自投一次接线如图 3-71 所示。1 号主变压器运行，2 号主变压器备用，即 1DL、2DL、5DL 在合位，3DL、4DL 在分位。当 1 主变压器电源因故障或其他原因断开时，2 号主变压器备用电源自动投入，且只允许动作一次。

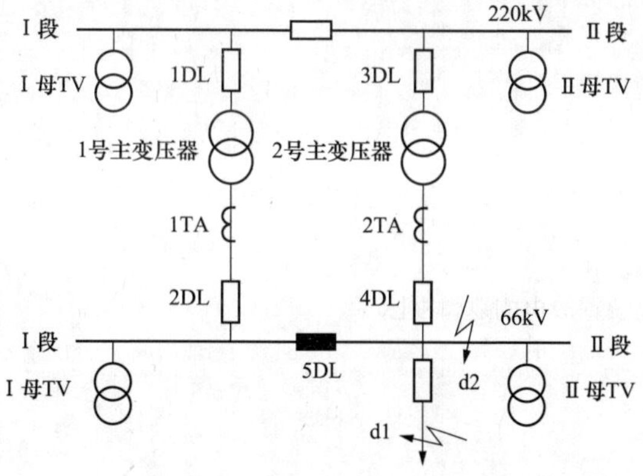

图 3-70　闭锁备自投的说明图

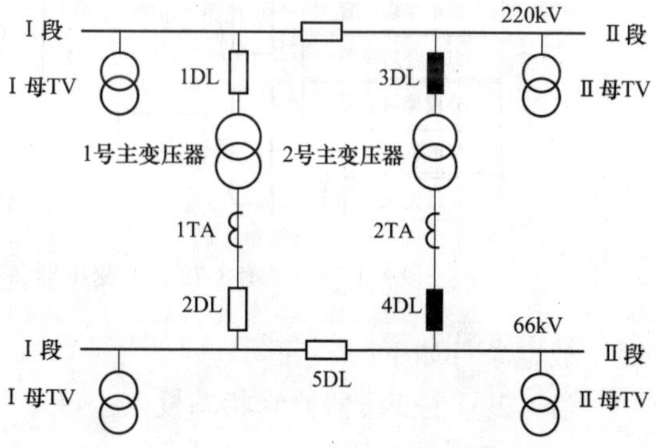

图 3-71　主变压器备自投一次接线

1. 充电条件

主变压器备自投装置充电的逻辑如图 3-72 所示。

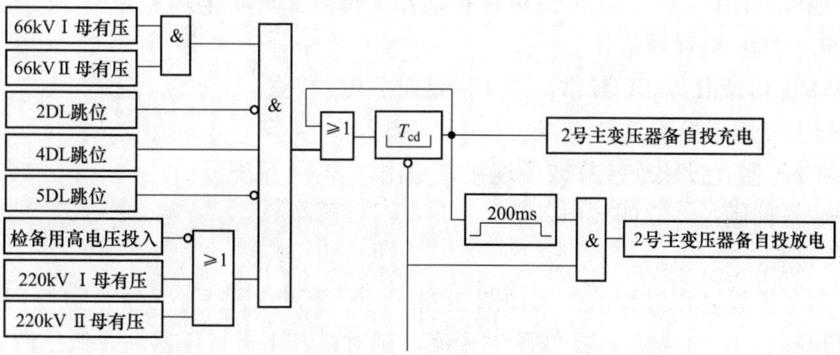

图 3-72　主变压器备自投装置充电的逻辑框图

充电条件如下：

（1）66kV Ⅰ母、Ⅱ母均三相有压。

（2）2DL、5DL 在合位，4DL 在分位。

（3）当检“备用主变压器高压侧”控制字投入时，高压侧 220kV 母线任意侧有压。

以上条件均满足，经备自投充电时间后，充电完成。

2. 放电条件

主变压器备自投装置放电的逻辑如图 3-73 所示。

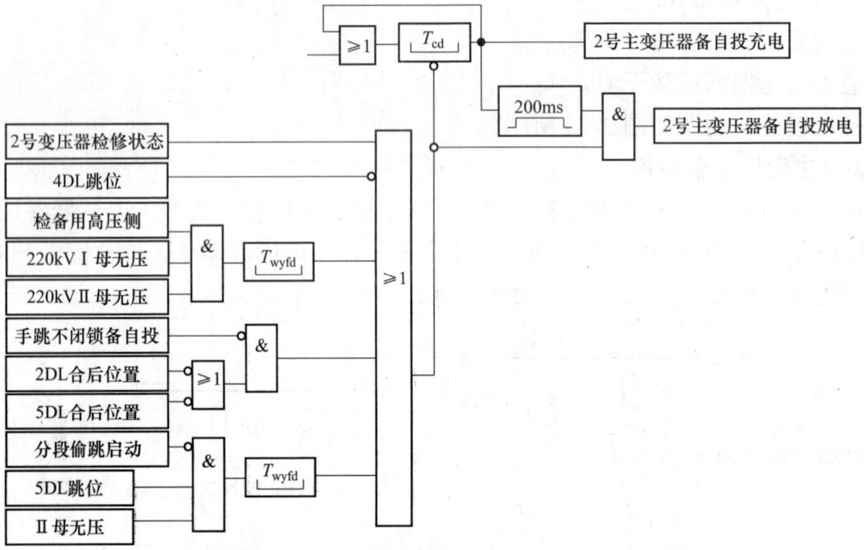

图 3-73 主变压器备自投装置放电的逻辑框图

放电条件如下：

（1）2 号主变压器检修状态投入。

（2）4DL 在合位。

（3）当检“备用主变压器高压侧”控制字投入时，220kV 两段母线均无压，经延时放电。

（4）手跳 2DL 或 5DL。

（5）5DL 偷跳，母联 5DL 跳位未启动备自投时，且 66kV Ⅱ母无压。

（6）其他外部闭锁信号（主变过流保护动作、母差保护动作）。

（7）2DL、4DL 位置异常。

（8）66kV Ⅰ母或Ⅱ母 TV 异常，经 10s 延时放电。

（9）1 号主变压器拒跳。

（10）主变压器互投软连接片或硬连接片退出。

上述任一条件满足，立即放电。

3. 动作过程

主变压器备自投动作过程的逻辑如图 3-74 所示。充电完成后，66kV Ⅰ母、Ⅱ母均无压，高压侧任意母线有压，1 号变压器低压侧无流，延时跳开 1 号变压器高、低压侧开关 1DL 和 2DL，联切低压侧小电源线路。确认 2DL 跳开后，经延时合上 2 号变压器高压侧开关 3DL，再经延时合上 2 号变压器低压侧开关 4DL。

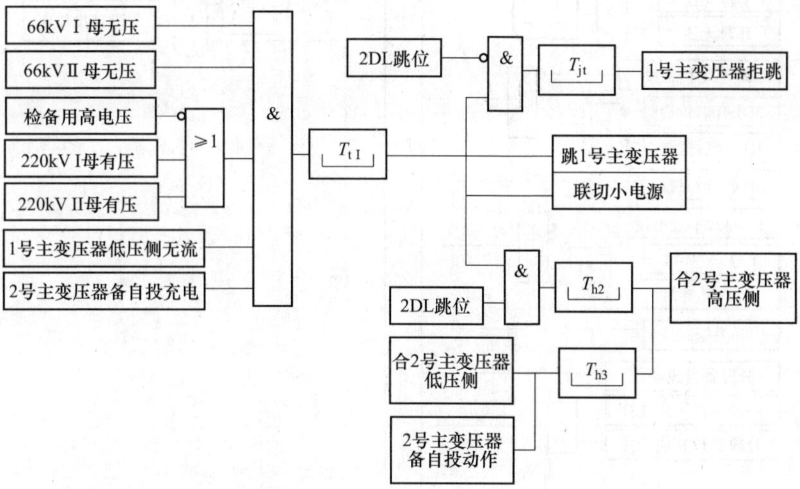

图 3-74　主变压器备自投动作过程的逻辑框图

如果启动跳 2DL 且 2DL 合位不消失，经 T_{jt} 延时报“1 号变压器拒跳”，并对备投放电。

三、母联备自投

母联备自投一次接线如图 3-75 所示。当两段母线分列运行时，装置选择母联备自投方案，采用低压启动母联备自投方式。

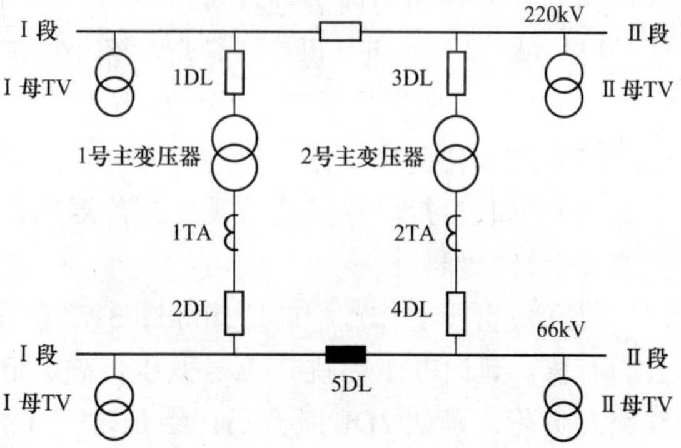

图 3-75　母联备自投一次接线图

1. 充电条件

（1）66kV Ⅰ母、Ⅱ母均三相有压。

（2）2DL、4DL 在合位，5DL 在分位。

以上条件均满足，备自投装置经 15s 后，充电完成。

母联备自投装置充电的逻辑如图 3-76 所示。

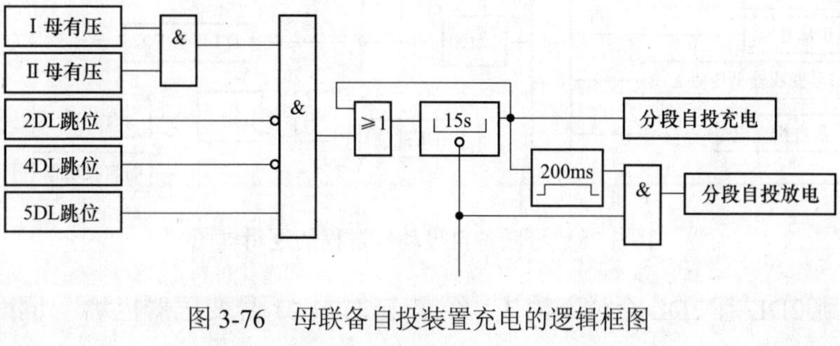

图 3-76　母联备自投装置充电的逻辑框图

2. 放电条件

母联备自投装置放电的逻辑如图 3-77 所示。

（1）5DL 在合位。

（2）66kV Ⅰ、Ⅱ母均无压，持续时间大于无压放电延时“T_{wyfd}”。

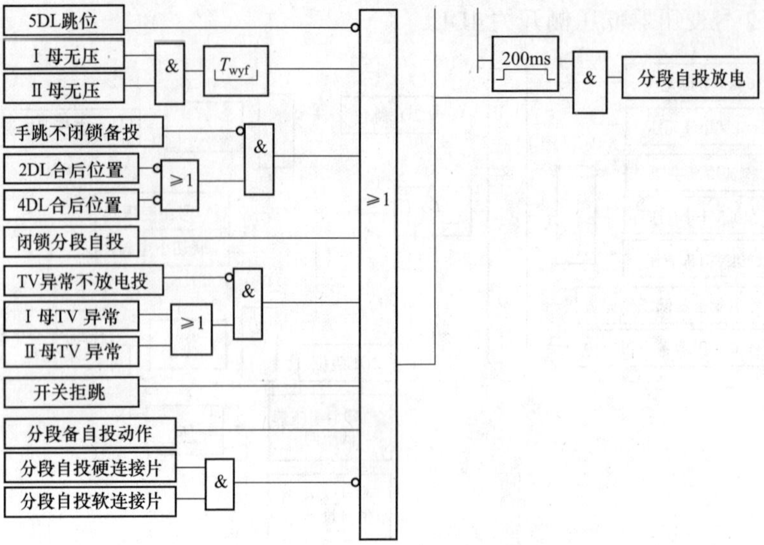

图 3-77　母联备自投装置放电的逻辑框图

（3）手跳 2DL 或 4DL。

（4）其他外部闭锁信号。

（5）66kV Ⅰ母或Ⅱ母 TV 异常，经 10s 延时放电。

（6）1 号变压器拒跳或 2 号变压器拒跳。

（7）母联备自投动作。

（8）母联自投软连接片或硬连接片退出。

3. 动作过程

母联备自投动作过程的逻辑如图 3-78 所示。66kV Ⅰ母无压、1 号变压器低压侧无流，66kV Ⅱ母有压，延时 Tt1 后跳开 1 号变压器高、低压侧开关 1DL 和 2DL，联切 66kV Ⅰ母小电源线路及负荷，确认 2DL 跳开后，经延时 Th1 合上 5DL。

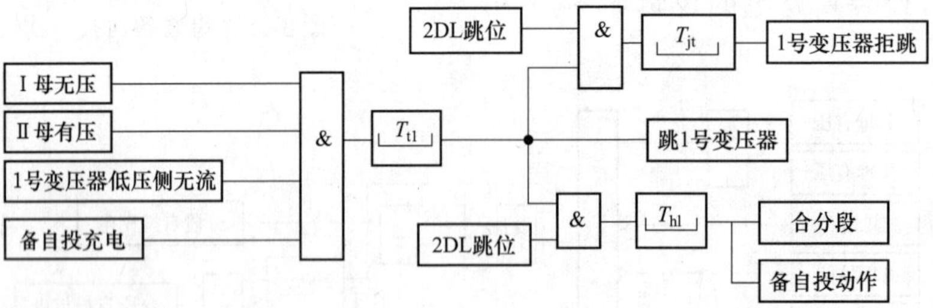

图 3-78　母联备自投动作过程的逻辑框图

如果启动跳 2DL 且 2DL 合位不消失，经 T_{jt} 延时报“1 号变压器拒跳”，同时备自投放电。

四、进线备自投

进线备自投一次接线如图 3-79 所示。变压器备自投不成功或一台主变压器检修（另一台主变压器故障），66kV Ⅰ母、Ⅱ母均无压，1、2 号主变压器低压侧均无流，经整定延时合上联络线 1、联络线 2 开关。

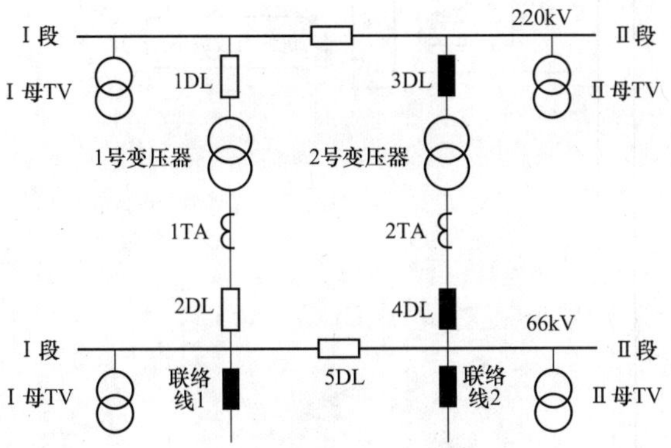

图 3-79 进线备自投一次接线

1. 充电条件

（1）1 号主变压器低压侧开关合位或 2 号主变压器低压侧开关合位。

（2）联络线 1 开关分位，联络线 2 开关分位。

（3）Ⅰ母或Ⅱ母任一母线有压。

进线备自投装置充电的逻辑如图 3-80 所示。

2. 放电条件

（1）闭锁进线备自投开入。

（2）联络线 1 开关合位。

（3）联络线 2 开关合位。

（4）手跳 2DL 且 2 号变压器检修连接片投入。

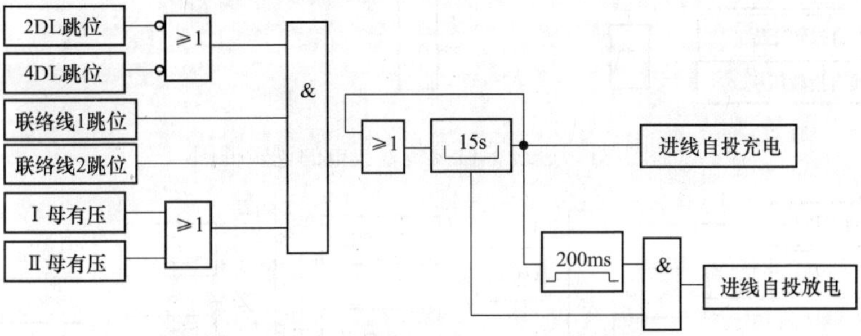

图 3-80 进线备自投装置充电的逻辑框图

（5）手跳 4DL 且 1 号变压器检修连接片投入。

（6）Ⅰ母或Ⅱ母 TV 异常，经 10s 延时放电。

（7）1 号变压器拒跳、2 号变压器拒跳或母联拒跳。

（8）进线备自投动作。

（9）进线备自投硬连接片或软连接片退出。

进线备自投装置放电的逻辑如图 3-81 所示。

3. 动作过程

进线备自投动作过程的逻辑如图 3-82 所示。

（1）方式 1：变压器备自投不成功。66kV Ⅰ母、Ⅱ母均无压，1、2 号主变压器低压侧均无流，则经延时 $T_{tbⅠ}$（躲过变压器备自投动作时间）跳 1、2 号主变压器低压侧开关 2DL 和 4DL 以及母联开关 5DL，并联切小电源线路及负荷，确认 2DL、4DL 和 5DL 开关均跳开后，经整定延时 T_{hz} 合上联络线 1、联络线 2 开关。

（2）方式 2：变压器检修。

1）1 号主变压器检修状态。1 号主变压器检修硬连接片投入时，66kV Ⅰ母、Ⅱ母均无压，1、2 号主变压器低压侧均无流，则经延时 T_{tb} 跳 2 号主变压器低压侧开关 4DL 以及母联开关 5DL，确认 4DL 和 5DL 开关均跳开后，经整定延时 T_{hz} 合上联络线 1、联络线 2 开关。

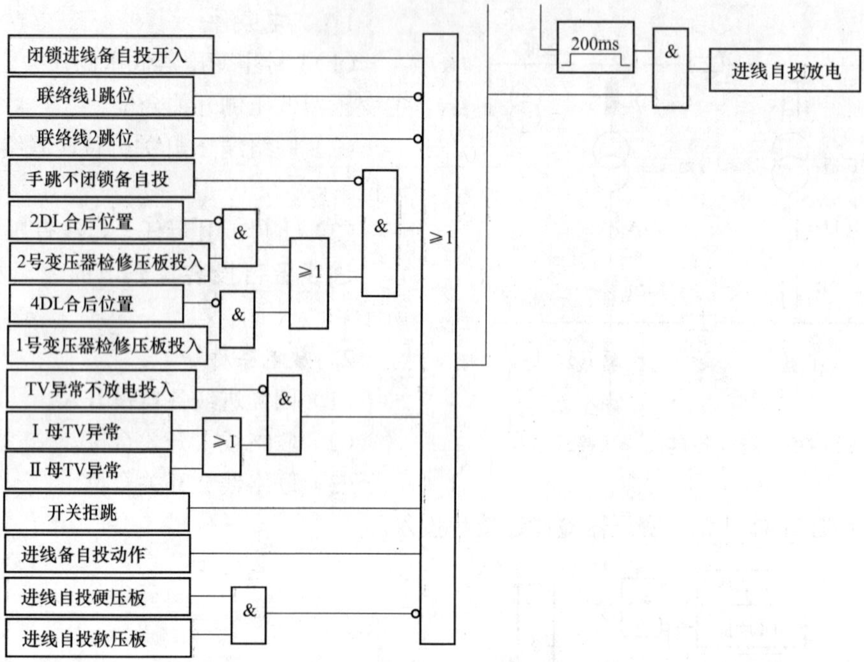

图 3-81 进线备自投装置放电的逻辑框图

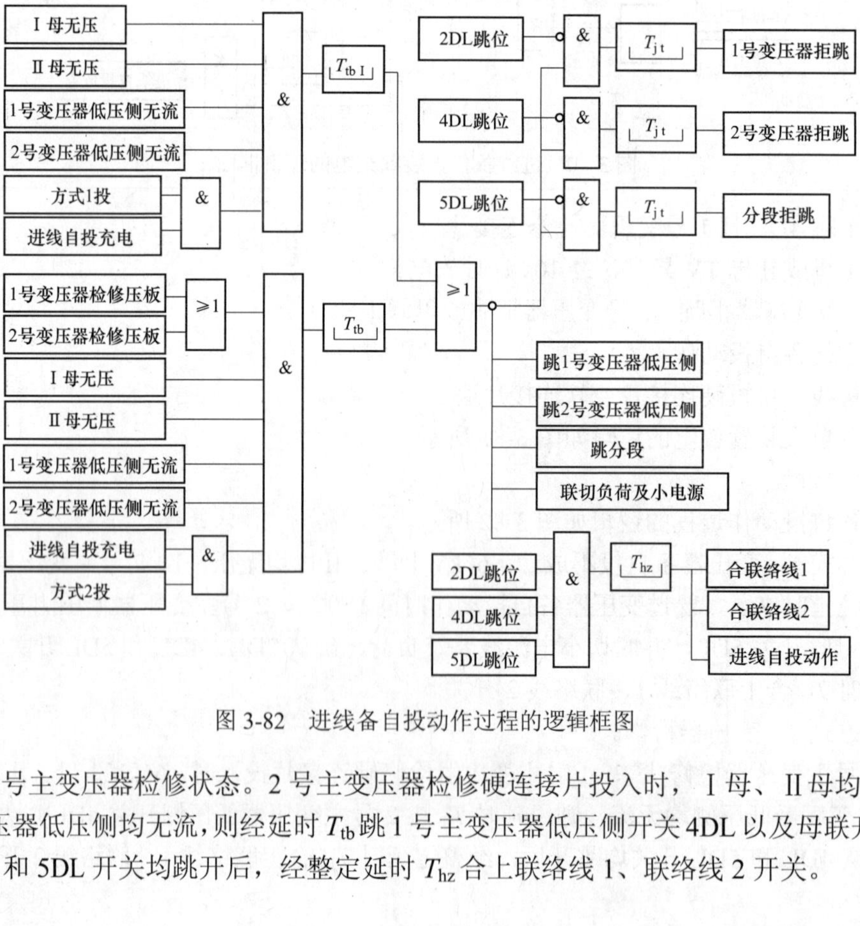

图 3-82 进线备自投动作过程的逻辑框图

2）2 号主变压器检修状态。2 号主变压器检修硬连接片投入时，Ⅰ母、Ⅱ母均无压，1、2 号主变压器低压侧均无流，则经延时 T_{tb} 跳 1 号主变压器低压侧开关 4DL 以及母联开关 5DL，确认 2DL 和 5DL 开关均跳开后，经整定延时 T_{hz} 合上联络线 1、联络线 2 开关。

五、备自投的其他功能

1. 过负荷联切功能

为保证重要负荷的供电，在备用电源投入前先切除部分负荷，以保证备用电源投入后不会发生过负荷。

2. 联切电容器

电容器两次操作要求间隔5min，为此在备用电源投入前先切除母线上的电容器，防止在备用电源投入后对电容器产生很大的电流冲击和很高的过电压，导致电容器的故障。

3. 联切小电源回路

在备用电源投入前先切除小电源回路，防止在备用电源投入后出现非同期合闸，对小电源造成冲击。

4. 合闸后加速保护

备自投装置一般配置了独立的合闸后加速保护，包括手合于故障加速跳、备自投动作合闸于故障加速跳。电流判别条件可选择使用过流加速段或零序加速段，该保护开放时间一般为3s。

第五节 自动重合闸装置

培训目标

熟悉自动重合闸装置的作用、种类、构成、原理、配置和要求等。

一、自动重合闸的作用及要求

自动重合闸装置是将因故跳闸后的断路器自动重新投入的一种自动装置。

（一）自动重合闸的作用

电力系统的实际运行经验表明，在电网中发生的故障大多是瞬时性的。因此，在电力系统中广泛采用自动重合闸装置，当断路器跳闸后，它能自动将断路器重新合闸。根据运行资料统计，输电线路自动重合闸的成功率为60%～90%。

1. 在输电线路上采用自动重合闸的作用

（1）在输电线路发生暂时性故障时，能迅速恢复供电，从而能提高供电的可靠性。

（2）对于双侧电源的输电线路，可以提高系统并列运行的稳定性。

（3）可以纠正由于断路器本身机构的问题或继电保护误动作引起的误跳闸。

2. 采用自动重合闸的不利影响

（1）如果重合到永久性故障上时，系统将再次受到短路电流的冲击，可能引起系统振荡。

（2）使断路器的工作条件更加恶劣，因为在短时间内连续两次切断短路电流。

由于重合闸装置本身的投资很低，工作可靠，在电力系统中获得广泛的应用。

3. 装设重合闸的规定

（1）在10kV及以上的架空线路或电缆与架空线的混合线路，在具有断路器的条件下，一般都应装设自动重合闸装置。

（2）旁路断路器和兼作旁路的母联断路器或分段断路器，应装设自动重合闸装置。

（二）对自动重合闸的基本要求

（1）动作迅速，重合闸的动作时间，一般为0.5～2s。

（2）在下列情况下，自动重合闸装置不应动作。

1）由运行人员手动操作或通过遥控装置将断路器断开时，自动重合闸装置不应动作。

2）断路器手动合闸于故障线路上，而随即被继电保护跳开时，重合闸装置不应动作。因为在这种情况下，故障多属于永久性故障，再合一次也不可能成功。

3）当断路器处于异常状态时（如液压操动机构的压力异常、SF_6气体压力异常等）。

（3）自动重合闸装置的动作次数应符合预先的规定。如一次重合闸就只应实现重合一次，不允许第二次重合。为了避免多次重合，重合闸的充电时间一般整定为15～20s。

（4）自动重合闸在动作以后，一般应能自动复归，准备好下一次故障跳闸的再重合。

（5）重合闸应能与继电保护相配合，并能在重合闸以前或重合闸以后加速继电保护的动作，以便更好地加速故障的切除。

（6）在双侧电源的线路上实现重合闸时，应考虑合闸时两侧电源间的同期问题，即能实现无压检定和同期检定。

（7）当断路器由继电保护动作或其他原因跳闸（偷跳）后，重合闸均应动作，使断路器重新合上。

（8）自动重合闸采用保护启动或控制开关位置与断路器位置不对应的原则来启动。

二、自动重合闸的启动方式

重合闸的启动方式有不对应启动和保护启动。

1. 不对应启动

不对应启动是指当控制开关位置与断路器位置不对应时启动重合闸。

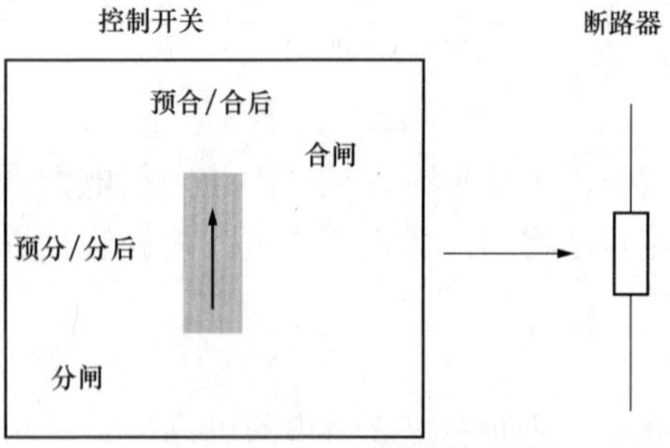

图3-83　不对应启动示意图

不对应启动可以补救断路器的“偷跳”，如图3-83所示。不对应启动方式的优点是简单可靠，还可以纠正断路器误碰或偷跳，可提高供电可靠性和系统运行的稳定性，在各级电网中具有良好的运行效果，是所有重合闸的基本启动方式。其缺点是当断路器辅助触点接触不良时，不对应启动方式将失效。

2. 保护启动

保护启动是指当本线路保护发出跳闸命令且检查到线路无电流时，启动重合闸。

保护启动一般是由主保护和0s的保护启动重合闸，后备保护动作闭锁重合闸。保护启动方式是不对应启动方式的补充。同时，在单相重合闸过程中需要进行一些保护的闭锁，逻辑回路中需要对故障相实现选相固定等，也需要一个由保护启动的重合闸启动元件。其缺点是不能纠正断路器误动。

三、自动重合闸的类型

按照自动重合闸装置作用于断路器的方式，可分为以下类型：

（1）单重方式：系统单相故障跳单相，单相重合；多相故障跳三相，不重合。

（2）综重方式：系统单相故障跳单相，单相重合；多相故障跳三相，三相重合。

（3）三重方式：系统任意故障跳三相，三相重合。

（4）停用方式：重合闸退出。

四、自动重合闸选用原则

自动重合闸一般遵循下列原则：

（1）一般没有特殊要求的单电源线路，宜采用一般的三相重合闸。

（2）凡是选用简单的三相重合闸能满足要求的线路，都应选用三相重合闸。

（3）当发生单相接地短路时，如果使用三相重合闸不能满足稳定性要求而可能出现大面积停电或重要用户停电者，应当选用单相重合闸或综合重合闸。

五、自动重合闸的充、放电

为了避免多次重合，重合闸必须在充电准备完成后，才能启动合闸回路。

（一）重合闸放电条件

（1）充电未充满时，有跳闸位置继电器 TWJ 动作或有保护启动重合闸信号开入，立即放电。

（2）由三相跳位开入后 200ms 内重合闸仍未启动放电。

（3）重合闸启动前压力不足，经延时 400ms 后放电。

（4）重合闸停用方式时放电。

（5）单重方式，如果三相跳闸位置均动作或收到三跳命令或本保护装置三跳，则重合闸放电。

（6）收到外部闭锁重合闸信号时立即放电。

（7）合闸脉冲发出的同时放电。

（8）如果现场运用的两套保护装置中的重合闸同时都投入运行，以使重合闸也实现双重化。此时，为避免两套装置的重合闸出现不允许的两次重合，每套装置的重合闸在发现另一套重合闸已将断路器合闸后，立即放电并闭锁本装置的重合闸。

（二）重合闸充电条件

（1）不满足重合闸放电条件。

（2）保护未启动。

（3）跳闸位置继电器返回。

重合闸充电时间为 20s，充电过程中装置面板上的重合闸允许灯闪烁，1s 闪一次，充满电后该灯点亮。

六、单侧电源线路的三相一次自动重合闸

单侧电源线路的三相一次自动重合闸由于下列原因，使其实现较为简单：

（1）不需要考虑电源间同步的检查问题。

（2）三相同时跳开，重合不需要区分故障类别和选择故障相。

（3）只需要在重合时断路器满足允许重合的条件下，经预定的延时，发出一次合闸脉冲。

单侧电源线路三相一次重合闸的工作原理框图如图 3-84 所示，其主要由重合闸启动、重合闸时间、一次合闸脉冲、手动跳闸后闭锁、手动合闸后加速等元件组成。

重合闸逻辑回路图如图 3-85、图 3-86 所示。

1）“合后继”说明：“不对应启动”重合闸要动作除满足常规条件外，还要满足“合后继”动作。当操作箱可以提供“合后接点”给重合闸时，认为“合后继”动作；当操作箱提供不了“合后接点”给重合闸时，认为“合后继”没动作。

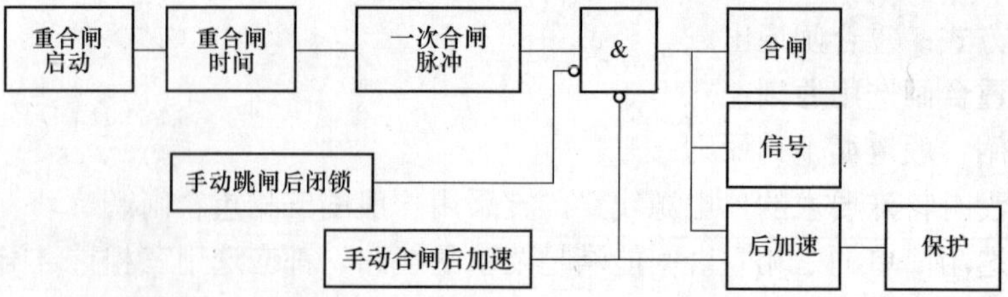

图 3-84　单侧电源线路三相一次重合闸的工作原理框图

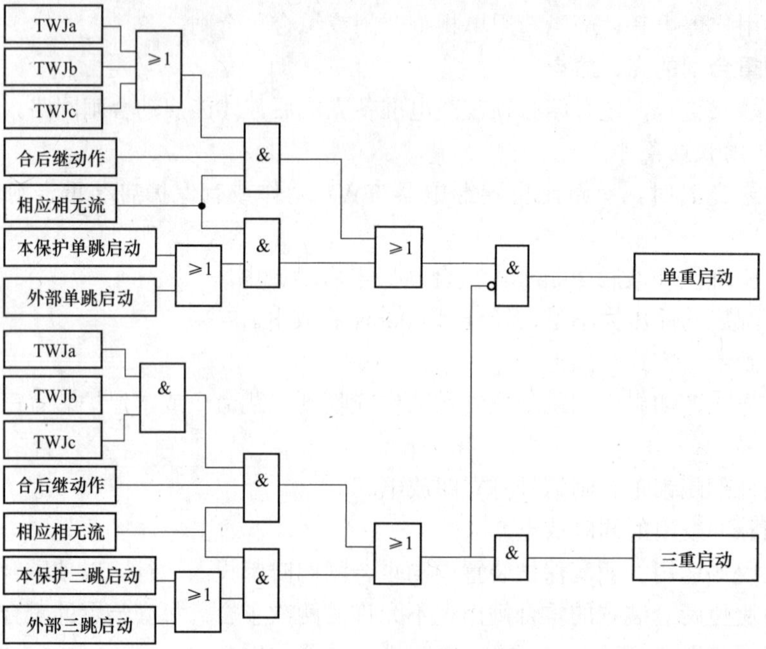

图 3-85　重合闸逻辑回路图 1

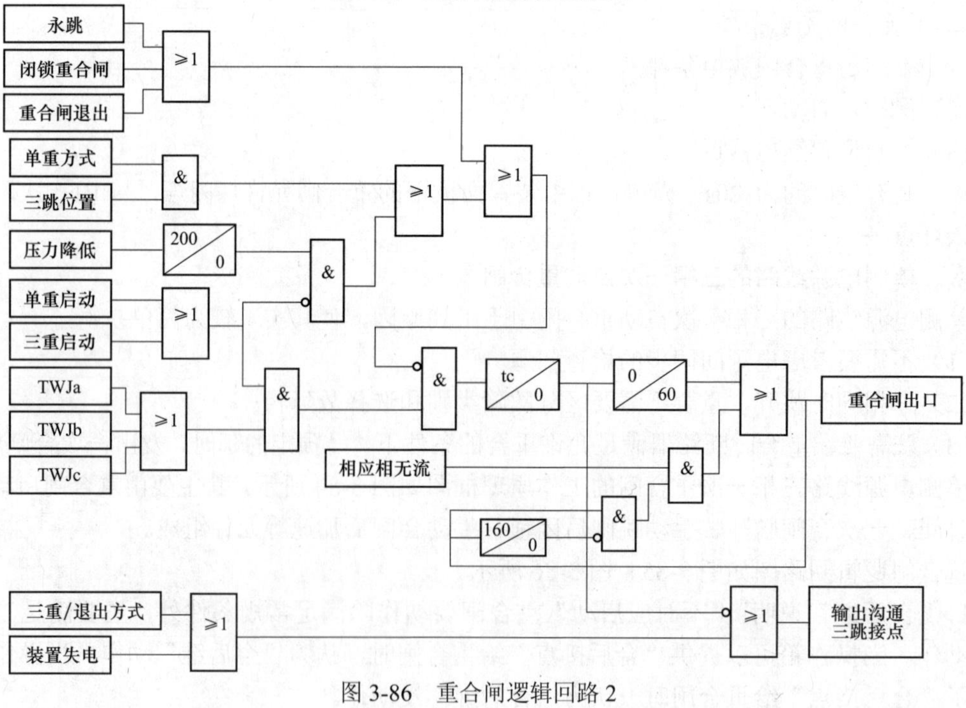

图 3-86　重合闸逻辑回路 2

2）沟通三跳的条件为：

a．重合闸处于三重方式或停用方式。

b．重合闸充电未充满。

c．重合闸失去电源。

七、双侧电源线路的三相一次自动重合闸

(一) 双侧电源线路自动重合闸的特点

在两端均有电源的线路采用自动重合闸装置时，除应满足在上述六提出的各项要求外，还应考虑下述因素。

（1）动作时间的配合。

（2）当线路上发生故障跳闸以后，常常存在着重合时两侧电源是否同步以及是否允许非同步合闸的问题。

(二) 双侧电源线路自动重合闸的主要方式

（1）采用不检查同步的自动重合闸。

（2）采用检查同步的自动重合闸。可在线路的一侧采用检查线路无电压，而在另一侧采用检定同步的重合闸。

（3）非同步重合闸。

具有同步和无电压检定的重合闸如图 3-87 所示。

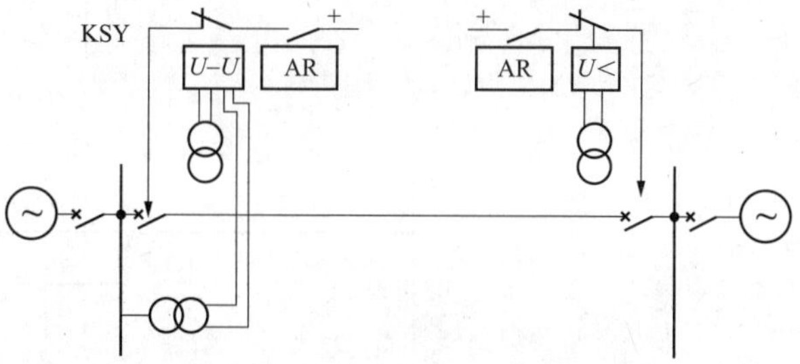

图 3-87　具有同步和无电压检定的重合闸
U–U—同步检定继电器；U<—无电源检定继电器；AR—自动重合闸装置

在使用检查线路无电压方式的重合闸一侧，当其断路器在正常运行情况下，由于某种原因（如误碰跳闸机构、保护误动等）而跳闸时，由于对侧并未动作，因此，线路上有电压，因而就不能实现重合。所以一般在检定无电压的一侧也同时投入同步检定继电器，两者的触点并联工作，如图 3-88 所示。

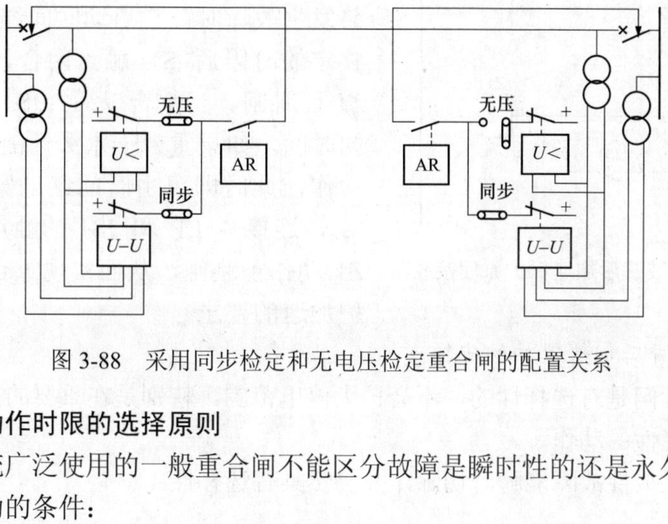

图 3-88　采用同步检定和无电压检定重合闸的配置关系

八、重合闸动作时限的选择原则

现在电力系统广泛使用的一般重合闸不能区分故障是瞬时性的还是永久性的。

影响重合成功的条件：

（1）对于瞬时性故障，必须等待故障点消除、绝缘强度恢复后才可能重合成功，而这个时间与湿度、风速等各种条件都有关。

（2）对于永久性故障，重合闸重合不良后，应保证断路器能够再次切断短路电流。

目前辽宁 220kV 系统，单相重合闸的动作时限一般为 1s、三相重合闸的动作时限为 2s。

九、自动重合闸装置与继电保护的配合

电力系统中，重合闸与继电保护的关系极为密切。为了尽可能利用自动重合闸所提供的条件以加速切除故障，继电保护与重合闸配合时，一般采用重合闸前加速保护、重合闸后加速保护两种方式。

重合闸后加速保护一般又简称为“后加速”。所谓“后加速”就是当线路第一次故障时，保护有选择性动作，然后进行重合。如果重合于永久性故障，则在断路器合闸后，再加速保护动作，瞬时切除故障，而与第一次动作是否带有时限无关。

自动重合闸装置后加速保护动作原理图如图 3-89 所示。

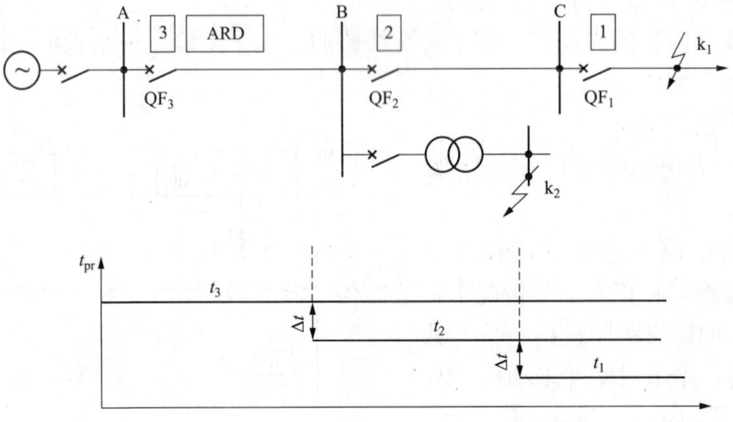

图 3-89　自动重合闸装置后加速保护动作原理图

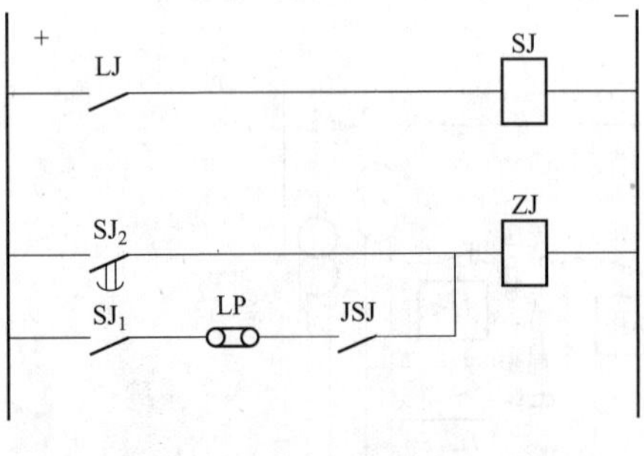

图 3-90　自动重合闸装置后加速保护原理接线图

自动重合闸装置后加速保护原理接线图如图 3-90 所示。LJ 为过电流继电器的触点，当线路发生故障时，它启动时间继电器 SJ，然后经整定的时限后 SJ_2 触点闭合，启动出口继电器 ZJ 而跳闸。当重合以后，JSJ 的触点将闭合 1s 的时间，如果重合于永久性故障上，则 LJ 再次动作，此时即可由时间继电器的瞬时常开触点 SJ_1，连接片 LP 和 JSJ 的触点串联而立即启动 ZJ 动作于跳闸，从而实现重合以后使过电流保护加速的要求。

1. 重合闸装置后加速保护的优缺点

（1）第一次跳闸是有选择性的，不会扩大停电范围，特别是在重要的高压电网中，一般不允许保护无选择性的动作。

（2）保证了永久性故障能瞬时切除，并仍然具有选择性。

2．重合闸装置后加速保护的缺点

（1）第一次切除故障可能带时限。

（2）每个断路器上都需要装设一套重合闸，与前加速相比较为复杂。

十、自动重合闸的运行操作

（1）当断路器有两套重合闸时，两套重合闸的方式切换把手位置必须一致，只投一套重合闸的出口连接片。

（2）重合闸停用是指既断开重合闸出口连接片，又要将方式切换把手置于“停用”位置。

（3）为防止投入直流电源时造成误合断路器，整套保护投入时，应先合操作直流，后合带有重合闸功能的保护直流。

思　考　题

1．简述母差保护的原理。

2．简述 BP-2B 型断路器失灵保护启动条件。

3．简述 RCS-915AB 母联充电保护原理。

4．简述 220kV 变压器的保护配置。

5．瓦斯保护在什么情况下需要由跳闸改信号？

6．简述距离保护的原理、保护范围。

7．简述光纤纵联电流差动保护的原理。

8．备自投装置分哪几种？

9．主变压器备自投的充电条件包括哪些？

10．自动重合闸的类型包括哪几种方式？

11．什么是重合闸后加速？

12．重合闸的启动方式有哪几种？具体解释一下。

第四章

发电厂运行及新能源

第一节 火力发电厂运行

培训目标

本节介绍了火力发电厂的概念、分类及发电生产过程，通过对火力发电厂三大主机及三大生产系统的讲解，了解火力发电技术。

一、火力发电厂分类

利用煤、石油、天然气等自然界蕴藏量极其丰富的化石燃料发电称为火力发电，我国的火电以燃煤为主，火力发电厂按不同的分类方法及分类依据可分为不同的种类，表 4-1～表 4-4 分别给出了不同分类方法及分类依据。

表 4-1　　火力发电厂按产品分类表

按产品性质分类	特　点
凝汽式发电厂	只生产电能的火力发电厂，在汽轮机内做完功的蒸汽，排入凝汽器凝结成水
热电厂	除生产电能，还可以生产供用户使用的热能的火力发电厂。供热是利用汽轮机（又称背压式汽轮机）较高压力的排汽或可调节抽汽送给用户，所以又称背压式汽轮机热电厂或抽汽式汽轮机热电厂

表 4-2　　火力发电厂按蒸汽参数分类表

按蒸汽参数分类	锅炉/汽轮机蒸汽压力	锅炉/汽轮机蒸汽温度	单机容量
低温低压电厂	1.4/1.3MPa	350/340℃	1.5～3MW
中温中压电厂	3.9/3.14MPa	450/435℃	6～50MW
高温高压电厂	9.8/8.8MPa	540/535℃	25～100MW
超高压电厂	13.7/12.7MPa	540/535℃	125～200MW
亚临界压力电厂	16.7/16.2MPa	540/535℃	300～600MW
超临界压力电厂	超过 22.1MPa	540～560℃以上	600MW 以上
超超临界压力电厂	25～35MPa 及以上	580℃以上	600MW 以上

表 4-3　　火力发电厂按供电范围分类表

按供电范围分类	特　点
区域性发电厂	电能主要通过高压电网送到远方负荷中心，一般容量较大
地方性电厂	多建在负荷中心，除供电外还可以供热，一般容量较小

表 4-4　　火力发电厂按一次能源分类表

按使用能源分类	特　　点
燃煤电厂	以煤为主要燃料
燃油电厂	以油为主要燃料
燃气电厂	以天然气或工业副产品煤气及其他可燃气体为燃料
工业废热电厂	应用工业企业排放的废热发电

二、燃煤火力发电厂生产过程

火力发电厂的生产过程是燃料在锅炉中燃烧加热水成为蒸汽，将燃料的化学能转变成热能，蒸汽压力推动汽轮机旋转，热能转换成机械能，然后汽轮机带动发电机旋转，将机械能转变成电能。现代火力发电厂除了主机外还需要大量的辅助设备和测控元件来支持其工作，管道、线路将辅机与主机连接在一起构成三大生产主系统，即燃烧系统、汽水系统和电气系统。火力发电厂生产流程如图 4-1 所示。

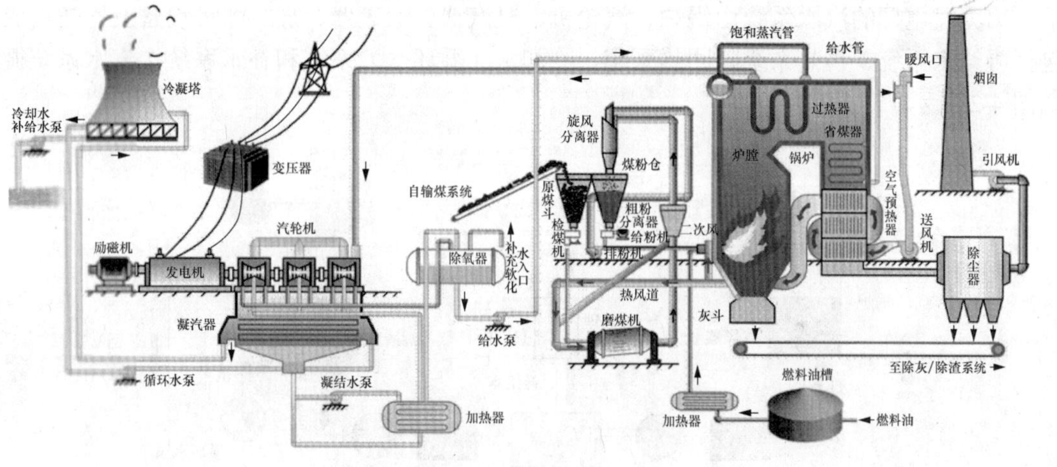

图 4-1　火力发电厂生产流程图

基本生产流程：储存在储煤场（或储煤罐）中的原煤由输煤设备从储煤场送到锅炉的原煤斗中，再由给煤机送到磨煤机中磨成煤粉。煤粉送至分离器进行分离，合格的煤粉送到煤粉仓储存（仓储式锅炉）。煤粉仓的煤粉由给粉机送到锅炉本体的喷燃器，由喷燃器喷到炉膛内燃烧（直吹式锅炉将煤粉分离后直接送入炉膛）。燃烧的煤粉放出大量的热能将炉膛四周水冷壁管内的水加热成汽水混合物。混合物被锅炉汽包内的汽水分离器进行分离，分离出的水经下降管送到水冷壁管继续加热，分离出的蒸汽送到过热器，加热成符合规定温度和压力的过热蒸汽，经管道送到汽轮机做功。过热蒸汽在汽轮机内做功推动汽轮机旋转，汽轮机带动发电机发电，发电机发出的三相交流电通过发电机端部的引线经变压器升压后引出送到电网。在汽轮机内做完功的过热蒸汽被凝汽器冷却成凝结水，凝结水经凝结泵送到低压加热器加热，然后送到除氧器除氧，再经给水泵送到高压加热器加热后，送到锅炉继续进行热力循环。再热式机组采用中间再热过程，即把在汽轮机高压缸做功之后的蒸汽，送到锅炉的再热器重新加热，使汽温提高到一定（或初蒸汽）温度后，送到汽轮机中压缸继续做功。

（一）燃烧系统

燃烧系统包括锅炉的燃烧部分和输煤、除灰、烟气排放系统等。原煤由输煤设备从储煤场送到锅炉的原煤斗中，再由给煤机送到磨煤机中磨成煤粉。煤粉送至分离器进行分离，合格的煤粉送到煤粉仓储存（仓储式锅炉）。煤粉仓的煤粉由给粉机送到锅炉本体的喷燃器，按比例与经过预热器加热的空气一起由喷燃器喷入到炉膛内燃烧（直吹式锅炉将煤粉分离后直接送入炉膛）。喷燃器的布置方式分四角切圆与墙式布置两大类，数目多时可分上下层。

煤粉在炉膛内燃烧，将大量的热量传给水冷壁里的工质。之后，燃烧形成的高温烟气沿着π形烟道依次冲刷位于炉顶部和炉尾部的过热器、再热器、省煤器、空气预热器等受热面，不断将热量传递给蒸汽、水和空气，而自身温度逐渐降低，在引风机的引风作用下烟气分别经脱硝装置、除尘器、脱硫装置进行净化，最后经烟囱排入大气环境。

锅炉炉膛的排渣、除尘器的排灰（即从烟气中分离的粉尘）通常用水分别冲入渣沟和冲灰沟然后进入灰渣房，再经灰渣泵、灰渣管等设备用水冲到储灰厂。

（二）汽水系统

火力发电厂的汽水系统由锅炉、汽轮机、凝汽器、除氧器、加热器等设备及管道构成，包括凝结水系统、再热系统、回热系统、冷却水（循环水）系统和补水系统，汽水系统循环如图4-2所示。

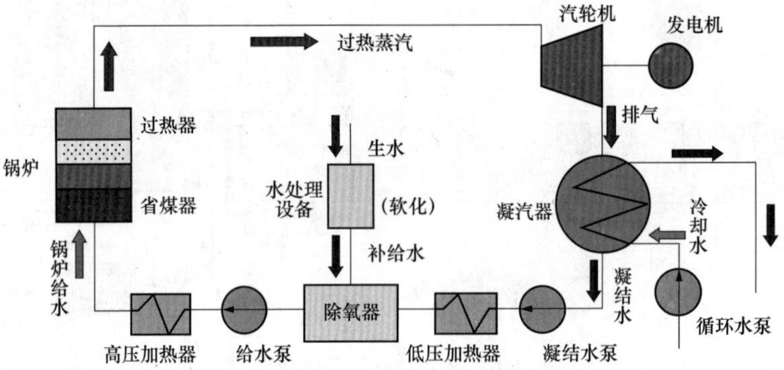

图4-2 汽水系统循环图

1. 给水系统

由锅炉产生的过热蒸汽沿主蒸汽管道进入汽轮机，高速流动的蒸汽冲动汽轮机叶片转动（额定转速为3000r/min），带动发电机旋转产生电能。在汽轮机内做功后的蒸汽，其温度和压力大大降低，最后排入凝汽器并被冷却水冷却凝结成水（称为凝结水），汇集在凝汽器的热水井中。凝结水由凝结水泵打至低压加热器中加热，再经除氧器除氧并继续加热。由除氧器出来的水（锅炉给水），经给水泵升压和高压加热器加热，最后送入锅炉汽包。在现代大型机组中，一般都从汽轮机的某些中间级抽出做过功的部分蒸汽（称为抽汽），用以加热给水（称为给水回热循环），或把做过一段功的蒸汽从汽轮机某一中间级全部抽出，送到锅炉的再热器中加热后再引入汽轮机的以后几级中继续做功（称为再热循环）。

2. 补水系统

在汽水循环过程中总难免有汽、水泄漏等损失，为维持汽水循环的正常进行，必须不断地向系统补充经过化学处理的软化水，这些补给水一般补入除氧器或凝汽器中。

3．冷却水（循环水）系统

为了将汽轮机中做功后排入凝汽器中的乏汽冷凝成水，需由循环水泵从凉水塔抽取大量的冷却水送入凝汽器，冷却水吸收乏汽的热量后再回到凉水塔冷却，冷却水是循环使用的。

（三）电气系统

发电厂的电气系统包括发电机、励磁装置、厂用电系统和升压变电站等，发电机的机端电压和电流随着容量的不同而各不相同，一般额定电压在 10～20kV 之间，而额定电流可达 20kA。发电机发出的电能，其中一小部分（占发电机容量的 4%～8%），由厂用变压器降低电压（一般为 6.3kV 和 400V 两个电压等级）后，经厂用配电装置供给水泵、送风机、磨煤机等各种辅机和电厂照明等设备用电称为厂用电（或自用电）。其余大部分电能，由主变压器升压后，经输电线路送入电网。

（四）辅助生产系统

1．输煤系统

运输燃料进入厂房，进行初步加工和燃料筛选工作，同时完成外加物质的混合工作。所包含的主要设备有斗轮机、碎煤机、翻车机、输煤皮带等。

2．化学水系统

化学水系统将天然水在进入汽水系统前先除去杂质。其流程一般为天然水→混凝沉淀→过滤→离子交换→补给水。混凝沉淀是加入混凝剂，产生絮凝体。过滤处理是使用石英砂等滤料除去细小悬浮物。化学除盐是使用混床除去金属离子和酸根，常使用树脂除盐。

3．循环水系统

循环水系统为机组提供冷却水源。工业生产过程中产生的废热，一般要用冷却水来导走。从江、河、湖、海等天然水体中吸取一定量的水作为冷却水，冷却工艺设备吸取废热使水温升高，再排入江、河、湖、海，这种冷却方式称为直流冷却。当不具备直流冷却条件时，则需要用冷却塔来冷却。冷却塔的作用是将挟带废热的冷却水在塔内与空气进行热交换，使废热传输给空气并散入大气。

三、燃煤火力发电厂构成

燃煤发电厂由煤场及卸煤设备、输煤设备、锅炉及其辅助设备、汽轮机及其辅助设备、汽轮发电机及其辅助设备、配电设备、化学水处理设备等构成。其中，锅炉、汽轮机、发电机称为火力发电厂三大主机。表 4-5 列出了燃煤电厂的主要构成及作用。

表 4-5　燃煤电厂的构成

主要系统	设备构成	作用	备注
煤场及卸煤、输煤设备	煤场	将煤存放起来	
	卸煤设备	把运输工具上的煤卸至煤场	
	输煤设备	把煤从煤场输送到锅炉煤仓间的煤斗中	输煤设备一般为皮带输送机
锅炉及其辅助设备	锅炉	通过燃料燃烧，把水变成过热蒸汽	
	制粉设备	把原煤磨制成煤粉，以利于煤的充分燃烧	包括给煤机、磨煤机、煤粉分离器、排粉机等

续表

主要系统	设备构成	作用	备注
锅炉及其辅助设备	送风机	向锅炉供给燃煤时所需的空气	
	引风机	把燃烧后产生的烟气排出锅炉	
	除灰设备	把煤中不可燃烧的残物排出锅炉	除灰设备包括碎渣机、灰渣泵、除尘器等
汽轮机及辅助设备	汽轮机	以蒸汽为原动力，把蒸汽的热能转变为机械能	
	凝汽器	把在汽轮机中做完功的蒸汽凝结成水	
	加热器	利用汽轮机的抽汽加热凝结水及锅炉给水	
	除氧器	汇集疏水及除去水中的氧	
	给水泵	将除氧器中的水经高压加热器送入锅炉	
	凝结水泵	把凝结水经低压加热器送入除氧器	
	循环水泵	把循环水送入凝汽器中冷却汽轮机排出的乏汽	
汽轮发电机及输、配电设备	汽轮发电机	通过汽轮机拖动发电机的转子旋转，将汽轮机输出的机械能转变为电能	
	输配电设备	将发电机发出的三相交流电送入电力系统或地区用户	由变压器、断路器、隔离开关、导线、杆塔等组成
水处理系统	化学水处理设备	为锅炉提供纯净的除盐软化水	
一次风系统	输煤系统	主要是干燥和输送煤粉，包括制粉系统的干燥通风和磨煤通风	
烟气脱硫系统	排烟系统	主要功能是除去烟气中二氧化硫气体，以避免烟气排放造成环境污染，脱硫方法为石灰石湿式脱硫工艺，生成副产品为石膏	
烟气脱硝系统	排烟系统	主要功能是除去烟气中的氮类氧化物，以避免烟气中的氮类氧化物进入大气后与空气中的水蒸气反应生成硝酸类物质，从而形成酸雨	

（一）锅炉及辅助设备

1. 锅炉简介

锅炉是指利用燃料（固体燃料、液体燃料和气体燃料）燃烧释放的化学能转换成热能，且向外输出蒸汽的换热设备。目前，以煤炭为燃料的火力发电仍是我国主要的发电形式。锅炉是火力发电厂的三大主机之一，其作用是利用燃料在炉膛内燃烧释放的热能加热锅炉给水，生产足够数量的、达到规定参数和品质的过热蒸汽，推动汽轮机旋转做功，进而带动发电机发电输出电能。

煤粉锅炉是以10～100μm细小颗粒的煤粉为燃料的锅炉，由于细小颗粒煤粉具有着火容易、燃尽度高的优势，因此，煤粉锅炉具有燃烧率高、燃料适应性强、便于大型化等方面的优点，现代高参数、大容量火力发电厂发电机组大多采用煤粉锅炉作为其主设备。锅炉的内部示意图见图4-3、表4-6给出了锅炉按不同方法的分类。

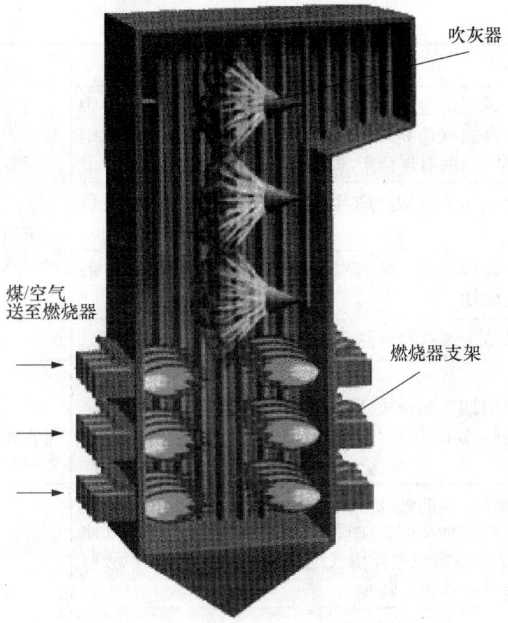

图 4-3　锅炉内部示意

表 4-6　　锅 炉 的 分 类

分类方式	分 类 名 称
燃烧方式	室燃炉、层燃炉、旋风炉、沸腾炉
燃烧用的燃料	燃油炉、燃气炉、燃煤炉
工质的流动特性	自然循环锅炉、强制循环锅炉、控制循环锅炉、直流锅炉、复合循环锅炉
锅炉的整体布置	π 型结构锅炉、箱型结构锅炉、塔型结构锅炉
锅炉容量	小型锅炉（220t/h 以下）、中型锅炉（220～410t/h）、大型锅炉（670t/h 以上）
蒸汽参数	不同类型锅炉蒸汽参数见表 4-2
燃煤炉的排渣方式	固态排渣炉、液态排渣炉

2. 锅炉构成

锅炉主要包括汽水系统、燃烧系统、制粉系统、通风系统和辅助设备，各部分设备构成、作用如表 4-7 所示。

表 4-7　　锅炉的汽水系统、燃烧系统、制粉系统、通风系统和辅助系统

主要系统	设备构成	作用	备注
汽水系统	汽包	（1）锅炉汽水设备的连接枢纽，一方面汇集省煤器来的给水，并将水分配给下降管，另一方面又汇集水冷壁产生的饱和蒸汽，进行汽水分离并进行水处理，其下部是水、上部是蒸汽。 （2）在负荷变化较快时起缓冲作用，有利于调节和控制锅炉蒸汽参数	汽包与下降管、联箱、水冷壁管等共同组成锅炉的水循环回路
	下降管	（1）布置在锅炉炉膛外，不受热。 （2）用于将汽包内的水送入水冷壁	直流炉不存在下降管

续表

主要系统	设备构成	作用	备注
汽水系统	水冷壁	敷设在炉墙四周，提供主要蒸发受热面，依靠炉膛的高温火焰和烟气辐射传热，使水加热蒸发成饱和蒸汽，同时保护炉墙	（1）可分为单面、双面、膜式三种类型。 （2）水冷壁漏、爆是锅炉常见故障
	过热器	将饱和蒸汽加热成具有一定温度和压力的过热蒸汽	按布置位置和传热方式分为对流式、辐射式、半辐射式
	再热器	将高压缸排出的蒸汽再次加热，然后送往中、低压缸做功	
	调温设备	调节主蒸汽和再热蒸汽温度	
	省煤器	利用烟气热量来加热锅炉给水，降低排烟温度，提高热效率	（1）装在锅炉尾部的垂直烟道中。 （2）按给水加热程度不同，分为非沸腾式和沸腾式。 （3）按制造材料分为钢管式和铸铁式
燃烧系统	炉膛（燃烧室）	煤粉气流的燃烧空间是由四面炉墙和炉顶围成的高大的立体空间，炉膛四周布满了蒸发受热面（水冷壁），有时也敷设墙式过热器和再热器，用以吸收煤粉燃烧放出的热量	燃料在燃烧室内呈悬浮状态燃烧
	喷燃器	把燃料和空气以一定的速度喷入燃烧室，良好混合后迅速、完全的燃烧	装在燃烧室的墙上
	点火装置	用于锅炉启动时点燃主燃烧器的煤粉气流	
	空气预热器	利用锅炉排烟余温来加热燃烧所需空气的热交换设备	（1）装在省煤器后面，锅炉尾部的垂直烟道中。 （2）按供热方式分为对流式和回热式。 （3）按结构分为板式、管式、回旋式
制粉系统	给煤机	根据磨煤机或锅炉负荷的需要来调节给煤量，把原煤均匀地送入磨煤机	
	磨煤机	将原煤干燥并磨成一定粒度的煤粉	
	粗粉分离器	把较粗煤粉从煤粉气流中分离出来，返回磨煤机重新磨制	
	细粉分离器	把煤粉从煤粉气流中分离出来，储存于煤粉仓中	只用于中间储仓式制粉系统
	给粉机	把粉仓中的煤粉按照锅炉燃烧的需要量均匀地拨送到一次风管中	
	输粉机	将同炉或邻炉制粉系统连接起来，从而起到不同制粉系统相互支援的作用	
通风系统	送风机	向炉膛内提供燃烧所需的二次风及磨煤机所需的干燥用风	
	引风机	抽出炉膛内的烟气，并保证炉膛维持规定的负压	
	一次风机	直吹式制粉系统中用来制粉和输送煤粉进入炉膛	
辅助系统	燃料输送设备	将燃料从电厂内的储存场送至锅炉厂房的原煤斗中	包括轮斗机、输煤皮带等
	给水设备	主要向锅炉供应水	包括给水泵、给水管道和阀门等组成
	除尘设备	清除烟气中的飞灰，减少烟气对环境的污染。并将灰渣和细灰，并将其送往灰场	大多采用电除尘器
	脱硝设备	去除燃烧烟气中氮氧化物（NO_x）	主流工艺为选择性催化还原法（SCR）和非选择性催化还原法（SNCR）
	脱硫设备	去除燃烧烟气中硫化物（SO_x）	目前主要采用石灰石-石膏法脱硫技术

3. 直流锅炉

直流锅炉是指靠给水泵压力，使给水顺序通过省煤器、蒸发受热面（水冷壁）、过热器，并全部变为过热水蒸气的锅炉。由于给水在进入锅炉后，水的加热、蒸发和水蒸气的过热，都是在受热面中连续进行的，不需要在加热中途进行汽水分离。因此，它没有自然循环锅炉的汽包。在省煤器受热面、蒸发受热面和过热器受热面之间没有固定的分界点，随锅炉负荷变动而变动。

直流锅炉的主要优点是它可用于一切压力，特别是在临界压力及以上压力范围内广泛应用。由于它没有汽包，因此，加工制造方便，金属消耗量小；水冷壁布置比较自由，不受水循环限制；调节反应快，负荷变化灵活；启、停迅速。最低负荷通常低于汽包锅炉。但对给水品质和自动调节要求高，汽水系统阻力大，给水泵的耗电量较大。

4. 循环流化床锅炉

固体粒子经与气体或液体接触而转变为类似流体状态的过程称为流化。流化床燃烧是指燃料在小颗粒惰性物料与上升空气构成的准恒温流化床内进行的一种燃烧方式，又称沸腾燃烧。具体做法是：空气流经位于炉膛底部的布风装置向上均匀送入料床，当达到临界流化速度时，料床将发生膨胀而开始进入流化状态。流化速度越大，料床膨胀越高，流化状态越明显，床内粒子与气流的混合扰动越强烈，气固两相的分布也越均匀。在此种条件下投入煤屑进行燃烧，由于煤与空气的分散性好，传质、传热迅速而均匀，可保持均匀的床层温度，使床温控制在既不结渣又具有良好的化学反应速度的范围内，如图 4-4 所示。

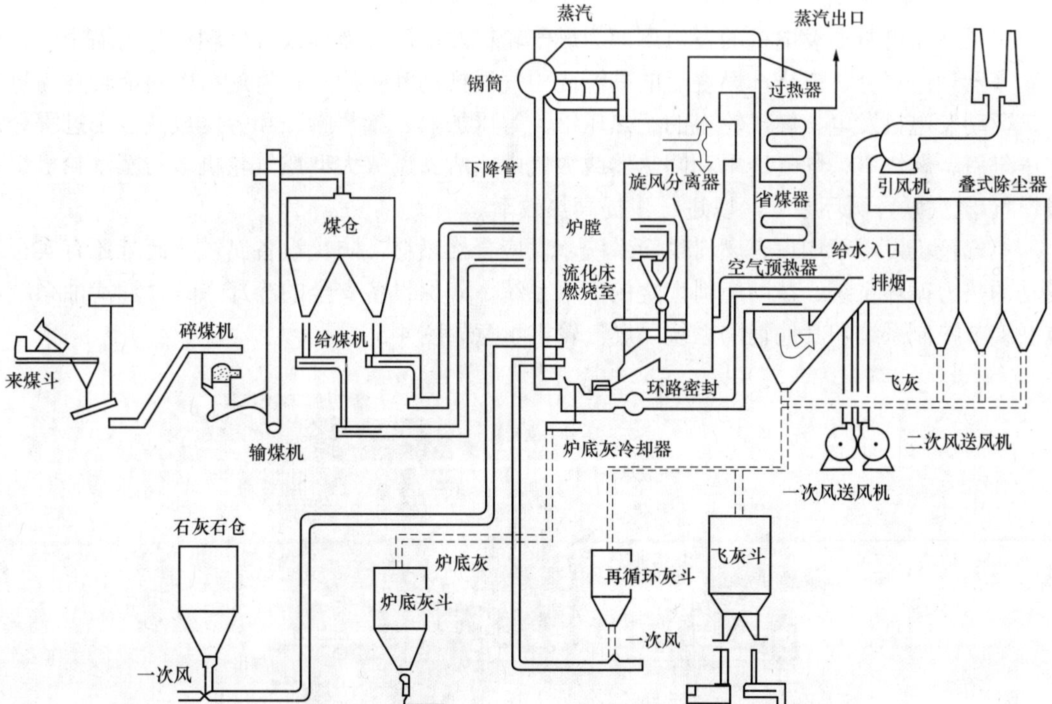

图 4-4　循环流化床锅炉原理图

循环流化床锅炉由两大部分组成，各部分作用如表 4-8 所示。

表 4-8　　循环流化床锅炉的组成及各部件作用

<table>
<tr><th colspan="3">组成</th><th>作　　用</th></tr>
<tr><td rowspan="7">循环流化床锅炉</td><td rowspan="3">固体物料循环回路</td><td>炉膛（流化床燃烧室）</td><td>（1）在燃烧室内完成燃料的燃烧过程、脱硫过程、NO_x 和 NO_2 的生成及分解过程。
（2）燃烧室内布置有受热面，完成大约 50%的燃料释放热量的传递过程</td></tr>
<tr><td>气固分离设备（分离器）</td><td>其形式决定了燃烧系统和锅炉整体布置的形式和紧凑性，它的性能对燃烧室的空气动力特性、传热特性、物料循环、燃烧效率、锅炉出力和蒸汽参数、石灰石的脱硫效率和利用率、负荷的调节范围和锅炉启动所需时间以及散热损失和维修费用等均有重要影响</td></tr>
<tr><td>固体物料再循环设备</td><td>将分流器收集下来的物料送回流化床循环燃烧，并保证流化床内的高温烟气不经过反料装置短路流入分离器</td></tr>
<tr><td rowspan="4">尾部对流烟道</td><td>过热器</td><td>把水冷壁中蒸发的饱和蒸汽加热成为具有一定温度的过热蒸汽。提高蒸汽温度，可使蒸汽在汽轮机中的做功能力提高，从而提高热力循环的效率</td></tr>
<tr><td>再热器</td><td>把做过功的低压蒸汽再进行加热并达到一定温度的蒸汽过热器，再热器的作用进一步提高了电厂循环的热效率，并使汽轮机末级叶片的蒸汽温度控制在允许的范围内</td></tr>
<tr><td>省煤器</td><td>在锅炉尾部烟道中将锅炉给水加热成汽包压力下的饱和水的受热面，由于它吸收的是比较低温的烟气，降低了烟气的排烟温度，节省了能源，提高了效率，所以称之为省煤器</td></tr>
<tr><td>空气预热器</td><td>是锅炉尾部烟道中的烟气通过内部的散热片将进入锅炉前的空气预热到一定温度的受热面。用于提高锅炉的热交换性能，降低能量消耗</td></tr>
</table>

5. 燃气轮机发电

用燃气轮机驱动发电机的发电厂即为燃气轮机发电厂。液体或气体燃料与压缩空气在燃烧室（器）内混合、燃烧，燃烧后的高温高压气流推动叶轮旋转，将燃料的热能转变为机械能，驱动发电机发电。燃气轮机的绝热压缩、等压加热、绝热膨胀和等压放热四个过程分别在压气室、燃烧室、燃气透平和回热器或大气中完成。近代大型燃气轮机多与蒸汽轮机组合成燃气-蒸汽联合循环装置，以进一步提高热效率。

燃气轮机发电厂均设有燃料供应系统，供应合格燃料，防止设备腐蚀。此外还有实行热变功的热力循环系统、帮助燃料燃烧的空气系统、确保设备安全的冷却系统、润滑油系统，以及调节控制系统和其他辅助系统。燃气轮机示意如图 4-5 所示。

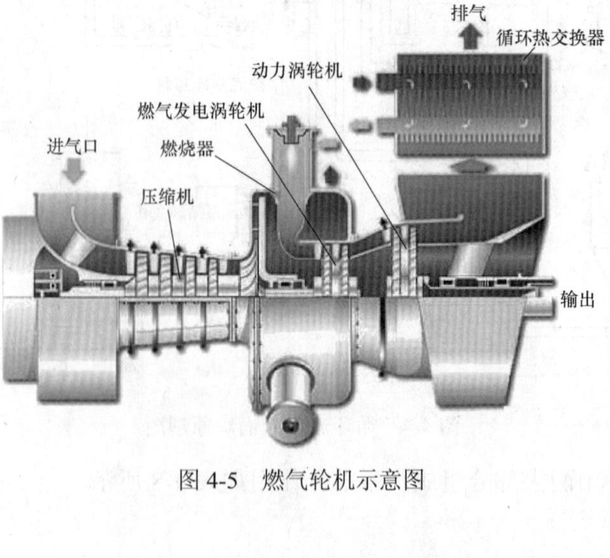

图 4-5　燃气轮机示意图

把燃气轮机循环和蒸汽轮机循环以一定方式组合成一个整体的热力循环称为燃气-蒸汽联合循环。燃气-蒸汽联合循环装置既有燃气轮机的高温加热，又有汽轮机的低温放热，把两者的优点结合起来，有较高的热效率，目前最高已超过50%（燃气或燃油）。

按燃料品种联合循环分为燃油、燃气、燃煤和核燃料几种。燃油、燃气的联合循环装置近年得到很大发展。核燃料的联合循环尚处于研究阶段，燃煤联合循环装置近年有较快发展，已进入工业试验。

（二）汽轮机及辅助设备

1. 汽轮机简介

汽轮机是将蒸汽的能量转换成为机械能的旋转式动力机械，又称蒸汽透平。汽轮机主要用作发电用的原动机，也可直接驱动各种泵、风机、压缩机和船舶螺旋桨等。

汽轮机本体是完成蒸汽热能转换为机械能的汽轮机组的基本部分，即汽轮机本身。它与回热加热系统、调节保安系统、油系统、凝汽系统以及其他辅助设备共同组成汽轮机组。汽轮机本体由固定部分（静子）和转动部分（转子）组成。固定部分包括汽缸、隔板、喷嘴、汽封、紧固件和轴承等。转动部分包括主轴、叶轮或轮鼓、叶片和联轴器等。固定部分的喷嘴、隔板与转动部分的叶轮、叶片组成蒸汽热能转换为机械能的通流部分。汽缸是约束高压蒸汽不得外泄的外壳。汽轮机本体还设有汽封系统。来自锅炉的蒸汽进入汽轮机后，依次经过一系列环形配置的喷嘴和动叶，将蒸汽的热能转化为汽轮机转子旋转的机械能。表4-9给出了按不同方式汽轮机分类情况。汽轮机如图4-6所示。

表4-9　　汽轮机的分类

分类方式	类型	说明
按工作原理分类	冲动式汽轮机	冲动作用原理工作的汽轮机
	反动式汽轮机	按反动作用原理工作的汽轮机
	冲动反动联合式汽轮机	由冲动级和反动级联合组成的汽轮机
按热力特性分类	凝汽式汽轮机	蒸汽在汽轮机内做完功后，除少量漏气外，全部排入凝汽器
	背压式汽轮机	蒸汽在汽轮机内做完功后，高于大气压力排出，排汽可以供给其他热力用户
	调整抽汽式汽轮机	汽轮机中做过功的部分蒸汽在一种或两种压力下，从汽轮机内抽出，供给工业用户或采暖用热，而其余蒸汽进入凝汽器
	中间再热式汽轮机	新蒸汽在汽轮机前若干级做功后，引至锅炉内再次加热到某一温度，然后回到汽轮机继续膨胀做功
按气流方向分类	轴流式汽轮机	蒸汽流动的总体方向大致与轴平行
	辐流式汽轮机	蒸汽流动的总体方向大致垂直于转轴
	周流式汽轮机	蒸汽大致沿轮周方向流动
按蒸汽参数分类	低压汽轮机	主蒸汽压力为1.176～1.47MPa
	中压汽轮机	主蒸汽压力为1.96 ～3.92MPa
	高压汽轮机	主蒸汽压力为5.88～9.8MPa
	超高压汽轮机	主蒸汽压力为11.76～13.72MPa

续表

分类方式	类型	说　明
按蒸汽参数分类	亚临界汽轮机	主蒸汽压力为15.68～17.64MPa
	超临界汽轮机	主蒸汽压力超过22.15MPa
	超超临界汽轮机	主蒸汽压力为25～35MPa及以上

图4-6　汽轮机

2. 汽轮机原理

汽轮机中蒸汽的动能到机械能的转变都是通过冲动作用原理或反动作用原理来实现的。

（1）冲动式。蒸汽在喷嘴上发生膨胀、压力降低、速度增加，蒸汽的热能转换为动能，高速汽流冲击汽轮机转子叶片，这时蒸汽的速度发生改变，就会有一个冲动力作用转子叶片，使其运动，称为冲动作用原理。冲动作用原理是蒸汽仅把从喷嘴中获得的动能转变为机械能，不涉及在动叶通道中膨胀。

（2）反动式。蒸汽在喷嘴中产生膨胀、压力降低、速度增加，汽流进入动叶后，一方面由于速度方向的改变而产生冲动力，另一方面蒸汽同时在动叶中继续膨胀，压力降低，汽流加速度产生一个反动力，动叶侧在这两种力的合力下推动转子转动，称为反动作用原理。

3. 汽轮机的分类与结构

汽轮机主要包括静止部分、转动部分和辅助设备，各部分设备构成、作用如表4-10及图4-7所示。

表4-10　　汽轮机的结构

主要部分	设备构成	作用	备注
汽轮机的静止部分	汽缸	汽缸是汽轮机的外壳，其质量大、形态复杂，是处于高温高压下工作的一个部件	
	喷嘴弧	根据调节阀个数成组布置的喷嘴称为喷嘴弧	喷嘴弧可以调节配汽方式，是汽轮机通流部分承受汽温最高的部件
	隔板	用以固定汽轮机各级的静叶片和阻止级间漏气，并将汽轮机通流部分分隔成若干个级	

续表

主要部分	设备构成	作用	备注
汽轮机的静止部分	轴承	轴承分支持轴承和推力轴承两种类型，用来承接转子的全部重量，并且确定转子在汽轮机中的位置	汽轮机的轴承都采用液体摩擦的轴瓦式滑动轴承
汽轮机的转动部分	转子	转子是汽轮机最重要的部件之一，蒸汽的动能通过转子转变为机械能并传递给发电机	汽轮机转子分为轮式和鼓式两种类型
	主轴	汽轮机带动发电机转动的大轴	
	动叶、叶轮	轮式转子具有装置动叶片的叶轮。鼓式转子则没有叶轮，动叶片直接装在转鼓上	冲动式汽轮机都采用轮式结构
辅助系统	凝汽设备	将汽轮机的排汽凝结成水，并除去水中部分氧气	
	旁路系统及设备	使高参数蒸汽不进入相应汽缸做功，经过降温降压后，至低一级参数的蒸汽管道或凝汽器去的连接系统	它是主蒸汽管道系统的一部分，用以方便机组启、停、事故处理
	主凝结水管道系统	凝结水泵的作用是将凝汽器中的凝结水升压经轴封冷却器、疏水冷却器、低压加热器打入除氧器	从凝汽器到除氧器的全部管道系统称之为主凝结水管道系统
	给水管道系统和设备	从除氧器给水箱经给水泵、抽汽冷却器、高压加热器到锅炉给水操作台的全部管道系统称为给水管道系统	
	除氧器	除去凝结水与补水中的氧，并加热凝结水、汇集各种疏水	
	汽轮机供油系统设备	（1）减少轴承接触表面的摩擦，并降低轴承温度。 （2）保证调节系统和保护装置的正常工作。 （3）供给各种传动机构的润滑用油	供油系统的主要设备有油箱、油泵、射油器、冷油器等
	盘车装置	使汽轮机启机前和停机后保证转子以一定的转速旋转，避免热弯曲和永久弯曲	
	汽轮机的轴封	指转子穿过汽缸两端处的汽封	

大多数汽轮机在升速过程中，存在共振现象，当转速达到某一数值时，机组发生强烈振动，越过这一转速，振动便迅速减弱。应注意尽快通过这个临界转速区，避免机组振动对汽轮机设备的损坏。

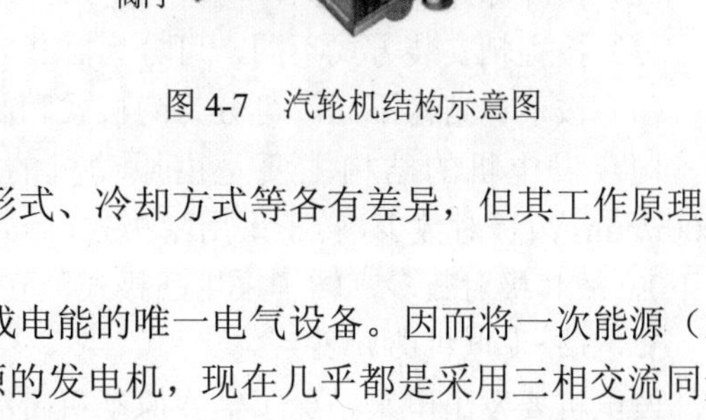

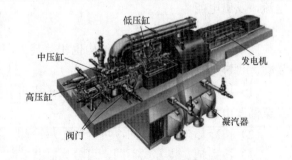

图 4-7　汽轮机结构示意图

（三）发电机

目前，在电力系统中，几乎所有的发电机，如汽轮发电机、水轮发电机、核发电机、燃汽轮发电机及太阳能发电机等都属同步发电机。尽管其容量大小、原动机类型、构造形式、冷却方式等各有差异，但其工作原理是相同的。发电机结构如图 4-8 所示。

在发电厂中，同步发电机是将机械能转变成电能的唯一电气设备。因而将一次能源（水力、煤、油、风力、原子能等）转换为二次能源的发电机，现在几乎都是采用三相交流同步发电机。在发电厂中的交流同步发电机，电枢是静止的，磁极由原动机拖动旋转。其励磁方式为发电机的励磁线圈 FLQ（即转子绕组）由同轴的并激直流励磁机经电刷及滑环来供电。同步发电机由定子（固定部分）和转子（转动部分）两部分组成。定子由定子铁芯、定子绕组、机座、端盖、风道等组成。定子铁芯和绕组是磁和电通过的部分，其他部分起着固定、支持和冷却的作用。转子由转子本体、护环、心环、转子绕组、滑环、同轴激磁机电枢组成。

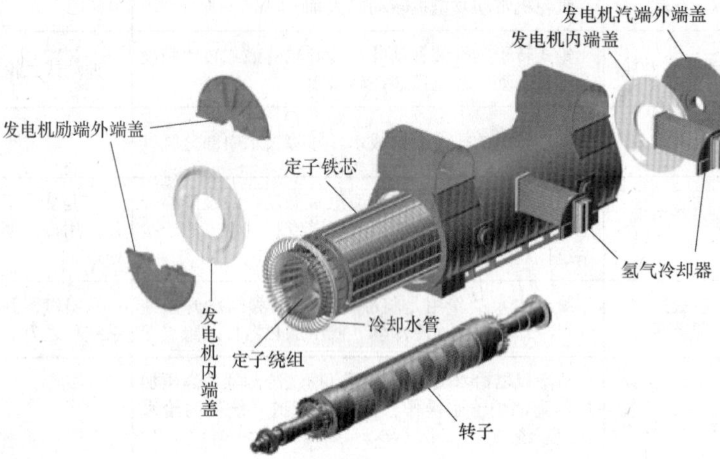

图 4-8　发电机结构示意图

1. 同步发电机的基本构造和工作原理

同步发电机是利用电磁感应原理将机械能转换成电能的设备，同步发电机可分为定子和转子两大部分，定子部分主要由定子铁芯和绕组组成，分为 A、B、C 三相，均匀地分布在定于槽中；转子部分由转子铁芯和绕组组成，绕组通以直流电，建立发电机的磁场。当转子由原动机（如汽轮机）带动旋转时，产生一旋转磁场，定子绕组（导线）切割了转子磁场的磁力线，就在定子绕组上感应出电动势，当定于绕组接通用电设备时，定于绕组中即产生三相电流，发出电能。

2. 同步发电机的分类

同步发电机因用途不同，结构也相差甚大，一般可按其原动机的类别、本体结构特点、安装方式等进行分类。

（1）按原动机的类别不同，同步发电机可分为汽轮发电机、水轮发电机、燃汽轮发电机及柴油发电机等。

（2）按冷却介质的不同，可分为空气冷却、氢气冷却和水冷却等。

（3）按主轴安装方式不同，可分为卧式安装和立式安装等。

（4）按本体结构不同，可分为隐极式和凸板式、旋转电枢式和旋转磁极式等。

同步发电机的结构主要是由原动机的特性决定的。如汽轮发电机，由于转速高达 3000r/min，故极对数少，转子采用隐极式，卧式安装；水轮发电机由于转速低（一般在 500r/min 以下），故其极对数多，转子采用凸极式，立式安装。

3. 汽轮发电机的励磁系统

发电机要发出电来，除了需要原动机带动其旋转外，还需给转子绕组输入直流电流（称为励磁电流），建立旋转磁场。供给励磁电流的电路称为励磁系统，包括励磁机、励磁调节器及控制装置等。

励磁系统由两个基本部分组成，即励磁功率单元和励磁调节器。励磁功率单元包括交流电源及整流装置，它向发电机的励磁绕组提供直流励磁电流；励磁调节器（AVR）是根据发电机发出的电流、电压情况，自动调节励磁功率单元的励磁电流的大小，以满足系统运行的需要。

励磁控制系统指励磁系统及其控制对象——发电机共同组成的闭环反馈控制系统。励磁控制系统原理如图 4-9 所示。

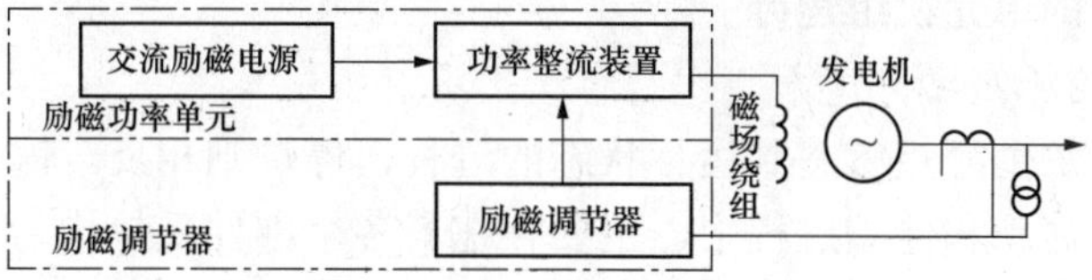

图 4-9 励磁控制系统原理框图

4. 发电机的运行与控制

（1）发电机的启动。发电机由停机状态（检修后或新安装）投入运行，需按规程进行一系列试验及启动前的准备工作，待发电机逐渐升速至额定转速 3000r/min。

（2）发电机的并列。现代电力网是由多座发电厂、多台发电机并列运行的大电网方式，省级电网、跨省的区域网，甚至跨国电力网已取得十分成熟的运行经验。多台发电机并列运行的大电网方式对提高电能的质量、供电的可靠性、系统的稳定性以及经济性等都有着重大意义。同时，电网的规模也是一个国家现代科学技术水平和经济发达的标志。

发电机的并列运行又称为同步运行，就是各发电机的转子以相同的电角速度一齐旋转，而电角度差不超过允许值的运行状态。将发电机与发电机、发电机与系统进行同步运行的操作称为同步并列（俗称并网）。

发电机常用的同步并列方法有两种：准同步并列法和自同步并列法。此外，还有异步启动和非同步合闸法（事故情况下用）。

（3）发电机的负荷调整。

1）有功负荷的调整：发电机在运行中对有功负荷的调整是通过汽轮机的调速系统进行的，当需增加有功负荷时，就加大进汽量；当需减小有功负荷时，就减小进汽量，以保持发电与负荷的平衡，维持发电机的转速恒定。

2）无功负荷的调整：发电机在运行中对无功负荷的调整是通过改变发电机励磁电流来实现的。通常利用自动电压调节器（简称调节器）自动调节，也可手动调节。

功率因数（$\cos\varphi$）是电能质量和经济运行的重要指标。当有功负荷不变而调整无功负荷时，功率因数即改变，无功负荷减少时，功率因数增加；无功负荷增加时，功率因数下降。发电机的功率因数一般应限在 0.95 以内，否则易进相运行，若发现进相运行，应增大励磁电流；若此时定子电流过大，则减少有功功率，否则将引起发电机振荡或失步。

（4）同步发电机的调相运行。同步发电机空载运行时，从电网吸收有功功率（即发电机变为电动机）以维持同步旋转。此时加大励磁（过励运行），则向电网送感性无功功率；欠励运行时，则吸收电网中的感性无功，发电机变成了调相机（或称同步补偿机）。

当输电线路很长时，线路本身具有电容，当终端负荷变化时要维持端电压不波动是很困难的。因此，接上同步补偿机，通过调节其励磁电流，可以控制功率因数，保持电网电压恒定。

（5）发电机的解列与停机。发电机要解列时，应先将所带厂用电转至备用电源，然后再将发电机所带的有功负荷和无功负荷转移到其他并列机组上去，并在有功负荷降至零时，断开发电机断路器，将发电机解列。

当跳开发电机断路器解列后，如果发电机需停下来，应再跳开灭磁开关，并通知汽轮机值班员减速停机。停机后拉开发电机出线隔离开关。

四、火力发电厂的单元机组运行

（一）锅炉和汽轮机启动

锅炉启动是指锅炉由静止状态到运行状态的过程，停炉则相反。锅炉启动分为冷态启动和热态启动。锅炉在启动和停炉过程中，主要存在着各个部件受热均匀性、启停时间、稳定燃烧及热量和工质回收等方面的问题。

汽轮机的启动是指汽轮机转子从静止状态升速至额定转速，并将负荷加到额定负荷的过程。在启动过程中，汽轮机各部件的金属温度将发生十分剧烈的变化，从冷态或温度较低的状态加热到对应负荷下运行的高温工作状态，故启动过程实质上是对汽轮机各金属部件的加热过程。

汽轮机启动速度受以下因素制约：

（1）汽轮机零部件的热应力和热疲劳。

（2）转子和汽缸的胀差。

（3）各主要部件的热变形。

（4）机组振动。

（二）单元机组的启动

单元机组的启动是指从锅炉点火、升温升压、暖管，到锅炉出口蒸汽参数达到一定值时，开始对汽轮机冲转，然后将汽轮机转子由静止状态加速到额定转速，最后发电机并网带初负荷直至逐步加到额定负荷的全过程。

根据启动采用的新蒸汽参数不同分为两类：

1. 额定参数启动

在启动过程中，电动主汽门前的新蒸汽参数始终保持额定值不变的启动方式称额定参数启动。这种启动方式启动时间长、节流损失大、热应力大。一般用于母管制机组。

2. 滑参数启动

在启动过程中，电动主汽门前的新蒸汽参数随机组转速和负荷的变化而滑升的启动方式称滑参数启动。

这种启动方式汽轮机可以充分利用锅炉启动过程中产生的蒸汽进行能量转换，热能和汽水损失较小，经济性好；此外，启动时蒸汽流量大，使汽缸和转子受热均匀；可以在保证安全的前提下，加快启动速度，缩短启动时间，被大容量机组广泛采用。

滑参数启动又可分为真空法和压力法两种：

（1）真空法启动。启动时锅炉至汽轮机之间的蒸汽管道上的所有阀门全部打开。启动抽气器，使整台汽轮机和锅炉汽包都处于真空状态。锅炉点火后，产生的蒸汽冲动转子，转子的转速随蒸汽参数的逐渐升高而滑升，使汽轮机带负荷，全部的启动过程都由锅炉控制。此种方式操作简单，但锅炉控制不当时，可能使过热器内的积水和新蒸汽管道内的疏水进入汽轮机，造成水冲击事故。此外，真空法启动时，真空系统庞大，抽真空时间长，且汽轮机的转速不易控制，故目前很少采用。

（2）压力法滑参数启动。汽轮机冲转时，主汽门前的蒸汽具有一定的压力和一定的过热度（启动参数一般为0.8～1.5MPa、220～250℃）。在升速过程和低负荷时采用逐渐开大调节汽门的方法增加进汽量，直至调节汽门全开（或留一个未开）后，保持开度不变。此后增加锅炉负荷，使汽轮机负荷随蒸汽参数的增加而滑增，当主蒸汽参数升至额定值时汽轮机功率也达到额定值。

（三）单元机组的功率调节方式

1. 以锅炉为基础的运行方式

在这种方式下，锅炉通过改变燃烧率以调节机组负荷，而汽轮机则是通过改变调速汽门开度以控制主蒸汽压力。当负荷要求改变时，由锅炉的自动控制系统，根据负荷指令来改变锅炉的燃烧率及其他调节量，待汽压改变后由汽轮机的自动控制系统去改变调速汽门开度，以保持汽轮机前的汽压为设定值，同时改变汽轮发电机的输出功率。汽轮机跟随控制方式的运行特点是当负荷要求改变时，汽压的动态偏差小而功率的响应慢。

2. 以汽轮机为基础的运行方式

在这种方式下，锅炉通过改变燃烧率调节主蒸汽压力，而汽轮机则以改变调速汽门开度调节机组负荷。当负荷要求改变时，由汽轮机的自动控制系统根据负荷指令改变调速汽门开度，以改变汽轮发电机的输出功率。此时，汽轮机前的蒸汽压力改变，于是锅炉的自动控制系统跟着动作，去改变锅炉的燃烧率及其他调节量（如给水量、喷水量等），以保持汽轮机前的汽压为设定值。这种控制方式的运行特点是当负荷要求改变时，功率的响应快而汽轮机前汽压的动态偏差大。

3. 功率控制方式

这种方式是以汽轮机为基础的协调控制方式，汽轮机、锅炉作为一个整体联合控制机组的负荷及主蒸汽压力，也称为机炉整体控制方式。当负荷要求改变时，根据负荷指令和机组实际输出功率之间的偏差，以及汽轮机主汽门前汽压与其设定值之间的偏差，使锅炉与汽轮机的自动控制系统协调地实时改变汽轮机的调速汽门开度和锅炉的燃烧率（和其他调节量），使汽轮机前汽压的动态偏差较小而功率响应较快。近来参加电网调频的大型火力发电机组大都采用这种控制方式。

大型单元机组升降负荷的速率受锅炉和汽轮机两方面的影响。为了免除锅炉汽包和受热面由于温差过大产生过大热应力而引起设备发生弯曲、变形，汽包和受热面的温升不能过快，一般控制在 1.5～2℃/min，所以要严格控制升温速度，同时应根据本炉的升压曲线严格控制升压速度，汽轮机主要受气缸上下缸温差、气缸内外表面温差、气缸与汽轮机转子的相对膨胀、气缸体的绝对膨胀，法兰及螺栓的温差等因素的影响而限制升负荷速率，一般大中型机组升负荷速率控制在（1%～1.5%）/min。目前，新型全计算机控制机组，升负荷速率由热应力计算模块严格控制，以确保机组安全。

第二节 水力发电厂运行

培训目标

本节介绍了水力发电的概念、特点和水力发电厂的分类。通过对水力发电厂主要水工建筑物和设备的介绍，了解常规水电厂、抽水蓄能电厂的发电原理及运行特点。

水力发电厂将水能转换成电能，由一系列建筑物和设备组成，建筑物用来集中天然水能的落差，形成水头，并利用水库汇集、调节天然水流的流量。水力发电厂的基本设备是水轮发电机组。水流通过引水建筑物进入水轮机，推动水轮机转动将水能变成机械能，再带动发电机转动，将机械能转换成电能。除发电外，水电厂拥有多种电网效益（备用、调峰、调压、调频）和多种社会效益（比如防洪、灌溉、航运、养殖、旅游等）。

一、常规水电厂

（一）水力发电厂分类

水力发电厂分类如表 4-11 所示。

表 4-11 水力发电厂分类

水力发电厂分类			特点
按集中落差不同分类	堤坝式	坝后式（见图 4-10）	堤坝集中水流落差，厂房设在堤坝下游坝处，不承受上游水的压力
		河床式（见图 4-11）	适宜于建筑在河床宽阔、落差小、流量大的平原河道上，厂房与堤坝一同起挡水作用
		岸边式	厂房设在大坝下游的岸边，发电水流通过隧洞或埋管流入厂房
	引水式		在河道坡度陡峻或急拐弯的山区河道，通过修引水工程将水流落差集中用来发电，此类水电厂又分有压引水式电厂和无压引水式电厂
	混合式		发电落差一部分靠大坝蓄水提高水位，获得落差，一部分利用地形修建引水工程集中落差
按水库调节能力分类	径流式		没有调节水库，上游来多少水发多少电，发电能力随季节水量变化，丰水期要大量弃水
	日调节式		有水库蓄水，但库容较小，只能将一天的来水蓄存起来用在当天要求发电的时候
	周调节式		将周休日的来水积存起来，平均在本周的工作日使用
	年调节式		把丰水年多余的水量积存起来在枯水月份使用
	多年调节式		库容更大，能把丰水年多余的水量积存起来在枯水年使用
按发电水头分类	高水头		水头在 70m 以上的电厂
	中水头		水头在 70～30m 的电厂
	低水头		水头在 30m 以下的电厂
按装机容量分类	大型		装机容量大于 75 万 kW 为大（Ⅰ）型水力发电厂，装机容量为 75 万～25 万 kW 为大（Ⅱ）型水力发电厂
	中型		装机容量为 25 万～2.5 万 kW 为中型水力发电厂
	小型		装机容量为 2.5 万～0.05 万 kW 为小（Ⅰ）型水力发电厂，装机容量小于 0.05 万 kW 为小（Ⅱ）型水力发电厂

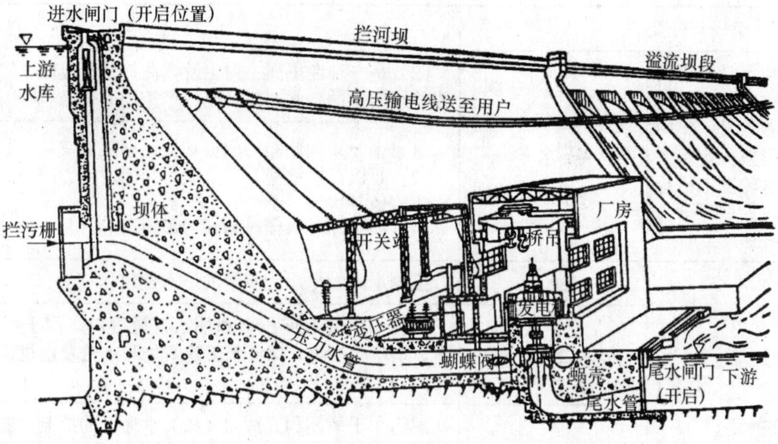

图 4-10　坝后式水力发电厂示意图

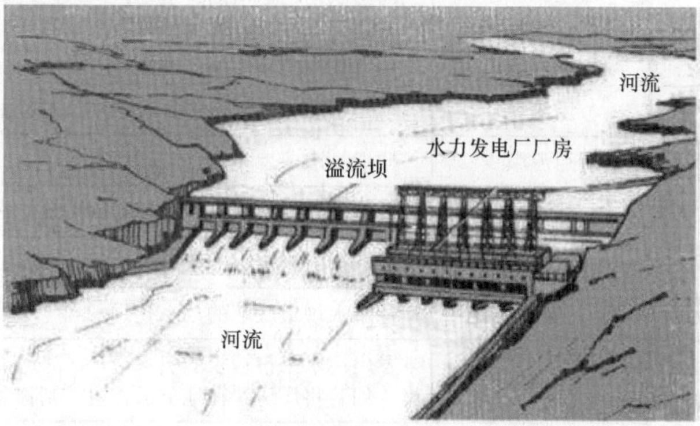

图 4-11　河床式水力发电厂示意图

（二）水力发电厂构成

水力发电厂由水工建筑物、水轮发电机组以及变电站和送电设备组成，如表 4-12 所示。

表 4-12　　水力发电厂的组成

<table>
<tr><th colspan="3">组成与分类</th><th>特点及作用</th></tr>
<tr><td rowspan="5">大坝又称拦河坝，是水力发电厂的主要建筑物，作用是挡水提高水位，积蓄水量，集中上游河段的落差形成一定水头和库容的水库，水轮发电机组从水库取水发电。大坝可分为混凝土坝和土石坝两大类</td><td rowspan="3">土石坝</td><td>土坝</td><td>利用当地土料和砂、砂砾、卵砾、石碴、石料等筑成的坝</td></tr>
<tr><td>堆石坝</td><td>主体用石料填筑，配以防渗体建成的坝。它是土石坝的一种。这种坝的优点是可充分利用当地天然材料，能适应不同的地质条件，施工方法比较简便，抗震性能好等。其不足是一般需在坝外设置施工导流和泄洪建筑物</td></tr>
<tr><td>土石坝</td><td>由当地土料、石料或混合料，经过抛填、辗压等方法堆筑成的挡水坝</td></tr>
<tr><td rowspan="2">混凝土坝</td><td>重力坝</td><td>重力坝是由混凝土或浆砌石修筑的大体积挡水建筑物</td></tr>
<tr><td>拱坝</td><td>（1）拱坝是一种建筑在峡谷中的拦水坝，做成水平拱形，凸边面向上游，两端紧贴着峡谷壁。</td></tr>
</table>

续表

组成与分类			特点及作用
大坝又称拦河坝，是水力发电厂的主要建筑物，作用是挡水提高水位，积蓄水量，集中上游河段的落差形成一定水头和库容的水库，水轮发电机组从水库取水发电。大坝可分为混凝土坝和土石坝两大类	混凝土坝	拱坝	（2）是一种在平面上向上游弯曲、呈曲线形、能把一部分水平荷载传给两岸的挡水建筑，是一个空间壳体结构
		支墩坝	（1）由一系列倾斜的面板和支承面板的支墩（扶壁）组成的坝。 （2）面板直接承受上游水压力和泥沙压力等荷载，通过支墩将荷载传给地基。 （3）面板和支墩连成整体或用缝分开
引水建筑物	进水口		控制水力发电厂进水量的进水建筑物
	拦污栅		设在引水隧洞或压力和抽水管道进口，用于拦阻水流挟带的杂木、杂草等污物，保证水工建筑物和水轮发电机或水泵安全运行的结构
	闸门		闸门用于关闭和开放泄（放）水通道的控制设施。水工建筑物的重要组成部分，可用以拦截水流、控制水位、调节流量、排放泥沙和飘浮物等
	输水建筑物		向用水部门送水的建筑物。输水建筑物包括引（供）水隧洞、输水管道、渠道、渡槽及涵洞等，是灌溉、水力发电、城镇供水、排水及环保等工程中的重要组成部分
泄水建筑物	溢洪坝		坝顶可泄洪的坝，也称滚水坝，一般由混凝土或浆砌石筑成
	溢流坝		排泄洪水或者多余水利设施所能存储的水量的坝体
	泄水闸		用以排放多余水量、泥沙和冰凌等的水闸
	泄洪隧道		用以排放洪水、多余水量、泥沙和冰凌等的泄水隧道
	底孔		位于大坝最底端的泄水孔洞
厂房	引水式厂房		发电用水来自较长的引水道，厂房远离挡水建筑物，一般位于河岸。如若将厂房建在地下山体内，则称为地下厂房
	坝后式厂房		厂房位于拦河坝的下游，紧接坝后，在结构上与大坝用永久缝分开，发电用水由坝内高压管道引入厂，有时为了解决泄水建筑物布置与厂房建筑物布置之间的矛盾，可将厂房布置成以下型式： （1）溢流式厂房。将厂房顶作为溢洪道，成为坝后溢流式厂房。 （2）坝内式厂房。厂房移入溢流坝体空腹内
	河床厂房		厂房位于河床中，成为挡水建筑物的一部分

（三）水轮机原理及分类

1. 水轮机原理

水轮发电机组由水轮机与发电机通过轴相连，水轮机接受水的位能和动能，转换为旋转的机械能驱动发电机发电。水轮发电机主要由定子、转子、推力轴承、机架、冷却系统和励磁系统等组成。定子是产生电能的部件，由绕组、铁芯和机壳组成。转子是产生磁场的转动部件，由支架、轮环和磁极组成。推力轴承是承受竖轴转子（水轮机和发电机）的重量和水轮机轴向推力的部件。大中水轮机一般采用空气冷却，部分采用水冷却。

水轮机组的运行状态可分为稳定工况运行和过渡工况运行。在稳定工况下运行，水轮机的工作参数，如水头 H、流量 Q、转速 n、水轮机轴端力矩 M、轴向力 F、轴功率 P 等都稳定在极小幅度变动的状态下，这是水轮机主要运行状态。水轮机过渡过程分为机组启动过渡过程，机组增、减负荷过渡过程。

水轮机组在运行中常由于机械、水力和电气等方面的原因引起机组和某些部件的振动。强烈的振动影响水轮机组的正常运行、运行机组寿命。由各种不平衡力以及尾水管涡带所引起的振动称为水轮机组的常规振动。水轮机组的异常振动是指由轴系共振、转轮叶片的卡门涡共振、引水管水体共振、水轮机流道中的局部水体共振等原因引起的振动。

与水轮机有关的保护装置有轴承温升保护装置、超速保护装置、油压下降保护装置、调速器保护装置和断水断油保护装置等。与发电机有关的保护装置有定子相间短路保护、定子绕组内部接地保护、失磁保护、励磁电路接地保护等。保护装置的核心是各种继电器。

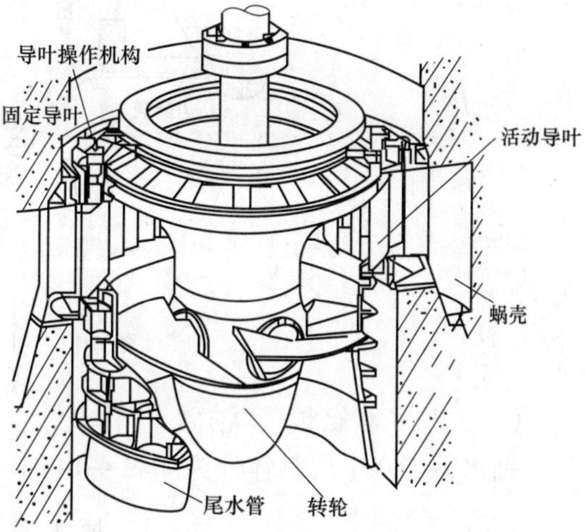

图 4-12　轴流式水轮机

2. 水轮机分类

水轮机的分类见表 4-13。

表 4-13　水轮机的分类

<table>
<tr><th></th><th colspan="3">分类与定义</th><th>特　点</th></tr>
<tr><td rowspan="7">水轮机</td><td rowspan="2">冲击式</td><td rowspan="2">冲击式水轮机的转轮受到水流的冲击而旋转，此射水流的压力不变，转轮将水流的动能转换为旋转的机械能</td><td>切击式</td><td>切击式水轮机转轮圆周布置多种水斗，喷嘴将水的位能变为动能，形成高速水流沿转轮圆周的切线方向射向双 U 形水斗中部，水流在水斗中折转向两侧排出</td></tr>
<tr><td>斜击式</td><td>斜击式水轮机的转轮圆周密布叶片，喷嘴出来的高速水流从转轮一侧倾斜冲击叶片使转轮旋转</td></tr>
<tr><td rowspan="4">反击式</td><td rowspan="4">反击式水轮机的转轮是接受水流的反作用力而旋转，此射水流的位能和动能都在改变，但主要是位能转换为旋转的机械能</td><td>混流式</td><td>又称法兰西斯水轮机，水流从四周径向流入转轮，然后近似轴向流出转轮，转轮由上冠、下环和叶片组成</td></tr>
<tr><td>轴流式</td><td>水流在导叶与转轮之间由径向流动变为轴向流动，而在转轮区内，水流保持轴向流动</td></tr>
<tr><td>斜流式</td><td>斜流式水轮机转轮布置在与主轴同心的圆锥面上，叶片轴线与水轮机主轴中心线形成交角，随水头不同而异</td></tr>
<tr><td>贯流式</td><td>贯流式水轮机的引水部件、转轮、排水部件都在一条轴线上，水流一贯平直通过，故称为贯流式水轮机</td></tr>
</table>

3. 水轮发电机的特点

（1）转速较低，一般均在 750r/min 以下，有的只有几十转每分钟。

（2）由于转速低，故磁极数较多。

（3）结构尺寸和重量都较大。

（4）大、中型水轮发电机一般采用竖轴。

二、抽水蓄能电厂

抽水蓄能电厂又称蓄能式水电厂，如图 4-13 所示，其原理是利用电力负荷低谷时的电能抽水至上水库，在电力负荷高峰期再放水至下水库发电的水力发电厂。

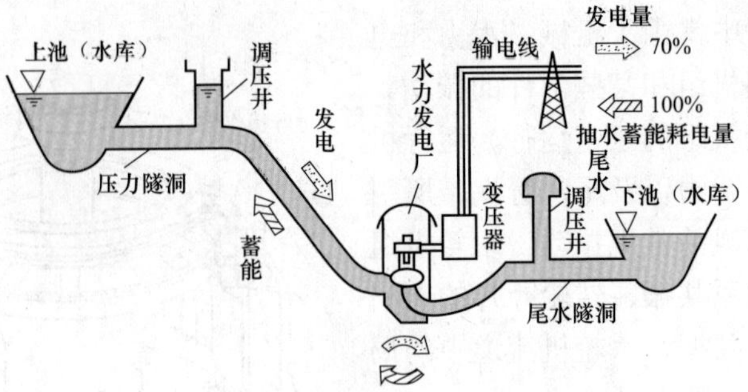

图 4-13　抽水蓄能电厂示意图

（一）抽水蓄能电厂的分类

抽水蓄能水电厂具体分类如表 4-14 所示。

表 4-14　　抽水蓄能电厂分类

分类			特　　点
抽水蓄能水电厂	按有无天然径流分	纯抽水蓄能电厂	没有或只有少量的天然来水进入上水库（以补充蒸发、渗漏损失），在一个周期内，在上、下水库之间往复利用，主要功能是调峰填谷、承担系统事故备用等任务
		混合式抽水蓄能电厂	上水库具有天然径流汇入，来水流量已达到能安装常规水轮发电机组来承担系统的负荷。因而所安装机组，一部分是常规水轮发电机组，另一部分是抽水蓄能机组。主要功能有调峰填谷、承担系统事故备、常规发电和满足综合利用要求等任务
	按水库调节性能分	日调节抽水蓄能电厂	运行周期呈日循环规律。蓄能机组每天顶一次（晚间）或两次（白天和晚上）尖峰负荷，晚峰过后上水库放空、下水库蓄满；继而利用午夜负荷低谷时系统的多余电能抽水，至次日清晨上水库蓄满、下水库被抽空。纯抽水蓄能电厂大多为日设计蓄能电厂
		周调节抽水蓄能电厂	运行周期呈周循环规律。在一周的 5 个工作日中，蓄能机组如同日调节蓄能电站一样工作。但每天的发电用水量大于蓄水量，在工作日结束时上水库放空，在双休日期间由于系统负荷降低，利用多余电能进行大量蓄水，至周一早上上水库蓄满。我国第一个周调节抽水蓄能电厂为福建仙游抽水蓄能电厂
		季调节抽水蓄能电厂	在每年汛期，利用水力发电厂的季节性电能作为抽水能源，将水力发电厂必须溢弃的多余水量，抽到上水库蓄存起来，在枯水季内放水发电，以增补天然径流的不足。这样将原来是汛期的季节性电能转化成了枯水期的保证电能。这类电站绝大多数为混合式抽水蓄能电厂
		四机式	厂内分设两套机组，一套由水泵和电动机组成，供抽水用；另一套由水轮机和发电机组成，供发电用
		三机式	又称串联式机组，由一台水轮机和一台水泵与一台兼作发电机和电动机的电机串联而成。在发电或抽水时，水轮机和水泵分别起着各自的专门作用。这种机组启动及工况切换迅速灵活，但结构复杂，机组和厂房造价较高
		二机式	又称水泵水轮机式机组，由水泵（兼作水轮机）和发电机（兼作电动机）组成。向某一方向旋转时发电，向相反方向旋转时抽水。这种机组机构紧凑，造价较低

纯抽水蓄能电厂示意如图 4-14 所示，混合式抽水蓄能电厂示意如图 4-15 所示。

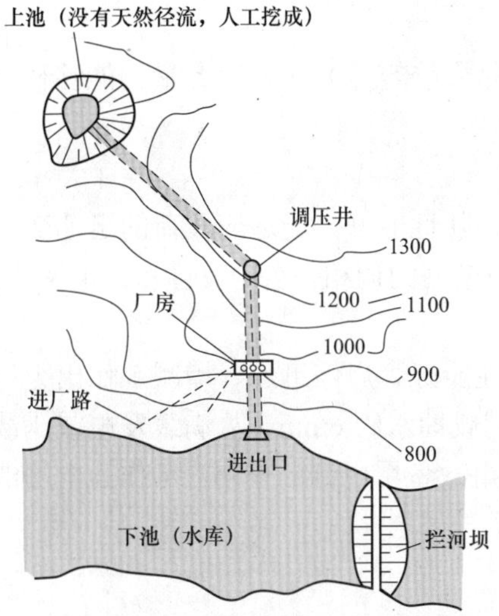

图 4-14　纯抽水蓄能电厂示意图

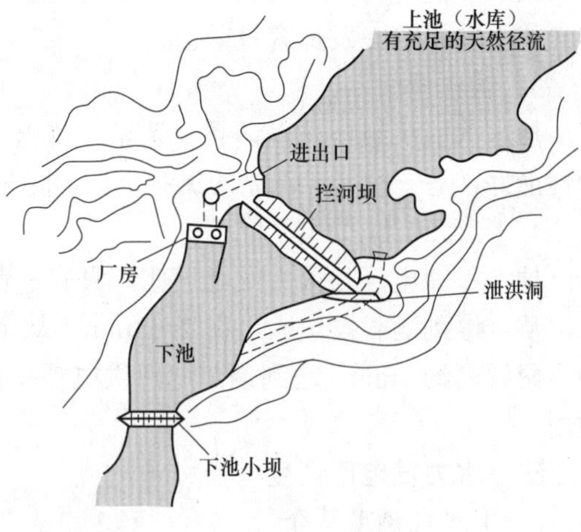

图 4-15　混合式抽水蓄能电厂示意图

（二）抽水蓄能电厂运行工况

抽水蓄能机组具有发电运行（发电工况）、抽水运行（水泵工况）、发电调相运行（发电调相工况）、水泵调相运行（水泵调相工况）四种运行工况。

由于抽水蓄能机组在操作上显示了极大的灵活性，故近年来更多被安排用来做调峰、调频运行，或者在系统中空转，在需要时快速发出所需出力（旋转备用），或者由调度指示或由自动仪表指示按负荷需要随时调整出力（负荷跟踪运行）。这样的操作方式通常称为动力负荷运行方式，其主要特点是机组操作速度快。在负荷高峰时，向电力系统送电，这时它是发电厂。常规水电机组和燃气轮机也是调峰性能较好的电源，但都没有填谷作用，因此，抽水蓄能电厂在系统调峰方面更有优势。

现代的抽水蓄能机组都要能做旋转备用，为节省动力一般使水泵水轮机的转轮在空气中旋转（向水轮机方向或水泵方向旋转），在电网有需要时即可快速带上负荷或投入抽水。旋转备用实际上可以和调相运行结合起来。

在蓄能机组抽水时，如需快速发电可以不通过正常抽水停机而直接转换到发电状态，即在电机和电网解列后利用水流的反冲作用使转轮减速并使之反转，待达到水轮机同步转速时快速并列发电。一般大容量机组都可以用这种方式在 60～90s 时间内由全抽水转换至全发电。

（三）抽水蓄能电厂的作用

1. 削峰填谷

抽水蓄能电厂调峰能力强。利用电网多余电量（汛期、假期或后半夜低电量）把水由下库抽到上库，在系统高峰负荷时发电运行，具有削峰填谷的双重作用，它的填谷作用是其他任何类型发电厂所没有的，是电网最理想电源。调峰功能为常规水电的两倍。相当于它既是发电厂，又是用户。由于抽水蓄能机组既可作电源又可作负荷，电网调度组织功率特别方便简易，可配合核电机组、煤电机组调试期间甩负荷、满负荷振动等各项试验。目前，国内已建的抽水蓄能电厂在各自的电网中都发挥了重要作用，使电网总体燃料得以节省，降低了电网成本，提高了电网的可靠性。

2. 备用容量

抽水蓄能电厂可以有效地担任系统容量（主要是尖峰容量）和备用容量，能够替代一定容量的水电机组，发挥容量效益。

3. 调频调相

抽水蓄能机组还可以调频、调相、调压，调节跟随性能好，能适应负荷的迅速变化，调频性能好，是一种灵活可靠的调频电源。同时可承担电网的调相任务，改善和稳定系统电压。

4. 启动灵活

抽水蓄能电厂与火力发电厂比，具有负荷跟踪性能好、启停迅速、增减工作出力快的优点，从全停到满载发电一遍在2～3min，从全停到满载抽水约6min，从满载发电或满载抽水到电网解列约1min，起到调节电网供电频率及紧急事故备用电源的作用，可作为电网的事故备用。

三、水力发电厂调度

（一）水电调度简介

水电调度要根据所在电力系统的具体情况，发挥水轮机组能够调峰、调频、调相和紧急备用的特点，充分利用水库的水量和水头来满足电力系统安全经济运行的需要。一般在洪水期间应充分利用水量多发电，使全部机组投入满发，承担电力系统的基荷。在水库供水期间，尽量保持水库高水位运行，以保持水轮机的效率，少用水多发电。水电调度要处理好来水与用水、发电与防洪、发电与灌溉、水头与水量等各种矛盾。切忌不管水位高低、不顾来水如何超量发电，造成被动。要根据水文变化情况结合预报，掌握各个时期水库水量，了解各方的用水要求。及时蓄水放水，以求水库的最大综合效益。

水力发电厂调度决策是一个复杂的过程，其复杂性主要包括天然入流的随机性、人为因素的复杂性、决策过程的动态性、水利工程功能的多重性、调度决策的实时性。对于梯级水库，还要考虑空间上，上、下游水库的耦合；时间上，年度、季度、月度和日内等的耦合；以及梯级水库间电力的联系。因此，梯级水电厂约束多，运行方式较单个水电厂更为复杂。

传统水电优化调度的目标函数一般是在满足系统负荷和其他发电要求的条件下，使火电的发电费用最低或火电机组总消耗量最小，水电调度主要作为辅助火电达到最优调度的手段，水电承担系统主要的调峰调频工作。现在随着电力体制的改革，水电优化调度会更多地考虑水电自身的优化。

（二）水电调度方式

1. 防洪调度

运用防洪工程或防洪系统中的设施，有计划地实时安排洪水以达到防洪最优效果。防洪调度的主要目的是减免洪水危害，同时还要适当兼顾其他综合利用要求，对多沙或冰凌河流的防洪调度，还要考虑排沙、防凌要求。

2. 灌溉调度

北方大部分地区气候较为干旱，其区域内河流大多都肩负有灌溉任务，尤其以黄河最为典型。每年4～7月、10～11月为甘肃、宁夏、内蒙古灌区的灌溉用水高峰期。由于宁蒙灌区干旱少雨，灌溉成为发展农业的必要条件。内蒙古以上的沿黄灌区2000多万亩农作物以宁夏、内蒙古为主，灌溉成为该河段的主要综合任务之一。因地形特点的限制，无控制性水利枢纽，综合利用需要上游的龙羊峡和刘家峡等梯级水库承担灌溉期补充水量，提高了黄河下游地区的用水保证率。

3. 防凌调度

凌汛一般发生在北方有封冻期，且流向为由低纬度地区流向高纬度地区河段。在这类河段由于气温上暖下寒，结冰封河溯源而上，而解冻开河时却自上而下，造成开河时上段已解冻开河，大量冰块蜂拥而下，而下段仍处于封河状态，水流不畅，水位壅高，从而产生凌汛，其中黄河中游宁蒙河段属凌汛多发河段，因此，防凌调度也最为典型。为将凌汛灾害降到最小，此类河段不同时期流量都应严格控制，如图 4-16 所示。

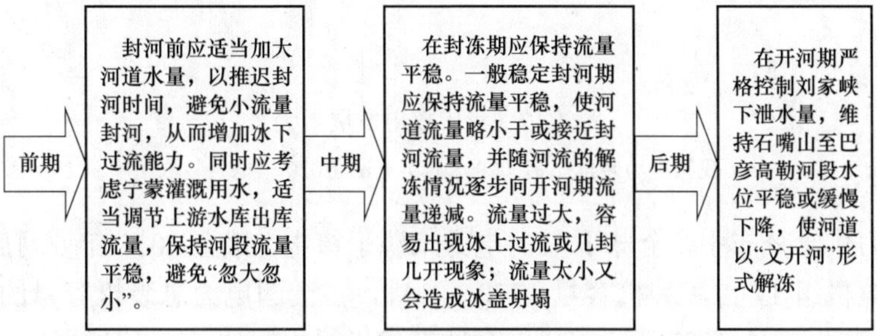

图 4-16　黄河防凌各阶段控制原则

4. 跨流域电力补偿径流调节

跨流域电力补偿径流调节是指在不同流域上参加同一电力系统联合供电的水力发电厂群间，进行相互补偿调节，以提高水力发电厂群的能量效益。通过调度机构统一的跨流域调度，可以充分发挥不同区域、不同流域间水力发电厂的优势，以黄河上游与汉江上游水文特性差异为例，通过统一调度，在安康水库来水丰沛时，实施多发安康水库季节性电能，协调黄河梯级水电，以电网为载体，实现跨流域径流补偿调度，实现了洪水资源化利用，增发了水电电量。

5. 梯级水力发电厂经济优化调度

从水力调度的发展过程来看，已从单一电厂的发电运行发展到发电、抽水、备用以及水库综合利用等多目标运行；从局部电网内少数水力发电厂水库发电调度，发展到大地区联合电网内多座水力发电厂水库群补偿调节。

因此，经过多年的发展，我国已在黄河、长江、松花江、珠江干流及重要支流先后建成多座梯级电厂，大大提高了各流域河道发电、防洪、灌溉、航运、养殖、旅游等综合效益。

第三节　核电站运行

培训目标

本节介绍了核能发电的概念、发展核电的意义以及核能发电相对于火力发电的优越性，同时介绍了反应堆的运行控制原理及核电站的安全防护原则。

一、核电站简介

核电站是利用一座或若干座动力反应堆所产生的热能来发电或发电兼供热的动力设施。

反应堆（又称原子反应堆或核反应堆）是装配了核燃料以实现大规模可控制核裂变链式反应的装置，是核电站的关键设备。我国核电发展规划如图 4-17 所示。

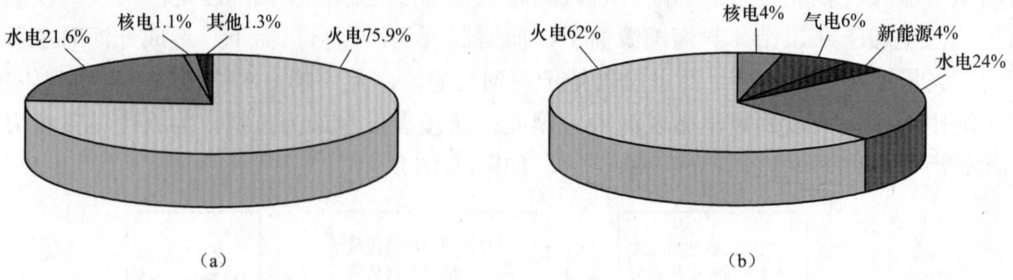

图 4-17　我国核电发展规划

（a）我国电力装机比例（2008 年）；（b）2020 年电力装机比例

在世界电力供给分布中，全球 16%的电力来源于核电。截至 2013 年 6 月底，我国大陆地区已有运行核电机组 17 台，装机容量 1470 万 kW，占全国电力总装机容量的 1.3%。在建核电机组 28 台，装机容量 3057 万 kW，占全球在建机组规模的 40%，位居世界第一。我国核电站主要分布在沿海地区。

核能发电相对于火力发电的优越性如下：

（1）核电站能量密度高，原料消耗少。

（2）核电站不仅能发电，而且能生产核料。

（3）核电站的发电成本低于火电。

（4）核电站安全、清洁、可靠。

二、核电站分类

核电站按照反应堆的形式可分为压水反应堆核电站、高温气冷反应堆核电站、重水反应堆核电站和沸水反应堆核电站，如表 4-15 所示。

表 4-15　　现有主要核电站类型

核电站类型	优点	缺点
压水反应堆核电站	（1）世界上使用最广泛的核电站是最成熟、最成功的动力堆堆型。 （2）利用普通水良好的慢化性能和导热性能，用作慢化剂和冷却剂。 （3）燃料采用低富集度的二氧化铀。 （4）体积小、质量轻。 （5）结构紧凑，功率密度高，平均燃耗深，负温度系数，自稳性能好	（1）采用耐受高压的压力容器，压力容器制作难度和制作费用提高。 （2）采用有一定富集的核燃料，燃料费较高
高温气冷反应堆核电站	（1）以石墨作为慢化剂，用二氧化碳或氦气作为冷却剂。 （2）由于石墨对中子的吸收截面小，慢化性能好，可利用天然铀作燃料。 （3）热效率较高。 （4）电厂利用率高，运行情况良好	（1）镁合金包壳不能承受高温，限制了反应堆热工性能的提高。 （2）堆芯体积庞大，功率密度低。 （3）建设周期长。 （4）基建投资较大
重水反应堆核电站	（1）可用天然铀作燃料，乏燃料中易裂变核素含量低，不必后处理。	（1）重水价格昂贵。 （2）燃料的燃耗浅。

续表

核电站类型	优点	缺点
重水反应堆核电站	（2）铀资源利用率较高。 （3）剩余反应性小，体积功率密度低，事故后衰变对堆芯完整性威胁小。 （4）避免采用高强度、大尺寸的压力容器，不会受高压、高流速冷却剂的冲击，不会引起弹棒事故。 （5）不停堆换料，降低冷却剂污染，提高电厂利用率	（3）慢化剂中的热量未能加以利用，发电成本增加，热效率降低。 （4）具有正冷却剂温度系数，尤其是正的空泡系统，是不安全因素
沸水反应堆核电站	（1）采用单一汽水动力回路，取消蒸汽发生器，大大提高了运行的可靠性、安全性和经济性。 （2）压力较低，金属耗量较少。 （3）自然循环能力强，使可靠性提高，冷却剂循环所消耗的功率减少。 （4）反应性反馈强烈，反应堆具有稳定性	（1）汽轮机带有放射性，使运行维护复杂性和检修难度增加。 （2）对丧失热阱很敏感，耐受甩负荷的能力不高。 （3）堆容器底部有较大数量的孔洞。 （4）堆芯偏高使堆芯以上的水量相对较少，抗失水能力较差

三、核电站构成

核电站主要构成包括核岛和常规岛。核岛是核电站安全壳内的核反应堆及与反应堆有关的各个系统的统称。核电站厂房布局示意如图 4-18 所示。

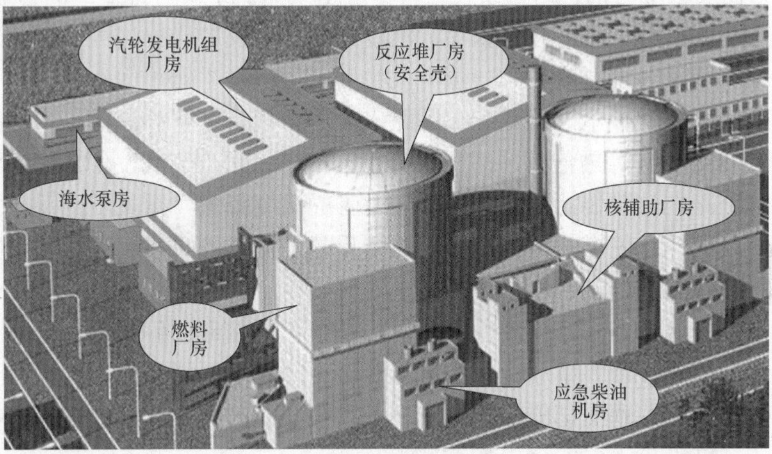

图 4-18　核电站厂房布局示意图

核岛主要包括核蒸汽供应系统、安全壳喷淋系统和辅助系统。核岛的主要功能是利用核裂变能产生蒸汽。核岛厂房主要包括反应堆厂房（安全壳）、核燃料厂房、核辅助厂房、核服务厂房、排汽烟囱、电气厂房和应急柴油发电机厂房等。常规岛是核电装置中汽轮发电机组及其配套设施和它们所在厂房的总称。常规岛的主要功能是将核岛所产生蒸汽的热能转换成汽轮机的机械能，再通过发电机转变成电能。常规岛厂房主要包括汽轮机厂房、冷却水泵房和水处理厂房、变压器区构筑物、开关站、网控楼、变电站及配电站等。常规岛是与核岛相对应的说法。核电站的汽轮发电机组及其配套设施和普通火力发电厂并无太大区别。

以压水堆核电站为例，介绍核电站的构成，如图 4-19 所示。

四、核电运行原理

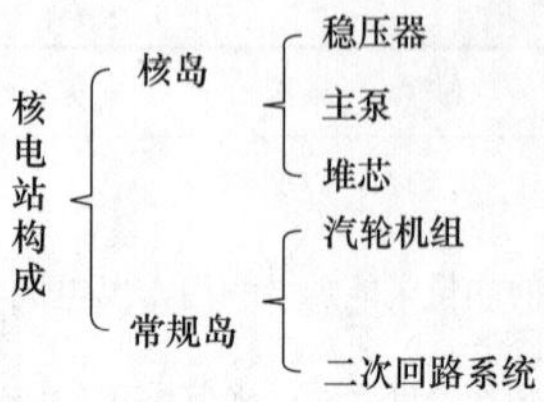

图 4-19 压水堆核电站构成

（一）核电生产流程

核电站使用的反应堆是一种进行原子核裂变反应产生能量并且有效地控制将能量取出来供发电利用的装置。反应堆是核电站的核心组成部分，既要顺利地取出能量，又要防止放射性物质外漏。

燃料芯块直径约 1cm，高约 1.5cm，呈圆柱体，U-235 含量约占 3%，常制成坚硬的陶瓷体（熔点高达 2850℃），使放射性物质不易跑出来。将这些燃料芯块依次装入壁厚 0.6mm 的锆合金管内，管的高度有 360cm，一根管子要装 240 多块芯块。然后将两端密封，就构成了燃料棒。同时，组件中还有一束控制棒，控制着链式反应的强度和反应的开始与终止。反应堆运行时，芯块发生裂变反应，放出的热量使管壁受热，一回路的冷却水从棒外壁流过带走热量。燃料块被封在管子里，除非燃料棒破损，否则放射性物质是跑不出来的。细长的燃料棒需要集成束加以固定，这就是燃料组件。约 180 个组件排列成反应堆，用压力容器封闭。整个压力容器外径为 5m、高约 12m，为保护堆芯结构长期、安全地运行，还必须配上定位、支撑、控制、驱动、监视、测量、密封等各种器具设备，构成一个完整的反应堆。

压水堆一般采用三回路系统。首先是一回路系统，它是一个闭路强制循环回路，冷却水由主泵驱动。水在反应堆芯部位时，吸收燃料棒放出来的热量。因为整个堆芯都浸泡在水里，燃料棒表面直接与水接触。水吸收热量后，温度升高，在反应堆出口处，可以达到 300℃以上。然后水流向一回路的主要设备——蒸汽发生器，蒸汽发生器里面有很多管子，一回路水的压力高、温度高，从管子里面流过；二回路水的压力低，从管外流过。两回路的水在这里进行热交换，二回路水获得热量后，部分水变成蒸汽，因此，蒸汽发生器就是将水变成蒸汽的一种装置。一回路把热量传给二回路之后，本身的温度降低，重又回到反应堆里面，再一次吸收燃料发出来的热量使燃料得到冷却。这样反复地循环，重复地吸收和交换热量，使堆芯冷却、二回路产生蒸汽。

在一回路循环的途径上，有一个稳压器，这是一个圆柱形的耐压罐，是为了保持一回路的恒定压力而设定的。它的上部充以气体或水蒸气，下部是一回路水，与一回路管道相连通。一旦回路压力有所波动，罐上部的压缩气体将予以补偿；压力过大时，罐上部的安全阀会自动打开放气泄压，这也是一项安全措施。

二回路的汽和水在蒸汽发生器和汽轮机之间反复循环，也是闭合回路。在蒸汽发生器里产生蒸汽之后，送到汽轮机的入口，利用蒸汽膨胀力量来推动叶轮转动，废汽进入冷凝器冷却，凝结成水，然后被泵送回到蒸汽发生器，重又吸热汽化参与循环。

冷凝器里的冷却水就是三回路系统了。三回路有两种通用的方式，一种是直接抽取电站附近水体中的水进入冷凝器，吸收热量后又重回到水体里，其作用就是带走热量。当然排水口和取水口之间要有一定间隔，不能直接短路。另一种为冷却塔形式，由于水的流量很大，塔要建得很高。

从传热过程看，三个回路之间各自独立封闭，互不相通，只有一回路水中带有放射性，其他两回路水中是不带放射性的。核电站的构成如图 4-20 所示。

（二）核电机组功率升降

核裂变的原理是铀核受中子轰击后，产生裂变，除释放能量外，还产生中子和其他裂变

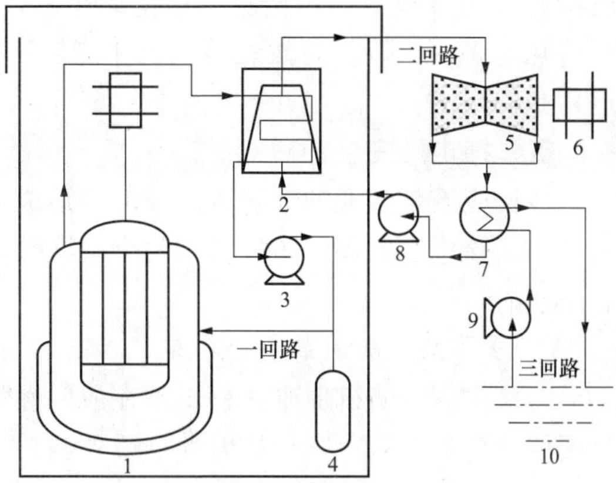

图 4-20　核电站的构成

1—反应堆压力容器；2—蒸汽发生器；3—主泵；4—稳压器；5—汽轮机；6—发电机；7—冷凝器；8—凝结水泵；9—循环水泵；10—大海

产物。因此，反应堆的控制是通过控制有用中子的数量来实现的。在反应堆中，描述中子在堆内增长快慢的一个物理量叫反应性，当反应性大于 1 时，即下一代产生的中子比上一代多，这时堆内的中子会越来越多，堆的功率就不断上升，在反应堆启动或提升功率时，就是这种情况；当反应性小于 1 时，即下一代产生的中子数量小于上一代，反应堆内的中子越来越少，堆的功率就下降，在反应堆下降功率或停堆时，就是这种情况；当反应性正好等于 1 时，反应堆的功率不升也不降，维持在某一功率水平运行。压水反应堆中通常使用控制棒和硼酸作为控制反应性的手段。控制棒由强吸收中子材料（通常为银铟镉 Ag-In-Cd 合金）制成，由驱动机构带动在堆芯内移动（不同程度的抽出或插入）来控制反应性，主要用于控制反应堆的启动、停止和功率变化等较快速的反应性变化。

硼酸中的硼原子核可吸收中子，因此，把硼酸溶解在慢化剂中（压水堆以水作为慢化剂和冷却剂），通过调节硼浓度可以控制反应性，硼溶液在堆芯内的分布是均匀的，不会引起中子通量畸变。但调节慢化剂硼浓度比较慢，这种方法只能控制因燃耗、氙毒和慢化剂温度改变等引起的比较缓慢的反应性。

实际中正常升降功率时通过稀释的方法升功率、硼化的方法降功率。故升降负荷的速率会比较慢，一般为 2MW/min，紧急情况下也可以通过控制棒跟随汽轮机负荷的方法来快速降功率（50MW/min），但这样会对堆芯扰动比较大，影响堆芯寿命和安全，并由于需要对堆芯氙毒进行控制，会产生大量放射性废水。

（三）氙毒现象

在铀原子核裂变反应中，会产生一种同位素碘–135，其半衰期是 6.7h，它衰变后的子代产物是氙–135，这是一种吸收中子本领很强的核素，氙–135 的消失途径是通过放射性衰变成为铯–135，或是俘获中子变成氙–136。这样，在反应堆运行时，一方面由碘生产氙，另一方面氙吸收中子而减少，会达到一个平衡，称为氙平衡。但当反应堆停止或降到很低的功率运行时，中子数量急剧减少，使氙的消耗也减少，而碘的衰变仍在进行，氙还是不断地产生而积累起来，加上氙的半衰期是 9.2h，比碘还大，因此，氙衰变而减小的数量，比碘衰变而产生的氙的数量要少，氙的数量在不断增加。大约停堆后 10h，氙的数量达到最大值，然后因衰变而不断减少。由于停堆或降功率时，堆内有大量的氙存在，具有很强的中子吸收能力，以致使得靠中子的增长而启动和提升反应堆功率的做法难以实行，而必须等待氙的衰减，使大部分氙核素消耗以后才有可能，这是毫无办法的。这种现象称为氙中毒。如果在这段时间内要使反应堆功率增加，势必要将大量的控制棒提出堆芯，但这种做法仍然是无济于事的，因为堆芯没有中子，控制棒也起不到控制作用。然而把控制棒大量地提出堆芯，这是非常危险的，一旦中子增多起来，其速度极快，没有控制棒在堆芯调节，就极易发生事故。切尔诺贝利核电站事故，就是这样发生的。凡是出现氙毒时，只有耐心等待几十小时，待氙自然衰减后，才能提升反应堆功率，或者在氙毒出现之前就提升功率，这才是安全的。

五、核电站安全

核反应堆是强大的辐射源，反应堆形成的放射性物质包括裂变产物、结构材料和冷却剂的活化。核电厂的辐射防护考虑两个层次的内容，一是常规运行时的辐射防护；二是事故状态下辐射防护措施。

（一）常规运行时的安全措施

为落实纵深防御原则，核电站在放射性物质（裂变产物）和环境之间设置了四道屏障，只要任一完整，就可防止放射性物质外漏。

第一道：燃料芯块。烧结的二氧化铀陶瓷体，核裂变产生的放射性物质98%以上滞留在燃料芯块内，不会释放出来。

第二道：元件包壳。将燃料芯块密封在锆包壳内（M5 合金），将燃料与冷却剂隔离，并包容裂变气体，可有效地防止放射性物质和裂变物质进入一回路水中。

第三道：一回路压力边界。反应堆堆芯被密封在 20cm 厚的钢质压力容器内，压力容器与整个一回路循环系统（RCP）的管道和部件所组成的承压边界，可防止放射性物质泄漏到厂房中。

第四道：安全壳。90cm 的预应力钢筋混凝土浇铸，内衬 6mm 的钢板，可承受 5 个大气压的压力，可承受一架小型飞机的撞击。事故情况下防止放射性物质进入自然界。

辐射屏障在设计上可以完全防止放射性物质的溢出，同时还要进行辐射监测。辐射屏蔽材料通常为普通混凝土和水，局部部位采用重混凝土（混凝土中掺铁屑、重晶石、铁矿石等）、石墨、石蜡、铸铁块、硼钢和铝板等。为保证安全，对核电厂内的放射性物质和射线及周边环境进行全面的监测。

（二）事故防护的安全设施

核电站在设计上具有事故状态下防止放射性污染物泄漏的措施，特别是第三代核能系统，在安全方面的可靠程度远高于其他能源生产形式。核电站安全控制系统如图 4-21 所示。

核电站安全控制系统

- （1）快速停堆信号系统。监测有损于反应堆安全的异常状态，发出警报，提供紧急动作信号（插入控制棒、主蒸汽隔离阀关闭等）。
- （2）堆芯危机冷却系统。冷却剂管道破裂、反应堆危机时投入，防止堆芯过热引起的包壳破损和堆芯元件熔化。
- （3）紧急停堆系统。控制棒失灵时的另一套停堆系统可以快速投入。

图 4-21　核电站安全控制系统

六、核电站的运行特点

核电站作为一类极其特殊的电厂，其运行也有着与其他类型电厂不同的特点，如表 4-16 所示。

表 4-16　　核电站运行特点

特点	原　因
核废料需妥善处理	核反应堆俗称原子锅炉堆芯核裂变链式反应产生放射性废物，核电站无论是正常运行还是事故运行，必须保证放射性废物的危害不能无控制地排放至环境中
反应堆需保证可靠冷源	核电站靠裂变链式反应产生的热量加热产生的蒸汽发电，核电站运行必须保证反应堆有足够完好的冷源，即使是反应堆停闭期也要保证。如果失去冷源，反应堆内的核衰变产生的余热也足够使反应堆烧毁
反应堆需可靠在控运行	移动控制棒和改变冷却剂中硼浓度都可以调节反应堆功率，移动控制棒可以快速地升降负荷，而改变硼浓度来调节功率，速率较慢，通常采用这两种方法共同调节。任何工况下，必须保证核反应堆可控，即保证反应性的控制，反应性的失控将导致重大核事故
升降负荷不宜过快和过于频繁	机组快速升降负荷，特别在燃耗末期由于氙毒的变化，将导致反应堆轴箱功率偏差控制困难，易产生堆芯局部热点，有造成堆芯烧毁的潜在风险；若频繁进行负荷跟踪，将产生大量的放射性废气、废液，对环境产生潜在威胁，故核电机组必须相对稳定地带基本负荷运行
大修结合燃料更换	压水堆机组每年所需燃料一次性装入。停机换料时，机组利用这一机会进行必要的维修和试验，以使机组保持良好的性能和安全水平，所以压水堆的机组每年有一次机组换料大修

七、典型核电站运行

世界上运行的核电站中，压水堆占 67.2%，沸水堆占 21.1%，重水堆占 6.3%，气冷堆占 2.8%，快堆 0.2%，其他堆型 2.4%。压水堆核电站是最成熟、最成功的动力堆堆型，也是目前世界上使用最广泛的核电站。目前，我国已运行和在建的核电机组大部分为压水堆。我国核电基地分布在沿海的浙江、广东、江苏三个省，包括秦山、大亚湾、岭澳、田湾等项目。

因核电站运行特点，在电网调度中，遵循“安全第一”的原则，基本不参与系统调峰任务，只带基荷运行。在检修安排上，遵循核电站运行规律与特点，根据核电运行要求及时予以安排。

第四节　风 电 场 运 行

培训目标

本节介绍了风力发电的原理、特点，发展风电的意义和风力发电设备等内容。通过概念描述、原理讲解、图形示意，了解基本的风力发电技术。

一、风力发电概况

（一）风力发电简介

风力发电是通过风机将风的动能转换为风机叶片的机械能，再通过发电机将机械能转变为电能的发电方式，风力发电所需要的装置，称为风力发电机组。风能是非常重要并储量巨大的能源，安全、清洁、充裕，能提供源源不断、稳定的能源。

目前，利用风力发电已成为风能利用的主要形式，受到世界各国的高度重视，而且发展速度最快。2012 年 6 月，我国并网风电达到 5258 万 kW，取代美国成为世界第一风电大国。

（二）风力发电的特点

（1）风能是取之不尽、用之不竭的清洁无污染的可再生能源。与热力发电及核电等相比，风力发电无需购买燃料，也无需相关燃料的运输费用，发电成本低，同时风力发电不会产生废渣等对大气造成污染，是一种绿色能源。

（2）风力发电有很强的地域性。风力发电不是任何地方都可以建站的，不同地区的风力资源差别很大，风力资源大小与地势、地貌有关，山口、海岛等风速大、持续时间长的地点最适合发展风电。

（3）风力发电有季节性。风随时间的变化包括每日的变化和各季节的变化。季节不同，太阳和地球的相对位置就不同，地球上的季节性温差，形成风向和风速的季节性变化。我国大部分地区风的季节性情况是：春季强、冬季次之、夏季最弱。当然也有部分地区例外，如沿海地区就是夏季风最强，春季风最弱。

二、风机原理及构成

（一）风机原理

风力发电是通过风机将风的动能转换为风机叶片的机械能，再通过发电机将机械能转变为电能的发电方式。

传统的风力发电机发出的电时有时无，电压和频率不稳定，是没有实际应用价值的，一阵狂风吹来，风轮越转越快，系统就会被吹垮。为了解决这些问题，现代风机增加了齿轮箱、偏航系统、液压系统、刹车系统和控制系统等。

齿轮箱可以将很低的风轮转速（600kW 的风机通常为 27r/min）变为很高的发电机转速（通常为 1500r/min）。同时也使得发电机易于控制，实现稳定的频率和电压输出。偏航系统可以使风轮扫掠面积总是垂直于主风向。通常 600kW 的风机机舱总质量达 20 多 t，使这样一个系统随时对准主风向有相当大的技术难度。

风机是有许多转动部件的。机舱在水平面旋转，随时跟风。风轮沿水平轴旋转，以便产生动力。在变桨距风机中，组成风轮的叶片要围绕根部的中心轴旋转，以便适应不同的风况。在停机时，叶片尖部要甩出，以便形成阻尼。液压系统就是用于调节叶片桨距、阻尼、停机、刹车等状态下使用。

现代风机是无人值守的。控制系统就成为现代风力发电机的神经中枢。就 600kW 风机而言，一般在 4m/s 左右的风速自动启动，在 14m/s 左右发出额定功率。然后，随着风速的增加，一直控制在额定功率附近发电，直到风速达到 25m/s 时自动停机。现代风机的存活风速为 60～70m/s，也就是说，在这么大的风速下风机也不会被吹坏。要知道，通常所说的 12 级飓风，风速范围也仅为 32.7～36.9m/s，风机的控制系统，要在这样恶劣的条件下，根据风速、风向对系统加以控制，在稳定的电压和频率下运行，自动地并网和脱网。并监视齿轮机、发电机的运行温度、液压系统的油压，对出现的任何异常进行报警，必要时自动停机。

（二）风机分类

风机分类见表 4-17。

表 4-17　　风机分类表

分类方式	类型	说明
按风轮轴方向分类	水平轴机组	（1）风轮轴基本上平行于风向的风力发电机组。 （2）工作时，风轮的旋转平面与风向垂直
	垂直轴机组	风轮轴垂直于风向的风力发电机组

续表

分类方式	类型	说　　明
按功率调节方式分类	定桨距机组	（1）叶片固定安装在轮毂上，角度不能改变，风机的功率调节完全依靠叶片的启动特性。 （2）当风速超过额定风速时，通过叶片失速限制出力增加
	变桨距机组	叶片和轮毂通过变桨距轴承连接，风速低于额定风速时，保证叶片在最佳攻角状态，以获得最大风能；当风速超过额定风速后，变桨系统改变叶片攻角，保证输出功率在额定范围内
	主动失速型机组	为定桨距和变桨距的组合，当风机达到额定功率后，相应地增加攻角，使叶片失速效应加深，从而限制风能的捕捉
按传动形式分类	高传动比齿轮箱型	通过齿轮箱的增速作用来实现动力传递，通常称为增速型
	直接驱动型	应用多极同步电动机，让风机直接拖动发电机转子运转在低速状态，这样就没有了齿轮箱所带来的噪声、故障率高和维护成本大等问题，提高了运行可靠性
	中传动比齿轮箱型	工作原理为高速型和直驱型的综合，减少了调整齿轮箱的传动比，也减小了发电机的体积
按转速变化分类	定速	发电机的转速是恒定不变的，不随风速变化而变化
	多态定速	包含着两台或多台发电机，根据风速的变化，可以有不同大小和数量的发电机投入运行
	变速	发电机工作在转速随风速时刻变化的状态，目前，主流的大型风电机组都采用变速恒频运行方式

（三）风机结构

当前广泛应用的水平轴风电机组基本结构如图 4-22 所示，各部分特点如表 4-18 所示。

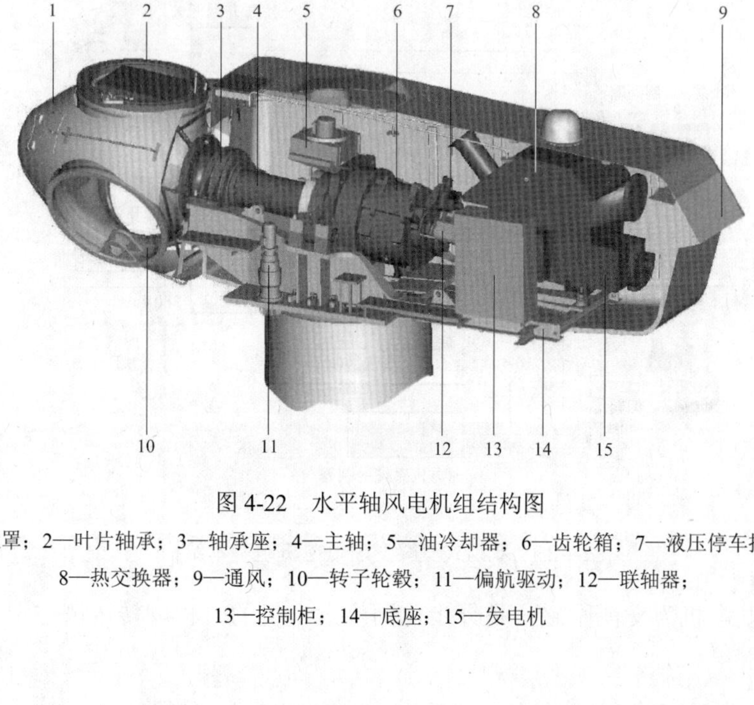

图 4-22　水平轴风电机组结构图

1—导流罩；2—叶片轴承；3—轴承座；4—主轴；5—油冷却器；6—齿轮箱；7—液压停车控制器；8—热交换器；9—通风；10—转子轮毂；11—偏航驱动；12—联轴器；13—控制柜；14—底座；15—发电机

表 4-18　　水平轴风电机组的基本组成

部件	简　介
风轮	由轮毂、叶片、风轮轴等组成，是风电机组的核心部件。水平轴风力机的风轮由 1～3 个叶片组成，它是风力机从风中吸收能量的部件，通常风力机的叶片采用玻璃纤维或高强度复合材料
传动系统	通常由主轴、主轴承、齿轮箱、联轴器、刹车装置（运行或紧急情况下停转风机）等组成。风力机为低速旋转机械，在风力机与异步发电机转子之间经增速齿轮传动来提高转速以达到适合异步发电机运转的转速。直驱永磁风力发电机组没有齿轮箱或采用结构简单的 1 级齿轮箱
偏航系统	主要由风速风向仪、偏航驱动机构等组成。风力发电机组特有的伺服系统主要功能有两个：一是使风轮跟踪变化稳定的风向；二是当风力发电机组由于偏航作用，机舱内引出的电缆发生缠绕时，自动解缆
电气系统	主要由发电机、控制系统、变压器等组成，其中发电机是风电机组最重要的电气设备，常用的发电机主要有异步发电机、双速异步发电机、双馈异步发电机和低速交流发电机。双馈异步发电机可运行于亚同步、超同步、同步三种状态。低速交流发电机多用于直驱型变桨变速风电机组
塔架	在风电机组中主要起支撑作用，同时吸收机组振动
其他附件	机舱罩、爬梯、助爬器、润滑系统等

（四）主流风电机组

目前，国内正在制造和生产的风电机组按其主要技术特点大致可分双馈式变桨变速风电机组、直驱永磁式变桨变速风电机组、失速型定桨定速风电机组。其中失速型定桨定速风电机组结构简单，采用异步发电机，风轮机结构部件承受的机械负载较大，电能质量较差，通常用于小型风力发电（比如 600、750kW），不是目前应用的主流技术，本处不做介绍。

1. 双馈式变桨变速风电机组

双馈式变桨变速风电机组基本结构如图 4-23 所示。

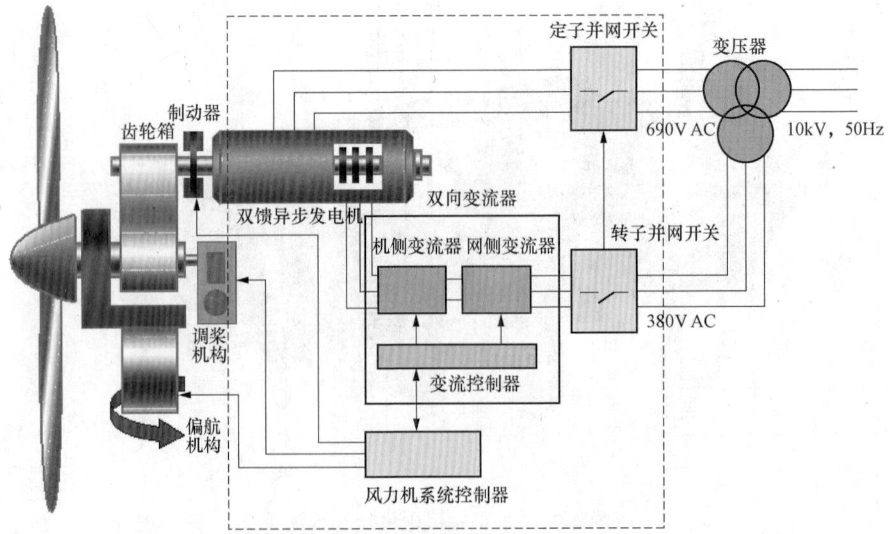

图 4-23　双馈式变桨变速风电机组基本结构

双馈感应发电机为交流励磁，是异步化同步发电机的一种。转子侧与定子侧通过变流

器联系。采用矢量控制技术后可以实现有功功率与无功功率的解耦控制。转子电流的频率为转差频率，跟随转子转速变化，通过调节转子电流的幅值，可控制发电机定子输出的无功功率，转子绕组参与有功和无功功率变换，为转差功率，容量与转差率有关（约为电磁功率的 0.3 倍，$|s|<0.3$）。

2. 直驱永磁式变桨变速风电机组

基本原理如图 4-24 所示。

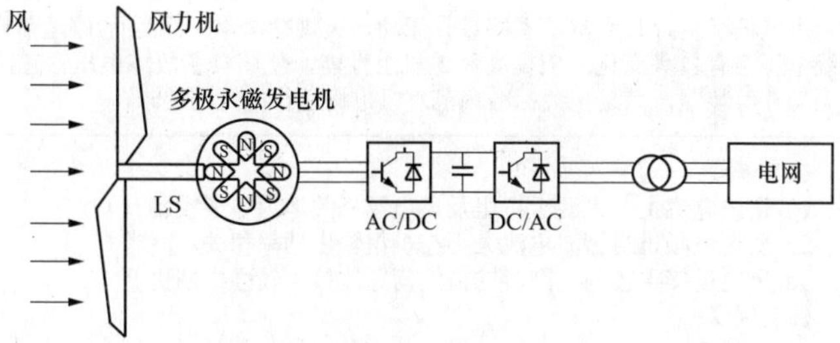

图 4-24　直驱永磁式变桨变速风电机组基本原理图

直驱永磁式变桨变速风电机组，其发电机为多极永磁同步电机，经过容量与电机容量相当的背靠背式变流器与系统相连。

表 4-19　　两类风力发电机优缺点对比

项目	优点	缺点
双馈式变桨变速风电机组	（1）连续变速运行，风能转换率高。 （2）部分功率变换，变频器成本相对较低。 （3）输出功率平滑，功率因数高。 （4）并网简单，无冲击电流。 （5）降低桨距控制的动态响应要求。 （6）改善作用于风轮桨叶上机械应力状况。 （7）可实现变频、变压及功率双向流动	（1）双向变频器结构和控制较复杂。 （2）电刷与滑环间存在机械磨损。 （3）齿轮箱故障率高，维护工作量大，噪声高，效率低，寿命短
直驱永磁式变桨变速风电机组	（1）具有最高的运行效率。 （2）单机容量大，损耗小，维护成本低。 （3）可以控制无功功率与电压，控制发电机电磁转矩以调节风轮转速。 （4）在电网侧采用 PWM 逆变器输出恒定频率的三相交流电，对电网波动的适应性好	永磁发电机和全容量全控变流器成本高

三、风力发电对电网的影响

我国风电发展迅猛，但是规划的大风电基地多位于经济欠发达的三北地区，风电需经高电压等级电网远距离输送至负荷中心。风电场分散并网时，规模小、接入电压等级低，对系统运行影响小。

（一）集中接入对电网的基本影响

风电场大规模集中并网时，对电网调峰调频、无功功率平衡与电压水平、系统稳定性以及电能质量都具有影响，如表 4-20 所示。

表 4-20　风力发电对电网的影响

问题	影响及应对措施
对电网调峰调频的影响	（1）由于风力发电的随机性，以及很大程度上的反调峰特性，增大了系统的峰谷差，加大了调峰调频难度，对此应加大风电预测系统建设与水、火、风电优化调度技术的开发。 （2）变速风电机组由于变频器对电网故障过于敏感，电网轻微故障会引起机组切除，同时风电机组若没有低/高电压穿越功能，电网故障会引起风电机组大面积切机，可能会带来电网频率问题，对此应加大风电机组整改，使其达到相关标准规范的要求
对无功功率平衡及电压水平的影响	风电机组运行时通常从系统吸收无功，大规模风电机组运行/停运前后风电集中接入点附近系统电压会有较大变化。应提高风电机组性能，使其具备故障电压穿越能力，同时风电场应装设无功补偿装置，满足相关标准规范对风电场运行电压的要求
对电能质量的影响	（1）谐波： 1）谐波电流主要来源于机组及风电场相关电力电子设备。 2）变速恒频机组谐波电流大小与机组输出功率相关。 3）风电场接入较弱电网时的谐波问题比接入较强电网更严重。 （2）闪变： 1）风的湍流强度、风剪切、塔影效应和偏航等都是影响因素。 2）对三叶片风力发电机组，周期性功率波动频率为三倍风力发电机叶片旋转频率，通常为 1～2Hz，正好位于人眼对灯光照度变动最敏感的频率范围，可能引起闪变问题。 3）变速风力发电机组引起的闪变强度远低于恒速风力发电机组。应采取相关措施使其满足标准规范对电能质量的要求
对系统稳定的影响	大规模风电集中接入不仅带来频率稳定、电压稳定问题，还对系统攻角稳定与动态稳定产生影响： 1）风电机组本身没有功角问题，但风电场接入对大电网功角稳定产生一定影响。 2）风电通常不影响系统振荡模式，但对具体振荡模式的特性产生一定的影响，不同接入方式及系统运行方式下，风电对动态稳定性的影响不同，有改善的情况，也有恶化的情况，因而对具体情况需具体分析，风电机组自身采用增加阻尼的控制措施，可以提高机组阻尼特性
对短路电流的影响	风电机组的短路电流取决于发电机参数，对于变速恒频发电机还要考虑转子保护控制、低电压穿越的影响。双馈发电机当转子短路器动作将机组转子短路后机组的短路电流特性与普通异步机类似，呈现出很快的衰减特性

（二）风电集中接入电网的故障电压穿越问题

我国要求当风电场并网点的电压偏差在其额定电压的–10%～+10%之间时，风电场内的风电机组应能正常运行；当风电场并网点电压偏差超过+10%时，风电场的运行状态由风电场所选用风电机组的性能确定；风电机组应具有一定的故障电压穿越能力。

1. 低电压穿越

故障电压穿越指当电网故障或扰动引起风电场并网点的电压跌落（升高）时，在一定的电压跌落（升高）范围内，风电机组能够保证不脱网连续运行的能力。

我国对风电场低电压穿越能力的规定如图 4-25 所示。

风电场内的风电机组具有在并网点电压跌至 20%额定电压时能够保证不脱网连续运行 625ms 的能力；风电场并网点电压在发生跌落后 2s 内能够恢复到额定电压的 90%时，风电场内的风电机组能够保证不脱网连续运行。

2. 高电压穿越

高电压穿越能力当前尚未做正式标准要求，是指风电机组具有类似于表 4-21 的运行能力。

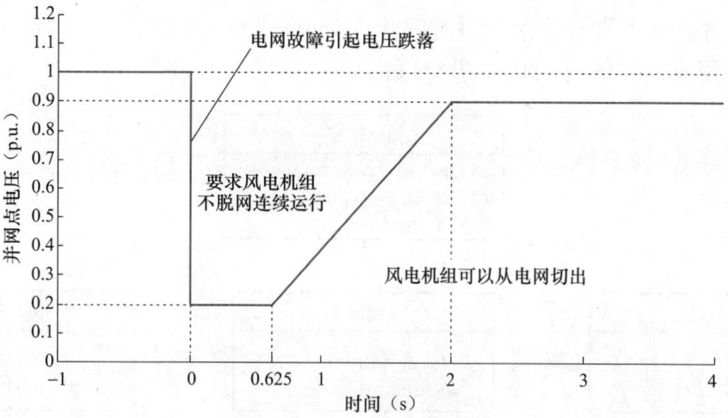

图 4-25 风电场低电压穿越能力图

表 4-21 **风电机组高电压穿越能力**

并网点工频电压值（p.u.）	运行时间
$1.10<U_T\leqslant1.15$	具有每次运行 2s 能力
$1.15<U_T\leqslant1.20$	具有每次运行 200ms 能力
$1.20<U_T$	退出运行

四、风力发电运行控制

（一）风电机组的运行控制

风电机组的总体运行控制结构如图 4-26 所示。

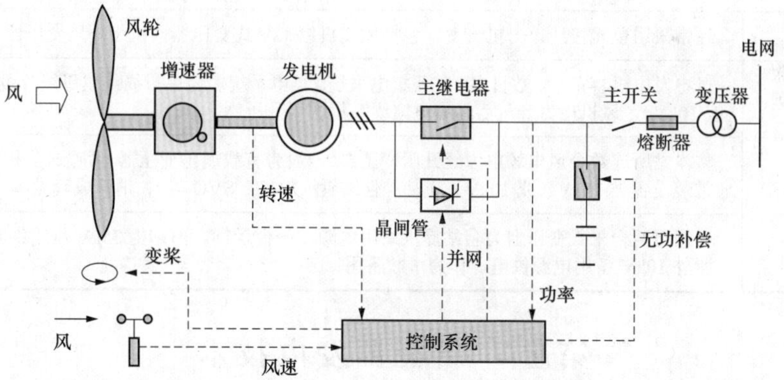

图 4-26 风电机组运行控制示意图

风电机组基本控制功能有开/停机、偏航、桨距调节、（软）并网、解缆等。此处主要介绍主流的变桨、变速风机。其整体控制流程如图 4-27 所示。

（二）风电场功率预测

风电场功率预测是指以风电场的历史功率、历史风速、地形地貌、数值天气预报、风电机组运行状态等数据建立风电场输出功率的预测模型，以风速、功率或数值天气预报数据作为模型的输入，结合风电场机组的设备状态及运行工况，得到风电场未来的输出功率。风电功率预测可分为超短期预测、短期预测和中长期预测。超短期预测是指预测时间尺度为

15min～4h 的预测。短期预测是指预测时间尺度为 0～72h 的预测，中长期预测是指预测时间尺度大于 72h 的预测，一般针对电量进行预测。

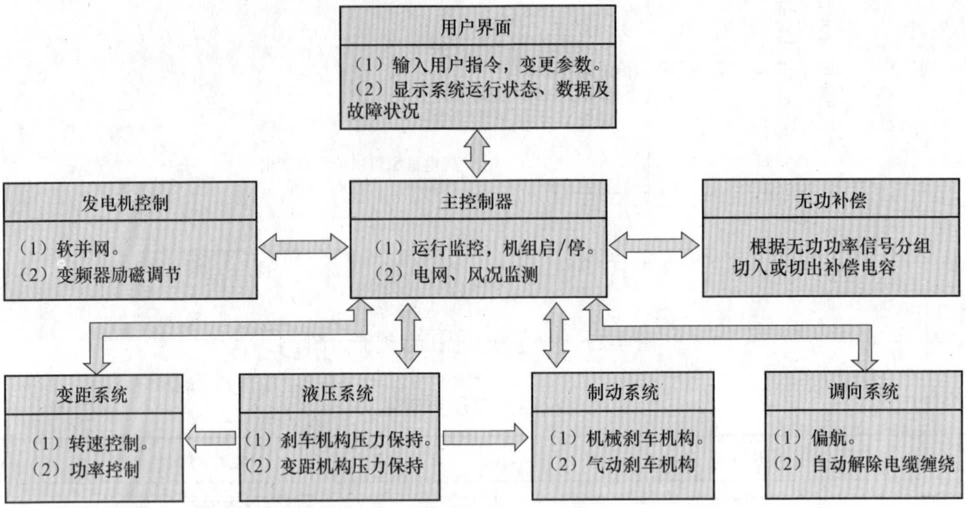

图 4-27　风电机组控制流程图

五、典型风电场结构及运行

风电场一次设备构成见表 4-22。

表 4-22　　风电场一次设备构成

组成	简　　介
风电机组	通常采用单元接线，一机一变，包括风电机组、箱式变压器（机组升压变压器）
集电系统	风电发电机容量小、数目多，需要集电系统。集电系统多为单母线或单母线分段接线，多为 35kV（或 10kV），风机电力升压后经集电馈线汇集送至升压站
升压变电站	将本站所连数个风电场电力经升压变压器（一般为有载调压变压器）后输送至相应电压等级电网。通常装设各类 35kV（或 10kV）无功补偿装置（SVC、SVG 等）、消弧成套设备
站用电系统	一般设两台干式变压器为全站提供站用电源。一台运行，由站内 35kV 母线供电；另一台备用，由所外 10kV 备用电源供电，作为事故备用

第五节　新能源发电技术

培训目标

本节介绍了太阳能、海洋能、地热能、生物质能发电的概念，同时分别介绍了各种新能源技术发电的原理和各自特点。

一、太阳能发电

（一）太阳能发电简介

太阳能就是太阳辐射能。在太阳里每时每刻都进行着激烈核裂变和核聚变反应，从而产生大量的热。由于太阳的温度很高，它不断地向宇宙空间辐射能量，包括可见光、不可见光和各种微粒。总称为太阳辐射。地球上除核能以外的一切能源，无论是煤炭、石油、天然气、水力或风力都来自太阳。太阳能随处可得，不必远距离输送，而且是洁净的能源。由于这些独特的优点，所以太阳能发电作为新兴的产业正在迅速崛起。

太阳能发电包括通过热过程的太阳能热发电（塔式发电、抛物面聚光发电、太阳能烟囱发电、热离子发电等）和不通过热过程的光伏发电、光感应发电、光化学发电以及光生物发电等，主要应用的是光伏发电和热发电。

近年来光伏发电得到了较快发展，表 4-23 给出近年来国内外光伏发电发展情况。

表 4-23　　国内及世界光伏发展概况

计算年	2006 年	2007 年	2008 年	2009 年	2010 年	2011 年
我国新增（MW）	12	20	45	228	520	2000
全球新增（MW）	1581	2513	6168	7257	16629	27650
比例（%）	0.76	0.8	0.73	3	3.1	7.2
我国累计（MW）	80	100	145	373	893	2900
全球累计（MW）	6980	9492	15655	22900	39529	67350

（二）太阳能主要发电类型分类及特点

太阳能发电分为太阳能热发电与太阳能光伏发电，其主要分类及特点如表 4-24 所示。

表 4-24　　太阳能主要发电类型分类及特点

分类	特点	说明
太阳能热发电	利用聚光集热器把太阳能聚集起来，将某种工质加热到数百摄氏度的高温，然后经过热交换器产生高温高压的过热蒸汽，驱动汽轮机并带动发电机发电。如图 4-28 所示，由集热子系统、热传输子系统、蓄热与热交换子系统和发电子系统所组成	（1）利用太阳能直接发电。如利用半导体材料或金属材料的温差发电，真空器件中的热电子和热离子发电，碱金属的热电转换，以及磁流体发电等。 （2）太阳能热动力发电。利用太阳集热器将太阳能收集起来，加热水或其他工质，使之产生蒸汽，驱动热力发动机，再带动发电机发电
太阳能光伏发电	太阳能光伏发电系统是利用太阳电池半导体材料的光伏效应，将太阳光辐射能直接转换为电能的一种新型发电系统。如图 4-29 所示由太阳能组件（太阳能电池或太阳能电池板）、太阳能控制器、蓄电池（组）、光伏并网逆变器组成	分独立运行和并网运行两种方式

1. 太阳能热发电

通过水或其他工质及装置将太阳辐射能转换为电能的发电方式称为太阳能热发电。先将太阳能转化为热能，再将热能转化成电能，它有两种转化方式：一种是将太阳热能直接转化成电能，如半导体或金属材料的温差发电、真空器件中的热电子和热电离子发电、碱金属热电转换，以及磁流体发电等；另一种方式是将太阳热能通过热机（如汽轮机）带动发电机发电，与常规热力发电类似，只不过是其热能不是来自燃料，而是来自太阳能。太阳能热发电有多种类型，主要有以下五种：塔式系统、槽式系统、盘式系统、太阳池和太阳能塔热气流发电。前三种是聚光型太阳能热发电系统，后两种是非聚光型。一些发达国家将太阳能热发电技术作为国家研发重点，制造了数十台各种类型的太阳能热发电示范电站，已达到并网发电的实际应用水平。

目前，世界上现有的最有前途的太阳能热发电系统大致可分为：槽形抛物面聚焦系统、中央接收器或太阳塔聚焦系统和盘形抛物面聚焦系统。在技术上和经济上可行的三种形式：

（1）30～80MW 聚焦抛物面槽式太阳能热发电技术（简称抛物面槽式）。

（2）30～200MW 点聚焦中央接收式太阳能热发电技术（简称中央接收式）。

（3）7.5～25kW 的点聚焦抛物面盘式太阳能热发电技术（简称抛物面盘式）。

聚焦式太阳能热发电系统的传热工质主要是水、水蒸气和熔盐等，这些传热工质在接收器内可以加热到 450℃，然后用于发电。此外，该发电方式的储热系统可以将热能暂时储存数小时，以备用电高峰时之需。

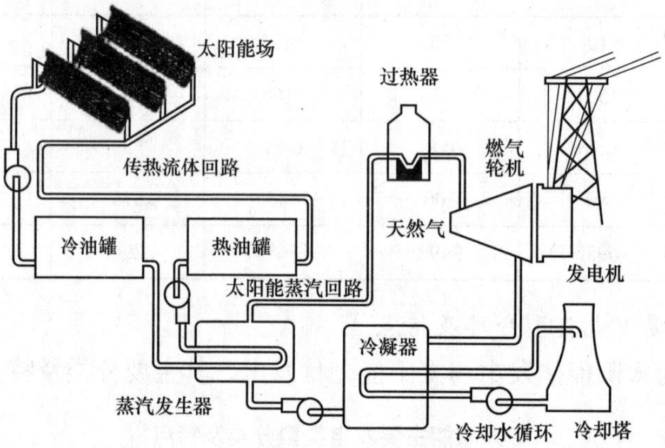

图 4-28　太阳能热发电示意图

抛物槽式聚焦系统是利用抛物柱面槽式发射镜将阳光聚集到管形的接收器上，并将管内传热工质加热，在热换器内产生蒸汽，推动常规汽轮机发电。塔式太阳能热发电系统是利用一组独立跟踪太阳的定日镜，将阳光聚集到一个固定塔顶部的接收器上以产生高温。

除了上述几种传统的太阳能热发电方式以外，太阳能烟囱发电、太阳池发电等新领域的研究也有进展。

2. 太阳能光伏发电

光伏发电是利用太阳能级半导体电子器件有效地吸收太阳光辐射能，并使之转变成电能的直接发电方式，是当今太阳光发电的主流。在光化学发电中有电化学光伏电池、光电解电池和光催化电池，目前得到实际应用的是光伏电池。

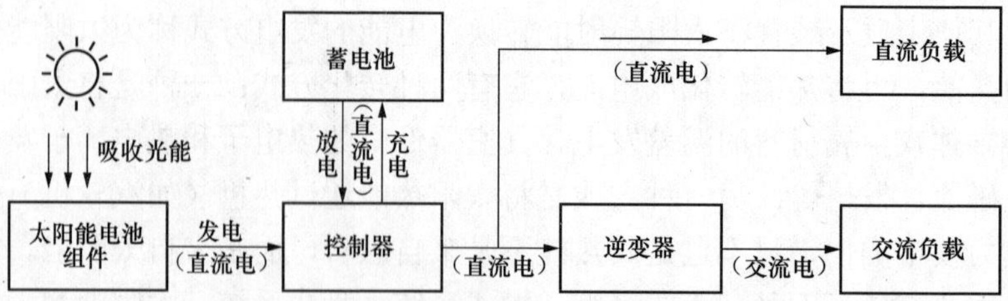

图 4-29　太阳能光伏发电基本构成图

光伏发电系统主要由太阳能电池、蓄电池、控制器和逆变器组成，其中太阳能电池是光伏发电系统的关键部分，太阳能电池板的质量和成本将直接决定整个系统的质量和成本。太阳能电池主要分为晶体硅电池和薄膜电池两类，晶体硅电池包括单晶硅电池、多晶硅电池两种，薄膜主要包括非晶体硅太阳能电池、铜铟镓硒太阳能电池和碲化镉太阳能电池。

单晶硅太阳能电池的光电转换效率为15%左右，最高可达23%，在太阳能电池中光电转换效率最高，但其制造成本也高。单晶硅太阳能电池的使用寿命一般可达 15 年，最高可达25年。多晶硅太阳能电池的光电转换效率为14%～16%，其制作成本低于单晶硅太阳能电池，因此得到大量发展，但多晶硅太阳能电池的使用寿命比单晶硅太阳能电池要短。

薄膜太阳能电池是用硅、硫化镉、砷化镓等薄膜为基体材料的太阳能电池。薄膜太阳能电池可以使用质轻、价低的基底材料（如玻璃、塑料、陶瓷等）来制造，形成可产生电压的薄膜厚度不到1μm，便于运输和安装。然而，沉淀在异质基底上的薄膜会产生一些缺陷，因此现有的碲化镉和铜铟镓硒太阳能电池的规模化量产转换效率只有 12%～14%，而其理论上限可达29%。如果在生产过程中能够减少碲化镉的缺陷，将会增加电池的寿命，并提高其转化效率。这就需要研究缺陷产生的原因，以及减少缺陷和控制质量的途径。太阳能电池界面也很关键，需要大量的研发投入。

3. 电网异常时对光伏电站的要求

（1）电压异常要求。对于小型光伏电站，应按照表4-25要求的时间停止向电网线路送电，此要求适用于三相系统中的任何一相。

表4-25　　光伏电站在电网电压异常时的响应要求

并网点电压	最大分闸时间
$U<50\%U_N$	0.1s
$50\%\times U_N\leqslant U<85\%\times U_N$	2.0s
$85\%\times U_N\leqslant U\leqslant 110\%\times U_N$	连续运行
$110\%\times U_N<U<135\%\times U_N$	2.0s
$135\%\times U_N\leqslant U$	0.05s

注　1. U_N为光伏电站并网点的电网标称电压。
　　2. 最大分闸时间是指异常状态发生到逆变器停止向电网送电的时间。

大中型光伏电站应具备一定的低电压穿越能力。其中，接入用户内部电网的中型光伏电站的低电压穿越要求由电力调度部门确定。电力系统发生不同类型故障时，若光伏电站并网点考核电压全部在图4-30中所示电压轮廓线及以上的区域内时，光伏电站应保证不间断并网运行；光伏发电站并网点电压跌至零时，光伏发电站应能不脱网连续运行0.15s；当电压跌至曲线1以下时，光伏发电站可以从电网切出。否则光伏电站停止向电网线路送电。光伏电站并网点电压跌至20%标称电压时，光伏电站能够保证不间断并网运行0.625s；光伏电站并网点电压在发生跌落后2s内能够恢复到标称电压的90%时，光伏电站能够保证不间断并网运行。

（2）频率异常要求。对于小型光伏电站，当光伏电站并网点频率超过49.5～50.2Hz范围时，应在0.2s内停止向电网线路送电。大中型光伏电站应具备一定的耐受系统频率异常的能力，应能够在表4-26所示电网频率偏离下运行。

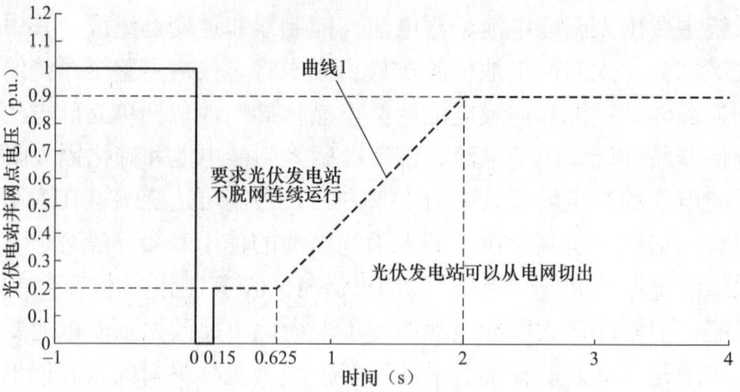

图 4-30　大中型光伏电站低电压穿越曲线

表 4-26　　中型光伏电站在电网异常频率下的允许运行时间

频率范围	运行要求
低于 48Hz	根据光伏电站逆变器允许运行的最低频率或电网要求而定
48～49.5Hz	每次低于 49.5Hz 时要求至少能运行 10min
49.5～50.2Hz	连续运行
50.2～50.5Hz	每次频率高于 50.2Hz 时，光伏电站应具备能够连续运行 2min 的能力，实际运行时间由电网调控机构决定；此时不允许处于停止状态的光伏电站并网
高于 50.5Hz	在 0.2s 内停止向电网线路送电，且不允许停运状态的光伏电站并网

二、海洋能发电

（一）海洋能简介

海洋能主要包括潮汐能、波浪能、海流能、海水温差能和海水盐差能等。

潮汐能是指海水涨潮和落潮形成的水的动能和势能；波浪能是指海洋表面波浪所具有的动能和势能；海流能（潮流能）是指海水流动的动能，主要是海底水道和海峡中较为稳定的水流，以及由于潮汐导致的有规律的海水水流；海水温差能指海洋表面海水和深层海水之间的温差所产生的热能；海水盐差能是指海水和淡水之间或者两种含盐浓度不同的海水之间的电位差。

（二）海洋能特点

（1）蕴藏量大且可以再生，地球上海水温差能的理论蕴藏量约为 500 亿 kW，可开发利用的约 20 亿 kW；波浪能的蕴藏量为 700 亿 kW，可开发利用的约 30 亿 kW，潮汐能的理论蕴藏量约 30 亿 kW；海流能（潮流能）的蕴藏量约 50 亿 kW，可开发利用的约 0.5 亿 kW，海水温差能的蕴藏量约 300 亿 kW，可开发利用的在 26 亿 kW 以上。

（2）能量密度低，海水温差能是低热头的，较大温差为 20～50℃；潮汐能是低水头的，较大潮差为 7～10m，海流能和潮流能是低速的，最大流速一般仅为 2m/s 左右；波浪能、即使是浪高 3m 的海面，其能量密度也比常规煤电低 1 个数量级。

（3）稳定性比其他自然能源好。海水温差能和海流能比较稳定，潮汐能与潮流能的变化有规律可循。

（4）开发难度大，对材料和设备的技术要求高。

（三）潮汐发电的原理

1. 潮汐发电的原理

海水在运动时具有的动能和势能统称为潮汐能。潮汐发电就是通过水轮机将海水潮汐能转化为电能。通过在海湾或有潮汐的河口建筑一座拦水堤坝，形成水库，并在坝中或坝旁放置水轮发电机组，利用潮汐涨落时海水水位的升降，使海水通过水轮机时推动水轮发电机组发电，如图 4-31 所示。

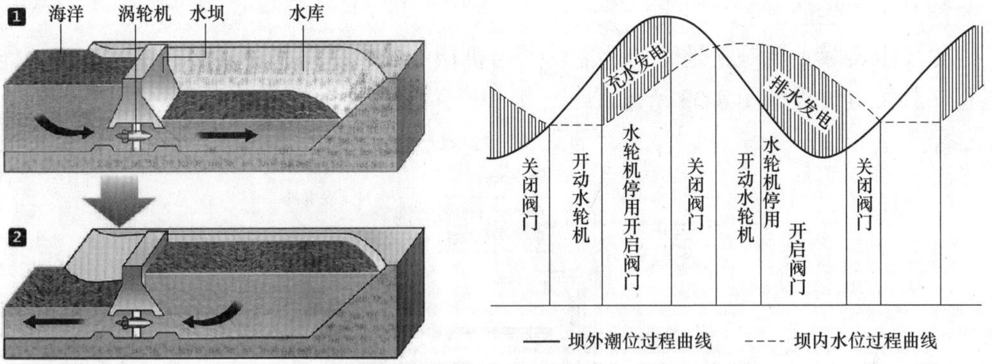

图 4-31　潮汐发电示意图

潮汐电站在使用中，与光伏、风电等新能源一样，发电出力受自然条件限制，具有不同程度的不可控性。当潮位涨到顶峰时，或落到低谷时，潮位与水库内的水位差大，电站的发电出力就大，当潮位接近库内水位时，无发电出力，不能根据用电需求进行连续性发电，必须依靠其他类型电源做备用。

2. 潮汐发电的形式及优点

潮汐发电有三种形式，特点如表 4-27 所示。

表 4-27　　潮汐发电分类

类型	特　点	典型电站
单库单向电站	只用一个水库，仅在涨潮（或落潮）时发电，如图 4-32（a）所示	浙江沙山潮汐电站
单库双向电站	利用一个水库，但是涨潮与落潮时均可发电，只是平潮时不能发电，如图 4-32（b）所示	广东镇口潮汐电站、浙江江厦潮汐电站
双库双向电站	利于用两个相邻水库，使一个水库在涨潮时进水，另一个水库在落潮时放水，这样前一个水库的水位总比后一个水库的水位高，故前者称为上水库，后者称为下水库。水轮发电机组放在两水库之间的隔坝内，两水库始终保持着水位差，故可以全天发电，如图 4-32（c）所示	

潮汐发电的优点是成本低，每度电的成本只相当于火电站的 1/8 左右。

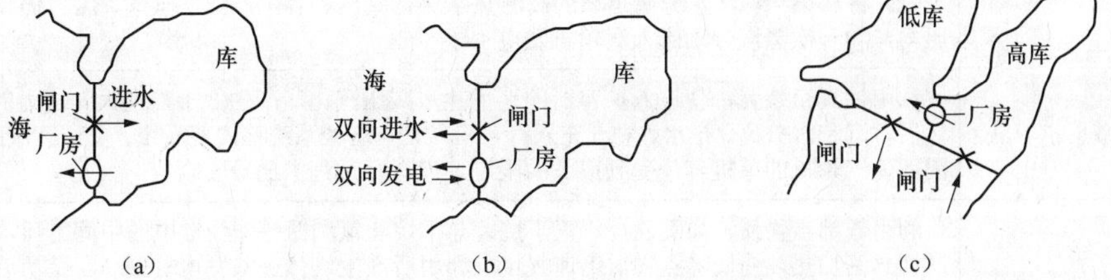

(a)　(b)　(c)

图 4-32　三种不同方案的潮汐电站示意图

（a）单库单向型；（b）单库双向型；（c）双库单向型

三、地热发电

（一）地热发电的原理

地热能是来自地球深处的可再生性热能，它起于地球的熔融岩浆和放射性物质的衰变。地下水的深处循环和来自极深处的岩浆侵入到地壳后，把热量从地下深处带至近表层。其储量比目前人们所利用能量的总量多很多，大部分集中分布在构造板块边缘一带，该区域也是火山和地震多发区。它不但是无污染的清洁能源，而且如果热量提取速度不超过补充的速度，那么热能是可再生的。

地热发电实际上就是把地下的热能转变为机械能，然后再将机械能转变为电能的能量转变过程，其发电过程如图 4-33 所示。

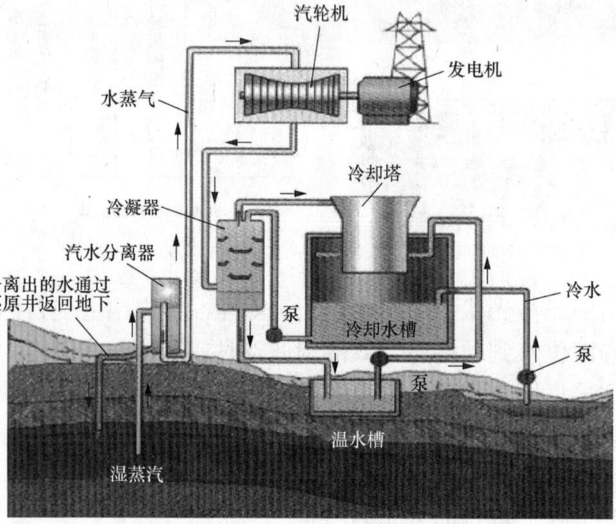

图 4-33　地热电厂发电原理图

（二）地热发电的类型

目前开发的地热资源主要是蒸汽型和热水型两类，因此，地热发电也分为两大类，其特点如表 4-28 所示。

表 4-28　　地热发电分类及特点

地热发电类型		特点与定义
蒸汽型	一次蒸汽法	直接利用地下的干饱和（或稍具过热度）蒸汽，或者利用从汽、水混合物中分离出来的蒸汽发电
	二次蒸汽法	（1）不直接利用比较脏的地热蒸汽（一次蒸汽），而是让它通过换热器汽化洁净水，再利用洁净蒸汽（二次蒸汽）发电。 （2）将从第一次汽水分离出来的高温热水进行减压扩容生产二次蒸汽，压力仍高于当地大气压力，和一次蒸汽分别进入汽轮机发电
热水型	减压扩容法	利用抽真空装置，使进入扩容器的地下热水减压汽化，产生低于当地大气压力的扩容蒸汽，然后将汽和水分离、排水、输汽充入汽轮机做功，这种系统称闪蒸系统。低压蒸汽的比容很大，因而使汽轮机的单机容量受到很大的限制。但运行过程中比较安全
	中间工质法	利用低沸点物质，如氯乙烷、正丁烷、异丁烷和氟利昂等作为发电的中间工质，地下热水通过换热器加热，使低沸点物质迅速气化，利用所产生气体进入发电机做功，做功后的工质从汽轮机排入凝汽器，并在其中经冷却系统降温，又重新凝结成液态工质后再循环使用。这种方法称中间工质法，这种系统称双流系统或双工质发电系统

续表

地热发电类型	特点与定义
联合循环地热发电系统	将地热蒸汽发电和地热水发电两种系统合二为一，可以适用于大于 150℃的高温地热流体（包括热卤水）发电，经过一次发电后的流体，在并不低于 120℃的工况下，再进入双工质发电系统，进行二次做功，这就是充分利用了地热流体的热能，既提高发电的效率，又能将以往经过一次发电后的排放尾水进行再利用

（三）典型地热发电厂运行介绍

西藏羊八井地热电站于 1976 年开始筹建，1977 年 10 月第一台机组开始发电，后又经过多次扩建，装机容量已达 13000kW，据国内首位，世界第 13 位。各种经济指标达世界先进水平。机组年运行小时数达 7000h，厂用电率 12%，热利用率仅 6%。

地热发电存在的主要问题地热设备腐蚀、结垢。地热设备腐蚀、结垢是影响出力和安全经济运行的关键，由于地热水中含有腐蚀性的矿物质和钙、镁盐分，在井管、热力管道、凝结水系统中引起严重的腐蚀和结垢。这些问题是严重危及安全、经济、满出力的重要问题。目前通过系统设计、设备材质选择、表面涂防腐剂等一系列措施得到了一定的解决。

地热发电过程类似于火力发电厂，因此在电网运行控制中可完全按火力发电厂来对待。

四、生物质能发电

（一）生物质能发电的原理

生物质是指通过光合作用而形成的各种有机体，包括所有的动植物和微生物。而所谓生物质能，就是太阳能以化学能形式贮存在生物质中的能量形式，即以生物质为载体的能量。它直接或间接地来源于绿色植物的光合作用，可转化为常规的固态、液态和气态燃料，取之不尽、用之不竭，是一种可再生能源，其发电过程如图 4-34 所示。

生物质发电主要是利用农业、林业和工业废弃物为原料，也可以将城市垃圾为原料，采取直接燃烧或气化的发电方式。

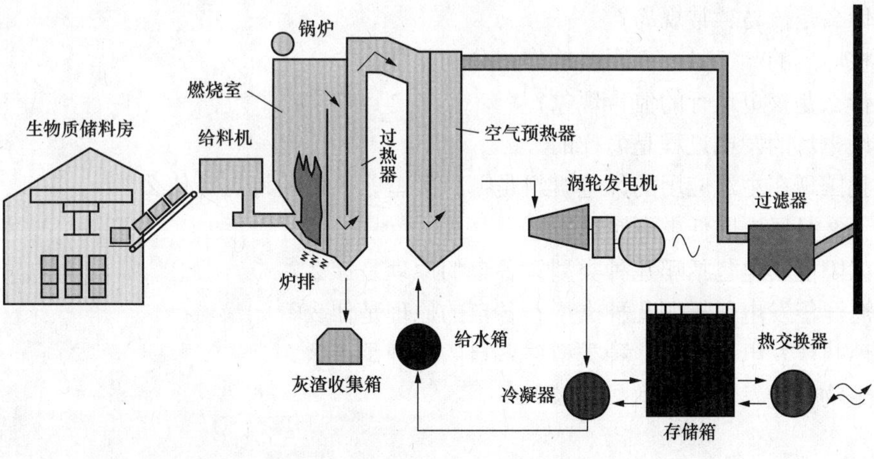

图 4-34　生物能电厂发电流程图

（二）生物质能发电特点

生物质发电与大型发电厂相比，具有如下特点。

（1）生物质能发电的重要配套技术是生物质能的转化技术，且转化设备必须安全可靠、维修保养方便。

（2）利用当地生物资源发电的原料必须有足够数量的储存，以保证持续供应。

（3）站用发电设备的装机容量一般很小，且多为独立运行方式。

（4）利用当地生物质能资源就地发电、就地利用，不需外运燃料和远距离输电，适合于居住分散、人口稀少、用电负荷较小的农牧业区及山区。

（5）生物质能发电所用能源为可再生能源，污染小、清洁卫生、有利于环境保护。

生物质发电的诸多好处，把农业生产原本的“开环产业链”转变成“闭环产业链”，形成一个几乎没有任何废弃物外排的、自我循环的良性闭环——能够消纳处理农业生产的全部废弃物。燃烧后的灰分，以肥料的形式还田，秸秆等燃料成本作为生物质直燃发电企业的主要支出，又直接流向农民。因此，生物质能发电行业有着广阔的发展前景。

思　考　题

1．火力发电厂的生产过程是怎么样的？

2．火力发电厂三大主机是什么？各自的作用？

3．什么是循环流化床？它有什么特点？

4．火电机组启停的方式分为哪几种？

5．火力发电厂的功率调节方式有哪几种？

6．水力发电厂的发电过程是怎样的？

7．水轮机的工作原理是什么？可以分为哪几种类型？

8．抽水蓄能电厂有什么特点？

9．什么是水电调度？都有哪些职责？

10．核电厂的发电过程是怎样的？

11．什么是核岛、常规岛？

12．核电厂的一、二、三回路的作用分别是什么？

13．什么是核电运行的氙毒现象？

14．风电场的发电过程是怎样的？

15．我国现在主流应用的风电机组是哪种类型？各自的特点是什么？

16．什么是风电的低电压穿越？

17．太阳能发电包括哪几种类型？各自的原理是什么？

18．海洋能发电包括哪几种类型？各自的原理是什么？

19．地热能发电包括哪几种类型？各自的原理是什么？

20．生物质能发电的原理是什么？

第五章

电 网 监 控

第一节 电网监控概述

培训目标

熟悉集中监控业务的概念、监控业务的划分原则、调度监控业务的变化。

一、集中监控业务

1. 集中监控的概念

集中监控就是利用先进的计算机技术和通信技术，对多个变电站实现远方集中监视控制。原则上220kV及以下变电设备运行集中监控与地、县两级调度集约融合，500kV及以上变电设备运行集中监控与省级及以上调度集约融合。

2. 各级调控功能定位

国调、国调分中心（以下简称网调）依法对公司电网实施统一调度管理，承担国家电网调度运行、设备监控、系统运行、调度计划、继电保护、自动化、水电及新能源等各专业管理职责，协调各局部电网的调度关系等。

省调负责省级电网调控运行。落实国家电网调度标准化建设、同质化管理要求，承担本省电网运行、设备监控、协调运行、调度计划、继电保护、自动化、水电及新能源等各专业管理；调度管辖省域内220kV电网和终端500kV变电站变电设备运行集中监控、输变电设备状态在线监测与分析业务。

地调负责地区电网调控运行，承担地区电网调度运行、设备监控、系统运行、调度计划、继电保护、自动化、水电及新能源等各专业管理职责。调度管辖66kV电网和终端220kV系统，承担地域内66～220kV变电设备运行集中监控、输变电设备状态在线监测和分析业务。

县（配）调负责县级（城区）电网调控运行，调度管辖县域（城区）10kV及以下电网；承担县域（城区）10kV及以下变电设备运行集中监控业务。

二、监控范围的划分原则

1. 省调

将全省500kV变电站、220kV直流站监控输变电设备状态在线监测与分析业务集中到省调，实现省调层面的“调控合一”。省调负责接入省调的500kV受控站、220kV直流站的运行监视。

2. 地调

将地域内公司资产 220kV 变电站、66kV 变电站监控、输变电设备状态在线监测与分析业务纳入地调统一管理，实现地调层面的“调控合一”。地调负责接入地调的 220kV 变电站、66kV 受控站的运行监视。

3. 县（配）调

将配调纳入地调统一管理，视配网自动化系统建设进度，逐步实现 10kV 配网“调控合一”；加强县调统一管理，逐步将县域内 66kV 变电站 10kV 监控业务并入配调。

三、调度监控业务的变化

（一）调度指令下达方式的变化

调度许可设备的计划检修工作、临时检修工作的管理方式保持不变。

调度操作业务流程规定如下。

1. 计划操作

直调设备操作指令票或操作计划由值班调度人员下达给值班监控人员，值班监控人员接到操作指令票后，应立即联系相关人员做好操作准备，包括值班监控人员将操作指令票或操作计划转发给相关变电站运维人员，变电站运维人员准备好现场操作票，参与操作的人员按规定时间到达变电站现场等。待操作准备完成后，汇报值班调度人员，值班调度人员直接下令变电站运维人员进行操作，操作指令票执行完毕后，变电站运维人员向发令调度汇报的同时，还应报告监控人员操作情况。

2. 临时性操作

由值班调度人员直接下令给变电站内运维人员进行操作，操作指令票执行完毕后，变电站运维人员向发令调度汇报的同时，还应报告监控人员操作情况。

3. 紧急情况

值班调度人员可直接下令给值班监控人员进行拉合断路器的单一操作。

（二）异常及事故处理流程的变化

1. 异常

当监控人员发现设备异常、告警、越限信息时，应立即通知变电站运维人员进行核查，变电站运维人员将现场核实情况汇报监控人员，监控人员汇报值班调度人员。遇有可能危及电网或设备安全运行的紧急情况时，应立即汇报值班调度人员，同时通知变电站运维人员进行核查。

变电站运维人员发现设备有异常、告警、越限情况时，应立即进行核查并将核查结果汇报监控人员，由监控人员汇报值班调度人员。

2. 事故

值班监控人员发现设备故障跳闸后，应立即将故障初步情况汇报值班调度人员，并通知变电站运维人员对现场设备进行检查，运维人员将详细检查情况汇报监控人员，由监控监控人员汇报值班调度人员。

下列情况下，值班调度人员可直接与直调变电站运维人员进行调度业务联系。

（1）当上级调度与下级调度监控人员失去通信联系时。

（2）当监控人员与受其监控的本级调度直调变电站失去通信联系时。

（3）当电网或站内设备故障或异常，值班调度人员认为有必要直接与直调变电站运维人员联系时。

第二节 变电站信息采集及信息分类

培训目标

掌握监控信息分类原则、监控信号设置原则、监控信号采集原则、监控信息命名规范。

一、事故信息

指反映事故的信息及开关变位信息，包括开关位置、保护动作信号、单元事故信息、全站事故总信息。

事故信息是反映各类事故的监控信息，需要实时监视、立即处理，包括：

（1）全站事故总信息。

（2）单元事故总信息。

（3）各类保护、安全自动装置动作信息。

（4）开关异常变位信息。

二、异常信息

异常信息指有关设备失电、闭锁、告警、通信中断等信息，包括开关机构告警信息，分合闸闭锁、SF_6 告警闭锁、漏氮报警、弹簧未储能、加热储能电源消失等，保护装置异常信息，二次回路告警信息，自动化设备异常信息，AVC 异常信息，其他异常信息。

异常信息是反映电网设备非正常运行状态的监控信息，需要实时监视、及时处理，包括：

（1）一次设备异常告警信息。

（2）二次设备、回路异常告警信息。

（3）自动化、通信设备异常告警信息。

（4）其他设备异常告警信息。

三、变位信息

变位信息是指各类开关、隔离开关、接地开关、切换开关、连接片等设备或装置连接片等状态改变信息，该类信息直接反映电网运行方式的改变，需要实时监视。

四、遥测越限信息

遥测越限信息是反映重要遥测量超出告警上下限区间的信息，需要实时监视、及时处理，其中重要遥测量包括有功功率、无功功率、电流、电压、频率、力率、主变压器油温、断面潮流等。

五、告知信息

告知信息是反映电网设备运行情况、状态监测的一般提醒信息，主要包括主变压器运行挡位变化、故障录波启动、油泵启动、VQC 自动调节、主变压器分接头挡位变化、在线滤油动作、隔离开关变位等信息，该类信息需由运维人员定期查询。

调度端监控系统告警窗应至少包括“全部”“事故”“异常”“越限”“变位”“告知”六个子窗口，其中“全部”子窗口显示全部遥信告警信息，“事故”“异常”“越限”“变位”“告知”五个子窗口分别显示第四条定义的五类监控信息。

六、信息区分

事故、异常、越限、变位等信息可根据需要设置音响告警及显示颜色，但事故信息应区别于其他信号，采用不同的音响报警。

七、信号设置原则

（一）信号合并原则

为便于调度、电网监控人员对电网的集中监控，必须将自动化采集信号进行归类、合并、优化，使其易于识别，满足调度、变电运行人员科学、合理的个性化业务需求。合并分两部分：站端合并和主站合并。站端合并是指将一、二次设备及装置产生的原始信号按照有关的采集原则、采集规范进行合并、处理。主站合并是指对已经采集到主站自动化系统数据库中的信息进行二次合并或数据挖掘。采集信号再次进行合并、挖掘、优化等工作，原则上在主站端进行。

原则上告警级别相同的信号才可以合并，以免影响对信号的初期判断和预处理。对于合并产生的遥信信号，应在信息量表中标识清楚本信号是由哪些信息合并而成的，并在设计、建设、应用的各个环节中做好多种手段的记录、备份，以方便日后查询。

（二）SOE 信号设置原则

SOE（Sequence Of Event）是指事件顺序记录系统，记录故障发生的时间和事件的类型，比如某开关××时××分××秒××毫秒。

除保护出口动作信号、开关位置信号两类信号以外，原则上不设置 SOE 信号。信号是否设置 SOE 将在系统信息规范量表中进行标识。

（三）实点/虚点信号设置原则

1. 实点信号的设置范围

（1）事故总出口；保护总出口。

（2）装置异常、闭锁。

（3）开关、电动隔离开关位置。

（4）10kV 小车、接地开关位置。

（5）机构信号。

（6）UPS 异常。

（7）主变压器分头。

（8）自动化设备异常状态等其他重要信号。

2. 虚点信号（串口信号）的设置范围

直流、消弧、保护出口、五防虚点（临时地线、网门、电容器–17 接地开关）、装置之间的通信中断等。

（四）信号动作名称规范

表示同一含义的信号命名要规范、统一，标准一致，即对相同功能而不同厂家的采集信息，应统一规范命名。

（1）遥信信息属性规范如下：

1）开关、隔离开关变位描述：“合位”/“分位”。

2）保护动作信号表述：“出口”/“复归”。

3）保护连接片状态信号描述：“投入”/“退出”。

4）越限告警信号表述：越上（下）限/复归，越上（下）限/复归。

5）小车信号描述：“工作位置”“试验位置”“检修位置”。

6）测控远方就地把手位置信号描述：“就地”/“远方”。

7）一般告警信号描述：“告警”/“复归”。

8）通信状态行为描述：“中断”/“正常”。

（2）控制行为属性规范如下：

1）断路器：合/分，同期合/分。

2）隔离开关（小车）、接地开关：合/分。

3）分接头挡位：升挡/降挡、急停。

4）继电保护和安全自动装置：投入/退出、定值区切换、信号复归。

5）VQC：投入/退出。

6）母线TV并列、母联非自动（退出母联操作电源）等。

7）顺序控制命令。

（五）报警信号设置说明

变电站或调控中心自动化监控系统、调度自动化系统（调控一体系统）的报警信号通过分类、分站、分时等多形式的报警窗进行显示，以满足变电、调控运行人员监控设备运行以及事故处理等不同形式的需要。

报警窗中报警信号的设置调整不影响历史数据库的数据记录。

对于设备正常运行过程中发出的部分信号，可采用延时过滤防抖、信号动作次数计次统计等功能进行过滤调整，以避免误报或频繁重复上报。延时时间和计次数值的设定，要根据装置、设备、厂家的具体情况进行设置，原则上在子站端或厂家装置（系统）上进行技术处理。

自动化系统事故及预告音响采用人工复归方式，严禁采用自动复归方式（无人变电站的当地监控系统除外）。

对于调控一体系统，系统应具备对数据信息分层、分流管理功能，即在一套系统中可分别选择、设定不同的应用对象，以适用于调控人员、变电运行值班员、操作队人员（只显示所属区域变电站设备信息）等不同对象对报警信号的不同需求。

对于调控一体系统、调控中心监控系统，为避免基建、检修工作传动引起的大量报警信号干扰调控人员对其他运行厂站的监控工作，系统应具备单独的传动功能，以方便传动类报警信号的集中监视。

动作信号、复归信号应以音响方式进行报警。

八、信号采集原则

信号采集工作是系统信息优化工作中最重要的一环。本部分内容主要是确定信号采集原则，要通过对信号采集过程中涉及的信号种类、信号数量、采集方法等方面的内容、技术细节进行规范定义、说明，细化采集原则，实现自动化信息采集环节的过程优化。

（一）总体原则

不同厂家、不同型号的一、二次设备或装置的各类信号，采集原则保持一致，信号名称保持统一规范，并分别建立格式统一的信息量表。

1. 遥控信息

（1）断路器、主变压器分接头、中性点隔离开关、GIS设备的隔离开关（或具备遥控条件的隔离开关)、接地开关的操作。

（2）备自投、重合闸、VQC、AVC 等功能投退。

（3）消弧线圈自动/手动设置。

（4）站用变压器低压侧开关操作。

2. 遥信信息

（1）采集原则。

1）所有一次设备的位置状态信息。

2）断路器、隔离开关、接地开关、中性点隔离开关、开关小车、变压器分头、消弧线圈分头位置。

3）站用变压器 0.4kV 侧开关位置。

4）所有装置、系统的动作、报警类信息。

（2）采集要求。

1）不具备实采条件的应通过计算机五防系统上送位置信息。

2）所有遥信信息均应真实反映遥信的动作和恢复状态。

3）事故类型的音响为喇叭，调控中心端同时报站名；预告类型的音响为铃声。开关人工操作变位原则上不响音响。

4）事故和预告音响均为人工复位。

5）实点遥信的滤波时间应设为小于 10ms。

3. 遥测信息

（1）采集原则。

1）发电机有功功率、无功功率、电流；（功率带方向，下同）。

2）变压器各侧有功功率、无功功率、电流，主变压器温度。

3）联络线路断路器有功功率、无功功率、电流。

4）负荷线路（进线/出线）断路器有功功率、无功功率、电流（若线路或母线无 TV，则可只采集电流）。

5）母联和分段断路器电流。

6）各电压等级的各段母线电压。

7）母线电压原则上都取线电压，数值取相电压的要按照比例转换为线电压显示，并且二次侧取 U_{AC}。66kV 及以下经消弧线圈接地系统及不接地系统需要监视三相电压的情况，可根据需求增加显示 A、B、C 三相电压、线电压 U_{AC}、U_{BC}、U_{AB} 及中性点电压 U_0。

8）系统频率监视点电网频率和可能解列运行点的电网频率。

9）直流系统的控制母线电压、充电机输出电流、充电机输出电压、电池组电压、控母电压。对于双套配置的直流系统上述信息应同时采集。

10）站内系统的电压分别显示 A、B、C 三相电压，站内进线开关电流 I_a、I_b、I_c，站内分段开关电流 I_a、I_b、I_c。

（2）采集要求。

1）数据单位。

a. 有功单位：MW。

b. 无功单位：Mvar。

c．电流单位：A。

d．电压单位：kV（中性点电压 U_0、消弧线圈位移电压、直流系统电压、站内系统电压单位除外，为 V）。

e．频率单位：Hz。

f．温度单位：℃。

2）应用说明。

a．监控画面原则上应显示数据单位，默认单位如上。

b．电压、频率遥测值、百分比数据保留小数点后两位数据，变压器挡位、温度值取整数，其他数据均保留小数点后一位，数据采取四舍五入的方式。

c．原则上线电压优先取 U_{AC}，电流值优先取 B 相（220kV 开关电流值取 I_a、I_b、I_c，66kV 开关电流值优先取 I_b，10kV 开关电流值取 I_a、I_c）。

d．旁路断路器的遥测量与同等级电压线路相同。

e．线路及变压器各侧有功功率、无功功率流入母线为负，流出母线为正。

f．电压、频率、百分比数据遥测值死区值设为 0，其他遥测值死区值设为 0.005。

4．状态量的定义原则

（1）遥信信号“动作”为“1”，“复归”为“0”。

（2）开关或隔离开关位置信号“合”为“1”，“分”为“0”。

（3）“远方/当地”手把位置信号在监控系统内描述为“手把位置”，“远方”为“0”，“当地”为“1”。

（4）如因装置或现场回路等原因需要对相关信号在监控系统内的数值进行取反（1–>0，0–>1）的情况，原则上都在站端系统或装置上进行处理，主站系统不再做相关处理，以保证所有信号用户化标准统一。

（二）分类信号采集原则

1．综合类信号采集原则

（1）事故总信号（注：通过实点信号上传）。

（2）装置故障类信号（注：原则上采用实点方式）。

（3）装置通信异常［注：监控系统与 RTU（测控装置）之间的通信异常由监控系统采用通信方式直接判断，保护管理机与其相连的保护装置之间的通信异常由保护管理机采用通信方式直接判断］。

（4）装置或系统软件死机告警。

（5）控制回路断线。

（6）消防系统动作（注：采用接点方式接入测控装置）。

（7）变压器水喷系统动作（注：采用接点方式接入测控装置）。

（8）UPS 电源系统故障（注：采用接点方式接入测控装置）。

（9）所有地线、网门状态（注：通过计算机五防系统实现）。

2．母线信号采集原则

（1）TV 断线（含线路 TV）。

（2）TV 并列。

（3）系统接地（各母线分发）。

3. 开关信号采集原则

（1）液压机构。

（2）开关位置（注：采用接点直接采集，采用常开辅助接点）。

（3）液压异常报警。

（4）液压压力低闭锁重合闸。

（5）液压压力低闭锁合闸。

（6）液压压力低闭锁分闸。

（7）打压频繁（注：分相发，由监控系统对油泵运转进行计数后发，油泵运转要求加延时处理以躲过正常信号）。

（8）气动机构信号。

（9）开关位置（注：采用接点直接采集，尽量采用常开辅助接点）。

（10）空气压力异常报警。

（11）空气压力低闭锁合闸。

（12）空气压力低闭锁分闸。

（13）打压超时（注：首先考虑采用接点方式，接点引出不具备时，则通过监控系统对空气压缩机运转其进行计时处理）。

（14）空气压缩机电源断线（注：将电动机控制电源断线及电动机电源断线合发）。

（15）空气压缩机打压频繁（注：分相发，由监控系统对油泵运转进行计数后发“空气压缩机打压频繁”，空气压缩机运转要求加延时处理以躲过正常信号）。

（16）空气压力高报警。

（17）气动弹簧机构。

（18）开关位置（注：采用接点直接采集，尽量采用常开辅助接点）。

（19）空气压力异常报警。

（20）空气压力低闭锁分闸。

（21）空气压力低闭锁合闸。

（22）打压超时（注：首先考虑采用接点方式，接点引出不具备时，则通过监控系统对空气压缩机运转其进行计时处理）。

（23）空气压缩机电源断线（注：将电动机控制电源断线及电动机电源断线合发）。

（24）空气压缩机打压频繁（注：分相发，由监控系统对油泵运转进行计数后发打压频繁，空气压缩机运转要求加延时处理以躲过正常信号）。

（25）空气压力高报警。

（26）弹簧机构信号。

（27）开关位置（注：采用接点直接采集，尽量采用常开辅助接点）。

（28）弹簧未储能（注：如果“弹簧未储能”信号采用硬接点方式发 ，则“储能电机失电”信号取消）。

（29）SF_6气体开关本体信号。

（30）SF_6气体压力低报警。

（31）SF_6气体压力低闭锁分合闸。

（32）其他气室压力低报警（GIS）。

4. 隔离开关信号采集原则

隔离开关信号采集指所有隔离开关位置，包括主隔离开关、接地开关、中性点隔离开关、小车位置等。对于通过监控系统操作的电动隔离开关，其位置通过电缆直接采集；其他当地操作的电动隔离开关、所有机械隔离开关均由计算机五防系统采集。GIS 设备所有隔离开关均应通过电缆直接采集。

5. 主变压器信号采集原则

（1）本体油位异常。

（2）调压箱油位异常。

（3）冷却器全停（强油风冷）。

（4）冷却器故障（强油风冷）。

（5）冷却器电源Ⅰ故障（强油风冷）。

（6）冷却器电源Ⅱ故障（强油风冷）。

（7）风扇故障（油浸风冷）。

（8）主变压器过温。

（9）压力释放。

（10）分头位置。

（11）水压报警（水冷系统）。

（12）水温过高（水冷系统）。

（13）冷却器故障（水冷系统）。

（14）油泵备用电源投入（水冷系统）。

（15）冷却器风扇备用电源投入（水冷系统）。

（16）油泵电源Ⅰ失电（水冷系统）。

（17）油泵电源Ⅱ失电（水冷系统）。

（18）冷却器风扇电源Ⅰ失电（水冷系统）。

（19）冷却器风扇电源Ⅱ失电（水冷系统）。

（20）冷却器全停（水冷系统）。

（21）油流停止（水冷系统）。

6. 保护、自动装置信号采集原则

（1）10kV 馈线保护选取：过流保护动作、速断保护动作、零序保护动作、重合闸动作、低周动作按开关分发。

（2）10kV 电容器、电抗器保护信号采集原则参照 10kV 馈线。

（3）66kV 及以上电压等级线路保护依照其配备保护类型，原则上只采集保护出口动作信号。

（4）主变压器保护依照其配备保护类型，原则上只采集保护出口动作信号，保护 TC、TV 断线、过温、过负荷信号。

（5）主变压器非电量预告信号通过保护屏虚点上送。

（6）故录设备：按设备分发故录装置故障信号。

（7）监控系统至各装置（保护管理机，测控单元等）通信中断须由监控主机发出报警信号。

（8）收发讯机及音频接口装置动作、故障信号应该分开发送。

（9）保护管理机、测控单元装置对保护或其他装置通信中断必须由保护管理机和测控单元发出告警信号。

（10）220kV 及以上保护、主变压器保护安装于保护室（不含小室）时，每种保护按性质分别发保护动作信号，接入 TV 的保护发 TV 断线信号。

（11）保护装置故障必须发接点信号，每套保护有多个装置时分别发信号。装置故障不包含电源消失时信号并发。

（12）保护装置安装于保护室小室或该站为无人站时，每种保护按性质分段发保护动作信号（如零序二段、距离一段等）。

（13）装于开关柜的保护每种保护动作分段单独发出信号。装置故障也由通信方式传至监控系统。电源消失可多套装置并发接点信号。

（14）消防系统、通风系统及其他需控制或发信号的系统均须用通信方式或接点方式传至监控系统。

7. 直流系统信号采集原则

（1）充电机故障（如果充电机正常停运发故障信号，则各充电机应分发此信号）。

（2）直流系统接地（两段直流分发）。

（3）直流母线电压异常（两段直流分发）。

（4）充电机交流失电。

（5）直流系统故障监控器故障、蓄电池故障、馈线故障等合发（注：直流系统含绝缘监察装置）。

8. 站内系统信号采集原则

（1）站内失压。

（2）站内低压主开关及母联开关进线柜开关位置。

9. 消弧线圈信号采集原则

（1）自动：状态、分头位置、电流。

（2）手动：状态、分头位置。

10. VQC 信号采集原则

（1）人工复归 VQC 闭锁***（电容器、电抗器、主变压器各路分发）。

（2）自动复归 VQC 闭锁***（电容器、电抗器、主变压器各路分发）。

（3）VQC 运行状态（投入/退出）。

（4）VQC 控制***状态（电容器、电抗器、主变压器分发）。

11. UPS 电源装置采集原则

（1）UPS（逆变电源）直流异常报警。

（2）UPS（逆变电源）交流异常报警。

（3）UPS（逆变电源）装置异常报警。

（4）UPS（逆变电源）旁路状态。

12. 事故总信号的采集原则

（1）所有开关事故总信号均采用保护装置动作总出口的硬接点汇集后生成事故总信号。

（2）66kV 以上开关事故总信号通过测控装置采集各保护装置动作总出口硬接点信号后传送到远动工作站和当地监控系统进行逻辑合成生成 66kV 以上开关事故总信号。

（3）66kV 及以下开关事故总信号通过测控装置采集各保护测控一体装置的硬接点信号后

传送到远动工作站和当地监控系统进行逻辑合成后生成66kV及以下开关事故总信号。

（4）将所有保护动作总出口信号合成后生成全站事故总信号。

九、信息量命名规范

（一）信息量表的定义

信息量表是电网设计、变电运行、调度运行以及自动化系统运行维护等人员进行电网设计、设备监控、调度自动化系统建设维护、电网生产管理等工作需要依据的自动化信息表，它以标准的格式、字段和内容对自动化信息进行统一规范，以满足电网运行监控和生产管理的实际需要。

信息量表主要包含以下字段内容：类别、信息名称描述、信号传送目的地（如当地、调控中心、区调、市调、网调）、SOE/COS、计次范围、计时范围、实点/虚点、接点类型（开/闭）、状态描述（动作/复归）、信号类型、信号组成、信号解释等。

（二）信息命名规范

1. 公共类信号

公共类信号的命名原则参照信号采集原则中确定的信号基本名称执行。

2. 保护类信号

（1）保护类信号名称规范：保护信号组成="S1"+"S2"+"（设备编号）"+"出口/报警"。

（2）信号组成说明：

1）S1：变电站名称。

2）S2：设备单元名称及设备编号。

3）跳闸信号中统一加"出口"标识。

（3）保护动作信号示例：

1）柳树变电站三号电容器4984保护出口。

2）营口变电站营牛一线6618第一套主保护出口。

3）镁都变电站一号主变压器本体重瓦斯出口。

3. 遥测、遥信信息

遥测、遥信信息的命名依照公司规定。

4. 信息命名规范说明

（1）非跳闸类信号命名原则与跳闸类信号命名，在原则上主要是将事故类"出口"更换为"动作/复位"，其余的信息均应一致。

（2）一次无设备的间隔各种信息不进行采集。

（3）GIS设备一次有设备二次无设备的间隔除"其他气室 SF_6 压力低"外各种信息不进行采集。

十、信号显示优化原则

自动化系统采集的信息重点用来展示给调度及变电监控人员，为调控人员监控电网安全运行和处理电网故障及异常提供信息支持，另一方面按照一定的技术标准储存采集信息，用于电网数据的统计、计算、分析等方面工作，满足生产管理的相关需求。

本部分内容主要是确定信息的显示/筛选/查询/提取等功能原则，指导"已采集信息"友好、简捷、方便、快速地展示，实现展示层面的优化目的。

（一）信号显示原则

（1）自动化信号应具备分窗口、分层、分流显示功能。

（2）原则上告警窗分为事故告警窗、异常告警窗、限时、限次复归告警窗、操作告警窗、历史信息窗五类。

（3）各窗口显示的信息及筛选方式可以根据监控人员的应用需求定制。

（4）显示××变电站图时，告警窗口信息应能够根据不同的窗口类别快速提取本站全部信息。

（二）告警窗设置原则

1. 事故告警窗

（1）功能。电网事故或异常情况下（触发事故总信号时），事故窗将作为事故处理的主监视窗口，其中展现的信号信息可以满足调控人员、变电值班员应急处置用，包含如下信号：

1）事故总信号。

2）开关分闸及合闸信号。

3）保护跳闸及安全自动装置动作信号。

（2）功能及展示说明。

1）电网故障情况下事故窗能够自动弹出，当所控范围内单一变电站故障时，同时推出该站一次系统图，事故窗应在一次系统图前端显示。事故窗内上端显示故障变电站名称，下端窗口显示该站跳闸信息。信息按照时间先后顺序从上到下排列。当监控系统具备双屏显示时，左屏显示事故窗，右屏显示故障变电站一次系统图。

2）当所控范围内两站及以上变电站故障时，推出地区电网框图，电网图中发生故障的变电站应闪烁且监控系统能直观显示全部故障变电站。事故窗能够自动弹出且在电网图前端显示。当监控系统具备双屏显示时，左屏显示事故窗，右屏显示地区电网框图。事故窗内上端根据故障发生的时间依次显示故障变电站名称、发生故障变电站的总数，下端窗口显示故障变电站跳闸信息。信息按照时间先后顺序从上到下排列。点击事故窗内上端变电站名称能够单独弹出该站的事故窗，事故窗内只显示该站的信息。

3）事故窗内开关分闸信号用绿色显示，合闸信号用红色显示，其他用蓝色显示。

4）事故窗弹出后默认显示动作信号，可通过勾选选择同时显示复归信号，复归信号用灰色显示。

5）事故窗内可通过勾选选择显示 SOE 信息或 COS 信息。可自行设定默认显示一种。

6）事故窗内可勾选选择显示开关变位信息或保护跳闸信息。默认为全部显示。

7）事故窗默认只显示本次事故的内容，且可以按照不同时间段或按站进行筛选。

8）事故窗具备直接打印或筛选后打印功能。

2. 限时、限次复归告警窗

（1）功能。限时、限次复归告警窗显示除保护跳闸及自动装置动作信号、风冷全停异常信号外的设备异常信息或需要特殊处理的遥测越限等信息，同时信息的动作时间在规定时间或次数内自动复归。信息可分类、分时、分站筛选/提取。进入限时、限次复归告警窗口的信息没有音响。

（2）功能及展示说明。

1）限时、限次复归告警窗内应显示变电站名称、动作复归的信号描述、限值（时间）、限值（次数）、最小复归时间、最长复归时间、最小间隔时间、最长间隔时间、日动作次数、周动作次数、月动作次数。点击该信息可选择显示当日的所有动作复归详细信息、每分钟或小时动作复归次数，历史查询等功能。

2）窗口内信息可按变电站、时间、调度号、次数等内容进行排序。

3）窗口内信号的动作复归时间、动作次数可统一设定也可根据个别间隔或信号单独设定。

4）信号动作复归次数的清零时间可统一设定也可根据个别间隔或信号单独设定。

5）信息设定的时间及次数可任意组合，且可按站、按关键字、按调度号、按类别、按时间等灵活查询。

6）当信号的恢复时间超过规定时间或信号的恢复时间虽未超过规定时间，但设定的次数超过限定的次数时信号进入异常报警窗。原有记录的动作复归次数不再在窗口中保留，但可从窗口内查询。

7）对“油泵运转”等特殊信号可设置当日到达次数报警后，超过的动作次数不再报警，只在窗口内显示动作次数，可采用快捷方式查看且与其他信号单独分开。

8）限时、限次复归告警窗口具备人工保存、自动保存和提取查看、自动对比等功能。自动对比可突出显示新增信号、减少信号，信号次数增多、减少等。

9）限时、限次复归告警窗口采用人工调用方式查看。

10）限时、限次复归告警窗口具备直接打印或筛选后打印功能。

3. 异常告警窗

（1）功能。信息内容能够展示事故窗、限时、限次复归告警窗、异常报警及操作窗的监控信息，默认情况下只显示非“限时、限次复归告警窗”显示的各种设备异常信息、遥测越限报警、开关自动变位。信号可分类、分时、分站筛选/提取。

（2）功能及展示说明。

1）异常告警窗内遥测越限报警信息、异常信息、开关自动变位信息按照不同颜色进行区分。告警信号如按照分级显示应可按照分级提取（按照报警级别分别着色）。

2）异常告警窗分上下两个窗口显示，信号动作或复归时，监控系统针对动作或复归信号报出相应的站名及报警类别，报警信息在未确认前在窗口上面闪动，人工确认且复归后信号进入窗口下面，需要查看时可以调用。下部窗口可根据点选快捷按钮选择是否显示。

3）SOE信号显示：异常告警窗内默认显示COS信号，但可以点选SOE信号，点选后，SOE信号按时间顺序与COS信号一起显示在异常告警窗内。

4）按站显示：异常告警窗内信息可以点选后按站进行排序显示，同一站内信息排列在一起，各站排列顺序按站字母顺序进行排列。

5）历史信息查询：在异常告警窗内针对一条信息，点击鼠标右键，点击历史查询，可自动显示此信息历史上发生，复归时间。

6）查询确认信息：在异常告警窗值班人员确认信息不再直接显示，可在异常告警窗内针对一条信息，点击鼠标右键，点击确认信息，可自动显示次信息确认时间，确认人员，确认节点。

7）事故窗、限时、限次复归告警窗及操作窗的信息正常不显示，如需查看时可通过窗口上的快捷按钮显示，相应窗口信息在此窗口显示时按照时间顺序与原窗口信息同时显示。

8）异常告警窗具备直接打印或筛选后打印功能。

4. 操作告警窗

（1）功能。应包含所有值班员操作类信息（包含操作设备、挂牌等）AVC、VQC动作信息，包含人员操作及设备自动调整伴随上送的信息，信号可分类、分时、分站筛选/提取。进入操作告警窗的信息没有音响。

（2）功能及展示说明。

1）操作告警窗内可按照不同的栏目显示值班员操作类信息、AVC动作信息和VQC动作信息，包含其伴随上送信息。

2）所有操作类信息按照不同的类别用不同的颜色标明且与其他功能区分。

3）操作告警窗口除值班员操作自动弹出外，其他采用人工调用查看方式。

4）操作告警窗口具备直接打印或筛选后打印功能。

5. 历史信息窗

（1）功能。应包含监控系统上送的全部信息，其中包含隔离开关变位、变压器挡位变化、远方当地手把位置、SOE信息、联锁解除信息、GPS对时，故录启动，收发讯机或音频接口动作，复合电压动作、调压动作、风扇启动等不在其他窗口显示的信息，信号可分类、分时、分站筛选/提取。

（2）功能及展示说明。

1）直接进入历史信息窗口内的信号颜色应用单独的颜色标明。

2）隔离开关变位信息在系统图上采用隔离开关变位显示方式。

3）历史信息窗口采用人工调用查看方式。

4）历史信息窗口可按照变电站、时间、窗口类别、报警级别、事项类型、关键字等多种查询方式进行查询和显示。

5）历史信息窗口具备直接打印或筛选后打印功能。

（三）事故追忆功能

自动化系统原则上应具备事故追忆功能。该功能应能够满足调控人员对事故前后电网设备运行状态以及保护、自动装置动作情况等进行对比分析的需求。

（四）信号屏蔽原则

为杜绝设备检修传动期间产生的大量信号导致自动化系统（含调度自动化系统）误推事故画面或信号频发干扰调度以及变电运行人员的运行监视工作，必须采用检修挂牌等形式或手段对检修设备相关信号进行短时屏蔽。

（1）信号屏蔽的范围。

1）“待用间隔”的部分信号。

2）“退运间隔”的部分信号。

3）“未运行”间隔的部分信号。

4）“检修设备”间隔的部分信号。

5）“传动设备”间隔的信号。

6）“禁止告警”类信号。

7）“其他信号”。

其他信号的释义：如设备发生缺陷或地区负荷波动，导致信号误发或频发，信号得到确认或已安排处理后可短时屏蔽；由于设备运行条件不具备，造成长期上送异常信号，由站端屏蔽或做取反处理。

（2）信号屏蔽通过“挂牌”的实现形式：系统应能够根据不同屏蔽对象设置不同的“标识牌”，应能够实现间隔、单个光字牌的挂牌，满足调控人员可以灵活选择不同类型屏蔽信号的需求。

（3）悬挂屏蔽信号标识牌的设备间隔信息发出后不上异常报警窗，对悬挂“待用”“未运行”“禁止告警”“退运”标识牌的间隔信息发出后上单独的合位提取窗口，合位提取窗口能够定期保存和对比查看，值班员根据需要定期查看。悬挂“传动”标识牌的间隔信息发出后，信息上单独的传动区。悬挂“检修”标示牌的间隔信息发出后，信息进入历史信息窗。

（4）对悬挂“传动”“检修”牌的报警信息触发的“事故总”信号应直接进入传动区而不在正常监视的监控系统内报警。

（五）信号计次处理原则

对开关机构发出的关于打压超时、打压频繁等异常信号采取计次处理，通过上传次数记录，设置告警门槛值，达限告警。原则如表5-1所示。

表5-1　　信号计次处理原则

开关机构类型	告警值（次）
敞开式气动机构	5
敞开式液压机构	5
GIS集中供气装置	10
GIS断路器液压机构（国产）	5
GIS断路器液压机构（合资或进口）	10

第三节　调度监控业务的主要内容

培训目标

掌握监控员的职责；掌握监控职责的移交与回收；掌握监控信息收集；掌握监控信息处理；掌握监控操作业务；掌握无功电压调整业务，了解配合进行“五遥”信息的传动及变电站的验收。

调度监控业务的主要内容包括信息监控、遥控操作、电压调整、事故异常处理、配合进行“五遥”信息的传动及变电站的验收以及监控日常工作等。

一、监控员职责的内容

调控中心负责监控范围内变电站设备监控信息和状态在线监测告警信息的集中监视。具体内容如下：

（1）负责通过监控系统监视变电站运行工况。

（2）负责监视变电站设备事故、异常、越限及变位信息。

（3）负责监视输变电设备状态在线监测系统告警信号。

（4）负责监视变电站消防、安防系统告警总信号。

（5）负责通过工业视频系统开展变电站场景辅助巡视。

设备集中监视可分为正常监视、全面监视和特殊监视。

1. 正常监视

正常监视要求监控员在值班期间不得遗漏监控信息，并对监控信息及时进行确认。正常监视发现并确认的监控信息应按照《调控机构设备监控信息处置管理规定》（国家电网调度〔2012〕282 号）要求，及时进行处置并做好记录。

2. 全面监视

全面监视是指监控员对所有监控变电站进行全面的巡视检查，220kV 及以上变电站每值至少两次，220kV 以下变电站每值至少一次。

全面监视内容包括：

（1）检查监控系统遥信、遥测数据是否刷新。

（2）检查变电站一、二次设备，站用电等设备运行工况。

（3）核对监控系统检修置牌情况。

（4）核对监控系统信息封锁情况。

（5）检查输变电设备状态在线监测系统和监控辅助系统（视频监控等）运行情况。

（6）检查变电站监控系统远程浏览功能情况。

（7）检查监控系统 GPS 时钟运行情况。

（8）核对未复归、未确认监控信号及其他异常信号。

3. 特殊监视

特殊监视是指在某些特殊情况下，监控员对变电站设备采取的加强监视措施，如增加监视频度、定期查阅相关数据、对相关设备或变电站进行固定画面监视等，并做好事故预想及各项应急准备工作。

遇有下列情况，应对变电站相关区域或设备开展特殊监视。

（1）设备有严重或危急缺陷，需加强监视时。

（2）新设备试运行期间。

（3）设备重载或接近稳定限额运行时。

（4）遇特殊恶劣天气时。

（5）重点时期及有重要保电任务时。

（6）电网处于特殊运行方式时。

（7）其他有特殊监视要求时。

监控员应及时将全面监视和特殊监视范围、时间、监视人员和监视情况记入运行日志和相关记录。

二、监控职责的移交与回收

出现以下情形，调控中心应将相应的监控职责临时移交运维单位。

（1）变电站站端自动化设备异常，监控数据无法正确上送调控中心。

（2）调控中心监控系统异常，无法正常监视变电站运行情况。

（3）变电站与调控中心通信通道异常，监控数据无法上送调控中心。

（4）变电站设备检修或者异常，频发告警信息影响正常监控功能。

（5）变电站内主变压器、断路器等重要设备发生严重故障，危及电网安全稳定运行。

（6）因电网安全需要，调控中心明确变电站应恢复有人值守的其他情况。

1. 监控职责移交

（1）监控职责临时移交时，监控员应以录音电话方式与运维单位明确移交范围、时间、移交前运行方式等内容，并做好相关记录。

（2）监控职责移交完成后，监控员应将移交情况向相关调度进行汇报。

2. 监控职责收回

（1）监控员确认监控功能恢复正常后，应及时通过录音电话与运维单位重新核对变电站运行方式、监控信息和监控职责移交期间故障处理等情况，收回监控职责，并做好相关记录。

（2）收回监控职责后，监控员应将移交情况向相关调度进行汇报。

三、各类信息收集

调控中心值班监控人员（以下简称“监控员”）通过监控系统发现监控告警信息后，应迅速确认，根据情况对以下相关信息进行收集，必要时应通知变电运维单位协助收集。

（1）告警发生时间及相关实时数据。

（2）保护及安全自动装置动作信息。

（3）开关变位信息。

（4）关键断面潮流、频率、母线电压的变化等信息。

（5）监控画面推图信息。

（6）现场影音资料（必要时）。

（7）现场天气情况（必要时）。

四、监控信息的处理

1. 事故处理

（1）信息收集。值班监控员通过监控系统发现监控事故信息后，应迅速确认，根据情况对以下相关信息进行收集。

1）事故发生时间。

2）变化动作信息、安全自动装置信息。

3）断路器变位信息。

4）关键断面潮流、频率、电压的变化等信息。

5）现场视频信息（必要时）。

（2）事故处理流程。

1）收集事故信息，按照有关规定及时向相关调度汇报，并通知运维单位检查。

2）接受运维单位现场检查情况汇报，及时向调度员汇报事故详细情况。

3）按照调度指令进行事故处理，并监视相关变电站运行工况，跟踪了解事故处理情况。

4）事故处理结束后，巡视监控系统，并与运维人员核对设备运行状态是否一致。

5）对事故发生、处理和联系情况进行记录，并根据《调控机构设备监控运行分析管理规定》填写事故信息专项分析报告。

2. 异常处理

（1）缺陷管理。值班监控员负责对监控系统告警信息进行分析判断，及时发现缺陷，通知设备运维单位，跟踪缺陷处置情况，并做好相关记录，必要时通知设备监控管理专责和相关主管领导。

（2）缺陷发起。

1）值班监控员发现监控系统告警信息后，应按照《调控机构信息处置管理规定》进行处置，对告警信息进行初步判断，认定为缺陷的启动缺陷管理程序，报告监控值班负责人，经确定后通知设备运维单位处理，并填写缺陷管理记录。

2）若缺陷可能会导致电网设备退出运行或电网运行方式改变时，值班监控员应立即汇报相关值班调度员。

（3）缺陷具体处理。

1）值班监控员收到运维单位核准的缺陷定性后，应及时更新缺陷管理记录。

2）值班监控员对设备运维单位提出的消缺工作需求，应予以配合。

3）值班监控员应及时在调控中心缺陷管理记录中记录缺陷发展以及处理情况。

（4）消缺验收。

1）值班监控员接到运维单位核对的缺陷的报告后，应与运维单位核对监控信息，确认缺陷信息复归且相关异常情况回复正常。

2）值班监控员应及时在缺陷管理记录中填写验收情况并完成归档。

3. 越限处理

（1）信息收集。值班监控员通过监控系统发现监控越限信息后，应迅速确认，根据情况对以下相关信息进行收集。

1）越限信息内容。

2）越限值及越限程度。

3）越限设备双重名称。

4）越限设备所属变电站的无功投退情况。

（2）越限处理流程：设备重载后越限处理流程如下：

1）汇报调度。

2）通知运维现场检查，并将详细情况向调度汇报。

3）加强监视，并依据调度指令处理。

4）做好相关记录。

4. 变位处理

（1）信息收集。值班监控员通过监控系统发现监控变位信息后，应迅速确认，根据情况对以下相关信息进行收集。

1）变位信息内容。

2）变位设备所在间隔光字牌信息。

3）断路器变位信息。

4）相关线路或主变压器等设备负荷变化等相关信息。

（2）变位处理流程。

1）确认设备变位情况是否正常。

2）如变位信息异常，应根据情况参照事故信息或异常信息进行处理。

五、监控操作业务

1. 监控远方操作范围

（1）拉合断路器的单一操作。

（2）调节变压器有载分接开关。

（3）投切电容器、电抗器。

（4）其他允许的遥控操作。

2. 设备有下列情况时不允许进行监控远方操作

（1）设备未通过遥控验收。

（2）设备存在缺陷或异常不允许进行遥控操作时。

（3）设备正在进行检修时（遥控验收除外）。

（4）监控系统异常影响设备遥控操作时。

3. 监控远方操作有关规定

（1）监控员进行监控远方操作应服从相关值班调度员统一指挥。

（2）监控员在接受调度操作指令时应严格执行复诵、录音和记录等制度。

（3）监控员执行的调度操作任务，应由调度员将操作指令发至监控员。监控员对调度操作指令有疑问时，应询问调度员，核对无误后方可操作。

（4）监控远方操作前应考虑操作过程中的危险点及预控措施。

（5）进行监控远方操作时，监控员应核对相关变电站一次系统图，严格执行模拟预演、唱票、复诵、监护、录音等要求，确保操作正确性。

（6）监控远方操作中，若发现电网或现场设备发生事故及异常，影响操作安全时，监控员应立即终止操作并报告调度员，必要时通知运维单位。

（7）监控远方操作中，若监控系统发生异常或遥控失灵，监控员应停止操作并汇报调度员，同时通知相关专业人员处理。

（8）监控远方操作中，监控员若对操作结果有疑问，应查明情况，必要时应通知运维单位核对设备状态。

（9）监控远方操作完成后，监控员应及时汇报调度员，告知运维单位，对已执行的操作票应履行相关手续，并归档保存，做好相关记录。

六、无功电压调整业务

（1）监控员应根据相关调度颁布的电压曲线及控制范围，投切电容器和调节变压器有载分接开关，操作完毕后做好记录。

（2）由调度员直接发令操作电容器和变压器有载分接开关，监控员应按调度指令执行。

（3）自动电压控制系统（AVC）异常，不能正常控制变电站无功电压设备时，监控员应汇报相关调度，将受影响的变电站退出控制，并通知相关专业人员进行处理。退出AVC系统期间，监控员应按照电压曲线及控制范围调整变电站母线电压。

AVC系统控制的变电站电容器和调节变压器有载分接开关需停用时，监控员应按照相关规定将间隔退出AVC系统。

七、配合进行“五遥”信息的传动及变电站的验收

“五遥”信息验证：负责监控信息调度端和变电站端之间的验收。变电设备检修时，涉及信号、测量或控制回路的，即使监控信息表未发生变化，运维单位也应在工作前向值班监控员汇报，检修结束恢复送电前，运维单位还应与值班监控员核对双方监控系统信息的一致性。值班监控员根据验收工作方案，按照验收作业指导书要求，与现场运维人员共同对监控信息逐一进行核对，并进行相关遥控试验，验证告警直传和远方预览功能，做好验收记录。

变电站现场遥视装置在与监控人员进行遥视对试时，遥控系统必须满足以下要求：

（1）本地或调控中心操作发出来的命令控制视频切换、画面分割，控制镜头聚焦、远景/近景、光圈调节，控制云台上、下、左、右巡视动作。

（2）遥视系统支持远程管理、查询、回放录像功能。

尚未实施集中监控的变电站，在满足集中监控技术条件后，运维单位如需将变电站纳入调控中心设备集中监控，应向调控中心提交变电站实施集中监控许可申请和相关技术资料。提交的技术资料主要包括：

1）设备台账/设备运行限额（包括最小载流元件）。

2）现场运行规程（应包括变电站一次主接线图，站内交流系统图，站内直流系统图、GIS 设备气隔图、现场事故预案等）。

3）变电站遥视 IP 地址及相关投运资料上报信通公司，现场遥视装置接入遥视系统后经现场人员与监控人员对试无问题后，将变电站遥视装置相关资料送报调控中心。

4）变化配置表。存在下列影响正常监控的情况应不予通过评估：

a．设备存在危急或严重缺陷。

b．监控信息存在误报、漏报、频繁变位现象。

c．遥视装置未接入遥视系统。

d．现场检查的问题尚未整改完成，不满足集中监控技术条件。

e．其他影响正常监控的情况。

运维单位和调控中心按照批复进行监控职责移交，调控中心当值值班监控员与现场值班运维人员通过录音电话按时办理集中监控职责交接手续，并向相关调度汇报。

第四节　设备遥控操作

培训目标

掌握遥控一般原则及安全要求；掌握遥控操作程序及步骤；掌握断路器遥控操作要求及危险点预控措施；掌握隔离开关遥控操作要求及危险点预控措施；掌握二次设备遥控操作要求及危险点预控措施。

一、一般原则及安全要求

1．设备操作的基本概念

电气设备有四种稳定的状态，即运行状态、热备用状态、冷备用状态和检修状态，如表 5-2 所示。

表 5-2　电气设备状况一览表

<table>
<tr><td rowspan="4">电气设备状态</td><td>运行</td><td colspan="2">断路器和隔离开关均在合上位置，电源至受电端之间的电路连通</td></tr>
<tr><td>热备用</td><td colspan="2">仅断路器断开，即无明显断开点，断路器一经合闸即可将设备投入运行</td></tr>
<tr><td>冷备用</td><td colspan="2">断路器和隔离开关均在开位</td></tr>
<tr><td>检修</td><td>断路器检修</td><td>断路器及两侧隔离开关均在断开位置，断路器控制回路断开，两侧装设接地线或合上接地开关，断路器连接到差动保护的电流互感器回路脱离运行回路并短接接地</td></tr>
</table>

续表

电气设备状态	检修	线路检修	线路断路器及两侧隔离开关均在断开位置，线路电压互感器隔离开关拉开并取下低压熔断器或断开空气开关，在线路侧装设接地线或合上接地开关
		主变压器检修	主变压器各侧断路器及隔离开关均在断开位置，并在主变压器各侧装设接地线或合上接地开关，断开主变压器相关辅助设备电源
		母线检修	连接在该母线上的所有断路器及隔离开关均在断开位置，该母线连接的电压互感器及避雷器为冷备用或检修状态，并在该母线上装设接地线或合上接地开关

将电气设备由一种状态转变为另一种状态所进行的一系列操作称为电气设备倒闸操作。电气设备倒闸操作可以通过就地操作、遥控操作、程序操作完成。遥控操作是指调控人员在调度端发出下行控制命令，通过交互式对话过程，选择操作对象、返校、确认等完成对某一操作过程的全部要求。

遥控操作控制的对象有断路器、隔离开关、软连接片及有载调压变压器分接开关。其中断路器遥控操作的内容包含线路停送电操作、母线停送电操作、主变压器停送电操作、补偿设备停送电操作、解/合环操作、并/解列操作等；隔离开关遥控操作包括变压器中性点接地开关操作，线路停、送电操作；软连接片遥控操作的内容包括重合闸软连接片及备自投软连接片的操作；分接开关遥控操作包括有载调压变压器分接开关操作。

遥控操作的基本类型包括正常计划停送电操作、无功电压调节控制、异常及事故处理。

2. 遥控操作的一般原则

（1）未经调控机构值班调度员指令，任何人不得操作该调控机构调度管辖范围内的设备。调度许可设备在遥控操作前应经上级调控机构值班调度员许可，操作完毕后应及时汇报。

（2）认为接受的调度指令不正确或执行该指令将危及人身、设备及系统安全的，应立即向发令人提出意见，尤其决定该指令的执行或撤销。

（3）接受调度指令时，应互报单位、姓名，严格遵守复诵、录音、监护、记录等制度，并使用统一规范的调度术语和操作术语。遥控操作命令应使用包括变电站名称、设备名称、设备编号的三重命名。

（4）遥控操作前应考虑继电保护及自动装置是否需要调整，防止因继电保护及自动装置误动或拒动而造成事故。

（5）执行遥控操作应由两人进行，一人操作、另一人监护。

（6）备自投或重合闸需要进行遥控投停操作时，应遵循所属主设备停运前退出运行、在所属主设备送电后投入运行的操作顺序。

3. 遥控操作的一般安全要求

（1）非经上级部门批准公布允许操作的人员不得进行遥控操作。因故脱离运行岗位连续3个月以上者，未经重新考试合格，不得进行遥控操作。

（2）未经值班调度员的操作指令不得擅自对管辖设备进行遥控操作。

（3）严禁正常操作时不使用操作票进行遥控操作。事故应急处理可不用操作票，但应做好相关记录。

（4）严禁不按操作票步骤进行跳项、漏项或打乱顺序操作，应按每操作一步打一个勾的操作原则进行操作。操作中发生疑问时，应立即停止操作并向发令人报告，不准擅自更改操作票。

（5）严禁操作口令互通以及失去监护进行遥控操作。

（6）严禁在操作过程中随意中断操作，从事与操作无关的事。确实因故中断操作后，恢复时必须重新核对设备三重命名并唱票、复诵无误后，方可继续操作。

二、程序及步骤要点

（一）遥控操作流程图

遥控操作流程图如图 5-1 所示。

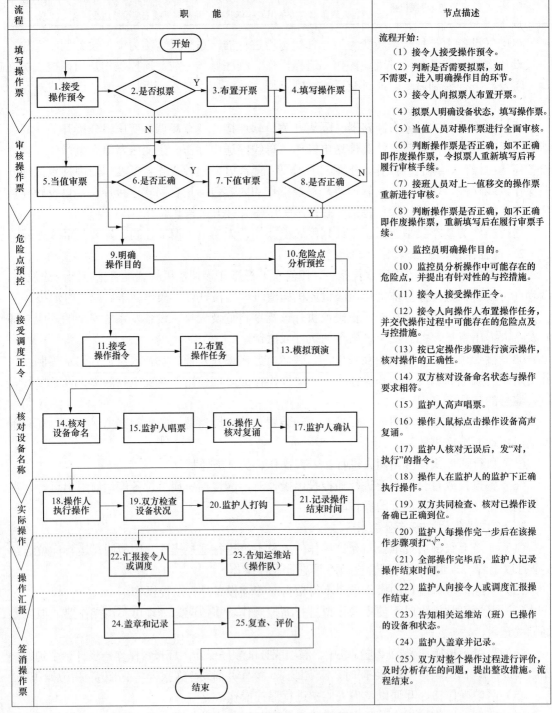

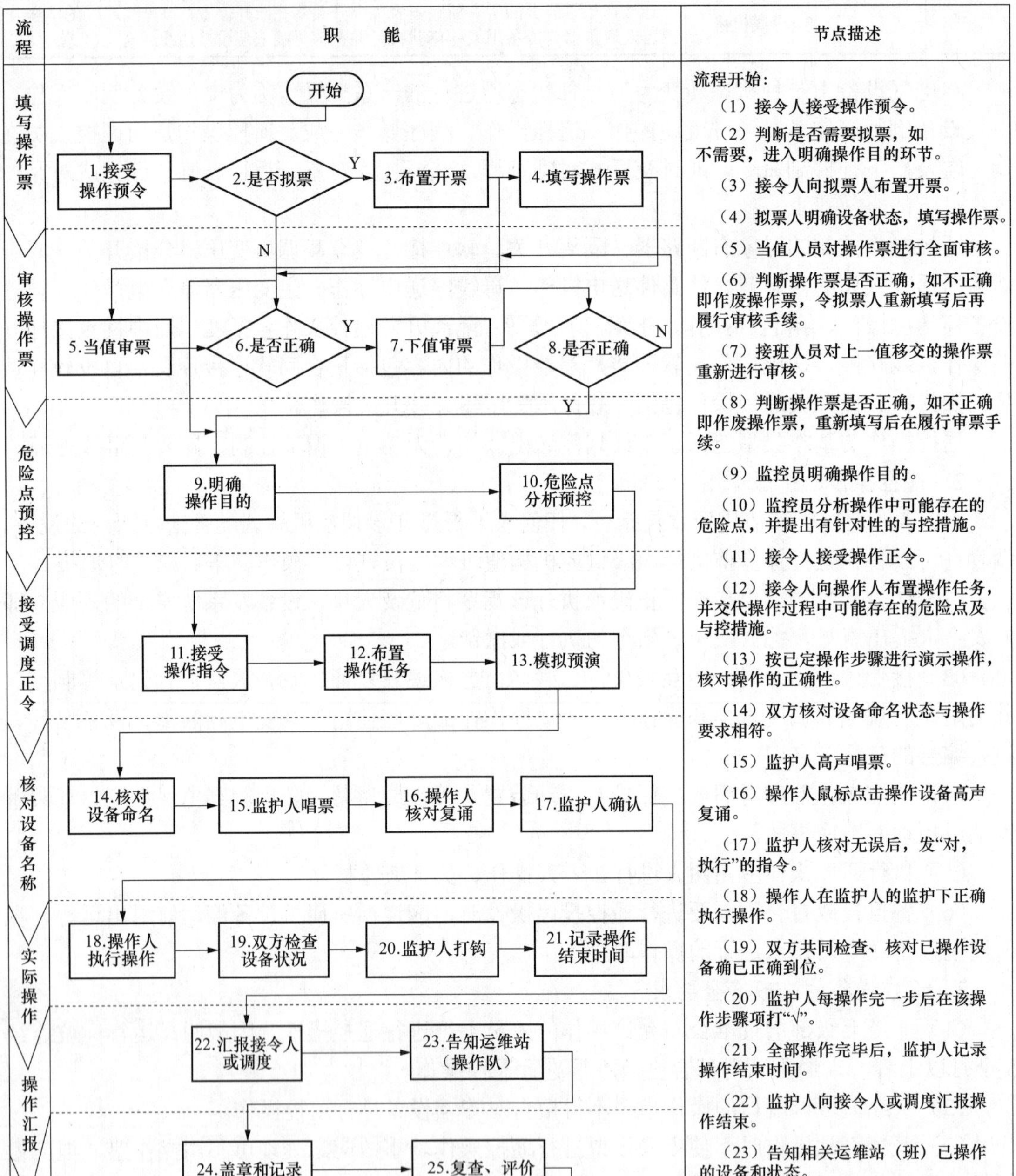

图 5-1　遥控操作作业流程图

（二）遥控操作程序及要点

1. 填写操作票

填写操作票的步骤要点见表5-3。

表5-3 填写操作票的步骤要点

序号	程序	步骤要点
1	接受操作预令	（1）开启录音设备，互通单位、姓名。 （2）听取指令，高声复诵。 （3）了解操作目的和预定操作时间。 （4）接令人审核预令正确性，如发现疑问，应及时向发令人询问清楚
2	布置开票	（1）接令人向拟票人布置开票。 （2）接令人向拟票人交代必要的注意事项。 （3）拟票人复诵无误
3	填写操作票	（1）拟票人根据接令人布置的操作任务，核对命令录音、值班记录无误后开始拟票。 （2）拟票前，应查对一次系统接线图，必要时应查对设备的实际状态。 （3）拟票人自行审核无误后在操作票上签名，并交付审核（若发现错误应及时作废操作票，在操作票上签名，然后重新拟票）

2. 审核操作票

审核操作票的步骤要点见表5-4。

表5-4 审核操作票的步骤要点

序号	程序	步骤要点
1	当值审票	（1）当值人员对操作票进行全面审核，逐项审核操作步骤是否达到操作目的、是否满足运行要求，确认无误后签名。 （2）审核时若发现操作票有误即作废操作票，令拟票人重新填票，然后再履行审核手续
2	下值审票	（1）交接班时，交班人员应移交本值未执行的操作票，并交代有关操作注意事项。 （2）接班人员应对上一值移交的操作票重新进行审核，若发现有误即作废操作票并重新填票，然后再履行审票手续

3. 危险点预控

危险点预控的步骤要点见表5-5。

表5-5 危险点预控的步骤要点

序号	程序	步骤要点
1	明确操作目的	接令人应讲清楚本次操作的目的
2	危险点分析预控	接令人和拟票人根据操作任务、操作内容、设备运行方式共同分析本次操作过程中可能存在的危险点，并提出针对性的预控措施

4. 接受调度正令

接受调度正令的步骤要点见表5-6。

表5-6 接受调度正令的步骤要点

序号	程序	步骤要点
1	接受操作正令	（1）接令人开启录音设备，互报单位、姓名。 （2）听取正令，接令人高声复诵。

续表

序号	程序	步骤要点
1	接受操作正令	（3）经发令人认可后发出“对，执行”的命令。 （4）接令人核对正令与已拟好的操作票的操作任务和运行方式是否一致，如有疑问，应向发令人询问清楚
2	布置操作任务	（1）接令人填写发令人、接令人、发令时间并签名。 （2）接令人向操作人面对面布置操作任务，并交代操作过程中可能存在的危险点及预控措施。 （3）操作人完整、准确、清晰复诵操作任务无误后，监护人发出“对，可以开始操作”命令
3	模拟预演	在模拟系统上按照已定操作步骤进行演示操作，核对操作的正确性

5. 核对设备命名

核对设备命名的步骤要点见表5-7。

表5-7　核对设备命名的步骤要点

序号	程序	步骤要点
1	核对设备命名	（1）除无功电压调节及事故应急处理遥控操作外，其他遥控操作均应在操作前通知运维站操作内容。 （2）操作人进入操作画面，用鼠标点击该设备的图标并唱读设备三重命名。 （3）监护人核对设备命名相符后，发出“对”的确认信息。 （4）双方核对设备状态与操作要求相符
2	监护人唱票	监护人高声唱票
3	操作人核对复诵	操作人根据监护人唱票。鼠标点击操作设备高声复诵
4	监护人确认	监护人核对操作人复诵和鼠标点击正确无误后，即发出“对，执行”的指令

6. 实际操作

实际操作的步骤要点见表5-8。

表5-8　实际操作的步骤要点

序号	程序	步骤要点
1	操作人执行操作	（1）操作人始终在监护人的监护下正确执行操作。 （2）操作中发生疑问或出现异常时，应立即停止操作并汇报，查明原因并采取措施，待发令人再行许可后方可继续操作
2	双方检查设备状况	每执行操作一步，监护人、操作人双方应共同检查核对已操作的设备确已正确到位
3	监护人打钩	监护人在每操作完一步后在该操作项打“√”，不得漏打、错打“√”
4	操作完毕记录操作结束时间	全部操作完毕后，检查操作设备确已到位并无异常信号，监护人记录操作结束时间

7. 操作汇报

操作汇报的步骤要点见表5-9。

表5-9　操作汇报的步骤要点

序号	程序	步骤要点
1	汇报接令人或调度	（1）监护人开启录音，互报单位、姓名，向接令人或调度汇报操作情况及操作结束时间。 （2）汇报人核对复诵无误并记录
2	告知相关运维站	告知相关运维站已操作的设备和状态

8. 签消操作票

签消操作票的步骤要点见表 5-10。

表 5-10　　签消操作票的步骤要点

序号	程序	步 骤 要 点
1	盖章和记录	全部任务操作完毕后规定位置盖章并做好相关记录
2	复查评价	（1）全部操作完毕后，监护人、操作人再次检查设备操作全部正确。 （2）监护人、操作人对整个操作过程进行评价，及时分析操作中存在的问题，提出今后的改进措施

三、断路器操作

断路器遥控操作是指在远方调度端分、合开关的单一操作。

（一）线路停送电遥控操作注意事项

（1）操作前，值班监控员应做好如下准备：

1）核对当时的运行方式是否与指令要求相符，对调度指令有疑问时，应及时向发令人提出。

2）考虑操作过程中的危险点预控措施。如拉、合开关非全相运行的事故预想。

（2）遥控操作开始，应核对相关变电站一次系统画面，进入间隔分接线图画面，确认所操作设备无异常或缺陷，并在可控状态。

1）断路器分合闸前，应检查开关状态良好，有关保护和自动装置投入状况已按要求调整，相关信号正常。无影响断路器分合闸的异常信号（如“控制回路断线”“氮气泄漏”“SF_6气体压力低告警”“机构未储能”“分合闸闭锁”等信号），无保护装置故障或异常的信号，测控装置“远方/就地”位置信号、同期“投入/退出”位置信号正确。

2）正常停电操作，在拉开馈供线路（配电网线路除外）的断路器前，应检查该断路器负荷为零。

3）在进行倒负荷或合解环操作前，检查相关电源运行及潮流分配情况。对于并列运行或联络的线路，应注意在该线路拉开后另一线路或其他电源是否过负荷。

（3）断路器遥控操作过程中，值班监控员应根据音响、开关变位、信号及潮流、电压变化等情况做出正确判断；若发生异常或故障，应立即停止操作，汇报当值负责人及发令调度，并通知运维人员现场检查。

（4）断路器分合闸后，应确认开关的遥信位置，三相均应接通或断开，可通过相关设备的遥信、遥测等信号的变化来判断实际位置状态，告警信息及遥测数据状况与运行方式一致。判断时，至少应有两个非同样原理或非同源的指示发生对应变化，且所有指示均已同时对应变化，才能确认该设备已操作到位。检查中若发现信号有异常，对遥控操作结果有疑问，均应停止操作，查明原因，必要时通知运维班现场核对设备状态。

（5）线路停送电顺序：先停受电端（或小容量电源端），后停送电端（或大电容电源端），送电操作时顺序相反。

（6）新建线路必须在额定电压下冲击合闸 3 次：改建线路必须在额定电压下冲击合闸一次，经核对相位正确无误后方可投入系统运行。

（7）线路冲击前，应将本线保护投入跳闸，本线重合闸应停用，每次遥控冲击后，均需检查线路保护有无异常告警信息。

（8）冲击过程中，若发生线路保护动作跳闸，应对故障线路进行巡线检查。若无明显绝缘损坏，则有可能是瞬时性故障，即可对线路进行一次遥控试送，并观察试送后有无异常现象。

（9）正常运行线路保护跳闸后，若重合失败，则考虑为永久性故障，应对故障线路精心巡线检查。在缺陷消除后，先将本线重合闸停用，对线路进行遥控试送成功后，再将其投入。

（10）高压开关柜的状态。开关柜手车有三个位置：

1）工作位置：设备为运行或热备用状态，断路器与一次设备有联系，合闸后，功率从母线经断路器传至输电线路。

2）试验位置：设备为冷备用状态，断路器与一次设备没有联系，二次插头可以插在插座上，断路器可以进行合闸、分闸操作，但是不会对负荷侧有任何影响，所以称为试验位置。

3）检修位置：手车拉出至柜外，断路器与一次设备（母线）没有任何联系，失去操作电源（二次插头已经拔下），设备为检修状态。

当开关柜手车在工作状态和试验状态的操作过程中时，手车位置既不是工作，也不是实验；此时会伴随“控制回路断线”“装置告警”信号，为正常现象。

遥控操作的危险点及预控措施见表 5-11。

表 5-11　　遥控操作的危险点及预控措施

序号	危险点	预控措施
1	误分合断路器	（1）确认操作任务正确、安全可行。 （2）确认操作设备的三重命名正确。 （3）特别注意线路上由“T”接负荷
2	断路器遮断容量不够或跳闸次数超过规定	操作前退出线路重合闸
3	空载线路送电时末端电压异常升高	（1）送电前适当降低送电端电压。 （2）充电端必须有变压器中性点接地。 （3）超高压线路送电要先投入并联电抗器
4	非停电设备过负荷或超过限额	操作前考虑潮流及电压变化情况，核算操作后非停电设备电压、电流、功率均在合格范围内
5	充电功率引起发电器自励磁	操作前考虑线路充电功率引起的发电机自励磁，必要时应调整电压和采取防止自励磁的措施
6	站用电送电	遥控操作带站用变压器的线路时，操作前确认站用电已切换正确

（二）断路器操作及传动验收时监视重点

1. 断路器退出运行时监视重点

（1）电源线路断路器停电操作时，应监视是否满足本变电站电源 N–1 方案。

（2）联络线路断路器停电操作时，应监视断路器断开后是否会引起本变电站电源线路过负荷。

（3）拉开并列运行的线路断路器前，应监视有关保护定值已经调整，同时监视在拉开一条线路后，另一条线路是否会过负荷。

（4）3/2 接线系统中的断路器，在拉开中间断路器时，应监视两个边断路器带负荷正常。在拉开边断路器时，应监视中间断路器带负荷正常。

（5）操作断路器前，监控人员重点监视本间隔无异常信号及光子牌。本站无直流接地、过负荷、系统短路电流经过等异常。

（6）断路器断开后，监控人员要查看本断路器电流、电压、有功功率、无功功率等遥测值为零。

（7）断路器转检修时，应拉开断路器交直流操作电源，弹簧机构应释放弹簧储能，该断路器保护已经退出。监控中心收到的信息应为“××断路器控制回路断线”“××断路器操作电源消失”“××断路器操动机构空气开关跳闸”“××断路器弹簧未储能”等信息。由于各综自系统厂家信息命名规则不一样，保护二次回路接线不一致，上送至调控中心的信息点及一个信息点合并的回路不一样，每台断路器具体信息内容可能不一致，但中原则一致，即断开断路器二次回路交直流操作电源、断开断路器机构操作电源、断开本断路器保护装置电源。与之相关的信息都应该上送至调控中心。

（8）断路器改为检修状态后，应退出断路器保护。3/2 接线系统中的断路器停电时，还应投入位置停信连接片或将断路器检修位置转换把手置于“××开关检修”状态。

（9）线路断路器停电操作前，应先退出自动重合闸出口连接片及重合闸电源开关。3/2 接线系统中的线路断路器停电时，应对两个断路器的先重和后重方式进行切换，如果调控系统中已经接入以上信息，在现场操作设备时监控人员应重点监视。对于自动识别功能较强的保护，线路断路器操作时，则不需要操作自动重合闸。此项要根据二次设备功能及各单位倒闸操作规定分别掌握。

（10）母联或分段断路器停电操作时，监控人员应重点监视母联或分段断路器断开后，分列各段母线、每台主变压器都不会过负荷，母差保护方式切换信号已经收到，母联或分段断路器的保护装置已经投入。

（11）当断路器保护回路有工作时，监控人员监视退出该断路器保护柜上失灵保护的启动、跳闸回路连接片，包括失灵跳本断路器和相邻断路器的连接片、失灵启动母差的连接片、失灵启动远跳的连接片、失灵启动保护停信的连接片、线路保护柜的失灵启动连接片等，断开断路器保护柜的装置交直流电源。

2. 断路器投入操作时监视重点

（1）断路器检修后投入运行操作时，监控人员应与现场人员全面核对停电断路器间隔每个设备位置状态，检查间隔安全措施已拆除，监控人员检查“控制回路断线”“操动机构压力降低”“弹簧机构未储能”“SF_6压力降低”等异常信号已经全部恢复正常。

（2）长期处于冷备用状态的断路器，在正式投入运行前监控人员进行远方试操作时，每操作一次都应及时与现场核对断路器位置状态，无异常后，再正式投入运行。

（3）在操作断路器合闸前，必须检查送电设备的继电保护装置已按规定投入。

（4）直馈线断路器合上后，监控人员若发现电流数值超出额定值数倍，说明断路器合于故障线路，继电保护应动作跳闸，如保护未能跳闸，应立即远方操作拉开断路器。

（5）联络线路、电源线路断路器合闸后，监控人员应监视其电流值不超过间隔所有设备中额定参数最小设备的额定电流值。

（6）停电操作时进行了继电保护和自动重合闸方式切换或连接片投退的，断路器投运操作后应进行对应的操作。

（7）当断路器检修且母差电流互感器二次回路有工作，在断路器投入运行前，应征得调度同意先退出母差保护。合上断路器，测量母差不平衡电流合格后，才能投入母差保护。监控人员应监视在此期间母差保护的投退情况。

（8）断路器操作后进行位置检查时，监控人员应通过监视断路器位置信号、电流表指示都发生对应变化，才能确认断路器已操作到位。

（9）母联或分段断路器投入操作时，监控人员应监视有关系统运行方式、母联或分段断路器的同期操作条件是否满足、母联或分段断路器保护是否投入。

（三）断路器传动验收时监视重点

（1）断路器分合位置与现场一致。

（2）调控后台机收到的断路器SOE变位信息时间与现场一致，应准确到毫秒级。

（3）调控后台机收到的断路器机构压力异常、GIS断路器气室 SF_6 压力报警信号值应为整定值、设备实际指示值相同。例如：液压机构油压打到34.5MPa时发“××断路器机构油压异常”信号，断路器 SF_6 气室压力达到0.5MPa时发“××断路器气室压力低报警”信号。

（4）断路器分合闸操作时，监控后台机是否收到“三相不一致”信号。

（5）断路器保护传动验收时，监控人员应重点监视收到信息与所传动的项目是否对应，信息是否正确、齐全，有无其他误发信息。断路器失灵保护的开入、开出量是否正确，检查有无跳其他无关断路器的开出量。充电保护动作时限及动作电流与定值相符。

（6）现场对断路器保护自验时，应投入检修连接片。

（四）线路停复役操作监控系统主要信息

（1）断路器、隔离开关分、合变位信息。

（2）远近控开关切换信息。

（3）断路器操作时的伴随信息，操作后自动复归，如弹簧未储能，断路器控制回路断线，油泵、空气压缩机运转等。

（4）保护因失电压动作的信息，如保护TV失压、保护装置告警或呼唤、线路无压等。

（5）其他相关保护信息，如母线隔离开关操作时母差保护开入变位信息。

（6）遥测变化，如线路电压、开关电流等的变化。

（五）旁代线路操作，监控系统主要信息

（1）断路器、隔离开关的分、合变位信息。

（2）远近控断路器切换信息。

（3）断路器操作时的伴随信息，操作后自动复位，如弹簧未储能，断路器控制回路断线，油泵、空气压缩机运转等。

（4）其他相关保护信息，如高频保护通道切换保护的告警信息（仅220kV断路器旁代操作有该信号）。

（5）遥测变化，如线路断路器电流、有功功率、无功功率的变化，旁路断路器电流的变化。

四、母线停送电操作

1. 遥控操作注意事项

（1）母线停送电遥控操作时，无特殊要求，母差保护均应投入跳闸。

（2）对母线充电时，检查母设间隔无异常告警信号，开关状态良好，有关保护及自动装置已按要求调整。

（3）遥控操作开关后检查开关的遥信位置、告警信息及遥测数据状态与运行方式一致。

（4）单母线停电时，应先拉开停电母线上所有负荷断路器，再拉开电源断路器，送电时操作顺序相反。

（5）用变压器开关向 220kV 及以上母线充电时，变压器中性点必须接地。

（6）用变压器开关向不接地或经消弧线圈接地的母线充电时，应防止出现铁磁谐振或母线三相对地电容不平衡而产生异常过电压，如有可能产生铁磁谐振，应先带适当长度的空线路或采取其他消谐装置。

2. 危险点及预控措施

遥控操作的危险点及控制措施见表 5-12。

表 5-12　遥控操作的危险点及预控措施

序号	危险点	预 控 措 施
1	误分合断路器	（1）确认操作任务正确、安全可行。 （2）确认操作设备的三重命名正确。 （3）特备注意检查母线上已无运行线路（紧急限送电情况除外）
2	无保护充电	母线故障会越级跳闸，从而扩大停电范围，因此，遥控母线断路器对母线充电时，需调整部分保护或临时投入充电保护
3	充电至故障母线	无母联断路器或母联断路器无法启用时，对母线充电时，应尽可能使用外来电源
4	空载充电时发生串联谐振	停送仅带有感式电压互感器的空母线时，母线停电前先将电压互感器隔离开关拉开，母线送电后再将电压互感器隔离开关合上
5	站用电失电	遥控操作带占用变压器的母线是，操作前应确认站用电已切换正确

3. 母线操作及传动验收时监视重点

(1)现场进行 A 母线停电操作时，监控人员要查看 A 母线上所有负荷是否已经全部转出。A 母线电压互感器二次所带保护剂自动装置是否已经切换或退出。

（2）母线转检修操作中，监控人员在监控后台机应监视母线接地位置及数量。在监控主接线图上挂牌，标注接地线位置，防止母线供电操作或紧急事故处理时漏拆接地线。

（3）母线转检修后，应及时退出母差保护。

（4）母线保护二次回路有工作时，应做好二次安全措施，防止试验电流、电压串入其他运行设备二次回路，造成保护误动。

（5）母线检修中，监控人员应监视停电母线二次回路不应有电流、电压开入量。一旦发现有异常开入量，应及时通知现场检修人员，停止工作，检查二次回路安全措施是否可靠。例如：某 220kV 变电站发生母线事故，在查找二次故障中引发变电站全停事故。该变电站 220kV 母线为双母线接线方式。220kV Ⅰ段母线配合 A 出线二次接入母差回路在停电状态。220kV Ⅱ段母线待全站负荷运行。A 线路二次回路工作时安全隔离措施不到位，工作人员使用的工具将 A 线路二次回路 N 端子与 220kV 母差保护用二次回路端子短接，造成两点接地，母差保护回路出现差电流。此时，220kV Ⅰ母停电，Ⅰ母上所有隔离开关在断开位置，Ⅰ母小差自动退出。Ⅱ母无故障，Ⅱ母小差自动退出，Ⅱ母大差动作，跳开所有出线，导致本站 220kV 全停，电网解列运行。在该事故中，如果监控人员发现母差保护回路差电流开入信号，立即通知现场工作人员停止工作，检查二次回路安全措施，也许就能避免该事故发生。

（6）母线供电操作时，监控人员应重点监视母线接地拆除情况，母差保护是否投入，母线充电保护或充电断路器的充电保护是否可靠投入。没有母差保护的母线供电操作前，要查看主变压器后备保护是否投入。监控人员远程可以看到连接片状态及保护装置电源状态的，应重点监视母差保护装置的交、直流电源确已上电，接入该母差保护的支路连接片确已全部投入。

（7）母线保护传动验收时，监控信息验收应重点查看母差保护出口信息、各支路断路器跳闸信息、各支路断路器失灵保护启动信息等。

4. 母线停复役操作，监控系统主要信息

（1）保护及电压二次回路状态变化信息，如母差互联、分列，电压互感器二次联络等。

（2）断路器、隔离开关的分、合变位信息。

（3）远近控断路器切换信息。

（4）断路器操作时的伴随信息，操作后自动复位，如弹簧未储能，断路器控制回路断线，油泵、空气压缩机运转等。

（5）隔离开关倒排过程中因电压切换发出的信息，如切换继电器同时动作，母差保护开入变位等。

（6）母线停电电压回路信息，如母线计量回路电压消失，母线保护回路电压消失等。

（7）遥测变化，母线电压的变化。

五、解、合环操作

解、合环遥控操作是指通过断路器遥控分、合闸，使线路、变压器或断路器串构成的网络开断或闭合运行的操作。

1. 遥控操作注意事项

（1）合环操作必须相位相同，电压差、相位角符合规定。电压相角差一般不超过 20°，电压差一般允许在 20%以内，确保合环后各环节潮流变化不超过继电保护、电网稳定和设备容量等方面的限额。

（2）解环操作应先检查解环点的有功、无功潮流，确保解环后电网各部分电压在规定的范围内，各环节的潮流变化不超过继电保护、电网稳定和设备容量等方面的限额。

2. 危险点及预控措施

解、合环遥控操作危险点及预控措施见表 5-13。

表 5-13　　解、合环遥控操作危险点及预控措施

序号	危险点	预控措施
1	误解环，使部分电网解列运行或造成停电	（1）确认操作任务正确、安全可行。 （2）确认操作设备的三重命名正确。 （3）解环前，特别注意检查确已合环到位
2	稳定问题	（1）合、解环操作前应进行计算和校核。 （2）可能引起相位变化的设备在检修后合环前必须测定合环点两侧相位一致
3	长期电磁环网	（1）在电磁环网运行方式下，系统稳定性较差，发生故障时，易造成系统稳定性破坏，严重时引起系统振荡，危及系统安全。 （2）当不得不遥控合环操作构成电磁环网时，应在具备解环条件后尽快对其进行遥控解环操作

六、并、解列操作

并列遥控操作是指通过断路器遥控合闸使发电机（调相机）与电网或电网与电网之间并联运行的操作。

解列遥控操作是指通过断路器遥控分闸使发电机（调相机）脱离电网或电网分成两个及以上部分运行的操作。

1. 遥控操作注意事项

（1）并列操作必须相序、相位相同，频率偏差在 0.5Hz 以内；并列点两侧电压差尽可能小，一般允许在 20%以内；应注意重合闸方式的变更，继电保护定值以及低频减载装置投入方式等。

（2）解列操作时，将解列点有功潮流调整至零，电流调整至最小。如果调整困难，可使小电网向大电网输送少量功率，避免解列后小电网频率和电压有较大幅度的变化。

2. 危险点及预控措施

解、并列遥控操作危险点及预控措施见表 5-14。

表 5-14 解、并列遥控操作危险点及预控措施

序号	危险点	预 控 措 施
1	误解列，使小电网频率和电压发生较大变化甚至瓦解	（1）确认操作任务正确、安全可行。 （2）确认操作设备的三重命名正确。 （3）解列时，将解列点有功潮流调整至零、电流调整至最小在进行解列操作
2	非同期并列，对系统造成严重冲击	（1）确认操作任务正确、安全可行。 （2）确认操作设备的三重命名正确。 （3）可能引起相位变化的设备在检修后并列前必须测定并列点两侧相位一致。 （4）严格遵守同期并列条件。 （5）对可能造成上级保护范围超越或缩短的情况，应在遥控并列操作前，先经整定计算专职确认定值并对系统定值进行调整后，方可进行并列

七、主变压器遥控操作注意事项

1. 变压器停送电操作

（1）一般变压器遥控送电前，应核对变压器的保护全部投入，满足运行要求。

（2）对变压器充电时，检查变压器各侧间隔无异常告警信号，开关状态良好，有关保护及自动装置已按要求调整。

（3）遥控操作后检查开关的遥信位置、告警信息及遥测数据状态与运行方式一致。

（4）变压器停送电顺序：投入运行时，应先合电源侧开关，后合负荷侧开关；停役操作顺序则相反。倒换变压器时，应检查并入的变压器确已带上负荷后才允许拉开停用的变压器，并应注意相应继电保护、消弧线圈和中性点接地方式的调整。

（5）220kV 及以上变压器遥控停送电过程中，必须保持变压器中性点直接接地运行，待恢复运行后，再按正常运行方式考虑其中性电接地方式。

（6）遥控充电前应检查电源电压，控制充电变压器各侧电压不超过相应分接头电压的 5%。

（7）新投产变压器应在额定电压下冲击 5 次，大修后 3 次。

（8）变压器保护动作跳闸，应立即对变压器进行检查，若系一次设备绝缘损坏或击穿造成，则禁止试送。

2. 危险点及预控措施

变压器停、送电操作危险点及预控措施见表 5-15。

表 5-15　　变压器停、送电操作危险点及预控措施

序号	危险点	预控措施
1	误分合断路器	（1）确认操作任务正确、安全可行。 （2）确认操作设备的三重命名正确。 （3）特别注意检查变压器已无负荷（紧急限送电情况除外）
2	无保护充电	充电开关应具有完备的继电保护，用小电源向变压器充电时应校核继电保护的灵敏度以及励磁涌流对电网继电保护的影响
3	运行变压器过负荷	变压器停电前应检查负荷情况，防止一台变压器遥控分闸后，造成另一台变压器过负荷
4	电压差过大	遥控合环前检查母线电压情况，必要时应事先调整分接开关
5	中性点切换	按照先合后拉的原则考虑停、送电变压器中性点的切换，保证电网不失去接地点
6	操作过电压	为防止开关分同期产生操作过电压，在遥控拉合 220kV 及以上空载变压器前，必须合上变压器中性点隔离开关
7	站用电失电	一般变压器低压侧带站用变压器，遥控操作前应确认占用电已切换正确

3. 主变压器操作及传动验收时监视重点

（1）现场进行主变压器停送电操作时，监控人员应在监控后台机重点监视如下内容：

1）变压器停电操作之前，并列运行的几台主变压器中性点接地是否进行了切换，与之相对应的主变压器零序过电流和零序过电压保护连接片是否进行了投退切换。中性点非直接接地运行的主变压器，其中性点接地开关是否预先合闸。

2）变压器停电操作之前，计算全站总负荷，确保一台主变压器停电后，其他主变压器不会过负荷。如果发现一台主变压器停电后，会导致其他主变压器过负荷，调控值班员应先采取转移负荷或限负荷措施，待负荷达到要求后，再进行停电操作。

3）在主变压器停电操作过程中，如果发生该变电站直流接地异常、变电站内其他设备跳闸、电网内其他变电站主变压器跳闸等事故时，在没有查明原因之前，调控人员应命令运维站操作人员立即停止操作，防止较大的励磁涌流对系统安全造成影响。

4）主变压器停电之后，监控人员要查看其他运行主变压器是否有过负荷现象。

5）主变压器供电操作之前，监控人员应先查看待并变压器调压分接头是否已调至与运行变压器一致。所操作主变压器中性点接地开关在合闸状态。

6）新投运变压器，供电操作之前，调度与操作人员要核对保护定值，确认主变压器主保护在投入状态。

7）电网内大型主变压器投运前，调控人员要掌握系统内其他主变压器运行情况及系统潮流分布情况。做好防止大型主变压器空载合闸时产生的励磁涌流对系统造成扰动的预案。

8）操作开始后，监控人员应始终监视操作步骤进行过程中，监控后台机收到的文字信息、主接线图中设备变位信息是否与现场操作相对应。如果发现倒闸操作中有误发信息或者图形信息中变位不正确时，应及时通知相关专业人员消缺。

9）操作中一旦发生由于该操作引起的误操作或引发的系统事故，监控人员应立即做出反映，命令现场停止操作，配合调度进行事故处理。

（2）主变压器传动验收时监控人员应重点监视如下内容：

1）由于主变压器保护配置复杂，新投运或大修后，调试过程中信息量较大。为了不影响正常监控工作，在调试人员自验过程中，监控人员应要求调试人员投入相应保护装置检修连接片（闭锁信息发送至监控主站，但不影响现场查看调试信息），在正式验收时，应退出检修连接片，或者在现场调试自验过程中，监控人员投入监控机相应间隔设备挂牌功能，正式验收时取消挂牌。

2）监控人员配合验收信息时，用一台监控机专门过滤出本站信息，配合验收，不仅要查看所传动的信息已经收到，还要关注是否收到其他误发信息。误发信息在某些情况下，也是一种警告，可能有二次寄生回路、保护接点粘连、保护信息管理机或测控装置信息点接错等异常。这些异常如果不能及时发现，将给以后运行埋下隐患。

3）验收时，监控后台机收到的各项遥测量数值与现场调试设备所加数值相差应不超过±30%。主变压器遥测油面温度、绕组温度应与设备温度计显示值基本一致，以便于运行监视。温度告警信号发出时的温度值应与保护定值要求一致。收到变压器辅助和备用冷却器启动信息时，要查看监控后台机收到的温度或者负荷电流值是否达到了保护定值要求。

4）主变压器带开关实际传动验收时，先要检查主变压器一次设备上工作人员已经撤离，三侧隔离开关均在断开位置，还要做好主变压器保护回路、主变压器三侧断路器保护回路二次安全隔离措施，防止影响其他运行设备。监控人员要做好措施，防止远方遥控操作时发生误操作。新投设备传动验收时，监控人员要核对监控系统已经完善了新设备间隔的相关图元、信息库和防误操作系统。

5）主变压器通风回路验收时，监控人员重点监视冷却器全停，通风电源故障，通风回路Ⅰ、Ⅱ段电源切换信号是否准确上传。

4. 变压器分接开关操作

在运行中通过调节有载变压器的分接头位置来改变变压器的变比，从而达到调节系统电压的目的。一般，在正常运行情况下，对有载调压变压器分接开关的遥控调节操作根据系统实际电压由 AVC 自动进行调节。

按照 SD 325—1989《电力系统电压和无功电力技术导则》的规定，正常情况下电压允许范围如下：

（1）用户受电端的电压允许偏差值：

1）35kV 及以上用户供电电压正负偏差绝对值之和不超过额定电压的 10%。

2）10kV 用户电压允许偏差值为系统额定电压的±7%。

3）380V 用户电压允许偏差值为系统额定电压的±7%。

4）220V 用户电压允许偏差值为系统额定电压的−10%～+5%。

5）特殊用户电压允许偏差，按供电合同商定的数值确定。

（2）发电厂和变电站的母线允许偏差值：

1）500（330）kV 母线：正常运行方式时，最高运行电压不得超过系统额定电压的+110%；最低运行电压不应影响电力系统同步稳定、电压稳定、厂用电的正常使用及下一级电压的调节。

向空载线路充电，在暂态过程衰减后线路末端电压不应超过系统额定电压的 1.15 倍，持续时间不应大于 20min。

2）发电厂和 500kV 变电站的 220kV 母线：正常运行方式时，电压允许偏差为系统额定电压的 0～+10%，事故运行方式时为系统额定电压的–5%～+10%。

3）发电厂和 220（330）kV 变电站的 35～110kV 母线：正常运行方式时，电压允许偏差为相应系统额定电压的–3%～+7%；事故后为系统额定电压的±10%。

4）发电厂和变电站的 10（6）kV 母线：应使所带线路的全部高压用户和经配电变压器供电的低压用户的电压均符合 SD 325—1989 规定值。

（3）下列情况需要闭锁调节主变压器分接头。

1）变压器过负荷运行时。

2）有载调压装置的轻瓦斯动作报警时。

3）有载调压装置的油标中无油时。

4）变压器调压次数超过规定时。

5）有载调压装置发生异常时。

5. 遥控操作注意事项

（1）遥调操作前应检查相关主变压器无影响调压的异常信号闭锁。

（2）并联运行的主变压器应逐台调节至挡位一致。

（3）因无功缺额大而导致电压降低时，严禁用调节主变压器分接头的方法试图提高电压。

6. 遥控操作危险点及预控措施

遥控操作危险点及预控措施见表 5-16。

表 5-16　　遥控操作危险点及预控措施

序号	危险点	预控措施
1	影响调压的异常信号告警时调节变压器分接开关	（1）遥调操作前确认调压安全可行，无影响调压的异常信号告警。 （2）发现影响调压的异常信号告警时，应检查 AVC 中该主变压器有无自动闭锁调压，若无，应及时进行人工闭锁
2	误调压或无功缺额过大时调节变压器分接开关	（1）认真核对操作设备的三重命名，确认上调或下调，遥调前后核实电压情况，严格执行监护唱票复诵制度。 （2）无功缺额过大而导致电压降低时，应采用投入无功补偿电容器或增加无功功率等方法调压
3	并联运行的变压器挡位不一致	（1）如并联运行的变压器挡位不一致因 AVC 遥控节失败引起，应进行人工干预将其调节一致。 （2）如 AVC 调节多次出现并联运行变压器挡位不一致，查明原因前应将两台变压器分接开关进行 AVC 人工闭锁

7. 主变压器停复役操作监控系统主要信息

（1）断路器、隔离开关的分、合变位信息。

（2）远近控断路器切换信息。

（3）断路器操作时的伴随信息，操作后自动复位，如弹簧未储能，断路器控制回路断线，油泵、空气压缩机运转等。

（4）其他相关保护信息，如母线隔离开关操作时母差保护开入量变位信息。

（5）遥测变化，如主变压器断路器电流有功、无功功率的变化，母联、分段断路器电流的变化。

8. 旁代主变压器操作监控系统主要信息

（1）断路器、隔离开关的分、合变位信息。

（2）远近控断路器切换信息。

（3）断路器操作时的伴随信息，操作后自动复位，如弹簧未储能，断路器控制回路断线，油泵、空气压缩机运转等。

（4）其他相关保护信息，如 TA 二次侧切换时保护的告警信息。

（5）遥测变化，如线路断路器电流、有功、无功功率的变化，旁路断路器电流的变化。

八、补偿设备操作及传动验收时监视重点

目前，国家电网公司内高压并联电抗器基本上都是采用隔离开关接入系统，不存在单独操作的情况。因此，高压并联电抗器随线路设备一起操作时，监控事项随其他设备仪器进行，与变压器监视项目基本一致。

1. 补偿设备停送电操作

变电站补偿设备主要包括低压电容器和电抗器，一般在正常运行情况下，对电容器、电抗器的遥控投切操作根据系统实际无功和电压情况由 AVC 自动进行调整。手动操作电容器投退时，应监控系统电压变化。在由 AVC 装置自动控制投退的电网中，电容器自动投退操作后，监控人员应监视系统电压变化、控制电容器的断路器位置变化，以及电容器的负荷情况。

2. 电容器遥控操作注意事项

（1）正常情况下电容器的投入与退出，必须根据系统的无功分布以及电压情况来决定，并按当地调度规程执行。电容器、电抗器进行遥控合闸时，其保护均应投跳闸。投切电容器后，通过无功功率和电流指示，观察电容器组的容量和电流是否三相平衡并在允许的限值范围内。

（2）全站无电后，一般情况下所有馈线断路器均切开，因而来电后，母线负荷为零，电压较高，电容器的断路器如不事先切开，在较高电压下会突然充电，可能导致电容器损坏。同时，因为母线没有负荷，电容器充电后，大量无功向系统倒送，致使母线电压更高，即使是将各路负荷送出，负荷恢复到停电前还需一段时间，母线仍可能维持在较高的电压水平上，超过了电容器允许连续运行的电压值（一般制造厂规定电容器的长期运行在电压不超过额定电压的 1.1、1.3 倍额定电流及三相电流差不大于 5%的情况下运行）。因此，当全站停电后，应保证电容器在断开状态，母线恢复运行后再根据母线电压及系统无功补偿情况投入电容器。

（3）电容器组禁止带电荷合闸。电容器组再次合闸时，必须在断路器断开一段时间后才可进行，两次投切的时间间隔不得小于 5min。

（4）电容器的投入与切除，600kvar 以下可以使用负荷开关，600kvar 以上应使用真空断路器或油断路器。电容器的断路器禁止加装重合闸。

（5）电容器的断路器跳闸不准强送电。经现场运维人员检查确属于外部故障造成母线电压波动所致，经检查后可以试送电，否则在未查明原因之前不得试送电。

（6）主变压器或母线停电前，应先将电容器、电抗器退出，恢复送电后再根据电压无功情况将其投入运行。

（7）电容器出现外壳膨胀、接头严重过热、严重漏油，电容器外壳示温蜡片融化脱落、套管闪络放电或有火花时，应立即将故障电容器遥控退出运行。

3. 危险点及预控措施

补偿设备遥控操作危险点及控制措施见表 5-17。

表 5-17　　补偿设备遥控操作危险点及预控措施

序号	危险点	预控措施
1	电容器带电合闸	（1）电容器停电后至少间隔 5min 以上才能再次合闸。 （2）严禁多次连续分合闸
2	故障电容器、电抗器投入运行	（1）确认电容器、电抗器完好，安全可投。 （2）确认操作设备的三重命名正确。 （3）故障电容器、电抗器应退出 AVC 自动控制
3	电容器、电抗器同时投入	严禁电容器、电抗器在一条母线上同时投入，遥控操作前应核实该母线上无功补偿装置的投入情况

九、隔离开关操作

隔离开关的作用是在设备检修时造成明显的断开点，使检修设备与系统隔离以及将已退出运行的设备或线路可靠接地，保证设备或线路检修安全进行。隔离开关的主要特点是无灭弧能力，只允许在无负荷电流的情况下分、合电路。按相关规定对 220kV 隔离开关进行远方操作。

1. 遥控操作注意事项

（1）事故情况下根据调度指令遥控拉、合具备遥控技术条件的隔离开关。

（2）遥控操作前确认隔离开关操作电源已合好。

（3）母线隔离开关切换后注意相关继电保护的调整。

2. GIS 设备隔离开关远方传动试验要求［以平高组合电器 ZF11-252（L）为例］

（1）所有开关、隔离开关、接地开关均设有互相联锁的系统，以防止误操作。监控及现场运行人员应熟悉并掌握其联锁关系。

1）本间隔断路器在合闸位置闭锁隔离开关，隔离开关在合位闭锁接地开关。

2）Ⅰ、Ⅱ母线双跨母联断路器及隔离开关必须在合位。

3）母线接地开关（TV 母线侧）与本母线隔离开关互为闭锁。

4）所有隔离开关操作均设置机电操作锁，即通过机械作用断开电动操作回路。

正常运行中，所有汇控柜上的控制方式选择开关应置于“远控”位置，联锁方式选择开关应置于联锁位置。若不对应，则不能进行正常操作，设备即失去联锁作用。

（2）操作前，现场运行人员应确认无人在 GIS 设备外壳上工作，如发现有人在 GIS 设备上工作，则应通知其离开外壳后，方可进行操作。

（3）监控人员在操作前发现被控设备有“控制回路断线”“测控装置异常”“测控装置通信中断”等信号要立即与现场运维人员联系处理。在进行隔离开关验收操作时，还应该同时查看监控系统的报文是否与现场一致，如分、合隔离开关检查监控系统信号，报文和现场设备位置、状态是否一致；投切“远方/就地”把手时检查监控系统信号和现场是否一致；隔离开关电动机电源投退，监控是否上信号，信号是否和现场一致；另外，在传动验收时，还应该在操作时注意隔离开关、接地开关机械指示是否正常。

（4）隔离开关实施远方操作必须在监控系统设备单元画面中进行操作，操作接地开关必须与现场人员核实接地点引流线确无电压（如母线侧或线路侧引流线有电，严禁对母线侧或线路侧接地开关进行远方传动试验）后方可操作。

（5）操作完后，应到现场检查设备的位置指示是否正常，检查是否达到“三对应”，即三指示（现场控制柜模拟、操作机构和现场监控系统画面）对应，位置指示以操作机构上的指示器为准。

（6）当 GIS 设备某一间隔发出“闭锁”或“报警”信号时，此间隔上任何设备禁止操作，并迅速通知检修人员处理，待处理正常后方可操作。

3. 敞开式变电站隔离开关远方传动试验要求

（1）现场运维人员确保隔离开关操动机构电源在合位，测控装置与机构箱远方切换把手在“远方位置”，并确保隔离开关瓷柱无裂纹。

（2）监控人员与现场运维人员核实监控设备接线图与现场设备位置一致。

（3）远方操作隔离开关时，现场运维人员应与隔离开关保持适当安全距离。

（4）在监控人员对隔离开关进行远方传动试验时，现场运维人员通过观察隔离开关拉、合，确保机构不出现卡滞或三相不同期现象。如发现此现象应立即联系监控人员停止操作，并通知相关人员进行处理。

（5）监控人员进行隔离开关传动时，必须与现场运维人员沟通，确保隔离开关分、合闸与监控系统画面一致（拉合母线隔离开关时，现场人员必须确保该保护装置开关指示灯与开关位置相符）。

（6）在进行隔离开关传动时如监控系统发出告警，如“控制回路断线”“测控装置异常”“测控装置通信中断”“交流电机失电”等应立即通知相关人员进行处理。

（7）隔离开关与接地开关在一个机构上时，隔离开关与接地开关存在闭锁关系，即隔离开关在合位闭锁接地开关；接地开关在合位闭锁隔离开关。监控人员操作此类隔离开关必须严格遵守闭锁原则，否则极易造成设备损坏。

（8）远方操作接地开关时，必须确保接地开关所在引流线确无电压。在判明不清的情况下，任何人严禁操作接地开关。

（9）监控人员实施隔离开关远方操作后，隔离开关“远方、就地”把手按要求切入正常工作位置。

4. 遥控操作危险点及预控措施

隔离开关遥控操作危险点及预控措施见表 5-18。

表 5-18　　隔离开关遥控操作危险点及预控措施

序号	危险点	预 控 措 施
1	误分、合隔离开关	（1）确认操作任务、安全运行。 （2）认真核对操作设备的三重名称正确，严格执行监护唱票复诵制度
2	分、合隔离开关误合接地开关	在正常情况下下遥控分、合隔离开关前必须确认隔离开关位置，严防误点接地开关，造成带电合接地开关

5. 隔离开关操作及传动验收时监视重点

（1）隔离开关操作的基本原则：断路器两侧的隔离开关操作前，必须检查断路器在断开位置。

（2）隔离开关操作后，监控人员重点监视变位信息、主接线图中变位情况，及时与现场核对确认实际位置。

（3）操作接地开关时，监控人员应核对与之配合的隔离开关实际位置，监控后台显示该回路电流、电压值应为零。

（4）隔离开关操作时其电源监视回路应无异常信息。

（5）GIS 隔离开关操作后，监控后台变位信息时唯一有效确认方法。隔离开关变位信息上送至调控中心的前提条件时三相同时变位，否则，不上送变位信息。因此，GIS 隔离开关操作时监控人员应严密配合。

十、二次设备操作

二次设备操作是指继电保护及安全自动装置的操作，继电保护和安全自动装置的调度状态统一为跳闸、信号和停用 3 种。跳闸状态一般是指装置电源开启、功能连接片和出口连接片均投入；信号状态一般指出口连接片退出，功能连接片投入，装置电源仍开启；停用状态一般指功能连接片和出口连接片均退出，装置电源关闭。

电气设备不允许无保护运行，继电保护及安全自动装置的投入或停用必须按照值班调度员的指令执行。继电保护和安全自动装置的投退有软连接片及硬连接片两类。软连接片是指能通过监控系统进行远方投退的虚拟连接片；硬连接片是指能在保护屏（或就地）通过人工才能进行投退的物理连接片。

二次设备遥控操作是指远方调度端对软连接片进行投退操作，目前，仅限于重合闸软连接片和备自投软连接片的远方投退操作。

1. 重合闸软连接片的操作

重合闸装置是将故障跳开后的断路器按需要自动投入的一种自动装置。电力系统电压和无功电力运行经验表明，架空线路绝大多数为瞬时故障，永久性故障一般不到 10%。因此，自动将断路器重合，不仅提高了供电的安全性和可靠性，减少停电损失，而且还提高了电力系统的暂态稳定水平，甚至还可以纠正由于断路器或保护装置造成的误分闸。

2. 需要停用重合闸的情况

（1）试运行线路送电时和试运行期间。

（2）断路器遮断容量小于母线短路容量不允许重合时。

（3）重合闸动作可能对系统稳定造成严重后果时。

（4）线路带电作业，调度员命令将重合闸退出运行。

（5）重合闸装置失灵，调度员命令将重合闸退出运行。

（6）断路器故障跳闸次数超过规定，或虽未超过规定但断路器严重喷油、冒烟等，调度员命令将重合闸退出运行。

3. 遥控操作注意事项

（1）重合闸软连接片分为软连接片和闭锁软连接片两类，遥控操作时应仔细甄别。

（2）一般情况下重合闸软连接片与硬连接片的状态应保持一致，操作软连接片对重合闸进行投停时，重合闸硬连接片应始终处于连接位置。

4. 遥控操作危险点及预控措施

重合闸软连接片遥控操作危险点及预控措施见表 5-19。

表 5-19　　重合闸软连接片遥控操作危险点及预控措施

危险点	预控措施
误投停重合闸	（1）确认操作任务正确、安全可行。 （2）认真核对操作设备的三重命名，仔细甄别软连接片与闭锁软连接片，严格执行监护唱票复诵制度。 （3）严禁停复役操作连接片情况不一致，均应操作软（或硬）连接片

5. 备自投软连接片操作

备自投装置就是当工作电源因故障断开后，能自动、迅速地将备用电源投入工作或将用户切换到备用电源上，保证用户供电连续性的一种自动装置。备自投是保证电力系统连续可靠供电的重要措施。备自投软连接片为功能性投入与退出软连接片，正常运行时，必须投入；当该软连接片退出后，备自投即满足放电条件，备自投功能退出。

6. 遥控操作注意事项

备自投投退必须与一次系统运行方式相匹配。

（1）备自投的投入或退出需同步考虑相关联跳连接片的调整。

（2）备自投软连接片遥控操作危险点及预控措施见表 5-20。

表 5-20　　备自投软连接片遥控操作危险点及预控措施

危险点	预 控 措 施
备自投投退与运行方式不匹配	（1）确认操作任务正确、安全可行。 （2）认真核对操作设备的三重命名，严格执行监护唱票复诵制度。 （3）备自投投退需考虑相关跳连接片的调整

7. 继电保护和自动装置操作及传动验收时监视重点

（1）一次设备运行，仅二次设备投退时，监控人员应重点监视如下内容：

1）一套保护装置中部分功能退出时，监控人员应监视操作时监控机收到的对应信息与操作内容相一致，一旦发生保护装置功能或出口连接片投退有误，应立即通知现场操作人员进行检查和改正。

保护装置的部分功能投入时，监控人员也应进行类似的重点监视。

2）对于具有双配置的主变压器、母线、高压并联电抗器、重要线路等设备的保护装置，退出其中一套保护时，监控人员应监视另一套保护运行正常、保护双通道正常、装置无异常信号。

3）当断路器保护回路有工作时，监控人员应退出该断路器保护柜上失灵保护的启动、跳闸回路连接片，包括失灵跳本断路器和相邻断路器的连接片、失灵启动母差的连接片、失灵启动远跳的连接片、失灵启动保护停信的连接片、线路保护柜的失灵启动连接片等，断开断路器保护柜的装置交直流电源。与母差保护公用出口回路的失灵保护装置，当母差保护停用时，失灵保护也应停用。

4）在继电保护及自动重合闸装置传动验收时，监控人员应重点监视连接片信息、回路信息、出口跳闸信息、自动重合闸动作信息。监控后台机收到信息应与所验收项目相一致，回路动作正确。特别是保护启动和出口回路，应该单跳的不能发三跳命令，应该三跳的不能只启动单跳回路。

5）自动重合闸回路传动验收中，监控重点是重合闸方式切换把手位置与线路故障后重合闸动作相一致。例如：重合闸选择“单重”方式时，线路发生单相故障，断路器单相跳闸后单相重合；线路发生两相或三相故障时，重合闸不动作。重合闸选择“三重”方式时，线路发生任何故障，断路器都三相跳闸，三相重合。重合闸选择“综重”方式时，线路发生单相故障，断路器单相跳闸后单相重合，线路发生两相或三相故障时，断路器三相跳闸，三相重合。

6）电网安全稳定自动控制装置传动验收时，主站和所有子站的策略连接片投退、信息交换、通信状态是调控中心监控的重点。

（2）在220kV线路保护传动验收过程中，监控人员要重点监视重合闸后加速保护的动作信号，与保护定值相对比。例如：某变电站发生220kV线路单相接地故障，线路光纤差动主保护、接地距离Ⅱ段保护动作，断路器跳闸，线路自动重合闸未动作。汇报至本公司生技部保护专责人员王某，王某判断为接地距离Ⅱ段保护动作时闭锁线路重合闸，命令变电站人员汇报省调调度员，立即对线路强送电。当值调度员查看本线路保护定值单，定值整定显示接地距离Ⅱ段不闭锁自动重合闸，接地距离Ⅲ段闭锁自动重合闸。调度要求设备运维单位检查保护定值整定情况。经检查，发现本线路自动重合闸投入运行时，运行人员只投入了保护装置的自动重合闸出口连接片，未退出本装置闭锁自动重合闸连接片，因而造成了线路跳闸后自动重合闸未动作事件。

第五节　输变电设备状态在线监测

培训目标

熟悉输电线路在线监测的分类和功能，熟悉变电设备在线监测的分类和功能。

一、输变电设备状态在线监测技术简介

输变电设备状态在线监测是指在不停电的情况下，通过在线监测装置（以及各种在线监测技术）在不影响设备运行的前提下实时获得状态信息，对电力设备进行连续或周期性的自动监视检测。输变电设备状态在线监测的目的是采用有效的检测手段和分析诊断技术，及时、准确地掌握设备运行状态，通过在线监测技术的应用，实时获取和分析设备状态，根据设备状态和分析诊断结果安排检修时间，有利于及时发现设备的潜在性运行隐患，采取有效防控措施降低事故发生的概率，有利于科学地进行检修需求决策，合理安排检修项目、检修时间和检修工期，有效降低检修成本，提高设备可用性；有利于形成符合状态检修要求的管理体制，提高电网检修、运行管理水平。

相关概念介绍如下：

1. 在线监测装置

在线监测装置指安装在被监测的输变电设备附近或之上，能自动采集和处理被监测设备的状态数据，并能与状态监测代理、综合监测单元或状态接入控制器进行信息交换的一种数据采集、处理与通信装置。输电线路状态监测装置也可以向数据采集单元发送控制指令。

2. 在线监测系统

在线监测系统主要由监测装置、综合监测单元和站端监测单元组成，实现在线监测状态数据采集、传输、后台处理及存储转发功能。

3. 状态监测系统

状态监测系统是能在一个局部范围内管理和协同各类输电线路状态监测装置、汇集各类状态监测装置的数据，并代替状态监测装置与主站系统进行安全的双向数据通信的一种状态监测代理装置。

4. 综合测试单元

综合测试单元是部署于变电站内，以变电站被监测设备为对象，接收与监测设备相关的状态监测装置发送的数据，并对数据进行加工处理，实现与状态接入控制器（CAC）进行标准化数据的通信的一种装置。

5. 状态接入控制器

状态接入控制器部署在变电站内，能以标准方式对站内各类综合监测单元进行状态监测信息获取及控制的一种装置。

6. 状态接入网管机（CAG）

状态接入网管机是部署在主站系统侧的一种关口设备，能以标准方式远程连接状态监测代理（CMA）或CAC，获取并校验CMA或CAG、线路CAG发出的各类状态监测信息，并可以CMA和CAC进行控制的一种计算机。

7. 面向服务的体系结构（service-oriented architecture，SOA）

面向服务的体系结构是一个组件模型，它将应用程序的不同功能单元（称为服务）通过服务之间定义良好的接口和契约联系起来。接口采用中立方式定义，独立于实现服务的硬件平台、操作系统和编程语言。

二、输电线路在线监测

1. 微气象监测

气象灾害对输电线路能造成巨大破坏，如微风振动、舞动、覆冰、风偏、污闪等现象，大多是当地恶劣气象环境影响所致。微气象监测属于目前比较成熟的在线监测装置，安装于线路杆塔，对线路通道走廊的气象信息进行实时监测。主要部署于通道气象环境恶劣，微地形、微气象地区，易发生覆冰、舞动的地区等。微气象监测为掌握复杂条件下线路的运行实况提供了一种有效的技术手段，特别是大雨、大雪、大风等气象条件下，能积累大量的线路运行第一手资料，为线路的规划设计及整体检修的实施提供依据。

2. 覆冰监测

线路覆冰会引起各类冰害事故，严重危害输电线路。严重覆冰会引起输变电设备电气性能和机械性能下降，引起过载、不均匀覆冰或张力差，引起绝缘子串覆冰闪络及覆冰导线舞动事故。覆冰在线监测系统可以有效监测覆冰情况，掌握覆冰分布的规律和特点，有利于采用更有效的防冻除冰措施。

覆冰监测的监测内容主要为导线覆冰厚度、综合悬挂载荷、不均衡张力差、绝缘子串倾斜角。在输电线路覆冰时导线载荷明显增加，通过对绝缘子串倾斜角、风偏角及拉力的实时监测，再根据微气象环境监测装置对气象资料的监测通过数学模型的分析，辅以视频在线监测系统的实时观测，可以实现对线路覆冰的实时综合监测。

3. 导线温度监测

导线运行时的温度除了与其载流量有关外，与气象条件、环境温度、日照、风速等紧密相关。导线允许载流量的实际值和规定值之间存在着隐性容量。实现导线实时温度的监测对导线载流量的控制以及实现动态增容有重要意义。

导线温度在线监测的主要监测对象包括：

（1）进行动态增容、过载特性试验及大负荷区段的带电导线。

（2）容易产生热缺陷的带电导线接续部位，如耐张线夹、接续管、引流板等处。

（3）重冰区进行交直流融冰的导地线。

（4）其他有测温需求的普通和特种导线、金具。

4. 其他监测

输电线路在线监测除了上述技术相对成熟、应用较广泛的三类在线监测外，还有弧垂监测、微风振动、舞动、风偏、现场污秽度、杆塔倾斜等在线监测技术。

三、变电设备在线监测

（一）油中溶解气体在线监测

1. 油中溶解气体分析

66kV 及以上电压等级变电站的主变压器均是油浸式。对变压器来讲绝缘油的作用主要是：

（1）绝缘作用：变压器绝缘油具有比空气高得多的绝缘强度。绝缘材料浸在油中，不仅可以提高绝缘强度，而且还可以免受潮气的侵蚀。

（2）散热作用：变压器绝缘油的比热大，常用作冷却剂。变压器运行时产生的热量使靠近铁芯和绕组的油受热膨胀上升、通过油的上下对流，热量通过散热散出，保证变压器正常运行。

根据 GB/T 7252—2001《变压器油中溶解气体分析和判断导则》第 4 条介绍的产气原理，当变压器内部发生低能量故障（如局部放电等）时产生乙炔、乙烯、甲烷、乙烷等烃类气体；当油纸绝缘遇电弧作用时会分解出较多的乙炔；故障点温度较低时，甲烷比例较大；温度升高时，乙烯、氢气组分急剧增加，比例增大，当严重过热时，还会产生乙炔气体，固体绝缘的过热性故障，除产生上面的低分子烃类气体外，还会产生较多的一氧化碳、二氧化碳，并且随着温度的升高，一氧化碳/二氧化碳的比例逐步增大。不同故障所产生的气体见表 5-21。

表 5-21　　不同故障产生的气体

故障类型	主要气体成分	次要气体成分
油过热	甲烷、乙炔	氢
油及纸过热	甲烷、乙炔、一氧化碳、二氧化碳	
油纸绝缘中局部放电	氢、甲烷、乙炔	乙烷、二氧化碳
油中火花放电	氢、乙炔	—
油中电弧	氢、乙炔	甲烷、乙烯、乙烷
油纸中电弧	氢、乙炔、一氧化碳、二氧化碳	
受潮或油有气泡	氢	—

2. 油中水分监测

油中水分监测接入的具体状态信息指水分。

3. 局部放电监测

局部放电监测接入的具体状态信息包括放电量、放电位置、脉冲个数和放电波形。

4. 铁芯接地电流监测

铁芯接地电流监测接入的具体状态信息指铁芯全电流。

5. 顶层油温监测

顶层油温监测接入的具体状态信息包括顶层油温、绕组温度。

（二）断路器/GIS状态监测

1. 局部放电监测

局部放电监测接入的具体状态信息包括放电量、放电位置、脉冲个数和放电波形。

2. SF_6气体压力监测

SF_6气体压力监测接入的具体状态信息包括气室编号、温度、绝对压力、密度和压力（20℃）。

3. SF_6气体水分监测

SF_6气体水分监测接入的具体状态信息包括气室编号、温度、水分。

4. 分合闸线圈电流波形监测

分合闸线圈电流波形监测接入的具体状态信息包括动作（0表示分闸，1表示合闸）、线圈电流波形。

5. 负荷电流波形监测

负荷电流波形监测接入的具体状态信息包括动作、负荷电流波形。

6．储能电动机工作状态

储能电动机工作状态监测接入的具体状态信息指储能时间。

（三）容性设备状态监测

容性设备绝缘监测接入的具体状态信息包括电容量、介质损耗因数、三相不平衡电流、三相不平衡电压、全电流、系统电压。

（四）金属氧化物避雷器状态监测

金属氧化物避雷器绝缘监测接入的具体状态信息包括系统电压、全电流、阻性电流、计数器动作次数最后一次动作时间。

（五）变电站微气象环境监测

变电站微气象环境监测接入的具体状态信息包括气温、湿度、气压、雨量、降水强度、光辐射强度。

（六）视频/图像监测

通过接入视频统一平台，查看变电站视频/图像信息。

第六节　电网异常及事故时监控重点

培训目标

熟悉电网正常时监控重点；熟悉系统频率异常时监控重点；熟悉系统电压异常时监控重点；熟悉系统过负荷时监控重点；熟悉中性点非直接接地系统发生单相接地时监控重点；熟悉一次设备发热时监控重点；熟悉带压力运行的设备其压力降低时监控重点；熟悉继电保护及安全自动装置异常时监控重点；熟悉电网事故时监控重点。

一、电网正常运行时监控的重点

正常运行监视主要监视系统随时上送的异常信息，监控相关画面中的设备变位。监控重点是系统上送且未及时复归信息。对于系统上送后，在很短时间内（毫秒和秒级时间内）自动复归的信号，监控人员要结合系统长期运行以来该变电站、设备历史运行特点分析，判断该信息的重要性。例如：调控中心发现某变电站，经常发“××变电站 220kV 母线测控 SGB750 保护突变量动作”信号，数秒之后自动复归。原因是该变电站所带负荷为电气化铁路负荷，每当火车经过该变电站所带负荷地区时，都会发该信息。监控人员对于该变电站的这类信息可以不进行重点分析。而当另一个变电站某日突然发出该信号时，监控人员应及时查看该变电站在同一时间内是否还有别的附带信息一起上送，立即与现场核对信息的发出时间、设备目前状态，保护装置是否已经复归。正常运行时监视的内容和重点如下：

1. 通信状态

监视变电站内所有设备与站内信息子站之间的 A、B 网通信是否中断，各变电站与调度监控主站之间通信是否畅通。变电站内设备与站内信息之战之间的 A、B 网通信状态，在通信状态告警列表窗口中有具体显示。变电站与调度监控主站之间通信状态，在变电站通信状态监视图中反映。如果某变电站与监控主站之间通信通道异常时，说明变电站与调度监控主站之间通信中断，变电站内的任何信息都不能上传至调控中心，包括遥测量、遥信信号。此时，应立即通知相关变电站恢复监视。

2. 遥测量越线

主要监视变电站各级母线电压。

3. 异常信号

监视变电站一、二次设备异常。

（1）一次设备异常，如 SF_6 断路器、GIS 设备气室、断路器液压机构、气压机构、弹簧机构等压力降低，断路器及隔离开关操作电源消失，变压器油面温度、绕组温度、气体继电器告警，变压器通风回路异常及故障、直流系统异常及故障等。

（2）二次设备异常，如保护及自动装置电源故障、装置自身发出的异常告警、电压互感器或电流互感器二次回路异常等。

4. 保护动作信息

监视变电站机电保护及自动装置元件启动、元件动作、启动或动作先后顺序、保护出口、装置复归等情况。

5. 设备状态变位信息

监视断路器和隔离开关分合变位情况，以及有载调压变压器分接头变位情况。

6. 事故跳闸

监视系统事故时跳闸的断路器。

7. 实时遥测量

监视系统内主变压器、母线、线路、分段及母联断路器、无功补偿设备的电流、电压、有功功率、无功功率、频率、功率因数、主变压器温度、直流母线电压及接地电阻值等实时遥测值数据。

二、系统频率异常时监控重点

1. 频率偏高时的监控

当系统频率高出正常值时，监控人员要仔细查看系统有无其他异常及事故发生。应根据监视到的各个发电厂有功出力情况、大负荷集中区域等异常信息，给调度处理异常提供依据。

2. 频率偏低时的监控

当系统频率低于正常值时，监控人员要检查系统内的低频减载装置动作情况及频率变化情况，根据调度命令在监控机上进行远方限负荷操作。

3. 频率异常处理时的监控

在调度处理频率异常过程中，监控人员要始终密切监视系统频率变化及各发电厂有功出力变化。

在装有低频减载和高频切机的电网中，发生频率异常时，装置会自动进行减负荷或减有功出力，监控人员不需要进行操作，但要监视和记录装置所减负荷和所切机组，在系统频率恢复正常后再恢复负荷和发电机组。

三、系统电压异常时监控重点

正常运行中，监控人员要监视系统电压始终在调度下发的电压曲线范围内运行。

当某个变电站电压低于下限时，监控人员要增加有载调压变压器的分接头。监视电压恢复情况，决定变压器分接头调整的挡位。

当系统电压严重偏低时，配合调度投入补偿电容器，退出并联补偿电抗器。根据电压缺额决定投退补偿设备的数量。监视每次补偿设备操作后系统电压变化情况、补偿设备实际状态及所带无功负荷，监视补偿设备无过负荷现象。在补偿设备投退仍不能满足需要时，监控人员根据调令进行限负荷操作。监控人员应始终监控系统电压变化和大用户、重要用户负荷情况，保证用户的保安负荷。

当系统电压升高时，监控人员应根据电网运行及检修情况，分析系统是否有操作等过电压现象。如属于正常电压升高，监控人员应降低有载调压变压器分接头，根据调令投入并联电抗器。

有 AVC 系统的电网，监控人员应监视电压变化和 AVC 系统所操作设备的实际状态，监视无功补偿设备有无过负荷。

四、系统过负荷时监控重点

输电线路或主变压器过负荷时，监控人员要随时计算过负荷倍数，严格控制设备过负荷运行时间（具体时间依照现场运行规程的规定或生产厂家说明书的要求执行）。根据调令进行转移负荷或限负荷操作。

主变压器过负荷时还要严密监视主变压器的温度上升速度，辅助或备用冷却器是否按温度或负荷启动。

线路过负荷时，按照线路所有元件中额定电流最小的电流控制线路负荷。

五、中性点非直接接地系统发生单相接地时监控重点

中性点非直接接地系统发生单相接地时，监控人员要严密监视相关变电站母线三相电压及线电压变化情况，控制带接地点运行时间不超过 2h。监控人员依据调令进行拉路寻找接地点操作。

六、一次设备发热时监控重点

当发现一次设备或一次设备接头发热时，监控人员应监视相关设备所带负荷、环境温度变化情况，根据调令转移负荷或者将严重发热的设备停电。

七、带压力运行的设备压力降低时监控重点

当运行中 SF_6 设备发出压力降低告警信号时，监控人员应监视压力异常设备的负荷、SF_6 气体压力是否继续降低发出闭锁信号。

GIS 设备气室压力降低时，监控人员应严格监视气室压力下降速度，是否收到自动复归

信号，判断设备是否有严重漏气现象，决定设备能否继续运行。

液压机构或气动机构压力降低时，监控人员应继续监视压力下降情况，收到压力降低闭锁报警信号后，监控人员则不能对该断路器进行遥控操作。

八、继电保护及安全自动装置异常时监控重点

双通道的线路纵联保护、远跳保护、高频保护及电网安全稳定控制装置的通信通道其中一条异常时，监控人员应监视保护及自动装置另一条通道的运行状态。如果两条通道均故障时，应监视线路其他相关后备保护及自动装置的运行状态。

双配置的继电保护及自动装置其中一套发生自身故障或电源消失时，应监视另一套保护正常运行。

单配置的保护及自动装置异常时，监控人员要根据收到的信息判断装置能否继续运行。如果装置可以继续运行，则要监视异常现象是否消失或朝严重方向发展。如果判断为保护装置不能继续运行，应立即将相关一次设备转为备用状态，再退出保护装置消缺。

双配置、双主方式运行的电网安全稳定控制装置一套异常时，应退出装置，防止装置误动作。

九、电网事故时监控重点

发生电网事故或设备事故时，直接后果是有断路器跳闸、设备或线路失电。当发生事故时，监控人员应重点监视非故障设备及电网的运行情况，以及系统频率、电压的变化情况。

1. 线路故障监控重点

（1）线路发生故障时，如果自动重合闸装置动作，重合成功，则对电网影响最小。监控人员应监视故障线路重合闸成功后线路负荷的变化情况。监控人员如果发现线路重合闸后，所带负荷没有恢复到跳闸前的状态，应根据负荷性质、重要性、事故前运行方式综合判断，给出需要调度及运维操作站人员配合进行的工作。

（2）线路发生故障未进行重合闸或者重合闸补偿功时，监控人员应根据收到的信息进行综合判断，分析继电保护及自动装置动作是否正确，根据故障现象判断能否进行线路强送电。

（3）双回线路中一条发生事故时，应监视另一条线路是否有过负荷现象，监视一条线路发生事故跳闸时对横差保护的影响。

（4）联络线路发生事故时，应监视断面潮流变化，系统是否分片运行。各系统电压及频率是否合格。

（5）电源线路故障后，监控人员应监视相关变电站是否失压，其他电源线路是否有过负荷现象。

2. 主变压器故障跳闸监控重点

（1）主变压器故障跳闸后，监控人员要立即查看与之并列运行的变压器是否过负荷，监视过负荷倍数及负荷上升情况、主变压器油面温度及绕组温度上升情况、运行主变压器通风冷却系统运行情况、辅助及备用冷却器投入情况。根据实际情况转移负荷或限负荷，确保无故障主变压器安全可靠运行。再综合分析故障变压器保护及自动装置动作情况，决定处理方案。

（2）系统中重要联络变压器事故跳闸后（如电磁环网联络变压器），监控人员应立即查看电网结构及系统潮流的变化，查看相关稳定控制装置动作情况，以及局部电网解列后电压、频率、负荷情况。

（3）中性点接地变压器故障跳闸后，应检查与之并列的其他变压器中性点接地情况，查看零序保护配置及投退情况。

（4）重要负荷变压器故障跳闸后，应检查该用户其他电源供电变压器运行情况、负荷情况，监视有无过负荷现象。

3. 母线故障监控重点

母线故障时，母线上所有元件都会失电，监控人员要监视母线分段断路器和母联断路器的动作情况，无故障线电压、负荷变化情况，故障母线电压互感器所带继电保护及自动装置切换情况。密切监视失压母线所带下一级变电站失压甩负荷量，以及电网断面稳定极限变化情况。根据所有信息分析判断，在母线不能强送电时，监控人员除了密切监视重要断面、重要设备情况外，还应配合调度立即进行远方操作，改变运行方式，恢复对重要线路的供电。

第七节 监控异常及事故判断

培训目标

熟悉典型异常信息判断；熟悉监控事故处理。

一、典型异常信息判断

（一）网络不通判断

（1）变电站后台信息正确，监控主站信息不上送，说明主站与子站或者主站与主站监控后台机之间通信中断，应通知省信通公司通信维护班消缺。

（2）当主站收不到某个变电站任何信息，通信状态又显示该变电站通信正常时，应通知相关运维站人员检查该变电站内后台信息是否刷新。如果站内后台信息不刷新，说明站内信息网络异常，应通知相关运维单位通信及自动化班消缺。

（3）监控主站系统、变电站站端系统及通道异常，造成受控站设备无法监控或监控受限时，监控员应及时与运维站现场人员进行确认，并通知自动化人员处理。受控站全部或部分设备失去监控时还应向相关调度汇报。

（4）监控系统消缺期间，变电站恢复有人值守模式，设备监控职责移交现场运维站人员，由运维站人员负责与各级调度机构进行调度业务联系。

（5）经现场运维人员确认为变电站终端系统异常，造成受控站部分或全部设备无法监控时，监控员应及时通知通信人员和省调自动化人员检查变电站终端设备，同时通知相关检修人员检查厂站端设备。

（6）处理监控系统异常、故障时，应及时联系省调自动化运维人员闭锁相应变电站的遥控操作功能，通知现场运维站人员做好必要的安全措施。

（7）监控系统缺陷消除后，监控员与现场运维站人员全面核对设备运行方式及站内信号正常。确认监控系统正常后，监控员与运维站人员履行交接手续，设备监控职责移交监控员。

（8）无人值班变电站发出远动退出信号时，应立即通知运维站人员恢复变电站有人值守，并汇报调度。

（9）监控员发现变电站画面各遥测量不刷新，大部分遥信信号错误时，应检查厂站状态监视画面是否为通信中断，若画面显示通信中断，应立即汇报调度并通知运维站人员赶往现场检查。

（10）监控机发出某保护装置通信中断信号时，可能为装置异常或装置失电引起，应立即通知运维站人员赶往现场检查。

（11）异常处理完毕后，监控员应与现场人员进行监控信息核对，确认无误后方可收回监控职责。

（二）监控系统异常及缺陷处理

1. 监控机死机

监控员通知自动化人员分析原因，重启监控系统。

2. 数据不更新

（1）单个单元数据不更新。一般由测控单元失电、测控单元故障、TA/TV 回路异常、通信中断等原因引起，处理方法如下：

1）通知运维站人员检查测控单元电源是否故障。

2）判断为测控单元故障时，应联系检修人员处理。

3）判断为通信中断时，通知通信人员处理。

（2）单座变电站所有数据不更新。一般由前置机、远动装置及通道异常等原因引起，处理方法如下：

1）与省调自动化专业值班人员联系，了解故障站前置机数据是否更新。如果站端数据更新，通知省调远动人员处理；如果站端数据不更新，则应通知通信人员和省调远动人员检查主站端设备，同时通知运维站联系检修人员检查厂站端设备。

2）现场检查站端后台机数据是否更新。如果更新，说明至调度端通道有问题；如果不更新，则可能当地远动装置故障，由厂站端远动人员处理。

3）监控系统发生异常，造成受控站部分或全部设备无法监控时，监控员应通知自动化人员处理，并将设备监控职责移交给现场运维人员。在此期间，现场运维人员应加强与监控员联系。在接到该缺陷消除的通知，监控员与现场运维人员核对站内信息正常后，将设备监控职责收回，并做好相关记录。

3. 个别遥信频繁变位

设备倒闸操作后出现遥信频繁变位时，可能属于接点接触不良引起，应及时通知现场运维人员。个别遥信频繁变位，暂时无法处理，又不影响设备正常运行时，为了不影响监控员对其他设备的正常监控，可设置闭锁该信号。设备正常运行中出现遥信频繁变位时，应及时通知现场运维人员检查站端设备及信号二次回路是否正常。

4. 告警窗数据长时间不刷新

告警窗无任何告警信息时，检查本机的消息总线是否良好；如果在告警窗看不到某条告警信息，但在信息总表中可以看到时，通过下列步骤检查：

（1）查看此条告警的告警定义行为中有无上告警窗动作。

（2）查看告警窗上的告警类型选择对话框中是否包含此条告警的告警类型。

（3）查看此告警类型在节点告警定义中是否禁止上告警窗。

（4）查看本机责任区是否包含该设备。

（三）监控系统监视到电网及设备异常的处理

（1）监控系统发出电网设备异常信号时，监控员应准确记录异常信号的内容与时间，并对发出的信号迅速进行研判，研判时应结合监控画面上断路器变位情况、电流、电压、功率等遥测值、光字牌信号进行综合分析，判断有无故障发生，必要时通知现场配合检查，不能仅依靠语音告警或事故推画面来判断故障。

（2）若排除监控系统误发信号，确认设备存在异常的，应立即汇报调度，做好配合调度进行遥控操作的准备，并根据异常情况进行事故预想，严防设备异常造成事故。

（3）监控人员应将监控到的信息和分析判断的结果告知运维站人员以协助其检查，并提醒其有关安全注意事项。

（4）监控员应要求现场人员对电气设备缺陷进行定性，详细汇报缺陷具体情况。

（5）对于危急缺陷和可能影响电网安全运行的严重缺陷，要求现场立即汇报设备管辖调度。对于主变压器风冷系统全停、66kV 母线单相接地、直流接地等重大异常，监控人员应记录异常持续时间并监视其发展情况，与现场运维人员密切配合，按有关规程的规定采取措施，并做好事故预想。

（6）异常、缺陷处理过程中，监控员应加强其他相关设备和变电站运行工况监视，及时与运维站人员沟通，严防异常扩大，导致事故。

（7）现场运维人员在现场巡视、检查、操作时发现的设备缺陷，应及时汇报相关调度并告知监控员。监控员应对相关设备加强监视，全面了解设备缺陷可能给设备运行造成的影响，并做好事故预想及相关遥控操作的准备工作。对于近期不能处理的缺陷，监控员要做好记录，按值重点移交，重点监控。

（8）监控员应将各类异常信息、现场反馈的检查情况、处理过程及异常的汇报情况认真记入相关记录。

（9）现场出现对监控系统有影响的一般缺陷，现场运维人员也应告知监控员。

（10）缺陷消除后，现场运维人员应及时告知监控员消缺情况，并进行核对、确认。

（11）对于危急缺陷，现场运维人员应立即将现场检查结果和需采取的隔离方式汇报给相关调度，并告知监控员。

（12）现场异常隔离、操作完成后，运维站人员应及时汇报监控员。监控员应与在现场的运维站人员核对相关信号，确认已复归信号，并将异常处理的结果汇报给调度。

（四）监控操作异常判断及处理

1. 遥控命令发出，断路器拒动时的处理方法

（1）检查操作是否符合规定。

（2）检查断路器 SF_6 气体压力降低导致分合闸回路是否闭锁。

（3）检查测控装置“就地/远方”切换把手的位置。

（4）检查控制回路是否断线。

（5）检查通信是否中断。

（6）如果仍无法进行操作，应通知运维站人员处理。

2. 遥控操作出现超时的处理方法

（1）如遥控预置超时，可再试一次。

（2）检查测控装置“就地/远方”切换把手的位置。

（3）检查通信是否中断。

（4）检查控制回路是否断线。

（5）如果仍无法进行操作，应通知现场运维人员处理。

3. 操作异常时的注意事项

（1）非人员误操作导致的误拉、合断路器时，如怀疑是监控系统的原因造成的，应立即汇报值班调度员，同时汇报主管领导，分析原因，提出整改措施并实施。

（2）监控系统发生拒绝遥控、拒绝遥调操作，不能立即处理的，应汇报调度，并通知运维站人员进行现场操作，通知省调自动化人员检查处理。

（3）监控系统有以下情况时不得进行遥控操作。

1）监控系统画面上断路器位置及遥测、遥信信息与实际不符。

2）正在进行现场操作或检修的设备。

3）监控系统有异常时。

（五）运行参数越限异常判断及处理

1. 设备过负荷

（1）设备过负荷时应立即记录过负荷时间，并计算过负荷倍数。

（2）线路过负荷时应立即汇报调度，根据调令处理。

（3）主变压器过负荷按以下流程处理。

1）记录过负荷主变压器的时间、温度（上层油温和绕组温度）、各侧电流、有功和无功功率情况。

2）通知运维站人员手动投入全部冷却器，要求现场对过负荷主变压器进行特巡，了解现场的环境温度，掌握主变压器温升变化情况。

3）将过负荷情况向调度汇报，配合调度采取减负荷措施。根据变压器的过负荷规定及限值，对正常过负荷和事故过负荷的幅度和时间进行监视和控制。

4）指派专人严密监视过负荷变压器的负荷及温度变化，若过负荷运行时间或温度已超过允许值时，应立即汇报调度将变压器停运。

（4）设备过负荷期间，监控员应配合调度员进行处理，并做好相关倒闸操作的准备工作。

凡调度指令限制或者切断的负荷，以及安全自动装置动作切断的负荷，未经值班调度员允许，监控员不得自行恢复供电。

2. 温度越限

（1）温度越限包括主变压器上层油温及绕组温度越限、高压电抗器上层油温及绕组温度越限、低压电抗器上层油温越限、站用变压器上层油温及绕组温度越限。

（2）温度越限告警发出后，监控员应记录越限时间及温度值，查看设备负荷情况，并通知运维站人员到现场检查，判断是否因表计问题误告警，若由于过负荷引起，则按设备过负荷规定处理。

（3）如确属主变压器或电抗器油温越限，应根据越限原因按照以下方法进行处理：

1）通知现场开启主变压器全部冷却器并加强测温。

2）汇报调度调整主变压器负荷。

3）温度越限后应监视温度变化趋势，若主变压器或电抗器负荷及环境温度均正常，且短时间内温度上升较快，应怀疑是否设备内部有异常，通知现场详细检查设备，并汇报调度做好停止该设备运行的准备。

主变压器和高压电抗器温度升高且没有其他降温措施时，应采取带电水冲洗降温。

（六）输变电设备状态在线监测系统异常判断及处理

输变电设备状态在线监测系统信息按照紧急程度和所反映的故障缺陷特点，可以分为一级告警信息、二级告警信息、三级告警信息、正常信息四类，各级别告警对应不同的业务流程。

（1）一级告警信息。输变电设备关键特征量的监测数据超过范围值，显示设备有突发故障的可能。

监控员应立即通知运维单位进行现场检查确认、设备状态分析，同时通知值班调度员。监控员将现场反馈的设备分析结果汇报调度员，并做好风险分析和相关事故预案。

（2）二级告警信息。输变电设备关键特征量的监测数据发生突变、重要特征量超过范围值，显示设备有缓慢故障可能。

监控员及时通知运维单位进行检查确认和分析，运维单位将结果反馈至监控员。监控员做好相关记录。

（3）三级告警信息。输变电设备关键特征量、重要特征量的监测数据出现劣化趋势，但未超过范围值，显示设备需跟踪关注。

监控员及时做好相关记录，定期汇总并向运维单位反馈，运维单位跟踪检查设备状态。

（4）正常信息。输变电设备关键特征量、重要特征量的监测数据均未发生劣化或超过范围值，显示设备处于正常状态。

输变电设备状态在线监测系统发出一级告警信息、二级告警信息、三级告警信息时均应通知调控中心设备监控管理处专责，进行异常数据初步分析。

（七）断路器压力降低告警处理

（1）监控员发现断路器压力降低告警时，应详细记录异常发生变电站名称、时间，立即通知运维人员进行检查，并将详细情况汇报值班调度员。

（2）监控员应做好由于断路器压力降低而造成越级跳闸的事故预想。

（3）异常处理完毕后，现场运维人员应将处理结果告知值班监控员。

（4）监控员应将现场专业人员处理结果汇报值班调度员。

（八）交流、直流系统异常处理

（1）监控员应通过监控机检查各站交流、直流系统电压正常，发现交流、直流系统电压异常时，应立即通知运维站人员现场检查并汇报调度。

（2）监控员应及时了解现场检查情况和处理情况。

（3）监控员应做好相关记录和汇报工作。

（九）GIS设备异常处理

（1）运行中的GIS设备气室SF_6额定压力参数见表5-22。

表5-22　运行中的GIS设备气室SF_6额定压力参数

气室名称	SF_6气体额定压力（MPa）	SF_6气体报警压力（MPa）	SF_6气体最低功能压力（MPa）
开关气室	0.6±0.02	0.55±0.02	0.5±0.02
其他气室	0.5±0.02	0.45±0.02	0.4±0.02

（2）监控员在运行监视中发现GIS设备气室压力降低报警信号时，应密切监视压力变化的幅度和具体时间点，通知运维站人员检查设备气室实际压力值。如果属于温度补偿装置的精度问题，应进行校验或更换。如果属于气室漏气，应及时进行补气，或对罐体检漏消缺。当设备气室SF_6气体压力达到最低限值时，严禁操作该设备。

（3）GIS运行中压力释放装置动作后，监控人员应汇报调度，同时通知运维人员立即检查设备，在检查设备接近SF_6扩散地或者故障设备时，应做好防止人员SF_6气体中毒的安全防护措施。

（十）其他异常判断及处理

（1）直流系统异常。当发现直流系统异常信号时，应首先检查直流电压是否正常、是否有下降趋势，有无站用电系统信号，发现异常情况应立即通知运维人员检查处理。

（2）站用电系统异常。当发现站用电系统异常信号时，应检查带站用变压器的线路有无失电，或有无进线、主变压器失电，有无直流系统信号，如“充电机欠压”等。发现异常情况应通知运维人员检查处理，如果带有直流系统异常信号时必须尽快到现场检查。当发生某站站用变压器切换动作时，应查看交流系统遥测值是否显示正确，且应清楚站用电交流系统的接线方式。当全站失电时应判断交流电是否全失，防止蓄电池过度放电。

二、监控事故处理

（一）事故处理的原则和规定

监控员负责接入监控系统的受控变电站设备故障的发现、汇报工作，并存各级调度的指挥下进行事故处理，对遥控操作的正确性负责。

1. 事故检查和汇报

（1）事故信号发出后，当值人员应在告警窗中筛选关键信号，结合监控画面上断路器变位或闪烁情况、光字牌动作复归情况、相关遥测值变化情况综合分析判断事故性质，及时将有关事故的情况准确报告值班调度员，主要内容包括：

1）事故发生的时间、过程和现象。

2）断路器跳闸情况和主要设备出现的异常情况。

3）继电保护和安全自动装置的动作情况（动作或出口的保护及自动装置）。

4）频率、电压、负荷的变化情况。

5）有关事故的其他情况。

（2）及时通知运维人员进行现场检查、确认。并做好相关记录。

（3）运维站人员到达现场，检查设备实际情况后，应及时与值班监控员核对信息，并在相应调度机构当值调度员的指挥下进行事故处理操作。事故处理过程中的业务联系由现场运维人员与相应调度机构当值调度员直接进行。

2. 监控事故处理时的要求

（1）紧急情况下，为防止事故扩大，监控员可不经调度命令先行进行以下遥控操作，但事后应当尽快报告值班调度员并通知现场运维人员到现场检查：

1）将直接威胁人身安全的设备停电。

2）将故障设备停电隔离。

3）解除对运行设备安全的威胁。

4）各级调控机构调度规程中明确规定可不待调令自行处理的事项。

（2）安全自动装置切掉的线路在故障处理过程中不得送电，待系统恢复正常运行方式后根据调令逐步恢复。

（3）当主变压器过负荷时，禁止线路超过允许负荷运行，线路超过允许负荷时，需先限电再转供负荷；主变压器正常情况下不能超过额定容量运行。特殊情况下，如果变压器超过额定容量运行，应加强主变压器负荷监视，及时汇报调度，根据调令按照“电网事故限电序位表”依次进行拉路限电，当调度下达限电命令后，应迅速完成各站的单一拉闸限电操作。

（4）事故处理中应严格执行相关规章制度，监控员在监控长的组织下，密切配合、合理分工，迅速正确配合调度处理电网事故。

（5）监控员应服从各级值班调度员的指挥，迅速正确地执行各级值班调度员的调度指令。当值人员如果认为值班调度员指令有误时应予以指出，并做出必要解释，如果值班调度员确认自己的指令正确时，监控员应立即执行。

（6）在调度员指挥事故处理时，监控员要密切监视监控系统中相关厂站信息的变化，关注故障发展和电网运行情况，及时将有关情况报告相关值班调度员。

（7）调度员和监控员按照职责分工进行各项工作的上报和通知，遇有重大事件时，应严格按照重大事件汇报制度执行。

3. 事故处理完成后的要求

（1）事故及异常处理完毕后，运维操作站人员检查设备正常，并与各级调度机构及监控员核对运行方式及相关信号确已复归。

（2）事故处理后应在监控值班长的组织下完成各种记录，做好事故的分析和总结。

（二）主变压器跳闸事故处理

（1）变电站主变压器发生跳闸事故时，监控员应详细记录事故发生变电站名称、时间、保护动作信息、断路器分闸情况，并严密监视站内其他主变压器有无过负荷情况，若出现严重过负荷，监控员可依据调度指令进行拉闸限电。

（2）及时向值班调度员详细汇报事故内容。

（3）及时通知运维站人员赶赴现场进行检查、确认，并在现场核对相关信息无误。

（4）加强与现场值班人员联系，掌握现场事故处理情况，严防事故扩大，并做好事故预想。

（5）加强对运行主变压器负荷、温度、冷却器运行情况以及全站站用系统和直流系统的监视。

（三）全站失压事故处理

（1）发生变电站全站失电事故时，监控员应详细记录事故发生的变电站名称、时间、保护动作信息、开关分闸情况。

（2）监控员根据相关保护信息、断路器动作情况、站用信息情况判断为全站失电时，应及时通知运维人员确认现场设备实际情况，并将事故情况汇报值班调度员。

（3）运维值班人员依据调度命令拉开所有出线断路器，根据各变电站反事故预案。恢复对站用系统供电，监控员对事故现场倒闸操作等事故处理情况做好详细记录。

（4）监控员应加强对直流系统的监视，确保直流系统的安全运行。

（四）线路保护动作事故处理

线路故障跳闸后，监控员应立即通知运维人员对站内设备进行详细检查，与现场人员核对信息，并详细记录事故发生变电站名称、时间、保护动作信息、断路器分闸情况。不论重合闸动作与否，都要求运维站人员对站内设备进行详细检查。

监控员应及时了解运维人员现场检查情况，并做好相关记录和汇报工作。

第八节　电网、变电站一次监控信息处置原则

培训目标

本节对变电站一次设备、二次设备、保护装置、自动装置、交直流等告警信息进行介绍，要求熟练掌握各类告警信息的信息释义、原因分析、处置原则。

一、断路器

（一）SF_6断路器

1. ××断路器SF_6气压低告警

（1）信息释义：监视断路器本体SF_6数值，反映断路器绝缘情况。由于SF_6密度降低，所以密度继电器动作。

（2）原因分析：

1）断路器有泄漏点，压力降低到告警值。

2）密度继电器损坏。

3）二次回路故障。

4）根据SF_6压力温度曲线，温度变化时，SF_6压力值变化。

（3）造成后果：如果SF_6压力继续降低，造成断路器分合闸闭锁。

（4）处置原则：

1）调度员：做好事故预想，安排电网运行方式。

2）监控员：通知运维单位，根据相关规程处理。

a. 了解现场SF_6压力值；了解现场处置的基本情况和现场处置原则。

b. 根据处置方式制定相应的监控措施，及时掌握N–1后设备运行情况。

3）运维单位：现场检查，采取现场处置措施并及时向调度和监控人员汇报。

现场运维一般处理原则：

a. 检查现场压力表，检查信号报出是否正确、是否有漏气。

b. 如果检查没有漏气，是因运行正常压力降低或者温度变化而引起压力变化造成，则由专业人员带电补气。

c. 如果有漏气现象，SF_6压力未闭锁，应加强现场跟踪，根据现场事态发展确定进一步现场处置原则。

d. 如果是压力继电器或回路故障造成误发信号应对回路及继电器进行检查，及时消除缺陷。

2. 断路器SF_6气压低闭锁

（1）信息释义：监视断路器本体SF_6数值，反映断路器绝缘情况。由于SF_6压力降低，压力继电器动作。

（2）原因分析：

1）断路器有泄漏点，压力降低到闭锁值。

2）压力继电器损坏。

3）回路故障。

4）根据 SF_6 压力温度曲线，温度变化时，SF_6 压力值变化。

（3）造成后果：造成断路器分合闸闭锁，如果当时与本断路器有关设备故障，则断路器拒动，断路器失灵保护出口，扩大事故范围。

（4）处置原则：

1）调度员：核对电网运行方式，下达调度处置指令。

2）监控员：通知运维单位，根据相关规程处理。

a．了解现场 SF_6 压力值；了解现场处置的基本情况和现场处置原则。

b．根据处置方式制定相应的监控措施，及时掌握 N–1 后设备运行情况。

3）运维单位：现场检查，采取现场处置措施并及时向调度和监控人员汇报。

现场运维一般处理原则：

a．检查现场压力表，检查信号报出是否正确、是否有漏气。

b．如果有漏气现象，SF_6 压力低闭锁，应断开断路器控制电源的措施，并立即上报调度和监控，并根据调度指令设法将故障断路器隔离，做好相应的安全措施。

c．如果是压力继电器或回路故障造成误发信号应对回路及继电器进行检查，及时消除故障。

（二）液压机构

1. ××断路器油压低分合闸总闭锁

（1）信息释义：监视断路器操作机构油压值，反映断路器操作机构情况。由于操作机构油压降低，压力继电器动作，正常应伴有控制回路断线信号。

（2）原因分析：

1）断路器操作机构油压回路有泄漏点，油压降低到分闸闭锁值。

2）压力继电器损坏。

3）回路故障。

4）根据油压温度曲线，温度变化时，油压值变化。

（3）造成后果：如果当时与本断路器有关设备故障，则断路器拒动无法分合闸，后备保护出口，扩大事故范围。

（4）处置原则：

1）调度员：核对电网运行方式，下达调度处置指令。

2）监控员：通知运维单位，根据相关规程处理。

a．了解操作机构压力值；了解现场处置的基本情况和现场处置原则。

b．根据处置方式制定相应的监控措施，及时掌握 N–1 后设备运行情况。

3）运维单位：现场检查，采取现场处置措施并及时向调度和监控人员汇报。

现场运维一般处理原则：

a．检查现场压力表，检查信号报出是否正确、是否有漏油痕迹。

b．如果检查没有漏油痕迹，是因运行正常压力降低或者温度变化而引起压力变化造成，则由专业人员带电处理。

c．如果有漏油现象，操作机构压力低闭锁分闸，应断开断路器控制电源和电动机电源，并立即上报调度和监控，并根据调度指令设法将故障断路器隔离，做好相应的安全措施。

d．如果是压力继电器或回路故障造成误发信号应对回路及继电器进行检查，及时消除故障。

2. ××断路器油压低合闸闭锁

（1）信息释义：监视断路器操作机构油压值，反映断路器操作机构情况。由于操作机构油压降低，压力继电器动作。

（2）原因分析：

1）断路器操作机构油压回路有泄漏点，油压降低到分闸闭锁值。

2）压力继电器损坏。

3）回路故障。

4）根据油压温度曲线，温度变化时，油压值变化。造成后果：造成断路器无法合闸。

（3）处置原则：

1）调度员：核对电网运行方式，下达调度处置指令。

2）监控员：通知运维单位，根据相关规程处理。

a．了解操作机构压力值；了解现场处置的基本情况和现场处置原则。

b．根据处置方式制定相应的监控措施，及时掌握 N–1 后设备运行情况。

3）运维单位：现场检查，采取现场处置措施并及时向调度和监控人员汇报。

现场运维一般处理原则：

a．检查现场压力表，检查信号报出是否正确、是否有漏油痕迹。

b．如果检查没有漏油痕迹，是因运行正常压力降低或者温度变化而引起压力变化造成，则由专业人员带电处理。

c．如果有漏油现象，操作机构压力低闭锁合闸，应立即上报调度，同时制定相关措施和方案，必要时向相关调度申请将断路器隔离。

d．如果是压力继电器或回路故障造成误发信号应对回路及继电器进行检查，及时消除故障。

3. ××断路器油压低重合闸闭锁

（1）信息释义：监视断路器操作机构油压值，反映断路器操作机构情况。由于操作机构油压降低，压力继电器动作。

（2）原因分析：

1）断路器操作机构油压回路有泄漏点，油压降低到分闸闭锁值。

2）压力继电器损坏。

3）回路故障。

4）根据油压温度曲线，温度变化时，油压值变化。

（3）造成后果：造成断路器故障跳闸后不能重合。

（4）处置原则：

1）调度员：核对电网运行方式，下达调度处置指令。

2）监控员：通知运维单位，根据相关规程处理。

a．了解操作机构压力值；了解现场处置的基本情况和现场处置原则。

b．根据处置方式制定相应的监控措施，及时掌握 N–1 后设备运行情况。

3）运维单位：现场检查，采取现场处置措施并及时向调度和监控人员汇报。

现场运维一般处理原则：

a．检查现场压力表，检查信号报出是否正确、是否有漏油痕迹。

b．如果检查没有漏油痕迹，是因运行正常压力降低或者温度变化而引起压力变化造成，则由专业人员带电处理。

c．如果有漏油现象，操作机构压力低闭锁重合闸，应立即上报调度，同时制定相关措施和方案，必要时向相关调度申请将断路器隔离。

d．如果是压力继电器或回路故障造成误发信号应对回路及继电器进行检查，及时消除故障。

4. ××断路器油压低告警

（1）信息释义：断路器操作机构油压值低于告警值，压力继电器动作。

（2）原因分析：

1）断路器操作机构油压回路有泄漏点，油压降低到分闸闭锁值。

2）压力继电器损坏。

3）回路故障。

4）根据油压温度曲线，温度变化时，油压值变化。

（3）造成后果：如果压力继续降低，可能造成断路器重合闸闭锁、合闸闭锁、分闸闭锁。

（4）处置原则：

1）调度员：核对电网运行方式，下达调度处置指令。

2）监控员：通知运维单位，根据相关规程处理。

a．了解操作机构压力值，了解现场处置的基本情况和现场处置原则。

b．根据处置方式制定相应的监控措施，及时掌握 N–1 后设备运行情况。

3）运维单位：现场检查，采取现场处置措施并及时向调度和监控人员汇报。

现场运维一般处理原则：

a．检查现场压力表，检查信号报出是否正确、是否有泄漏。

b．如果压力确实降低至告警值时，判断是否可带电处理，如必须停电处理时，应立即上报相关调度，根据运维单位检查情况确定处置方案，但应采取措施避免出现分合闸闭锁情况。

c．如果是压力继电器或回路故障造成误发信号应对回路及继电器进行检查，及时消除故障。

5. ××断路器 N_2 泄漏告警

（1）信息释义：断路器操作机构 N_2 压力值低于告警值，压力继电器动作。

（2）原因分析：

1）断路器操作机构油压回路有泄漏点，N_2 压力降低到报警值。

2）压力继电器损坏。

3）回路故障。

4）根据 N_2 压力温度曲线，温度变化时，N_2 压力值变化。

（3）造成后果：如果压力继续降低，可能造成断路器重合闸闭锁、闭锁合闸、闭锁分闸。

（4）处置原则：

1）调度员：核对电网运行方式，下达调度处置指令。

2）监控员：通知运维单位，根据相关规程处理。

a．了解 N_2 压力值，了解现场处置的基本情况和现场处置原则。

b．根据处置方式制定相应的监控措施，及时掌握 N–1 后设备运行情况。

3）运维单位：现场检查，采取现场处置措施并及时向调度和监控人员汇报。

现场运维一般处理原则：

a．检查现场 N_2 压力表，检查信号报出是否正确、是否有漏 N_2。

b．如果检查没有漏 N_2，是由于温度变化等原因造成，检查油泵运转情况并由专业人员处理。

c．如果是压力继电器或回路故障造成误发信号应对回路及继电器进行检查，及时消除故障。

6．××断路器 N_2 泄漏闭锁

（1）信息释义：监视断路器液压操作机构活塞筒中氮气压力情况，由于压力降低至闭锁值时，将使作用在断路器操作传动杆上的力降低，影响断路器的分合闸。

（2）原因分析：

1）断路器机构有泄漏点，氮气压力降低到闭锁值。

2）压力继电器损坏。

3）回路故障。

（3）造成后果：造成断路器分合闸闭锁，如果当时与本断路器有关设备故障，则断路器拒动，断路器失灵保护出口，扩大事故范围。

（4）处置原则：

1）调度员：核对电网运行方式，下达调度处置指令。

2）监控员：通知运维单位，根据相关规程处理。

a．了解 N_2 压力值，了解现场处置的基本情况和现场处置原则。

b．根据处置方式制定相应的监控措施，及时掌握 N–1 后设备运行情况。

3）运维单位：现场检查，采取现场处置措施并及时向调度和监控人员汇报。

现场运维一般处理原则：

a．检查现场压力表，检查信号报出是否正确、是否有泄漏。

b．如果确实压力降低至闭锁分合闸，应拉开油泵电源闸、断开控制电源（装有失灵保护且控制保护电源未分开的除外）或停保护跳闸出口连接片，立即报相关调度，同时制定隔离措施和方案。

c．如果是压力继电器或回路故障造成误发信号应对回路及继电器进行检查，及时消除故障。

（三）气动机构

1．××断路器空气压力低分合闸总闭锁

（1）信息释义：监视断路器操作机构空气压力值，反映断路器操作机构情况。由于操作机构油压降低，压力继电器动作，正常应伴有控制回路断线信号。

（2）原因分析：

1）断路器操作机构气压回路有泄漏点，气压降低到分闸闭锁值。

2）压力继电器损坏。

3）回路故障。

4）根据气压温度曲线，温度变化时，气压值变化。

（3）造成后果：如果当时与本断路器有关设备故障，则断路器拒动无法分合闸，后备保护出口，扩大事故范围。

（4）处置原则：

1）调度员：核对电网运行方式，下达调度处置指令。

2）监控员：通知运维单位，根据相关规程处理。

a．了解空气压力值，了解现场处置的基本情况和现场处置原则。

b．根据处置方式制定相应的监控措施，及时掌握 N–1 后设备运行情况。

3）运维单位：现场检查，采取现场处置措施并及时向调度和监控人员汇报。

现场运维一般处理原则：

a．检查现场压力表，检查信号报出是否正确、是否有漏气痕迹。

b．如果检查没有漏气痕迹，是因运行正常压力降低或者温度变化而引起压力变化造成，则由专业人员带电处理。

c．如果有漏气现象，操作机构压力低闭锁分闸，应断开断路器控制电源和电动机电源，并立即上报调度和监控，并根据调度指令设法将故障断路器隔离，做好相应的安全措施。

d．如果是压力继电器或回路故障造成误发信号应对回路及继电器进行检查，及时消除故障。

2. ××断路器空气压力低合闸闭锁

（1）信息释义：监视断路器操作机构空气压力值，反映断路器操作机构情况。由于操作机构空气压力降低，压力继电器动作。

（2）原因分析：

1）断路器操作机构气压回路有泄漏点，气压降低到分闸闭锁值。

2）压力继电器损坏。

3）回路故障。

4）根据气压温度曲线，温度变化时，气压值变化。

（3）造成后果：造成断路器无法合闸。

（4）处置原则：

1）调度员：核对电网运行方式，下达调度处置指令。

2）监控员：通知运维单位，根据相关规程处理。

a．了解空气压力值，了解现场处置的基本情况和现场处置原则。

b．根据处置方式制定相应的监控措施，及时掌握 N–1 后设备运行情况。

3）运维单位：现场检查，采取现场处置措施并及时向调度和监控人员汇报。

现场运维一般处理原则：

a．检查现场压力表，检查信号报出是否正确、是否有漏气痕迹。

b．如果检查没有漏气痕迹，是因运行正常压力降低或者温度变化而引起压力变化造成，则由专业人员带电处理。

c. 如果有漏气现象，操作机构压力低闭锁合闸，应立即上报调度，同时制定相关措施和方案，必要时向相关调度申请将断路器隔离。

d. 如果是压力继电器或回路故障造成误发信号应对回路及继电器进行检查，及时消除故障。

3. ××断路器空气压力低重合闸闭锁

（1）信息释义：监视断路器操作机构气压数值，反映断路器操作机构能量情况。由于操作机构空气压力降低，压力继电器动作。

（2）原因分析：

1）断路器操作机构气压回路有泄漏点，气压降低到分闸闭锁值。

2）压力继电器损坏。

3）回路故障。

4）根据气压温度曲线，温度变化时，气压值变化。

（3）造成后果：造成断路器故障跳闸后不能重合。

（4）处置原则：

1）调度员：核对电网运行方式，下达调度处置指令。

2）监控员：通知运维单位，根据相关规程处理。

a. 了解空气压力值，了解现场处置的基本情况和现场处置原则。

b. 根据处置方式制定相应的监控措施，及时掌握 N–1 后设备运行情况。

3）运维单位：现场检查，采取现场处置措施并及时向调度和监控人员汇报。

现场运维一般处理原则：

a. 检查现场压力表，检查信号报出是否正确、是否有漏气痕迹。

b. 如果检查没有漏气痕迹，是因运行正常压力降低或者温度变化而引起压力变化造成，则由专业人员带电处理。

c. 如果有漏气现象，操作机构压力低闭锁重合闸，应立即上报调度，同时制定相关措施和方案，必要时向相关调度申请将断路器隔离。

d. 如果是压力继电器或回路故障造成误发信号应对回路及继电器进行检查，及时消除故障。

4. ××断路器空气压力低告警

（1）信息释义：断路器操作机构空气压力值低于告警值，压力继电器动作。

（2）原因分析：

1）断路器操作机构气压回路有泄漏点，气压降低到分闸闭锁值。

2）压力继电器损坏。

3）回路故障。

4）根据气压温度曲线，温度变化时，气压值变化。

（3）造成后果：如果压力继续降低，可能造成断路器重合闸闭锁、合闸闭锁、分闸闭锁。

（4）处置原则：

1）调度员：根据运维单位检查结果确定是否需要拟定调度令。

2）监控员：通知运维单位，根据相关规程处理。

a. 了解空气压力值，了解现场处置的基本情况和现场处置原则。

b．根据处置方式制定相应的监控措施，及时掌握 $N-1$ 后设备运行情况。

3）运维单位：现场检查，采取现场处置措施并及时向调度和监控人员汇报。

现场运维一般处理原则：

a．检查现场压力表，检查信号报出是否正确、是否有泄漏。

b．如果压力确实降低至告警值时，判断是否可带电处理，如必须停电处理时，应立即上报相关调度，根据运维单位检查情况确定处置方案，但应采取措施避免出现分合闸闭锁情况。

c．如果是压力继电器或回路故障造成误发信号应对回路及继电器进行检查，及时消除故障。

（四）弹簧机构

1．××断路器弹簧未储能

（1）信息释义：断路器弹簧未储能，造成断路器不能合闸。

（2）原因分析：

1）断路器储能电动机损坏。

2）储能电动机继电器损坏。

3）电动机电源消失或控制回路故障。

4）断路器机械故障。

（3）造成后果：造成断路器不能合闸。

（4）处置原则：

1）调度员：根据现场检查结果，下达处置调度指令。

2）监控员：通知运维单位，根据相关规程处理。

a．了解断路器储能情况，了解现场处置的基本情况和现场处置原则。

b．根据处置方式制定相应的监控措施，及时掌握 $N-1$ 后设备运行情况。

3）运维单位：现场检查，采取现场处置措施并及时向调度和监控人员汇报。

现场运维一般处理原则：

a．检查现场机构弹簧储能情况，检查信号报出是否正确、是否有断路器未储能情况。

b．如果检查断路器储能正常，因继电器接点信号没有上传而造成，则应对信号回路进行检查，更换相应的继电器。

c．如果是电气回路异常或机械回路卡涩造成断路器未储能，应尽快安排检修。

（五）机构通用信号

1．××断路器本体三相不一致出口

（1）信息释义：反映断路器三相位置不一致性，断路器三相跳开。

（2）原因分析：

1）断路器三相不一致、断路器一相或两相跳开。

2）断路器位置继电器接点不好造成。

（3）造成后果：断路器三相跳闸。

（4）处置原则：

1）调度员：根据现场检查结果，下达处置调度指令。

2）监控员：核实断路器跳闸情况上报调度，通知运维单位，加强运行监控，做好相关操作准备。采取相应的措施。

3）运维单位：现场检查，采取现场处置措施并及时向调度和监控人员汇报。

现场运维一般处理原则：

a．现场检查确认断路器位置。

b．如果断路器跳开且三相不一致保护出口，按事故流程处理。

c．如断路器未跳开处于非全相运行，需要汇报调度，听候处理（若两相断开时应立即拉开该断路器，若一相断开时应试合一次，如试合补偿功则应尽快采取措施将该断路器拉开，同时汇报值班调度员）。

d．断路器操作造成非全相，应立即拉开该断路器，进行检查并汇报调度。

2. ××断路器加热器故障

（1）信息释义：断路器加热器故障。

（2）原因分析：

1）断路器加热电源跳闸。

2）电源辅助接点接触不良。

（3）造成后果：当断路器加热器故障时，特别是雨雪天气会造成机构内出现冷凝水，可能会造成二次回路短路或接地，甚至造成断路器拒动或误动。

（4）处置原则：

1）监控员：通知运维单位。

2）运维单位：现场检查，采取现场处置措施并及时向监控人员汇报。

现场运维一般处理原则：

a．根据环境温度，分析温控器运行是否正常。

b．检查加热器电源是否正常，小开关是否跳开。

c．检查温控器、加热模块及加热回路是否正常。

d．根据检查情况，由相关专业人员进行处理。

3. ××断路器储能电机故障

（1）信息释义：监视断路器储能电动机运行情况。

（2）原因分析：

1）电动机电源断线或熔断器熔断（空气小开关跳开）。

2）电动机电源回路故障。

3）电动机控制回路故障。

（3）造成后果：断路器操作机构无法储能，造成压力降低闭锁断路器操作。

（4）处置原则：

1）监控员：通知运维单位通知运维单位。采取相应的措施，通知运维单位。加强断路器操作机构压力相关信号监视。

2）运维单位：现场检查，采取现场处置措施并及时向监控人员汇报。

现场运维一般处理原则：

a．检查电动机电源及控制回路是否断线、短路。

b．检查电动机电源及控制电源空气开关是否跳开，若跳开，经检查无其他异常情况，试合一次。

c．根据检查情况，由相关专业人员进行处理。

（六）控制回路

1. ××断路器第一（二）组控制回路断线

（1）信息释义：控制电源消失或控制回路故障，造成断路器分合闸操作闭锁。

（2）原因分析：

1）二次回路接线松动。

2）控制熔断器熔断或空气开关跳闸。

3）断路器辅助接点接触不良，合闸或分闸位置继电器故障。

4）分合闸线圈损坏。

5）断路器机构“远方/就地”切换开关损坏。

6）弹簧机构未储能或断路器机构压力降至闭锁值，SF_6气体压力降至闭锁值。

（3）造成后果：不能进行分合闸操作及影响保护跳闸。

（4）处置原则：

1）调度员：根据现场检查结果确定是否拟定调度指令。

2）监控员：通知运维单位，采取相应的措施。

a. 了解断路器控制回路情况，了解现场处置的基本情况和处置原则，根据检查情况上报调度。

b. 根据处置方式制定相应的监控措施，及时掌握 $N-1$ 后设备运行情况。

3）运维单位：现场检查，采取现场处置措施并及时向调度和监控人员汇报。

现场运维一般处理原则：

a. 现场检查断路器，是否断路器位置灯熄灭，位置灯熄灭说明控制回路断线。

b. 检查断路器控制回路开关是否跳开、是否可以立即恢复或找出断路点。

c. 如控制回路断线且无法立即恢复时，应及时上报调度处理，隔离故障断路器。

d. 如果是回路故障造成误发信号应对回路进行检查，及时消除故障。

2. ××断路器第一（二）组控制电源消失

（1）信息释义：控制电源小开关跳闸或控制直流消失。

（2）原因分析：

1）控制回路空气开关跳闸。

2）控制回路上级电源消失。

3）误发信号。

（3）造成后果：不能进行分合闸操作及影响保护跳闸。

（4）处置原则：

1）调度员：根据现场检查结果确定是否拟定调度指令。

2）监控员：通知运维单位，采取相应的措施。

a. 了解断路器控制回路情况，了解现场处置的基本情况和处置原则，根据检查情况上报调度。

b. 根据处置方式制定相应的监控措施，及时掌握 $N-1$ 后设备运行情况。

3）运维单位：现场检查，采取现场处置措施并及时向调度和监控人员汇报。

现场运维一般处理原则：

a. 现场检查断路器，是否断路器位置灯熄灭，位置灯熄灭说明控制回路断线。

b．检查断路器控制回路开关是否跳开、是否可以立即恢复。

c．如控制回路断线且无法立即恢复时，应及时上报调度处理，隔离故障断路器。

d．如果是回路故障造成误发信号应对回路进行检查，及时消除故障。

二、GIS（HGIS）

（一）××气室 SF_6 气压低告警（指隔离开关、母线TV、避雷器等气室）

（1）信息释义：××气室 SF_6 压力低于告警值，密度继电器动作发告警信号。

（2）原因分析：

1）气室有泄漏点，压力降低到告警值。

2）密度继电器失灵。

3）回路故障。

4）根据 SF_6 压力温度曲线，温度变化时，SF_6 压力值变化。

（3）造成后果：气室绝缘降低，影响正常倒闸操作。

（4）处置原则：

1）调度员：核对电网运行方式，下达调度处置指令。

2）监控员：上报调度，通知运维单位，采取相应的措施。

a．了解 SF_6 压力值，了解现场处置的基本情况和处置原则。根据处置方式制定相应的监控措施。

b．加强相关信号监视。

3）运维单位：现场检查，采取现场处置措施并及时向调度和监控人员汇报。

现场运维一般处理原则：

a．检查现场压力表，检查信号报出是否正确、是否有漏气，检查前注意通风，防止 SF_6 中毒。

b．如果检查没有漏气，是因运行正常压力降低或者温度变化而引起压力变化造成，则由专业人员带电补气。

c．如果有漏气现象，则应密切监视断路器 SF_6 压力值，并立即上报调度，等候处理。

d．如果是压力继电器或回路故障造成误发信号应对回路及继电器进行检查，及时消除故障。

（二）××断路器汇控柜交流电源消失

（1）信息释义：××断路器汇控柜中各交流回路电源有消失情况。

（2）原因分析：

1）汇控柜中任一交流电源小空气开关跳闸，或几个交流电源小空气开关跳闸。

2）汇控柜中任一交流回路有故障或几个交流回路有故障。

（3）造成后果：无法进行相关操作。

（4）处置原则：

1）调度员：核对电网运行方式，下达调度处置指令。

2）监控员：上报调度，通知运维单位，采取相应的措施。

a．了解 SF_6 压力值，了解现场处置的基本情况和处置原则。根据处置方式制定相应的监控措施。

b．加强相关信号监视。

3）运维单位：现场检查，采取现场处置措施并及时向调度和监控人员汇报。

现场运维一般处理原则：

a．检查汇控柜内各交流电源小空气开关是否有跳闸、虚接等情况。

b．由相关专业人员检查各交流回路完好性，查找原因并处理。

（三）××断路器汇控柜直流电源消失

（1）信息释义：××断路器汇控柜中各直流回路电源有消失情况。

（2）原因分析：

1）汇控柜中任一直流电源小空气开关跳闸，或几个直流电源小空气开关跳闸。

2）汇控柜中任一直流回路有故障或几个直流回路有故障。

（3）造成后果：无法进行相关操作或信号无法上送。

（4）处置原则：

1）调度员：核对电网运行方式，下达调度处置指令。

2）监控员：上报调度，通知运维单位，采取相应的措施。

a．了解 SF_6 压力值，了解现场处置的基本情况和处置原则。根据处置方式制定相应的监控措施。

b．加强相关信号监视。

3）运维单位：现场检查，采取现场处置措施并及时向调度和监控人员汇报。

现场运维一般处理原则：

a．检查汇控柜内各交流电源小空气开关是否有跳闸、虚接等情况。

b．由相关专业人员检查各交流回路完好性，查找原因并处理。

三、隔离开关

（一）××隔离开关电机电源消失

（1）信息释义：监视隔离开关操作电源，反映隔离开关电动机电源情况。由于隔离开关电动机电源消失，继电器动作发出信号。

（2）原因分析：

1）隔离开关电动机电源开关跳闸。

2）继电器损坏，误发。

3）回路故障，误发。

（3）造成后果：造成隔离开关无法正常电动拉合，如果有工作或故障，无法隔离相关设备。

（4）处置原则：

1）监控员：通知运维单位，采取相应的措施。

a．了解异常对相关设备的影响，了解现场处置的基本情况和处置原则。根据处置方式制定相应的监控措施。

b．根据处置方式制定相应的监控措施，及时掌握消缺进度。

2）运维单位：现场检查，采取现场处置措施并及时向调度和监控人员汇报。

现场运维一般处理原则：

a．检查现场设备，信号报出是否正确，确认电源是否消失。

b．如果电源消失，应尽快查明原因，如运维人员能处理尽快处理，使异常设备恢复正常，如自行无法处理应尽快报专业班组解决。

c．如果是继电器或回路故障造成误发信号应对回路及继电器进行检查，及时消除异常。

（二）××隔离开关电动机故障

（1）信息释义：监视隔离开关电动机运行，反映隔离开关电动机运行情况。由于隔离开关电动机故障，继电器动作发出信号。

（2）原因分析：

1）隔离开关电动机本身发生故障（如运转超时、电动机过温等）。

2）继电器损坏，误发。

3）回路故障，误发。

（3）造成后果：造成隔离开关无法正常电动拉合，如果有工作或故障，无法隔离相关设备。

（4）处置原则：

1）监控员：通知运维单位，采取相应的措施。

a．了解异常对相关设备的影响，了解现场处置的基本情况和处置原则。根据处置方式制定相应的监控措施。

b．根据处置方式制定相应的监控措施，及时掌握消缺进度。

2）运维单位：现场检查，采取现场处置措施并及时向调度和监控人员汇报。

现场运维一般处理原则：

a．检查现场设备，信号报出是否正确，确认电动机是否故障。

b．如果电动机故障，应尽快查明原因，如运维人员能处理尽快处理，使异常设备恢复正常；如自行无法处理，应尽快报专业班组解决。

c．如果是继电器或回路故障造成误发信号应对回路及继电器进行检查，及时消除异常。

（三）××隔离开关加热器故障

（1）信息释义：监视隔离开关加热器运行，反映隔离开关加热器运行情况。由于隔离开关加热器故障，所以继电器动作发出信号。

（2）原因分析：

1）隔离开关加热器本身发生故障。

2）继电器损坏，误发。

3）回路故障，误发。

（3）造成后果：造成隔离开关机构箱温度过低或潮湿，易造成隔离开关操作箱内二次设备接地或损坏。

（4）处置原则：

1）监控员：通知运维单位，采取相应的措施。

a．了解异常对相关设备的影响，了解现场处置的基本情况和处置原则。根据处置方式制定相应的监控措施。

b．根据处置方式制定相应的监控措施，及时掌握消缺进度。

2）运维单位：现场检查，采取现场处置措施并及时向调度和监控人员汇报。

现场运维一般处理原则：

a．检查现场设备、信号报出是否正确，确认加热器是否故障。

b. 如果加热器故障，应尽快查明原因，如运维人员能处理尽快处理，使异常设备恢复正常；如自行无法处理，应尽快报专业班组解决。

c. 如果是继电器或回路故障造成误发信号应对回路及继电器进行检查，及时消除异常。

四、电流互感器、电压互感器

（一）××电流互感器 SF_6 压力低告警

（1）信息释义：电流互感器 SF_6 数值，反映断路器绝缘情况。由于 SF_6 压力降低，继电器动作。

（2）原因分析：

1）SF_6 电流互感器密封不严，有泄漏点。

2）SF_6 压力表计或压力继电器损坏。

3）由于环境温度变化引起 SF_6 电流互感器内部 SF_6 压力变化，一般多发生于室外设备和环境温度较低时。

（3）造成后果：如果 SF_6 压力进一步降低，有可能造成电流互感器绝缘击穿。

（4）处置原则：

1）调度员：根据运维单位现场检查结果确定是否需要拟定调度指令。

2）监控员：通知运维单位，采取相应的措施。

a. 了解 SF_6 压力值，了解现场处置的基本情况和处置原则。

b. 根据处置方式制定相应的监控措施，及时掌握 $N-1$ 后设备运行情况。

3）运维单位：现场检查，采取现场处置措施并及时向调度和监控人员汇报。

现场运维一般处理原则：

a. 检查现场压力表，检查信号报出是否正确、是否有漏气。

b. 如果检查没有漏气，是因运行正常压力降低或者温度变化而引起压力变化造成，则有专业人员带电补气。

c. 如果漏气现象严重，需要停电时，应立即上报调度，同时制定隔离措施和方案。

d. 如果是压力继电器或回路故障造成误发信号应对回路及继电器进行检查，及时消除故障。

（二）××TV 保护二次电压空开跳开

（1）信息释义：监视 TV 保护二次电压空开运行情况。

（2）原因分析：

1）空气开关老化跳闸。

2）空气开关负载有短路等情况。

3）误跳闸。

（3）造成后果：造成正常运行的母线、变压器等相关保护失去电压值，使相关保护可靠性将低，对自投装置产生影响。

（4）处置原则：

1）调度员：根据运维单位现场检查结果确定是否需要拟定调度指令。

2）监控员：通知运维单位，采取相应的措施。

a. 了解异常对相关设备的影响，了解现场处置的基本情况和现场处置原则，根据检查情况上报调度。

b. 根据处置方式制定相应的监控措施，及时掌握消缺进度。

3）运维单位：现场检查，采取现场处置措施并及时向调度和监控人员汇报。

现场运维一般处理原则：

a. 现场检查信号报出是否正确，TV 保护二次电压空气开关是否跳开。

b. 如果检查 TV 回路没有异常，可能属于空气开关误跳，可立即将 TV 保护二次电压空气开关合上。

c. 如果有问题，应采取防止相关保护及自动装置误动的措施，并立即上报调度。

d. 如果是继电器或回路故障造成误发信号应对回路及继电器进行检查，及时消除故障。

（三）××母线 TV 并列

（1）信息释义：主要监视双母线方式下，正常情况或倒母线过程中隔离开关是否合到位。

（2）原因分析：

1）两条母线隔离开关都合上时由保护装置的电压切换发出此信号。

2）继电器损坏，误发。

3）回路故障，误发。

（3）造成后果：造成两条母线 TV 并列运行，影响保护装置的正确动作。

（4）处置原则：

1）调度员：根据运维单位现场检查结果确定是否需要拟定调度指令。

2）监控员：通知运维单位，采取相应的措施。

a. 了解异常对相关设备的影响，了解现场处置的基本情况和现场处置原则，根据检查情况上报调度。

b. 根据处置方式制定相应的监控措施，及时掌握消缺进度。

3）运维单位：现场检查，采取现场处置措施并及时向调度和监控人员汇报。

现场运维一般处理原则：

a. 检查现场设备是否属于正常倒闸操作信号。

b. 如果隔离开关操作时，此信号未能正确反映隔离开关位置，应检查相应隔离开关切换继电器是否有卡滞等异常造成此现象。

c. 如果站内无隔离开关操作，应确认是否因继电器或回路故障造成误发信号，应对回路及继电器进行检查，及时消除故障。

五、主变压器

（一）冷却器状态

1. ××主变压器冷却器电源消失

（1）信息释义：主变压器冷却器装置失去工作电源。

（2）原因分析：

1）冷却器控制回路或交流电源回路有短路现象，造成电源空气开关跳开。

2）监视继电器故障。

（3）造成后果：影响变压器冷却系统正常运行，导致变压器不能正常散热。对于强油风冷（水冷）变压器，当两路电源全部失去时，造成变压器停电。

（4）处置原则：

1）监控员：通知运维单位。到现场检查。了解变压器的温度及负荷情况，了解现场处置的基本情况和现场处置原则。

2）运维单位：现场检查，采取现场处置措施并及时向调度和监控人员汇报。

现场运维一般处理原则：

a．检查现场监控机是否发此信号，检查变压器运行情况、冷却系统运行是否正常。

b．检查变压器温度及负荷情况。

c．如果现场监控机未发此信号，冷却系统运行正常。变压器温度及负荷情况正常，属于误发信号，应进行上报，让专业班组进行处理。

d．如果冷却系统运行电源有问题，造成一路或两路电源失电，应采检查电源回路，能否立即恢复，如果未发现明显故障或不能立即恢复，运维单位应进行上报，让专业班组进行处理。

2. ××主变压器冷却器故障（强油风冷、水冷变压器）

（1）信息释义：强油风冷、水冷变压器冷却器故障，发此信号。

（2）原因分析：

1）冷却器装置电动机过载，热继电器、油流继电器动作。

2）冷却器电动机、油泵故障。

（3）冷却器交流电源或控制电源消失造成的后果：影响变压器冷却系统正常运行，导致变压器不能正常散热。

（4）处置原则：

1）监控员：通知运维单位。到现场检查。了解变压器的温度、负荷以及备用冷却器投入情况，了解现场处置的基本情况和现场处置原则。

2）运维单位：现场检查，采取现场处置措施并及时向调度和监控人员汇报。

现场运维一般处理原则：

a．检查变压器温度及负荷情况。将故障冷却器切至停止位置，检查备用冷却器有无自动投入，必要时手动投入。

b．如果冷却器故障（风扇、油泵故障电源故障，热耦继电器动作，二次回路断线、短路等），应检查冷却器回路，能否立即恢复，如果未发现明显故障或不能立即恢复，应进行上报，让专业班组进行处理。

c．如果现场监控机未发此信号，冷却系统运行正常。变压器温度及负荷情况正常，属于误发信号，应进行上报，让专业班组进行处理。

3. ××主变压器风扇故障（油浸风冷变压器）

（1）信息释义：油浸风冷变压器冷却器故障，发此信号。

（2）原因分析：

1）风扇电动机故障。

2）风扇电源消失造成后果：影响变压器冷却系统正常运行，导致变压器不能正常散热。

（3）处置原则：

1）监控员：通知运维单位。到现场检查。了解变压器的温度和负荷情况，了解现场处置的基本情况和现场处置原则。

2）运维单位：现场检查，采取现场处置措施并及时向调度和监控人员汇报。

现场运维一般处理原则：

a．检查变压器温度及负荷情况，检查故障风扇情况，将故障风扇手把改为停止。

b．如果风扇故障，应查看是能否立即恢复，如果未发现明显故障或不能立即恢复，应进行上报，让专业班组进行处理。

c．如果现场监控机未发此信号，风扇运行正常。变压器温度及负荷情况正常，属于误发信号，应进行上报，让专业班组进行处理。

4．××主变压器冷却器全停延时出口

（1）信息释义：强油风冷（水冷）变压器冷却器系统电源全部消失，延时跳闸。

（2）原因分析：

1）两组冷却器电源消失。

2）一组冷却器电源消失后，自动切换回路故障，造成另一组电源不能投入。

3）冷却器控制回路或交流电源回路有短路现象，造成两组电源空气开关跳开。

（3）造成后果：变压器三侧断路器跳闸。

（4）处置原则：

1）调度员：核对电网运行方式，下达处置调度指令。

2）监控员：报调度，通知运维单位。采取相应的措施。

a．确定是否变压器冷却器全停。

b．了解变压器的温度及负荷情况，了解现场处置的基本情况和现场处置原则。

3）运维单位：现场检查，采取现场处置措施并及时向调度和监控人员汇报。

现场运维一般处理原则：

a．主变压器断路器跳闸后，应监视其他运行主变压器及相关线路的负荷情况，检查另一台主变压器冷却装置运行是否正常，必要时增加特巡，发现异常及时上报调度。

b．如站用电消失，及时切换或恢复。

c．检查主变压器非电量保护装置动作信息及运行情况，检查冷却器故障原因，将检查情况上报调度，按照调度指令处理。

5．××主变压器冷却器全停告警

（1）信息释义：监视变压器冷却器行状态。变压器冷却器系统电源故障，发此信号。强油风冷（水冷）变压器冷却器系统电源全部消失，延时跳闸。

（2）原因分析：

1）两组冷却器电源消失。

2）一组冷却器电源消失后，自动切换回路故障，造成另一组电源不能投入。

3）冷却器控制回路或交流电源回路有短路现象，造成两组电源空气开关跳开。

（3）造成后果：影响风冷（水冷）变压器冷却器系统正常运行，导致变压器不能正常散热，到达时间后变压器三侧断路器跳闸。

（4）处置原则：

1）调度员：核对电网运行方式，下达处置调度指令。

2）监控员：报调度，通知运维单位。采取相应的措施。

a．了解变压器的温度及负荷情况，做好倒负荷的准备。

b．了解现场处置的基本情况和现场处置原则。

3）运维单位：现场检查，采取现场处置措施并及时向调度和监控人员汇报。

现场运维一般处理原则：

a．检查变压器温度及负荷情况，密切跟踪变压器温度变化情况，根据规程处理。

b．如果冷却器系统电源故障，应检查冷却器电源回路，能否立即恢复，查找故障原因并及时排除故障，恢复冷却装置的正常运行。如果不能立即恢复，应进行上报，让专业班组进行处理。

c．如果现场监控机未发此信号，冷却系统运行正常。变压器温度及负荷情况正常，属于误发信号，应进行上报，让专业班组进行处理。

（二）本体信息

1. 主变压器本体重瓦斯出口

（1）信息释义：反映主变压器本体内部故障。

（2）原因分析：

1）主变压器内部发生严重故障。

2）二次回路问题误动作。

3）油枕内胶囊安装不良，造成呼吸器堵塞，油温发生变化后，呼吸器突然冲开，油流冲动造成继电器误动跳闸。

4）主变压器附近有较强烈的振动。

5）瓦斯继电器误动。

（3）造成后果：造成主变压器跳闸。

（4）处置原则：

1）调度员：事故处理，下达调度指令。

2）监控员：核实断路器跳闸情况并上报调度，通知运维单位，加强运行监控，做好相关操作准备。采取相应的措施。

a．了解主变压器重瓦斯出口原因，了解现场处置的基本情况和处置原则。

b．根据处置方式制定相应的监控措施，及时掌握 N–1 后设备运行情况。

3）运维单位：现场检查，采取现场处置措施并及时向调度和监控人员汇报。

现场运维一般处理原则：

a．立即投入备用电源，切换站用变压器，恢复站用变压器。

b．对主变压器进行外观检查。若主变压器无明显异常和故障迹象，取气进行检查分析；若有明显故障迹象则不必取气即可确定为内部故障。

c．根据保护动作情况、外部检查结果、气体继电器气体性质进行综合分析，并立即上报调度，同时制定隔离措施和方案。

d. 如果是二次回路附近强烈振动或重瓦斯保护误动等引起，在差动和后备保护投入的情况下，退出重瓦斯保护，根据调度指令进行恢复送电。

2. ××主变压器本体轻瓦斯告警

（1）信息释义：反映主变压器本体内部异常。

（2）原因分析：

1）主变压器内部发生轻微故障。

2）因温度下降或漏油使油位下降。

3）因穿越性短路故障或振动引起。

4）油枕空气不畅通。

5）直流回路绝缘破坏。

6）瓦斯继电器本身有缺陷等。

7）二次回路误动作。

（3）造成后果：发轻瓦斯保护动作信号。

（4）处置原则：

1）调度员：根据现场检查结果决定是否拟定调度指令。

2）监控员：上报调度，通知运维单位，加强运行监控，做好相关操作准备。采取相应的措施：

a．了解主变压器轻瓦斯动作原因，了解现场处置的基本情况和处置原则。

b．根据处置方式制定相应的监控措施，及时掌握 N–1 后设备运行情况。

3）运维单位：现场检查，采取现场处置措施并及时向调度和监控人员汇报。

现场运维一般处理原则：

a．若瓦斯继电器内无气体或有气体经检验确认为空气而造成轻瓦斯保护动作时，主变压器可继续运行，同时进行相应的处理。

b．将空气放尽后，如果继续动作，且信号动作间隔时间逐次缩短，应报告调度，同时查明原因并尽快消除。

c．轻瓦斯动作，继电器内有气体，应对气体进行化验，由公司主管领导根据化验结果，确定主变压器是否退出运行。

d．如果是二次回路故障造成误发信号，现场检查无异常时，按一般缺陷上报，等待专业班组来站处理。

3. ××主变压器本体压力释放告警

（1）信息释义：主变压器本体压力释放阀门启动，当主变压器内部压力值超过设定值时，压力释放阀动作开始泄压，当压力恢复正常时压力释放阀自动恢复原状态。

（2）原因分析：

1）变压器内部故障。

2）呼吸系统堵塞。

3）变压器运行温度过高，内部压力升高。

4）变压器补充油时操作不当。

（3）造成后果：本体压力释放阀喷油。

（4）处置原则：

1）调度员：根据现场检查结果决定是否拟定调度指令。

2）监控员：上报调度，通知运维单位，加强运行监控，做好相关操作准备。采取相应的措施：

a．了解主变压器压力释放动作原因，了解现场处置的基本情况和处置原则。

b．根据处置方式制定相应的监控措施，及时掌握 N–1 后设备运行情况。

3）运维单位：现场检查，采取现场处置措施并及时向调度和监控人员汇报。

现场运维一般处理原则：

a．检查呼吸器是否堵塞，更换呼吸器时应暂时停用本体重瓦斯，待更换完毕后再重新将本体重瓦斯恢复。

b．检查储油柜的油位是否正常。

c．检查现场是否有工作人员给变压器补充油时操作不当。

d．如果是二次回路故障造成误发信号，现场检查无异常时安排处理。

4．××主变压器本体压力突变告警

（1）信息释义：监视主变压器本体油流、油压变化，压力变化率超过告警值。

（2）原因分析：

1）变压器内部故障。

2）呼吸系统堵塞。

3）油压速动继电器误发。

（3）造成后果：有进一步造成瓦斯继电器或压力释放阀动作的危险。

（4）处置原则：

1）调度员：根据现场检查结果决定是否拟定调度指令。

2）监控员：上报调度，通知运维单位，加强运行监控，做好相关操作准备。采取相应的措施：

a．了解主变压器压力突变动作原因，了解现场处置的基本情况和处置原则。

b．根据处置方式制定相应的监控措施，及时掌握 N–1 后设备运行情况。

3）运维单位：现场检查，采取现场处置措施并及时向调度和监控人员汇报。

现场运维一般处理原则：

a．检查呼吸器是否堵塞，如堵塞则更换呼吸器。

b．检查储油柜的油位是否正常。

c．如果是二次回路故障造成误发信号，现场检查无异常时安排处理。

5．××主变压器本体油温高告警 2

（1）信息释义：监视主变压器本体油温数值，反映主变压器运行情况。油温高于超温跳闸限值时，非电量保护跳主变压器各侧断路器；现场一般仅投信号。

（2）原因分析：

1）变压器内部故障。

2）主变压器过负荷。

3）主变压器冷却器故障或异常。

（3）造成后果：可能引起主变压器停运。

（4）处置原则：

1）调度员：根据现场检查结果决定是否拟定调度指令。

2）监控员：上报调度，通知运维单位，加强运行监控，做好相关操作准备。采取相应的措施：

a．了解主变压器油温高原因，了解现场处置的基本情况和处置原则。

b．根据处置方式制定相应的监控措施，及时掌握 N–1 后设备运行情况。

3）运维单位：现场检查，采取现场处置措施并及时向调度和监控人员汇报。

现场运维一般处理原则：

a．检查分析比较三相主变压器的负荷情况，冷却风扇、油泵运转情况，冷却回路阀门开启情况、投切台数，油流指示器指示，温度计和散热器等有无异常或不一致性。

b．将温度异常和检查结果向调度汇报，必要时向调度申请降负荷，停运。

6. ××主变压器本体油温高告警1

（1）信息释义：主变压器本体油温高时发跳闸信号但不作用于跳闸。

（2）原因分析：

1）变压器内部故障。

2）主变压器过负荷。

3）主变压器冷却器故障或异常。

（3）造成后果：主变压器本体油温高于告警值，影响主变压器绝缘。

（4）处置原则：

1）调度员：根据现场检查结果决定是否拟定调度指令。

2）监控员：上报调度，通知运维单位，加强运行监控，做好相关操作准备。采取相应的措施：

a．了解主变压器油温高原因，了解现场处置的基本情况和处置原则。

b．根据处置方式制定相应的监控措施，及时掌握 N–1 后设备运行情况。

3）运维单位：现场检查，采取现场处置措施并及时向调度和监控人员汇报。

现场运维一般处理原则：

a．检查分析比较三相主变压器的负荷情况，冷却风扇、油泵运转情况，冷却回路阀门开启情况、投切台数，油流指示器指示，温度计和散热器等有无异常或不一致性。

b．将温度异常和检查结果向调度汇报。

7. ××主变压器本体油位告警

（1）信息释义：主变压器本体油位偏高或偏低时告警。

（2）原因分析：

1）变压器内部故障。

2）主变压器过负荷。

3）主变压器冷却器故障或异常。

4）变压器漏油造成的油位低。

5）环境温度变化造成油位异常。

（3）造成后果：主变压器本体油位偏高可能造成油压过高，有导致主变压器本体压力释放阀动作的危险；主变压器本体油位偏低可能影响主变压器绝缘。

（4）处置原则：

1）监控员：通知运维单位，加强运行监控，做好相关操作准备。采取相应的措施。

a．了解主变压器油位异常原因，了解现场处置的基本情况和处置原则。

b．根据处置方式制定相应的监控措施，及时掌握 N–1 后设备运行情况。

2）运维单位：现场检查，向监控人员汇报，采取现场处置措施。现场运维一般处理原则。

a．检查分析比较三相主变压器的负荷情况，冷却风扇、油泵运转情况，冷却回路阀门开启情况、投切台数，油流指示器指示，温度计和散热器等有无异常或不一致性。

b．油位低时补油。

（三）有载调压

1. ××主变压器有载重瓦斯出口

（1）信息释义：反映变压器有载调压箱内部有故障。

（2）原因分析：

1）主变压器有载调压装置内部发生严重故障。

2）二次回路问题误动作。

3）有载调压油枕内胶囊安装不良，造成呼吸器堵塞，油温发生变化后，呼吸器突然冲开，油流冲动造成继电器误动跳闸。

4）主变压器附近有较强烈的振动。

5）瓦斯继电器误动。

（3）造成后果：造成主变压器跳闸。

（4）处置原则：同主变压器重瓦斯出口。

现场运维一般处理原则：同主变压器重瓦斯出口。

2. ××主变压器有载轻瓦斯告警

（1）信息释义：反映变压器有载调压箱内部有异常。

（2）原因分析：

1）调压箱内部发生轻微故障。

2）因温度下降或漏油使油位下降。

3）因穿越性短路故障或振动引起。

4）油枕空气不畅通。

5）直流回路绝缘破坏。

6）瓦斯继电器本身有缺陷等。

7）二次回路误动作。

（3）造成后果：发有载轻瓦斯保护动作信号。

（4）处置原则：同主变压器轻瓦斯告警。

（5）现场运维一般处理原则：同主变压器轻瓦斯告警。

3. ××主变压器有载压力释放告警

（1）信息释义：调压箱压力释放阀门启动，当主变压器内部压力值超过设定值时，压力释放阀动作开始泄压，当压力恢复正常时压力释放阀自动恢复原状态。

（2）原因分析：

1）有载调压箱内部故障。

2）呼吸系统堵塞。

3）变压器运行温度过高，内部压力升高。

4）变压器补充油时操作不当。

（3）造成后果：有载调压压力释放阀喷油。

（4）处置原则：同主变压器本体压力释放告警。

（5）现场运维一般处理原则：同主变压器本体压力释放告警。

4. ××主变压器有载油位告警

（1）信息释义：主变压器有载调压箱油位偏高或偏低时告警。

（2）原因分析：

1）变压器内部故障。

2）主变压器过负荷。

3）主变压器冷却器故障或异常。

4）变压器漏油造成的油位低。

5）环境温度变化造成油位异常。

（3）造成后果：主变压器调压箱油位偏高可能造成油压过高，有导致主变压器调压箱压力释放阀动作的危险；主变压器调压箱油位偏低可能影响主变压器绝缘。

（4）处置原则：同主变压器本体油位告警。

六、消弧线圈

（一）××消弧线圈交直流电源消失

（1）信息释义：××消弧线圈失去交直流电源。

（2）原因分析：消弧线圈小断路器跳闸。

（3）造成后果：消弧线圈调挡电源失电造成消弧线圈无法调节分头，发生接地时感性电流不能完全补偿容性电流，接地点容易产生间歇电弧，间歇电弧引起的过电压对电器的绝缘程度产生很大的危害。

（4）处置原则：

1）调度员：核对电网运行方式，下达处置调度指令。

2）监控员：通知运维单位。

3）运维单位：现场检查，向监控人员汇报，采取现场处置措施。

现场运维一般处理原则：

a．运维队人员按照相关消缺处理流程进行检查。

b．不能自行处理时申请专业班组到站检查消缺。

（二）××母线接地（消弧线圈判断）

（1）信息释义：××母线接地，从消弧线圈位移电压判断。

（2）原因分析：××母线接地。

（3）造成后果：母线单相接地时故障相对地电压降低，非故障两相的相电压升高，线电压依然对称。但单相接地如果时间较长会严重影响变电设备和配电网的安全运行，母线接地时对相关设备的绝缘产生较大影响。

（4）处置原则：

1）调度员：核对电网运行方式，下达处置调度指令。

2）监控员：判断哪相接地，通知运维单位以及相关调度。做好试拉路准备。

3）运维单位：现场检查，向调度和监控人员汇报，采取现场处置措施。

现场运维一般处理原则：

a．设备监控值班人员根据接地现象通知相关调度及运维队；

b．设备单相接地持续时间不能超过 2h。

（三）××消弧线圈装置异常

（1）信息释义：××消弧线圈发异常告警。

（2）原因分析：消弧线圈装置异常或者自动调谐装置的交直流空开跳闸。

（3）造成后果：消弧线圈装置异常无法计算调节挡位或者消弧线圈调挡电源失电造成消弧线圈无法调节挡位，发生接地时感应电流不能完全补偿容性电流，接地点容易产生间歇电弧，间歇电弧引起的过电压对电器的绝缘程度产生很大的危害。

（4）处置原则：

1）调度员：核对电网运行方式，下达处置调度指令。

2）监控员：通知运维单位以及相关调度。

3）运维单位：现场检查，向调度和监控人员汇报，采取现场处置措施。

现场运维一般处理原则：

a．运维队人员按照相关消缺处理流程进行检查。

b．不能自行处理时申请专业班组到站检查消缺。

（四）××消弧线圈装置拒动

（1）信息释义：××消弧线圈调挡动作，未能执行成功。

（2）原因分析：自动调谐装置的交直流空气开关跳闸失去电源或者调谐装置过零开关跳闸。

（3）造成后果：消弧线圈无法调节挡位，发生接地时感应电流不能完全补偿容性电流，接地点容易产生间歇电弧，间歇电弧引起的过电压对电器的绝缘程度产生很大的危害。

（4）处置原则：

1）监控员：通知运维单位。

2）运维单位：现场检查，向监控人员汇报，采取现场处置措施。

现场运维一般处理原则：

a．运维队人员按照相关消缺处理流程进行检查。

b．不能自行处理时申请专业班组到站检查消缺。

七、电容器、电抗器

（一）电容器/电抗器保护出口

（1）信息释义：电容器/电抗器保护出口跳闸。

（2）原因分析：电容器/电抗器过电流、过电压、欠电压、零序、不平衡保护出口。

（3）造成后果：系统失去部分无功电源，有可能对电压造成影响。

（4）处置原则：

1）调度员：处理事故，下达调度指令。

2）监控员：上报调度，通知运维单位，加强运行监控，做好相关操作准备。采取相应的措施。

3）运维单位：现场检查，向调度和监控人员汇报，采取现场处置措施。

现场运维一般处理原则：

a．现场检查电容器/电抗器保护出口情况。

b．现场检查电容器/电抗器一次设备有无异常，并一并将检查结果上报调度。

c．如果相应间隔 AVC 未被闭锁则应退出相应 AVC 控制。

（二）电容器/电抗器保护装置异常

（1）信息释义：电容器/电抗器保护装置出现异常。

（2）原因分析：内部软件异常或外部电源失电。

（3）造成后果：可能影响保护正确动作。

（4）处置原则：

1）调度员：做好事故预想，安排电网运行方式，下达调度指令。

2）监控员：上报调度，通知运维单位，加强运行监控，做好相关操作准备。采取相应的措施。

3）运维单位：现场检查，向调度和监控人员汇报，采取现场处置措施。

现场运维一般处理原则：

a．运维队现场检查装置异常发生的原因，判断是否影响保护动作情况，并将情况上报设备监控员。

b．如影响保护正确动作设备监控员上报相关调度申请将异常设备停电。

c．如果相应间隔 AVC 未被闭锁则应退出相应 AVC 控制。

（三）电容器/电抗器保护装置故障

（1）信息释义：电容器/电抗器保护装置出现故障。

（2）原因分析：内部软件故障。

（3）造成后果：影响保护正确动作。

（4）处置原则：

1）调度员：做好事故预想，安排电网运行方式，下达调度指令。

2）监控员：上报调度，通知运维单位，加强运行监控，做好相关操作准备。采取相应的措施。

3）运维单位：现场检查，向调度和监控人员汇报，采取现场处置措施。

现场运维一般处理原则：

a．运维队现场检查装置异常发生的原因，并将情况上报设备监控员。

b．设备监控员上报相关调度申请将异常设备停电。

c．如果相应间隔 AVC 未被闭锁，则应退出相应 AVC 控制。

八、断路器保护

（一）××断路器重合闸出口

（1）信息释义：带重合闸功能的线路发生故障跳闸后，断路器自动重合。

（2）原因分析：

1）线路故障后断路器跳闸。

2）断路器偷跳。

3）保护装置误发重合闸信号。

（3）造成后果：线路断路器重合。

（4）处置原则：

1）调度员：根据现场检查结果，下达调度指令。

2）监控员：上报调度，通知运维单位，加强运行监控，做好相关操作准备。

a．了解现场处置的基本情况和处置原则。

b．根据处置方式制定相应的监控措施，及时掌握设备运行情况。

3）运维单位：现场检查，向调度和监控人员汇报，采取现场处置措施。

现场运维一般处理原则：

a．现场检查动作设备是否正常。

b. 如相应保护装置无动作报告，且断路器有实际变位发生，则判断断路器发生偷跳行为，根据调度指令处理。

c．如相应保护装置无动作报告，且断路器无实际变位发生，只有断路器重合闸信号，立即安排处理。

（二）××断路器保护装置异常

（1）信息释义：断路器保护装置处于异常运行状态。

（2）原因分析：

1）TA 断线。

2）TV 断线。

3）内部通信出错。

4）CPU 检测到长期启动等。

（3）造成后果：断路器保护装置部分功能处于不可用状态。

（4）处置原则：

1）调度员：根据现场检查结果，下达调度指令。

2）监控员：上报调度，通知运维单位，加强运行监控，做好相关操作准备。

a．了解现场处置的基本情况和处置原则。

b．根据处置方式制定相应的监控措施，及时掌握设备运行情况。

3）运维单位：现场检查，向监控人员汇报，采取现场处置措施。

现场运维一般处理原则：

a．检查断路器保护装置各信号指示灯，记录液晶面板显示内容。

b．检查装置自检报告和开入变位报告，并结合其他装置进行综合判断。

c．立即报调度并通知运维单位处理。

（三）××断路器保护装置故障

（1）信息释义：断路器保护装置故障。

（2）原因分析：

1）断路器保护装置内存出错、定值区出错等硬件本身故障。

2）断路器保护装置失电。

（3）造成后果：断路器保护装置处于不可用状态。

（4）处置原则：

1）调度员：根据现场检查结果，下达调度指令。

2）监控员：上报调度，通知运维单位，加强运行监控，做好相关操作准备。采取相应的措施：

a．根据处置方式制定相应的监控措施。

b．及时掌握设备运行情况。

3）运维单位：现场检查，向监控人员汇报，采取现场处置措施。

现场运维一般处理原则：

a．检查断路器保护装置各信号指示灯，记录液晶面板显示内容。

b．检查装置电源、自检报告和开入变位报告，并结合其他装置进行综合判断。

c．根据检查结果汇报调度，停运相应的保护装置。

九、主变压器保护

（一）××主变压器差动保护出口

（1）信息释义：差动保护出口，跳开主变压器三侧断路器。

（2）原因分析：

1）变压器差动保护范围内的一次设备故障。

2）变压器内部故障。

3）电流互感器二次开路或短路。

4）保护误动。

（3）造成后果：主变压器三侧断路器跳闸，可能造成其他运行变压器过负荷；如果自投补偿功，可能造成负荷损失。

处置原则：

1）调度员：处理事故，下达调度指令。

2）监控员：核实开关跳闸情况并上报调度，通知运维单位，做好相关操作准备。

a．加强监视其他运行主变压器及相关线路的负荷情况。

b．检查站用电是否失电及自投情况。

3）运维单位：现场检查，向调度和监控人员汇报，采取现场处置措施。

现场运维一般处理原则：

a．立即投入备用电源，切换站用变压器，恢复站用变压器。

b．详细检查差动保护范围内的设备：变压器本体有无变形和异状、套管是否损坏、连接变压器的引线是否有短路烧伤痕迹、引线支持瓷瓶是否异常、差动范围内的避雷器是否正常。

c．差动保护跳闸后，如不是保护误动，在检查外部无明显故障，检修人员瓦斯气体检查（必要时要进行色谱分析和测直流电阻）证明变压器内部无明显故障后，根据调度指令可以试送一次。

（二）××主变压器××侧后备保护出口

（1）信息释义：后备保护出口，跳开相应的断路器。

（2）原因分析：

1）变压器后备保护范围内的一次设备故障，相应设备主保护未动作。

2）保护误动。

（3）造成后果：

1）如果母联分段跳闸，造成母线分列。

2）如果主变压器三侧断路器跳闸，可能造成其他运行变压器过负荷。

3）保护误动造成负荷损失。

4）相邻一次设备保护拒动造成故障范围扩大。

（4）处置原则：

1）调度员：处理事故，下达调度指令。

2）监控员：核实开关跳闸情况并上报调度，通知运维单位，做好相关操作准备。

a．加强监视其他运行主变压器及相关线路的负荷情况。

b．检查站用电是否失电及自投情况。

3）运维单位：现场检查，向调度和监控人员汇报，采取现场处置措施。

现场运维一般处理原则：

a．立即投入备用电源，切换站用变压器，恢复站用变压器。

b．详细检查站内后备保护范围内的设备：变压器本体有无变形和异状、套管是否损坏、连接变压器的引线是否有短路烧伤痕迹、引线支持瓷瓶是否异常。

c．检查主变压器保护范围内是否有故障点，确认是否因主变压器主保护拒动造成主变压器后备保护出口。

d．检查相邻一次设备保护装置动作情况，确认是否因相邻一次设备保护拒动造成主变压器后备保护出口。

（三）××主变压器××侧过负荷告警

（1）信息释义：主变压器××侧电流高于过负荷告警定值。

（2）原因分析：变压器过载运行或事故过负荷。

（3）造成后果：主变压器发热甚至烧毁，加速绝缘老化，影响主变压器寿命。

（4）处置原则：

1）调度员：核对电网运行方式，做好 $N\text{–}1$ 事故预想及转移负荷准备。

2）监控员：加强运行监控，通知运维单位，做好相关记录，加强主变压器负荷监视。采取相应的措施：

a．了解主变压器过负荷原因，了解现场处置的基本情况和处置原则。

b．根据处置方式制定相应的监控措施，及时掌握 $N\text{–}1$ 后设备运行情况。

3）运维单位：加强运行监控，采取相应的措施。

现场运维一般处理原则：

a．手动投入所有冷却器。

b．加强运行监控，超过规定值时及时向调度汇报，必要时申请降低负荷或将主变压器停运。

（四）××主变压器保护装置告警

（1）信息释义：主变压器保护装置处于异常运行状态。

（2）原因分析：

1）TA 断线。

2）TV 断线。

3）内部通信出错。

4）CPU 检测到电流、电压采样异常。

5）装置长期启动。

（3）造成后果：主变压器保护装置部分功能不可用。

（4）处置原则：

1）调度员：做好事故预想，安排电网运行方式，下达调度指令。

2）监控员：上报调度，通知运维单位，加强运行监控。根据处置方式制定相应的监控措施，及时掌握设备运行情况。

3）运维单位：现场检查，向调度和监控人员汇报，采取现场处置措施。

现场运维一般处理原则：

a．检查主变压器保护装置各信号指示灯，记录液晶面板显示内容。

b．检查装置自检报告报告，并结合其他装置进行综合判断。

c．立即报调度并通知运维单位处理。

（五）××主变压器保护装置故障

（1）信息释义：监视主变压器各侧保护装置的状况，由于装置本身原因，造成主变压器保护装置故障告警。

（2）原因分析：主变压器保护装置本身问题。

（3）造成后果：可能造成失去保护，致使故障时保护拒动。

（4）处置原则：

1）调度员：做好事故预想，安排电网运行方式，下达调度指令。

2）监控员：上报调度，通知运维单位，加强运行监控。根据处置方式制定相应的监控措施，及时掌握设备运行情况。

3）运维单位：现场检查，向调度和监控人员汇报，采取现场处置措施。

现场运维一般处理原则：

a．及时上报调度，做好倒负荷的准备。

b．做好设备监视工作，现场运维人员查明故障原因，及时排除，不能及时处理的故障应通知专业班组到现场处理。

（六）××主变压器保护 TV 断线

（1）信息释义：监视主变压器各侧 TV 及主变压器保护电压输入量的状况，由于主变压器各侧 TV 异常及 TV 二次断路器跳闸或者 TV 二次接线松动，造成主变压器保护电压输入量异常，经过延时后发出主变压器 TV 断线信号。

（2）原因分析：

1）任意一侧 TV 二次小断路器跳闸或者熔断器熔断。

2）任意一侧主变压器 TV 二次回路接线有松动异常。

3）主变压器任一侧 TV 损坏。

（3）造成后果：可能造成主变压器对应各侧复合电压闭锁过流保护复压判别元件退出，使合电压闭锁过流保护变成纯过流保护，同时所有距离元件、负序方向元件、带方向的零序保护也闭锁，退出运行。

（4）处置原则：

1）调度员：根据现场检查结果确定是否拟定调度指令。

2）监控员：上报调度，通知运维单位，加强运行监控。根据处置方式制定相应的监控措施，及时掌握设备运行情况。

3）运维单位：现场检查，向调度和监控人员汇报，采取现场处置措施。

现场运维一般处理原则：

a．及时上报调度，做好倒负荷的准备。

b．做好设备监视工作，现场运维人员查明故障原因，及时排除，不能及时处理的故障应通知专业班组到现场处理。

（七）××主变压器保护 TA 断线

（1）信息释义：监视主变压器各侧 TA 及主变压器保护电流输入量的状况，由于主变压器各侧 TA 异常或者 TA 二次接线松动、开路，造成主变压器保护电流输入量异常，经过延时后发出主变压器 TA 断线信号。

（2）原因分析：

1）任意一侧 TA 损坏、异常。

2）任意一侧主变压器 TA 二次回路接线有松动异常或者开路现象。

（3）造成后果：在 TA 二次产生高压，闭锁有关差动保护。

（4）处置原则：

1）调度员：做好事故预想，安排电网运行方式，下达调度指令。

2）监控员：上报调度，通知运维单位，加强运行监控。根据处置方式制定相应的监控措施，及时掌握设备运行情况。

3）运维单位：现场检查，向调度和监控人员汇报，采取现场处置措施。

现场运维一般处理原则：

a．立即上报调度，停用变压器差动保护，并上报。

b．做好设备监视工作，现场运维人员查明故障原因，及时排除，不能及时处理的故障应通知专业班组到现场处理。

十、线路保护

（一）××线路第一（二）套保护出口

（1）信息释义：线路保护出口，跳开对应断路器。

（2）原因分析：

1）保护范围内的一次设备故障。

2）保护误动。

（3）造成后果：线路本侧断路器跳闸。

（4）处置原则：

1）调度员：处理事故，下达调度指令。

2）监控员：上报调度，通知运维单位，加强运行监控，做好相关操作准备。采取相应的措施。

3）运维单位：现场检查，向调度和监控人员汇报，采取现场处置措施。

现场运维一般处理原则：

a．检查断路器跳闸位置及间隔设备是否存在故障。

b．检查保护装置故障报告，结合录波器和其他保护动作启动情况，综合分析初步判断故障原因。

c．若是保护装置误动，根据调度指令退出异常保护装置。

（二）××线路第一（二）套保护远跳就地判别出口

（1）信息释义：收到远方跳闸令，就地判据满足后跳开本侧开关。

（2）原因分析：

1）对侧过电压、失灵或高抗保护出口。

2）保护误动。

（3）造成后果：本侧开关跳闸。

（4）处置原则：

1）调度员：根据现场检查结果确定是否拟定调度指令，安排电网运行方式。

2）监控员：上报调度，通知运维单位，加强运行监控，做好相关操作准备。采取相应的措施。

3）运维单位：现场检查，向调度和监控人员汇报，采取现场处置措施。

现场运维一般处理原则：

a．检查断路器跳闸位置及间隔设备情况。

b．检查保护装置出口信息及运行情况，检查故障录波器出口情况。

c．若保护装置误动，根据调度指令退出异常保护装置。

（三）××线路第一（二）套保护通道故障

（1）信息释义：保护通道通信中断，两侧保护无法交换信息。

（2）原因分析：

1）光纤通道。

a．保护装置内部元件故障。

b．尾纤连接松动或损坏、法兰头损坏。

c．光电转换装置故障。

d．通信设备故障或光纤通道问题。

2）高频通道。

a．收发信机故障。

b．结合滤波器、耦合电容器、阻波器、高频电缆等设备故障。

c．误合结合滤波器接地开关。

d．天气或湿度变化。

（3）造成后果：

1）差动保护或纵联距离（方向）保护无法动作。

2）高频保护可能误动或拒动。

（4）处置原则：

1）调度员：做好事故预想，安排电网运行方式，下达调度指令。

2）监控员：上报调度，通知运维单位，加强运行监控，做好相关操作准备。采取相应的措施。

3）运维单位：现场检查，向调度和监控人员汇报，采取现场处置措施。

现场运维一般处理原则：

a．检查保护装置运行情况，检查光电转换装置运行情况。

b．如果通道故障短时复归，应做好记录，加强监视。

c．如果无法复归或短时间内频繁出现，根据调度指令退出相关保护。

（四）××线路第一（二）套保护远跳发信

（1）信息释义：保护向线路对侧保护发跳闸令，远跳线路对侧开关。

（2）原因分析：

1）过电压、失灵、高抗保护出口，保护装置发远跳令。

2）220kV 母差保护出口。

3）二次回路故障。

（3）造成后果：远跳对侧开关。

（4）处置原则：

1）调度员：做好事故预想，安排电网运行方式，下达调度指令。

2）监控员：上报调度，通知运维单位，加强运行监控，做好相关操作准备。采取相应的措施。

3）运维单位：现场检查，向调度和监控人员汇报，采取现场处置措施。

现场运维一般处理原则：

a．检查保护装置动作情况。

b．检查装置故障报告，综合分析初步判断故障原因。

c．若保护装置误动，根据调度指令退出相关保护。

（五）××线路第一（二）套保护远跳收信

（1）信息释义：收线路对侧远跳信号。

（2）原因分析：对侧保护装置发远跳令。

（3）造成后果：根据控制字无条件跳本侧开关或需本侧保护启动才跳本侧开关。

（4）处置原则：

1）调度员：做好事故预想，安排电网运行方式。

2）监控员：上报调度，通知运维单位，加强运行监控，做好相关操作准备。采取相应的措施。

3）运维单位：现场检查，向调度和监控人员汇报，采取现场处置措施。

现场运维一般处理原则：检查保护装置动作情况。

（六）××线路第一（二）套保护保护 TA 断线

（1）信息释义：线路保护装置检测到电流互感器二次回路开路或采样值异常等原因造成差动不平衡电流超过定值延时发 TA 断线信号。

（2）原因分析：

1）保护装置采样插件损坏。

2）TA 二次接线松动。

3）电流互感器损坏。

（3）造成后果：

1）线路保护装置差动保护功能闭锁。

2）线路保护装置过流元件不可用。

3）可能造成保护误动作。

（4）处置原则：

1）调度员：做好事故预想，安排电网运行方式，下达调度指令。

2）监控员：上报调度，通知运维单位，加强运行监控，做好相关操作准备。采取相应的措施。

3）运维单位：现场检查，向调度和监控人员汇报，采取现场处置措施。

现场运维一般处理原则：

a．现场检查端子箱、保护装置电流接线端子连接片紧固情况。

b．观察装置面板采样，确定 TA 采样异常相别。

c．观察装置 TA 采样插件，无异常气味。

d．观察设备区电流互感器有无异常声响。

e．向调度申请退出可能误动的保护。

f．根据调度指令停运一次设备。

（七）××线路第一（二）套保护保护 TV 断线

（1）信息释义：线路保护装置检测到电压消失或三相不平衡。

（2）原因分析：

1）保护装置采样插件损坏。

2）TV 二次接线松动。

3）TV 二次空开跳开。

4）TV 一次异常。

（3）造成后果：

1）保护装置距离保护功能闭锁。

2）保护装置方向元件不可用。

（4）处置原则：

1）调度员：做好事故预想，安排电网运行方式，下达调度指令。

2）监控员：上报调度，通知运维单位，加强运行监控，做好相关操作准备。采取相应的措施。

3）运维单位：现场检查，向调度和监控人员汇报，采取现场处置措施。

现场运维一般处理原则：

a．现场检查各级 TV 电压小开关处于合位状态。

b．观察装置面板采样，确定 TV 采样异常相别。

c．观察装置 TV 采样插件，无异常气味。

d．检查电压切换是否正常。

e．视缺陷处理需要，向调度申请退出本套保护。

（八）××线路第一（二）套保护装置故障

（1）信息释义：装置自检、巡检发生严重错误，装置闭锁所有保护功能。

（2）原因分析：

1）保护装置内存出错、定值区出错等硬件本身故障。

2）装置失电。

（3）造成后果：保护装置处于不可用状态。

（4）处置原则：

1）调度员：做好事故预想，安排电网运行方式，下达调度指令。

2）监控员：上报调度，通知运维单位，加强运行监控，做好相关操作准备。采取相应的措施。

3）运维单位：现场检查，向调度和监控人员汇报，采取现场处置措施。

现场运维一般处理原则：

a．检查保护装置各信号指示灯，记录液晶面板显示内容。

b．检查装置电源、自检报告，并结合其他装置进行综合判断。

c．根据检查结果汇报调度，停运相应的保护装置。

（九）××线路第一（二）套保护装置告警

（1）信息释义：保护装置处于异常运行状态。

（2）原因分析：

1）TA 断线。

2）TV 断线。

3）CPU 检测到电流、电压采样异常。

4）内部通信出错。

5）装置长期启动。

6）保护装置插件或部分功能异常。

7）通道异常。

（3）造成后果：保护装置部分功能不可用。

（4）处置原则：

1）调度员：做好事故预想，安排电网运行方式，下达调度指令。

2）监控员：上报调度，通知运维单位，加强运行监控，做好相关操作准备。采取相应的措施。

3）运维单位：现场检查，向调度和监控人员汇报，采取现场处置措施。

现场运维一般处理原则：

a．检查线路保护装置各信号指示灯，记录液晶面板显示内容。

b．检查装置自检报告和开入变位报告，并结合其他装置进行综合判断。

c．立即报调度并通知运维单位处理。

d．视消缺需要，向调度申请退出本套保护。

十一、220kV 母差保护

（一）220kV××母线第一（二）套母差保护出口

（1）信息释义：本套保护动作跳开母联及连接在本母线上的断路器。

（2）原因分析：

1）母线故障。

2）本套保护内部故障造成保护误动。

3）人员工作失误造成保护误动。

4）保护接线错误造成区外故障时保护误动。

（3）造成后果：如母线故障保护正确动作切除故障母线所带断路器及母联断路器；如因各种误动造成的母线跳闸将造成母线无故障停运，此时可根据现场实际情况将误动保护退出运行，将无故障母线恢复。

（4）处置原则：

1）调度员：事故处理，下达调度指令。

2）监控员：上报调度，通知运维单位，加强运行监控，做好相关操作准备。采取相应的措施。

3）运维单位：现场检查，向调度和监控人员汇报，采取现场处置措施。

现场运维一般处理原则：

a．根据故障录波器是否动作、另一套母差保护是否动作判断是否为误动。

b．如为保护误动应立即报告母线及线路所属调度，并通知运维单位现场检查保护误动原因。

c．如为母线故障造成保护动作，应立即检查监控界面中断路器位置情况、三相电流情况、保护及自投动作情况、变压器中性点方式并将检查结果报告所属调度，通知运维单位现场检查一次设备情况。

d．通过视频监视系统、保护信息子站等辅助手段进一步判断故障情况，检查相关设备有无重载情况。

e．运维人员到现场后向现场详细询问一次设备情况、保护动作情况、故障相别、故障电流等相关信息并做好记录。

（二）220kV××母线第一（二）套母差经失灵保护出口

（1）信息释义：母差保护出口但因其他原因造成故障母线断路器未跳开，母差保护启动失灵保护出口再次跳开故障母线所带断路器。

（2）原因分析：

1）母线故障断路器未跳。

2）本套保护内部故障造成保护误动。

3）人员工作失误造成保护误动。

4）保护接线错误造成区外故障时保护误动。

5）断路器因其他原因闭锁。

（3）造成后果：如母线故障保护正确动作切除故障母线所带断路器及母联断路器而有断路器未动，将启动失灵跳开相应断路器；如因各种误动造成的母线跳闸将造成母线无故障停运，此时可根据现场实际情况将误动保护退出运行，将无故障母线恢复。

（4）处置原则：

1）调度员：核对电网运行方式，下达处置调度指令。

2）监控员：上报调度，通知运维单位。采取相应的措施：

a．区分保护是因母线故障而正确动作还是因其他原因造成保护误动。

b．根据处置方式制定相应的监控措施，检查分区内设备有无重载情况。

3）运维单位：现场检查，向调度和监控人员汇报，采取现场处置措施。

现场运维一般处理原则：

a．根据故障录波器是否动作、另一套母差保护是否动作判断是否为误动。

b．如为保护误动应立即报告母线及线路所属调度，并通知运维单位现场检查保护误动原因。

c．如为母线故障造成保护动作，应立即检查监控界面中断路器位置情况，尤其是失灵断路器位置情况、三相电流情况、保护及自投动作情况、变压器中性点方式并将检查结果报告所属调度，通知运维单位现场检查一次设备情况。

d．通过视频监视系统、保护信息子站等辅助手段进一步判断故障情况，检查相关设备有无重载情况。

e．运维人员到现场后向现场详细询问一次设备情况、保护动作情况、故障相别、故障电流等相关信息并做好记录。

（三）220kV××母线第一（二）套母差保护TA断线告警

（1）信息释义：母差保护TA回路断线。

（2）原因分析：TA 二次回路断线、接点松动、接点虚接、保护装置内部异常等原因。

（3）造成后果：在TA二次产生高压，闭锁母线差动保护。

（4）处置原则：

1）调度员：做好事故预想，安排电网运行方式，下达调度指令。

2）监控员：上报调度，通知运维单位，加强运行监控，做好相关操作准备。采取相应的措施。

3）运维单位：现场检查，向调度和监控人员汇报，采取现场处置措施。

现场运维一般处理原则：

a．检查本母线另一套母差保护是否发TA断线信号，如另一套母差保护也发断线信号应立即检查本母线各间隔的三相电流值是否正常，并立即报告所属调度及运维单位。

b．如本母线另一套母差保护未发TA断线信号说明异常发生在本套装置内部，应立即报告所属调度及运维单位。

c．运维单位人员到站检查后需上报详细检查结果及处理意见，如需停用保护应向相关调度申请。

（四）220kV××母线第一（二）套母差保护TV断线告警

（1）信息释义：母线保护TV回路断线。

（2）原因分析：TV二次回路小断路器跳闸，熔断器熔断、断线、接点松动、接点虚接、保护装置内部异常等原因。

（3）造成后果：母差保护的复压闭锁一直开放，不闭锁母差保护。

（4）处置原则：

1）调度员：做好事故预想，安排电网运行方式，下达调度指令。

2）监控员：上报调度，通知运维单位，加强运行监控，做好相关操作准备。采取相应的措施。

3）运维单位：现场检查，向调度和监控人员汇报，采取现场处置措施。

现场运维一般处理原则：

a．检查本母线另一套母差保护、线路保护、变压器差动保护等是否发TV断线信号，如其他保护也发断线信号应立即检查对应母线电压是否正常，并立即报告所属调度及运维单位。

b．如其他保护未发TV断线信号说明异常发生在装置内部，应立即报告所属调度及运维单位。

c．运维单位人员到站检查后需上报详细检查结果及处理意见，如需停用保护应向相关调度申请。

（五）220kV××母线第一（二）套母差保护装置异常

（1）信息释义：母差保护装置发生异常，如不及时处理将影响保护的正常运行。

（2）原因分析：TV 断线、TA断线、长期有差流、通道异常、三相电流不平衡等。

（3）造成后果：本套保护装置被闭锁或不被闭锁。

（4）处置原则：

1）调度员：做好事故预想，安排电网运行方式，下达调度指令。

2）监控员：上报调度，通知运维单位，加强运行监控，做好相关操作准备。采取相应的措施。

3）运维单位：现场检查，向调度和监控人员汇报，采取现场处置措施。

现场运维一般处理原则：

a．立即报告所属调度及运维单位。

b．运维单位人员到站检查后需上报详细检查结果及处理意见，如需停用保护应向相关调度申请。

（六）220kV××母线第一（二）套母差保护装置故障

（1）信息释义：母差保护装置内部发生严重故障，影响保护的正确动作。

（2）原因分析：保护装置开入模块、开出模块、电源模块、管理模块、交流模块、管理板、保护用CPU等发生故障。

（3）造成后果：本套保护装置被闭锁或不被闭锁。

（4）处置原则：

1）调度员：做好事故预想，安排电网运行方式，下达调度指令。

2）监控员：上报调度，通知运维单位，加强运行监控，做好相关操作准备。采取相应的措施。

3）运维单位：现场检查，向调度和监控人员汇报，采取现场处置措施。

现场运维一般处理原则：

a．立即报告所属调度及运维单位。

b．运维单位人员到站检查后需上报详细检查结果及处理意见，如需停用保护应向相关调度申请。

十二、备自投

（一）××备自投装置动作

（1）信息释义：备自投装置动作出口信号。

（2）原因分析：

1）工作电源失压（备投方式）。

2）电源Ⅰ或Ⅱ失压（自投方式）。

3）二次回路故障。

（3）造成后果：

1）断开工作电源，投入备用电源。

2）跳电源Ⅰ（或Ⅱ），合母联（分段）。

（4）处置原则：

1）调度员：核对电网运行方式，下达处置调度指令。将故障设备隔离，尽快恢复非故障设备送电。

2）监控员：收集事故信息，上报调度，通知运维单位。采取相应的措施：

a．了解现场处置的基本情况和处置原则。

b．了解电网运行方式及潮流变化情况，加强有关设备运行监视上。

3）运维单位：现场检查，向调度和监控人员汇报，采取现场处置措施。

现场运维一般处理原则：

a．检查备自投保护装置动作信息及运行情况，检查故障录波器动作情况。

b．检查相关断路器跳、合闸位置及相关一、二次设备有无异常。

c．检查电压互感器二次回路有无异常。

d．将检查情况上报调度，按照调度指令处理。

（二）××备自投装置异常

（1）信息释义：备自投装置自检、巡检发生错误，不闭锁保护，但部分保护功能可能会受到影响。

（2）原因分析：

1）TA、TV 断线。

2）备自投装置有闭锁备自投信号开入。

3）断路器跳闸位置异常。

（3）造成后果：退出部分保护功能。

（4）处置原则：

1）调度员：核对电网运行方式，下达处置调度指令。

2）监控员：上报调度，通知运维单位。采取相应的措施：

a．了解现场处置的基本情况和处置原则。

b．了解受保护装置受影响情况，加强相关信号监视。

3）运维单位：现场检查，向调度和监控人员汇报，采取现场处置措施。

现场运维一般处理原则：

a．检查保护装置报文及指示灯。

b．检查保护装置、电压互感器、电流互感器的二次回路有无明显异常。

c．根据检查情况，由专业人员进行处理。

（三）××备自投装置故障

（1）信息释义：备自投装置自检、巡检发生严重错误，装置闭锁所有保护功能。

（2）原因分析：

1）装置内部元件故障。

2）保护程序、定值出错等，自检、巡检异常。

3）装置直流电源消失。

（3）造成后果：闭锁所有保护功能，如果当时所保护设备故障，则保护拒动。

（4）处置原则：

1）调度员：核对电网运行方式，下达处置调度指令。

2）监控员：上报调度，通知运维单位。采取相应的措施：

a．了解现场处置的基本情况和处置原则。

b．了解受保护装置受影响情况，加强相关信号监视。

3）运维单位：现场检查，向调度和监控人员汇报，采取现场处置措施。

现场运维一般处理原则：

a．检查保护装置报文及指示灯。

b．检查保护装置电源空气开关是否跳开。

c．根据检查情况，由专业人员进行处理。

d．为防止保护拒动、误动，应及时汇报调度，停用保护装置。

十三、测控装置

（一）××测控装置异常

（1）信息释义：测控装置软硬件自检、巡检发生错误。

（2）原因分析：

1）装置内部通信出错。

2）装置自检、巡检异常。

3）装置内部电源异常。

4）装置内部元件、模块故障。

（3）造成后果：造部分或全部遥信、遥测、遥控功能失效。

（4）处置原则：

1）监控员：通知运维单位。了解现场处置的基本情况和处置原则。

2）运维单位：现场检查并采取措施进行处置。

现场运维一般处理原则：

a．检查保护装置各指示灯是否正常。

b．检查装置报文交换是否正常。

c．检查装置是否有烧灼异味。

d．根据检查情况，由专业人员进行处理。

（二）××测控装置通信中断

（1）信息释义：直流系统有接地现象。

（2）原因分析：直流母线负荷有接地或直流母线接地。

（3）造成后果：造成继电保护、信号、自动装置误动或拒动，或者造成直流熔断器熔断，使保护及自动装置、控制回路失去电源。保护回路中同极两点接地，还可能将某些继电器短路，不能动作与跳闸，致使越级跳闸。

（4）处置原则：

1）监控员：通知运维单位并将无法监视间隔的监视权移交现场。了解现场处置的基本情况和处置原则。

2）运维单位：现场检查并采取措施进行处置。

现场运维一般处理原则：

a．运维队人员按照直流接地查找原则进行查找。

b．如果查找接地时涉及相关调度范围内调度设备需向相关调度申请。

十四、交流系统

（一）站用电××母线失电

（1）信息释义：站用电低压母线失电。

（2）原因分析：站内变断路器跳闸或者站内小断路器跳闸。

（3）造成后果：变电站内站用电××母线所带负荷失去，对控制、信号、测量、继电保护以及自动装置、事故照明有影响。

（4）处置原则：

1）监控员：通知运维单位，采取相应的措施：

a．了解现场处置的基本情况和处置原则。

b．加强对相关信号的监视。

2）运维单位：现场检查，向调度和监控人员汇报，采取现场处置措施。

现场运维一般处理原则：

a．运维队人员按照相关消缺处理流程进行检查。

b．不能自行处理时申请专业班组到站检查消缺。

（二）站用变备自投动作

（1）信息释义：站用电低压母线失电，相应低压母线断路器自投。

（2）原因分析：站用电低压母线失电。

（3）造成后果：如果自投于故障母线则站内失压。

（4）处置原则：

1）监控员：通知运维单位，加强运行监视。

2）运维单位：现场检查，向调度和监控人员汇报，采取现场处置措施。

现场运维一般处理原则：

a．运维队人员按照相关消缺处理流程进行检查。

b．不能自行处理时申请专业班组到站检查消缺。

（三）交流逆变电源异常

（1）信息释义：公用测控装置检测到UPS装置交流输入异常信号。

（2）原因分析：

1）UPS装置电源插件故障。

2）UPS装置交直流输入回路故障。

3）UPS装置交直流输入电源熔断器熔断或上级电源开关跳开。

（3）造成后果：UPS所带设备将由另一种电源（交、直）对其进行供电，可能导致不间断电源失电。

（4）处置原则：

1）监控员：通知运维单位。

2）运维单位：现场检查，向调度和监控人员汇报，采取现场处置措施。

现场运维一般处理原则：

a．检查UPS装置运行情况。

b．检查UPS板件，交、直流电源熔断器或空气开关。

c．检查UPS装置交、直流输入电源回路。

d．根据检查情况通知专业人员处理。

（四）交流逆变电压故障

（1）信息释义：公用测控装置检测到UPS装置故障信号。

（2）原因分析：UPS装置内部元件故障。

（3）造成后果：可能影响UPS所带设备进行不间断供电。

（4）处置原则：

1）监控员：通知运维单位。

2）运维单位：现场检查，向调度和监控人员汇报，采取现场处置措施。

现场运维一般处理原则：

a．检查交、直流输入电源是否正常，交流输出电源是否正常。

b．检查 UPS 装置内部是否故障。

c．根据检查情况通知专业人员处理。

十五、直流系统

（一）直流接地

（1）信息释义：直流系统有接地现象。

（2）原因分析：直流母线负荷有接地或直流母线接地。

（3）造成后果：造成继电保护、信号、自动装置误动或拒动，或造成直流熔断器熔断，使保护及自动装置、控制回路失去电源。保护回路中同极两点接地，还可能将某些继电器短路，不能动作与跳闸，致使越级跳闸。

（4）处置原则：

1）调度员：根据现场检查结果确定是否拟定调度指令。

2）监控员：通知运维单位，加强运行监视。

3）运维单位：现场检查，向调度和监控人员汇报，采取现场处置措施。

现场运维一般处理原则：

a．运维队人员按照直流接地查找原则进行查找。

b．如果查找接地时涉及相关调度范围内调度设备需向相关调度申请。

（二）直流系统异常

（1）信息释义：直流系统发生异常。

（2）原因分析：直流系统的蓄电池、充电装置、直流回路以及直流负载发生异常。

（3）造成后果：可能造成直流系统的蓄电池无法充放电，继电保护、信号、自动装置误动或拒动，或者造成直流熔断器熔断，使保护及自动装置、控制回路失去电源。

（4）处置原则：

1）监控员：通知运维单位，加强运行监视。

2）运维单位：现场检查，向调度和监控人员汇报，采取现场处置措施。

现场运维一般处理原则：

a．运维队人员按照相关消缺处理流程进行检查。

b．不能自行处理时申请专业班组到站检查消缺。

（三）直流系统故障

（1）信息释义：直流系统发生故障。

（2）原因分析：直流系统的蓄电池、充电装置、直流回路以及直流负载发生故障。

（3）造成后果：造成直流系统的蓄电池无法充放电，继电保护、信号、自动装置误动或拒动，或者造成直流熔断器熔断，使保护及自动装置、控制回路失去电源。

（4）处置原则：

1）监控员：通知运维单位，加强运行监视采取相应的措施。

a．与现场核对直流系统相关遥测值。

b．了解现场处置的基本情况和处置原则。

c．根据现场处理情况制定相应的监控措施。

2）运维单位：现场检查，向调度和监控人员汇报，采取现场处置措施。

现场运维一般处理原则：

a．运维队人员按照相关消缺处理流程进行检查。

b．不能自行处理时申请专业班组到站检查消缺。

十六、消防系统

（一）火灾告警装置异常

（1）信息释义：火灾告警装置发生异常告警。

（2）原因分析：火灾告警装置故障或者发生火灾。

（3）造成后果：影响装置的正确告警。

（4）处置原则：

1）监控员：通知运维单位。

2）运维单位：现场检查，向监控人员汇报，采取现场处置措施。

现场运维一般处理原则：

a．运维队人员按照相关消缺处理流程进行检查。

b．不能自行处理时申请专业班组到站检查消缺。

（二）火灾告警装置动作

（1）信息释义：火灾告警装置发生告警。

（2）原因分析：变电站起火或者告警装置误动。

（3）造成后果：变电站起火。

（4）处置原则：

1）调度员：核对电网运行方式，下达处置调度指令。

2）监控员：通知运维单位，通过视频监视系统判断火灾影响，报调度。

3）运维单位：现场检查，向调度和监控人员汇报，采取现场处置措施。

现场运维一般处理原则：

a．运维队人员按照相关消缺处理流程进行检查；

b．不能自行处理时申请专业班组到站检查消缺。

思 考 题

1．监控范围的划分原则是什么？

2．监控系统告警窗应至少包括哪几个子窗口？

3．全面监视包括哪些内容？

4．发生事故后监控值班监控员发现监控事故信息如何对相关信息进行收集？

5．电气设备有四种稳定状态都是哪四种？

6．遥控操作的一般原则是什么？

7．遥控操作作业流程都包含哪些？

8．线路停送电遥控操作的注意事项是哪些？

9．开关柜手车在工作状态和试验状态的操作过程中出现“控制回路断线”“装置告警”信号正常吗？为什么？

10．断路器遥控断开后，监控人员要看本断路器哪些遥测值，证明确已断开？

11．断路器投入操作时监视重点包含哪些？

12．断路器传动验收时监视重点都包括哪些？

13．正常线路停复役操作监控系统主要信息有哪些？

14．并、解列遥控操作注意事项是哪两项？

15．变压器停送电操作注意哪些事项？

16．现场进行主变压器停送电操作时，监控人员应在监控后台机重点监视哪些内容？

17．电容器遥控操作注意事项有哪些？

18．GIS 设备隔离开关远方传动试验都有哪些要求？

19．哪些情况需要停用重合闸？

20．在自动重合闸回路传动验收中，重合闸选择“三重”方式时，线路发生故障，请问重合闸应如何动作？

21．系统过负荷时监控重点是什么？

22．遥控操作出现超时应如何处理？

23．断路器加热器故障应如何处理？

第六章

电 网 调 控

第一节 负荷及出力调整

培训目标

熟悉负荷构成及分类、负荷调整原则及方法、发电厂出力调整原则等。

一、负荷构成及分类

电路中，负荷定义为吸收（或消耗）电能的设备，用阻抗Z来表示。电力系统中，负荷有更为广泛的含义，它是指发电厂或电力系统在某一时刻所承担的某一范围内耗电设备所消耗的电功率之和。负荷的组成见表6-1，负荷分类见表6-2。

表6-1 负荷的组成

负荷的组成部分	用电负荷	电能用户的用电设备在某一时刻向电力系统取用的电功率的总和，它是电力系统负荷中的主要部分
	线损（网损）	电能从发电厂到用户的输配电过程中，产生的损耗称为线损，包括线路损耗和变压器损耗
	厂用电负荷	发电厂在发电过程中厂用设备所消耗的有功负荷

表6-2 负荷分类

负荷分类		包含内容
按照对用电可靠性要求	一类负荷	中断供电时将造成人身伤亡或经济、政治、军事上的重大损失的负荷，如发生设备重大损坏，产品出现大量废品，引起生产混乱，重要交通枢纽、干线受阻，广播通信中断或城市水源中断，环境严重污染等
	二类负荷	中断供电时将造成严重减产、停工，局部地区交通阻塞，大部分城市居民的正常生活秩序被打乱
	三类负荷	除一、二类负荷之外的一般负荷，这类负荷短时停电造成的损失不大
按供电负荷行业分类	农业用电负荷	包括农村排灌、农副业、农业、林业、畜牧、渔业、水利业等用电，该类负荷受季节、气候影响较大，用电负荷不稳定
	工业用电负荷	包括各种采掘业和制造业用电。工业负荷日变化趋势受工作方式影响大，一般一天内会出现早高峰、白高峰和晚高峰三个高峰，以及午间和午夜两个低谷
	交通用电负荷	包括公路车站、铁路车站、码头、机场、管道运输、电气化铁路等用电
	商业用电负荷	包括商业、公共饮食业、物资供应及仓储用电等
	公共事业单位	包括市内交通、路灯照明用电、文艺、体育单位、国家党政机关、各种社会团体、福利事业、科研事业供电

续表

负荷分类		包含内容
按供电负荷行业分类	居民生活用电	包括城市和乡村居民生活用电
	其他用电负荷	如地质勘探、建筑业等用电
按有功负荷的频率静态特性分类	与频率变化无关的负荷	如照明、电弧炉、电阻炉和整流负荷等
	与频率一次方成正比的负荷	如球磨机、切削机床、往复式水泵、压缩机和卷扬机等
	与频率二次方成正比的负荷	如电网的有功功率损耗近似与频率的平方成正比
	与频率三次方成正比的负荷	如煤矿、电厂使用的鼓风机、通风机、净水头不高的循环水泵等
	与频率更高次方成正比的负荷	如净水头更高的给水泵等
按有功负荷的电压静态特性分类	与电压基本无关的负荷	同步电动机的负荷完全与电压无关，感应电动机由于转差的变化很小，基本上与电压无关
	与电压二次方成正比的负荷	照明负荷与电压 1.6 次方成正比，为简化计算，近似为平方关系。电热、电炉、整流负荷及变压器损耗与电压的平方成正比
	与电压二次方成反比的负荷	线路损失的输送功率不变的情况下，与电压的平方正反比

二、负荷预测

负荷预测是从已知用电需求出发，考虑经济、气候等相关因素，对未来用电需求做出的预测。它包括两方面的含义：对未来需求量（功率）的预测和未来用电量（能量）的预测。负荷预测的目的是得到合理的电力负荷预测结果，为电网开机方式、运行方式变化和安全稳定校核提供正确的决策和依据。

负荷预测内容主要分为电量预测和电力预测，电量预测包括全社会用电量、网供电量、各行业电量、各产业电量；电力预测包括最大负荷、最小负荷、峰谷差、负荷率、负荷曲线等。

负荷预测的分类见表 6-3，常见电力负荷预测的方法见表 6-4。

表 6-3　　负荷预测的分类

负荷预测	超短期负荷预测	未来 1h 内的负荷预测，对短时期电力电量平衡、负荷调整、AGC 及联络线调整提供帮助
	短期预测	包含日负荷预测和周负荷预测，分别用于安排日调度计划和周调度计划，包括确定机组启停、水火电协调、联络线交换功率、负荷经济分配、水库调度和设备检修等
	中期负荷预测	指月至年的负荷预测，主要是确定机组运行方式和设备大修计划等
	长期负荷预测	对 3～5 年甚至更长时间段内的负荷预测，主要是电网规划部门根据国民经济的发展和对电力负荷的需求，所做的电网改造和扩建工作的远景规划

表 6-4　　常见电力负荷预测的方法

常见电力负荷预测的方法	传统负荷预测	经验预测方法	专家意见法：按照不同的方式组织专家进行负荷预测
			类比法：将类似事物进行分析比较，通过已知事物的特性对未知事物的特性进行预测
			主观概率法：通过若干专家估计事物发生的主观概率，综合得出该事物的概率
		经典预测方法	单耗法：按照国家安排的产品产量、产值计划和用电单耗确定需电量
			趋势外推法：根据负荷的变化趋势对未来负荷情况作出预测
			弹性系数法：根据国内生产总值的增长速度结合弹性系数得到规划期末的总用电量
			回归分析法：根据负荷过去的历史资料，建立可以进行的数学分析的数学模型
			时间序列法：在历史数据数学模型的基础上确立负荷预测的数学表达式，对未来的负荷进行预测
	现代预测方法		灰色模型法：对含有不确定因素的系统进行预测的方法
			专家系统法：对历史负荷数据和天气数据等进行分析，借助专家系统进行预测
			神经网络理论法：利用神经网络的学习功能，让计算机学习包含在历史负荷数据中的映射关系，预测未来负荷
			模糊负荷预测法：应用模糊数学理论，使其进行确定性工作，对一些无法构造数学模型的被控过程进行有效控制

三、负荷调整原则及方法

由于负荷的性质不同，各类用户的最大负荷出现的时间也不同。当用电负荷增加时，电力系统发电机出力也应随之增加；当用电负荷减少时，电力系统的发电机出力也须相应减少。如果各种用户最大负荷出现的时间过分集中，电力系统就得有足够的发电机出力满足用户需要，否则就会出现电力系统的发电小于需求，造成低频率运行、拉闸限电。根据电力系统的实际情况，按照各类用户不同的用电规律，合理地安排用电时间，把系统高峰分散，使一部分高峰时间的负荷转移到低谷时间使用，达到“削峰填谷”的目的，以求得发电、供电和用电之间的平衡。

负荷调整的主要目的、原则及方法见表 6-5。

表 6-5　　负荷调整的主要目的、原则及方法

负荷调整的目的	节约国家对电力工业的基建投资
	提高发电设备的热效率，降低燃料消耗，降低发电成本
	充分利用水利效率，使之不发生弃水状况
	增加电力系统运行的安全稳定性和提高供电质量
	有利于电力设备的检修工作
负荷调整的原则	保证电网安全：只有保证电网安全才能避免电网崩溃带来的巨大损失，最大范围保证用户供电
	统筹兼顾：调整负荷时，要考虑到各种因素，照顾到各方面的利益
	保住重点：调整负荷时以国家利益为重，优先保证居民用电，优先保证各级重点企业和一类负荷的企业用电
	个性化对待：根据不同的电力系统、不同的电源结构，拟定不同的调整负荷方案
	兼顾生活习惯：在日负荷中的晚高峰时段，要尽力照顾居民的生活照明；尽量减少对居民生活的影响
	明确限电和其他负荷调整手段的关系

续表

<table>
<tr><td rowspan="10">负荷调整的方法</td><td rowspan="2">政策性负荷调整方法</td><td colspan="3">通过电价手段调整</td></tr>
<tr><td colspan="3">其他政策性负荷调整手段：免费安装服务、折让鼓励、借贷优惠、设备租赁鼓励等</td></tr>
<tr><td rowspan="8">技术性负荷调整方法</td><td rowspan="6">改变电力用户的用电方式</td><td rowspan="2">削峰</td><td>直接负荷控制</td></tr>
<tr><td>可中断负荷控制</td></tr>
<tr><td rowspan="3">填谷</td><td>增加季节性客户负荷</td></tr>
<tr><td>增加低谷用电设备</td></tr>
<tr><td>增加蓄能用电</td></tr>
<tr><td colspan="2">移峰填谷</td></tr>
<tr><td colspan="3">节能政策使用</td></tr>
<tr><td colspan="3">拉闸限电</td></tr>
</table>

四、发电厂出力调整

电力生产的同时性决定了电能的生产与消耗总是同时进行并时刻保持平衡。由于电网频率的高低与电网中运行发电机的转速成正比，而转速又与原动机输入功率（进汽量或进水量）的大小，以及机组有功负荷水平有关。当负荷变化而发电机原动机输入功率不能紧随其后调整时，电力供需失衡，将造成发电机转速变化，导致电网频率波动。

电力系统运行时，要保持频率偏移在允许范围之内，频率质量是电能质量的一个重要指标，根据 GB/T 15945—2008《电能质量　电力系统频率允许偏差》规定："我国电网频率正常为 50Hz，对电网容量在 300 万 kW 及以上者，偏差不超过±0.2Hz；对电网容量在 300 万 kW 以下者，偏差不超过±0.5Hz。"以东北电网为例，频率偏差不得超过（50±0.2）Hz。在自动发电控制（AGC）投运时，电网频率应在（50±0.1）Hz 以内运行。

电网中各种异步电动机负荷转速是与电网频率成正比的。频率降低，会导致火力发电厂如给水泵、循环水泵、磨煤机等主要辅助设备出力降低，发电机的有功出力随之降低，从而引起电网频率进一步降低。这样的恶性循环严重时可能导致电网频率崩溃。频率降低，还会使发电机转子两端及机座等其他部件出现高温。如果频率升高，将使各种异步电动机转速升高，转子的离心力增大，容易使转子的某些部件损坏。频率过高，还会出现失步等问题。频率过高或过低时，有可能使汽轮机某几级叶片接近或陷入共振区，造成应力显著增加而导致疲劳断裂。

第二节　有功功率及频率调整

培训目标

熟悉电网频率特性，掌握电网频率调整的方法和注意事项。

一、电网频率特性

（一）发电机频率静态特性

当系统频率变化时，在发电机组技术条件允许范围内，调速器可以自发地改变汽轮机的进气量或水轮机的进水量，从而增减发电机功率，对系统频率进行有差的自动调整。这种反映由频率变化而引起发电机组功率变化的关系，称为发电机调速系统的频率静态特性，发电机频率静态特性曲线如图 6-1 所示。发电机调速系统功率特性曲线斜率为发电机调速系统静态频率调节效应系数，即

$$K_{\mathrm{F}}=\frac{\Delta P_{\mathrm{F}}}{\Delta f}$$

式中 ΔP_{F} ——电网发电机发电功率变化量；

Δf ——电网频率变化量。

（二）负荷频率静态特性

当电源与负荷失去平衡时，频率将立即发生变化。由于频率变化，整个系统的负荷也随频率的变化而变化。这种负荷随频率变化而变化的特性称为负荷的频率静态特性。负荷的频率静态特性可以用图 6-2 曲线表示。当电网频率变化时，此时电网负荷也随之发生变化，随着频率的增高而增大、随着频率的降低而减小。一般由于负荷的功率特性中线性成分较大，与频率三次方及以上成正比的负荷所占成分较小，再加上电网的实际频率变化范围很小，因此，在实际应用中，负荷的频率静态特性可用一条直线近似表示。

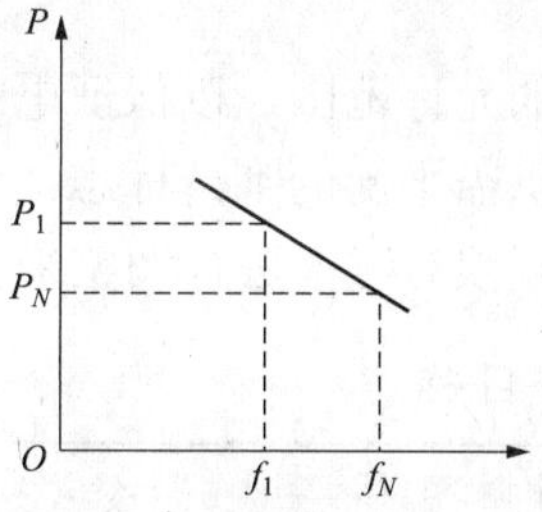

图 6-1 发电机频率静态特性曲线

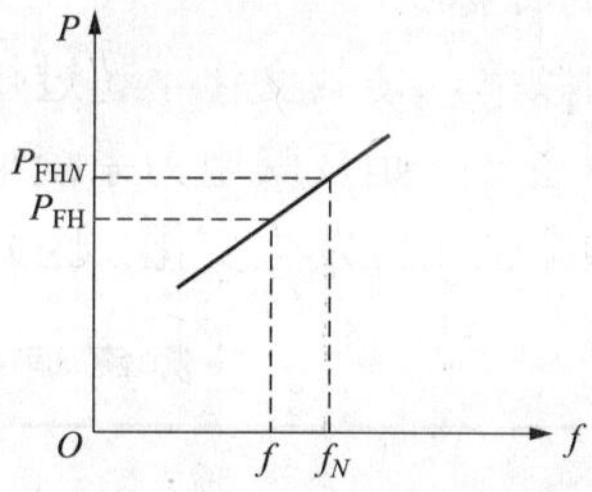

图 6-2 负荷频率静态特性曲线

当负荷的频率静态特性用线性方程表示时，负荷的静态调节效应系数可表示为

$$K_{\mathrm{FH}}=\frac{\Delta P_{\mathrm{FH}}}{\Delta f}$$

式中 ΔP_{FH} ——电网负荷变化量。

负荷的静态调节效应系数一般由实验求得。其数值的大小除与电网各类负荷比重有关外，还与电网负荷的大小有关。

（三）电网频率静态特性

电网频率静态特性取决于负荷频率特性和发电机频率特性，如图 6-3 所示。它由电网的有功负荷平衡决定，与网络结构关系不大。在非振荡情况下，同一电网的稳态频率相同。

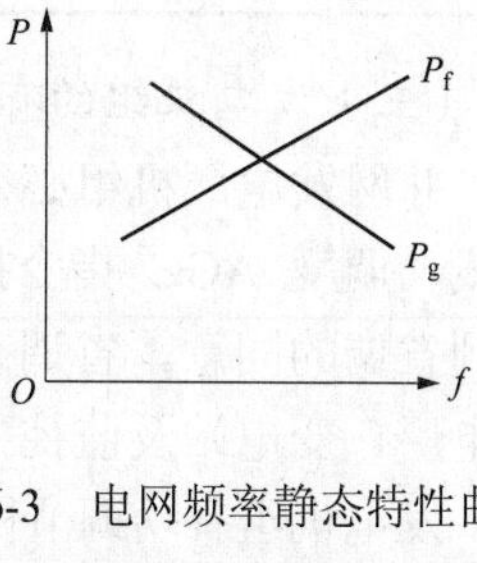

图 6-3 电网频率静态特性曲线

由负荷的频率特性和发电机的频率静态特性经推导可得

$$K=\frac{\Delta P}{\Delta f}=\rho K_{\mathrm{F}}+K_{\mathrm{FH}}$$

式中 ΔP ——电网有功功率变化的百分值；

Δf ——电网频率变化量的百分值；

ρ ——备用容量占电网总有功负荷的百分值。

当电网有足够的备用容量时，发生功率缺额只会引起不大的频率下降；在同样功率缺额情况下，如无备用容量，则电网频率下降较大。

二、电网频率调整

（一）频率调整的必要性

在实际电力系统中，如果不采取频率调整措施，则负荷的变化将引起频率的大范围变化，而频率的变化对于用户、发电机组和电力系统本身都会产生不良的影响甚至危害。

1. 对用户

由于电动机的转速与系统频率近似成正比，频率变化将会引起电动机转速的变化，对纺织、造纸等产品质量受到影响；另外，一些使用电子设备等行业，如现代工业、国防和科学技术等，频率的不稳定将会影响它们的正常工作。

2. 对发电机组和电力系统本身

当频率下降时，汽轮机叶片的振动将增大，从而影响其使用寿命甚至产生裂纹。在火力发电厂中，很多生产用设备都是感应电动机驱动，当频率降低时，它们的机械出力减少，引起锅炉和汽轮机出力降低，从而可能使频率继续下降而产生恶性循环，甚至引起频率崩溃。

（二）频率调整的目标

调整电力系统的频率，使其变化不超过规定的允许范围，以保证电能质量。频率是衡量电能质量的基本指标之一，是反映电力系统电能供需平衡的唯一标志。电力系统的负荷随时都在变化，系统的频率也相应发生变化。因此，必须对频率进行调整来实现，见表 6-6。

表 6-6　　频率调整的目标

序号	频率调整目标
1	维持系统额定功率（我国为 50Hz），不使其偏移超过规定的允许值。以东北电网为例，频率偏差不得超过（50±0.2）Hz。在自动发电控制（AGC）投运时，电网频率应在（50±0.1）Hz 以内运行。当部分电网解列单运，其单运电网容量小于 3000MW 时，单运电网的频率偏差不允许超过（50±0.5）Hz
2	经济分配电厂和机组负荷，使得全系统燃料总耗量最低，降低网络损耗
3	控制联络线功率，防止过负荷，维持系统稳定运行
4	进行电钟和天文钟之间的时间差校正，保持电钟的准确度

（三）发电机组的有功调节性能

并网发电厂机组必须具备一次调频功能，且正常投入运行。各发电厂应按照日调度计划曲线、调度 AGC 指令接带负荷，不得自行增减出力。遇特殊情况需变更发电出力时，必须得到省调的同意。省调有权修改各发电厂的日调度计划曲线，并做好相应记录。各级调度、发电厂、变电站及监控中心的控制室内应装有频率表和标准钟，并保证其准确性。

发电机组有功调节性能包括调差性能、AGC 调节性能和一次调频性能。单机容量 5 万 kW 及以上水电机组（含抽水蓄能机组）和单机容量 12.5 万 kW 及以上机组均应具有 AGC 功能。机组 AGC 功能投入前必须经过由省调组织的系统调试验收。机组 AGC 控制模式由省调值班调度员根据系统情况确定。机组 AGC 功能正常投退，应得到省调值班调度员的同意。当机组发生异常或其 AGC 功能不能正常运行时，发电厂运行值班人员可按现场运行规定将 AGC 功能退出，并立即汇报省调值班调度员。设备停役检修影响机组 AGC 功能正常投运时，相关单位应向省调提出申请，经批准后方可进行。在系统正常运行时，机组的一次调频功能必须投入运行。机组一次调频功能正常投退，应得到省调值班调度员的同意。当机组一次调频功能不能正常运行时，发电厂运行值班人员可按现场运行规定将一次调频功能退出，并立即汇报。

（四）电网频率调整的方式与方法

各机组并网运行时，受外界负荷变动影响，电网频率发生变化。这时，各机组的调节系统参与调节作用，改变各机组所带的负荷，使之与外界负荷相平衡。同时，还尽力减少电网频率的变化，这一过程即为一次调频。一次调频是发电机组调速系统的频率特性所固有的能力，随频率变化而自动进行频率调整。其特点是频率调整速度快，但调整量随发电机组不同而不同，且调整量有限，值班调度员难以控制。一次调频是有差调节，不能维持电网频率不变，只能缓和电网频率的改变程度。因此，还需要利用同步器增、减速某些机组的负荷，以恢复电网频率，这一过程称为二次调频。只有经过二次调频后，电网频率才能精确地保持恒定值。

如图 6-4 所示，假设电网运行于频率 f_1（a 点），当电网负荷由 P_{L1} 增加到 P_{L2} 时，受所有运行发电机的惯性作用，短时间内，发电机出力将保持不变，此时电网频率下降，引起装在发电机大轴上汽轮机调速器转速感应机构的状态改变，气门或导水叶的开度随之发生变化，按机组的调节系数调整发电机有功功率，出力增加，频率降低至 f_2（b 点）。此过程即为一次调频。特点是频率调整速度快、恢复频率及时，但调整量随发电机组不同而不同，且调整量有限，值班调度员难以控制。

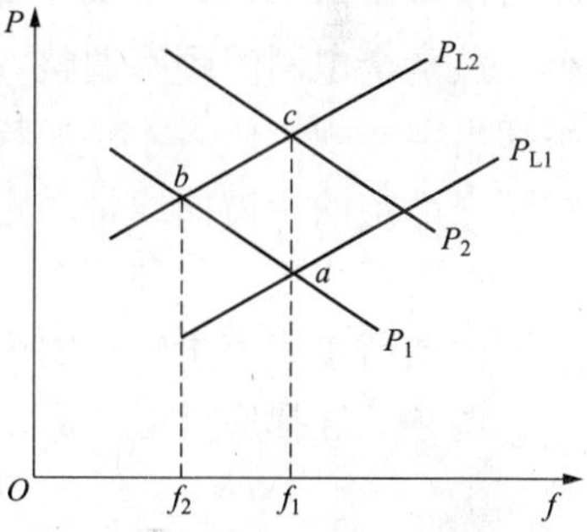

图 6-4　电网调频方式示意图

此时，若要使电网频率回到原频率 f_1，可通过人工或自动调整装置改变调速器变速机构位置，使气门或导水叶的开度变化，达到调整发电机有功功率的目的，此时，发电机出力增加到 P_2，最终使电网频率恢复（c 点）。此过程即为二次调频。二次调频的分类如表 6-7 所示。

表 6-7　　二次调频分类

分类	定　　义	特　　点
手动调频	由运行人员根据系统频率变动来调节发电机出力，使频率保持在规定范围内	反应速度慢，在调整幅度较大时，往往不能满足频率质量要求，同时值班人员操作频繁，劳动强度大
自动调频	现代电网采用的调频方式，通过装在电厂和调度中心的自动装置随频率变化自动增减发电出力，保持频率较小波动	其为电网调度自动化的组成部分，具有调频、经济调度和系统间联络线交换功率控制等综合功能

简单地说，一次调频是汽轮机调速系统根据电网频率的变化，自发地进行调整机组负荷以恢复电网频率；二次调频是人为根据电网频率高低来调整机组负荷。三次调频是为使负荷分配得经济合理，达到运行成本最小的目标，按最优化准则将区域所需的有功功率分配于受控机组的调频方式。要实现机组经济负荷分配需要预先编制火电机组耗煤曲线和耗量微增率曲线，计算网损微增率。当水、火电机组同在一区域运行时，应先根据给定水耗量确定换算系数，再运用等微增率准则并考虑安全约束条件，最优分配有功功率。

（五）电网频率波动的原因

电网的频率是指交流电每秒变化的次数，在稳态条件下各发电机同步运行，整个电网的频率相等，是一个全系统运行参数。但电网频率并不是固定的，是时刻波动的，这是因为电力生产的同时性，即发电、输电、变电、配电、用电必须同时完成，不能存储的特点决定了电能的生产与消耗总是同时进行并时刻保持平衡。由于电网频率的高低与电网中运行的发电机的转速成正比，而转速又与原动机输入功率的大小及发电机所带的有功负荷多少有关，当电网的有功功率负荷变化而发电机原动机输入功率不能紧随其后进行调整时，由于用电负荷与发电负荷的失衡，就将造成发电机转速变化，结果导致电网频率波动。当电网负荷增加时，会造成系统有功不足，结果导致发电机转速下降，电网频率降低。当电网负荷减小时，会造成系统有功过剩，结果导致发电机转速上升，电网频率升高。

（六）调频厂选择

在电网运行中，所有有调整能力的发电机组都自动参与频率的一次调整，而为了使电网恢复于额定频率，则需要电网进行二次调频，同时为了避免在调整过程中出现过调或频率长时间不能稳定的现象，电网频率的二次调整就需要对电网中运行电厂进行分工和分级调整，即将电网中所有电厂分为主调频厂、辅助调频厂和非调频厂三类。主调频厂（一般是 1～2 个）负责全电网的频率调整（即二次调频）工作，辅助调频厂也只有少数几个，只在电网频率超出某一规定值后才参加频率调整，其余大多数电厂则都是非调频厂，在电网正常运行时，按预先给定的负荷曲线带固定负荷。在水电、火电并存电网中，水电比重较大时，丰、枯水季可能出现变更主、辅调频厂的情况。如有的电网在枯水季将水电厂作为主调频厂，而丰水季则由调节水库容量较小的水电厂作为主调频厂等。

调频厂选择应遵循的原则见表 6-8。

表 6-8　调频厂选择应遵循的原则

序号	调频厂选择一般应遵循的原则
1	应有足够的调整容量和调整范围，以满足电网最大的负荷增、减变量需要
2	调频机组具有与负荷变化速度相适应的较快的调整速度，以适应电网负荷增、减最快的速度需要
3	机组具备实现自动调频的条件和在电网中所处的位置及其与电网联络通道的输送能力
4	调整机组的有功功率时，应符合安全和经济运行的原则
5	某些中枢点的电压波动不得超出允许范围
6	对联合电网，还要考虑由于调频而引起联络线上交换功率的波动是否超出允许范围

根据这些因素和各类发电厂的运行特点，调节范围大、负荷增长速度快、调节过程不需要额外耗费能量的水电厂，特别是有较大调节水库的水电厂最适宜作为调频厂。在无适当的水电厂作为调频厂或水电厂调频能力不足的电网，也可由凝汽式火力发电厂承担调频任务。

（七）调频厂的出力调节

在频率需要调整情况下应优先发挥水电、火电机组调峰能力，然后依次为风电、核电机组。发生电网频率降低事故时，各级运行人员必须认真处理，尽快恢复正常频率。特别要防止由于电网频率严重降低，火电大机组低频率保护动作跳闸的恶性循环而扩大事故。电网在发生解列单运事故的紧急情况下，当两部分电网频率差很大且电源无法调整时，可以降低频率高的电网频率进行并列，但不得降至 49.50Hz 以下，将频率低的电网的部分负荷切换到频率高的电网受电或直接限制频率低电网负荷。当电网频率降低并延续至危及发电厂安全时，发电厂为保证厂用电，可解列一台或一部分机组供厂用电。电网事故等紧急情况解除时，应根据省（区）间联络线送受电力情况，解除全部或部分限制的负荷（包括送出低频减载装置动作所切负荷）。电网恢复送电过程中如电源仍不足时，可根据情况重新分配各地区用电计划指标。

（八）电网备用容量

电网中电网备用容量是指电网为在设备检修、事故、调频等情况下仍能保持电力供应而设的大于发电负荷的部分容量。

电网负荷一直处在变动之中，当电网出现电源故障致使电网运转电源容量不足时，旋转备用、冷备用机组能否及时投入运行，抽水蓄能机组能否迅速从抽水转换成发电工况，限制对预先协议调荷用户的供电能否实现等因素，决定着电网频率能否迅速回升至正常值。只有有了备用容量，电网在各种情况下，如负荷预测偏差、大机组跳闸、电网事故等情况下，才能及时调整电网频率，保证电能质量和电网安全、稳定运行，保证对用户可靠供电，才有可能按最优化准则在各发电机组间进行有功功率经济分配。

备用容量的分类见表 6-9。

表 6-9　　备用容量的分类

分　类	含　义	考虑因素	备用水平
负荷备用	为满足电网中短时负荷波动和计划外的负荷增加而设置的备用容量	一般由水电机组（包括抽水蓄能机组）或火电机组承担	一般为最大发电负荷的 2%～5%，低值适用于大电网，高值适用于小电网
事故备用	当电网中发电设备发生偶然事故，为保证电网正常供电而设置的备用容量	与电网容量的大小、机组出力的多少、单机容量的大小、电网中各类电厂的比重和电网供电可靠性的要求等因素有关	一般为最大发电负荷的 10%左右，但不小于电网中一台最大机组的容量
检修备用	为保证电网的发电设备定期进行大修不影响电网正常供电而设置的备用容量	一般应结合系统负荷特点、水火电比重、设备质量、检修水平等情况确定，以满足可以周期性地检修所有运行机组的要求。具体数值与负荷性质、机组台数、设备状态、检修工期有关	一般宜为最大发电负荷的 8%～15%
国民经济备用	考虑电力工业的超前性和负荷超计划增长而设置的备用	国民经济备用的大小与国民经济发展状况有关	一般为最大发电负荷的 3%～5%

（九）电网频率调整注意事项

电网频率调整注意事项见表 6-10。

表 6-10　　出力调整的注意事项

出力调整的注意事项	电网安全稳定运行	满足电网安全约束条件，不允许出现设备过载、联络线潮流超过稳定限制运行，满足《电力系统安全稳定导则》要求
		保证电能质量，满足频率及电压调整的需要
		开机方式须满足安全约束，满足电压稳定需要
		出力调整应留有足够的备用，满足备用容量需要

续表

出力调整的注意事项	电网安全稳定运行	单一联络线相连的两个系统，为避免联络线跳闸后出现频率稳定问题，应将该联络线潮流调低
		要进行超短期负荷预测，带有前瞻性，及时开停机
	满足电网经济运行和节能调度需要	充分合理地利用水利资源，尽量避免弃水，提高水能利用率
		降低系统的总煤耗，合理分配机组间的负荷，减少功率损耗
		执行国家的燃料政策，减少烧油电厂的发电量，增加烧劣质煤电厂和坑口电厂的发电量
		适当选用旋转备用机组，充分发挥抽蓄机组的静、动态效益
	满足“三公”调度需要	认真落实国家电网公司“三公”调度十项措施，严格执行购售电合同和并网调度协议，坚持依法公开、公平、公正调度

（十）电网频率调整实际应用

电网频率调整具体应用见表6-11。

表6-11　　电网频率调整具体应用

序号	电网频率调整具体应用
1	对周期在10s以内的负荷变化所引起的频率波动是极微小的，在负荷频率特性的作用下，通过负荷效应，负荷能够自行吸收这种频率波动
2	对周期在10s至几十秒之间的负荷变化所引起的频率波动，可通过频率的一次调整来减少频差，运行频率将在偏离额定频率的极小值处达到平衡
3	对周期在几十秒到几分钟内变化且幅度也较大的负荷变化所引起的频率波动，如电炉、电铁等，仅靠一次调频是不够的，必须进行频率的二次调频。利用人工或者AGC进行调整
4	变化十分缓慢的持续分量，一般是由生产和人民生活习惯、气象条件变化造成，这也是负荷变化的主要因素，需要结合负荷预测进行调整

［**例6-1**］某局部电网，当日实时负荷为500MW，内部有一装机4×50MW水电厂A，开机方式为一台机运行，负荷为50MW；另有装机2×600MW火力发电厂B，开机方式为一台机运行，负荷为550MW，该局部电网外送功率为100MW。因电网故障，对外联络线跳闸，该局部电网解列运行。

处理方法如下：

（1）立即通知水电厂A为调频厂，负责小系统调频；并将水电厂A备用机组全部开出，将水电厂A的AGC退出。

（2）逐步调整火力发电厂B出力，保证水电厂A上、下调节有足够负荷空间；将火力发电厂B的AGC退出。

（3）通知在频率波动时损失负荷逐步恢复。

（4）及时操作将该局部电网并入系统，并收回调频权，恢复正常方式。

三、自动发电控制（AGC）

（一）AGC功能

自动发电控制（Automatic Generation Control，AGC）是能量管理系统（EMS）的重要组成部分，是并网发电厂提供的有偿辅助服务之一。发电机组在规定的出力调整范围内，跟踪电力调度交易机构下发的指令，按照一定调节速率实时调整发电出力，以满足电力系统频率和联络线功率控制要求的服务，是按电网控制中心的目标函数将指令发送给有关电厂的机组，通过电厂或机组的自动控制装置，实现自动发电控制，从而达到电网控制中心的调控目标，是保证电网安全经济运行、调峰、联络线关口电力调整的重要手段之一。AGC 主要功能见表 6-12

表 6-12　　AGC 主 要 功 能

序号	AGC 主要功能
1	调整全网电力供需静态平衡，保持电网频率在±0.1Hz 正常范围内运行
2	在联合电网中，按联络线功率偏差控制，使联络线交换功率在计划值允许偏差范围内波动
3	在 EMS 系统内，AGC 在安全运行前提下，对所辖电网范围内的机组间负荷进行经济分配，从而作为最优潮流和安全约束、经济调度的执行环节
4	在电网故障时，AGC 将自动或手动退出运行，不能自动开停机组。而在非事故情况下，当电网出现功率缺额和频率下降，或当电网负荷下降且频率上升时，AGC 均可具有自动开停机组的功能

（二）AGC 运行状态

AGC 运行状态见表 6-13。

表 6-13　　AGC 运 行 状 态

状态	介　　绍
在线（RAN）	AGC 在这种工作状态下，所有功能都投入正常运行，进行闭环控制
离线（STOP）	AGC 在这种工作状态下，对机组的控制信号均不发送，但测量监视、ACE 计算、AGC 性能监视等功能投入正常运行，可以在画面上监视所有工作情况和运行数据，接受调度人员更改数据。离线状态 STOP 可以由调度人员手动转换成在线状态 RUN
暂态（PAUSE）	暂停状态并非调度人员选择的状态，而是由于无有效的频率量测使得 AGC 不能可靠地执行其功能而设置的暂时停止状态，在给定的时间内，一旦得到可靠的测量数据，立即恢复原工作状态。但如果在规定的时间内不能得到可靠的测量数据，则自动转至离线状态。暂停状态与离线状态执行同样的功能

（三）AGC 常用控制模式

AGC 常用控制模式介绍见表 6-14。

表 6-14　　AGC 常用控制模式介绍

分类模式	介　　绍
自动	机组的基本功率取当前的实际出力，无条件承担调节量，这是一种最常用的模式
计划	机组的基本功率由计划曲线确定，不承担调节量，这意味着机组只按计划曲线运行
基点	机组的基本功率取调度员当时的给定值，不承担调节量
超短期	机组的基本功率由超短期负荷预报确定，不承担调节量

（四）AGC 调频时注意事项

AGC 调频时注意事项见表 6-15。

表 6-15　　　　**AGC 调频时注意事项**

电网安全约束	通过 AGC 进行负荷调整时，必须满足电网所有安全约束条件，不能造成设备过载或者超过稳定控制极限。对于调整过程中跟踪联络线进行调整可能造成设备过限的电厂，调度指挥中心对于该部分机组可以将其 AGC 投入"设定"负荷模式，其机组只能带调度员设定负荷，或者设置其 AGC 上下调节范围，保证机组出力在允许范围内波动
节能经济调度	避免水电厂弃水，提高水能利用率，同时满足防洪及灌溉、航运等要求。在这种情况下，调度中心需要根据实际情况，协调不同水电厂之间和水电厂、火力发电厂 AGC 投入方式，当进入丰水期后，水电厂根据来水情况，投入"设定"模式，以水定电，而火力发电厂投入"等比例"或者"超短期负荷预测"模式，负责跟踪联络线，火力发电厂尽量不要投入"自动模式"。正常情况下，可由水电厂投入"自动"模式，跟踪负荷变化，而火力发电厂投入"计划"模式，跟踪负荷变化趋势，并使水电机组目标功率逐渐恢复到应有的水电机组二次调频的目标功率。煤耗低、损耗小、污染少电厂多发。可以在 AGC 中增加相关的程序判断，同时，该项原则在发电计划中也有所体现
满足三公调度	保证各个电厂按照年度计划发电。在该种情况下，将需要的机组投入"计划"模式

四、低频减载

由于频率反映电网的有功平衡，当所有发电机的总有功出力与总有功负荷出现差额时，电网频率要发生变化。有功备用不足的电网，在发生忽然大量的功率缺额时，因为负荷功率大于发电功率，电网频率会下降。而频率的下降会使有功负荷按频率静态特征下降，使电网发电功率和负荷功率在一个较低的频率下达到平衡。当电网运行频率偏离额定值较多时，会使网内各电厂发电机机械输入功率降低，输出功率减少，从而加剧供需的不平衡，有功缺额继续增大，会使频率进一步下降，使电源和负荷的平衡彻底破坏，最终造成频率崩溃。因此，为防止电网频率过低和频率崩溃事故的发生，各电网要求配置低频减负荷装置，当电网出现故障引起有功功率缺额时，分级快速切除部分负荷，防止频率下降，从而防止频率崩溃的发生。

低频减负荷装置的基本功能见表 6-16。

表 6-16　　　　**低频减负荷装置的基本功能**

序号	低频减负荷装置的基本功能
1	电网发生功率缺额时，必须能及时切除相应负荷，使保留系统部分能迅速恢复到额定频率下继续运行，不发生频率事故
2	低频减负荷装置动作后，应使运行系统稳态频率不低于 49.5Hz，为了考虑某些难以预计的情况，应增设长延时特殊动作轮次
3	因负荷过切引起恢复时系统频率过高，最大值不应超过 51Hz，并必须与运行中自动化过频率保护相协调，且留有一定裕度，避免进一步造成事故扩大
4	低频减负荷装置动作后，在任何情况下不应导致电网其他设备过载和联络线超稳定极限
5	低频减负荷装置动作后，所切除的负荷不应被自动重合闸装置再次投入，应与其他安全自动化装置合理配合使用
6	低频减负荷装置动作的先后顺序，应按负荷的重要性安排，先切除次要负荷再切除重要负荷
7	电网中应设置长延时特殊轮次，在一般快速自动低频切负荷后，许多电网实际情况与设计情况不可避免存在差异，会产生电网频率长期悬浮于较低数值下跌可能，因此，设置启动频率较高但延时很长的特殊轮次，这种情况出现时，待系统旋转备用发挥了作用但还不足以恢复系统频率时发挥作用

[**例 6-2**] 以辽宁电网为例

为迅速抑止事故下系统频率下降深度，在低频减载整定方案的基础上，国网鞍山、营口、辽阳供电公司配置了防止发生电网频率崩溃事故的第二道防线，低频切负荷措施动作定值为

49.3Hz、延时 0.3s。其中，国网鞍山供电公司 250MW、国网营口供电公司 220MW、国网辽阳供电公司 190MW。此部分负荷根据重要程度和停电影响选择次要负荷切除，且不与低频减载其他轮次负荷重复。

2017 年辽宁电网安全稳定控制第二道防线整定方案见表 6-17，2017 年辽宁电网低频减载整定方案见表 6-18。

表 6-17　　2017 年辽宁电网安全稳定控制第二道防线整定方案

地区	频率定值（Hz）	时间定值（s）	负荷值（MW）
鞍山	49.3	0.3	250
营口	49.3	0.3	220
辽阳	49.3	0.3	190

表 6-18　　2017 年辽宁电网低频减载整定方案　　MW

地区	基本级						特殊级			合计
	49.2	49.0	48.8	48.6	48.4	48.2	49.2	49.2	49.2	
	0.3s	0.3s	0.3s	0.3s	0.3s	0.3s	20s	25s	30s	
沈阳	145	145	305	290	280	300	110	100	120	1795
大连	150	145	305	300	290	300	110	100	120	1820
鞍山	65	85	165	190	215	220	75	65	80	1160
营口	55	50	90	90	90	90	40	40	45	590
本溪	65	60	105	110	110	100	50	50	50	700
抚顺	36	35	70	60	60	60	40	40	0	401
辽阳	50	48	90	90	70	70	40	35	35	528
朝阳	50	50	180	180	185	170	90	90	95	1090
葫芦岛	26	25	35	35	35	35	0	40	25	256
锦州	30	35	75	75	110	105	40	40	40	550
丹东	45	45	70	70	60	60	30	35	35	450
盘锦	30	27	50	50	50	50	35	35	35	362
铁岭	50	50	80	80	80	75	50	50	50	565
阜新	43	40	80	80	65	65	40	30	20	463
合计	840	840	1700	1700	1700	1700	750	750	750	10730

第三节　潮 流 调 整

培训目标

熟悉电网潮流的分布特点，掌握潮流调整方法及调整标准。

一、系统潮流分布

电力网的功率分布和电压分布成为潮流分布。合理的潮流分布是电力系统运行的基本要求，见表 6-19。

表 6-19　合理潮流分布的要求

序号	合理潮流分布的要求
1	运行中的各电气设备所承受的电压应保持在允许范围内，各元件通过的电流应不超其额定值，以保证设备和元件的安全
2	应尽量使全网的损耗最小，达到经济运行的目的
3	正常运行的电力系统应满足静态稳定和暂态稳定的要求，并有一定的稳定储备，不发生异常振荡现象

（一）辐射网络潮流分布

辐射网络也称为开式网路。地区电网以辐射的形式供给许多变电站，如放射式、干线式和链式网络都是辐射形网络的范畴。而环式和两端供电的网络大多数情况下也是在某个节点处将网络断开运行，即开环运行，此时电网也可看作是辐射式供电。

（二）环式网络潮流分布

环式网络如不采取附加措施，其潮流按阻抗分布。两端供电网络的潮流可借调整两端电源的功率或电压适当控制，但由于两端电源容量有一定限制，而电压调整的范围又要服从对电压质量的要求，调整幅度都不可能大。对于环式电力网其功率分布基本上均采取计算机算法，通过手工精确求出功率分布非常困难。

二、系统潮流调整方法

潮流调整方法见表 6-20。

表 6-20　潮流调整方法

序号	潮流调整方法	
1	辐射形网络	改变网络结构，投入备用线路、断开运行线路
		增加辐射网络上机组出力
		转移负荷或采取拉闸限电、负荷控制、避峰错峰等办法调整负荷
		升高或降低电压
2	环形网络	改变电源出力。包括加减电厂出力、开出备用机组、停运行机组等
		改变负荷分布。包括将负荷转移到其他供电区、通过负控手段进行避峰错峰、通过拉闸限电手段限制用电负荷使用等
		改变网络结构。通过投入备用线路、停运运行线路等改变网络结构
		调整电压。降低电压能够降低负荷，从而达到调整潮流的目的。同时，调整电压还能调整环流或强制循环潮流，从而改变潮流分布
		采用附加装置进行调整。主要有串联电容、串联电抗和附加串联加压器

三、联络线调整方法及调整标准

（一）联络线控制调整方法

常见的联络线控制方法主要有三种，见表 6-21。

表 6-21　常见联络线控制方法

分　类	特　点
恒定频率控制	目标是维持系统频率恒定，对联络线上的交换功率不加控制，适用于独立系统或联合系统的主系统

续表

分 类	特 点
恒定联络线交换功率控制	目标是维持联络线交换功率的恒定，对系统频率不加控制，适用于联合系统中的小容量系统
联络线和频率偏差控制	目标是维持各分区功率增量的就地平衡，既要控制频率又要控制交换功率，为互联电力系统中的最常用的方式

区域电网中，调控分中心一般担负系统调频任务，其控制模式应选择定频率控制（Constant Frequency Control，CFC）模式；省（市）调应保证按联络线计划调度，其AGC控制模式应选择定联络线和频率偏差控制（Tie-line Bias Control，TBC）模式。

（二）联络线控制性能标准

为保证区域电网的安全稳定运行，各调控分中心一般都出台了相应的省区间联络线电力电量考核规定，具体见表6-22和表6-23。

表6-22　　联络线管理规定分类

标准分类	具体考核指标		国内实施区域
A1、A2标准	A1	控制区域的ACE在10min内必须至少过零一次	华北、西北
	A2	控制区域的ACE在10min内的平均值必须控制在规定的范围L_d（有功平均值）内	
CPS1、CPS2标准	CPS1	控制区域的控制行为对电网频率质量有贡献	东北、华东、华中
	CPS2	控制区域ACE每10min的平均值必须控制在规定范围内	

表6-23　　两种标准优劣对比

A1、A2（区域控制）标准	CPS1、CPS2（控制性能评价）标准
标准中未体现对频率质量的要求	CPS1标准中的参数可以体现电网频率控制的目标，有利于提高电网的频率质量
A1标准要求ACE应经常过零，从而在一定情况下增加了发电机组的无谓调节	不要求ACE经常过零，可以避免一些不必要的调节，有利于机组的稳定运行
由于要求各控制区域按L_d来控制ACE的10min平均值，因而在某控制区域发生事故时，在未修改联络线交换功率时，难以做出较大的支援	对各控制区域对电网频率质量的“功过”评价十分明确，有利于电网事故时，其他控制区域对其进行支援

第四节　无功功率及电压调整

培训目标

熟悉电压调整的必要性，无功电压调整原则、方法和注意事项。

一、电压调整的必要性

电压是衡量电能质量的一个重要指标。质量合格的电压应该在供电电压偏移、电压波动和闪变、电网谐波和三相不对称程度四个方面都能满足有关国家标准规定的要求。各种用电设备都是按额定电压来设计制造的。这些设备在额定电压下运行将能取得最佳的效果，电压过大的偏离额定值将对用户和电力系统本身都有不利影响。在电力系统的正常运行中，随着用电负荷的变化和系统运行方式的改变，网络中的电压损耗也将发生变化。要严格保证所有用户在任何时刻都有额定电压是不可能的，因此，系统运行中各节点出现电压偏移是不可避免的。实际上，大多数用电设备在稍许偏离额定值的电压下运行，仍有良好的技术性能。电压调整的目的是保证系统中各负荷点的电压在允许的偏移范围内。

二、电力系统的无功功率特性和无功平衡

电力系统的运行电压水平取决于无功功率的平衡。系统中各种无功电源的无功功率输出应能满足系统负荷和网络损耗在额定电压下对无功功率的需求，否则电压就会偏离额定值。

（一）无功负荷与无功损耗

负荷的无功特性就是指负荷的无功功率和电压之间的关系，称作无功电压静态特性。

（1）异步电动机在电力系统负荷（特别是无功负荷）中占的比重很大。系统无功负荷的电压特性主要由异步电动机决定。异步电动机的无功损耗包括励磁功率 Q_m 和漏抗中无功损耗 Q_a，呈二次曲线，则

$$Q_M = Q_m + Q_a = \frac{U^2}{X_m} + I^2 X_a$$

式中 X_m——励磁电抗；

X_a——漏抗。

（2）变压器的无功损耗ΔQ_T包括励磁损耗ΔQ_Y和漏抗损耗ΔQ_z，即

$$\Delta Q_T = \Delta Q_Y + \Delta Q_Z = \frac{I_o\%}{100} S_N + \frac{U_S\% S}{S_N}$$

式中 $I_o\%$——空载电流百分数；

$U_S\%$——开路电压百分数；

S_N——额定容量；

S——负荷容量。

（3）电力线路的无功损耗ΔQ_L也由两部分组成，并联导纳中的无功损耗（容性）和串联阻抗中的无功损耗（感性），即

$$\Delta Q_L = \frac{P_1^2 + Q_1^2}{U_1^2} Z_L - \frac{U_1^2 + U_2^2}{2} B_L$$

式中 P_1、Q_1、U_1——线路首端的功率和电压；

U_2——线路末端的电压；

Z_L、B_L——线路的电抗和电纳。

35kV 及以下的线路，ΔQ_L为正，消耗无功；330kV 及以上线路，ΔQ_L为负，为无功电源；110kV 和 220kV 线路，需通过具体计算确定。

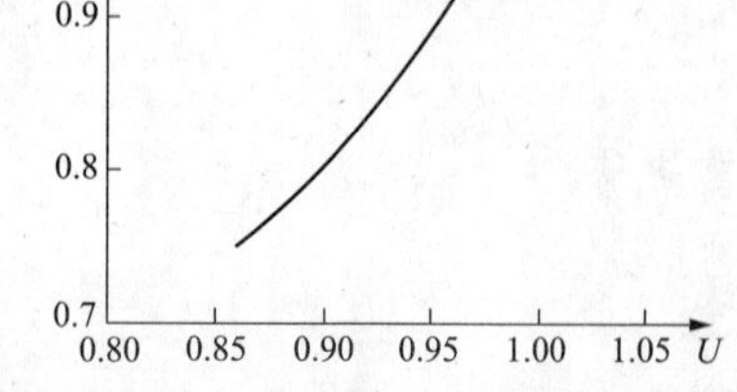

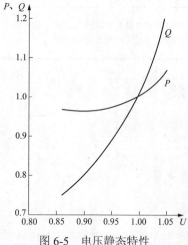

图 6-5 电压静态特性

（二）负荷的电压静态特性

负荷的电压静态特性是指在频率恒定时，电压与负荷的关系，即 $U=f(P,Q)$。如图 6-5 所示，无功负荷与电压之间的变化关系较为重要，因为在电压变化时，无功负荷的变化远远大于有功负荷的变化，而且无功负

荷变化引起的电压波动也远比有功负荷大。

有功负荷、无功负荷的电压静态特性常用二次多项式表示，即

$$P = P_N[a_p(U/U_N)^2 + b_p(U/U_N) + c_p]$$

$$Q = Q_N[a_q(U/U_N)^2 + b_q(U/U_N) + c_q]$$

式中　U——实际运行电压；

U_N——额定电压；

P_N、Q_N——额定电压下的有功功率和无功功率；

a_p、b_p、c_p、a_q、b_q、c_q——系数，各个系数可根据实际的电压静态特性用最小二乘法拟合求得，这些系数应满足

$$\left.\begin{array}{l} a_p + b_p + c_p = 1 \\ a_q + b_q + c_q = 1 \end{array}\right\}$$

由此可看出，负荷的有功和无功功率都由三个部分组成，第一部分与电压平方成正比，代表恒定阻抗消耗的功率；第二部分与电压成正比，代表与恒电流负荷相对应的功率；第三部分为恒功率分量。

电网各类负荷的电压特性见表 6-24。

表 6-24　　电网各类负荷的电压特性

负荷类别	电压特性
有功负荷的电压特性	同（异）步电动机的有功负荷与电压基本无关
	电炉、电热、整流、照明用电设备的有功负荷与电压的平方成正比
	网络损耗的有功负荷与电压的平方成反比
无功负荷的电压特性	异步电动机和变压器的无功损耗分为两部分：励磁无功功率与漏抗中消耗的无功功率。励磁无功功率随着电压的降低而减小，漏抗中的无功损耗与电压的平方成反比，随着电压的降低而增加
	输电线路中的无功损耗与电压的平方成反比，而充电功率与电压的平方成反比
	照明、电阻、电炉等不消耗无功，因此没有无功负荷的电压静态特性

（三）无功电源

无功电源特点见表 6-25。

表 6-25　　无 功 电 源 特 点

无功电源	特　　点
发电机	电网中最基本的无功功率电源，通过转子回路的励磁电流调整发电机输出无功功率，可以发出无功，又可以吸收无功
并联电容器	只能发出无功功率，提高电压，但其无功功率调节性能相对较差
并联电抗器	吸收无功功率，与所在母线的电压平方成正比
同步调相机	可调节无功功率的方向和大小，但投资大、维护复杂、调节慢
静止补偿器	由并联电容器、电抗器及检测与控制系统组成，优点多
交流滤波器	由电容、电抗和电阻并联组成，滤除直流控制系统产生的谐波，补偿直流控制系统消耗的无功功率

三、无功电源与电压水平的关系

电力系统无功平衡的基本要求：系统中的无功电源可能发出的无功功率应该大于或至少等于负荷所需要的无功功率和网络中的无功损耗之和。为保证运行可靠性和适应负荷的增长，系统必须配备一定的无功备用容量，则

$$Q_{\Sigma G}-Q_{\Sigma D}=Q_{\Sigma G}-Q_{D}-Q_{L}=Q_{RES}$$

式中 $Q_{\Sigma G}$ ——电源供应的无功功率之和；

$Q_{\Sigma D}$ ——负荷所需的无功功率之和；

Q_{D} ——无功负荷之和；

Q_{L} ——网络无功功率损耗之和；

Q_{RES} ——无功功率备用。

$Q_{RES}>0$ 表示系统中无功功率可以平衡且有适量的比用；

$Q_{RES}<0$ 表示系统中无功功率不足，应考虑加设无功补偿装置。

在电力系统运行中，电源的无功出力在任何时刻都同负荷的无功功率和网络的无功损耗之和相等，问题在于无功功率是在什么样的电压水平下实现的，现举例如下：隐极发电机经过一段线路向负荷供电，略去各元件电阻，假定发电机和负荷的有关功率为定值，可以确定发电机送到负荷点的负荷有功功率 P 为

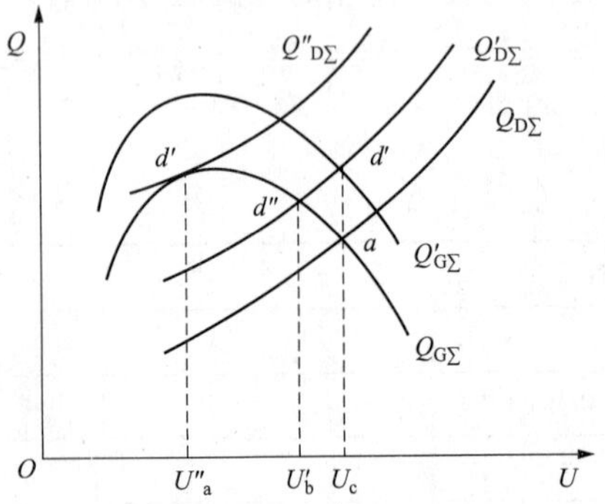

图 6-6　电力系统无功平衡

$$P=UI\cos\varphi=\frac{EU}{X}\sin\varphi$$

$$Q=UI\sin\varphi=\frac{EU}{X}\cos\varphi-\frac{U^2}{X}$$

式中 φ ——相角差；

X ——电抗。

当 P 为一定值时，可以得知

$$Q=\sqrt{\left(\frac{EU}{X}\right)^2-P^2}-\frac{U^2}{X}$$

当电势 E 为一定值时，无功功率 Q 同电压 U 的关系是一条向下开口的抛物线。负荷的主要成分是异步电动机，为二次曲线，这两条曲线的交点就是无功平衡点，该点确定了系统的电压。

四、电压调整原则和方式

（一）无功平衡与电压调整原则

电力系统配置的无功补偿装置应能保证在系统有功负荷高峰和负荷低谷运行方式下，分（电压）层和分（供电）区的无功平衡。分（电压）层无功平衡的重点是 220kV 及以上电压等级层面的无功平衡，分（供电）区就地平衡的重点是 66kV 及以下配电系统的无功平衡。无功补偿配置应根据电网情况，实施分散就地补偿与变电站集中补偿相结合，电网补偿与用户补偿相结合，高压补偿与低压补偿相结合，满足降损和调压的需要。

电网分层分区、就地平衡的无功补偿原则决定了在电压调整上，也应按照分层平衡和地区供电网络无功电力平衡原则，通过设置电压监测点和电压中枢点，来监视全网电压水平并确定合理控制策略。无功平衡的两个要点见表 6-26。

表 6-26 无功平衡的两个要点

序号	无功平衡的两个要点
1	各级电压电网间无功电力交换的指标是两个界面上各点的供电功率因数 $\cos\varphi$，$\cos\varphi$ 值需要根据电网结构（如送受端）、系统高峰负荷期间和低谷期间负荷来确定，以保证使无功电力的平衡
2	安排和保持基本按分区原则配置紧急无功备用容量，以保持事故（如因事故突然断开一回重负荷线路、一台变压器或一台无功补偿设备，以及发电机失磁等）后的电压水平在允许范围内

（二）电压监测点和中枢点

1. 电压监测点

电压监测点指电网中可反映电压水平的主要负荷供电点以及某些有代表性的发电厂、变电站。只要这些点的电压质量符合要求，其他各点的电压质量也就能基本满足要求。一般电压监测点的设置原则为：

（1）与主网（220kV 及以上电压电网）直接相连的发电厂高压母线电压。

（2）各级调度“界面”处的 220kV 及以上变电站的一次母线电压和二次母线电压。其中 220kV 指具有调压变压器的一、二次母线，否则只能取一次母线或二次母线电压。

（3）所有变电站（含供城市或城镇电网的 A 类母线）和带地区供电负荷发电厂的 10（6）kV 母线是中压配电网的电压监测点。

（4）供电公司选定一批具有代表性的用户作为电压质量考核点，其中包括：

1）110kV 及以上供电的和 35（66）kV 专线供电的用户（B 类电压监测点）。

2）其他 35（66）kV 用户和 10（6）kV 用户的每负荷至少设一个母线电压监测点，且应包括对电压有较高要求的重要用户和每个变电站 10（6）kV 母线所带有代表性线路的末端用户（c 类电压监测点）。

3）低压（380 / 220V）用户至少每百台配电变压器设置一个电压监测点，且应考虑有代表性的首末端和重要用户（D 类电压监测点）。

4）供电公司还应对所辖电网的 10kV 用户和公用配电变压器、小区配电室以及有代表性的低压配电网中线路首末端用户的电压进行巡回检测。检测周期不应少于每年一次，每次连续检测时间不应少于 24h。

2. 电压中枢点

电网中重要的电压支撑点称为电压中枢点。电压中枢点一定是电压监测点，而电压监测点却不一定是电压中枢点。因此，电网的电压调整也就转化为监视、控制各电压中枢点的电压偏移不越出给定范围。一般电压中枢点选择原则为：

（1）区域性水电厂、火力发电厂的高压母线（高压母线有多回出线）。

（2）母线短路容量较大的 220kV 变电站母线。

（3）有大量地方负荷的发电厂母线。

中枢点变电站设置的数量应少于全网 220kV 及以上电压等级变电站总数的 7%～10%。中枢点电压允许偏移范围的确定，应在网络中电压损失最大的一点（即电压最低的一点）及电压损失最小的一点（即电压最高的一点）之间，使中枢点电压允许偏差在规定值的±5%以内。

中枢点的最低电压等于在地区负荷最大时，电压最低一点的用户电压下限加上到中枢点间的电压损失；中枢点的最高电压等于在地区负荷最小时，电压最高一点的用户电压上限加上到中枢点间的电压损失。当中枢点的电压上、下限满足这两个用户的电压要求时，其他各点的电压就基本上均能满足要求。

如果中枢点是发电机的低压母线，除了要满足上述要求外，还应满足厂用电电压与发电机的机端最高电压及能维持稳定运行的最低电压要求。

（三）电压允许偏差范围

按照 SD 325—1989《电力系统电压和无功电力技术导则》，正常情况下电压允许范围如下：

1. 用户受电端的电压允许偏差值

（1）35kV 及以上用户供电电压正负偏差绝对值之和不超过额定电压的 10%。

（2）10kV 用户的电压允许偏差值为系统额定电压的±7%。

（3）380V 用户的电压允许偏差值为系统额定电压的±7%。

（4）220V 用户的电压允许偏差值为系统额定电压的+5%～−10%。

（5）特殊用户的电压允许偏差值按供用电合同商定的数值确定。

2. 发电厂和变电站的母线电压允许偏差值

（1）500（330）kV 母线：正常运行方式时，最高运行电压不得超过系统额定电压的+110%；最低运行电压不应影响电力系统同步稳定、电压稳定、厂用电的正常使用及下一级电压的调节。

向空载线路充电，在暂态过程衰减后线路末端电压不应超过系统额定电压的 1.15 倍，持续时间不应大于 20min。

（2）发电厂和 500kV 变电站的 220kV 母线：正常运行方式时，电压允许偏差为系统额定电压的 0～+10%，事故运行方式时为系统额定电压的−5%～+10%。

（3）发电厂和 220（330）kV 变电站的 35～110kV 母线：正常运行方式时，电压允许偏差为相应系统额定电压的−3%～+7%；事故后为系统额定电压的±10%。

（4）发电厂和变电站的 10（6）kV 母线：应使所带线路的全部高压用户和经配电变压器供电的低压用户的电压均符合 SD 325—1989 规定值。

3. 异常及事故电压的规定

按照《国家电网公司安全事故调查规程》，对异常及事故电压有以下规定：

电网电压监测点的电压异常是指监测点电压超出调度规定的电压曲线数值的±5%，当延续时间超过 1h 时为电网一类障碍；或超出规定数值的±10%，且延续时间超过 30min 时也为电网一类障碍。

电网电压监测点的电压事故是指监测点电压超出调度规定的电压曲线数值的±5%，并且延续时间超过 2h，或超出规定数值的±10%，并且延续时间超过 1h。

（四）电压调整方式

电压调整方式见表 6-27。

表 6-27　电压调整方式

调压方式	定义及特点
逆调压方式	当中枢点供电至各负荷点的线路较长，且各点负荷的变动较大，变化规律也大致相同时，在大负荷时采用提高中枢点电压以抵偿线路上因最大负荷时增大的电压损耗；而在小负荷时，则将中枢点电压降低，以防止因负荷减小而使负荷点的电压过高。这种中枢点的调压方式称为逆调压方式。一般，采用逆调压方式时，高峰负荷时可将中枢点电压升高至线路额定电压的 1.05 倍，低谷负荷时将其下降为线路额定电压

续表

调压方式	定义及特点
恒调压方式	当负荷变动较小、线路上的电压损耗也较小时，只要把中枢点的电压保持在较线路额定电压高1.02～1.05倍，即不必随负荷变化来调整中枢点的电压，仍可保证负荷点的电压质量
顺调压方式	在最大负荷时允许中枢点电压略低一些（但不得低于线路额定电压的1.025倍）；最小负荷时允许中枢点电压略高一些（但不得高于额定电压的1.075倍）。一般当负荷变动较小、线路电压损耗小或用户处于允许电压偏移较大的农业电网时，才可采用顺调压方式。另外，当无功调整手段不足、不得已情况下时，也可采用这种方式，但一般应避免采用

五、影响电压的因素

电力系统的电压和频率也需要经常调整。由于电压偏移过大时，会影响工农业生产产品的质量和产量，损坏设备，甚至引起系统性的“电压崩溃”，造成大面积停电。影响系统电压的主要因素如图6-28所示，无功功率负荷和无功功率损耗见表6-29。

表6-28　　影响系统电压的主要因素

序号	影响系统电压的主要因素
1	生产、生活、气象等因素引起的负荷变化而未及时调整电压
2	无功补偿容量的变化
3	系统运行方式的改变引起的功率分布和网络阻抗变化
4	电网发电能力不足，缺少无功功率
5	受冲击性负荷或不平衡负荷影响

表6-29　　无功功率负荷和无功功率损耗

无功功率负荷	大多数用电设备都消耗无功功率，滞后功率因素运行，其值为0.6～0.9。无功功率负荷曲线与有功功率相似
变压器的无功功率损耗	分为励磁支路损耗和绕组漏抗中损耗。变压器无功功率损耗较有功功率损耗大得多
线路的无功功率损耗	分为并联电纳和串联电抗中的无功功率损耗。并联电纳的损耗又称为充电功率，与线路电压的平方成正比，呈容性；串联电抗的损耗与负荷电流的平方成正比，呈感性

六、电网调压的主要措施

电网调压的主要措施如图6-7所示。

除上述常规调压手段外，还可以通过调整电网运行方式调压，主要是拉停线路或主变压器，比如我国华东、华中电网在负荷较低时，常通过拉停线路或主变压器调压，但该调压方式削弱了网架结构，在一定程度上降低了供电可靠性。下面主要介绍常规调压手段。

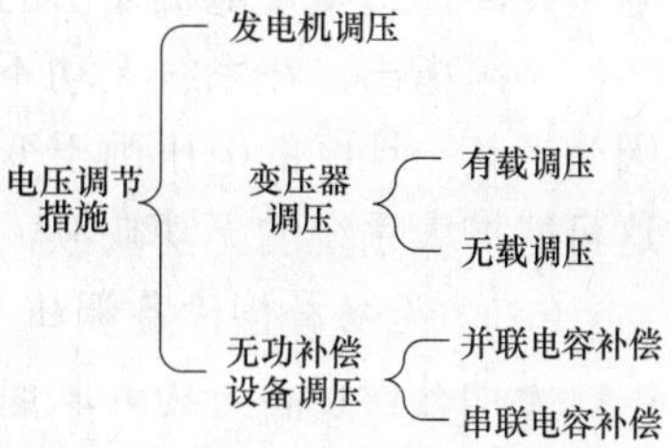

图6-7　电网调压主要措施

（一）发电机调压

发电机母线做电压中枢点时，就可以利用发电机的自动励磁调节装置调节发电机励磁电流，改变其端电压，达到调压的目的。当发电机母线没有负荷时，在运行中允许±5%的偏移；发电机母线有负荷时，一般采用逆调压就可满足母线直馈负荷的电压要求。另外，对于多电源的大型电网，改变发电机电压会引起电源间无功功率的重新分配，故在利用发电机调压时，必须与系统无功功率合理分配等问题做全面优化考虑。优点是不需要额外投资，不仅可以发出有功功率，也能发出无功功率，调整发电机的端电压、分配无功功率以及提高发电机同步运行的稳定性。缺点为在生产实际中，受到一些因素制约，如发电机母线最高电压受靠近负荷的限制；发电机母线最低电压受末端负荷的限制；发电机母线最低电压受末端负荷和负荷距离远近及性质差异大小的限制。对于由多台发电机并列运行的大电网或具有多级电压的电网，由于供电范围广，单纯调节某一台发电机的端电压，不仅不能满足所有负荷的调压要求，而且会造成系统中无功功率的重新分配。调整发电机端电压只能是一种辅助手段。

发电机进相运行是指发电机发出有功而吸收无功的稳定运行状态。

发电机调相运行是指发电机不发有功，向电网输送感性无功功率的运行方式。

（二）变压器调压

变压器调压方式分为有载调压和无载调压两种。变压器调压方式见表 6-30。

表 6-30　　变压器调压方式

类型	特　　点
有载调压	变压器在运行中可以调节变压器分接头位置，从而改变变压器变比，以实现调压的目的。有载调压变压器中又有线端调压和中性点调压两种方式，即变压器分接头在高压绕组线端侧或在高压绕组中性点侧之区别。分接头在中性点侧可降低变压器抽头的绝缘水平，有明显的优越性，但要求变压器在运行中中性点必须直接接地。有载调压变压器用于电压质量要求较严的地方，加装有自动调压检测控制部分，在电压超出规定范围时自动调整电压
无载调压	变压器在停电、检修情况下，进行调节变压器分接头位置，从而改变变压器变比，以实现调压的目的。无载调压变压器调整的幅度较小（每改变一个分接头，其电压调整 2.5%或 5%），输出电压质量差，但比较便宜，体积较小

降压变压器，以 220kV 及以下电网而言，一般是起到将主网负荷向地区网输送的作用，此时，相对低压侧电网，高压侧可看作无穷大系统，即电压不变。当调高变压器分接开关时，变压器变比增大，结果使等值电抗变大，低压侧输出电压下降；相反，当调低变压器分接开关时，同理，将使低压电网负荷的无功消耗增加，使高压网经变压器流入低压网的无功增加。

升压变压器由于其低压侧往往接带单台发电机，单机对高压侧电网而言，高压侧仍可看作无穷大系统。当调高变压器分接开关时，在高压侧电压不变的前提下，低压侧电压降低，无功输出增加，结果使输入电网的无功增加；相反，当调低变压器分接开关时，将使低压侧电压升高，迫使发电机输出的无功下降。

必须指出，在系统无功不足的条件下，不宜采用调整变压器分接头的方法来提高电压。因为当某一地区的电压由于变压器分接头的改变而升高后，该地区所需的无功功率也增大了，这可能扩大系统的无功缺额，从而导致整个系统的电压水平更加下降。

（三）无功补偿设备调压

无功补偿设备分为并联电容补偿、串联电容补偿、并联电抗补偿及其他补偿装置。

1. 并联电容补偿

并联电容补偿是将电力电容器并联接在负荷（如电动机）或供电设备（如变压器）上运

行，由于电动机、变压器等均是电感性负荷，在这些电气设备中除有功电流外，还有无功电流（即电感电流），而电容电流在相位上和电感电流相差 180°，感性电气设备的无功电力由电容来供给，从而减少线路能量损耗，改善电压质量，提高系统供电能力。

2. 串联电容补偿

串联电容补偿是将电力电容器串联在线路上以改变线路参数，降低线路电抗值来达到调整电压的目的。串联电容补偿对调压的主要作用是纵向降压。纵向降压越大，调压效果越好。当线路不输送无功功率时，串联电容补偿不起调压作用。在超高压输电线路上加装串联补偿电容，主要是为了改变线路参数，提高输电容量及系统稳定性。并联电容补偿和串联电容补偿的特点见表 6-31。

表 6-31　　并联电容补偿和串联电容补偿的特点

特点	并联电容补偿	串联电容并联电抗补偿
调压角度	提高负荷侧功率因数以减小无功功率流动来提高受端电压，需要根据负荷的变化而进行频繁的分组投入或切除操作，且容量与电压平方成正比，当电网电压下降时，调压效果显著下降。只有在功率因数很大、线路电抗与负荷阻抗比值也很大，并考虑串联电容器单位容量价格较并联电容器大时，采用并联电容器才有利	电压降直接抵偿线路压降，调压作用随着负荷的变化而自动连续调整，调压效果显著
降低网损角度	减小了输电线及变压器的无功输送容量，降低网损作用大，在输电线最大输送电流数值不变情况下，用减少的无功功率来相应地输送更多的有功功率到用户那里，其投资成本可以在 1～2 年内收回，在工业发达国家广泛应用	基本未改变输电线路上的无功输送容量，只提高了末端电压水平，不能降低网损，反而提高了负荷的电压而造成负荷消耗无功增加，使线损增加。串补会产生铁磁谐振和自励磁等异常现象，对用电设备造成危害；在 220kV 及以下超高压输电线路中，可能与发电机组产生一种低于工频的次同步振荡，引起轴扭振造成发电机轴系破坏，因此应用较少

3. 并联电抗补偿

并联电抗器补偿向电网提供分级可调的感性无功功率，以补偿局部多余的容性无功，保证电网电压的稳定性。

4. 其他补偿装置

其他补偿装置见表 6-32。

表 6-32　　其 他 补 偿 装 置

类 型	特 点
同步调相机	调相机实质上是空载运行的同步电动机，它可以供给系统无功功率，也可以从系统吸收大约相当于其容量的 50%～65%的无功功率。当系统无功出力不足、电压突然下降时，调相机可以借助励磁调节作用增加对系统的无功功率输出；反之，可以减少励磁，从系统吸收无功功率，能自动地维持系统电压，起到稳态电压支撑作用，改善系统潮流分布，降低电能损耗。特别是有强行励磁装置时，调相机可以对电网起到动态电压支持作用，提高电网稳定。同步调相机满载运行时，有功损耗为额定容量的 1.5%～5%。一般容量越小，功率损耗越大
静止无功补偿装置（SVC）	用不同的静止断路器投切电容器或电抗器，使其具有吸收和发出无功电流的能力，是用于提高电网的功率因数、稳定系统电压、抑制系统振荡等功能的装置

七、电网调压的注意事项

为了确保电压质量，电网必须拥有足够的无功功率电源，如果电网无功不足，致使电压水平偏低，则应先采取措施解决电网无功平衡问题。可采取提高各类用户功率因数；挖掘电网无功潜力，将电网中未投入电容器投入运行，必要时将电网中闲置的发电机改为调相机运行，抬高电厂主变压器分接头挡位，按照无功分层、分区和就地平衡的原则，装设无功补偿设备。

应优先采用发电机调压和无激励调压变压器调压。因为这类措施不用附加设备，节约投资。发电厂的无功出力应按制定好的无功平衡和无功优化调度曲线进行调节，高峰负荷时，将无功出力在无功允许最大范围内调整，直至高压母线电压接近电压允许上限，为电网多提供无功电源。低谷负荷时，将无功出力在无功允许最小范围内调整，直至高压母线电压接近电压允许下限，防止电网因无功过剩而造成电压过高。220kV 变电站在主变压器最大负荷时其高压侧功率因数应不低于 0.95，在低谷负荷时功率因数不应高于 0.95、不低于 0.92。220kV 变电站主变压器二、三次侧受电力率在高峰负荷时应达到下列数值：距主力发电厂较近的变电站应不低于 0.95，一般变电站为 0.97，距主力发电厂较远的变电站为 0.99。

在无功平衡略有富裕的电网，若负荷波动较大，可采用有载调压变压器进行调节，对有载调压变压器低压侧有并联电容器的，应优先投切电容器调节电压，防止变压器分接头频繁调整，触头来回滑动对设备安全不利。个别 35kV 以下线路末端电压太低时，可采用串联电容补偿。

八、自动电压控制（AVC）调节指标

自动电压控制（Automatic Voltage Control，AVC）是电网调度自动化系统一项重要和基础的应用功能，自动电压控制（AVC）的首要目标就是维持电网的电压水平，最直接的就是保证枢纽发电厂和变电站的母线电压在指定的范围内，这样才能实现电网运行的基本目标——提高合格的电力供应。

自动电压控制（AVC）工作原理是通过集中的电压无功调整装置自动调整无功功率和变压器分接头，使注入电网的无功值为电网要求的优化值，从而使全网调无功潮流和电压都达到要求。自动电压控制（AVC）系统是保证电网安全、优质和经济运行的重要措施，各级调度主站均应具备 AVC 功能，且在正常情况下应投入闭环运行，自动调控无功补偿设备。

机组自动电压控制（AVC）调节合格率=执行合格点数/调节指令次数×100%

机组跟踪主站电压（无功）指令，每次调节在 1min 内到达规定死区为合格点，否则为不合格点，要求调节合格率按月统计，达到 100%。

自动电压控制（AVC）可用率=AVC 计算结果月可用次数/月计算次数×100%

要求月可利用率大于 90%。自动电压控制（AVC）计算周期不大于 120s，控制周期不大于 300s，单次计算时间不大于 30s。

九、低压减载

由于电压反映电网的无功平衡，无功备用不足的电网，在发生忽然大量的无功缺额时，电网电压会下降。当电网电压偏离额定值较多时，会使网内各电厂发电机机端电压降低，无功功率输出减少，从而加剧供需的不平衡，当电网无功备用不足时容易造成电网电压崩溃。因此，为防止电网电压过低和电压崩溃事故的发生，各电网要求配置低压减负荷装置，当电网出现故障引起无功功率缺额时，分级快速切除部分负荷，防止电压下降过快，从而防止电压崩溃的发生。低压减负荷装置的基本要求见表 6-33。

表 6-33 **低压减负荷装置的基本要求**

类 型	特 点
低压减负荷装置的基本要求	电网发生无功功率缺额时，必须能及时切除相应负荷，使保留系统部分能迅速恢复到额定电压下继续运行，不发生电压崩溃事故
	因负荷过切引起恢复时系统电压过高，应与运行中自动化装置保护相协调，且留有一定裕度，避免进一步造成事故扩大
	低压减负荷装置动作后，所切除的负荷不应被自动重合闸装置再次投入，应与其他安全自动化装置合理配合使用
	低压减负荷装置动作的先后顺序，应按负荷的重要性安排，先切除次要负荷再切除重要负荷

［**例 6-3**］以辽宁电网为例

为防止辽宁电网出现电压崩溃事故，2017 年，沈阳、大连、鞍山、营口、本溪、辽宁电网的低压减负荷装置按照低频减负荷方案的基本级前四轮投入，定值为 0.16U_e/s。2017 年辽宁电网低压减载整定方案见表 6-34。

表 6-34 **2017 年辽宁电网低压减载整定方案** MW

地区	低压切负荷功能投入轮次				合计
	基本级第一轮	基本级第二轮	基本级第三轮	基本级第四轮	
沈阳	145	145	305	290	885
大连	150	145	305	300	900
鞍山	65	85	165	190	505
营口	65	60	105	110	340
本溪	50	50	180	180	460
辽阳	30	35	75	75	215
合计	505	520	1135	1145	3305

思 考 题

1．什么是电网的频率特性？各有什么特点？

2．电网频率波动的原因？

3．什么是负荷调整？负荷调整的原则是什么？错峰、避峰、拉闸、限电等负荷调整手段有何区别？

4．电力系统负荷按照其频率特性可以分为哪几类？

5．超短期负荷预测、短期负荷预测、中期负荷预测和长期负荷预测的作用分别是什么？

6．出力调整时，为保证电网安全稳定运行，应注意哪些事项？

7．电网中的无功负荷和无功电源主要包括哪些？

8．影响电力系统频率和电压的主要因素有哪些？

9．AGC 和 AVC 的基本功能是什么？

10．辽宁电网低频减载由哪几部分构成？动作频率为多少？

11．辽宁电网的低压减负荷装置定值为多少？

12．辽宁电网在低频减载装置动作前为什么设置第二道防线？

13．事故情况下，解列后独立运行小电网调频要注意哪些问题？

14．系统高频率运行的处理方法有哪些？

15．电压调整的方式有几种？目前电网主要应用的是哪种？

16．正常情况下用户受电端电压允许偏差范用是多少？

17．线路无功功率损耗与运行电压和电流的关系如何？

18. 某电力系统总负荷为 4000MW，静态储备系数 K_{ph}=1.5，正常运行时系统频率为 50Hz，所有发电机均满载运行，如果电力系统在发生事故后失去 350MW 的电源功率，不考虑低频减载动作，求系统的频率下降到多少？

19．某局部小电网与主网只有两回线路联系，且局部小电网内部没有大的电源点即没有大电厂。电网负荷高峰时，局部小电网电压偏低，可以采取哪些措施？

20．某省网高峰发电负荷为 15000MW，最大单机容量为 600MW，最大可调出力为 16500MW，出现一台 600MW 火电机组爆管事故停机，此时备用容量是否足够？如果此时第二台 600MW 火电机组事故停运，备用容量是否足够？

第七章

电 网 操 作

第一节 倒闸操作规定

培训目标

熟悉倒闸操作的一般要求、倒闸操作的注意事项、操作票编写制度。

一、倒闸操作一般要求

（1）倒闸操作是指将电气设备由一种状态（运行、备用、检修、试验等）转换到另一种状态。主要是指拉开或合上某些开关和隔离开关，改变继电保护、自动装置的使用方式，拆除或挂接接地线，拉开或合上某些直流操作回路等。

（2）一切正常倒闸操作都要填写操作票。仅拉合开关的单一操作，事故应急处理、拉闸限电、调整发电机出力可以不填写操作票，使用口头命令，上述操作在完成后应做好记录，事故应急处理应保存原始记录。

（3）一般操作应尽量避免安排在交接班时间和高峰负荷时进行，如因影响供电质量和用户生产必须在交接班时操作，应待操作全部结束或系统操作告一段落后再进行交接班。

（4）下列操作一般不应安排在交接班时进行：

1）发电厂机组的正常启停（调频厂的启停机除外）。

2）双回线或环状网络中一回线以及两台变压器中的一台变压器停送电而不影响供电的操作。

3）发电厂和变电站的母线正常倒闸操作及线路开关以侧路代送的操作。

4）设备转入备用及由备用转入检修的操作。

（5）有计划的操作预令（逐项令、综合令），一般于执行前一天由当值调控员下达给操作单位，无特殊情况，不得迟于执行前 4h 下达。

（6）现场的正常倒闸操作，应得到管辖该设备的值班调控员的正式操作指令，操作单位接受操作指令并复诵无误后，填写本单位的详细倒闸操作票，并经审核、预演无误后，正式进行操作前，必须得到值班调控员许可后方可执行。

（7）操作单位每项操作执行完后，应及时报告调控员，值班调控员下达的综合操作指令或一次下达的几项逐项操作指令可根据调控员指令汇报执行情况。

（8）操作单位在操作过程中发生疑问时，不得擅自更改操作票，应立即停止操作，并向值班调控员报告，弄清楚后再进行操作。

（9）任何情况下，严禁“约时”停、送电。

（10）正常情况下，不允许两名调控员对同一操作任务向操作单位发布操作指令。

（11）调控员在操作前，应先在 D5000 调度自动化系统进行核对无误后再进行正式操作，并及时更改电网系统图板运行方式。

（12）调控员操作过程中，应遵守监护、复诵、记录、录音制度并互报单位及姓名。

（13）在倒闸操作过程中，要利用现有的调度自动化设备，随时检查开关位置及潮流变化，以验证操作的正确性。

（14）值班调控员在操作完时，要全面检查操作令（包括备注部分），以防遗漏，并及时更改电网系统图板运行方式。

（15）值班调控员是地区电力系统倒闸操作的指挥人，凡接于本系统的变电站运行人员都必须严肃认真执行调度命令，如对命令有疑问可向发令人询问，经发令人核查或解释确认无误后重复命令时不得拒绝。

（16）调控员在发布正式操作指令时，应发布调度指令号，操作任务，操作项号、内容及下令时间等，并明确操作指令的类别（系统令、综合令、逐项令），现场复诵无误后，调控员方可发布“可以执行”的指令。

（17）调控员发布送电指令前，应了解现场停电作业及操作准备情况，并提醒现场拆除自行装设的安全措施。

（18）调控员按系统操作票指挥操作时，应按操作顺序逐项下达操作指令，除允许连续执行的操作项目外，下一个操作应在接到现场值班负责人上一项操作结束汇报后，才能下达。

（19）系统操作票中，一个操作单位有几个连续操作项目，虽然有先后操作顺序，但与其他单位没有配合，也不必观察对系统的影响，又不需要在操作中间和调度联系的，调控员可以将连续操作项目一次下达，现场可连续执行完后汇报调度。

（20）各级调控机构在指挥电力生产运行、倒闸操作及事故处理的全过程中，应严格执行相关电网调度运行规程规定的调度系统“两票三制、四对照”制度，两票指检修计划票、操作票，三制指监护制、复诵录音制、记录制，四对照指对照系统（模拟图）、对照现场、对照检修计划票、对照典型操作票。

（21）检修工作（含事故处理）所装设的地线在管理上分如下四种：

1）发电厂、变电站内部（即送电线路隔离开关内侧）所装设的地线由该厂（站）值班人员自行负责。

2）发电厂、变电站的单电源直配线线路侧接地线由该厂（站）负责装设。

3）双电源线路侧接地线由地调负责装设。

4）线路检修人员在工作地点所装设的地线由检修人员自行负责。

（22）系统重大试验、工程改建以及设备检修引起运行方式较大变化时，调控运行专责人或有关单位事先做出方案，组织调控值班人员讨论，并报公司副总工程师、总工程师（生产副总经理）批准后执行，调控人员必要时可到现场了解作业、倒闸操作等情况。

二、倒闸操作注意事项

（1）充分考虑系统变更后，系统接线的正确性，特别注意对重要用户供电的可靠性。

（2）充分考虑系统变更后，有功和无功功率的平衡，保证系统的稳定性。

（3）充分考虑系统变更后，继电保护、自动装置的配合协调，使用合理。

（4）充分考虑系统变更后，系统调谐的合理性。

（5）充分考虑系统变更后，系统解列点的重新布置。

（6）充分考虑系统变更后，有适当的备用容量，各系统母线消弧线圈补偿应适当调整。

（7）充分考虑系统变更后，电网事故处理措施，拟订新方式下的事故处理预案，并通知有关现场，包括调度通信和自动化部门。

（8）应考虑变压器操作，变压器中性点运行方式的相应调整。

（9）应考虑切换电压互感器操作，对继电保护、自动装置及计量装置的影响，并采取相应措施。

（10）应考虑带有小电源的线路操作、对侧电源及负荷问题。

（11）系统变更前后，注意监视系统潮流、电压、频率的变化。防止造成局部元件过载，应将改变的运行接线及潮流变化及时通知有关单位，因系统变更而使潮流增加应通知有关单位加强设备巡查。

（12）应考虑新设备投运操作、设备本身故障开关拒动、保护失灵的情况，必须有可靠的快速保护和后备跳闸开关，以防故障扩大，危及电网安全。要考虑到操作中万一发生问题，对系统产生的影响，并针对倒闸后的运行方式可能引起的问题做好事故预想，并将有关部分通知现场。

（13）严防非同期合闸、带负荷拉隔离开关、带地线合闸等误操作、误调控事故的发生。

三、操作票编写制度

（1）电力系统正常倒闸操作，均应使用操作票。调度端操作票分为系统操作票和综合操作票两种。

（2）系统操作票使用逐项操作指令，综合操作票使用综合操作指令；口头操作指令使用逐项操作指令或综合操作指令，但必须记录。

（3）填写操作票应使用正规的调度术语和设备双重名称。

（4）对于一个操作任务需要两个或两个以上单位共同配合的操作，或者只有一个单位操作，影响主要系统运行方式，以及需要观察对系统的影响者，应使用系统操作票。

（5）对于一个操作任务只需一个单位操作，不需要其他单位配合，不影响主要系统运行方式，也不需要观察对系统的影响者，应使用综合操作票。

（6）系统操作票填写内容：

1）开关、隔离开关的操作。

2）有功、无功电源及负荷的调整。

3）保护装置的投入、停用，定值或方式的变更。

4）中性点接地方式的改变及消弧线圈补偿度的调整。

5）装设、拆除接地线。

6）必要的检查项目和联系项目。

（7）以下操作可以使用综合操作票填写：

1）发电厂、变电站变更主母线运行方式。

2）线路开关的相互代送或经侧路代送。

3）单一电源变电站全停电。

4）变压器由运行转检修或转备用，以及由备用转运行。

（8）系统操作票应按操作先后顺序，按项依次填写，不得漏项、并项和后加项，填写要明确，分项操作中不允许使用“停电”或“送电”等笼统说法代替开关和隔离开关的拉合操作。操作任务栏内要填写操作设备的电压等级。

（9）逐项操作命令（逐项令）：一个操作任务同时涉及两个及以上运行单位的操作，调度应逐项下达操作命令，受令单位按操作命令的顺序逐项执行，为简化操作命令，在逐项命令中可以包含综合操作命令。

（10）综合操作票的填写内容：需填写操作任务、操作时间、注意事项及相关备注。操作任务应简单、明确，写明操作目的和要求。凡属操作的内容均应填入任务栏内。

（11）综合操作命令（综合令）：一个操作任务只涉及一个运行单位的操作，如变电站倒母线等。

（12）操作票由值班调控员填写，应根据检修票、系统运行方式变更单及新设备投运方案的要求，对照现场、对照系统、对照典型操作票填写操作票，填写完确认无误后在编制人处签字盖章。

（13）操作票由值班调度长负责审核并签字，只有经过编制、审核人签字的操作票方可下达到操作单位。

（14）操作票的检查项或联系项目，在操作票中均应单独列项。

（15）前班编制的操作票，执行班的值班调控长应重新审核签字后才能批准执行，如认为有问题应重新填写操作票，对已下达的操作预令应办理作废并重新下达操作预令。对前班编制的操作票的正确性，执行班负主要责任。

（16）系统操作票和综合操作票均按统一规定格式进行填写，统一编号。

（17）操作票不准涂改或损毁，如有错字需要修改时，必须将错字划两道横线，在错字上方填上正确文字并盖章，不允许用刀刮以保证准确清晰。合格的操作票每页修改错字、漏字不得超过 3 个字。

（18）对填写错误无法执行的操作票或因故不能操作的操作票，在操作票规定位置盖“作废”章。

（19）执行完的操作票，由值班调度长对操作票进行详细检查，确认无误后，在操作票规定位置盖“已执行”印章，操作票才算执行完毕。执行完了的操作票要求保存一年。

（20）下列操作不填写操作票，但必须做好记录以备查。

1）拉合开关的单一操作。

2）拆除全（厂）站仅有的一组接地线。

3）抢救人身伤亡或设备损坏的操作。

4）事故处理的操作，但恢复送电时须履行操作票制作的规定。

第二节　系统并、解列操作

培训目标

掌握电网同期并解列条件、并解列注意事项。

（1）电网同期并列条件：

1）相位、相序一致。

2）频率相等。

3）电压相等。

（2）相序、相位。设备由于检修（如导线拆接引）或新设备投运有可能引起相位紊乱，对单电源供电的负荷线路以及对两侧有电源的唯一联络线，在受电后或并列前，应试验相序；环状系统在并列前应试验相位。

（3）频率。同期并列必须频率相同，无法调整时可以不超过±0.5Hz。如某系统电源不足，必要时允许降低较高系统的周波进行同期并列，但正常系统的周波不得低于49.5Hz。

（4）电压。系统间并列无论是同期还是环状并列，应使电压差（绝对值）调至最小，最大允许电压差为20%，特殊情况下，环状并列最大电压差不得超过30%，或经过计算确定允许值。

（5）电气角度引起的电压差。系统环状并列时，应注意并列处两侧电压向量间的角度差，环路内变压器接线角度差必须为零。潮流分布造成的功率角，其允许数值根据环内设备容量、继电保护等限制情况而定。

（6）环状并列点处如有同期装置，应在环状并列前用同期装置检验同期，以增加操作的正确性。

（7）系统间的解列操作，需将解列点处有功调整为零、无功近于零；如难于调整时，一般可以设法调整至使小容量系统向大容量系统送少量有功功率时再断开解列开关，避免解列后频率、电压显著波动。

（8）环状回路并列或解列时，必须考虑环内潮流的变化及对继电保护、系统稳定、设备过载等方面的影响。

（9）用隔离开关解并环网时，只有经过计算及有长期运行经验方可进行，但第一次操作时需制定方案，经公司总工程师批准。

第三节 线路停送电操作

培训目标

掌握线路停送电操作原则、注意事项及重合闸投切规定。

（1）线路停电时，应依次断开开关、线路侧隔离开关、母线侧隔离开关、线路上电压互感器隔离开关后，再在线路上验电装设地线。

（2）线路送电时，应先拆除线路地线，再依次合上线路上电压互感器隔离开关，母线侧隔离开关、线路侧隔离开关、开关。

（3）线路停、送电操作原则：

1）单一线路停电，受电端先减负荷后，再由送电端将线路停电。

2）一般双电源线路停电时，应先在大电源侧解列，然后在小电源侧停电，送电时应先由小电源侧充电，大电源则并列，以减小电压差和万一故障时对系统的影响。

3）双回并列送电线路，一回线停电时有分歧负荷先倒出，然后由受电端解列，送电端将线路停电；送电时由送电端送电，受电端并列。

4）线路负荷侧无开关的线路，在停电前先将负荷倒出，线路电源侧停电，负荷侧拉隔离开关。送电时，对检修后的线路尽可能利用开关试送电，对线路进行充电一次，良好后，再用隔离开关给线路充电，就是负荷侧合上隔离开关，再由电源侧送电（带变压器一起充电）。如线路无检修可由电源侧直接送电（带变压器一起充电）。

5）双回线并列或解列送电的线路同时停电，受电端先减负荷送电端将线路停电。

6）环状线路停送电操作时必须考虑两系统潮流分布变化、继电保护及自动装置配合、消弧线圈补偿合适。

7）地方电厂及厂矿自备电厂与系统间联络线停、送电由地方电厂及厂矿自备电厂侧并、解列，系统侧停、送电。

（4）线路停送电操作前后，当开关断开或合上后，应及时检查三相电流、有功及无功功率的指示情况，以验证开关状态及操作的正确性。

（5）大修后或新投入的线路，要做三次全电压合闸冲击，冲击时重合闸停用，使用速断保护，对于环状系统，在并列前要测定相位；对于单电源线路，送电前要测定相序，继电保护应完好，并投入运行。

（6）有通信设施的线路因故停运或检修时，应及时通知通信部门，以便采取措施保证通信畅通。

（7）线路重合闸投停或检定方式的改变应按调度指令执行。

（8）向线路充电前，现场自行将充电开关的重合闸停用，开关合上后重合闸恢复开关停电前的方式（如果调度有要求按调度指令执行）。

1）对于负荷线路应在带负荷前投入重合闸。

2）对于双回线或电源联络线应在并列后投入重合闸。

3）对于环形线路应在环并后投入相应的重合闸。

（9）符合下列情况之一的线路，重合闸应停用：

1）空充电线路。

2）试运行线路。

3）纯电缆线路。

4）有带电作业的线路。

5）有严重缺陷的线路。

6）开关遮断容量不够或开关达到小修次数的线路。

7）变压器本身保护因故全脱离而由上一级线路保护作变压器后备保护时。

第四节 变压器操作

培训目标

掌握变压器并列条件、注意事项及变压器停送电操作规定。

（1）变压器并列条件：

1）相位相同，接线组别相同。

2）电压比相等（允许差值不超过5%）。

3）短路阻抗相等或相近，允许差值不超过10%。

如电压比和短路阻抗不符合上述条件时，应经必要的计算和试验，以保证并列后，任一台变压器均不过载。

（2）在中性点直接接地系统中，为防止高压开关三相不同期时可能引起过电压，变压器停、送电操作前，应将中性点直接接地后，才能进行操作，包括处于热备用状态的变压器。

（3）并列运行中的变压器，其直接接地中性点由一台变压器改到另一台变压器时，应先合上原不接地变压器的中性点隔离开关后，再拉开原直接接地的变压器的中性点隔离开关。

（4）变压器投运时，先由电源侧充电，负荷侧并列；停电时先由负荷侧解列，电源侧停电。如变压器高低压侧均有电源时，一般情况下，送电时应先由高压侧充电，低压侧并列；停电时先在低压侧解列，再由高压侧停电。

（5）变压器停、送电操作时，应使用开关，无开关时可用隔离开关投切 66kV 及以下且空载电流不超过 2A 的空载变压器。

（6）有载调压变压器并列运行时，其调压操作应轮流逐级或同步进行。

（7）变压器差动保护二次电流回路有变更（有过工作或二次线拆装过）及新投入的变压器充电时，应投入差动保护；变压器充电成功带负荷前，应将差动保护停用，带负荷测试合格后再投入运行。

（8）新投运变压器应全电压冲击合闸 5 次，更换绕组的变压器应全电压冲击合闸 3 次。

（9）新变压器应装有完整的继电保护，并投入运行位置。

（10）新投变压器或检修后可能影响相序正确性的变压器在投运时应进行核相，单独带负荷前应测相序。

（11）有条件时，新变压器投运后要连续空载运行 24h，无问题后再带负荷。

（12）带有消弧线圈的变压器停电时，必须考虑消弧线圈补偿度的调整。若一台消弧线圈可接入两台变压器中性点，不准同时接入两台主变压器运行，其切换操作时不准以并列方式进行，必须停电切换。

（13）变压器更改分接头开关位置时，应事先校核差动保护定值是否合适。并应测量分接开关接触电阻，在允许范围内方可投入。对有载调压变压器应事先计算差动保护允许调压分接头的调整位置。

（14）单电源二次变电站与电源线路同时停送电时，应由送端变电站一并停送电。若只主变压器以下全停电时，先停负荷侧，后停电源侧；送电时，则相反。

（15）对长线路末端的变压器充电，要考虑空载线路电压升高危及变压器绝缘，故规定充电电压不准超过变压器分接头电压的 10%，如有可能超过时应采取适当的降压措施后再充电。

（16）变压器的运行电压一般不应高于该运行分接头额定电压的 105%。

（17）带负荷调压，变压器分接头开关允许操作次数按制造厂规定执行。

第五节 母线倒闸操作

培训目标

掌握母线停送电操作注意事项、母线充电规定及考虑事项。

（1）母线为发电厂、变电站的中枢是各电气元件的汇集点，进行母线倒闸操作时应注意下列问题：

1）倒闸操作前应先将母联开关保护停用，断开母联开关的操作电源后；方可进行母线间倒负荷操作。

2）保护、仪表及计量使用的互感器进行相应切换。

3）每组母线上的电源与负荷分配是否合理。

（2）用断口具有均压电容器的开关对带有感性 TV 的空母线进行操作，在向空母线充电时，为避免谐振过电压（少油开关触头间的并联电容和 TV 的感抗形成串联铁磁谐振），充电操作前必须先将母线电压互感器隔离开关拉开，待母线充电良好后，再合上电压互感器隔离开关。空母线停电时，应先拉开电压互感器隔离开关，再拉开给母线充电的开关。

（3）母线停、送电操作，为了防止铁磁谐振，应尽量保持该母线上有一回及以上线路连接，如没有线路时，可在母线 TV 开口三角侧接入适当电阻（有消谐装置的除外）。

（4）母线充电时，如母联开关具有快速保护时，应用母联开关充电，充电前投入母联快速保护。此时当母线有母差保护时，规定如下：

1）对于单母线形式母差或单母分段形式母差保护，仍正常投入。

2）对于其他形式的母差保护，仅投跳母联开关。

（5）双母线不具备分列运行条件，若母联开关停电时间较短时，可将某元件的另一母线隔离开关合上，将双母线变成一条母线运行，若母联开关停电时间较长，应倒成一条母线运行。

（6）双母线一组母线电压互感器停电，母线接线方式不变（电压回路不能切换者除外）。

（7）变电站切换母线的操作，必须得到值班调度员的同意后方可进行。恢复向母线充电时要防止铁磁谐振或母线对地三相电容不平衡产生过电压。

（8）值班调控员在允许变电站双母线分列运行前必须充分考虑以下各项：

1）母线分列后两侧均有电源。

2）分列后两条母线系统消弧线圈补偿合适。

3）双母线分列后负荷分配均接近平衡。

4）继电保护、自动装置配合协调。

第六节　隔离开关操作

培训目标

掌握隔离开关操作规定、注意事项及操作处理工作。

（1）正常运行时，允许用隔离开关进行的操作：

1）拉、合空载母线。

2）拉、合电压互感器和避雷器。

3）拉、合变压器中性点隔离开关。

4）拉、合系统无接地时的消弧线圈。

5）拉、合同一串联回路开关在开闸位置的隔离开关。

6）拉、合与开关并联（开关在合位时）的旁路隔离开关，能断合开关的旁路电流。

7）用三相联动隔离开关可以断合励磁电流不超过 2A 的无负荷变压器和电容电流不超过

5A 的无负荷线路。

8）根据现场计算试验或系统运行经验，经局总工程师批准后可超过上述规定。

（2）在倒母线操作中，拉、合母线侧隔离开关时应断开母联开关操作电源。

（3）用隔离开关拉合电源时，应充分注意防止电弧造成相间及接地事故，因此，对无明确规定的一些隔离开关的操作应通过计算或试验，校核电弧可能伸展长度，并经公司总工程师批准后方可进行。

（4）中性点绝缘或中性点经消弧线圈接地系统，不允许用隔离开关寻找接地故障。

（5）操作中发生带负荷拉、合隔离开关时，应作如下处理：

1）带负荷拉、合隔离开关时，即使发现合错，也不准将隔离开关再拉开。因为带负荷拉隔离开关，将造成三相弧光短路事故。

2）带负荷错拉隔离开关时，在动触头刚离开静触头时，会产生电弧，这时应立即合上，可以消灭电弧，避免事故发生。但如隔离开关已经全部拉开，则不许将误拉的隔离开关再合上。

第七节 消弧线圈操作

培训目标

掌握消弧线圈补偿原则、操作原则、注意事项及整定计算原则。

（1）消弧线圈的操作及分接头位置的改变应按调度命令执行。

（2）值班调控员应根据系统运行方式的改变，按照补偿度的整定原则及时进行消弧线圈分接头位置的调整。

（3）按下述原则，确定何时调整消弧线圈为宜。

1）欠补偿系统，线路停电前、送电后调整消弧线圈分接头位置。

2）过补偿系统，线路停电后、送电前调整消弧线圈分接头位置。

3）一经操作（不论停、送、并、解）即变成共振补偿时，必须在操作前调整消弧线圈分接头位置。

4）在进行系统复杂操作过程中，允许短时间不调整补偿度，待操作结束后进行调整，但需注意防止谐振现象的产生。

（4）改变消弧线圈分接头的操作，必须将消弧线圈脱离系统后进行。切投消弧线圈时，必须在判明系统内无接地故障时进行。

（5）带有消弧线圈的变压器停电时，必须考虑消弧线圈补偿度的调整。

（6）禁止将一台消弧线圈同时连接在两台运行变压器的中性点上。当需要将消弧线圈从一台变压器中性点上切换到另一台变压器中性点上时，应首先把消弧线圈断开，然后再投入到另一台变压器中性点上。

（7）当一个系统只有一台消弧线圈时，需要调整消弧线圈分接头，有条件的可先将该系统与同一电压等级带有消弧线圈的其他系统并列，然后进行调整。如必须将唯一的一台消弧线圈脱离系统，使系统变为中性点绝缘运行时，应事先确认不能发生铁磁谐振或采取必要措施后方可进行操作。

（8）系统有两台及以上消弧线圈并列运行时，当需要调整消弧线圈分接头位置时，应逐一进行调整，避免系统出现无消弧线圈的运行方式。

（9）两系统均有消弧线圈并采用同一补偿方式时，合环操作可不停消弧线圈。

（10）消弧线圈的检修（包括影响消弧线圈运行的附属设备），必须安排在雷雨季节前进行，以保证雷雨季节消弧线圈不脱离系统。

（11）凡装有消弧线圈的发电厂、变电站，在消弧线圈动作后，应立即汇报调度，同时详细记录动作时间、动作时分接头位置、动作时消弧线圈电流值、中性点电压数值及消弧线圈温度、温升等。

（12）消弧线圈接地系统补偿度的整定原则：

1）当系统发生接地故障时，流过故障点的残流最小，以利于消弧，为系统带接地点运行创造条件。

2）消弧线圈正常尽量采用过补偿方式运行，只有在消弧线圈容量不足时，考虑采用欠补偿方式运行，如必须欠补偿方式运行时，应考虑最长一回线路跳闸后不致产生谐振。

3）正常 66kV 系统采用过补偿方式，补偿度取 5%～30%；尽可能接近 5%。

4）由于运行方式变更而不能过补偿运行时，可采用欠补偿方式运行，补偿度取 5%～30%，尽可能接近 5%。

5）数台消弧线圈并联运行，当系统分离后，应满足各单独系统有合理的补偿度。

6）正常或事故时，系统中性点位移电压允许的极限值，长时间运行不超过 15%相电压；操作过程中 1h 内不超过 30%相电压；接地时允许不超过 100%相电压。

7）系统三相对地电压不平衡时，可通过调整补偿度来改善。

8）消弧线圈的补偿度ρ计算公式为

$$\rho(\%)=\frac{\sum I_{\mathrm{L}}-\sum I_{\mathrm{C}}}{\sum I_{\mathrm{C}}}\times 100\%$$

式中 $\sum I_{\mathrm{L}}$ ——各消弧线圈工作补偿电流之和，A；

$\sum I_{\mathrm{C}}$ ——全网电容电流，A。

（13）线路电容电流的估算：

1）单回线电容电流的计算公式（经验公式）为

$$I_{\mathrm{C}}=(2.7\sim3.3)U\times L\times 10^{-3}\mathrm{A}$$

式中 I_{C}——线路的电容电流，A；

U——线路的线电压，kV；

L——线路的长度，km；

2.7——无架空地线时系数；

3.3——有架空地线时系数。

2）66kV 同杆塔双回线电容电流为单回线的 1.3～1.6 倍。

（14）在系统消弧线圈容量充裕时，尽量不安排消弧线圈最高分接头运行。

（15）数台消弧线圈并联运行，应考虑在系统联络线、66kV 母联或带消弧线圈的变压器跳闸时，系统不能发生谐振补偿。在改变运行方式时，尽可能只改变一台消弧线圈的分接头。系统分成几个独立的单元时，须相应地改变各独立单元系统的补偿度。

（16）系统自动跟踪消弧线圈与人工调解消弧线圈（经阻尼电阻接地）并列运行时，可将人工调解消弧线圈整定在欠补偿状态，余下的部分由自动跟踪消弧线圈补偿，并使其分接头自动调解在接近中间位置，在巡视时发现自动跟踪消弧线圈的挡位已经自动调整到最高挡位时要及时向调度汇报。

（17）系统中有两台自动跟踪消弧线圈并列运行时，应将其中的一台消弧线圈放手动位置。

（18）有两台及以上经阻尼电阻接地的消弧线圈并列运行时，其补偿度的整定应接近补偿度范围的下限。

（19）对于自动跟踪消弧线圈与老式消弧线圈（无阻尼电阻）并列运行时，应将自动跟踪消弧线圈改手动位置，人工进行调整补偿度。

（20）系统发生接地时，装有消弧线圈（包括装有接地监视装置）的变电站运行人员，要不间断监视三相对地的变化和消弧线圈运行状况（对无人值班变电站，要派专人到现场进行监视），当消弧线圈达到允许温升或允许接地时间立即汇报调度，值班调控员应下令停止接地线路运行或改变运行方式。

（21）系统有接地或谐振时不准操作消弧线圈。改变运行方式时间较短或线路限电时可不调整补偿度，但欠补偿运行时尚需考虑补偿度的调整。

（22）发生单相永久性接地故障时，消弧线圈上层油温及允许连续运行的时间按厂家规定执行，如厂家无规定，允许温升为55℃。

（23）只有一台消弧线圈的系统，允许带接地点运行时间由消弧线圈的温升确定；有几台消弧线圈的系统，个别消弧线圈达到温升的规定，且继续升高时，可以切除该消弧线圈。

（24）事故处理和30min内能恢复的操作，允许不调整消弧线圈分接头，但应注意不能出现系统谐振。

（25）在系统调谐时，如遇中性点位移和补偿度不能双重满足时：

1）在冬季以满足位移电压不超过规定为原则。

2）在其他季节以满足补偿度不超过规定为原则。

第八节 继电保护及安全自动装置操作

培训目标

掌握常用继电保护及安全自动装置运行管理、注意事项及操作原则。

继电保护及安全自动装置是电网安全运行的保障，也是电网安全稳定“三道防线”中的第一道防线，因此，确保继电保护定值的正确性及保护装置的可靠性是电网安全的重要任务。作为一名电网调度员（用户运行值班人员）在本电网运行操作管理中无疑要求对本电网内继电保护装置的运行情况相当了解，除了要熟知本电网继电保护装置的配备及运行情况外，还要会看懂本电网继电保护定值通知书，了解现场设备保护连接片执行情况，并且在电网事故开关跳闸时还要学会进行基本的保护动作行为的分析与动作正确性的判断等。

一、继电保护及安全自动装置的运行管理及操作

（1）继电保护及安全自动装置的投退及定值更改应按调度指令执行。值班调度员应根据相关专业管理部门的要求启用或停用有关继电保护装置、更改有关定值。

（2）带电运行的设备必须有可靠的继电保护装置，不允许在无保护状态下运行。

（3）继电保护装置的启、停用及其跳（合）的开关、整定值必须以继电保护定值通知书或运行说明为依据，由值班调度员下达执行。保护动作跳（合）的开关不属于同一调控机构调度管辖时，应分别通知相关调控机构。

（4）继电保护及安全自动装置在运行中发现异常情况，监控值班人员或运维人员应及时向值班调度员汇报并做好记录；当危及继电保护、安全自动装置及一次设备安全运行时，应将其停用，并立即向值班调度员和有关专业管理部门汇报。

（5）继电保护及安全自动装置动作跳闸后，监控值班人员或运维人员应及时向值班调度员汇报动作情况，并做好动作情况记录。当微机保护和微机故障录波装置动作后，应及时打印保护动作报告及故障录波报告。

（6）变压器中性点接地方式由相应调控机构确定。

（7）运行操作管理。

1）继电保护及安全自动装置应按直调范围由相应调控机构下令投退，现场运行维护人员负责执行操作，未经调度许可不得自行投退或在装置上进行工作。

2）故障录波器、故障信息子站所属通道的工作，必须经继电保护部门同意。工作结束后，应将该通道恢复正常。

3）当继电保护装置操作需不同调度范围继电保护装置配合时，应预先制定配合操作流程，由相关调控机构配合进行。

4）继电保护或安全自动装置动作时，现场运行维护人员应立即向该设备直调调控机构调度员汇报，运行维护单位应及时收集装置动作信息，并对装置动作情况进行检查、分析，查明保护动作原因，并按规定向所属调控机构提交动作分析报告。必要时，由所属调控机构组织进行调查、分析和检验工作。

5）继电保护装置更新改造、软件版本升级等工作按调度范围开展。

二、继电保护及安全自动装置操作的注意事项及操作原则

（1）下列情况下应停用整套微机保护装置：

1）在微机保护装置使用的交流电压、交流电流、开关量输入、开关量输出回路工作。

2）在装置内部工作。

3）继电保护人员输入定值。

4）装置异常。

（2）新投产保护装置或保护电流、电压回路有变动时，必须要带负荷测试。

（3）当双母线接线的两组 TV 只有一组运行时，应将两组母线硬联运行（可采用将母联断路器作为死开关或用隔离开关硬联两组母线）或者将所有运行元件倒至运行 TV 所在的母线。

（4）当系统一次运行方式的调整需更改运行保护装置定值时，值班调度员应根据设备在操作过程中保护是否有灵敏度来确定在方式调整前还是调整后更改保护定值。更改保护定值时，按下列原则执行：

1）电流定值：由大改小，应在运行方式改变后进行，并先调整时限较小的保护，如由小改大则反之。

2）时限定值：由小改大，应在运行方式改变前进行，并先调整时限较大的保护，如由大改小则反之。

3）电压定值：由小改大，应在运行方式改变后进行，并先调整时限较小的保护，如由大改小则反之。

4）阻抗定值：由小改大，应存运行方式改变后进行，并先调整时限较小的保护，如由大改小则反之。

（5）在改变系统运行方式或事故处理时，必须按相关规定相应变更保护定值或安全自动装置使用方式。

（6）在改变系统一次设备运行状态时，应充分考虑继电保护及安全自动装置的配合，防止不正确动作。

（7）稳控装置动作后，各厂站运行值班人员应及时向值班调度员汇报，厂站运行值班人员应根据值班调度员命令处理，不得自行恢复跳闸开关。

（8）继电保护及安全自动装置调整的危险点及其预控措施。

1）继电保护及安全自动装置调整的危险点主要有：

a．继电保护及安全自动装置定值与定值单等不符。

b．继电保护及安全自动装置调整与运行方式的改变不配合。

出现以上情况都会造成继电保护及安全自动装置调整的误动作。

2）防范措施：

a．一次系统运行方式发生变化时，及时对继电保护和安全自动装置进行调整。

b．操作前认真核对设备状态包括继电保护和安全自动装置。

c．操作前应使用相关工具进行计算或校核。

d．按规定填写调度指令票。

e．操作中严格执行监护、录音、复诵和记录制度，不得跳项、漏项等。

第九节　电网新设备启动操作

培训目标

掌握新设备的启动要求、条件及操作原则，并能根据新设备启动方案进行新设备的启动操作。

一、新设备启动要求

（1）在工程启动前1个月，新设备运行维护单位应提供正式的工程启动调试方案，调度部门根据工程启动调试方案编制调度实施方案，拟定启动操作任务票。

（2）新设备启动应严格按照批准的调度实施方案执行，调度实施方案的内容包括启动范围、调试项目、启动条件、预定启动时间、启动步骤、继电保护要求、调试系统示意图。

（3）在编制新设备启动调度实施方案时，如遇特殊情况限制，无法按启动原则执行时，应报请主管部门领导批准后，作为特例处理。

（4）新设备启动过程中，如需对调度实施方案进行变动，必须经编制该调度实施方案的调度机构同意，现场和其他部门不得擅自变更。

（5）新设备启动过程中，调试系统保护应有足够的灵敏度，允许失去选择性，严禁无保护运行。

（6）新设备启动过程中，相关母差 TA 及母差方式应根据系统运行方式做相应调整。母差TA短接退出或恢复接入母差回路，应在断路器冷备用或母差保护停用状态下进行。

（7）运行维护单位向值班调度员汇报新设备具备启动条件后，该新设备即视为投运设备，未经值班调度员下达指令（或许可），不得进行任何操作和工作。若因特殊情况需要操作或工作时，经启动委员会同意后，由原运行维护单位向值班调度员汇报撤销具备启动条件，在工作结束以后重新汇报新设备具备启动条件。

（8）新设备启动过程中，客观上存在一定风险，有关发、供电单位及各级调度部门必须做好事故预想。

二、新设备启动条件

（1）投产试运行设备全部验收合格，具备投产试运行条件。

（2）投产试运行的开关、隔离开关均在断开位置，与非启动设备之间有明显断开点。

（3）建设单位在投产前实测有关线路的参数，并将实测结果和竣工后的实际线路长度、相间距离、排列方式、换位情况、对地高度等有关资料报送相关部门和调度运行方式。

（4）启动设备已命名和编号，现场实际设备已做好明显标志。

（5）新设备启动必须有启动批准书。

三、新设备启动注意事项

（1）新安装或大修后的设备，必须进行带电冲击试验，主要是检验绝缘水平是否满足运行要求。

（2）线路的冲击试验主要是利用空载情况下，拉、合线路产生较高的过电压，来检验线路的绝缘水平。

（3）充电开关必须有完善的保护，严禁使用隔离开关充电。

（4）新设备充电尽量由远离电源一侧的开关进行。有条件可采用两台开关串联方式进行充电，防止事故时，可限制事故扩大。

（5）新设备充电一般采用分段、逐步进行，以便在发生事故时可以快速查找处理。

（6）新变压器充电，一般从高压侧充电5次，大修后的变压器充电3次，充电时将所有保护投入，差动、零序保护即使不能保证其极性正确，也应投入，重瓦斯投跳闸。

（7）新线路、电容器、母线充电3次。

（8）新设备充电带时限保护，时间应调整到最小值，功率方向元件短路退出，防止极性接反拒动。

（9）充电开关重合闸必须停用。

四、新设备启动的主要操作原则

（一）断路器启动原则

断路器启动分为断路器本体一次启动，断路器一、二次均需启动。

（1）有条件时应采用发电机零启升压。

（2）无零启升压条件时，用外来电源（无条件时可用本侧电源）对断路器冲击一次，冲击侧应有可靠的一级保护，新断路器非冲击侧与系统应有明显断开点，母差TA或母差保护应做相应调整。新设备充电的具体方式参见图7-1～图7-4。

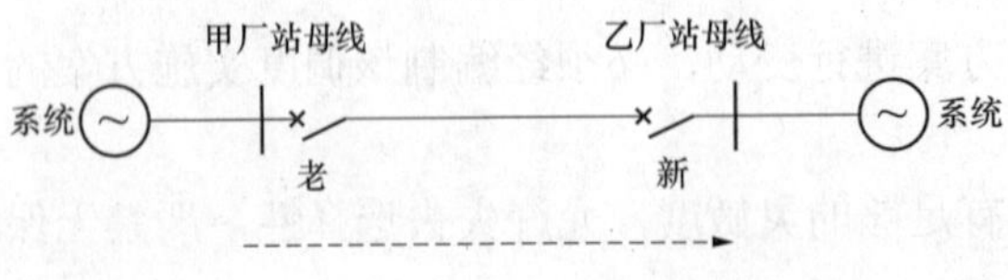

图7-1 用外来电源冲击新断路器

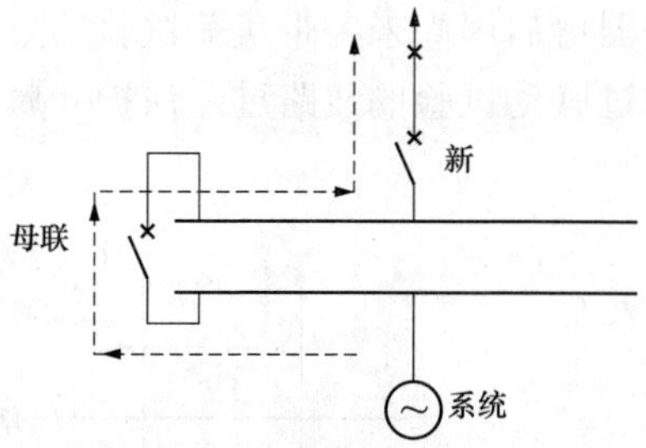

图 7-2　用本侧母联断路器冲击新断路器

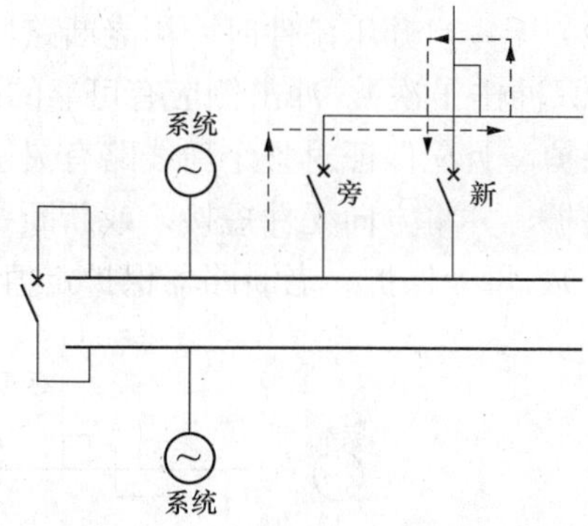

图 7-3　用本侧旁路断路器冲击新断路器
（对侧断路器拉开）

（3）必要时对断路器相关保护及母差保护做带负荷试验。

（4）新线路断路器需先行启动时，可将该断路器的出线搭头拆开，使该断路器作为母联或受电断路器，做保护带负荷试验。保护带负荷试验的具体方式见图 7-5、图 7-6。

（二）线路启动原则

线路启动分为两侧间隔均采用原有保护，两侧间隔至少有一侧为新保护。

（1）有条件时应采用发电机零启升压，正常后用老断路器对新线路冲击 3 次（利用操作过电压来考验线路的绝缘水平、考验对线路与线路之间电动力的承受能力、考验断路器操作与线路末端过电压水平），冲击侧应有可靠的一级保护。带负荷试验的具体方式见表 7-7、表 7-8。

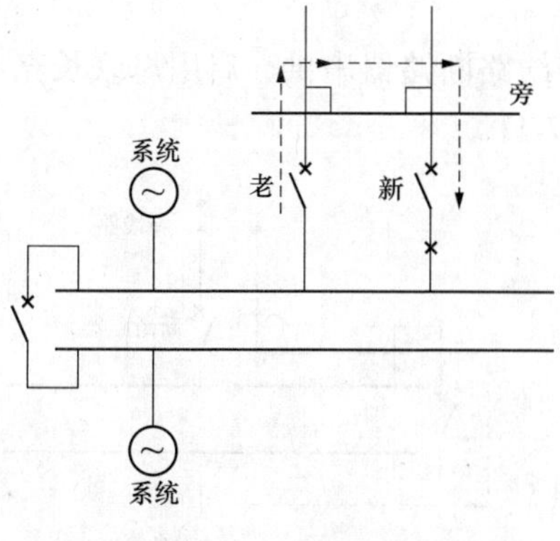

图 7-4　用本侧出线断路器冲击新断路器
（两条出线对侧断路器均拉开）

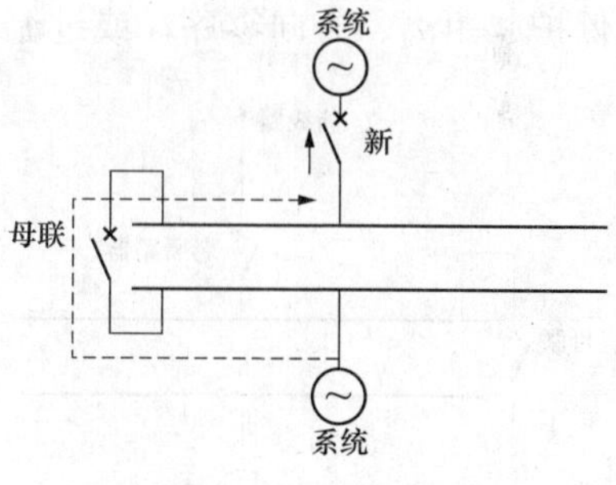

图 7-5　新断路器与母联串供带负荷试验

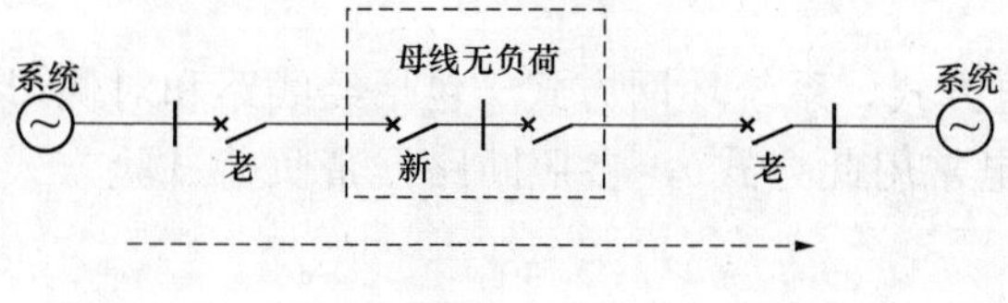

图 7-6　利用系统环路中的环流做新断路器带负荷试验（新断路器母线无其他负荷）

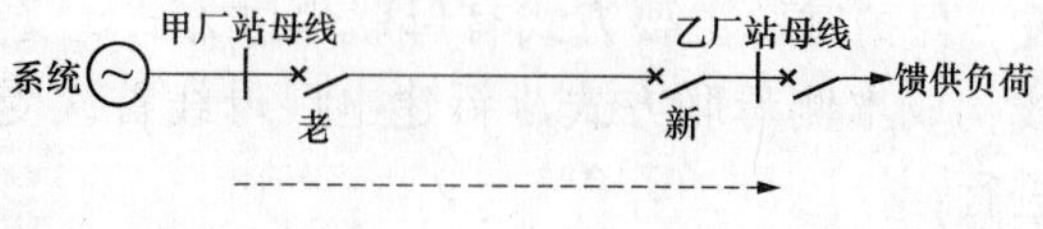

图 7-7　新断路器作为受电侧断路器做带负荷试验

（2）无零启升压条件时，用老断路器对新线路冲击 3 次（老线路改造其长度小于原线路 50%可只冲击 1 次），冲击侧应有可靠的两级保护，见图 7-9、图 7-10。冲击时老断路器启用原有保护，且应保证对整个新线路有灵敏度，新断路器可启用尚未经带负荷试验的方向零序电流保护，并将方向元件短接，或新断路器启用已做过联动试验的线路过流保护（属一级可靠保护）。母差保护、老断路器保护定值按继保规定调整。

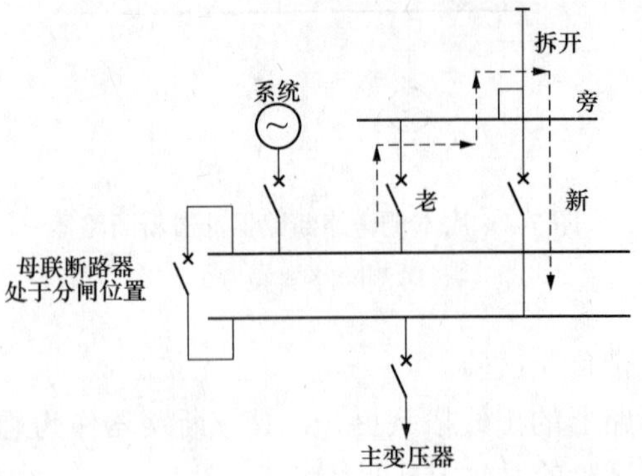

图 7-8　新断路器与旁路断路器（或出线断路器）构成母联做带负荷试验

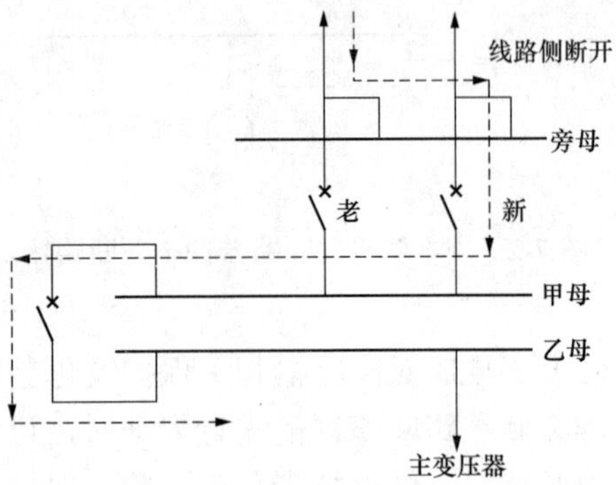

图 7-9　新断路器作为旁路断路器做带负荷试验（与母联断路器串供）

（3）冲击正常后，线路必须做核相试验，核相时，考虑断路器并联电容和防止偷合的原因应将母联转为冷备用。如新线路两侧线路保护和母差保护回路有变动，则相关保护及母差保护均需做带负荷试验。

冲击主要方式有零启升压、冲击侧母联断路器与线路断路器串供、启用母联长充电保护和线路保护（距离、方向零序，或过流保护），见图 7-11。

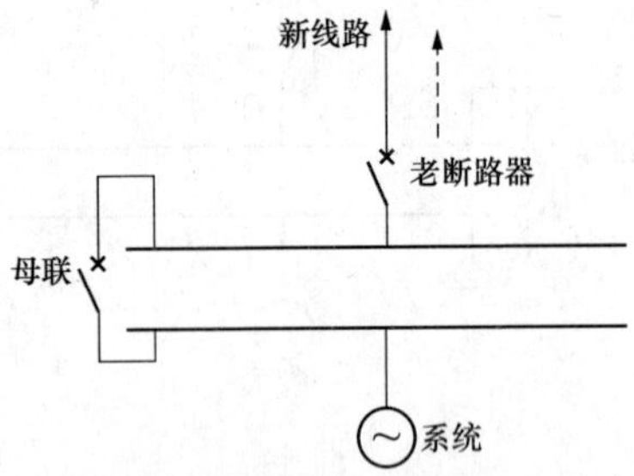

图 7-10　用北侧老断路器冲击新线路（老断路器启用原保护定值满足全线路要求）

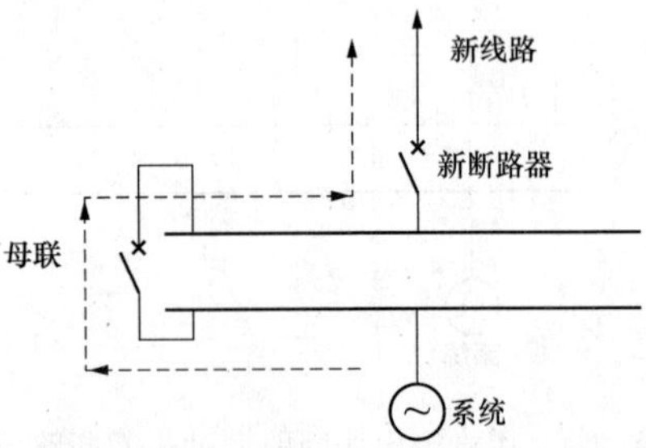

图 7-11　用母联断路器与线路断路器串供冲击新线路（启用母联长充电保护及线路保护）

保护试验主要方式有母联串供方式、受电方式、系统环网方式（包括经线路和对侧母线构成本侧母联方式，新建电厂母线首次受电常用此方式），参照断路器带负荷试验方式进行。

（三）母线启动原则

（1）有条件时应采用发电机零启升压，正常后用外来或本侧电源对新母线冲击一次，冲击侧应有可靠的一级保护。

（2）无零启升压条件时，用外来电源（无条件时可用本侧电源）对母线冲击一次，冲击侧应有可靠的一级保护。

（3）冲击正常后，新母线电压互感器二次必须做核相试验，母差保护需做带负荷试验。

（4）母线扩建延长（不涉及其他设备），宜采用母联断路器充电保护对新母线进行冲击。

（四）变压器启动原则

新变压器是指新建、扩建变压器及其所属一、二次设备。

（1）有条件时应采用发电机零启升压，正常后用高压侧电源对新变压器冲击 5 次，冲击侧应有可靠的一级保护。

（2）无零启升压条件时，用中压侧（指三绕组变压器）或低压侧（指两绕组变压器）电源对新变压器冲击 4 次，冲击侧应有可靠的两级保护，见图 7-12。冲击正常后用高压侧电源对新变压器冲击 1 次，冲击侧应有可靠的一级保护。

（3）因条件限制，必须用高压侧电源对新变压器直接冲击 5 次时，冲击侧电源宜选用外来电源，采用两只断路器串供，冲击侧应有可靠的两级保护。

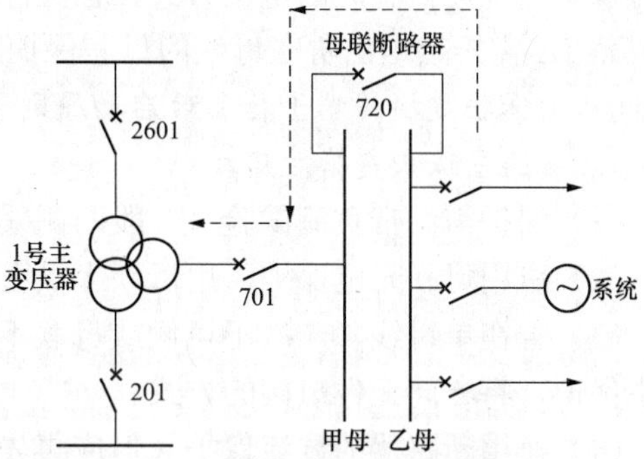

图 7-12　用中压侧电源冲击新变压器

（母联长充电保护时间按照躲过励磁涌流时间来考虑）

（4）冲击过程中，新变压器各侧中性点均应直接接地，所有保护均启用，方向元件短接退出。新主变压器所在母线上母差保护按继保规定调整。冲击侧线路高频保护停用（励磁涌流影响的原因）。

（5）冲击新变压器时，保护定值应考虑变压器励磁涌流的影响［一般用时间躲开（≤0.3s），0.3s 后励磁涌流衰减至 2～3 倍的峰值电流（极端情况下最大励磁涌流为 5～6 倍主变压器额定电流，0.3s 后为 2～3 倍主变压器额定电流）］，并有足够的灵敏度。

（6）冲击正常后，新变压器中低压侧必须核相，变压器保护（差动及后备保护）、母差保护需做带负荷试验。

（7）用母联断路器实现串供方式对主变压器充电时，应避免直接用母联断路器对其充电（除了旁兼母已改代出线方式），如必须用母联断路器对新主变压器直接充电，此时应将母线差动保护投信号或停用，启用母联断路器电流保护。

（五）电流互感器启动原则

（1）优先考虑用外来电源对新电流互感器冲击 1 次，冲击侧应有可靠的一级保护，新电流互感器非冲击侧与系统应有明显断开点，母差 TA 必须短接退出。

（2）若用本侧母联断路器对新电流互感器冲击 1 次时，应启用母联充电保护。

（3）冲击正常后，相关保护需做带负荷试验。

注意事项：新 TA 母差 TA 必须短接，且应注意母差保护方式。

（六）电压互感器启动原则

（1）优先考虑用外来电源对新电压互感器冲击 1 次，冲击侧应有可靠的一级保护。

（2）若用本侧母联断路器对新电压互感器冲击 1 次时，应启用母联充电保护。

（3）冲击正常后，新电压互感器二次侧必须核相。

（七）机组并网启动原则

（1）新机组并网前，设备运行维护单位负责做好新机组的各种试验并满足并网运行条件。

（2）新机组同期并网后，发电机-变压器组有关保护和母差保护需做带负荷试验。

（3）新机组的升压变压器需冲击时，在满足条件（1）后，按新变压器启动原则执行。如需提前直接冲击时，按特殊情况处理。

注意事项：发电机短路试验、空载试验、假同期试验由电厂负责，电网部门（调度部门）配合调整做上述试验时的电网方式，但应注意及时调整电厂母差方式，以及新机组主变压器的母差 TA 需短接退出所在母线的母差保护回路。

（八）保护更换（端子箱）后启动原则

1. 线路主保护更换后启动

（1）保护需做带负荷试验，一般两侧采取用母联串供新保护断路器的方法来做。

（2）启用母联充电保护，用母联串供主变压器来做，适用于没有条件构成环路的情况。

（3）若在单母线、一次不可倒或母联不允许合环的情况下，可以采取启用做过联动试验的主保护，将方向元件短接的方式。

（4）兼用断路器的过流保护（但应事先确认该保护确实存在，且启用时不影响其他线路保护带负荷试验）。

2. 母差保护更换后启动

母差保护更换后启动一般程序是：

（1）先做正常方式下的母差保护试验。

（2）试验正确后，用旁路断路器代某一断路器（必须与旁路断路器运行在同一母线，被代断路器改为热备用），再做母差保护试验。

（3）试验正确后根据实际情况需要，做母差保护切换试验（计算机母差一般不需一次配合倒排，仅在 TA 二次做切换试验）。

3. 主变压器保护更换后启动

（1）有旁路断路器的母线接线：

1）用母联断路器、旁路断路器串供主变压器，启用母联长充电保护和旁路断路器线路保护，做旁路断路器代主变压器运行时的差动保护及主变压器后备、主变压器套管 1A 差动保护等试验，正常后上述保护正常启用。

2）恢复主变压器本身断路器运行（仍与母联断路器串供，母联断路器长充电保护启用），做主变压器断路器独立 TA 的主变压器差动、后备保护试验。

（2）无旁路断路器的母线接线：主变压器断路器与母联断路器串供运行（启用母联长充电保护、主变压器本身所有保护，其中主变压器保护的方向元件短接），做有关保护试验。

（九）新变电站启动

由上述各单项设备启动组合而成，但厂站内一次相位由施工单位（业主单位）在启动前确认正确。

五、操作案例

［**例 7-1**］66kV 711 新建线路及一侧断路器启动方案

1. 启动范围

B 站 66kV 711 断路器间隔及 711 新建线路。

2. 调试项目

711 新建线路需冲击 3 次及 B 站侧断路器需冲击 1 次，B 站侧需要做核相试验，B 站侧 711 断路器保护的校核试验。711 线路冲击方式示意图见图 7-13。

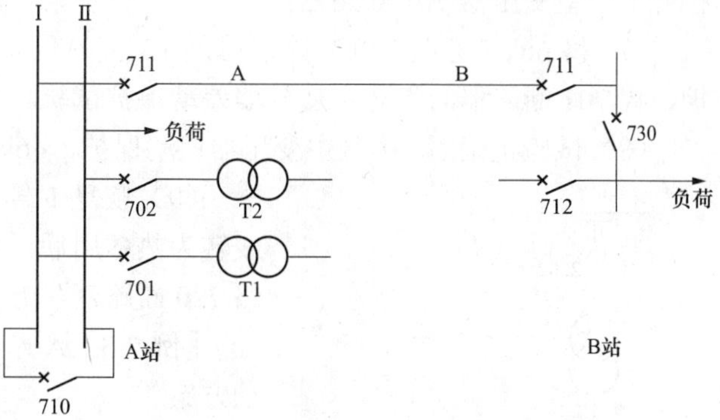

图 7-13 线路冲击方式示意图

3. 启动汇报条件

66kV 711 新建线路及 B 站 711kV 间隔有关工作竣工后，核对：66kV 711 线路及两侧断路器均为冷备用状态，A 站侧母差 TA 短接退出母差回路。启动前运行方式：A 站 T2 运行于Ⅱ母，母联 710 断路器热备用备自投启用，711 断路器冷备用，T2 运行于Ⅰ母，其余设备运行于Ⅱ母；B 站 711 断路器冷备用，其余设备运行。

4. 操作原则

（1）A 站：T1 保护启用冲击定值、711 保护启用冲击定值（由继电保护出定值），711 断路器改为热备用于Ⅰ母，合上 711 断路器（冲击 711 线路 2 次），拉开 711 断路器。

（2）B 站：合上 711 断路器及其线路侧隔离开关。

（3）A 站：合上 711 断路器（冲击 1 次）。

（4）711 线路及 B 站 711 断路器冲击正常后，在 B 站侧 711 断路器母线隔离开关两侧核相。核相正确后，调整运行方式，B 站侧 711 断路器保护做校核试验。

（5）恢复系统方式，将 A 站 T1 及 711 保护恢复正常定值。

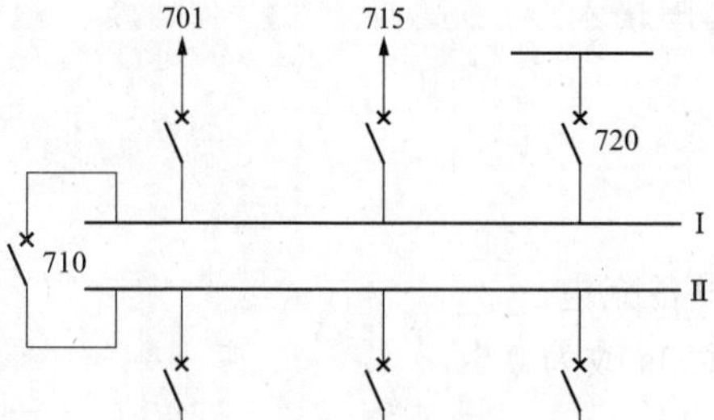

图 7-14 220kV 变电站旁路断路器间隔更换后启动方案

［**例 7-2**］220kV 变电站旁路 720 断路器间隔更换后启动方案（见图 7-14）

1. 启动范围

66kV 旁路 720 断路器间隔。

2. 调试项目

720 断路器及 TA 需冲击 1 次，需做 66kV 母差、线路保护带负荷试验以及 720 代 701 断路器时差动保护切换试验。

3. 启动汇报条件

720 断路器间隔更换工作结束，验收合格，设备具备启动条件，现旁路 720 断路器及旁路母线冷备用，其母差 TA 短接退出母差回路。

4. 操作原则

（1）将 66kVⅠ母线所有设备调至Ⅱ母线运行，拉开 66kV 母联 710 断路器。

（2）将 66kV 旁路 720 断路器由冷备用改为 66kV 正母线运行。

（3）合上 66kV 母联 710 断路器（充电）。

（4）冲击正常后，拉开 66kV 旁路 720 断路器，合上 1 号主变压器 7016 隔离开关。

（5）将 66kV 母差保护及 1 号主变压器差动保护停用。

（6）合上 66kV 旁路 720 断路器，将 1 号主变压器保护由跳 701 断路器改跳 720 断路器，拉升 1 号主变压器 701 断路器。

（7）将 66kV 旁路 720 断路器母差 TA 接入母差回路做旁路 720 断路器线路保护、母差保护、代 701 断路器时 1 号主变压器差动保护试验。

（8）试验正确后，1 号主变压器差动保护、66kV 母差保护按规定启用。

（9）恢复 1 号主变压器 701 本身断路器运行，将旁路母线转为热备用后，启用旁路断路器线路保护，合上 66kV 旁路 720 断路器，方式恢复正常。

［**例 7-3**］A 站母联 710 断路器及电流互感器更换后的启动方案

A 站 66kV 母联 710 断路器及电流互感器更换工作结束后，需对新设备进行充电，并带负荷测试有关保护，见图 7-15。

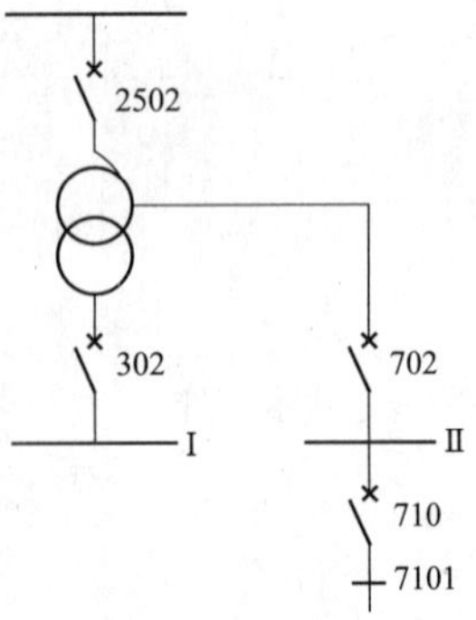

图 7-15　A 站母联断路器及电流互感器调换后接线图

制定启动方案如下：

1. 启动范围

A 站 66kV 母联 710 断路器及电流互感器。

2. 启动条件

（1）A 站 66kV 母联 710 断路器及电流互感器更换工作结束，验收合格，设备可以送电。

（2）A 站 66kV 副母线及母联 710 断路器冷备用。

（3）A 站 2 号主变压器及三侧断路器均为冷备用状态。

3. 启动时间

××年××月××日。

4. 启动步骤

（1）利用 A 站 2 号主变压器 702 断路器对新设备充电。

1）A 站 2 号主变压器 66kV 侧复压过流时间由 3s 改为 0.5s。

2）A 站 2 号主变压器 2502 断路器改为Ⅱ母运行。

3）A 站台上 66kV 母联 710 断路器及 7102Ⅱ母隔离开关。

4）A 站 66kV 母差保护停用。

5）A 站 2 号主变压器 702 断路器改为Ⅱ母运行即对新设备充电一次。

6）充电结束后，A 站 66kV 母联 710 断路器改为热备用。

7）A 站 2 号主变压器 702 断路器改为热备用，2 号主变压器 66kV 侧复合电压过流时间恢复正常定值。

（2）A 站 66kV 母联 710 断路器带负荷测试 66kV 母差保护。

1）A 站 66kV 母联 710 断路器改为运行，701 断路器改为热备用。

2）A 站测试 66kV 母差保护，正确后启用。

3）测试结束后，A 站恢复正常运行方式。

第十节 电网正常操作典型票

培训目标

熟悉电网正常操作典型操作票，掌握线路停送电操作票、变压器停送电操作票、线路改侧路开关代送电操作票、与电厂连接的线路停送电操作票、线路投运停送电操作票及配电网柱上开关停送电操作票。

（1）逐项指令号：ZX2016030101。柳树、滨海220kV变电站：220kV柳滨线线路停电。

（2）逐项指令号：ZX2016030102。柳树、滨海220kV变电站：220kV柳滨线线路送电。

（3）逐项指令号：ZX2016030103。柳树220kV变电站：220kV柳滨线改侧路开关代送电。

（4）逐项指令号：ZX2016030104。柳树220kV变电站：220kV柳滨线恢复本线开关送电。

（5）逐项指令号：ZX2016030105。柳树220kV变电站：66kV树边甲线线路停电。

（6）逐项指令号：ZX2016030106。柳树220kV变电站：66kV树边甲线线路送电。

（7）逐项指令号：ZH2016030107。柳树220kV变电站：四号主变压器停电。

（8）逐项指令号：ZH2016030108。柳树220kV变电站：四号主变压器送电。

（9）逐项指令号：ZH2016030109。柳树220kV变电站：220kVⅠ母线停电。

（10）逐项指令号：ZH2016030110。柳树220kV变电站：220kVⅠ母线送电。

（11）逐项指令号：ZX2016030111。锦州电厂、义县220kV变电站：220kV电义1号线停电。

（12）逐项指令号：ZX2016030112。锦州电厂、义县220kV变电站：220kV电义1号线送电。

（13）逐项指令号：ZX2016030113。白梨66kV变电站：10kV紫金线开关—33号右8～39号、纺织线开关—末端停电。

（14）逐项指令号：ZX2016030114。白梨66kV变电站：10kV紫金线开关—33号右8～39号、纺织线开关—末端送电。

（15）逐项指令号：ZX2016060601。西郊66kV变电站：10kV南开线线路停电。

（16）逐项指令号：ZX2016060602。西郊66kV变电站：10kV南开线线路送电。

（17）逐项指令号：ZX2016060603。跃进66kV变电站：10kV铁一线26～35号线路停电。

（18）逐项指令号：ZX2016060604。跃进66kV变电站：10kV铁一线26～35号线路送电。

（19）逐项指令号：ZX2016060605-1。经贸66kV变电站：10kV经环一线、经环二线、经彩一线、经彩二线线路送电（投运）。

（20）逐项状态指令号：ZX2017090101。营口、滨海220kV变电站：220kV营滨线由运行转检修。

（21）逐项状态指令号：ZX2017090102。营口、滨海220kV变电站：220kV营滨线由检修转运行。

（22）逐项状态指令号：ZX2017090103。北海 220kV 变电站：66kV 北盖甲线由运行转检修；西海站：一、二号主变由运行转冷备用；团山站：一、二号主变由运行转冷备用。

（23）逐项状态指令号：ZX2017090104。北海 220kV 变电站：66kV 北盖甲线由检修转运行；西海站：一、二号主变由冷备用转运行；团山站：一、二号主变由冷备用转运行。

（24）逐项状态指令号：ZX2017090105。大石桥 220kV 变电站：66kV 桥峪甲线由运行转检修；南环、旺隆、峪子沟 66kV 变电站：一号主变压器由运行转冷备用。

（25）逐项状态指令号：ZX2017090106。大石桥 220kV 变电站：66kV 桥峪甲线由检修转运行；南环、旺隆、峪子沟 66kV 变电站：一号主变由冷备用转运行。

25 项指令操作票见表 7-1～表 7-25。

表 7-1　　地调电网系统操作票（逐项令）

编制时间：2016 年 3 月 1 日　星期三　　编号：000000001　　逐项指令号：ZX2016030101

操作任务：柳树、滨海 220kV 变电站：220kV 柳滨线线路停电

<table>
<tr><td rowspan="8">操作计划
发受</td><td colspan="4">计划时间：3 月 2 日 7 时 00 分</td><td>备　　注</td></tr>
<tr><td>发计划时间</td><td>发计划人</td><td>接受单位</td><td>接受人</td><td rowspan="7">柳树 220kV 变电站：
220kV 柳滨线 6824 开关小修
王某与柳树 220kV 变电站会签
作业时间：3 月 2 日 8 时 00 分～16 时 00 分

滨海 220kV 变电站：
220kV 柳滨线 6124 开关小修
王某与滨海 220kV 变电站会签
作业时间：3 月 2 日 8 时 00 分～16 时 00 分</td></tr>
<tr><td></td><td>省调
调控员</td><td>地调监控</td><td></td></tr>
<tr><td></td><td></td><td>柳树变电站</td><td></td></tr>
<tr><td></td><td></td><td>滨海变电站</td><td></td></tr>
<tr><td></td><td></td><td>输电运检</td><td></td></tr>
<tr><td></td><td></td><td></td><td></td></tr>
<tr><td></td><td></td><td></td><td></td></tr>
</table>

✓	顺序	发令		受令		操作项目	执行	
		姓名	时间	单位	姓名		时间	汇报人
	1			地调		联系省调：220kV 柳滨线线路可以停电		
	2			监控		柳树变电站：拉开柳滨线 6824 开关（解环）		
	3			监控		柳树变电站：检查柳滨线 6824 开关电流指示　A		
	4			监控		滨海变电站：拉开柳滨线 6124 开关（停电）		
	5			监控		滨海变电站：检查柳滨线 6124 开关电流指示　A		
	6			监控		滨海变电站：拉开柳滨线 6124 线路隔离开关及Ⅱ母线隔离开关		
	7			监控		柳树变电站：拉开柳滨线 6824 线路隔离开关及Ⅱ母线隔离开关		
	8			监控		柳树变电站：在 220kV 柳滨线 6824 线路侧装设接地线一组		
	9			监控		滨海变电站：在 220kV 柳滨线 6124 线路侧装设接地线一组		
	10			地调		汇报省调：220kV 柳滨线线路已经停电		
	11			输电运检		220kV 柳滨线已停电，线路作业可以开始，现场安全措施自行负责		

批准：　　　　审核：　　　　编制：

表 7-2　　　　地调电网系统操作票（逐项令）

编制时间：2016 年 3 月 1 日　星期三　　　　编号：000000002　　　　逐项指令号：ZX2016030102

操作任务：柳树、滨海 220kV 变电站：220kV 柳滨线线路送电

操作计划发受	计划时间：3 月 2 日 16 时 00 分				备　　注
	发计划时间	发计划人	接受单位	接受人	
		省调调控员	地调监控		
			柳树变电站		
			滨海变电站		
			输电运检		

✓	顺序	发令		受令		操作项目	执行	
		姓名	时间	单位	姓名		时间	汇报人
	1			输电运检		220kV 柳滨线线路作业结束，现场人员、安全措施全撤离拆除，送电无问题		
	2			地调		联系省调：220kV 柳滨线线路可以送电		
	3			监控		滨海变电站：拆除 220kV 柳滨线 6124 线路侧接地线		
	4			监控		柳树变电站：拆除 220kV 柳滨线 6824 线路侧接地线		
	5			监控		柳树变电站：合上柳滨线 6824 Ⅱ 母隔离开关及 6824 线路隔离开关		
	6			监控		滨海变电站：合上柳滨线 6124 Ⅱ 母隔离开关及线路隔离开关		
	7			监控		柳树变电站：合上柳滨线 6824 开关（送电）		
	8			监控		柳树变电站：检查柳滨线 6824 开关电流指示　　A		
	9			监控		滨海变电站：合上柳滨线 6124 开关（环并）		
	10			监控		滨海变电站：检查柳滨线 6124 开关电流指示　　A		
	11			地调		汇报省调：220kV 柳滨线线路已经送电		

批准：　　　　　　　　审核：　　　　　　　　编制：

表 7-3 **地调电网系统操作票（逐项令）**

编制时间：2016 年 3 月 1 日　星期三　　编号：000000003　　逐项指令号：ZX2016030103

操作任务：柳树 220kV 变电站：220kV 柳滨线改侧路开关代送电

<table>
<tr><td rowspan="8">操作计划发受</td><td colspan="4">计划时间：3 月 2 日 7 时 00 分</td><td>备　注</td></tr>
<tr><td>发计划时间</td><td>发计划人</td><td>接受单位</td><td>接受人</td><td rowspan="7">柳树 220kV 变电站：
220kV 柳滨线 6824 开关小修
王某与柳树 220kV 变电站会签
作业时间：2016 年 3 月 2 日 8 时 00 分～16 时 00 分</td></tr>
<tr><td></td><td>省调
调控员</td><td>地调监控</td><td></td></tr>
<tr><td></td><td></td><td>柳树变电站</td><td></td></tr>
<tr><td></td><td></td><td>滨海变电站</td><td></td></tr>
<tr><td></td><td></td><td></td><td></td></tr>
<tr><td></td><td></td><td></td><td></td></tr>
<tr><td></td><td></td><td></td><td></td></tr>
</table>

✓	顺序	发令		受令		操作项目	执行	
		姓名	时间	单位	姓名		时间	汇报人
	1			地调		联系省调：220kV 柳滨线可以改侧路开关代送电		
	2			监控		柳树变电站：核对侧路 6800 开关代柳滨线微机保护定值正确		
	3			监控		柳树变电站：将柳滨线 6824 两套纵联保护停用（第一套、第二套）		
	4			监控		滨海变电站：将柳滨线 6124 两套纵联保护停用（第一套、第二套）		
	5			监控		柳树变电站：柳滨线 6824 第一套纵联保护切至侧路运行		
	6			监控		柳树变电站：柳滨线 6824 开关由运行转检修		
	7			监控		柳树变电站：检查侧路 6800 第一套纵联保护通道良好		
	8			监控		滨海变电站：检查柳滨线 6124 第一套纵联保护通道良好		
	9			监控		滨海变电站：将柳滨线 6124 第一套纵联保护启用		
	10			监控		柳树变电站：将侧路 6800 第一套纵联保护启用		
	11			地调		汇报省调：220kV 柳滨线已改侧路开关代送电		

批准：　　审核：　　编制：

表 7-4 **地调电网系统操作票（逐项令）**

编制时间：2016 年 3 月 1 日 星期三 编号：000000004 逐项指令号：ZX2016030104

操作任务：柳树 220kV 变电站：220kV 柳滨线恢复本线开关送电

	计划时间：3 月 2 日 16 时 00 分				备 注
操作计划发受	发计划时间	发计划人	接受单位	接受人	
		省调调控员	地调监控		
			柳树变电站		
			滨海变电站		

✓	顺序	发令		受令		操作项目	执行	
		姓名	时间	单位	姓名		时间	汇报人
	1			地调		联系省调：220kV 柳滨线可以恢复本线开关送电		
	2			监控		滨海变电站：将柳滨线 6124 第一套纵联保护停用		
	3			监控		柳树变电站：将侧路 6800 第一套纵联保护停用		
	4			监控		柳树变电站：柳滨线 6824 开关由检修转运行		
	5			监控		柳树变电站：柳滨线 6824 第一套纵联保护切回本线		
	6			监控		柳树变电站：检查柳滨线 6824 两套纵联保护通道良好（第一套、第二套）		
	7			监控		滨海变电站：检查柳滨线 6124 两套纵联保护通道良好（第一套、第二套）		
	8			监控		滨海变电站：将柳滨线 6124 两套纵联保护启用（第一套、第二套）		
	9			监控		柳树变电站：将柳滨线 6824 两套纵联保护启用（第一套、第二套）		
	10			地调		汇报省调：220kV 柳滨线已经恢复本线开关送电		

批准： 审核： 编制：

表 7-5　　地调电网系统操作票（逐项令）

编制时间：2016 年 3 月 1 日　星期三　　编号：000000005　　逐项指令号：ZX2016030105

操作任务：柳树 220kV 变电站：66kV 树边甲线线路停电

	计划时间：3 月 2 日 7 时 00 分				备　注
操作计划发受	发计划时间	发计划人	接受单位	接受人	柳树 220kV 变电站： 66kV 树边甲线 4962 开关小修 王某与柳树 220kV 变电站会签 作业时间：3 月 2 日 8 时 00 分～16 时 00 分 边东 66kV 变电站： 66kV 树边甲线 5208 开关小修 王某与边东 66kV 变电站会签 作业时间：3 月 2 日 8 时 00 分～16 时 00 分
			柳树变电站		
			边东变电站		
			输电运检		

✓	顺序	发令		受令		操作项目	执行	
		姓名	时间	单位	姓名		时间	汇报人
	1			边东变电站		合上 66kV 内桥 5210 开关（环并）		
	2			边东变电站		检查 66kV 内桥 5210 电流指示　　A		
	3			边东变电站		拉开树边甲线 5208 开关（解环）		
	4			边东变电站		检查树边甲线 5208 电流指示　　A		
	5			柳树变电站		拉开树边甲线 4962 开关（停电）		
	6			柳树变电站		拉开树边甲线 4962-6 线路隔离开关及 4962 Ⅳ母线隔离开关		
	7			边东变电站		拉开树边甲线 5208 母线隔离开关及线路隔离开关		
	8			柳树变电站		在 66kV 树边甲线 4962 线路侧装设接地线一组		
	9			边东变电站		在 66kV 树边甲线 5208 线路侧装设接地线一组		
	10			输电运检		66kV 树边甲线已停电，线路作业可以开始，现场安全措施自行负责		

批准：　　审核：　　编制：

表 7-6　　　　地调电网系统操作票（逐项令）

编制时间：2016 年 3 月 1 日　星期三　　　编号：000000006　　　逐项指令号：ZX2016030106

操作任务：柳树 220kV 变电站：66kV 树边甲线线路送电

操作计划发受	计划时间：3 月 2 日 16 时 00 分				备　注
	发计划时间	发计划人	接受单位	接受人	
			柳树变电站		
			边东变电站		
			输电运检		

✓	顺序	发令		受令		操作项目	执行	
		姓名	时间	单位	姓名		时间	汇报人
	1			输电运检		66kV 树边甲线线路作业结束，现场人员、安全措施全撤离拆除，送电无问题		
	2			边东变电站		拆除 66kV 树边甲线 5208 线路侧接地线		
	3			柳树变电站		拆除 66kV 树边甲线 4962 线路侧接地线		
	4			柳树变电站		合上树边甲线 4962 Ⅳ母线隔离开关及 4962-6 线路隔离开关		
	5			边东变电站		合上树边甲线 5208 线路侧隔离开关及母线隔离开关		
	6			柳树变电站		合上树边甲线 4962 开关（送电）		
	7			柳树变电站		检查树边甲线 4962 电流指示　A		
	8			边东变电站		合上树边甲线 5208 开关（环并）		
	9			边东变电站		检查树边甲线 5208 电流指示　A		
	10			边东变电站		拉开 66kV 内桥 5210 开关（解环）		
	11			边东变电站		检查 66kV 内桥 5210 电流指示　A		

批准：　　　　审核：　　　　编制：

表 7-7　　　　地调电网系统操作票（综合令）

编制时间：2016 年 3 月 1 日　星期三　　　　编号：000000007　　　　逐项指令号：ZH2016030107

操作任务：柳树 220kV 变电站：四号主变压器停电

	计划时间：3 月 2 日 7 时 00 分				备　　注
操作计划发受	发计划时间	发计划人	接受单位	接受人	柳树 220kV 变电站： 220kV 四号主变压器清扫刷漆 王某与柳树 220kV 变电站会签 作业时间：3 月 2 日 8 时 00 分～16 时 00 分 正常方式： 柳树 220kV 变电站：一、二、三、四号主变压器运行分别带 66kV Ⅰ、Ⅲ、Ⅱ、Ⅳ母线线路运行
		省调调控员	地调监控		
			柳树变电站		

✓	顺序	发令		受令		操作项目	执行	
		姓名	时间	单位	姓名		时间	汇报人
	1			地调		联系省调：柳树站：四号主变压器可以停电		
	2			监控		柳树变电站：四号主变压器由运行转检修（停前，将四号主变压器所带线路改至三号主变压器送电，核实二号主变压器中性点直接接地中，操作过程中按相关规定执行，注意监视负荷潮流）		
	3			地调		联系省调：柳树变电站：四号主变压器已经停电		

批准：　　　　　　　　审核：　　　　　　　　编制：

表 7-8　　　　　　　　**地调电网系统操作票（综合令）**

编制时间：2016 年 3 月 1 日　星期三　　　　编号：000000008　　　　逐项指令号：ZH2016030108

操作任务：柳树 220kV 变电站：四号主变压器送电

操作计划发受	计划时间：3 月 2 日 16 时 00 分				备　　注
	发计划时间	发计划人	接受单位	接受人	正常方式： 柳树 220kV 变电站：一、二、三、四号主变压器运行分别带 66kV Ⅰ、Ⅲ、Ⅱ、Ⅳ母线线路运行
		省调 调控员	地调监控		
			柳树变电站		

✓	顺序	发令		受令		操作项目	执行	
		姓名	时间	单位	姓名		时间	汇报人
	1			地调		联系省调：柳树站：四号主变压器可以送电		
	2			监控		柳树变电站：四号主变压器由检修转运行（送到后，四号主变压器带原线路运行，操作过程中按相关规定执行）		
	3			地调		联系省调：柳树变电站：四号主变压器已经送电		

批准：　　　　　　　　　　审核：　　　　　　　　　　编制：

表 7-9　　　　地调电网系统操作票（综合令）

编制时间：2016年3月1日　星期三　　　　编号：000000009　　　　逐项指令号：ZH2016030109

操作任务：柳树220kV变电站：220kVⅠ母线停电

操作计划发受	计划时间：3月2日7时00分				备　注
	发计划时间	发计划人	接受单位	接受人	柳树220kV变电站： 220kVⅠ母线各回路Ⅰ母隔离开关小修王某与柳树220kV变电站会签 作业时间：3月2日8时00分～16时00分
		省调调控员	地调监控		
			柳树变电站		

✓	顺序	发令		受令		操作项目	执行	
		姓名	时间	单位	姓名		时间	汇报人
	1			地调		联系省调：柳树220kV变电站：220kVⅠ母线可以停电		
	2			监控		柳树变电站：220kVⅠ母线由运行转检修（Ⅰ母线元件并改Ⅱ母运行，相关保护按规定执行）		
	3			地调		联系省调：柳树220kV变电站：220kVⅠ母线已经停电		

批准：　　　　　　　　审核：　　　　　　　　编制：

表 7-10 **地调电网系统操作票（综合令）**

编制时间：2016 年 3 月 1 日 星期三 编号：000000010 逐项指令号：ZH2016030110

操作任务：柳树 220kV 变电站：220kV Ⅰ母线送电

操作计划发受	计划时间：3 月 2 日 16 时 00 分				备注
	发计划时间	发计划人	接受单位	接受人	
		省调调控员	地调监控		柳树 220kV 变电站： 220kV 柳滨线 6824 开关小修 王某与柳树 220kV 变电站会签 作业时间：3 月 2 日 8 时 00 分～16 时 00 分 滨海 220kV 变电站： 220kV 柳滨线 6124 开关小修 王某与滨海 220kV 变电站会签 作业时间：3 月 2 日 8 时 00 分～16 时 00 分
			柳树变电站		
			滨海变电站		
			输电运检		

✓	顺序	发令		受令		操作项目	执行	
		姓名	时间	单位	姓名		时间	汇报人
	1			地调		联系省调：柳树 220kV 变电站：220kV Ⅰ母线可以送电		
	2			监控		柳树变电站：220kV Ⅰ母线由检修转运行（原Ⅰ母线元件改回Ⅰ母运行，相关保护按规定执行）		
	3			地调		联系省调：柳树 220kV 变电站：220kV Ⅰ母线已经送电		

批准： 审核： 编制：

表 7-11　　　　　地调电网系统操作票（逐项令）

编制时间：2016 年 3 月 1 日　星期三　　　　编号：000000011　　　　逐项指令号：ZX2016030111

操作任务：锦州电厂、义县 220kV 变电站：220 kV 电义 1 号线停电

<table>
<tr><td rowspan="6">操作计划发受</td><td colspan="4">计划时间：3 月 2 日 7 时 00 分</td><td>备　注</td></tr>
<tr><td>发计划时间</td><td>发计划人</td><td>接受单位</td><td>接受人</td><td rowspan="5">义县 220kV 变电站：
220kV 电义 1 号线开关 A 相渗油处理、试验调试。
作业时间：3 月 2 日 8 时 00 分～16 时 00 分
锦州电厂：220kV 电义 1 号线线路耦合电容器预试作业。自行负责。
作业时间：3 月 2 日 8 时 00 分～16 时 00 分</td></tr>
<tr><td></td><td>省调
调控员</td><td>省调监控</td><td></td></tr>
<tr><td></td><td></td><td>义县变电站</td><td></td></tr>
<tr><td></td><td></td><td>锦州电厂</td><td></td></tr>
<tr><td></td><td></td><td>输电运检</td><td></td></tr>
</table>

✓	顺序	发令		受令		操作项目	执行	
		姓名	时间	单位	姓名		时间	汇报人
	1			省调		联系 220kV 电义 1 号线线路可以停电		
	2			锦州电厂		拉开电义 1 号线 5108 开关（解环）		
	3			锦州电厂		检查电义 1 号线 5108 开关电流指示　　A		
	4			义县变电站		拉开电义 1 号线 5503 开关（停电）		
	5			义县变电站		检查电义 1 号线 5503 开关电流指示　　A		
	6			锦州电厂		将电义 2 号线 5112 微机保护改第二套定值使用		
	7			锦州电厂		将电义 2 号线 5112 重合闸停用		
	8			义县变电站		将电义 2 号线 5504 重合闸停用		
	9			义县变电站		拉开电义 1 号线 5503 线路隔离开关及母线侧隔离开关		
	10			锦州电厂		拉开电义 1 号线 5108 线路隔离开关及母线侧隔离开关		
	11			锦州电厂		在电义 1 号线 5108 线路侧装设接地线一组		
	12			义县变电站		在电义 1 号线 5503 线路侧装设接地线一组		
	13			省调		汇报 220kV 电义 1 号线已停电		
	14			输电运检		220kV 电义 1 号线线路作业可以开始，现场安全措施自行负责		

批准：　　　　　　　　　　审核：　　　　　　　　　　编制：

表 7-12　　地调电网系统操作票（逐项令）

编制时间：2016 年 3 月 1 日　星期三　　编号：000000012　　逐项指令号：ZX2016030112

操作任务：锦州电厂、义县 220kV 变电站：220 kV 电义 1 号线送电

<table>
<tr><td rowspan="6">操作计划
发受</td><td colspan="4">计划时间：3 月 2 日 7 时 00 分</td><td rowspan="6">备　　注</td></tr>
<tr><td>发计划时间</td><td>发计划人</td><td>接受单位</td><td>接受人</td></tr>
<tr><td></td><td>省调
调控员</td><td>省调监控</td><td></td></tr>
<tr><td></td><td></td><td>义县变电站</td><td></td></tr>
<tr><td></td><td></td><td>锦州电厂</td><td></td></tr>
<tr><td></td><td></td><td>输电运检</td><td></td></tr>
</table>

<table>
<tr><td rowspan="2">✓</td><td rowspan="2">顺序</td><td colspan="2">发令</td><td colspan="2">受令</td><td rowspan="2">操作项目</td><td colspan="2">执行</td></tr>
<tr><td>姓名</td><td>时间</td><td>单位</td><td>姓名</td><td>时间</td><td>汇报人</td></tr>
<tr><td></td><td>1</td><td></td><td></td><td>输电运检</td><td></td><td>220kV 电义 1 号线线路作业全部结束，现场安全措施全部拆除，送电无问题</td><td></td><td></td></tr>
<tr><td></td><td>2</td><td></td><td></td><td>省调</td><td></td><td>联系 220kV 电义 1 号线送电无问题</td><td></td><td></td></tr>
<tr><td></td><td>3</td><td></td><td></td><td>义县变电站</td><td></td><td>拆除电义 1 号线 5503 线路侧接地线</td><td></td><td></td></tr>
<tr><td></td><td>4</td><td></td><td></td><td>锦州电厂</td><td></td><td>拆除电义 1 号线 5108 线路侧接地线</td><td></td><td></td></tr>
<tr><td></td><td>5</td><td></td><td></td><td>义县变电站</td><td></td><td>合上电义 1 号线 5503 母线侧隔离开关及线路隔离开关</td><td></td><td></td></tr>
<tr><td></td><td>6</td><td></td><td></td><td>锦州电厂</td><td></td><td>合上电义 1 号线 5108 母线侧隔离开关及线路隔离开关</td><td></td><td></td></tr>
<tr><td></td><td>7</td><td></td><td></td><td>锦州电厂</td><td></td><td>将电义 2 号线 5112 重合闸启用</td><td></td><td></td></tr>
<tr><td></td><td>8</td><td></td><td></td><td>义县变电站</td><td></td><td>将电义 2 号线 5504 重合闸启用</td><td></td><td></td></tr>
<tr><td></td><td>9</td><td></td><td></td><td>义县变电站</td><td></td><td>合上电义 1 号线 5503 开关（送电）</td><td></td><td></td></tr>
<tr><td></td><td>10</td><td></td><td></td><td>义县变电站</td><td></td><td>检查电义 1 号线 5503 开关电流指示　A</td><td></td><td></td></tr>
<tr><td></td><td>11</td><td></td><td></td><td>锦州电厂</td><td></td><td>合上电义 1 号线 5108 开关（环并）</td><td></td><td></td></tr>
<tr><td></td><td>12</td><td></td><td></td><td>锦州电厂</td><td></td><td>检查电义 1 号线 5108 开关电流指示　A</td><td></td><td></td></tr>
<tr><td></td><td>13</td><td></td><td></td><td>锦州电厂</td><td></td><td>将电义 2 号线 5112 微机保护改回第一套定值使用</td><td></td><td></td></tr>
<tr><td></td><td>14</td><td></td><td></td><td>省调</td><td></td><td>汇报 220kV 电义 1 号线已送电</td><td></td><td></td></tr>
</table>

批准：　　审核：　　编制：

表 7-13　　地调电网系统操作票（逐项令）

编制时间：2016 年 3 月 1 日　星期三　　编号：000000013　　逐项指令号：ZX2016030113

操作任务：白梨 66kV 变电站：10kV 紫金线开关—33 号右 8～39 号、纺织线开关—末端停电

操作计划发受	计划时间：3 月 2 日 7 时 00 分				备　注
	发计划时间	发计划人	接受单位	接受人	
			地调		
			配检工区		

✓	顺序	发令		受令		操作项目	执行	
		姓名	时间	单位	姓名		时间	汇报人
	1			地调		检查白梨变电站相关潮流分布正确		
	2			配检工区		合上白南线安居支线 19 号左 2 紫金线侧隔离开关		
	3			配检工区		合上白南线安居支线 19 号左 2 开关（白梨变电站紫金线与南昌站白南线环并）		
	4			地调		检查相关潮流分布正确		
	5			配检工区		拉开紫金线 33 号右 8 开关（白梨变电站紫金线与南昌站白南线环解）		
	6			地调		检查相关潮流分布正确		
	7			配检工区		拉开紫金线 33 号右 8 大号侧隔离开关		
	8			白梨变电站		拉开纺织线 24105 开关		
	9			白梨变电站		拉开紫金线 24119 开关		
	10			白梨变电站		拉开纺织线 24105 甲、乙隔离开关		
	11			白梨变电站		拉开紫金线 24119 甲、乙隔离开关		
	12			白梨变电站		在纺织线 24105 线路侧装设接地线一组		
	13			白梨变电站		在紫金线 24119 线路侧装设接地线一组		
	14			配检工区		在紫金线 33 号右 1 大号侧装设接地线一组		
	15			配检工区		在紫金线 39 号小号侧装设接地线一组		
	16			配检工区		10kV 紫金线开关—33 号右 1～39 号、纺织线开关—末端线路作业可以开始，现场安措自行负责		

批准：　　　　审核：　　　　编制：

表 7-14　　　　　　　地调电网系统操作票（逐项令）

编制时间：2016 年 3 月 1 日　星期三　　　　编号：000000014　　　　逐项指令号：ZX2016030114

操作任务：白梨 66kV 变电站：10kV 紫金线开关 33 号右 8～39 号、纺织线开关—末端送电

操作计划发受	计划时间：3 月 2 日 7 时 00 分				备　注
	发计划时间	发计划人	接受单位	接受人	10kV 紫金线、纺织线送电前，变电站与监控做远方开关分、合试验无问题
			地调		
			配检工区		
			太和供电公司		

✓	顺序	发令		受令		操作项目	执行	
		姓名	时间	单位	姓名		时间	汇报人
	1			配检工区		10kV 紫金线开关—33 号右 1～39 号、纺织线开关—末端线路作业全结束，送电无问题		
	2			配检工区		拆除紫金线 39 号小号侧接地线		
	3			配检工区		拆除纺织线 33 号右 1 大号侧接地线		
	4			白梨变电站		拆除纺织线 24105 线路侧接地线		
	5			白梨变电站		拆除紫金线 24119 线路侧接地线		
	6			白梨变电站		合上纺织线 24105 乙、甲隔离开关		
	7			白梨变电站		合上紫金线 24119 乙、甲隔离开关		
	8			白梨变电站		合上纺织线 24105 开关（送电）		
	9			白梨变电站		合上紫金线 24119 开关（送电）		
	10			配检工区		在纺织线33号右8处与白南线安居支线核相正确		
	11			地调		联系松坡变电站 10kV Ⅰ段母线松坡 1 号线具备向白梨变电站 10kVⅡ段母线紫金线倒负荷条件		
	12			地调		检查相关潮流分布正确		
	13			配检工区		合上紫金线 39 号大号侧隔离开关		
	14			配检工区		合上紫金线 39 号开关（松坡变电站松坡 1 号线与白梨站紫金线环并）		
	15			地调		检查相关潮流分布正确		
	16			太和供电公司		拉开紫金线 43 号左 6 开关（松坡变电站松坡 1 号线与白梨变电站紫金线环解）		
	17			地调		检查相关潮流分布正确		
	18			太和供电公司		拉开紫金线 43 号左 6 白松 1 号线侧隔离开关		
	19			地调		汇报 10kV 系统倒负荷完毕		
	20			地调		检查相关潮流分布正确		
	21			配检工区		合上纺织线 33 号右 8 大号侧隔离开关		
	22			配检工区		合上纺织线 33 号右 8 开关（南昌变电站白南线与白梨变电站纺织线环并）		
	23			地调		检查相关潮流分布正确		
	24			配检工区		拉开白南线安居支线 19 号左 2 开关（南昌变电站白南线与白梨变电站纺织线环解）		
	25			地调		检查相关潮流分布正确		
	26			配检工区		拉开白南线安居支线 19 号左 2 纺织线侧隔离开关		

批准：　　　　　　　　　审核：　　　　　　　　　编制：

表 7-15　　县调电网系统操作票（逐项令）

编制时间：2016 年 6 月 1 日　　编号：00000001　　逐项指令号：ZX2016060601

操作任务：西郊 66kV 变电站：10kV 南开线线路停电

操作计划发受	计划时间　6 月 2 日 8 时 30 分				备　注
	发计划时间	发计划人	接受单位	接受人	
			西郊变电站		
			锦开集团		

顺序	发令		受令		操作项目	执行	
	姓名	时间	单位	姓名		时间	汇报人
1			锦开集团		10kV 水源线 1004 由冷备用转检修（停电操作自行负责）		
2			锦开集团		拉开 10kV 南开线 1003 开关		
3			锦开集团		将 10kV 南开线 1003 小车开关拉至检修位置		
4			西郊变电站		拉开 10kV 南开线 8108 开关（停电）		
5			西郊变电站		拉开 10kV 南开线 8108 甲、乙隔离开关		
6			西郊变电站		在 10kV 南开线 8108 线路侧装设接地线		
7			锦开集团		在 10kV 南开线 1003 线路侧装设接地线		
8			锦开集团		10kV 南开线线路作业可以开始，现场安全措施自行负责		

批准：　　审核：　　编制：

表 7-16 **县调电网系统操作票（逐项令）**

编制时间：2016 年 6 月 1 日　　编号：00000002　　逐项指令号：ZX2016060602

操作任务：西郊 66kV 变电站：10kV 南开线线路送电

操作计划发受	计划时间　6 月 2 日 16 时 30 分				备　注
	发计划时间	发计划人	接受单位	接受人	
			西郊变电站		
			锦开集团		

顺序	发令		受令		操作项目	执行	
	姓名	时间	单位	姓名		时间	汇报人
1			锦开集团		10kV 南开线线路作业全结束，现场人员及安全措施全撤离拆除，送电无问题		
2			锦开集团		拆除 10kV 南开线 1003 线路侧接地线		
3			西郊变电站		拆除 10kV 南开线 8108 线路侧接地线		
4			西郊变电站		合上 10kV 南开线 8108 乙、甲隔离开关		
5			西郊变电站		合上 10kV 南开线 8108 开关送电（送电）		
6			锦开集团		将 10kV 南开线 1003 小车开关推至工作位置		
7			锦开集团		合上 10kV 南开线 1003 开关		
8			锦开集团		10kV 水源线 1004 由检修转冷备用（操作自行负责）		

批准：　　审核：　　编制：

表 7-17　　　　　　　　县调电网系统操作票（逐项令）

编制时间：2016 年 6 月 1 日　　　　　　编号：00000003　　　　　　逐项指令号：ZX2016060603

操作任务：跃进 66kV 变电站：10kV 铁一线 26～35 号线路停电

操作计划发受	计划时间　6 月 2 日 8 时 10 分				备　　注
	发计划时间	发计划人	接受单位	接受人	
			配检工区		

顺序	发令		受令		操作项目	执行	
	姓名	时间	单位	姓名		时间	汇报人
1			配检工区		合上 10kV 北和线 22 号右 29 隔离开关和开关（环并）		
2			配检工区		检查相关潮流分布正确		
3			配检工区		拉开 10kV 铁一线 35 号开关及隔离开关（环解）		
4			配检工区		拉开 10kV 铁一线 26 号开关及隔离开关（停电）		
5			配检工区		10kV 铁一线 26～35 号线路作业可以开始，现场安全措施自行负责		

批准：　　　　　　　　　　　　审核：　　　　　　　　　　　　编制：

表 7-18　　　　**县调电网系统操作票（逐项令）**

编制时间：2016 年 6 月 1 日　　　　编号：00000004　　　　逐项指令号：ZX2016060604

操作任务：跃进 66kV 变电站：10kV 铁一线 26～35 号线路送电

操作计划发受	计划时间　6 月 2 日 17 时 30 分				备　　注
	发计划时间	发计划人	接受单位	接受人	
			配检工区		

顺序	发令		受令		操作项目	执行	
	姓名	时间	单位	姓名		时间	汇报人
1			配检工区		10kV 铁一线 26～35 号线路作业全结束，现场安全措施全拆除，送电无问题		
2			配检工区		合上 10kV 铁一线 26 号隔离开关及开关（送电）		
3			配检工区		合上 10kV 铁一线 35 号隔离开关及开关（环并）		
4			配检工区		检查相关潮流分布正确		
5			配检工区		拉开 10kV 北和线 22 号右 29 开关及隔离开关（解环）		

批准：　　　　审核：　　　　编制：

表 7-19　　县调电网系统操作票（逐项令）

编制时间：2016 年 6 月 1 日　　编号：00000005　　逐项指令号：ZX2016060605-1

<table>
<tr><td colspan="8">操作任务：经贸 66kV 变电站：10kV 经环一线、经环二线、经彩一线、经彩二线线路送电（投运）</td></tr>
<tr><td rowspan="4">操作计划发受</td><td colspan="4">计划时间 6 月 2 日 13 时 00 分</td><td colspan="3">备　注</td></tr>
<tr><td>发计划时间</td><td>发计划人</td><td>接受单位</td><td>接受人</td><td colspan="3" rowspan="3"></td></tr>
<tr><td></td><td></td><td>太和供电分公司</td><td></td></tr>
<tr><td></td><td></td><td>经贸变电站</td><td></td></tr>
</table>

<table>
<tr><td rowspan="2">顺序</td><td colspan="2">发令</td><td colspan="2">受令</td><td rowspan="2">操作项目</td><td colspan="2">执行</td></tr>
<tr><td>姓名</td><td>时间</td><td>单位</td><td>姓名</td><td>时间</td><td>汇报人</td></tr>
<tr><td>1</td><td></td><td></td><td>太和供电分公司</td><td></td><td>10kV 经环一线、经环二线、经彩一线、经彩二线线路作业全部结束，验收合格，现场安措全部拆除，具备送电条件</td><td></td><td></td></tr>
<tr><td>2</td><td></td><td></td><td>太和供电分公司</td><td></td><td>确认 10kV 经环一线 68 号、经环二线 68 号、经彩一线 105 号、经彩二线 105 号各开关及隔离开关均在开位</td><td></td><td></td></tr>
<tr><td>3</td><td></td><td></td><td>太和供电分公司</td><td></td><td>合上 10kV 经环一线、经环二线、经彩一线、经彩二线各 1 号隔离开关</td><td></td><td></td></tr>
<tr><td>4</td><td></td><td></td><td>太和供电分公司</td><td></td><td>合上 10kV 园宝二线带科曼一线 1 号分接箱内至经环二线回路开关（送电）</td><td></td><td></td></tr>
<tr><td>5</td><td></td><td></td><td>太和供电分公司</td><td></td><td>合上 10kV 园宝二线带科曼二线 2 号分接箱内至经环一线回路开关（送电）</td><td></td><td></td></tr>
<tr><td>6</td><td></td><td></td><td>经贸变电站</td><td></td><td>将 10kV 经彩一线 21107，经彩二线 21117，经环一线 21111，经环二线 21112 各小车开关推至工作位置</td><td></td><td></td></tr>
<tr><td>7</td><td></td><td></td><td>经贸变电站</td><td></td><td>合上 10kV 经彩一线 21107 开关、经彩二线 21117、经环一线 21111 开关、经环二线 21112 开关（送电）</td><td></td><td></td></tr>
<tr><td>8</td><td></td><td></td><td>太和供电分公司</td><td></td><td>在 10kV 经环一线 68 号开关两侧核相正确</td><td></td><td></td></tr>
<tr><td>9</td><td></td><td></td><td>太和供电分公司</td><td></td><td>在 10kV 经环二线 68 号开关两侧核相正确</td><td></td><td></td></tr>
<tr><td>10</td><td></td><td></td><td>太和供电分公司</td><td></td><td>拉开 10kV 园宝二线带科曼一线 1 号分接箱内至经环二线回路</td><td></td><td></td></tr>
<tr><td>11</td><td></td><td></td><td>太和供电分公司</td><td></td><td>拉开 10kV 园宝二线带科曼二线 2 号分接箱内至经环一线回路开关（停电）</td><td></td><td></td></tr>
<tr><td>12</td><td></td><td></td><td>太和供电分公司</td><td></td><td>合上 10kV 经环一线、经环二线各 68 号隔离开关及开关（送电）</td><td></td><td></td></tr>
<tr><td>13</td><td></td><td></td><td>太和供电分公司</td><td></td><td>在 10kV 园城一线 54 号开关两侧核相正确</td><td></td><td></td></tr>
<tr><td>14</td><td></td><td></td><td>太和供电分公司</td><td></td><td>在 10kV 经松线 28 号开关两侧核相正确</td><td></td><td></td></tr>
<tr><td>15</td><td></td><td></td><td>太和供电分公司</td><td></td><td>在 10kV 经开线 28 号开关两侧核相正确</td><td></td><td></td></tr>
<tr><td>16</td><td></td><td></td><td>经贸变电站</td><td></td><td>10kV 经彩一线 21107、经彩二线 21117、经环一线 21111、经环二线 21112 带负荷后保护测相位正确</td><td></td><td></td></tr>
<tr><td>17</td><td></td><td></td><td>经贸变电站</td><td></td><td>启用 10kV 经彩一线 21107、经彩二线 21117、经环一线 21111、经环二线 21112 自动重合闸</td><td></td><td></td></tr>
<tr><td></td><td></td><td></td><td></td><td></td><td></td><td></td><td></td></tr>
</table>

批准：　　审核：　　编制：

表 7-20　　地调电网系统操作票（逐项状态令）

编制时间：2017 年 9 月 1 日　星期五　　　　逐项状态指令号：ZX2017090101

操作任务：营口、滨海 220kV 变电站：220kV 营滨线由运行转检修

操作计划发受	计划时间：9 月 2 日 7 时 00 分				备　注
	发计划时间	发计划人	接受单位	接受人	220kV 营滨线是营口、滨海 220kV 变电站的环网线路
			监控		

✓	顺序	发令		受令		操作项目	执行	
		姓名	时间	单位	姓名		时间	汇报人
	1			营调		营口变电站、滨海变电站：220kV 营滨线可以由运行转检修		
	2			监控		将营口变电站：营滨线 6626 由运行转热备用（解环）		
	3			监控		将滨海变电站：营滨线 6126 由运行转热备用（停电）		
	4			监控		滨海变电站：将营滨线 6126 由热备用于Ⅱ母线转冷备用		
	5			监控		营口变电站：将营滨线 6626 由热备用于北母线转冷备用		
	6			监控		营口变电站：将营滨线 6626 由冷备用转检修		
	7			监控		滨海变电站：将营滨线 6126 由冷备用转检修		
	8			营调		营口变电站、滨海变电站：220kV 营滨线已由运行转检修		
	9			监控		输电运检：通知 220kV 营滨线已停电，线路作业可以开始，现场安全措施自行负责		
	10			监控		通知滨海变电站营滨线 6126 站内有关作业可以开始，现场安全措施自行负责		
	11			监控		通知营口变电站营滨线 6626 站内有关作业可以开始，现场安全措施自行负责		

批准：　　　　审核：　　　　编制：

表 7-21　　地调电网系统操作票（逐项状态令）

编制时间：2017 年 9 月 1 日　星期五　　　　逐项状态指令号：ZX2017090102

操作任务：营口、滨海 220kV 变电站：220kV 营滨线由检修转运行

操作计划发受	计划时间：9 月 2 日 7 时 00 分				备　注
	发计划时间	发计划人	接受单位	接受人	220kV 营滨线是营口、滨海 220kV 变电站的环网线路
			监控		

✓	顺序	发令		受令		操作项目	执行	
		姓名	时间	单位	姓名		时间	汇报人
	1			监控		输电运检：汇报 220kV 营滨线线路作业全结束，现场安全措施全拆除、人员全撤离，送电无问题		
	2			监控		汇报营口变电站营滨线 6626 站内作业全结束，安全措施全拆除，送电无问题		
	3			监控		汇报滨海变电站营滨线 6126 站内作业全结束，安全措施全拆除，送电无问题		
	4			营调		营口变电站、滨海变电站：220kV 营滨线可以由检修转运行		
	5			监控		滨海变电站：将营滨线 6126 由检修转冷备用		
	6			监控		营口变电站：将营滨线 6626 由检修转冷备用		
	7			监控		营口变电站：将营滨线 6626 由冷备用转热备用于北母线		
	8			监控		滨海变电站：将营滨线 6126 由冷备用转热备用于Ⅱ母线		
	9			监控		将滨海变电站：营滨线 6126 由热备用转运行（充电）		
	10			监控		将营口变电站：营滨线 6626 由热备用转运行（环并）		
	11			监控		营口变电站：检查营滨线 6626 两套纵联保护通道，良好后仍投跳闸位置		
	12			监控		滨海变电站：检查营滨线 6126 两套纵联保护通道，良好后仍投跳闸位置		
	13			营调		营口变电站、滨海变电站：220kV 营滨线已由检修转运行		

批准：　　　　审核：　　　　编制：

表 7-22 **地调电网系统操作票（逐项状态令）**

编制时间：2017 年 9 月 1 日 星期五 逐项状态指令号：ZX2017090103

操作任务：北海 220kV 变电站：66kV 北盖甲线由运行转检修
西海站：一、二号主变压器由运行转冷备用；团山站：一、二号主变压器由运行转冷备用

<table>
<tr><td rowspan="8">操作计划
发受</td><td colspan="4">计划时间：9 月 2 日 7 时 00 分</td><td>备 注</td></tr>
<tr><td>发计划时间</td><td>发计划人</td><td>接受单位</td><td>接受人</td><td rowspan="7">66kV 北盖甲线是北海 220kV 站电站与盖州 220kV 站电站之间的联络线。
66kV 北盖甲线 T 接团山、西海 66kV 站电站全部负荷及盖二站二号主变压器负荷</td></tr>
<tr><td></td><td></td><td>北海变电站</td><td></td></tr>
<tr><td></td><td></td><td>盖州变电站</td><td></td></tr>
<tr><td></td><td></td><td>盖州调度</td><td></td></tr>
<tr><td></td><td></td><td>团山变电站</td><td></td></tr>
<tr><td></td><td></td><td>西海变电站</td><td></td></tr>
<tr><td></td><td></td><td>盖二变电站</td><td></td></tr>
</table>

<table>
<tr><td rowspan="2">✓</td><td rowspan="2">顺序</td><td colspan="2">发令</td><td colspan="2">受令</td><td rowspan="2">操作项目</td><td colspan="2">执行</td></tr>
<tr><td>姓名</td><td>时间</td><td>单位</td><td>姓名</td><td>时间</td><td>汇报人</td></tr>
<tr><td></td><td>1</td><td></td><td></td><td>盖州调度</td><td></td><td>盖二变电站：二号主变压器已空载，二号主变压器停电无问题</td><td></td><td></td></tr>
<tr><td></td><td>2</td><td></td><td></td><td>盖州调度</td><td></td><td>西海变电站：一号、二号主变压器已空载，一号、二号主变压器停电无问题</td><td></td><td></td></tr>
<tr><td></td><td>3</td><td></td><td></td><td>盖州调度</td><td></td><td>团山变电站：一号、二号主变压器已空载，一号、二号主变压器停电无问题</td><td></td><td></td></tr>
<tr><td></td><td>4</td><td></td><td></td><td>北海变电站</td><td></td><td>将北盖甲线 6627 由运行转热备用（停电）</td><td></td><td></td></tr>
<tr><td></td><td>5</td><td></td><td></td><td>北海变电站</td><td></td><td>将北盖甲线 6627 由热备用于 II 母线转冷备用</td><td></td><td></td></tr>
<tr><td></td><td>6</td><td></td><td></td><td>盖州变电站</td><td></td><td>将北盖甲线 8038 由热备用于 I 母线转冷备用</td><td></td><td></td></tr>
<tr><td></td><td>7</td><td></td><td></td><td>盖二变电站</td><td></td><td>将北盖甲线 8932 由运行转冷备用</td><td></td><td></td></tr>
<tr><td></td><td>8</td><td></td><td></td><td>西海变电站</td><td></td><td>将北盖甲线 1702 由运行转冷备用</td><td></td><td></td></tr>
<tr><td></td><td>9</td><td></td><td></td><td>团山变电站</td><td></td><td>将一、二号主变压器由运行转热备用</td><td></td><td></td></tr>
<tr><td></td><td>10</td><td></td><td></td><td>团山变电站</td><td></td><td>将北盖甲线 1120 由运行转冷备用</td><td></td><td></td></tr>
<tr><td></td><td>11</td><td></td><td></td><td>北海变电站</td><td></td><td>将北盖甲线 6627 由冷备用转检修</td><td></td><td></td></tr>
<tr><td></td><td>12</td><td></td><td></td><td>盖州变电站</td><td></td><td>将北盖甲线 8038 由冷备用转检修</td><td></td><td></td></tr>
<tr><td></td><td>13</td><td></td><td></td><td>盖二变电站</td><td></td><td>将北盖甲线 8932 由冷备用转检修</td><td></td><td></td></tr>
<tr><td></td><td>14</td><td></td><td></td><td>西海变电站</td><td></td><td>将北盖甲线 1702 由冷备用转检修</td><td></td><td></td></tr>
<tr><td></td><td>15</td><td></td><td></td><td>团山变电站</td><td></td><td>将北盖甲线 1120 由冷备用转检修</td><td></td><td></td></tr>
<tr><td></td><td>16</td><td></td><td></td><td>输电运检
（盖州）</td><td></td><td>通知 66kV 北盖甲线已停电，线路作业可以开始，现场安全措施自行负责</td><td></td><td></td></tr>
<tr><td></td><td>17</td><td></td><td></td><td>西海变电站</td><td></td><td>一号、二号主变压器由热备用转冷备用</td><td></td><td></td></tr>
<tr><td></td><td>18</td><td></td><td></td><td>西海变电站</td><td></td><td>通知西海变电站北盖甲线 1702，一、二号主变压器站内作业可以开始，现场安全措施自行负责</td><td></td><td></td></tr>
<tr><td></td><td>19</td><td></td><td></td><td>团山变电站</td><td></td><td>一号、二号主变压器由热备用转冷备用</td><td></td><td></td></tr>
<tr><td></td><td>20</td><td></td><td></td><td>团山变电站</td><td></td><td>通知团山变电站北盖甲线 1120，一、二号主变压器站内作业可以开始，现场安全措施自行负责</td><td></td><td></td></tr>
</table>

批准： 审核： 编制：

表 7-23　　地调电网系统操作票（逐项状态令）

编制时间：2017 年 9 月 1 日　星期五　　　　逐项状态指令号：ZX2017090104

操作任务：北海 220kV 变电站：66kV 北盖甲线由运行转检修
西海站：一、二号主变压器由冷备用转运行；团山站：一、二号主变压器由冷备用转运行

操作计划发受	计划时间：9 月 2 日 7 时 00 分				备　　注
	发计划时间	发计划人	接受单位	接受人	66kV 北盖甲线是北海 220kV 站电站与盖州 220kV 站电站之间的联络线。 66kV 北盖甲线 T 接团山、西海 66kV 站电站全部负荷及盖二站二号主变压器负荷
			北海变电站		
			盖州变电站		
			盖州调度		
			团山变电站		
			盖二变电站		

✓	顺序	发令		受令		操作项目	执行	
		姓名	时间	单位	姓名		时间	汇报人
	1			团山变电站		汇报团山站北盖甲线 1120，一、二号主变压器站内作业全结束，安全措施全拆除，送电无问题		
	2			西海变电站		汇报西海站北盖甲线 1702，一、二号主变压器站内作业全结束，安全措施全拆除，送电无问题		
	3			输电运检（盖州）		汇报 66kV 北盖甲线线路作业全结束，现场安全措施全拆除、人员全撤离，送电无问题		
	4			团山变电站		将北盖甲线 1120 由检修转冷备用		
	5			西海变电站		将北盖甲线 1702 由检修转冷备用		
	6			盖二变电站		将北盖甲线 8932 由检修转冷备用		
	7			盖州变电站		将北盖甲线 8038 由检修转冷备用		
	8			北海变电站		将北盖甲线 6627 由检修转冷备用		
	9			盖州变电站		将北盖甲线 8038 由冷备用转热备用于 I 母线		
	10			北海变电站		将北盖甲线 6627 由冷备用转热备用于 II 母线		
	11			北海变电站		将北盖甲线 6627 由热备用转运行（送电）		
	12			团山变电站		将一、二号主变压器由冷备用转运行（空载）		
	13			西海变电站		将一、二号主变压器由冷备用转运行（空载）		
	14			盖二变电站		将二号主变压器由冷备用转运行（空载）		
	15			盖州调度		团山变电站：一号、二号主变压器已空载，10kV 系统自行负责		
	16			盖州调度		西海变电站：一号、二号主变压器已空载，10kV 系统自行负责		
	17			盖州调度		盖二变电站：二号主变压器已空载，10kV 系统自行负责		

批准：　　　　审核：　　　　编制：

表 7-24　　　　地调电网系统操作票（逐项状态令）

编制时间：2017 年 9 月 1 日　星期五　　　　逐项状态指令号：ZX2017090105

操作任务：大石桥 220kV 变电站：66kV 桥峪甲线由运行转检修
南环、旺隆、峪子沟 66kV 变电站：一号主变压器由运行转冷备用

	计划时间：9 月 2 日 7 时 00 分				备　注
操作计划发受	发计划时间	发计划人	接受单位	接受人	66kV 桥峪甲线是大石桥 220kV 站电站的一条配出线，该线路 T 接南环、旺隆、峪子沟 66kV 站电站负荷
			大石桥变电站		
			南环变电站		
			旺隆变电站		
			峪子沟变电站		
			大石桥调度		

✓	顺序	发令		受令		操作项目	执行	
		姓名	时间	单位	姓名		时间	汇报人
	1			大二变电站		将消弧线圈分接头在“14”上投入一 号主变压器（都桥甲线）		
	2			南环变电站		将消弧线圈退出		
	3			峪子沟变电站		将 66kV 内桥 330 备自投退出		
	4			桥调		峪子沟变电站：一号主变压器已空载，一号主变压器可以停电		
	5			北海变电站		将北盖甲线 6627 由热备用于Ⅱ母线转冷备用		
	6			桥调		旺隆变电站：一号主变压器已空载，一号主变压器可以停电		
	7			桥调		南环变电站：一号主变压器已空载，一号主变压器可以停电		
	8			大石桥变电站		将桥峪甲线 5842 由运行转热备用（停电）		
	9			大石桥变电站		将桥峪甲线 5842 由热备用于Ⅰ母线转冷备用		
	10			峪子沟变电站		将桥峪甲线 332 由运行转冷备用		
	11			南环变电站		将桥峪甲线 5301 由运行转冷备用		
	12			旺隆变电站		将桥峪甲线 5651 由运行转冷备用		
	13			大石桥变电站		将桥峪甲线 5842 由冷备用转检修		
	14			峪子沟变电站		将桥峪甲线 332 由冷备用转检修		
	15			南环变电站		将桥峪甲线 5301 由冷备用转检修		
	16			旺隆变电站		将桥峪甲线 5651 由冷备用转检修		
	17			输电运检		通知 66kV 桥峪甲线线路作业可以开始，现场安全措施自行负责		
	18			峪子沟变电站		一号主变压器由热备用转冷备用		
	19			峪子沟变电站		通知峪子沟变电站一号主变压器站内作业可以开始，现场安全措施自行负责		

批准：　　　　审核：　　　　编制：

表 7-25　　地调电网系统操作票（逐项状态令）

编制时间：2017 年 9 月 1 日　星期五　　逐项状态指令号：ZX2017090106

操作任务：大石桥 220kV 变电站：66kV 桥峪甲线由检修转运行
南环、旺隆、峪子沟 66kV 变电站：一号主变压器由冷备用转运行

操作计划发受	计划时间：9 月 2 日 7 时 00 分				备　注
	发计划时间	发计划人	接受单位	接受人	66kV 桥峪甲线是大石桥 220kV 站电站的一条配出线，该线路 T 接南环、旺隆、峪子沟 66kV 站电站负荷
			大石桥变电站		
			南环变电站		
			旺隆变电站		
			峪子沟变电站		
			大石桥调度		

✓	顺序	发令		受令		操作项目	执行	
		姓名	时间	单位	姓名		时间	汇报人
	1			峪子沟变电站		汇报峪子沟站一号主变压器站内作业全结束，安全措施全拆除，送电无问题		
	2			输电运检		汇报 66kV 桥峪甲线线路作业全结束，现场安全措施全拆除、人员全撤离，送电无问题		
	3			大石桥变电站		将桥峪甲线 5842 由检修转冷备用		
	4			旺隆变电站		将桥峪甲线 5651 由检修转冷备用		
	5			南环变电站		将桥峪甲线 5301 由检修转冷备用		
	6			峪子沟变电站		将桥峪甲线 332 检修转冷备用		
	7			大石桥变电站		将桥峪甲线 5842 由冷备用转热备用于Ⅰ母线		
	8			大石桥变电站		将桥峪甲线 5842 由热备用转运行（送电）		
	9			旺隆变电站		将一号主变压器由冷备用转运行（空载）		
	10			南环变电站		将一号主变压器由冷备用转运行（空载）		
	11			峪子沟变电站		将一号主变压器由冷备用转空载（空载）		
	12			峪子沟变电站		将 66kV 内桥 330 备自投投入行负责		
	13			桥调		旺隆变电站：一号主变压器已空载，10kV 系统自行负责		
	14			桥调		峪子沟变电站：一号主变压器已空载，10kV 系统自行负责		
	15			南环变电站		将消弧线圈分接头在“14”上投入一 号主变压器（桥峪甲线）		
	16			大二变电站		将消弧线圈退出		

批准：　　审核：　　编制：

思 考 题

1．什么是电网倒闸操作？
2．开关操作前应注意哪些问题？
3．允许使用隔离开关进行的操作有哪些？
4．变压器并列运行条件是什么？
5．变压器停、送电操作应注意哪些事项？
6．大电流接地系统中变压器停、送电操作时，其中性点为什么一定要接地？
7．消弧线圈操作的注意事项是什么？
8．消弧线圈接地系统补偿度的整定原则是什么？
9．母线操作应考虑哪些问题？
10．母线操作的方法有哪些？
11．线路停送电操作的顺序是什么？
12．线路停送电操作时应注意哪些事项？
13．电网合环运行应具备哪些条件？
14．电网解环操作应注意哪些问题？
15．作为一名电网调度员，对继电保护需要了解哪些基本知识？
16．电网运行操作管理中对继电保护及安全自动装置有哪些要求？
17．电网新设备启动条件有哪些？
18．对新建的变电设备进行冲击合闸前，应注意哪些问题？
19．变压器启动应注意哪些问题？
20．线路启动应注意哪些问题？
21．母线启动原则有哪些？
22．TA、TV 启动应注意哪些问题？
23．新接网的机组启动应注意哪些问题？
24．编制电网系统操作票应注意哪些问题？

第八章

电网异常处理

本章内容使学员快速熟悉处理电网各种异常现象和分析异常原因，并掌握异常处理的原则、方法和注意事项等。

第一节 频率异常处理

培训目标

了解频率异常的定义、危害及导致频率异常的因素。掌握频率异常的现象、判断方法、危害和频率异常处理方法等。

一、导致频率异常的原因及危害

（一）异常频率的定义

GB / T 15945—2008《电能质量　电力系统频率允许偏差》规定以额定频率为 50Hz 的正弦波作为我国电力系统的标准频率（工频），并规定电网容量在 3000MW 及以上者，偏差不超过（50±0.2）Hz。电网容量在 3000MW 以下者，频率偏差不超过（50±0.5）Hz。

国家电网公司 2012 年颁布的《国家电网公司安全事故调查规程》规定：装机容量在 3000MW 及以上电网，频率超过（50±0.2）Hz，且持续时间 30min 以上；或频率超过（50±0.5）Hz，且持续时间 15min 以上；装机容量在 3000MW 以下电网，频率超过（50±0.5）Hz，且持续时间 30min 以上；或频率超过（50±1）Hz，且持续时间 15min 以上，定为一般电网事故。

装机容量在 3000MW 及以上电网，频率超过（50±0.2）Hz，且持续时间在 20min 以上；或频率超过（50±0.5）Hz，且持续时间在 10min 以上；装机容量在 3000MW 以下电网，频率超过（50±0.5）Hz，且持续时间在 20min 以上；或频率超过（50±1）Hz，且持续时间在 10min 以上，定为电网一类障碍。

由以上规定可知，装机容量在 3000MW 及以上电网，频率偏差超出（50±0.2）Hz 或装机容量在 3000MW 以下电网，频率超过（50±0.5）Hz，即可视为电网频率异常。

目前，我国已形成若干交流同步互联大区电网，如东北电网、西北电网、南方电网、华东电网，以及华北-华中电网，由于电网规模越大频率波动越小，所以这些大区电网的频率波动通常很小，正常波动范围均在（50±0.1）Hz 以内。

（二）导致频率异常的因素

当电力系统中总的发电机有功出力与总的有功负荷出现差值时就会产生频率偏差，当差值到达一定程度就会产生频率异常。从电网运行的角度，可将产生频率异常的原因分为电网事故和运行方式安排不当两类。

1. 电网事故造成的频率异常

发生电网解列事故后，送电端电网由于发电出力高于有功负荷，所以会使电网频率升高；而受电端电网由于发电出力低于有功负荷，所以导致电网频率会降低。

发生发电机跳闸事故后，电网会出现发电出力的缺额，因此，电网频率会降低。发生负荷线路或负荷变压器跳闸后，电网会出现有功负荷的缺额，因此，电网频率会升高。

2. 运行方式安排不当造成的频率异常

由于负荷预测的偏差，电网发电出力安排不当也会导致频率异常。若最小日负荷预计不准确，在最小负荷发生时，发电出力过剩，导致电网频率升高。若最大日负荷预计不准确，在最大负荷发电出力不足，导致电网频率降低。

另外，电网中某些大的冲击负荷也会对电网频率产生影响，如某些大型轧钢厂和电解铝厂的冲击负荷会达到100MW左右；或在某些特殊时间段，大量用户同时收看电视节目，如1999年收看国庆阅兵式，2008年收看奥运开幕式，大量的电视机输出功率变化也会对电网频率产生明显影响。

（三）频率异常的危害

1. 频率异常对发电设备的危害

频率过高或过低运行，受危害最大的是发电设备。主要危害有引起汽轮机叶片断裂；使发电机出力降低；使发电机机端电压下降；使发电厂辅机出力受影响，威胁发电厂安全运行。

2. 频率异常对用电设备的危害

电网中对频率敏感的用电设备主要有同步电动机负荷、异步电动机负荷。根据电动机驱动的设备不同，电动机输出功率与频率的一次方或者高次方成正比。因此，当系统频率发生变化时，这些设备的输出功率也会产生相应的变化。当频率变化过大时，对于输出功率要求比较严格的用电设备会产生不良影响。

3. 频率异常对电网运行的影响

当电网频率异常时会引起发电机高频保护、低频保护动作，导致机组解列（包括风电）；或者低频减载装置动作，切除负荷等。

电网中线路损耗、变压器中的涡流损耗与频率的平方成正比，因此，频率升高会导致电网的损耗增加。

二、频率异常处理方法

（一）调整负荷

（1）当电网频率低于正常值时，可采取紧急调整负荷的措施。

1）低频减载装置动作，切除负荷。

2）调控员依据上级调度限电指令，利用负荷批量控制功能远方操作限负荷。

3）调度员下令拉开负荷线路开关或负荷变压器开关。

4）由变电站按事先规定的顺序自行拉开负荷线路开关。紧急切除的负荷均不得自行恢复，当电网频率恢复到正常值后，得到上级调度的命令才能恢复。

（2）当解列小系统频率高于正常值而小系统内的机组已降至最低技术出力时，可考虑送出部分负荷。

（二）调整发电出力

（1）当电网频率高出正常值时，须紧急降低发电机有功出力。按紧急程度划分，措施有：

1）高频切机装置动作，切除部分机组。

2）调度员下令部分机组打闸停机。

3）电厂值班员紧急降低机组出力。

4）命令抽水蓄能机组泵工况运行。

（2）当电网频率低于正常值时，须紧急增加发电机有功出力。按紧急程度划分，措施有：

1）迅速调用旋转备用容量。

2）迅速开启备用机组（通常为启动快的水电机组）。

3）停用抽水状态的抽水蓄能机组等。

（3）当电网频率高于 50.10Hz 时，电网中所有发电厂的值班员无须等待值班调度员的命令，应立即自行降低有功出力直到频率恢复到 50.10Hz 以下或调整到运行设备最大出力为止。

（三）跨区事故支援

对于跨区域电网，未发生事故的区域电网应在保证电网安全的前提下对发生事故的区域电网进行事故支援。而实际上，当某一电网突然发生有功缺额时，由于互联电网的潮流分布，跨区联络线会自动增加，对有功率缺额的电网进行支援。

（四）恢复独立运行系统联络线

对于独立运行的系统，当发生频率异常而缺乏调整手段时，应尽快采取措施与主网并列运行。

（五）案例学习

如图 8-1 所示，局部电网与主网通过三回线路联系。

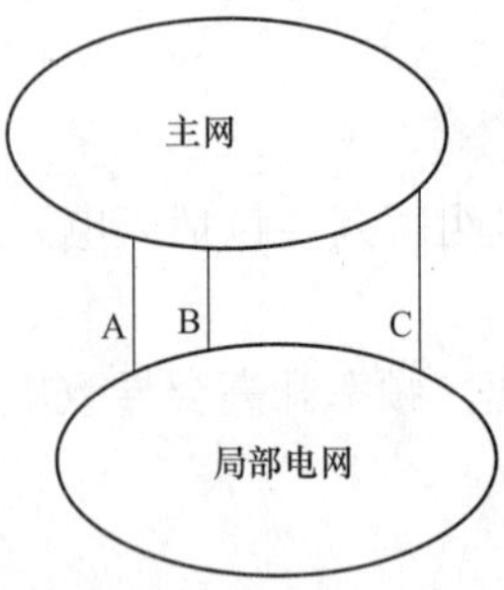

图 8-1　某电网系统

（1）现三回线通道有灾害性天气事件发生，导致三回线同时跳闸，局部电网与主网解列，由于事故前局部电网向主网受电，导致局部电网频率低至 49.3Hz，事故后主网调度通知当地电网调度负责处理，调度员采取如下措施：

1）立即下令增加网内电厂出力直至最大。

2）开出备用水电机组并增加出力直至最大。

3）按超供电能力限电序位表限电。

（2）在 30min 后，电网频率恢复至 49.90Hz，调度员向主网调度员申请小地区与主网同期并列。5min 后同期并列成功，地区电网恢复正常运行，通知水电机组停机，并恢复限电负荷。

三、防止频率崩溃的措施

（一）频率崩溃的定义

电力系统正常运行时，有功出力与有功负荷处于平衡状态，系统频率保持在一定范围内。在电力系统出现有功缺额时，电网频率会下降。如果没有旋转备用，则频率下降时有功负荷也会按静态频率特性下降，有功出力和有功负荷会在某个较低的频率下达到新的平衡，该平衡的位置称为稳定点。有功缺额越大，新的频率稳定点就越低。而实际上，由于发电厂的辅机受频率降低的影响，会降低输出功率，从而导致发电机有功出力会随着频率降低而降低。因此一旦低于某一临界频率，发电厂的辅机输出功率会显著降低，致使有功缺额更加严重，频率进一步下降，这样的恶性反馈使有功出力与有功负荷达不到新的平衡，频率快速下降，直至造成大面积停电，这就是频率崩溃。

（二）防止频率崩溃的措施

（1）电网运行应保证有足够的、发布合理的旋转备用容量和事故备用容量。

（2）电网应装设并投入有预防最大功率缺额切除容量的低频自动减负荷装置。

（3）水电厂机组采用低频自启动装置，抽水蓄能机组装设低频切泵及低频自启动发电的装置。

（4）制定系统事故拉路序位表，必要时紧急手动切除负荷。

（5）制定保发电厂厂用电及重要负荷的措施。

（三）低频减载和高频切机装置的作用和原理

（1）电力系统中，自动低频减载装置是用来解决严重功率缺额事故的重要措施之一，当频率下降到一定程度时自动切除部分负荷（通常为比较不重要的负荷），以防止系统频率进一步下降。这样即能确保电力系统安全运行，防止事故扩大，又能保证重要负荷供电。在低频减负荷装置整定时主要考虑以下几点：

1）最大功率缺额的确定。

2）装置每级动作频率值的整定。

3）每级切除负荷的限值的整定。

4）装置每级动作的延时。

5）某些与主网联系薄弱，容易造成系统解列的小地区的低频减载负荷量的确定。

（2）高频切机装置是防止电力系统频率过高的重要措施，当频率上升到一定程度时自动切除部分机组，以防止系统频率过高危害发电机组的运行。高频切机装置在送端电网装设。高频切机装置切除机组的台数和容量的确定非常关键，不能因切机装置动作而导致电网频率低于正常值。同时，装置动作频率动作值和动作延时的确定要与机组自身高频保护的动作值相配合，通常应低于机组高频保护的动作值。

第二节 电压异常处理

培训目标

了解电压异常的定义、危害及导致电压异常的因素，熟悉电压异常处理方法，熟悉电压崩溃的定义及防止电压崩溃的措施。掌握电压谐振的处理方法。

一、电压异常的原因及危害

（一）电压异常的标准

国家电网公司2012年颁布的《国家电网公司安全事故调查规程》规定：电压监视控制点电压偏差超出电力调度规定的电压曲线±5%，且持续时间在1h以上；或偏差超出±10%，且持续时间在30min以上，构成电网一类障碍。电压监视控制点电压偏差超出电力调度规定的电压曲线±5%，且持续时间在2h以上；或偏差超出±10%，且持续时间在1h以上，定为一般电网事故。

（二）电压异常的原因及危害

1. 低电压原因及危害

电力系统运行中的低电压一般是由于无功电源不足或无功功率分布不合理造成的。发电机、调相机非正常停运以及并联电容器等无功补偿设备投入不足是无功电源不足的主要原因，变压器分接头调整和并联电容器投退不当则会造成无功功率分布不合理。

低电压可造成电炉、电热、整流、照明等设备不能达到额定功率，甚至无法正常工作，比如当电压低于额定电压90%时，白炽灯照度约降低30%，日光灯照度约降低10%；当电压低于额定电压80%时，日光灯不亮，电视机失真。对于电动机负荷，低电压会使电流增大，发电机发热严重，当电压低于额定电压80%时，发电机电流会增加20%～30%，温度升高12～15℃。此外，低电压情况下，线路和变压器的功率传输能力降低，使输变电设备的容量不能充分利用；另外，低电压时输送电流增大会造成不必要的网损。

2. 高电压原因及危害

电网局部无功功率过剩是造成高电压的根本原因。负荷反送无功，空载、轻载架空线路和电缆线路发出无功都会导致电网局部无功功率过剩。在无功过剩的情况下，如果发电机进相能力不足，电抗器和并联电容器未及时投退，变压器分接头调整不当，无法合理调整过剩的无功，局部电网就会电压升高。

各种负荷设备有其规定的正常运行电压范围，高电压可能造成负荷设备减寿或损坏。对电网而言高电压会增加变压器的励磁损耗，并造成输变电设备绝缘寿命缩短甚至绝缘破坏。

（三）电网过电压

1. 过电压的定义及分类

电网在正常运行情况下，电气设备在额定电压范围内运行，但由于雷击、操作、故障和参数配合不当等原因，电网中的某些元件或部分电压升高，甚至远超过额定值，这种现象称为过电压。

过电压根据产生原因和作用机理不同分为大气过电压、工频过电压、操作过电压以及谐振过电压。

2. 产生过电压的原因

大气过电压是由于直击雷雷击电网或雷电感应产生的。

工频过电压产生的原因主要有三类：

（1）空载长线路的电容效应。

（2）不对称故障导致非故障相电压升高。

（3）甩负荷引起电压升高。

3. 产生操作过电压的原因

（1）切除空载变压器时，绕组中的感性电流被瞬间切断，电流的突变将使绕组感生出高电压。同样的现象在切除异步电动机、电抗器等感性元件时也会出现。

（2）空载线路切除时发生电弧重燃，以及合闸时回路中发生高频振荡都会产生过电压。

（3）中性点绝缘系统发生单相接地故障，接地点的电弧间歇性地熄燃，故障相和非故障相都会产生过电压，这种过电压称为电弧接地过电压。

（4）解合大环路引起的过电压。

4. 谐振过电压的分类

系统进行操作和发生故障时不同元件的容性或感性在工频或其他谐波频率发生串联谐振，串联回路中的元件就会产生过电压，即谐振过电压。

谐振过电压具体义可分为：

（1）线性谐振过电压：不带铁芯的感性元件（如输电线路、变压器漏抗）或励磁特性接近线性的带铁芯感性元件可以与系统中的容性元件组成谐振回路，产生谐振过电压。

（2）铁磁谐振过电压：带铁芯的感性元件（如空载变压器、电压互感器）在发生磁饱和时，感抗值将发生变化，如果其与系统其他容性元件满足谐振条件发生谐振，产生的过电压称为铁磁谐振过电压。

（3）参数谐振过电压：感抗值周期性变化的感性元件（如凸极同步发电机）可能与系统其他容性元件在参数配合时发生谐振，从而产生过电压。

二、电压异常处理方法

（一）调整无功电源

1. 当电压异常降低时可以采取的措施

（1）迅速增加发电机无功出力，条件允许时可以降低有功出力。

（2）投无功补偿电容器。

（3）切除并联电抗器等。

2. 当电压异常升高时可以采取的措施

（1）降低发电机无功出力，必要时让发电机进相运行。

（2）切除并联电容器，投入并联电抗器。

（二）调整无功负荷

（1）当电压异常降低时，应督促电力用户投入用户侧的无功补偿装置，当电网确无调压条件时，可以采取拉路限电等极端措施。

（2）当电压异常升高时，应督促电力用户将无功补偿装置退出运行。

（三）调整电网运行方式

（1）电压异常时可以采取调整变压器分接头的方式强制改变无功潮流分布。

（2）当某局部电网电压异常降低时可以采用投入备用线路等方法，加强电网的结构，提高电网电压。

（3）当系统电压异常升高时而电网确无调整手段，电网方式允许时可采取短时牺牲供电可靠性而断开某些负荷次要的长线路等极端措施。

三、防止电压崩溃的措施

（一）电压崩溃的定义

由电力系统各种干扰引发的局部电网电压持续降低甚至最终到零电压的现象称为电压崩溃。电压崩溃发生的过程持续时间从几秒到几十分钟不等，发生的范围有时较大，甚至可以使局部电网瓦解。

（二）导致电压崩溃的原因

电压崩溃的原因及其相互作用的机理十分复杂，现作简要的定性阐述。

（1）系统的电压稳定性首先与事故前系统的运行方式密切相关，紧密的电气联系和充足的无功储备有助于保持电压稳定，不合理的运行方式会埋下电压失稳的隐患。

（2）系统的电压稳定性和负荷水平以及负荷特性密切相关。在一些特殊方式下重负荷可能使诸如发电机、有载调压变压器等调压设备的调压能力达到其限值。不利的负荷电压特性会加剧电压失稳。

（3）电压失稳往往与功角失稳交替发生，并且两者会产生推波助澜的作用。

（4）事故过程中，各种保护及安全装置符合其动作策略的正确动作行为也可能会对电压稳定产生消极作用。

总体来讲，输电网络的强度，系统的负荷水平，负荷特性，各种无功电压控制装置的特性，以及保护、安全装置的动作策略，都对系统的电压不稳定甚至电压崩溃有着重要影响。

（三）防止电压崩溃的措施

虽然电压崩溃现象的作用机理和研究方法目前在学术界尚无定论，但是仍可采取一些实际措施提高系统的电压稳定性。

（1）安装足够容量的无功补偿设备，保持系统较高的无功充裕度。

（2）坚持无功功率分层分区就地平衡的原则，避免电网远距离、大容量传送无功。

（3）在正常运行中要备有一定可以瞬时自动调出的无功备用容量，如 SVC、SVG 等。

（4）在供电系统采用有载调压变压器时，必须配备足够的无功电源。

（5）超高压线路的充电功率不宜作补偿容量使用，以防跳闸造成电压大幅波动。

（6）高电压、远距离、大容量输电系统，在中途短路容量较小的受电端，设置静补、调相机等作电压支撑。

（7）在必要地区要安装低压自动减负荷装置，并准备好事故限电序位表。

（8）建立电压安全监视系统，它应具备向调度员提供电网中有关地区的电压稳定裕度、电压稳定易受破坏的薄弱地区、应采取的措施（无功电压调整、切负荷等）功能。

四、谐振的处理方法

（一）谐振产生的原因及危害

电网中一些电感、电容元件在系统进行操作或发生故障时可形成各种振荡回路，在一定的能量作用下，会产生串联谐振现象，导致系统某些元件出现严重的过电压。谐振产生的过电压会使电网中绝缘设备损坏。谐振在电压互感器中产生的过电流甚至会导致电压互感器因过热发生爆炸。谐振过电压分为以下几种：

1. 线性谐振过电压

谐振回路由不带铁芯的电感元件（如输电线路的电感、变压器的漏感）或励磁特性接近线性的带铁芯的电感元件（如消弧线圈）和系统中的电容元件组成。

2. 铁磁谐振过电压

谐振回路由带铁芯的电感元件（如空载变压器、电压互感器）和系统的电容元件（如开关断口电容）组成。因铁芯电感元件的饱和现象，使同路的电感参数是非线性的，这种含有非线性电感元件的回路在满足一定的谐振条件时，会产生铁磁谐振。如开关断口电容与变电站母线电压互感器之间的串联谐振。

3. 参数谐振过电压

由电感参数做周期性变化的电感元件和系统中的电容元件组成同路，当参数配合时，通过电感的周期性变化，不断向谐振系统输送能量，造成参数谐振过电压。如发电机接上容性负荷后的自励磁现象。

（二）消除谐振的方法

运行中出现谐振现象，应通过改变电网运行方式破坏产生谐振的条件。

（1）高断路器动作的同期性。由于许多谐振过电压是在非全相运行条件下引起的，所以，提高断路器动作的同期性，防止非全相运行，可以有效防止谐振过电压的产生。

（2）在并联高压电抗器中性点加装小电抗。用这个措施可以阻断非全相运行时工频电压传递及串联谐振。

（3）破坏发电机产生自励磁的条件，防止发生参数谐振过电压。

（4）采用电容式电压互感器取代电磁式电压互感器，防止发生铁磁谐振。

（5）由于操作产生的谐振过电压，一般可以立即恢复操作前的运行方式。采取防止措施后，再重新操作。

（6）对母线充电时产生谐振过电压，可立即送上一条线路，破坏谐振的条件，消除谐振。

（7）如果是运行中突然发生谐振过电压。可以试着断开一个不重要负荷的线路，改变参数。

（8）如果在开关断口上，有并联电容。当母线停电操作时，母线断开电源后，母线电压表有很高的读数，并有抖动，发生谐振过电压，此时可以迅速将电源开关再合上。先将电压互感器的二次断开，并将互感器一次隔离开关拉开后，再停母线。当母线恢复送电操作时，电源开关未合上之前，若母线电压表已有较高的指示，发生谐振过电压。可合上断路器，对母线充电，消除谐振。为避免此情况，可在母线停电时，先停电压互感器，再将母线电源断开，母线送电时，母线带电后，再合电压互感器一次隔离开关。

（三）案例学习

谐振的处理方法主要是改变系统参数，打破谐振产生的条件，最终消除谐振。

如图 8-2 所示，某变电站除站用变断路器 QF8 在断开外，所有元件均为运行，母线发生谐振，可以依次采取以下措施，直到谐振消除为止。

（1）断开空载充电线路断路器 QF3，改变运行方式。

（2）断开补偿电容器组断路器 QF4，改变系统参数。

（3）合上站用变压器断路器 QF8，改变系统参数。

（4）断开负荷 1 线路充断路器 QF1，改变运行方式。

（5）断开负荷 2 线路充断路器 QF2，改变运行方式。

（6）断开主变压器断路器 QF9。

（7）投入电压互感器或消弧线圈的消谐装置。

（8）必要时利用环网线路与另一变压器系统短时环并的方法消除谐振。

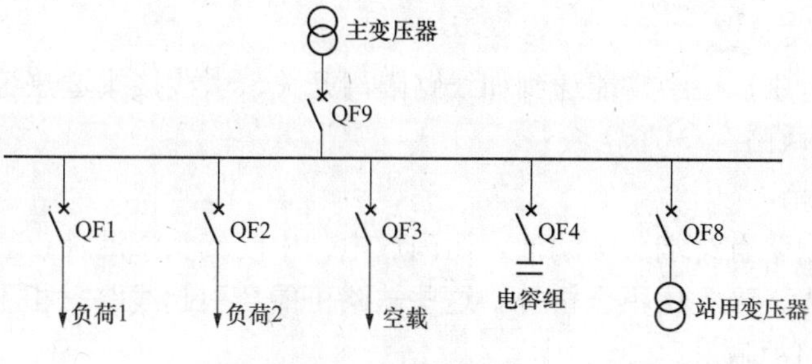

图 8-2 某变电站接线图

第三节　线路异常处理

培训目标

掌握线路异常的原因和种类、线路单相接地对电网的影响以及线路异常事故的处理方法和注意事项。

一、线路异常种类

（一）线路运行中常见异常

1. 线路过负荷

线路过负荷指流过线路的电流值超过线路本身允许电流值或者超过线路电流测量元件的最大量程。线路过负荷的原因主要有受端系统发电厂减负荷或机组跳闸、联络线并联线路的切除、由于安排不合理导致系统发电出力或用电负荷分配不均衡等。线路发生过负荷后，会因导线弧垂度加大而引起短路事故。若线路电流超过测量元件的最大量程，会导致无法监测真实的线路电流值，从而给电网运行带来风险。

2. 线路三相电流不平衡

线路三相电流不平衡是指线路 A、B、C 三相中流过的电流值不相同。正常情况下电力系统 A、B、C 三相中流过的电流值是相同的，当系统联络线一相开关断开而另两相开关运行时，相邻线路就会出现三相电流不平衡；当系统中某线路的隔离开关或线路接头处出现接触不良，导致电阻增加时，也会导致线路三相电流不平衡。小接地电流系统发生单相接地故障时也会出现三相电流不平衡。通常三相电流不平衡对线路运行影响不大，但是系统中严重的三相不平衡可能会造成发电机组运行异常以及变压器中性点电压的异常升高。当两个电网仅由单回联络线联系时，若联络线发生非全相运行会导致两个电网连接阻抗增大，甚至造成两个电网间失步。

3. 小接地电流系统单相接地

我国规定 3～66kV 电压等级系统采用中性点非直接接地方式（包括中性点经消弧线圈接地方式），因为在这种系统中发生单相接地故障时，不构成短路回路，接地电流不大，所以允许短时运行而不切除故障线路，从而提高供电可靠性。但这时其他两相对地电压升高为相电压的 $\sqrt{3}$ 倍，这种过电压对系统运行造成很大威胁，因此，值班人员必须尽快寻找接地点，并及时隔离。

4. 线路其他异常情况

在实际调度运行中，还经常能遇到如线路隔离开关、引线接头过热等其他异常情况。

（二）线路常见缺陷

1. 电缆线路缺陷

电缆线路常见缺陷有终端头渗漏油，污闪放电；中间接头渗漏油；表面发热，直流耐压不合格，泄漏值偏大，吸收比不合格等。这些缺陷可能会引起线路三相不平衡，若不及时处理有可能发展为短路故障。

2. 架空线路缺陷

架空线路常见缺陷有线路断股、线路上悬挂异物、接线卡发热、绝缘子串破损等。这些缺陷可能会引起线路三相不平衡，若不及时处理有可能发展为短路或线路断线故障。

二、线路异常处理

（一）线路过负荷的处理

1. 消除线路过负荷可采取的方法

（1）受端系统的发电厂迅速增加出力，并提高增加无功出力，提高系统电压水平。

（2）送端系统发电厂降低有功出力，必要时可直接下令解列机组。

（3）情况紧急时可下令受端系统切除部分负荷，或转移负荷。

（4）有条件时，可以改变系统接线方式，强迫潮流转移。

应该注意的是，与变压器相比，线路的过载能力比较弱，当线路潮流超过热稳定极限时，运行人员必须果断迅速地将线路潮流控制下来，否则可能发生因线路过载跳闸而引起的连锁反应。

2. 电网间联络线超过稳定限额时应采取的措施

（1）为防止线路因过负荷或超稳定极限而引起事故，各厂、站值班人员应实时监视线路潮流，发现线路功率接近极限或三相电流不平衡时，应及时报告值班调度员。

（2）当联络线过负荷或超稳定极限时，应立即采取以下措施，使联络线输送功率恢复到允许范围内。

1）受端系统发电厂增加出力（包括快速启动水电厂的备用机组、调相的水轮机快速改发电运行），并提高电压。

2）送端系统发电厂降低出力，并提高电压。

3）改变系统运行方式。

4）受端系统限制负荷，紧急时可以拉闸限电。

5）当线路潮流已超过热稳定极限时，应采取一切必要手段尽快消除过负荷。

（二）线路三相电流不平衡的处理

当线路出现三相电流不平衡时，首先判断造成不平衡的原因，应检查测量表计读数是否有误、开关是否非全相运行、负荷是否不平衡、线路参数是否改变、是否有谐波影响等。若线路三相电流不平衡是由于某一线路开关非全相造成，则应立即将该线路停运。若该线路潮流很大，立即停电对系统有很大影响，则可调整系统潮流，如降低发电机出力，待该线路潮流降低后再将该线路停运。对于单相接地故障引起的三相电流不平衡，应尽快查明并隔离故障点。

（三）线路发生单相接地故障

（1）发生单相接地故障后，调度员在得到现场汇报后，首先采取分割电网法，缩小故障范围，即把电网分割成电气上不直接连接的几个部分，以判断单相接地区域。如将母线之间联络断路器断开，使母线分段运行或将并列运行的变压器分列运行。分割电网时，应注意分割后各部分的功率平衡、保护配合、电能质量和消弧线圈的补偿等情况。

（2）现场值班员根据故障范围，详细检查站内电气设备有无明显的故障迹象，同时应及时与客户服务中心等单位联系，根据用户报修信息有针对性地查找故障线路。如果仍无法找出故障点，可通过试拉分路寻找接地点。

（3）采用试拉分路法进行选择。根据线路故障概率及负荷重要性，应遵循先架空线路后电缆线路，先公用线路后专用线路的原则。应拉开母线无功补偿电容器断路器以及空载线路。对多电源线路，应采取转移负荷，改变供电方式后寻找接地故障点。运行线路故障在危及人身安全时（如断线接地发生在公共场所等情况）允许立即将该线路停电。

（4）在具备条件情况下，可以采用保护跳闸、重合送出的方式进行试拉寻找故障点，当拉开某条线路断路器接地现象消失，便可判断它为故障线路，同时要求维护单位对故障线路的断路器、隔离开关、穿墙套管等设备做进一步检查。

（5）必须用隔离开关切断接地故障电流时，可按下述“人工接地”法处理。

1）在同一电压网络内选择一台已解备的断路器，在断路器与接地相同相上作单相人工接地线。

2）合上解备断路器的母线隔离开关，合上该断路器使人工接地线与故障点并列。

3）拉开解备断路器的操作直流空开。

4）拉开接地点隔离开关或跌落式熔断器。

5）拉开原解备的断路器，并拉开其母线侧隔离开关，拆除人工接地线。

（6）变电站加装的小电流接地自动选线装置，能够自动选择出发生单相接地故障线路，时间短，准确率高，改变传统人工选线方法，对非故障线路减少不必要的停电，提高供电可靠性，防止故障扩大。但在实际应用中，因需根据线路实测参数的变化调整此装置定值，故该装置故障选线结果可能不准确，往往备选线路为故障接地线路。

（7）小电流接地系统线路单相接地故障处理过程如下：

1）发生接地故障时，值班人员应立即断开接地母线上有带电作业的线路开关，然后再向调度汇报，听候处理，值班调度员在未与该线路带电作业工作负责人取得联系，落实情况前，无论接地是否消失，不得送电。

2）查找接地故障的方法如下：

a．利用接地选线装置测定哪一条线路有接地。

b．将电网分成电气上不直接相连的几个部分。

c．根据负荷性质采取拉路方法查找。

（8）查找接地故障，一般按下列顺序进行。

1）两台主变压器以上并列运行的变电站或一台主变压器运行，一台主变压器备用的，先将备用主变压器投运，拉开母联开关，以检查接地在哪一段母线上。

2）试拉合空载充电线路。

3）试拉合环网线路、有并联回路和有自备电源的线路。

4）试拉合分支最多、最长，负荷最轻和最不重要的线路。

5）试拉合分支最少、较短，负荷较重要的线路。

6）检查变电站内母线系统及设备，如站用变压器、补偿电容器、避雷器、电压互感器等。

7）检查主变压器和发电机。

8）短时试拉、合线路查找接地时，特殊用户应事先通知。

（9）接地故障处理必须注意以下事项：

1）处于过补偿（包括欠补偿）运行的系统发生单相接地时，经了解有关发电厂、变电站无问题后，按规定顺位进行选择（欠补偿系统接地选择时，应避免谐振补偿）。选中后，如故障系统低压侧三相电压平衡，无其他严重影响，则允许带接地运行，且连续带接地运行时间按消弧线圈规定执行，但不得超过 2h。

2）无人值班变电站接地选择时可采用监控人员远方遥控快速拉合断路器的方式进行。如无法遥控操作，由运维人员就地拉合断路器进行选择。

3）当选中接地线路为充电线路时（含 66kV 备自投线路）应立即手停，待故障点隔离后再恢复送电。

4）66kV 双回线其中一回发生接地时，应立即将负荷转移至另一线路供电，并将接地线路停运。

5）如证实线路断线或接地危及人身及设备安全时，应立即将接地线路停运，双回线可通过所带变电站备自投装置动作将负荷转移至另一线路供电。如备自投装置拒动或停运，可通过监控远方遥控操作的方式将负荷转移，待故障点隔离后再恢复线路送电。

6）66kV 全电缆线路（或电缆长度 50%以上）发生单相接地故障时应立即停运，待检查排除故障后再恢复送电。

7）当含有部分电缆的 66kV 线路（电缆长度 50%以下）发生单相接地故障，当确定为电缆段接地时应立即停运。

8）66kV 全电缆线路重合闸应退出运行，线路故障跳闸后禁止强送，待检查排除故障后再行试送。

第四节　变压器异常处理

培训目标

掌握变压器常见异常的现象、原因和处理方法。

一、变压器异常的种类

（一）变压器油色谱分析异常

在热应力和电应力的作用下，变压器运行中油绝缘材料会逐渐老化，产生少量低分子烃类气体。变压器内部不同类型的故障，由于能量不同，分解出的气体成分和数量是有区别的。

油色谱分析是指用气相色谱法分析变压器油中溶解气体的成分。即从变压器中取出油样，再从油中分离出溶解气体，用气相色谱法分析该气体的成分，对分析结果进行数据处理，并依据所获得的各成分气体的含量判定设备有无内部故障，诊断其故障类型，并推定故障点的温度、故障能量等。

（二）变压器过负荷

变压器过负荷指流过变压器的电流超过变压器的额定电流值。

变压器过负荷时，其各部分的温升将比额定负荷运行时高。过负荷运行会加速变压器绝缘老化，缩短寿命，严重时将会烧毁变压器，威胁变压器安全运行。通常变压器具备短时间过负荷运行的能力，具体时间和过负荷数值应根据过负荷前上层油的温升及过负荷倍数确定并严格按制造厂家的规定执行。

造成变压器过负荷的原因主要有变压器所带负荷增长过快、并联运行的变压器事故退出运行、系统事故造成发电机组跳闸、系统事故造成潮流的转移等。

（三）变压器温升过高

变压器温升过高，变压器的监视油温超过规定值。油浸式变压器上层油温的一般规定值如表 8-1 所示。当变压器冷却系统电源发生故障使冷却器停运和变压器发生内部过热故障时，或环境温度超过 40℃时，变压器会发生不正常的温度升高。

表 8-1　　变压器冷却介质最高温度和最高顶层油温　　℃

冷却方式	冷却介质最高温度	最高上层油温
自然循环自冷、风冷	40	95
强迫油循环风冷	40	85
强迫油循环水冷	30	70

（四）变压器过励磁

当变压器电压升高或系统频率下降时都将造成变压器铁芯的工作磁通密度增加，若超过一定值时，会导致变压器的铁芯饱和，这种变压器的铁芯饱和现象称为变压器的过励磁。

当变压器电压超过额定电压 10%时，变压器铁芯将饱和，铁损增大。漏磁使箱壳等金属构件涡流损耗增加，造成变压器过热，绝缘老化，影响变压器寿命甚至烧毁变压器。

（五）变压器其他异常

变压器其他异常有变压器油因低温凝滞；变压器油面过高或过低，与当时负荷所应有的油位不一致；各种原因导致的变压器渗漏油等。

二、变压器异常处理

（一）变压器过负荷处理方法

1. 变压器过负荷的消除方法

变压器过负荷，应立即设法使变压器过负荷在规定时间内消除，其方法如下：

（1）受端增加发电厂出力。

（2）投入备用变压器。

（3）改变电网运行方式或转移负荷。

（4）受端按规定的顺序限制负荷。

2. 自耦变压器（低压侧接有发电机）过负荷的处理方法

（1）增加中压侧系统的发电功率。

（2）降低低压侧的发电机功率。

（3）对中压侧系统实行限电。

（二）变压器温升过高处理方法

当变压器温升过高超过规定值时，现场值班人员应：

（1）检查变压器的负载和冷却介质的温度，并与在同一负载和冷却介质温度下正常的温度进行核对。核对温度测量装置是否准确；检查变压器冷却装置或变压器室的通风情况。

(2)若温度升高的原因是由于冷却系统的故障，且在运行中无法修理，应将变压器停运；若不能立即停运，则值班人员应按现场规程的规定调整变压器的负载至允许运行温度下的相应容量。

(3)在正常负载和冷却条件下，变压器温度不正常并不断上升，且经检查证明温度指示正确，则认为变压器已发生内部故障，应立即将变压器停运。

(4)变压器在各种超额定电流方式下运行，若上层油温超过规定值，应立即降低负载。

(三)变压器过励磁处理方法

为防止变压器过励磁，必须密切监视并及时调整电压，将变压器出口电压控制在合格范围。

(四)变压器其他异常处理

(1)变压器中的油因低温凝滞时，可逐步增加负荷，同时监视顶层油温，直至投入相应数量的冷却器，转入正常运行。

(2)当发现变压器的油面较当时负荷所应有的油位显著降低时，应查明原因，及时补油。

(3)变压器油位因温度上升有可能高出油位指示极限，经查明不是假油位所致时，则应放油，使油位降至与当时负荷相对应的高度，以免溢油。

(4)当瓦斯保护信号动作时，应立即对变压器进行检查，查明是否因聚积空气、油位降低、二次回路故障或是变压器内部故障造成的。然后根据有关规定进行处理。

(五)当变压器出现下列情况之一时，应立即停电并进行处理

(1)内部音响很大，很不均匀，有爆裂声。

(2)在正常负荷和冷却条件下，变压器温度不正常且不断上升。

(3)油枕或防爆管喷油，压力释放阀动作。

(4)漏油致使油面下降，低于油位指示计的指示限度。

(5)油色变化过甚，油内出现碳质等。

(6)套管有严重的破损和放电现象。

(7)其他现场规程规定的情况。

第五节 发电设备异常处理

培训目标

掌握发电设备常见异常种类、现象和处理方法。

一、发电机的常见异常

发电机的常见异常主要有负序过流和低压过流、定子匝间短路、定子一点接地、励磁回路一点接地、定子过负荷、转子过负荷、过电压、频率异常等。

二、锅炉本体设备异常

锅炉本体异常主要包括主给水、蒸汽管路发生爆破；炉膛或烟道内发生爆炸，设备遭到严重损坏；锅炉燃烧不稳，炉膛压力波动大；锅炉四管爆裂；汽包水位过高或过低等。

在下列情况下，可以紧急停炉：

（1）运行工况，参数达到事故停炉保护动作定值，而保护拒动。

（2）全部给水流量表损坏，造成主蒸汽温度不正常或虽然主蒸汽温度正常，但1/2h之内流量表计未恢复。

（3）主给水、蒸汽管路发生爆破时。

（4）炉膛内或烟道内发生爆炸，设备遭到严重损坏时。

（5）蒸汽压力超过极限压力，安全门拒动或者对空排气门打不开时。

（6）中压安全门动作后不回座，再热器压力、温度下降，达到不允许运行时。

（7）主要仪表电源消失，无法监控机组运行时。

（8）低负荷锅炉燃烧不稳，炉膛压力波动大（蒸汽流量迅速下降）时。

（9）锅炉四管爆破，危及临近管子安全时。

（10）汽包水位计全部损坏或失灵，无法监视水位时。

（11）汽包水位过高或过低时。

三、汽轮机设备异常

汽轮机的主要异常包括水击，机组超速，涨差超过允许值，油系统着火，冷油器出口油温过高，主、再热蒸汽温度高，高压缸排汽温度高，汽轮机轴向位移大，轴振、瓦振大，凝汽器水位过高。

四、辅助设备异常

电厂辅助设备异常主要包括磨煤机故障、吸风机故障、送风机故障、给水泵故障、冷却系统故障等。

五、影响发电出力

许多电厂设备的异常并不一定导致机组解列，但通常会影响发电出力，使发电机最大出力不能达到额定值。也有某些异常会使机组的调峰、调频能力受到很大影响。

六、需要紧急停机的情况

（1）当发电机组遇有下列情况时，需要紧急停机：

1）水击。

2）机组超速。

3）胀差超过允许值。

4）机组内有清晰的金属声。

5）控制油箱油位低于停机油位。

6）油系统着火，威胁机组安全。

7）冷油器出口油温过高或超出规定值。

8）轴承金属温度高。

9）发电机密封油回油温度高。

10）主、再热蒸汽温度高。

11）正常运行时，主、再热蒸汽温度低。

12）高压缸排汽温度高。

13）低压缸排汽温度高。

14）汽轮机轴向位移大。

15）偏心率大。

16）汽轮机推力轴承温度高。

17）汽轮机凝汽水位过高。

（2）当遇有下列情况时，发电机必须与系统解列：

1）发电机、励磁机内冒烟、着火或氢气爆炸。

2）发电机或励磁机发生严重的振动。

3）发生威胁人员生命安全时。

七、电网调度处理

（1）电厂设备异常会使电网当前有功平衡受到影响，调度应及时调整其他机组出力，使电网频率或联络线考核指标在合格范围内。

（2）电厂设备异常会使电网在负荷高峰时旋转备用不足，也可能造成电网在负荷低谷时调峰能力不足。调度应安排好机组启停或限电计划，以满足电网在负荷高峰、低谷时的需求。

（3）某些负荷中心区的机组异常时，还可能会导致电网局部电压降低或某些联络线过负荷。调度应关注小地区的电压支撑及联络线潮流，及时投入备用的有功和无功容量，将小地区电压及联络线潮流调整至合格范围。

第六节 断路器异常处理

培训目标

掌握断路器常见的拒分闸、拒合闸及非全相运行等异常的处理方法和注意事项等。

一、断路器异常故障种类

（一）断路器拒分闸

断路器拒分闸指合闸运行的断路器无法断开。

断路器拒分闸原因分为电气方面原因和机械方面原因。

（1）电气方面原因有保护装置故障、开关控制回路故障、开关的跳闸回路故障等。

（2）机械方面原因有开关本体大量漏气或漏油、开关操动机构故障、传动部分故障等。

断路器拒分闸对电网安全运行危害很大，因为当某一元件故障后，断路器拒分闸，故障不能消除，将会造成上一级断路器跳闸（即“越级跳闸”）或相邻元件断路器跳闸。这些都将扩大事故停电范围，通常会造成严重的电网事故。

（二）断路器拒合闸

断路器拒合闸通常发生在合闸操作和线路断路器重合闸过程中。拒合闸的原因也分为电气原因和机械原因两种。

若线路发生单相瞬间故障时，断路器在重合闸过程中拒合闸，将造成该线路停电。

（三）断路器非全相运行

分相操作的断路器有可能发生非全相分、合闸，将造成线路、变压器或发电机的非全相运行。非全相运行会对元件特别是发电机造成危害，因此必须迅速处理。

二、断路器异常故障处理

（一）断路器拒分闸

运行中的断路器出现拒分闸，必须立即将该断路器停运。具体方法如下：

（1）有旁路断路器的用旁路断路器与异常断路器并联，用隔离开关解环路使异常断路器停电。

（2）无旁路断路器的用母联断路器与异常断路器串联，倒为单母线运行方式，断开母联断路器后，再用异常断路器两侧隔离开关使异常断路器停电。

对于 3/2 接线的断路器，需将与其相邻所有断路器断开后才能断开该断路器两侧隔离开关。必要时可考虑直接拉开断路器两侧隔离开关解环，直接拉隔离开关时应至少断开本串开关的控制直流空气开关。

当母联断路器拒分闸时，可同时将某一元件的双隔离开关合入，再将母联断路器两侧隔离开关拉开停电。

（二）断路器拒合闸

断路器出现拒合闸时，现场人员若无法查明原因，则需将该断路器转检修进行处理。有条件采用旁路代的方式送出该设备。

当双母线运行的母联断路器偷跳后拒合闸时，不能直接同时合入某一元件的双隔离开关，必须通过旁路断路器将两条母线合环运行。

（三）断路器非全相运行

现场人员进行断路器操作时，发生非全相时应自行拉开该断路器。当运行的断路器发生非全相时，如果断路器两相断开，应令现场人员将断路器三相断开；如果断路器一相断开，可令现场人员试合闸一次，若合闸不成功，应尽快采取措施将该断路器停电。如上述措施仍不能恢复全相运行时，应尽快采取措施将该断路器停电。

除此以外，若由于人员误碰、误操作或受机械外力振动等原因造成断路器误跳或偷跳，在查明原因后应立即送电。

（四）开关有下列情况之一者，应申请立即停运处理

（1）套管严重损坏，并有严重放电现象。

（2）开关内部有异常响声。

（3）少油开关灭弧室冒烟。

三、断路器异常及故障的处理过程

（1）开关非全相运行的处理。

1）220kV 线路开关不允许非全相运行；当发生两相运行时，现场值班人员应不待调度指令，立即合上断开相开关，恢复全相运行，若无法恢复，应立即断开该开关其他两相，并迅速报告值班调度员；当发生一相运行时，现场值班人员应不待调度指令，立即断开该运行的一相开关，并迅速报告值班调度员。

2）如果非全相断路器采取以上措施无法拉开或合入时，则应尽快将线路对侧断路器断开，然后到断路器机构箱就地断开断路器。

3）发电机变压器组出口开关一旦发生非全相运行时，现场值班人员应不待调度指令，迅速恢复全相运行；若无法恢复，应不待调度指令，立即将发电机有功、无功出力减至最小，并迅速断开该开关。

4）母联断路器非全相运行时，应立即调整降低通过母联断路器的电流，闭环母线倒为单母线方式运行，开环母线应将一条母线停电，再将该断路器隔离。

5）也可以用旁路断路器与非全相断路器并联，用隔离开关解开非全相断路器或用母联断路器串联非全相断路器以切除非全相电流。

（2）当遇到断路器非全相运行而断路器不能进行分、合闸操作时，应采取以下处理办法。

1）用旁路断路器与非全相断路器并联，将旁路断路器的操作直流停用后，用隔离开关解环，使非全相断路器停电。

2）用母联断路器与非全相断路器串联，倒母线，拉开线路对侧断路器，用母联断路器断开线路空载电流，在线路和非全相断路器停电后，再拉开非全相断路器两侧的隔离开关，使非全相断路器停电。

3）如果非全相断路器所带的元件（线路、变压器等）有条件停电，则可先将对侧断路器拉开，再按上述方法将非全相断路器停电。

4）非全相断路器所带元件为发电机，应迅速降低该发电机的有功和无功出力到零，然后再按上述方法处理。

（3）当开关油位低、空气压力低、SF_6 密度低，且超过允许值时，严禁用该开关切负荷电流及空载电流，现场运行人员应不待调度指令，立即采取防止跳闸的措施，并汇报值班调度员，然后由旁路开关代出或其他措施尽快将故障开关停用。

（4）开关因本体或操作机构异常出现“合闸闭锁”而尚未出现“跳闸闭锁”时的处理：

1）3/2 接线方式，不影响设备运行时，拉开此开关。

2）其他接线方式应断开该开关的合闸电源，并按现场规程处理，仍无法消除故障，则用旁路开关代运行；如无旁路开关，则拉开该开关。

（5）开关因本体或操作机构异常出现“跳闸闭锁”时，应断开该开关跳闸电源，并按现场规程处理，仍无法消除故障，则采取以下措施：

1）3/2 接线方式，可用隔离开关远方操作，解本站组成的环，解环前确认环内所有开关在合闸位置。

2）其他接线方式用旁路开关代故障开关，用隔离开关解环，解环前取下旁路开关跳闸电源。无法用旁路开关代故障开关时，将故障开关所在母线上的其他开关倒至另一条母线后，拉开母联开关。

3）若故障开关为 220kV 母联开关，可同时将某一元件的母线双隔离开关合入，再拉开母联开关的两侧隔离开关。

4）无法用旁路开关代路或倒母线时，可根据情况断开该母线上其余开关，使故障开关停电。

（6）案例学习。

1）运行方式。220kV 某站双母线运行，2211、2213 断路器在 220kV 5 号母线运行，2212、2214 断路器在 220kV4 号母线运行。母联 2245 断路器合入，旁路 220kV6 号母线及 2246 断路器热备用，2246-4、2246-6 隔离开关合入。（本案例仅适用于 220kV 及以下系统操作）

2）异常及处理步骤。母联 2245 断路器无故障跳闸，调度下令合上母联 2245 断路器，现场报 2245 断路器无法合上。需将母联 2245 断路器转检修。调度下令：

a．合上 2246 断路器给 220kV6 号母线充电，正常后，拉开 2246 断路器。

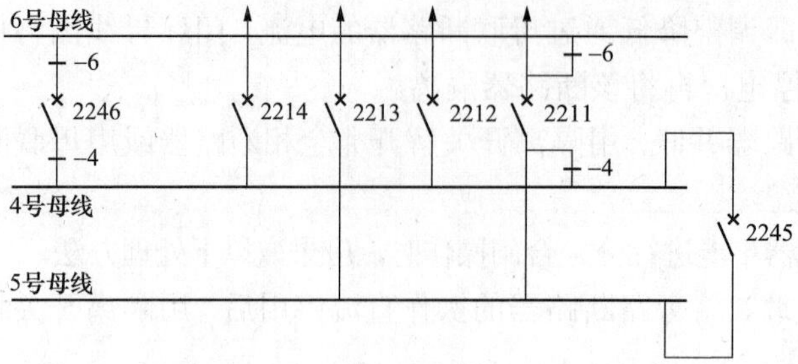

图 8-3　某 220kV 变电站接线图

b．合上 2211-6 隔离开关，合上 2246 断路器，合上 2211-4 隔离开关。通过 2246 断路器将 220kV4 号、5 号母线合环运行后，合入 2211 断路器双隔离开关。

c．拉开旁路 2246 断路器，拉开 2211-6 隔离开关。

d．将 220kV 5 号母线由运行转备用。

e．将母联 2245 断路器转检修。

3）某 220kV 变电站接线图如图 8-3 所示。

第七节　隔离开关异常处理

培训目标

掌握隔离开关常见的分、合闸不到位及接头发热等异常的处理方法和注意事项。

一、隔离开关允许的操作

严禁用隔离开关拉合带负荷设备及带负荷线路，在没有开关（断路器）时，可用隔离开关进行下列操作：

（1）拉合电压互感器（新建或大修后的电压互感器，在条件允许时，第一次受电应用开关进行）。

（2）拉合无雷雨时避雷器。

（3）拉合变压器中性点接地开关。

（4）拉合消弧线圈隔离开关（小电流接地系统，变压器中性点位移电压不超限的情况下）。

（5）拉合同一电压等级、同一发电厂或变电站内经开关闭合的旁路电流（在拉合前须将开关的操作电源退出）。

（6）拉、合 3/2 接线方式的母线环流。

（7）拉、合 3/2 接线方式的站内短线。

（8）拉合 220kV 及以下空母线，但不能对母线试充电。

（9）拉合励磁电流不超过 2A 的空载变压器和电容电流不超过 5A 的空载线路或线路变压器组（变压器必须空载），但电压在 20kV 以上时，应使用三相联动隔离开关。

（10）用屋外三相联动隔离开关拉合 10kV 及以下，且电流在 15A 以下的负荷。

如超出上述规定范围，应通过计算或现场试验，并经电力公司分管生产副总经理或总工程师批准。

二、隔离开关的常见异常

（一）隔离开关分、合闸不到位

由于电气方面或机械方面的原因，隔离开关在合闸操作中会发生三相不到位或三相不同期，分合闸操作中途停止、拒分、拒合等异常情况。

（二）隔离开关接头发热

高压隔离开关的动静触头及其附属的接触部分是其安全运行的关键部分。因为在运行中，经常的分合操作、触头的氧化锈蚀、合闸位置不正等各种原因均会导致接触不良，使隔离开关的导流接触部位发热。如不及时处理，可能会造成隔离开关损毁。

三、隔离开关的异常处理

（一）隔离开关分、合闸不到位

由于通常操作隔离开关时，该元件断路器已在断开位置，因此隔离开关异常后，可安排对该元件进行停电检修，进行处理。

（二）隔离开关接头发热

一旦隔离开关发热，该设备已不再是可靠设备，调度员首先采取措施减小通过该设备的电流，同时要求现场加强红外测温，并及时汇报结果。排除设备发热是由通过的电流接近或超过热稳定极限引起的原因后，必要时，将该设备退出运行。应进行如下处理：

（1）对于隔离开关过热，应设法减少负荷。运行中的隔离开关接头发热时，应降低该元件负荷，并加强监视。

（2）隔离开关发热严重时，应以适当的断路器，利用倒母线或以备用断路器倒旁路母线等方式，转移负荷，使其退出运行。双母线接线中，可将该元件倒至另一条母线运行；有专用旁路断路器接线时，可用旁路断路器代路运行。

（3）如停用发热隔离开关，可能引起停电并造成损失较大时，应采取带电作业进行抢修。

（4）隔离开关绝缘子外伤严重、绝缘子掉盖、对地击穿、绝缘子爆炸、刀口熔焊等，应按现场规定采取停电或带电作业处理。

（5）其他规程规定中要求的情况。

四、带负荷拉合隔离开关的事故处理

操作中发生带负荷拉、合隔离开关，应进行如下处理：

（1）带负荷合隔离开关时，即使发现合错，也不准将隔离开关再拉开。因为带负荷拉隔离开关，将造成三相弧光短路事故。

（2）带负荷错拉隔离开关时，拉开瞬间，便发生电弧，这时应立即合上，可以消除电弧，避免事故。但如果隔离开关已全部拉开，则不允许将误拉开的隔离开关再合上。

第八节 互感器异常处理

培训目标

掌握电压互感器和电流互感器的异常种类、危害、现象及处理方法。

一、电压互感器异常现象及影响

通常情况下，35kV及以下电压等级的电压互感器一次侧装设熔断器保护，二次侧大多也装设熔断器保护；66kV 及以上电压等级的电压互感器一次侧无熔断器保护，二次侧保护用电压回路和表计电压回路均用低压自动空气开关作保护来断开二次短路电流。当电压互感器二次侧短路时，将产生很大的短路电流，会将电压互感器二次绕组烧坏。

电压互感器主要异常有发热温度过高、内部有放电声、漏油或喷油、引线与外壳间有火花发电现象、电压回路断线等。当电压回路断线时现场出现光字牌亮、有功功率表指示失常、保护异常光字牌亮等信号。

由于电压互感器一般接有距离保护、母线或变压器保护的低压闭锁装置、振荡解列装置、备自投装置、同期并列装置、低频电压减载装置等。因此，当电压互感器异常时通常需将相关保护或自动装置停用。

电压互感器在运行中一定要保证二次侧不能短路，因为其在运行时是一个内阻极小的电压源，正常运行时负载阻抗很大，相当于开路状态，二次侧仅有很小的负载电流。若二次侧短路时，负载阻抗为零，将产生很大的短路电流，巨大的发热会将互感器烧坏，甚至导致发生设备爆炸事故。

电压互感器常见的故障现象及原因：

（1）电压三相指示不平衡：可能是熔断器损坏。

（2）中性点不接地：三相不平衡，可能是谐振或受消弧线圈影响。

（3）高压熔断器多次熔断：内部绝缘损坏，层间和匝间故障。

（4）中性点接地，电压波动：若操作是串联谐振，没有操作是内绝缘损坏。

（5）电压指示不稳：接地不良，及时检查处理。

（6）电压互感器回路断线：退出保护，检查熔断器并更换，检查回路。

（7）电容式电压互感器的二次电压波动，可能是一次阻尼配合不当；二次电压低，可能接线断或分压器损坏；二次电压高，可能是分压器损坏。

（8）声音异常：电磁单元电抗器或中间变压器损坏。

二、电压互感器的异常处理

（1）通常电压互感器发生内部故障时，不能直接拉开高压侧隔离开关将其隔离，只能用断路器将故障互感器隔离；保护用电压二次回路开路时，应将其所带的保护和自动装置停用，如距离保护、线路重合闸、备用电源自投装置、低频低压减载装置等。

（2）对于 110kV 及以上双母线接线变电站，母线电压互感器异常停运时母线必须同时停电。线路电压互感器异常停运后应考虑对同期并列装置的影响。

（3）电压互感器发生异常情况，若随时可能发展成故障，不得近控操作该电压互感器的高压隔离开关；不得将该电压互感器的次级与正常运行中的电压互感器次级进行并列；不得将电压互感器所在的母线的母差保护停用或将母差保护改为破坏固定连接方式。

（4）若发现电压互感器有异常情况时，应采取下列方法尽快将该电压互感器隔离处理：

1）该电压互感器高压侧隔离开关可遥控操作时，可用高压侧隔离开关进行隔离。

2）在高压侧隔离开关不能遥控操作时，应设法快速用断路器切断电压互感器所在母线的电源，然后隔离故障的电压互感器。

3）电压互感器高压熔丝熔断立即向调度汇报，停用可能误动的保护及自动化装置，取下低压熔断器，拉开电压互感器隔离开关，做好安全措施，更换熔丝。

4）在 220kV 及以上母线的倒闸操作过程中出现母联断路器断口电容与电磁式电压互感

器串联谐振的处理如下。

a．在可能的情况下，首先考虑合上空母线上的空载变压器或备用线路，改变回路参数。

b．远方操作，拉开电磁式电压互感器隔离开关或处在热备用状态的母联断路器两侧隔离开关。

c．谐振消除后，在谐振回路中经受谐振过电压的电磁式电压互感器不能立即投入。

三、电流互感器异常现象及影响

（1）电流互感器运行中可能会出现内部过热、内部有放电声、漏油、外绝缘破裂等本体异常。还会出现过负荷、二次回路开路等异常。

（2）电流互感器过负荷会造成铁芯饱和，使电流互感器误差加大，表计指示不正确，加快绝缘老化，损坏电流互感器。电流互感器二次开路会在绕组两端产生很高的电压，造成火花放电，烧坏二次元件，甚至造成人身伤害。

（3）电流互感器接入绝大部分的保护装置，当电流互感器因铁芯饱和而误差加大时，可能会导致相关保护误动或拒动。因此，当电流互感器异常时，需停用相关保护，从而使一次设备由于无保护设备而停运。

（4）由于电流互感器在正常运行中，二次回路接近于短路状态，一般认为无声，当电流互感器一、二次绕组烧坏开路、发热、螺栓松动、漏油、油位过低等时，常伴有声音及其他现象发生。

（5）电流互感器常见的故障现象。

1）有过热现象。

2）内部发出臭味或冒烟。

3）内部有放电现象，声音异常或引线与外壳间有火花放电现象。

4）主绝缘发生击穿，并造成单相接地故障。

5）一次或二次绕组的匝间或层间发生短路。

6）充油式电流互感器漏油。

7）二次回路发生断线故障。

当发现上述故障时，应切断电源进行处理。当发现电流互感器的二次回路接头发热或断开，应设法拧紧或用安全工具在电流互感器附近的端子上将其短路；如不能处理，则应汇报调度将电流互感器停用后进行处理。

四、电流互感器异常的处理

电流互感器过负荷时，应设法降低该元件的负载。当电流互感器二次开路时，也应降低该元件负载，停用该回路所带保护，待现场做好措施后对其进行处理。若需将电流互感器停电，应将该电流互感器所属元件停运，将其隔离。

电流互感器二次回路断线（开路）的处理如下：

（1）二次回路断线现象。

1）电流表指示降为零，有功、无功表的指示降低或有摆动，电能表转慢或停转。

2）差动断线光字牌示警。

3）电流互感器发出异常响声或发热、冒烟或二次端子线头放电、打火等。

4）继电保护装置拒动或误动。（此现象只在断路器发生误跳闸或拒跳闸引起越级跳闸后，查故障时发现）

（2）二次回路断线处理。

1）立即将故障现象报告所属调度。

2）根据现象判断是属于测量回路还是保护回路的电流互感器开路。处理前应考虑停用可能引起误动的保护。

3）凡检查电流互感器二次回路的工作，须站在绝缘垫上，注意人身安全，使用合格的绝缘工具进行。

4）电流互感器二次回路开路引起着火时，应先切断电源后，再用干燥石棉布或干式灭火器进行灭火。

（3）电流互感器出现下列现象，立即汇报调度并加强检查和监视。

1）本体及底部油箱的油面过高或过低以及渗漏油。

2）在无渗漏油的情况下，三相油面出现明显差距。

3）互感器内部有轻微的不正常噪声。

（4）出现下列情况时，应立即汇报调度，申请将该电流互感器退出运行。

1）瓷套上出现油迹，TA 表计见不到油位或进入红色区域。

2）本体和油箱严重放电及异常声响，并可能有冒烟及焦臭味。

3）互感器有严重过热或严重漏油或喷油。

4）金属膨胀器的指示明显超过环境温度的规定值。

5）引线接头严重发热烧红。

6）TA 爆炸着火时。

五、案例学习

如图 8-4 所示，母联断路器 QF9 运行，Ⅰ母、Ⅱ母并列运行，电压互感器 TV1 和负荷 1 运行于Ⅰ母，电压互感器 TV2 和负荷 2 运行于Ⅱ母。电压互感器 TV2 内部异常音响（放电声），需要停电处理。

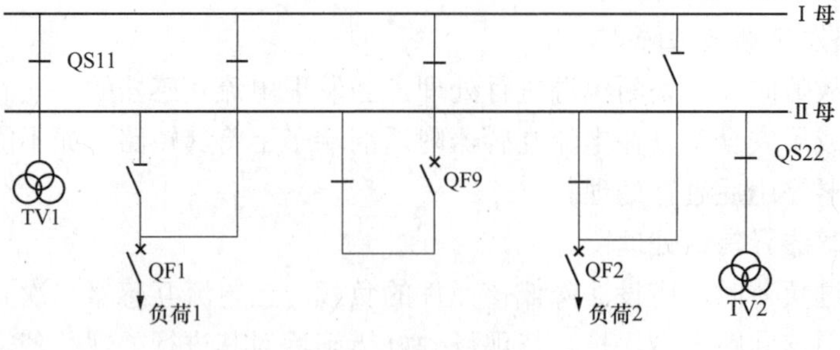

图 8-4　某变电站接线图

电压互感器故障严重时严禁用隔离开关切除带故障的电压互感器，只能用断路器切除故障，应尽量用倒母线运行方式的方法隔离故障。操作过程如下：

（1）负荷 2 由Ⅱ母运行倒至Ⅰ母运行。

（2）断开母联断路器 QF9，使Ⅱ母停电。

（3）拉开Ⅱ母电压互感器 TV2 隔离开关 QS22，处理异常。

第九节 消弧线圈异常处理

培训目标

熟悉消弧线圈的常见异常、危害及处理原则等。

（一）常见异常

（1）油位异常。

（2）油温异常。

（3）内部有放电声音。

（4）套管掉瓷。

（5）套管污秽严重、破裂、放电或接地。

（6）分接开关接触不良。

（7）一次导线导体接触部分接触不良，过热。

（8）消弧线圈工作接地或保护接地失效。

（9）消弧线圈外壳鼓包或开裂。

（10）中性点位移电压大于15%相电压。

（11）设备的试验、油化验等主要指标超过规程规定。

（12）呼吸器硅胶变色过快等。

（二）造成危害

消弧线圈故障退出运行影响小电流接地系统接地电流的补偿作用。严重时会造成接地点的电弧无法自行熄灭，不稳定燃烧的电弧会引起电网的振荡，产生过电压。

（三）处理原则

当消弧线圈发生故障及系统发生接地故障时，监控值班人员及现场变电运维人员应立即向调度值班员汇报，严格执行调度命令。其处理原则如下：

（1）如果系统存在单相接地故障，消弧线圈正常运行无故障，此时不得停用消弧线圈，应监视其上层油温不得超过95℃，并应迅速查找和处理单相接地故障，消弧线圈带单相接地故障时间不允许超过2h。否则应先停故障线路，后停消弧线圈。

注：干式消弧线圈在运行过程中关于允许温度的最高限值目前没有具体规定，暂时执行干式变压器相关标准。具体规定：温升限值（环境温度为40℃）时，线圈为155℃，铁芯、金属部件和与其相邻的材料为 100℃。无特殊要求，带温控箱的干式变压器的温控箱开风机（90℃时）、报警（130℃时）、跳闸（150℃时）的温度自出厂时已设定，报警和跳闸的功能可与相应的设备有效连接使用。

（2）如果系统不存在单相接地故障且运行正常，因消弧线圈发生故障必须与系统进行隔离，此时可拉开消弧线圈的隔离开关。

（3）当单相接地故障未查明或中性点位移电压超过相电压15%时（如中性点位移电压在相电压额定值15%～30%，允许运行时间不超过1h。如中性点位移电压在相电压额定值30%～100%范围内，允许在事故时限内运行），系统内接地信号未消失，不准用隔离开关拉开消弧线圈。可采取以下处理步骤。

[方案一]

1）投入备用变压器或备用电源。

2）应将主变压器与消弧线圈同一侧的断路器先拉开。

3）拉开消弧线圈隔离开关，将消弧线圈退出运行。

4）然后恢复该主变压器的运行。

[方案二]

1）在备用设备断路器负荷侧装设与故障相相同的临时的人工接地点。

2）拉开消弧线圈的隔离开关，将消弧线圈退出运行。

3）拉开装设临时的人工接地点设备单元的断路器。

4）拆除临时的人工接地点（需要安全措施可靠）。

（4）当单相接地故障已查明，且已与系统隔离，同时系统内无接地信号，中性点位移电压很小时，在确证不会发生带负荷或带故障电拉闸故障情况下，可以用隔离开关拉开正常运行的消弧线圈（本身无故障、系统运行正常）。

（5）系统有接地故障，且消弧线圈发生故障必须与系统隔离时，应先拉开有接地故障的线路，使接地故障点与系统隔离，再停用与故障消弧线圈相连的变压器（断开变压器各侧断路器），最后拉开消弧线圈的隔离开关。严禁在消弧线圈带负荷且本身有故障的情况下，直接拉开其隔离开关进行处理。

第十节　继电保护及安全自动装置的异常处理

培训目标

熟悉继电保护及安全自动装置的各种常见异常、相关规定和处理方法。

一、考核标准

国家电网公司2012年颁布的《国家电网公司安全事故调查规程》规定：实时为联络线运行的220kV及以上线路、母线主保护非计划停运，造成无主保护运行（包括线路、母线陪停）；切机、切负荷、振荡解列、低频低压解列等安全自动装置非计划停用时间超过240h为一般电网事故。切机、切负荷、振荡解列、低频低压解列等安全自动装置非计划停用时间超过120h；220kV及以上线路、母线主保护非计划停运，导致主保护非计划单套运行时间超过24h为电网一类障碍。

二、保护及安全自动装置的各种异常

（一）通道异常

线路的纵联保护、远方跳闸、电网安全自动装置等，需要通过通信通道在不同厂站间传送信息或指令，目前电力系统中的通道主要有载波通道、微波通道及光纤通道。

载波通道主要异常有收发信机故障、高频电缆异常、通道衰耗过高、通道干扰电平过高等。光纤通道的主要异常有光传输设备故障，如光端机、PCM等；光纤中继站异常；光纤断开等。

（二）二次回路异常

二次回路的异常通常有以下几种：

（1）TA、TV 回路的主要异常有 TA 饱和、TA 回路开路、回路接地短路、继电器触点接触不良、接线错误等。

（2）直流回路主要异常有回路接地、交直流电源混接、直流熔断器断开等。

（3）保护出口跳闸、合闸回路异常。

（三）装置异常

目前，计算机保护在电力系统中得到广泛应用，传统的晶体管和集成电路型继电器保护正逐步退出运行。计算机保护装置的异常主要有电源故障、插件故障、装置死机、显示屏故障及软件异常等。

（四）其他异常

其他异常有软件逻辑不合理、整定值不当、现场人员误碰、保护室有施工作业导致振动大等。

三、保护停用对电网的影响及处理

双重化配置的保护其中一套停用，增加了电网的风险，因为若另一套保护也退出，会使特定的主设备无保护运行，发生故障无法切除。有些设备（如线路）有明确的规定，无保护必须停电。因此，当保护退出将造成设备无保护运行时，调度必要时须将该设备停电处理。

母线差动保护停用时，一般可不将母线停运，此时不能安排母线连接设备的检修，避免在母线上进行操作，减少母线故障的概率。

四、保护拒动或误动对电网的影响及处理

保护拒动指按选择性应该切除故障的保护没有动作，靠近后备或远后备保护切除故障。保护拒动会使事故扩大，造成多元件跳闸，影响电网的稳定。

保护误动使无故障的元件被切除，破坏电网结构，在电网薄弱地区可能影响电网安全。运行中若可明确判断保护为误动，可将误动保护停用，再将设备送电。

调度员应综合分析开关状态、相邻元件的保护动作情况、同一元件的不同保护动作情况、故障录波器动作情况、保护动作原理等信息判断保护是否拒动或误动。

五、电网安全自动装置停用对电网的影响及处理

安全自动装置停用，使电网抵抗电网事故的能力降低，电网的安全稳定水平降低，应制定相应控制策略，及时限制某些电源点的出力或断面潮流，并做好相关事故预想。

六、电网安全自动装置拒动或误动对电网的影响及处理

安全自动装置拒动有可能使电网在发生较大事故时失去稳定，不能及时控制事故形态使事故扩大甚至引起电网崩溃。

安全自动装置误动会切除机组、负荷或者运行元件。与保护的误动类似，如果是涉及面较广的多场站联合型的安全自动装置误动，可能切除多个元件，对电网影响很大。

电网发生事故后，如明确为安全自动装置拒动时，调度运行人员应立即根据应动作的控制策略下令采取相应措施。

七、特殊情况的处理方法

下列情况由变电站值班员执行（无人值守变电站由集控站监控及操作人员执行），但需立即采取措施使之恢复正常，并报有关领导和调度。

（1）负荷达到装置停用值时。

（2）装置发生异常有误动危险时。

（3）电压断线需停用保护时。

（4）电压断线需停用保护主要有低电压保护、方向电流保护、距离保护、备自投装置、检无电压的重合闸、无电压解列。

第十一节　通信及自动化的异常处理

培训目标

熟悉通信设备异常对保护和安全自动装置及自动化系统的影响、调度电话中断及自动化系统异常时的调度应对措施。

一、考核标准

《国家电网公司安全事故调查规程》规定：系统中发电机组 AGC 装置非计划停用时间超过 240h；地区供电公司及以上调度自动化系统、通信系统失灵延误送电或影响事故处理，构成一般电网事故。

系统中发电机组 AGC 装置非计划停用时间超过 120h；地区供电公司及以上调度自动化系统、通信系统失灵影响系统正常指挥；通信电路非计划停用，造成远方跳闸保护、远方切机（切负荷）装置由双通道改为单通道，时间超过 24h，构成电网一类障碍。

二、通信异常对电网调度的影响

（一）对保护和安全自动装置的影响

由于目前保护和安全自动装置的通道主要依赖电力专用通信通道，通信通道异常会直接影响到纵联保护和安全自动装置的正常运行，若发生通道故障则需将受影响的保护和安全自动装置退出，甚至会导致保护和安全自动装置的误动或拒动。

（二）对自动化系统的影响

通信异常可能使调度机构的自动化系统与厂站端的设备通信中断，影响自动化设备的正常运行。

（三）对调度电话的影响

调度员和厂站无法联系，调度业务无法进行，当电网发生事故后，调度员无法了解电网状况，影响事故处理。

三、自动化系统异常对电网调度的影响

当调度机构的电网自动化系统异常时，会导致运行人员无法监视电网状态，影响正常的调度工作。当 AGC、AVC 等系统发生异常时，无法对现场设备下发指令，从而导致频率和电压偏离目标值。

随着电网规模越来越大，电网结构越来越复杂，我国很多网省调度机构配置调度高级应用软件，用于电网运行的监视、预警和辅助决策，一旦这些软件停止运行，而调度员没有意识到在这种情况下他们需要更主动、更仔细地对系统进行监控，并解读 SCADA 系统采集到的信息，尤其在电网事故情况下，很可能贻误事故处理的最佳时机，造成灾难性后果。

当现场自动化设备异常时，该厂站的遥测、遥信信息无法上传，调度指令无法下达到该厂站。

四、调度电话中断时调度应采取的措施

与调度失去联系的单位，应尽可能保持电气接线方式不变，火力发电厂应按给定的调度曲线和有关调频调压的规定运行。

事故时，各单位应根据事故情况，继电保护和自动装置动作情况，频率、电压、电流的变化情况，自行慎重分析后进行处理。对于可能涉及两个电源的操作，必须与对侧厂、站的值班人员联系后方能操作。调度还可通过外线电话、手机等通信方式与厂站取得联系，也可通过委托第三方调度、启用备用调度等措施进行电网指挥。

五、自动化系统异常时调度应采取的措施

值班调度员在发现自动化系统异常后，应立即通知自动化处值班人员处理；通知调频电厂调频，同时要求全厂出力达到80%额定出力时要上报省调；通知其他电厂维持目前的发电出力，并按照调度的指令带有功负荷、按照电压曲线调整无功；同时做好各电厂出力的记录（可通过调度台打印系统最后记录的发电表单），并随时修改；在执行的倒闸操作应执行完毕，未开始的倒闸操作应暂时中止。

若发生电网事故，应详细了解现场的运行情况，包括断路器、隔离开关的位置；有关线路的潮流；母线电压；有无正在进行的工作（站内的和线路的带电工作）；附近厂站的运行情况等，再处理。在自动化系统未恢复前，值内人员应加强相互之间的信息交流，互通有无，并保持冷静。若自动化系统发生严重故障且短时无法恢复时，有条件的电网可考虑启用备用调度系统。

思　考　题

1.《国家电网公司安全事故调查规程》对电压异常是如何定义的？

2．产生操作过电压的原因有哪些？

3．电网电压异常降低时应采取哪些措施？

4．电网电压异常升高时应采取哪些措施？

5．导致电压崩溃的原因有哪些？

6．防止电压崩溃的措施有哪些？

7.《国家电网公司安全事故调查规程》对频率异常是如何定义的？

8．频率异常对发电设备有什么影响？

9．当电网频率高于正常值时可采取哪些措施？

10．当电网频率低于正常值时可采取哪些措施？

11．频率崩溃的定义是什么？

12．通常低频减载装置分哪几级？各级的整定频率是多少？

13．断路器拒分闸应如何处理？

14．断路器非全相运行应如何处理？

15．根据当地电网实际情况，针对某双母线（无旁路）接线方式的变电站，某线路开关拒分闸，如何处理？

16．电网产生谐振的原因有哪些？

17．如何消除铁磁谐振？

18．电压互感器二次侧短路有什么危害？

19．电流互感器二次侧开路有什么危害？

20．母线电压互感器异常停运，应如何操作？

21．某线路电流互感器异常停运，应如何操作？

22．哪些情况需立即采取措施由变电站值班员执行使之恢复正常，并报有关领导和调度。

23．小电流系统发生接地时必须注意哪些事项。

24．当变压器出现哪些情况之一时，应立即停电并进行处理。

25．电压断线需要停用的保护有哪些？

第九章

电网事故处理

第一节 一般原则

培训目标

掌握调度处理电网事故的主要任务、要求、原则和规定等。

一、事故处理的职责权限

调度系统包括各级调度机构和电网内的发电厂、变电站的运行值班单位。下级调度机构必须服从上级调度机构的调度。调度机构调度管辖范围内的发电厂、变电站的运行值班单位，必须服从该级调度机构的调度。

各级调度机构值班调度员是本级电网事故处理的组织者和指挥者，应按照调度管辖范围对各自管辖电网负责事故处理，要坚持“保人身、保电网、保设备”的原则，对事故处理的正确性和及时性负责；发生威胁电力系统安全运行的紧急情况时，调度机构值班调度员可以暂时中止电力市场运营，并及时向上级调度和电力监管机构汇报；下级调度、超高压分公司、发电厂、变电站的值班人员应正确迅速地执行值班调度员所发布的一切事故处理的指令，并应及时报告调度。

二、电网事故处理的主要任务

（1）迅速限制事故发展，消除事故根源，解除对人身、电网和设备的威胁，防止系统稳定被破坏或瓦解。

（2）尽一切可能保持正常设备的继续运行，以保证对重要用户及厂用电的正常供电。

（3）尽快将解网部分恢复并列运行。

（4）尽快对已停电的地区或用户恢复供电，重要用户应优先恢复。

（5）尽快调整系统运行方式，使其恢复正常。

三、事故处理的一般规定

（1）为防止事故扩大，对下列各项紧急操作，可不待调度指令先行处理，并应立即向值班调度员报告。

1）将直接威胁人身或设备安全的设备停电。

2）解除对运行设备安全的直接威胁。

3）将已损坏的设备隔离。

4）恢复全部或部分厂用电源。

5）电压互感器熔断器熔断时，可将有关保护或自动装置停用。

6）低频减载等安全自动装置应动作而未动时，应立即手动拉开应跳的断路器。

7）当母线停电时，除应保留规程规定的主电源断路器外，将该母线上其他断路器拉开。

8）事故中被解列的发电厂或发电机组，符合并网条件，将其恢复同期并列。

9）现场事故处理规程中有明文规定可不待调度指令自行处理的情况。

（2）电网发生事故时，事故及有关单位值班人员应立即简明扼要地将开关（断路器）跳闸情况、潮流异常情况报告值班调度员，然后再迅速查明继电保护及自动装置动作等情况，并及时报告值班调度员。其报告内容应包括：

1）事故发生的时间地点、事件经过。

2）故障设备名称及开关（断路器）动作情况。

3）继电保护及安全自动装置的动作情况。

4）事故主要现象及原因，设备运行及异常情况。

5）重要设备损坏情况、负荷损失情况、对重要用户影响情况等。

6）一般情况下调度员接到汇报后方可进行下一步事故处理。

（3）在电网事故处理中，各有关厂、站值班人员应坚守岗位，随时与调度保持联系，非事故单位要加强监视，若无异常情况汇报，不得在事故处理时向调度或其他单位询问事故情况，事故结束后，值班调度员应主动向有关单位讲明情况。

（4）非上级调度管辖的设备发生事故，若对系统有影响或有扩大为系统事故的可能，各发电厂、变电站、供电公司在处理事故的同时，应立即向上级值班调度员报告事故简况；上级调度管辖设备发生事故时，各有关厂、站值班人员也必须立即向下级值班调度员报告。

（5）事故处理时，应迅速、沉着、果断，严格执行发令、复诵、录音、记录和汇报制度，必须使用统一调度术语。

（6）发生重大事故时，值班调度员应在事故处理告一段落后，尽快报告调度部门负责人，由调度部门负责人逐级汇报，调度领导报告电力公司领导，事故处理完毕，值班调度员应按重大事件汇报制度的要求，向上级值班调度员汇报事故简况。

（7）事故处理时，各事故单位的领导人有权对本单位值班人员发布指示，但其指示不得与上级值班调度员的指令相抵触；各单位领导人如解除本单位值班人员的职务，自行领导或指定适当人员代行处理事故时，应立即报告上级值班调度员。

（8）系统发生事故时，在调控大厅的调度机构有关负责人、调度部门负责人应监督值班调度员处理事故，给予必要的指示，如认为调度员处理事故不力，可随时解除调度员的职务，指定他人或亲自指挥事故处理，并通知有关单位；被解除职务的调度员对解除职务后的系统事故处理不承担责任。

（9）处理系统事故时，只允许与事故处理有关的领导和有关专业的负责人或专责留在调控大厅内，无关人员不得进入或停留在调控大厅。

（10）如事故发生在交接班期间，应由交班者负责处理事故，待事故处理完毕或告一段落，方可交接班；在事故处理期间，接班调度员可应当值调度员请求协助处理事故。

（11）事故处理完毕后，应将事故情况详细记录，在48h内填写事故报告书。

第二节　线路事故处理

培训目标

掌握线路事故的原因和种类、线路故障跳闸对电网的影响、线路事故的处理方法和注意事项。

一、线路故障的主要原因和分类

（一）线路故障原因

对于电网调度人员，线路故障指线路因各种原因导致线路保护动作，线路断路器两侧或一侧跳闸。其原因如下：

1. 外力破坏

（1）违章施工作业。包括在电力设施保护区内野蛮施工，造成挖断电缆、撞断杆塔、起重机车碰线、高空坠物等。

（2）盗窃、蓄意破坏电力设施，危及电网安全。

（3）超高建筑、超高树木、交叉跨越公路危害电网安全。

（4）输电线路下焚烧农作物、山林失火及漂浮物（如放风筝），导致线路跳闸。

2. 恶劣天气影响

（1）大风造成线路风偏闪络。风偏跳闸的重合成功率较低，一旦发生风偏闪络跳闸，造成线路停运的概率较大。

（2）输电线路遭雷击跳闸。据统计，雷击跳闸是输电线路最主要的跳闸原因。

（3）输电线路覆冰。最近几年由覆冰引起的输电线路跳闸事故逐年增加，其中电网最为严重。覆冰会造成线路舞动、冰闪，严重时会造成杆塔变形、倒塔、导线断股等。

（4）输电线路污闪。污闪通常发生在高湿度持续浓雾气候，能见度低，温度在-3～7℃之间，空气质量差，污染严重的地区。

3. 其他原因

除人为和天气原因外，导致输电线路跳闸的原因还有绝缘材料老化、鸟害、小动物短路等。

（二）线路故障的种类

1. 按故障相别

线路故障有单相接地故障、相间短路故障、三相短路故障等。发生三相短路故障时，系统保持对称性，系统中将不产生零序电流。发生单相故障时，系统三相不对称，将产生零序电流。当线路两相短时内相继发生单相短路故障时，受线路重合闸动作特性影响，通常会判断为相间故障。

2. 按故障形态

线路故障有短路、断线故障。短路故障是线路最常见也最危险的故障形态，发生短路故障时，根据短路点的接地电阻大小以及距离故障点的远近，系统的电压将会有不同程度的降低。在大接地电流系统中，短路故障发生时，故障相将会流过很大的故障电流，通常故障电流会到负荷电流的十几甚至几十倍。故障电流在故障点会引起电弧危及设备和人身安全，还可能使系统中的设备因为过流而受损。

3. 按故障性质

线路故障按故障性质可分为瞬间故障和永久故障等。线路故障大多数为瞬间故障，发生瞬间故障后，线路重合闸动作，断路器重合成功，不会造成线路停电。

二、线路故障的处理原则及方法

（一）线路故障跳闸对电网的影响

（1）当负荷线路跳闸后，将直接导致线路所带负荷停电。

（2）当带发电机运行的线路跳闸后，将导致发电机解列。

（3）当环网线路跳闸后，将导致相邻线路潮流加重甚至过载。或者使电网机构受到破坏，相关运行线路的稳定极限下降。

（4）系统联络线跳闸后，将导致两个电网解列。送端电网将出现功率过剩，频率升高；受端电网将出现功率缺额，频率降低。

（二）输电线路跳闸事故处理的基本原则和方法

线路保护动作跳闸，对于送端，是一条线路停止供电；而对于受端，则可能发生母线失压，甚至是全站失压事故；对于电力系统，可能会影响系统的稳定性。因此，线路保护动作跳闸，必须汇报调度，听从调度指挥。

1. 一般要求

（1）线路保护动作跳闸时，运行值班人员应认真检查保护及自动装置动作情况、故障录波器动作情况，检查站内一次设备动作情况和正常运行设备的运行情况，分析继电保护及自动装置的动作行为。

（2）及时向调度汇报，汇报内容要全面，包括检查情况、天气情况等，便于调度及时、全面地掌握情况，结合系统情况进行分析判断。

（3）线路保护动作跳闸，无论重合闸装置是否动作或重合成功与否，均应对断路器进行外部检查。

（4）凡线路保护动作跳闸，应检查断路器所连接设备、出线部分有无故障现象。

总之，线路保护动作跳闸，一般必须与调度联系，详细汇报相关情况。处理时，应根据继电保护动作情况，按调度命令执行。

2. 线路跳闸后强送注意的问题

线路跳闸后，为快速处理事故，省调调度员可不待查明事故原因，立即对跳闸线路进行一次强送电，在强送时应考虑可能有永久性故障存在而影响电网稳定，强送时应考虑以下内容：

（1）正确选取强送端，使电网稳定不致遭到破坏，一般采用大电源侧进行强送。在强送前，检查有关主干线路的输送功率在规定的范围之内，必要时应降低有关主干线路的输送功率至允许值并采取提高系统稳定水平的措施。

（2）厂站值班员必须对故障跳闸线路的相关设备进行外部检查，并将检查结果汇报。装有故障录波器的变电站、发电厂可根据这些装置判明故障地点和故障性质。线路故障时，如伴有明显的故障现象，如火花、爆炸声、系统振荡等，需检查设备并消除振荡后再考虑强送。

（3）强送站用的断路器必须完好，且具有完备的快速保护装置。

（4）强送前，应对强送端电压进行控制，并对强送后首端、末端及沿线电压做好估算，避免引起过电压。

（5）线路跳闸，重合闸重合不成功，允许再强送电一次（根据设备和继电保护动作情况的分析，恶劣天气情况好转，也可以多于一次，但必须经调度主管生产的领导批准）。强送不良时，有条件可以对线路递升加压一次。

（6）线路故障跳闸，断路器跳闸次数应在允许的范围内，如断路器切除故障次数已达到规定次数，由厂站值班员根据现场规定，向相关调度汇报并提出处理建议。

（7）当线路保护和高压电抗器保护同时动作造成线路跳闸时，事故处理应考虑线路和高抗同时故障的情况，在未查明高抗保护动作原因和消除故障前不得强送；如线路允许不带电抗器运行，则可将高抗退出后对线路强送。

（8）强送电时，断路器所在的母线上必须有变压器中性点直接接地。

（9）凡线路带电作业，无论是否需要停用重合闸，跳闸后均不得立即强送电，应联系作业单位的有关人员后再进行处理。严禁未联系强送电。

（10）系统间联络线送电，应考虑是否会出现非同期合闸。

（11）由于恶劣天气，如大雾、暴风雨等，造成局部地区多条线路相继跳闸时，应尽快强送线路，保持电网结构完整。

（12）线路跳闸后，若引起相邻线路或变压器过载、超稳定极限运行，则应在采取措施消除过载现象后再强送线路。

（13）强送电后，应对已送电的断路器进行外部检查。

3. 站内设备具备线路远方试送操作的条件

监控员应在确认满足以下条件后，及时向负责该线路的调控中心调度员汇报站内设备具备线路远方试送操作条件。

（1）线路主保护正确动作信息清晰、完整，且无母线差动、开关失灵等保护动作。

（2）对于带高抗、串补运行的线路，未出现反映高抗、串补内部故障或与故障情况不符的告警信息。

（3）通过输变电在线监测系统未发现有影响设备正常运行情况。

（4）跳闸线路间隔一、二次设备不存在影响正常运行的异常告警。

（5）跳闸线路开关切除故障次数未达到规定次数。

（6）开关远方操作到位判断条件满足两个非同样原理或非同源指示“双确认”。

（7）集中监控系统（含主站与变电站遥控通道链路、变电站内测控装置等）不存在影响远方操作的缺陷或异常。

4. 线路跳闸后不宜强送的情况

下列情况的线路跳闸后，不宜立即强送电。

（1）空载线路、试运行线路、纯电缆线路。

（2）线路作业完工或限电结束恢复送电时跳闸的线路。

（3）线路跳闸后，经备用电源自动投入已将负荷转移到其他线路上，不影响供电。

（4）发现保护失灵，开关拒动易造成越级跳闸的线路。

（5）有带电作业工作并申明不能强送的线路。

（6）线路变压器组断路器跳闸，重合不成功。

（7）运行人员已发现明显故障现象时，如火光声响等，威胁人身或设备安全的线路。

（8）线路断路器有缺陷或遮断容量不足的线路。

（9）已掌握有严重缺陷的线路，如水淹、杆塔严重倾斜、导线严重断股等情况。

除以上情况外，线路跳闸，重合不成功，按有关规定或请示生产负责领导后可进行强送电，有条件的可对线路进行零起升压。

（三）线路故障跳闸后，有关巡线和检修工作的规定

（1）输变电运维单位在接到线路故障的通知后，应及时组织人员赴现场检查。输变电运维单位人员应熟悉现场设备，到达现场后应及时联系调控人员，随后检查确认相关一、二次设备状态，并将检查结果及时汇报调控值班人员。

（2）确认线路属永久性故障后，值班调度员应将故障线路解除备用，做好安全措施，通知有关单位进行事故抢修。

第三节　变压器事故处理

培训目标

熟悉变压器故障的原因、分类、故障现象和危害，掌握正确处理变压器故障的处理方法。

一、变压器故障的原因和分类

对于电网调度人员，变压器故障指变压器因各种原因，导致变压器保护动作，变压器的各侧断路器跳闸。电力变压器的事故处理，应按照相关规程中的规定执行。

（一）变压器故障的原因

变压器的故障类型是多种多样的，引起故障的原因也是极为复杂。主要有：

（1）制造缺陷。包括设计不合理，材料质量不良，工艺不佳；运输、装卸和包装不当；现场安装质量不高。

（2）运行或操作不当，如过负荷运行、系统故障时承受故障冲击；运行的外界条件恶劣，如污染严重、运行温度高。

（3）维护管理不善或不充分。

（4）雷雨、大风天气下被异物砸中、动物危害等其他外力破坏。

（二）变压器故障的种类

1. 变压器内部故障

（1）磁路故障。即在铁芯、铁轭及夹件中的故障，其中最多的是铁芯多点接地故障。

（2）绕组故障。包括在线段、纵绝缘和引线中的故障，如绝缘击穿、断线和绕组匝、层间短路及绕组变形等。

（3）绝缘系统中的故障。即在绝缘油和主绝缘中的故障，如绝缘油异常、绝缘系统受潮、相间短路、围屏树枝状放电等。

（4）结构件和组件故障。如内部金具和分接开关、套管、冷却器等组件引起的故障。

2. 变压器外部故障

（1）各种原因引起的严重漏油。变压器漏油是一个长期和普遍存在的故障现象。据统计，

在变压器故障中，产品渗漏油约占1/4。变压器渗油危害很大，严重时会引起火灾烧损；使绕组绝缘性能降低；使带电接头、开关等处在无油绝缘的状况下运行，导致短路、烧损甚至爆炸。

（2）冷却系统故障：冷却器故障、油泵故障等。

（3）分接开关及传动装置及其控制设备故障。

（4）其他附件如套管、储油柜、测温元件、净油器、吸湿器、油位计及气体继电器和压力释放阀等故障。

（5）变压器的引线以及所属隔离开关、短路器发生故障，也会造成变压器保护动作，使变压器跳闸或退出运行。

（6）电网其他元件故障，该元件的断路器拒动，导致变压器后备保护动作。

二、变压器故障的处理原则及方法

（一）变压器轻瓦斯保护动作只发出信号的主要原因

（1）变压器内部有轻微程度的故障，如匝间短路、铁芯局部发热、漏磁导致油和变压器油箱壁发热等产生微量的气体。

（2）空气侵入变压器内部。

（3）油位严重降低至气体继电器以下，使气体继电器动作。

（4）二次回路故障导致误发信号等。

（5）气体继电器故障。

（6）因滤油、加油或冷却系统不严密以致空气混入变压器。

（7）受强烈振动影响。

（8）变压器绕组断线，使变压器非全相运行。

（二）变压器轻瓦斯保护动作处理原则

（1）变压器轻瓦斯保护动作，调度员首先要求变电站值班人员对变压器进行初步的检查，查明动作原因，如气体继电器有气体，则要求现场检修人员取气样、油样和进行色谱分析。

（2）经分析和判断变压器内部确有故障，有条件的应先投入备用变压器或备用电源，然后将异常变压器停运检查。无备用变压器则转移负荷后将变压器停运处理。

（3）若因气温下降变压器油位降低导致变压器轻瓦斯保护动作，需给变压器加油。加油前应将变压器重瓦斯改投“信号”位置，工作完毕后，经1h检查瓦斯继电器内无气体，即可将重瓦斯改投“跳闸”位置。

（三）恢复、控制负荷和调整电网运行方式

变压器重瓦斯保护是反映变压器内部故障的，一旦该保护动作跳闸，该变压器短期内不能投入运行。因此，调度员应把工作重点放至恢复、控制负荷和调整电网运行方式上。

（1）有备用变压器或备用电源自动投入的变压器，当运行的变压器跳闸时应先投入备用变压器或备用电源，然后检查跳闸的变压器。

（2）若并列运行的两台变压器，因一台变压器跳闸而造成另一台完好变压器过负荷，应及时消除，避免扩大事故范围，并按保护要求调整变压器中性点接地方式。

（3）若全站仅有的一台变压器故障跳闸造成全站失压，选取最优的线路通过其他变电站反带失压变电站负荷，同时应避免其他变电站及相关线路过负荷。

（四）变压器差动保护动作

变压器差动保护的保护范围为各侧电流互感器所包围的区域。它可保护绕组的相间短路、

各电压侧引出线短路，以及中性点接地变压器绕组和引出线上的单相接地短路。

变压器差动保护动作跳闸后，调度员应根据现场情况进行综合判断处理。

（1）确认故障点已有效隔离，有备用变压器或备用电源自动投入的变压器，当运行的变压器跳闸时应先投入备用变压器或备用电源，然后检查跳闸的变压器。

（2）若并列运行的两台变压器，因一台变压器跳闸而造成另一台完好变压器过负荷，应及时消除，避免扩大事故范围，并按保护要求调整变压器中性点接地方式。

（3）若全站仅有的一台变压器故障跳闸造成全站失压，选取最优的线路通过其他变电站反带失压变电站负荷，同时应避免其他变电站及相关线路过负荷。

（4）检修完工后的变压器送电过程中，变压器差动保护动作跳闸后，如明确为励磁涌流造成变压器跳闸，可立即试送。

（五）变压器的主保护动作跳闸

变压器差动保护和瓦斯保护作为变压器的主保护，变压器的主保护动作跳闸，未经查明原因和消除故障之前，不得进行强送电。

（六）变压器后备保护动作

复合电压过流保护是变压器主保护的后备和相邻母线或线路相间故障的后备保护。零序电流、间隙保护是在大电流接地系统中，作为变压器内部接地和相邻母线或线路接地故障的后备保护。

1. 变压器后备保护动作跳闸的原因

（1）高压侧后备保护动作原因主要是差动和瓦斯保护拒动、本侧母差或线路保护拒动、本侧断路器拒动、中低压后备保护拒动或断路器拒动、高压侧后备保护误动或误整定。

（2）中压侧后备保护动作原因主要是差动和瓦斯保护拒动、本侧母差或线路保护拒动、本侧断路器拒动、低压后备保护拒动或断路器拒动、中压侧后备保护误动或误整定。

（3）低压侧后备保护动作原因主要是低压线路发生故障跳闸，保护拒动或断路器拒动、低压母线发生故障（未装设母差保护）、低压母线所带站用变或电压互感器故障（未装设母差保护）。

2. 变压器后备保护动作跳闸处理原则

（1）变压器高（中）后备保护动作，检查变压器主保护、本侧母线或线路保护是否有动作信号，是否有断路器闭锁信号，以判别高后备保护动作原因。如有主保护动作信号，则需对变压器进行检查，排除故障后送电。若变压器低压带有电源且本侧母线或线路有保护信号，则按母线故障检查处理。

（2）变压器低后备保护动作，检查变压器主保护无动作信号，有低压线路保护动作信号则拉开低压线路开关，请示领导后试送变压器。双母线分段运行且有备用变压器的变电站，若变压器低后备保护跳闸且连跳分段开关，则立即用备用变压器将无故障段母线负荷送出。

（3）若全站仅有的一台变压器故障跳闸造成全站失压，对于失压的负荷，尽量转移，将影响降至最小。在转移负荷时，注意不得向故障点反送电。同时，及时调整电网运行方式，增强电网抗风险能力。变压器后备保护动作跳闸，在确定本体及引线无故障后，可试送一次，正常后再恢复原负荷方式。

（七）变压器冷却系统故障

（1）变压器冷却装置工作电源故障后，变压器冷却装置备用电源自动投入运行，运行值班人员应到设备现场将备用电源切至工作，并停止故障回路电源，尽快查找故障点并进行处理，使故障电源尽快恢复正常。

（2）投入备用变压器或备用电源，并按保护要求调整变压器中性点接地方式。

（3）变压器冷却装置故障后，运行值班人员应重点监视负荷及温度情况，当因负荷过大引起变压器温度上升时，调度可转移部分负荷。

（4）当冷却系统故障造成冷却器全停，时间接近规定（20min）时，若无备用变压器或备用变压器不能带全部负荷，如果上层油温未达 75℃，可暂时解除冷却器全停跳闸回路的连接片，继续处理问题，并严密注视上层油温变化。冷却器全停跳闸回路中，有温度闭锁（75℃）触点的，不能解除其跳闸连接片。

（5）若变压器上层油温上升超过 75℃，或虽未超过 75℃，但全停时间已达 1h 未能处理好，应转移负荷后，将故障变压器停止运行。

第四节　母线事故处理

培训目标

熟悉并掌握母线停电的原因和现象、母线事故对电网的影响及母线事故后送电的原则、方法和注意事项等。

一、母线事故的原因及种类

母线停电是指由于各种原因导致母线电压为零，而连接在该母线上正常运行的断路器全部或部分在断开位置。

（一）母线停电的原因

（1）母线及连接在母线上运行的设备（包括断路器、避雷器、隔离开关、支持绝缘子、引线、电压互感器等）发生故障。

（2）出线故障时，连接在母线上运行的断路器拒动，导致失灵保护或主变压器后备保护动作，使母线停电。

（3）母线上元件故障，其保护拒动时，依靠相邻元件的后备保护动作切除故障时导致母线停电。

（4）单电源变电站的受电线路或电源故障。

（5）发电厂内部事故，使联络线跳闸导致全厂停电。

（6）误拉、合隔离开关，带负荷拉、合隔离开关或带接地线合隔离开关引起母线故障。

（7）各出线（主变压器断路器）电流互感器之间的断路器绝缘子发生短路故障。

（二）母线常见故障

母线故障是指由于各种原因导致的母线保护动作，切除母线上所有断路器，包括母联断路器的故障。由于母线是变电站中的重要设备，通常其运行维护情况比较好，相对线路等其他电力元件，母线本身发生故障的概率很小。导致母线故障的原因主要有：

（1）母线及其引线的绝缘子闪络或击穿，或支持绝缘子断裂倾倒。实际运行中，导致母差保护动作的大部分是这类故障。

（2）直接通过隔离开关连接在母线上的电压互感器和避雷器发生故障。

（3）某些连接在母线上的出线断路器本体发生故障。这些断路器两侧均配置有 TA，虽然断路器不是母线设备，但是故障点在元件保护和母线保护双重动作范围之内，因此，这些断路器本体发生故障时该断路器所属的元件保护和母差保护均会动作，导致母线停电。

（4）GIS 母线故障。目前 GIS 变电站在电力系统中的应用越来越多，当 GIS 母线 SF_6 气体泄漏严重时，会导致短路事故发生。此时泄漏的气体会对人员安全产生严重威胁。

二、母线事故处理原则及方法

（一）母线停电对电网的影响

母线是电网中汇集、分配和交换电能的设备，一旦发生故障会对电网产生重大不利影响。

（1）母线故障后，连接在母线上的所有断路器均断开，电网结构会发生重大变化，尤其是双母线同时故障时，甚至直接造成电网解列运行，电网潮流发生大范围转移，电网结构较故障前薄弱，抵御再次故障的能力大幅度下降。

（2）母线故障后，连接在母线上的负荷变压器、负荷线路停电，可能会直接造成用户停电。

（3）对于只有一台变压器中性点接地的变电站，当该变压器所在的母线故障时，该变电站将失去中性点运行。

（4）3/2 接线方式的变电站，当所有元件均在运行的情况下，发生单条母线故障不会造成线路或变压器停电。

（二）母线停电后故障的查找与隔离

（1）变电站母线停电，一般是因母线故障或母线上所接元件保护、断路器拒动造成的，也可能因外部电源全停造成的。要根据仪表指示、保护和自动装置动作情况、断路器信号及事故现象（如火光、爆炸声等），判断事故情况，并且迅速采取有效措施。事故处理过程中，切不可只凭站用电源全停或照明全停而误认为是变电站全停电。

（2）多电源联系的变电站，母线电压消失而本站母差保护和失灵保护均无动作时，变电站运行值班人员应立即将母联断路器及母线上的断路器拉开，但每条母线上应保留一个联络线断路器在合入状态。

（3）当母线差动保护动作导致母线停电时，应检查母线本身及连接在该母线上在母线差动保护范围内的所有出线间隔，当发现故障点后，应拉开隔离开关隔离故障点。当故障母线无法送电而需将该母线上的元件倒至运行母线时，应先拉开该元件连接故障母线的隔离开关后，再合上连接运行母线上的隔离开关。

（4）对于未配置母差保护的母线，不论故障发生在哪一段母线，均将造成向该母线供电的所有线路保护动作跳闸。

（5）当失灵保护动作导致母线停电时，应将该失灵断路器转为冷备用后才能对母线送电。

（三）母线试送电

（1）母线停电后试送电，应尽量选用线路断路器由相邻变电站送电，在选择本站开关（通常为母联或变压器开关）时，应慎重考虑强送失败对电网的影响。

（2）母线送电时，应确认除送电断路器外，其余断路器包括母联断路器均在断开位置。

（3）当母线故障原因不明时，有条件的变电站应利用发电机对母线进行零起升压。

（四）母线失压的处理原则

（1）母差保护动作引起母线失压，首先应判断母差保护是否误动作。若是母差保护误动，误动母差保护退出后，即可将该母线投入运行。

（2）将失压母线上所有开关断开，发电厂应迅速恢复受到影响的厂用电，同时报告值班调度员。

（3）应尽快使受到影响的系统恢复正常，避免设备超过各项稳定极限。

（4）未经检查不得强送。

（5）因主保护（如母差）动作而停电时，应迅速查明故障原因，调度应按以下原则处理：

1）找到故障点并能迅速隔离的，在隔离故障后或属瞬间故障且已消失的，可对母线立即恢复送电。

2）找到故障点但不能很快隔离的，若系双母线中的一组母线故障时，应将故障母线上完好的元件倒至非故障母线上恢复供电。

3）经过检查不能找到故障点时，允许对母线试送电，试送电源的选择参考线路的事故处理部分，有条件者应进行零起升压。

4）GIS 母线由于母差保护动作而失压，在故障查明并作有关试验以前母线不得送电。

（6）双母线接线方式下，差动保护动作使母线停电，一般按如下处理：

1）双母线接线当单母线运行时，母差保护动作使母线停电，值班调度员可选择电源线路断路器试送一次，如不成功则切换至备用母线。

2）双母线运行而又因母差保护动作同时停电时，现场值班人员不待调度指令，立即拉开未跳闸的断路器。经检查设备未发现故障点后，遵照值班调度员指令，分别用线路断路器试送一次，选取哪个断路器试送，由值班调度员决定。

3）双母线之一停电时（母差保护选择性切除），应立即联系值班调度员同意，用线路断路器试送一次，必要时可使用母联断路器试送，但母联断路器必须具有完善的充电保护，试送失败拉开故障母线所有隔离开关。将线路切换至运行母线时，应防止将故障点带至运行母线。

（7）后备保护（如开关失灵保护等）动作，引起母线失压，应根据有关厂、站保护及自动装置动作情况，正确判断故障线路、拒动的保护和开关，现场值班人员应将故障开关（包括保护拒动的开关）隔离后方可送电。

（8）母联开关无故障跳闸，如对系统潮流分配影响较大，值班人员应立即同期合上母联开关，同时向值班调度员汇报，并查找误跳原因。

第五节　发电机事故处理

培训目标

熟悉发电机的故障类型，掌握发电机故障对电网的影响及跳闸后送电的原则、处理方法和注意事项等。

一、发电机的故障类型

（一）发电机跳闸

发电机跳闸是指发电机组高压侧断路器跳闸，当发电机、升压变压器、汽轮机（水轮机）、锅炉等设备发生故障时，相关保护会动作导致发电机跳闸。

（二）发电机失磁

当发电机由于励磁回路开路，励磁绕组灭磁断路器误动作等原因导致失磁后，发电机继续向系统输出有功功率，但是将从系统吸收大量无功功率。当系统缺乏无功备用且发电机容量很大时，可能导致系统无功功率严重缺乏，破坏系统稳定。发电机失磁后，发电机机端电压下降，电流增加，如果不立刻解列发电机，发电机将很快转入异步运行状态。

（三）发电机非全相运行

发电机出口断路器一相与系统相联另两相断开或两相与系统相联另一相断开时称为发电机非全相运行。

（四）发电机非同期并列

同步发电机在不符合准同期并列条件时与系统并联，称为非同期并列。导致非同期并列的主要原因是误合发电机出口断路器。

（五）发电机冒烟着火

多因冷却条件下降、散热严重不均匀或发电机内部有严重短路故障而造成冒烟着火，此情况下发电机必须紧急停机并与系统解列。

二、发电机异常及事故的调度处理要求

（1）发电机异常通常会影响发电出力，也会对电网调峰、调频能力造成影响。当电网有功平衡受到影响时，调度应及时调整其他机组出力，使电网频率或联络线考核指标在合格范围内。

（2）发电机故障会使电网在负荷高峰时旋转备用不足，也可能造成电网在负荷低谷时调峰能力不足。调度应安排好机组启停或限电计划，以满足电网在负荷高峰、低谷时的需求。

（3）某些负荷中心区的机组异常时，还可能会导致电网局部电压降低或某些联络线过负荷。调度应关注小地区的电压支撑及联络线潮流，及时投入备用的有功和无功容量，将小地区电压及联络线潮流调整至合格范围。

（4）发电机跳闸，应先查明继电保护及自动装置动作情况，再进行处理。

1）水轮发电机由于甩负荷及过速使过电压保护动作跳闸，经调度同意应立即恢复并列带负荷。

2）发电机由于内部故障而保护动作跳闸时，应根据现场规程规定对发电机进行检查。如确未发现故障，可将发电机零起升压，正常后经调度同意可并网带负荷运行。

（5）当发电机进相运行或功率因数较高，引起失步时，应立即减少发电机有功，增加励磁，以使发电机重新拖入同步。若无法恢复同步，应将发电机解列。

（6）发电机对空载线路零起升压产生自励磁时，应立即将发电机解列。

发电机自励磁是指发电机接上容性负荷后，在系统参数谐振条件下，即当线路的容抗小于或等于发电机和变压器的感抗时，在发电机剩磁和电容电流助磁作用下，发电机端电压与负载电流同时上升的现象。

自励磁发生在发电机组接空载长线路或串联电容补偿度过大的线路上在电容器后发生故障时。

避免方法是在有自励磁的系统中，可采用并联电抗器，在线路末端连接变压器或限制运行方式，从而改变系统运行参数，使 X_d+X_t 小于线路容抗 X_c（X_d 为发电机电抗，X_t 为变压器电抗）。

三、发电机事故对电网的影响及处理方法

（一）发电机跳闸对电网的影响及处理方法

发电机跳闸后将造成电网有功无功功率的缺额，某些发电机跳闸也可能会引起相关线路或变压器过负荷，应调整相邻机组的有功、无功功率，以维持电网出力平衡。然后根据发电机跳闸原因进行处理，如果是外部故障导致机组跳闸，经检查机组无异常，则应在外部故障消除后尽快命令机组并网。

（二）发电机失磁对电网的影响及处理方法

发电机失磁后，从系统中吸收大量无功功率，引起电网的电压降低，如果电网中无功功率储备不足，将使电网中临近点电压低于允许值，从而破坏了电网中的无功平衡，威胁电网的稳定运行。同时由于电压下降，电网中其他发电机为维持有功输出，在自动励磁调整装置作用下增加发电机定子电流，可能会造成发电机因定子电流过高而跳闸，使事故进一步扩大。如果发电机转入异步运行状态，则可能使电网发生振荡。

因此，大型发电机失磁后，必须立即与电网解列，以避免造成电网事故。若发电机无法解列，则应该迅速降低发电机有功功率，同时增加其他发电机的无功功率，必要时在合适的解列点将机组解列。

（三）发电机非同期并列对电网的影响及处理方法

发电机非同期并列对于发电机而言是最危险的冲击，非同期会给机组轴系造成冲击而产生扭振。因此，运行中必须采取措施避免出现非同期并列。发电机的高压断路器设置了同期并列装置，为保证同期并列装置的正确性，在发电机大修结束后均进行同期试验。

当 3/2 接线系统发生同一串开关同时跳闸的事故后，试送机组和其他元件共用的中间开关时要防止非同期并列。

（四）发电机非全相运行对电网的影响及处理方法

当发电机与系统一相相联时，另两相的断口最大电压会达到线电压的 2 倍。发电机非全相运行产生的三相负荷不平衡会对发电机产生危害：发电机转子发热、机组振动增大、定子绕组由于负荷不平衡出现个别相绕组端部过热。

当发电机非全相运行时，系统中将产生零序电流，一旦零序电流达到定值时，发电机相邻线路的零序保护会动作切除线路断路器，造成电网事故。

因此，发电机运行时一相断开应立即将该相开关合入；而运行时发生两相断开，则应立即将运行相开关断开。若开关闭锁，则应立即将发电机出力降至最低处理。

四、发电机的事故处理

发电机的事故处理应按照相关规程的规定执行。

（一）发电机或调相机过负荷的处理

（1）有关发电厂或变电站的值班人员应不待调度指令，采用降低无功的办法来消除过负荷；但不得使母线电压低至事故极限电压值。

（2）有关单位应迅速将过负荷情况报告有关调度，由其采取措施，以尽快消除发电机或调相机的过负荷。

（3）当过负荷情况严重，并达到规定允许的过负荷时间或强励动作超过规定时间，应立即报告有关调度，并同时自行按紧急拉路限电序位表进行拉闸限电，以消除发电机或调相机的严重过负荷。

（二）发电机失磁的处理

（1）发电机失磁运行允许条件：

1）定子电流不超过额定值，一般要求不超过额定电流的10%。

2）转子各部分发热在允许范围内。

3）发电机母线电压不低于90%额定电压，系统电压不低于规定限额，不使系统失去稳定。

（2）对满足失磁运行允许条件，且经计算和试验验证允许无励磁运行的机组，应经省电力公司批准，允许无励磁运行时间应在现场运行规程中明确规定，其允许的有功出力应由试验确定并经批准。

（3）发电机失磁时：转子电流表指示为零或接近于零；定子电流表指示升高并摆动，有功电力表指示降低并摆动；无功电力表指示为负值，功率因数表指示进相；发电机母线电压指示降低并摆动；发电机有异常声音。

（4）对不允许无励磁运行的机组或发电机失磁而失磁保护装置拒动时或因失磁引起系统失步时，应立即将该机组解列；对允许短时无励磁机运行的机组，在失去励磁而没有使系统失去稳定时，在系统电压不低于90%的情况下，可不立即解列机组，而应迅速降低有功出力，并在规定的时间内设法恢复励磁，否则也应将机组解列；对水轮发电机发生失磁时应立即将该机组解列。

（三）发电机不对称运行的处理

（1）发电机三相电流不对称持续运行的允许条件：

1）转子的温度不超过允许值。

2）机组振动不超过允许值。

3）不平衡电流的标幺值不应超过允许值，汽轮发电机一般不超过0.1，水轮发电机和凸极调相机一般不超过0.2，同时最大一相的电流不得大于额定值。

发电机持续运行允许的不平衡电流值应遵守制造厂的规定，无制造厂规定时，可按照上述规定执行。

（2）当发电机发生三相电流不平衡时，有关发电厂值班人员应按“发电机运行规程”和“现场规程”中的有关规定进行处理，在调整降低有功出力无效后，应迅速报告值班调度员，按其调度指令进行处理。

值班调度员应准确判断故障和正确采取措施，在允许时间内，消除三相电流不平衡。当超过允许运行时间时，应立即将发电机解列，待故障消除后再恢复并列。

（四）发电机发生失步运行的处理

发电机在进相或高功率因数运行中发生失步时应立即降低有功出力，增加励磁，以使机组拖入同步；若无法恢复同步时，应将发电机解列后，再重新并入系统。

（五）发电机转子单相接地的处理

当隐极式发电机转子绕组发生一点接地时，应立即查明故障地点与性质，如是不稳定性的金属接地，对于容量在100MW及以上的转子内冷发电机，则应投入两点接地保护，并尽可能停机检修。

对凸极式发电机的转子绕组应有保护一点接地的信号装置，出现转子一点接地信号时，应迅速转移负荷，停机处理，一般不允许再继续运行。

（六）发电机主保护、后备保护动作或误动跳闸的处理

发电机因主保护、后备保护动作或误动跳闸，现场值班人员应按现场规程进行处理，并立即报告值班调度员，未经值班调度员同意不得擅自并网。

（七）大机组失磁或非同期合闸的处理

若由于大机组失磁或非同期合闸而引起电网振荡，可不待调度指令，现场值班人员立即将机组解列；电网发生振荡时，未得到值班调度员的允许，任何发电厂都不得无故从电网解列，在频率或电压严重下降威胁到厂用电的安全时，可按各发电厂现场事故处理规程中低频、低压保厂用电的规定进行处理。

（八）系统异常和事故情况下发电机 AGC 运行管理规定

（1）发电厂运行值班人员无权自行解除机组的 AGC 控制，严禁发电厂运行值班人员自行改变 AGC 调节范围或调节速率，特殊情况需改变时，事先应经值班调度员的许可；情况紧急时，可先行处理，但应立即向值班调度员报告。

（2）当电网频率超过（50±0.2）Hz 范围时，发电厂 AGC 功能应退出运行，电网和发电厂运行方式改变，需控制相关联络线电流时，相应机组 AGC 应退出运行。

（3）当电网发生事故时，视事故情况退出机组 AGC 功能。

（4）当发电厂或主站调度自动化系统异常时，发电厂或电网 AGC 功能应自动退出运行，发电厂运行值班人员按现场有关规定将 AGC 控制解除后，应立即报告值班调度员；并及时通知相关专业部门进行处理和恢复。

（九）切机切负荷装置动作的处理

（1）切机切负荷装置的投退及改变，应由值班调度员根据电网的稳定规定及通知单要求下令执行。

（2）当切机切负荷装置动作后，如属系统一次设备故障装置正确动作，且故障设备不能恢复运行时，值班调度员应通知现场值班人员将该设备的保护启动切机切负荷装置（或连接片）退出；现场值班人员将所切机组按现场规定检查后可不待调度指令开出并网，但不得增加出力，值班调度员应视电网情况下令将所切负荷送电，但不得使任一线路或变压器超稳定极限运行，并严格按新方式下的稳定条件控制电网潮流。

（3）当切机切负荷装置或通道误动作时，应将误动的切机切负荷装置或启动通道连接片退出，恢复所切机组和所切负荷，并通知有关人员迅速查明原因。

（4）当切机装置拒动时，值班调度员应迅速采取压出力措施，必要时可将拒切机组解列；当切负荷装置拒动时，现场值班人员可不待调度指令迅速将切负荷装置所接跳的开关断开，无调度指令不得送电。

（5）当切机切负荷装置动作时（电网发生故障或电网无故障而装置本身发生不正确动作），厂站运行值班人员应记录装置动作情况，立即向省调值班调度员汇报，并通知维护单位；维护单位应及时收集装置动作信息（故障录波、计算机保护打印报告等），并对切机切负荷装置进行检查、分析，查明装置动作原因。

第六节 GIS设备故障处理

培训目标

熟悉GIS设备故障的分类及原因，掌握GIS设备故障的处理方法。

一、GIS设备故障分类及原因

（一）GIS的常见故障分类

GIS的常见故障可分为以下两大类。

（1）与常规设备性质相同的故障。如断路器操动机构的故障等。

（2）GIS的特有故障。如GIS绝缘系统的故障等。一般来说，GIS设备的故障率比常规变电站低一个数量级，但GIS事故后的平均停电检修时间则比常规变电站长。

运行经验表明，GIS设备的故障多发生在新设备投入运行的一年之内，以后趋于平稳。

（二）常见特有故障

GIS常见的特有故障如下。

1. 气体泄漏

气体泄漏是较为常见的故障，使GIS需要经常补气，严重者将造成GIS被迫停运。

2. 水分含量高

SF_6气体水分含量增高通常与SF_6气体泄漏相联系。因为泄漏的同时，外部的水汽也向GIS其室内渗透，致使SF_6气体的含水量增高。SF_6气体水分含量高是引起绝缘子或其他绝缘件闪络的主要原因。

3. 内部放电

运行经验表明，GIS内部不清洁、运输中的意外碰撞和绝缘件质量低劣等都可能引起GIS内部发生放电现象。

4. 内部元件故障

GIS内部元件包括断路器、隔离开关、负荷开关、接地开关、避雷器、互感器、套管、母线等。运行经验表明，其内部元件故障时有发生。

（三）产生故障原因分析

1. 源于制造厂

（1）车间清洁度差。GIS制造厂的制造车间清洁度差，特别是总装配车间，将金属微粒、粉末和其他杂物残留在GIS内部，留下隐患，导致故障。

（2）装配误差大。在装配过程中，使一可动元件与固定元件发生摩擦，从而产生金属粉末和残屑并遗留在零件的隐蔽地方，在出厂前没有清理干净。

（3）不遵守工艺规程。在GIS零件的装配过程中，不遵守工艺规程，存在把零件装错、漏装及装不到位的现象。

（4）制造厂选用的材料质量不合格。

当GIS存在上述缺陷时，在投入运行后，都可能导致GIS内部闪络、绝缘击穿、内部接地短路和导体过热等故障。

2. 源于安装

（1）不遵守工艺规程。安装人员在安装过程中不遵守工艺规程，金属件有划痕、凸凹不平之处未得到处理。

（2）现场清洁度差。安装现场清洁度差，导致绝缘件受潮，被腐蚀；外部的尘埃、杂物等侵入 GIS 内部。

（3）装错、漏装。安装人员在安装过程中有时会出现装错、漏装的现象。例如，屏蔽罩内部与导体之间的间隙不均匀；没有装上去或漏装；螺栓、垫圈没有装或紧固不紧。

（4）异物没有处理。安装工作有时与其他工程交叉进行。例如上建工程、照明工程、通风工程没有结束，为了赶工期，强行进行 GIS 设备的安装工作，可能造成异物存在于 GIS 中而没有处理。有时甚至将工具遗留在 GIS 内部，留下隐患。

上述缺陷都可能导致 GIS 内部闪络、绝缘击穿、导体过热等故障。

3. 源于设计

设计不合理或绝缘裕度较小也是造成故障的原因之一。例如，GIS 中支撑绝缘子的使用场强是一个重要的设计参数。目前，环氧树脂浇注绝缘子的使用场强可高达 6kV/mm 而不致发生问题。如果使用场强高达 10kV/mm，起初可能没有局部放电现象，但运行几年后就可能会击穿。

4. 源于运行

在 GIS 运行中，由于操作不当也会引起故障。例如，将接地开关合到带电相上，如果故障电流很大，即使快速接地，开关也会损坏。

5. 源于过电压

在运行中，GIS 可能受到雷电过电压、操作过电压等的作用。雷电过电压往往使绝缘水平较低的元件内部发生闪络或放电。隔离开关切合小电容电流引起的高频暂态过电压可能导致 GIS 对地（外壳）闪络。

二、GIS 设备常见故障的具体原因

（一）内部放电

1. 设备内部绝缘放电原因

（1）绝缘件表面破坏，绝缘件浇注时有杂质。

（2）绝缘件环氧树脂有气泡，内部有气孔。

（3）绝缘件表面没有清理干净。

（4）吸附剂安装不对，粉尘粘在绝缘件上。

（5）密封胶圈润滑硅脂油过多，温度高时融化掉在绝缘件上。

（6）绝缘件受潮。

（7）气室内湿度过大，绝缘件表面腐蚀。

2. 主回路导体异常原因

（1）导体表面有毛刺或凸起。

（2）导体表面没有擦拭干净。

（3）导体内部有杂质。

（4）导体端头过渡、连接部分倒角不好，导致电场不均匀。

（5）屏蔽罩表面不光滑，对接口不齐。

（6）螺栓表面不光滑，螺栓为内六角的，六角内毛刺关系不大，外表有毛刺时有害。

（7）导线、母线断头堵头面放电，一般为球断头。

3. 罐体内部异常原因

（1）罐体内部有凸起，焊缝不均匀。

（2）盆式绝缘子与法兰面接触部分不正常。

（3）罐体内没有清洁干净。

（4）运动部件运动时可能脱落粉尘。

（二）回路电阻异常

1. 电阻过大、发热，固定接触面面积过大

（1）接触面不平整、凸起。

（2）接触面对口不平整、有凸起，接触不良。

（3）镀银面有局部腐蚀。

（4）螺栓紧固。

2. 插入式接触电阻大

（1）触头弹簧装设不良。

（2）插入式长度小，接触深度不够。

（3）触头直径不合适，对接不好。

（4）镀银腐蚀问题。

3. 导体本身电阻大

（1）材质本身杂质超标。

（2）焊接部分不均匀，有气孔。

三、GIS设备故障处理方法

（一）GIS设备断路器拒绝合闸处理

（1）若是断路器操作电源断电，运行人员应检查断路器操作电源空开（或熔断器），发现是操作电源空气开关（或熔断器）断开，运行人员应试合空气开关或更换熔断器，还应检查汇控柜内的开关“远方/就地”选择开关确在远方位置。

（2）若是控制回路问题，应重点检查控制回路易出现故障的位置，如同期回路、控制开关、合闸线圈、分相操作箱内继电器等，对于二次回路问题，一般应通知专业人员进行处理。

（3）若汇控柜内“远方/就地”控制把手置于就地位置或触点接触不良，则可将“远方/就地”控制把手置远方位置或将把手重复操作两次，若触点回路仍不通，应通知专业人员进行处理。

（4）如果是弹簧机构未储能，应检查其电源是否完好，若属于机构问题应通知专业人员处理。

（5）若是断路器 SF_6 压力降低闭锁开关，运行人员应断开断路器操作电源空气开关，汇报调度根据调度指令处理，申请停用重合闸，记录缺陷，通知专业人员处理。

（6）如若是拒绝合闸引起断路器不能投运时，并且一时无法处理，运行人员应汇报调度将断路器隔离（拉开断路器两侧隔离开关），待专业人员处理。

（二）GIS断路器拒绝分闸处理

（1）若是分闸电源断电，运行人员应检查断路器操作电源空气开关（或熔断器），发现是

操作电源空气开关或熔断器断开，运行人员应试合空气开关或更换熔丝，还应检查汇控柜内的开关“远方/就地”选择开关确在远方位置。

（2）若是控制回路存在故障，应重点检查分闸线圈、分相操作箱继电器、断路器控制把手，在确定故障后应通知专业人员进行处理。

（3）若是断路器辅助触点转换不良，应通知专业人员进行处理。

（4）若是汇控柜内“远方/就地”把手位置在就地位置，应将把手放在对应的位置，若是把手辅助触点接触不良，应通知专业人员进行处理。

（5）如果是弹簧机构未储能，应检查其电源是否完好，若属于机构问题应通知专业人员处理。

（6）若是断路器 SF_6 压力降低闭锁开关，运行人员应断开断路器操作电源空气开关，申请停用重合闸，汇报调度，通知专业人员处理。

（7）当故障造成断路器不能分闸时，运行人员应立即汇报调度，经调度同意用母联串代故障断路器。即将非故障出线断路器倒换至另一母线，用母联断路器切除故障断路器；将故障断路器接的那段母线转检修（因为 GIS 设备无旁路，所以不能用等电位的方法将故障开关隔离，只有将母线停电处理），通知专业人员处理。

（三）GIS 断路器液压操作机构异常处理

发生液压机构无油位或漏油严重导致断路器分合闸闭锁时，运行人员应切断其电动机电源，立即汇报调度，经调度同意用母联开关串代故障断路器，即将非故障出线断路器倒换至另一母线，用母联断路器切除故障断路器；将故障断路器接的那段母线转检修，通知专业人员处理。

（四）GIS 断路器弹簧操作机构异常处理

（1）断路器弹簧操作机构储能不到位时，应将储能电源断开，进行手动储能，直到储能到位。

（2）断路器弹簧操作机构电动机不转，应检查储能电源是否正常，若电源消失应立即恢复，无法恢复立即通知专业人员前来处理；若是电动机原因造成无法储能的应立即断开储能电源后进行手动储能，然后通知专业人员前来处理。

（3）规定不允许进行手动储能的设备，应检查储能电源是否正常，若电源消失应立即恢复，无法恢复立即通知专业人员前来处理。

（4）对于无法进行储能的设备，运行人员应汇报调度，经调度同意将断路器隔离（将断路器转冷备用），通知专业人员处理。

（五）GIS 设备隔离开关操作机构异常处理

正常操作 GIS 设备隔离开关时，无法电动操作，运行人员应检查控制回路电压或电动机电压是否过低或失压，并立即恢复，检查热继电器是否动作，如果热继电器动作，应按动热继电器复位按钮。无法电动操作时，应进行手动操作，操作前应先断开操作电源。

如若连手动也无法操作时，应采用如下措施处理：

（1）母线侧隔离开关无法操作时，应马上汇报调度，经调度同意，即将非故障出线断路器倒换至另一母线，将其故障隔离开关接的这段母线转检修，并将其开关也转检修，然后通知检修人员进行处理。

（2）线路侧隔离开关无法操作时，马上汇报调度，经调度同意，在保证开关确已断开的情况下，断开母线侧隔离开关，将本侧停电并转检修，对侧应将线路转检修，然后通知检修人员进行处理。

（六）GIS 设备 SF_6 气压降低的处理

（1）当运行人员发现 GIS 设备 SF_6 气体降低至报警值时，应上报部门，由检修部门对其补气。

（2）当运行人员发现 GIS 设备 SF_6 气体降低至闭锁值时，应立即将操作电源断开，并锁定操动机构，在手动操作把手上挂“禁止操作”的标示牌，立即报告调度，根据命令，采取措施将故障开关隔离；通知检修部门进行处理。

（七）GIS 设备 SF_6 发生严重漏气处理

（1）应立即断开该开关的操作电源，在手动操作把手上挂“禁止操作”的标示牌。

（2）汇报调度，根据命令，采取措施将故障开关隔离。

（3）在接近设备时要谨慎，尽量选择从“上风侧”接近设备，必要时要戴防毒面具、穿防护服。

（八）GIS 设备发生意外爆炸处理

（1）SF_6 设备发生意外爆炸事故，值班人员接近设备要谨慎，必要时要戴防毒面具、穿防护服。对户外设备，尽量选择从上风侧接近设备。

（2）SF_6 气体大量外泄，进行紧急处理时的注意事项。

1）人员进入户外设备 10m 内，必须穿防护服、戴防护手套及防毒面具。

2）在室外应站在上风处进行工作。

（九）GIS 设备母线或母线上设备发生故障时的处理

母线或母线上设备发生故障时，运行人员应检查母线及连接在母线上各气室的压力是否正常，派人到现场检查失压母线上所接各开关的实际位置。无法发现故障点，在故障点未明确之前，不得进行倒闸操作（不得将跳闸开关倒至正常母线上运行）。原因不明时，不得对母线进行冲击试验，只要是母线或母线上设备发生故障，运维人员都应汇报调度，经调度同意，将故障的母线转检修。通知检修人员进行处理。

如检修人员也无法查明原因时，不得对母线进行冲击试验，如因系统需要，必须对上述母线进行试运行时，应得到分管领导或总工批准。

若系统有紧急需要时，可经公司总工同意，利用外来电源对母线进行充电，将充电开关转接到待充电母线上热备用，待充电母线上其余各出线开关转运行并断开其线路侧隔离开关，母联开关靠正常母线侧隔离开关断开后合上母联开关，合上充电开关用外来电源对未查明故障的母线进行充电。

（十）GIS 设备开关非全相异常运行处理

220kV 开关不得非全相运行。当值班员发现“断路器三相位置不对应”信号时，运行人员应立即检查断路器的实际位置。当发现断路器只跳开一相时，应立即将断路器合上，恢复全相运行，如无法恢复，应立即断开该开关；当发现断路器跳开两相，现场值班人员应立即断开运行相开关。事后迅速汇报调度员及有关部门。若“断路器三相位置不对应”信号不能复归，可能是断路器的位置中间继电器卡滞，触点接触不良以及断路器辅助触点的转换不正常。此时应立即汇报调度及变电部通知有关人员前来处理。

220kV 主变压器发生非全相运行处理期间，不得进行中性点的倒换操作，事故处理完毕应保证中性点接地个数符合要求。

第七节　发电厂及变电站全停事故处理

培训目标

理解发电厂及变电站全停的定义、现象和对电网的危害，掌握发电厂、变电站全停的处理原则、方法和注意事项。

一、发电厂及变电站全停的定义

当发生电网事故造成发电厂、变电站失去和系统之间的全部电源联络线（同时发电厂的运行机组跳闸），导致发电厂、变电站的全部母线停电，即称为发电厂、变电站全停。《国家电网公司安全事故调查规程》规定变电站（含开关站、换流站）全停系指该变电站各级电压母线转供负荷（不包括站用电）均降至零。

二、发电厂及变电站全停的现象

发电厂及变电站全停的现象与母线停电现象基本相同，其原因一般有母线本身故障；母线上所接元件故障时保护或开关拒动；外部电源全停造成等，同时发电厂、变电站的厂用、站用电全停。

判断是否为发电厂、变电站全停要根据系统潮流情况、现场仪表指示，保护和自动装置动作情况，开关信号及事故现象（如火光、爆炸声等）等，切不可只凭借厂用、站用电源全停或照明全停而误认为是发电厂、变电站全停电。同时，应尽快查清是本站母线故障还是因外部原因造成本站母线停电。

三、发电厂及变电站全停的危害

发电厂及变电站全停严重威胁电网运行安全，具体表现在：

（1）大容量发电厂全停时使系统失去大量电源，可能导致系统频率事故及相关联络线过载等情况。

（2）变电站站用电全停会影响监控系统运行及断路器、隔离开关等设备的电动操作，同时发电厂失去厂用电会威胁机组轴系等相关设备安全，并会因辅机等相关设备停电对恢复机组运行造成困难。

（3）枢纽变电站全停通常将使系统失去多回重要联络线，极易引起系统稳定破坏及相关联络线过载等严重问题，进而引发大面积停电事故。

（4）末端变电站全停可能造成负荷损失，中断向部分电力用户的供电，如时间较长将产生较严重的社会影响。

四、发电厂及变电站全停的处理原则及方法

（1）对于多电源联系的发电厂、变电站全停电时，运行值班人员应按规程规定立即将多电源间可能联系的开关拉开，若双母线母联断路器没有断开，应首先拉开母联断路器，防止突然来电造成非同期合闸。但每条母线上应保留一个主要电源线路开关在投运状态，或检查有电压测量装置的电源线路，以便及早判明来电时间。

（2）对于单电源受电的变电站全停电，如检查本站无问题时，保持受电状态等待受电，如 3min 后仍不见来电，立即手动断开次要负荷线路，只保留站用电及有保安电力的线路等待受电。来电后，依次送出所停负荷线路。

（3）变电站全停电，如确认是本站线路越级跳闸造成的，应立即切除故障线路开关，恢复其他设备运行，并及时报调度；如确认是本站母线故障时，有备用母线（包括侧母线）的应立即改由备用母线供电，双母线的改由单母线供电。

（4）对具有备用电源的变电站全停电时，在确认变电站内部无故障后，可切换到备用电源受电，如备用电源容量较小时，可先供出重要用户的保安电力。

（5）当发电厂全停时，应设法恢复受影响的厂用电，有条件时，可利用本厂发电机对母线进行零起升压，成功后再设法与系统恢复同期并列。

发电厂、变电站全停时其他相关处理原则及方法可参照母线故障停电方式进行。

五、发电厂及变电站全停且与调度失去联系时的处理方法

当发电厂及变电站全停且与调度联系不通时，现场运行值班人员应将各电源线路轮流接入有电压互感器（即有电压指示）的母线上，试探是否来电。调度员在判明该发电厂或变电站处于全停状态时，可分别选择一个或几个电源向该发电厂、变电站送电。发电厂、变电站发现来电后即可恢复厂用、站用负荷。这些处理程序事先应安排妥当，避免临时操作发生错误，特别要防止发生非同期合闸。

六、发电厂保厂用电的措施

由于发电厂失去厂用电后，会对厂用设备造成危害，对机组启动造成困难，因此发电厂要采取措施保证厂用电安全，保厂用电的措施有：

（1）发电机出口引出厂高压变压器，作为机组正常运行时本台机组的厂用电源，并可以作其他厂用电源的备用；作为火电机组，机组不跳闸，即不会失去厂用电；作为水电机组，机组不并网仍可带厂用电运行。

（2）装设专用的备用厂用高压变压器，即直接从电厂母线接入备用厂用电源，或从三绕组变压器低压侧接入备用电源。母线不停电，厂用电即不会失去。

（3）通过外来电源接入厂用电。

（4）电厂装设小型发电机（如柴油发电机）提供厂用电，或直流部分通过蓄电池供电。

（5）为确保厂用电的安全，厂用电部分应设计合理，厂用电应分段供电，并互为备用（可在分段断路器加装备用自动投入装置）。

（6）在系统方面，当系统难以维持时，对小电厂应采取低频解列保厂用电或其他方式解列小机组保证厂用电。

七、发电厂及变电站全停处理时的注意事项

（1）全面了解发电厂、变电站继电保护动作情况、断路器位置、有无明显故障现象。

（2）了解厂用、站用系统情况，有无备用电源等。

（3）全停发电厂有条件应启动备用柴油发电机，尽快恢复必要的厂用负荷，保证设备安全。

（4）利用备用电源恢复供电时，应考虑其负载能力和保护整定值，防止过负载和保护误动作。必要时，只恢复厂用、站用电和部分重要用户的供电。

（5）恢复送电时必须注意防止非同期并列，防止向有故障的电源线路反送电。

第八节　电 网 黑 启 动

培训目标

理解电网黑启动的概念、基本原则和注意事项等。

一、黑启动的概念

黑启动是指整个电网因事故全停后，不依赖其他正常运行的电网帮助，通过系统中具有自启动能力的机组启动，来带动无自启动能力的机组启动，然后逐渐扩大系统的恢复范围，最终用尽量短的时间恢复整个电网的运行和对用户的供电。黑启动是电网安全措施的最后一道关口。

二、黑启动的基本原则

（1）选择电网黑启动电站。一般水电机组用作启动电源最为方便，但火电机组也应当能作为启动电源，其问题是要具有热态再启动的能力，而热态再启动能力的关键在于把握好某些允许的时间间隔，如汽包炉的热力机组不能安全再启动的最长时间间隔（如果需要由其他电厂提供厂用电源时，较为精确地掌握允许的时间间隔就更为重要）或超临界直流炉的热力机组再启动的最短时间间隔。根据黑启动电站情况将电网分割出多个子系统，如利用水力发电机组。尤其是抽水蓄能机组具有启动迅速方便、耗费能量少、出力增长速度快的特点，按水电厂的地理位置将电网分割为多个子系统，制定相应的负荷恢复计划及断路器操作序列，并制定相应子系统的调度指挥权。

（2）对电网在事故后的节点状态进行扫描，检测各节点状态，以保证各子系统之间不存在电和磁的联系。

（3）各子系统各自调整及相应设备的参数设定和保护配置。

（4）各子系统同时启动子系统中具有自启动能力的机组，监视并及时调整各电网的参变量水平（如电压、频率）及保护配置参数整定等，将启动功率通过联络线送至其他机组，带动其他机组发电。

（5）将恢复后的子系统在电网调度的统一指挥下按预先制定的断路器操作序列并列运行，随后检查最高电压等级的电压偏差，完成整个网络的并列。

（6）恢复电网剩余负荷，最终完成整个电网的恢复。

当然在现代电网条件下，结合调度操作自动化，实现 SCADA、EMS 及其 AGC 对黑启动过程的自动控制，将会使事故损失减少到最小。

三、电网黑启动过程中需要注意的问题

（一）无功平衡问题

在超高压电网恢复过程中，自启动机组发出的启动功率需经过高压输电线路送出，恢复初期，空载或轻载充电超高压输电线路会释放大量的无功功率，可能造成发电机组自励磁和电压升高失控，引起自励磁过电压限制器动作，因此，要求自启动机组具有吸收无功的能力，并将发电机置于厂用电允许的最低电压值，同时将自动电压调节器投入运行；在超高压线路送电前，将并联电抗器先接入电网，断开电容器，安排接入一定容量（最好是低功率因数）的负荷等。

（二）有功平衡问题

为保持启动电源在最低负荷下稳定运行和保持电网电压处在合适的水平，往往需要及时接入一定负荷。负荷的缓慢恢复将延长恢复时间。而过快恢复又可能使频率下降，导致发电机低频切机动作，造成电网减负荷，因此，增负荷的比例必须在加快恢复时间和机组频率稳定两者之间兼顾。故应首先恢复较小的直配负荷，后逐步带较大的直配负荷和电网负荷。而对于按频率自动减负荷控制的负荷，只应在电网恢复的最后阶段才能予以恢复。一般认为，允许同时接入的最大负荷量，不应使系统频率较接入前下降0.05Hz，国外几个电网的经验数据认为负荷量不应大于发电量的5%。

（三）启动过程中的频率和电压控制问题

在黑启动过程中，保持电网频率和电压稳定至关重要，每操作一步都需要监测电网频率和重要节点的电压水平，否则极易导致黑启动失败。频率与系统有功（即机组出力）和负荷水平有关，控制频率涉及负荷的恢复速度、机组的调速器响应和二次调频，因此，恢复过程中必须考虑启动功率和重要负荷的分配比例，尽量减少损失，从而加快恢复速度。

（四）投入负荷过渡过程

一般除了电阻负荷外，在电网中接入其他负荷，都会产生过渡过程功率，但由于大多数负荷的暂态过程不过1～2s，它们对带负荷机组的频率及电压一般影响都不大，即使是压缩空气负荷在断电后再投入，吸收的过渡过程功率时间长达5s，也会由于电网全停后的系统恢复，其断电时间至少要15min以上，因此，它只相当于初次启动时的功率，不会出现太大的问题。

（五）保护配置问题

恢复过程往往允许电网工作于比正常状态恶劣的工况，此时若保护装置不正确动作，就可能中断或者延误恢复，因此，必须相应调整保护装置及整定值，力争简单可靠。

第九节　系统振荡处理

培训目标

了解电网同步振荡、异步振荡、低频振荡及次同步振荡的概念及故障现象，熟悉电网同步振荡、异步振荡、低频振荡及次同步振荡的判断与处理方法。

一、系统振荡的原因及类型

（一）振荡的类型

1. 同步振荡和异步振荡

同步振荡指当发电机输入或输出功率变化时，功角 δ 将随之变化，但由于机组转动部分的惯性，δ 不能立即达到新的稳态值，需要经过若干次在新的 δ 值附近振荡之后，才能稳定在新的 δ。这一过程即同步振荡，即发电机仍保持在同步运行状态下的振荡。

系统发生同步振荡时，电网各机组间仍保持同步，振荡机组及附近机组会发生出力摆动，某些联络线的功率也会发生不同程度的摆动。

异步振荡指发电机因某种原因受到较大的扰动，其功角 δ 在0～360°之间周期性的变化，发电机与电网失去同步运行的状态。在异步振荡时，发电机在发电机状态和电动机状态之间来回变化。

2. 低频振荡

并列运行的发电机在小干扰下发生的频率为0.1～2.5Hz范围内的持续同步振荡现象称为低频振荡。

3. 次同步振荡

当发电机经由串联电容补偿的线路接入系统时，如果串联补偿度较高，网络的电气谐振频率较容易和大型发电机轴系的自然扭振频率产生谐振，造成发电机大轴扭振破坏。此谐振频率通常低于同步（50Hz）频率，称为次同步振荡。

（二）振荡的原因

1. 同步振荡和异步振荡的原因

（1）输电线路输送功率超过极限值，造成静态稳定破坏。

（2）电网发生短路故障，切除大容量的发电、输电或变电设备，负荷发生较大突变等造成电网暂态稳定破坏。

（3）输变电设备故障跳闸后，系统间联系阻抗突然增大，引起动稳定破坏。

（4）大容量机组跳闸或失磁，使系统联络线负荷增大或使系统电压严重下降，造成稳定破坏。

（5）电网发生非同期并列。

2. 低频振荡的原因

低频振荡产生的原因是由于电网的负阻尼效应，常出现在弱联系、远距离、重负荷输电线路上，在采用现代、快速、高放大倍数励磁系统的条件下更容易发生。

3. 次同步振荡的原因

产生次同步振荡的主要原因是当发电机经由串联电容补偿的线路接入系统时串联补偿装置补偿度较高。对高压直流输电线路（HVDC）、静止无功补偿器（SVC），当其控制参数选择不当时，也可能激发次同步振荡。

二、振荡的判断与处理

（一）同步振荡和异步振荡的判断与处理

（1）发电厂、变电站应迅速采取措施提高系统电压。

（2）频率升高的电厂，迅速降低频率，直到振荡消失或降到不低下49.50Hz为止。

（3）频率降低的电厂，应充分利用备用容量和事故过载能力提高频率，直至消除振荡或恢复到正常频率为止，必要时，值班调度员可以下令受端切除部分负荷。

（4）不论频率升高或降低的电厂都要按发电机事故过负荷规定，最大限度地提高励磁电流。受端负荷中心调相机按调度要求调整励磁电流。防止电压升高，负荷加大而恶化稳定水平。

（5）调度值班人员争取在3～4min内将振荡消除，否则应在适当地点解列。

（6）在系统振荡时，除现场事故规定者外，发电厂值班人员不得解列任何机组。

（7）若由于机组失磁而引起系统振荡时，应立即将失磁机组解列，但注意区别汽轮发电机失磁异步运行时，功率、电流也有小的摆动。

（8）环状系统解列操作引起振荡时，应立即投入解列的断路器。

（二）低频振荡的判断与处理

（1）首先判断出发生低频振荡的系统位置，其次判断出振荡系统的送端和受端。

（2）立即降低振荡时送端系统主要发电机组（对系统稳定影响最大的机组）的有功功率，

降低联络线有功潮流，同时提高送端系统主要发电机组的无功功率和母线电压。

（3）立即增加受端系统机组有功功率和无功功率，提高受端系统母线电压。

（4）如因线路、变压器等设备停电操作引起系统低频振荡，应立即恢复线路、变压器等停电设备运行。

（5）如因发电机并列操作引起系统低频振荡，应立即解列该发电机组。

（6）如因线路、变压器等设备事故跳闸引起系统低频振荡，应立即按规定控制相关断面、联络线等潮流，有条件尽快恢复跳闸设备运行。

（7）如因改变发电机励磁系统自动励磁调解器或PSS运行状态引起系统低频振荡，应立即恢复发电机自动励磁调解器或PSS原运行状态。

（8）如低频振荡导致系统稳定破坏，按系统稳定破坏事故进行处理。

（三）次同步振荡的判断与处理

（1）附加次设备或改造一次设备。

（2）降低串联电容器补偿度。

（3）通过二次设备提供对扭振模式的阻尼（类似于PSS的原理）。

第十节　反事故演习

培训目标

了解反事故演习的目的、作用、组织形式、演习流程和注意事项等内容。熟悉反事故演习方案编制、实施、评价总结等内容。掌握反事故演习方案编制方法，能组织实施反事故演习活动，对反事故演习活动进行评价。

一、反事故演习的目的和作用

（1）定期检查电网运行人员处理事故的能力。

（2）使电网运行人员掌握迅速处理事故和异常现象的正确方法。

（3）贯彻反事故措施，帮助电网运行人员进一步掌握规程规定，熟悉电网及相关设备运行特性。

二、反事故演习的组织形式

调度系统反事故演习一般分为主演和被演两组，较大型的联合反事故演习还会设置演习指挥及导演。

（一）主演组

针对电网薄弱环节编制反事故演习方案，设置事故处理考察要点，调控DTS系统，并根据反事故演习方案及被演事故处理情况逐步推进事故发展进程。

（二）被演组

被演组是反事故演习的主要考察对象，在演习过程中根据主演组设置的电网事故情况作出相应的反映，尽可能及时准确地进行事故处理。

（三）演习指挥和导演

在涉及多家单位的大型联合反事故演习中，总体掌控反事故演习进程，实现相关各系统的协调配合。

三、反事故演习的流程

典型的调度系统反事故演习通常包括以下流程：

（1）确定参演人员，并划分主演组、被演组（被演组成员也可临时决定）。

（2）由主演组制定演习方案。

（3）反事故演习具体实施过程。

（4）反事故演习考评及分析总结。

（5）被演组整理反事故演习报告。

四、反事故演习的注意事项

（1）反事故演习题目应有针对性，能反映电网危险点，并能较为全面地检验调度运行人员的事故处理能力。

（2）反事故演习题目应对被演组人员严格保密。

（3）涉及现场参与的反事故演习在演习过程中要有明确说明，避免和实际运行系统情况混淆。

（4）若反事故演习过程中实际电网出现异常及事故，应立即中止反事故演习活动，其他人员协助当班调度运行人员进行事故处理。

五、反事故演习方案编制

在开展反事故演习活动时，制定演习方案尤为重要，首先演习题目要有针对性，要结合电网设备运行方式、当前保供电任务、季节性天气特点以及人员技术水平等进行综合考虑，为了充分考察调度运行人员在事故处理中考虑问题的全面性及对复杂事故的应变能力，故障往往不能设置得过于简单，可人为使事故扩大化，应设置多重故障。另外，为了达到实战效果，演习方案必须保密，不可事先告诉演习人员，只有这样才能在实际演练中暴露出真实存在的问题，有利于采取有效的应对措施。

六、反事故演习实施

反事故演习的关键在于演习过程的真实性，要让演习人员感觉就是真的事故发生了，要及时、正确、迅速地控制事故扩大，尽快恢复电网正常运行。最大程度地再现事故处理现场的真实情况，考察演习人员调度用语的规范性和掌握有关规程制度的熟练程度以及根据事故现象独立分析、判断、处理事故的能力。

整个事故处理过程中，处理人员所进行的一切有关事故的现场汇报及操作指令等，应做好记录，以便活动后考核、分析和总结。为了提高调度运行人员快速、准确处理事故的能力，演习活动还应同时规定时间限制，否则，处理过程拖得过长，也不适应事故处理实战中的客观要求。

七、反事故演习评价总结

整个反事故演习结束后，应组织全体人员参加考评、分析和总结，对参加反事故演习的人员，在该次反事故演习活动中的表现作出评价，指出整个演习过程中的错误和不足，最后针对反事故演习题目，提出正确、完善的处理步骤，再由大家充分讨论，找出问题出现的原因，总结经验教训，做好预防措施，从而提高调度运行人员对不同事故的应变及分析处理能力。

具体应参考的有关考评内容包括以下方面：

（1）事故发生后对事故总体情况的了解。

（2）调整稳定系统情况。

（3）根据保护动作情况对故障点的判断。
（4）对故障点的隔离。
（5）恢复系统的步骤。
（6）相关规程及汇报制度等的掌握情况。
（7）调度用语的规范性等其他内容。

八、案例学习

2012年某电网奥运保联合反事故演习方案提纲

1　联合反事故演习意义和目的
2　联合反事故演习的组织安排
2.1　组织机构
2.2　联合反事故演习时间地点
2.3　联合反事故演习设备及演习电话
2.4　联合反事故演习观摩人员
2.5　参加联合反事故演习单位
3　联合反事故演习相关措施及要求
3.1　组织措施
3.2　技术措施
3.3　安全措施
3.4　演习要求
3.5　演习中各有关单位的任务
3.6　通信和自动化保障方案
3.6.1　反事故演习会议电话系统方案说明
3.6.2　会议电话系统维护终端操作说明
3.6.3　反事故演习会议电话及视频系统方案说明
3.6.4　自动化保障措施
4　联合反事故演习方案
4.1　总体构想
4.1.1　故障设置
4.1.2　事故处理要点
4.1.3　故障前系统方式
4.2　故障前后系统变化
4.2.1　故障前后系统接线
4.2.2　故障前后系统潮流
4.3　反事故演习进程
4.3.1　故障现象
4.3.2　处理参考过程

思 考 题

1．电网事故处理的主要任务是什么？

2．电网事故处理的一般规定有哪些？

3．监控员应在确认满足哪些条件后，向调度员汇报站内设备具备线路远方试送操作条件？

4．线路故障后不宜强送电的情况有哪些？

5．变压器重瓦斯保护动作如何处理？

6．变压器差动保护动作如何处理？

7．变压器高后备保护动作如何处理？

8．变压器低后备保护动作如何处理？

9．母线故障的原因有哪些？

10．母线故障处理的原则是什么？

11．简述发电机异常及事故的调度处理要求。

12．简述 GIS 断路器液压操作机构异常处理的方法。

13．简述 GIS 设备母线或母线上设备发生故障时的处理方法。

14．简述发电厂及变电站全停的处理原则及方法。

15．简述系统振荡的原因及处理方法。

16．发生系统振荡应如何调整发电机组处理？

17．抑制系统次同步振荡的措施有哪些？

18．制定演习题目要注意什么问题？

19．对事故演习进行评价时应考虑哪些方面？

20．反事故演习的注意事项有哪些？

第十章

调度仿真培训系统案例分析与处理

第一节　柳树 220kV 变电站异常及事故案例分析

培训目标

本节介绍了柳树 220kV 变电站 6 个典型异常和事故案例，通过对电网异常和事故的现象、分析、判断和处理，掌握电网异常和事故的处理原则和方法。

一、柳树 220kV 变电站概况介绍

省、地、县三级调度仿真培训系统中，柳树变电站的 220kV 系统与 500kV 渤海变电站、220kV 京诚变电站、营口变电站、滨海变电站相连。66kV 系统主要与 220kV 营口变电站、镁都变电站、大石桥变电站、锦州变电站、范家变电站的 66kV 系统相连。

【系统运行方式概况】

1. 220kV 电网运行方式

220kV 渤环一/二线、环滨线、柳滨线、营滨线、营柳线、渤柳二/三线、渤诚线、诚柳线、渤镁一/二线、镁营线经柳树变电站、渤海变电站、五环变电站、滨海变电站、营口变电站、京诚变电站、镁都变电站多环网运行。

2. 220kV 母线固定接线方式

（1）220kV 一母线：营柳线、诚柳线、渤柳三线、一号主变压器主一次、三号主变压器主一次（热备用）、侧路（热备用）。

（2）220kV 二母线：渤柳二线、柳滨线、二号主变压器主一次、四号主变压器主一次。

（3）220kV 一、二母线经母联开关并列运行；220kV 母差保护投有选择方式。

（4）220kV 一号、二号、四号主变压器分列运行，三号主变压器热备用，主变压器备自投以及联切装置启用，二号、三号主变压器中性点直接接地；一号、二号、三号、四号主变压器二次重合闸停用。

3. 66kV 母线固定接线方式

（1）66kV 一母线：一号主变压器主二次、经贸分二线、树营三线、树钢一线、柳锦乙线、范柳甲线（开路）、一号电容器、I 侧路（开路）。

（2）66kV 二母线：三号主变压器主二次（开路）、树天乙线、树桥乙线、树金乙线、树边甲线、树都乙线、树钢六线、三号电容器、一号站用变压器。

（3）66kV 三母线：二号主变压器主二次、经贸分一线、树营四线、树钢二线、柳锦甲线、范柳乙线（开路）、二号电容器。

（4）66kV 四母线：四号主变压器主二次、树天甲线、树桥甲线（开路）、树金甲线、树边乙线、树都甲线（开路代一号站用变压器）、树钢五线、四号电容器、Ⅱ侧路。

（5）66kV 一、二母线经一分段开关分列运行。

（6）66kV 三、四母线经二分段开关分列运行。

（7）66kV 二、四母线经母联开关并列运行。

（8）66kV 一、三母线经母联开关开路运行，66kV 母联备自投启用中。

（9）站用变压器：正常时，一号站用变压器为工作电源（一号站用变压器由系统二次直接提供低压电源），二号站用变压器处于热备用状态（由 66kV 树都甲线 T 接站用变压器）。当 1 号站用变压器因故退出时，二号站用变压器自动投入工作。一号、二号站用变压器可以互相自动切换，互为备用。

4. 66kV 系统运行方式

（1）66kV 柳锦环在锦州变电站 66kV 柳锦甲、乙线开关开路。

（2）66kV 柳新锦环在新民变电站 66kV 新郊线开关开路。

（3）66kV 柳营环在营口变电站 66kV 树营三、四线开关开路。

（4）66kV 柳镁环在柳树变电站 66kV 树都甲线开关开路，环在镁都变电站 66kV 树都乙线开关开路。

（5）66kV 柳范环在柳树变电站 66kV 范柳甲、乙线开关开路。

（6）66kV 柳大环在柳树变电站 66kV 树桥甲线开关开路，环在大石桥变电站 66kV 树桥乙线开关开路。

（7）66kV 树钢五、六线代五矿中板总降一号变电站负荷；66kV 都营甲乙线在总降一号变电站开路备用。

（8）66kV 树钢一、二线代五矿中板总降二号变电站负荷；66kV 树都甲乙线在总降二号变电站开路备用。

（9）××变电站 66kV ××线备自投不具备投入条件，手动代替。

柳树 220kV 变电站主接线图如图 10-1 所示。

5. 地方电源

（1）五矿中板总降一号变电站：2 台机（2×15MW）分别经 66kV 树钢五、六线与系统并列。

（2）五矿中板总降二号变电站：2 台机（2×15MW）分别经 66kV 树钢一、二线与系统并列。

6. 重要用户

（1）柳树一次变电站。五矿中板总降一号变电站（树钢五、六线保安电力 4000kW），五矿中板总降二号变电站（树钢一、二线保安电力 3000kW）、金桥变电站（树金甲、乙线保安电力 3000kW）。

（2）营口一次变电站。造纸厂变电站（营纸线保安电力 4000kW），化纤变电站（营化一、二线保安电力 3000kW）。

（3）镁都一次变电站。博拉炭黑变电站（都博甲线保安电力 4000kW），分水变电站（都分甲乙线保安电力 5000kW）。

7. 各母线消弧线圈分布情况

（1）金桥变电站：一号主变压器（66kV 东母 树金乙线）有一个消弧线圈。

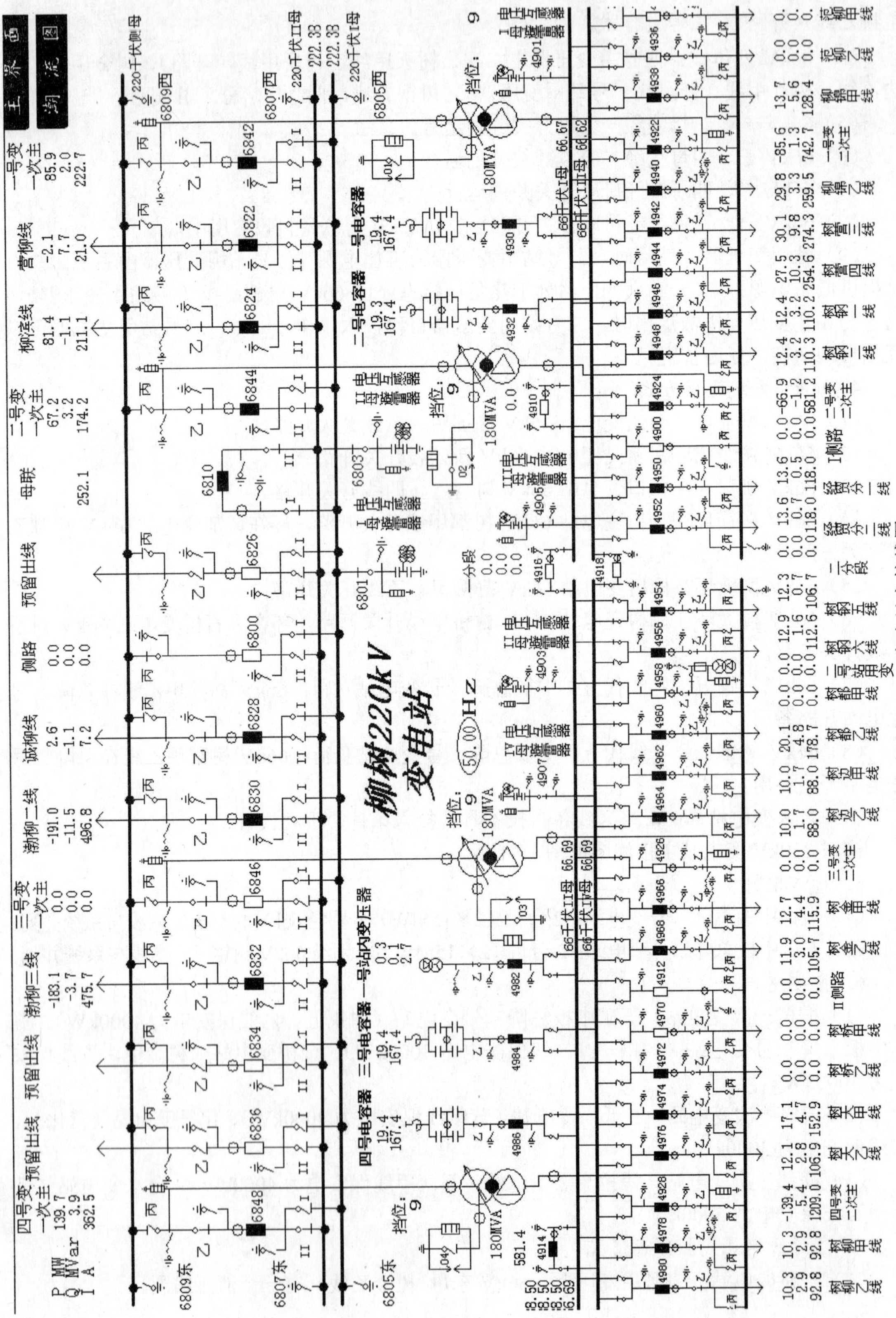

图 10-1 柳树 220kV 变电站主接线图

（2）1号总降：一号主变压器（66kVⅠ母 树钢五线）有一个消弧线圈。

（3）2号总降：二号主变压器（66kVⅠ母 树钢一线）有一个消弧线圈。

（4）北郊变电站：1号主变压器（柳锦甲线）有一个消弧线圈。

8. 负荷情况

柳树变电站66kV各回路负荷列表见表10-1。

表10-1　　柳树变电站66kV各回路负荷列表　　A

一母线、1号主二次	经贸分二线	树营三线	树钢一线	柳锦乙线	范柳甲线	
743	118	274	110	260	0	
三母线、2号主二次	经贸分一线	树营四线	树钢二线	柳锦甲线	范柳乙线	
581	118	255	110	128	0	
四母线、4号主二次	树天甲线	树桥甲线	树金甲线	树边乙线	树都甲线	树钢五线
1209	153	0	116	88	0	107
二母线、3号主二次	树天乙线	树桥乙线	树金乙线	树边甲线	树都乙线	树钢六线
0	107	0	106	88	179	113

（1）范家变电站：主变压器二次负荷为127.5+149.7MW。

（2）锦州变电站：主变压器二次负荷为77.7+77.7MW。

（3）大石桥变电站：主变压器二次负荷为97.4+97.4MW。

（4）营口变电站：主变压器二次负荷为52.7+56.3+67.8MW。

（5）镁都变电站：主变压器二次负荷为96.8+96.8MW。

（6）五矿中板总降一号变电站：两台机组出力为6MW。

（7）五矿中板总降二号变电站：两台机组出力为6.2MW。

9. 保护配置

（1）220kV线路保护配置：双套纵联差动保护、距离保护、零序保护、重合闸。

（2）220kV母线保护配置：双套母差保护及失灵保护。母联断路器配充电保护、失灵保护、三相不一致保护。

（3）220kV主变压器保护配置：

1）主保护：差动保护、本体重瓦斯保护和有载调压重瓦斯保护。

2）后备保护：高压侧复合电压过流保护、低压侧复合电压过流保护、零序过流保护、间隙过电压保护、过负荷保护等。

（4）66kV线路保护配置：三段距离保护、三段电流保护、重合闸。

（5）66kV母线保护配置：母差保护。

（6）备自投配置情况：66kVⅠ、Ⅲ母联备自投，三、四号主变压器备自投投入运行；进线备自投未投入。

10. 高压设备配置

（1）220kV主变压器。型号为SFPZ9-180000/220，额定电压为（220±8×1.25%）69kV，额定电流为472/1506A，冷却方式为强迫油循环风冷，接线组别为Y_Nd11。

（2）220kV断路器。为平高LW10B-252W/3150-40型，液压操作机构，额定电流为3150A，开断短路电流为40kA，额定油压为28.0MPa，SF_6额定气体压力为0.4MPa。66kV断路器为瓦高LW9-72.5/T2500-31.5，弹簧机构，额定电流为2500A，开断短路电流为31.5kA，SF_6额定气体压力为0.5MPa。

（3）220kV 隔离开关。型号为 GW16-252、GW17-252、GW6-252IW；中性点隔离开关为 CW13-126 型。

（4）220kV 电流互感器均采用 LB7-220W2 型电流互感器。66kV 电流互感器均采用 LBl-66W2 型电流互感器，准确度等级为 0.2s/0.5/5P30/5P30，变比为 2×300/5。

（5）220kV 电压互感器均采用 WVB 220-10H 型电压互感器，一、二次额定电压变比，额定负载/准确度等级为 150VA/0.2 级、150VA/0.2 级、150VA/3 级。66kV 电压互感器均采用 WVB66-20HF 型电压互感器。220kV、66kV 电压互感器均为电容式电压互感器。

二、柳树变电站 66kV Ⅲ母线 AB 相永久故障

【事故现象】（参见图 10-2）

（1）柳树变电站：66kV 母线差动保护动作，切二号主变压器主二次、经贸分一线、树营四线、树钢二线、柳锦甲线各开关、66kV Ⅲ母线失压，低电压保护动作切二号电容器开关。

（2）北郊变电站：10kV 母联备自投动作，切一号主变压器二次开关，合上 10kV 母联开关，10kV 一段母线送电。

（3）经贸变电站：10kV 母联备自投动作，切一号主变压器二次开关，合上 10kV 母联开关，10kV 一段母线送电。

（4）老边变电站：10kV 母联备自投动作，切一号主变压器二次开关，合上 10kV 母联开关，10kV 一段母线送电。

（5）二号总降：2 号发电机低周解列动作，2 号发电机开关跳闸。

【处理步骤】

（1）柳树变电站：检查 66kV 三母线确认 AB 相永久故障，确认 66kV 三母线所有开关均在开位，短时间无法恢复。

（2）调控班：合上营口变电站 66kV 树营四线开关送电，同时考虑营口变电站负荷变化和 66kV 系统调谐。

（3）调控班：合上锦州变电站 66kV 柳锦甲线开关送电，同时考虑锦州变电站负荷变化和 66kV 系统调谐。

（4）调控班：确认二号总降 66kV 树钢二线开关在开位。2 号发电机停机中，合上母联开关送电，2 号发电机检同期并网，操作自行负责。

（5）调控班：监视北郊变电站、经贸变电站、老边变电站 66kV 二号主变压器负荷变化，同时安排北郊变电站、经贸变电站、老边变电站停用 10kV 母联备自投装置。

（6）柳树变电站：将 66kV 三母线各回路均改 66kV 一母线热备用，操作自行负责。

（7）柳树变电站：合上 220kV 二号主变压器主二次开关，环并。

（8）柳树变电站：合上 66kV 树营四线开关，环并。

（9）调控班：拉开营口变电站 66kV 树营四线开关，环解。

（10）柳树变电站：合上 66kV 柳锦甲线开关，环并。

（11）调控班：拉开锦州变电站 66kV 柳锦甲线开关，环解。

（12）柳树变电站：合上 66kV 树钢二线、经贸分 1 号线开关，送电良好。

（13）柳树变电站：根据母线电压和主变压器无功情况，合上二号电容器开关。

（14）调控班：安排北郊变电站、经贸变电站、老边变电站恢复正常方式受电，操作自行负责。

（15）柳树变电站：66kV 三母线由冷备用转检修，操作自行负责。

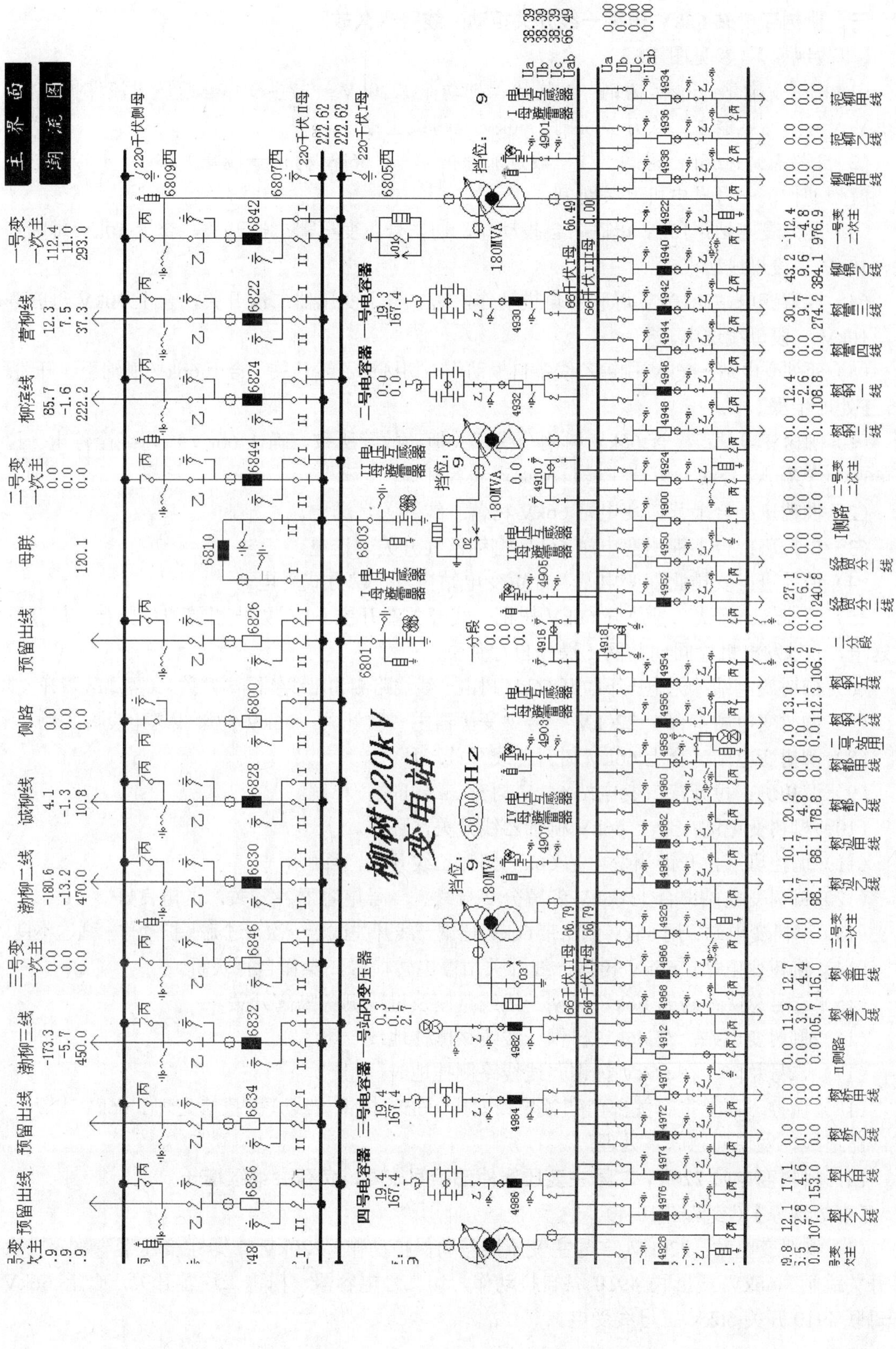

图 10-2　柳树变电站 66kV III母线 AB 相永久故障图

（16）调控班：上报有关部门和领导，安排66kV三母线抢修处理。

三、柳树变电站66kV树钢一线开关拒动，线路永久故障

【事故现象】（参见图10-3）

（1）柳树变电站：66kV树钢一线过流保护动作，220kV一号主变压器复压过流保护动作、220kV一号主变压器主二次开关跳闸，66kV一母线全停电。

（2）2号总降：66kV树钢一线三段过流保护动作，66kV树钢一线开关跳闸。1号发电机低周解列动作，一号发电机开关跳闸。

（3）北郊变电站：10kV母联备自投动作，切二号主变压器二次开关，合上10kV母联开关，10kV二段母线送电。

（4）经贸变电站：10kV母联备自投动作，切二号主变压器二次开关，合上10kV母联开关，10kV二段母线送电。

（5）西郊变电站：66kV柳锦乙线备自投动作，切柳锦乙线开关，合上66kV柳锦甲线开关。

【处理步骤】

（1）柳树变电站：检查66kV树钢一线开关拒动故障所致，确认66kV一母线全停电。拉开66kV经贸分2号线、树营三线、柳锦乙线各开关。

（2）调控班：合上营口变电站66kV树营三线开关，送电。

（3）调控班：合上锦州变电站66kV柳锦乙线开关，送电。

（4）调控班：安排北郊变电站、经贸变电站恢复正常方式受电。

（5）调控班：确认二号总降66kV树钢一线开关在开位。1号发电机停机中，合上母联开关送电，1号发电机检同期并网，操作自行负责。

（6）柳树变电站：无电压下拉开66kV树钢一线线路侧和母线侧隔离开关。（隔离故障开关）

（7）柳树变电站：合上220kV一号主变压器主二次开关，66kV一母线送电良好。

（8）柳树变电站：合上66kV树营三线开关，环并。

（9）调控班：拉开营口变电站66kV树营三线开关，环解。

（10）柳树变电站：合上66kV柳锦乙线开关，环并。

（11）调控班：拉开锦州变电站66kV柳锦乙线开关，环解。

（12）柳树变电站：合上66kV经贸分2号线、一号电容器各开关，送电良好。

（13）柳树变电站：用66kV侧路带66kV树钢一线开关试送一次，过流保护动作，强送不良。

（14）柳树变电站：66kV树钢一线开关由停电转检修，操作自行负责。

（15）二号总降：拉开66kV树钢一线线路侧及母线侧各隔离开关。

（16）柳树变电站：在66kV树钢一线线路侧挂地线一组。

（17）二号总降：在66kV树钢一线线路侧挂地线一组。

（18）调控班：上报有关部门和领导，安排66kV树钢一线开关抢修处理。66kV树钢一线线路巡线，发现问题联系处理。

四、柳树变电站220kV二号主变压器外部相间故障，负荷会继续增长

【事故现象】（参见图10-4）

（1）柳树变电站：220kV二号主变压器差动保护动作，220kV二号主变压器一次、二次各开关跳闸、66kV一母联4910备自投动作，切二号电容器、树钢二线各开关，合上66kV一母联4910开关66kV三母线受电。

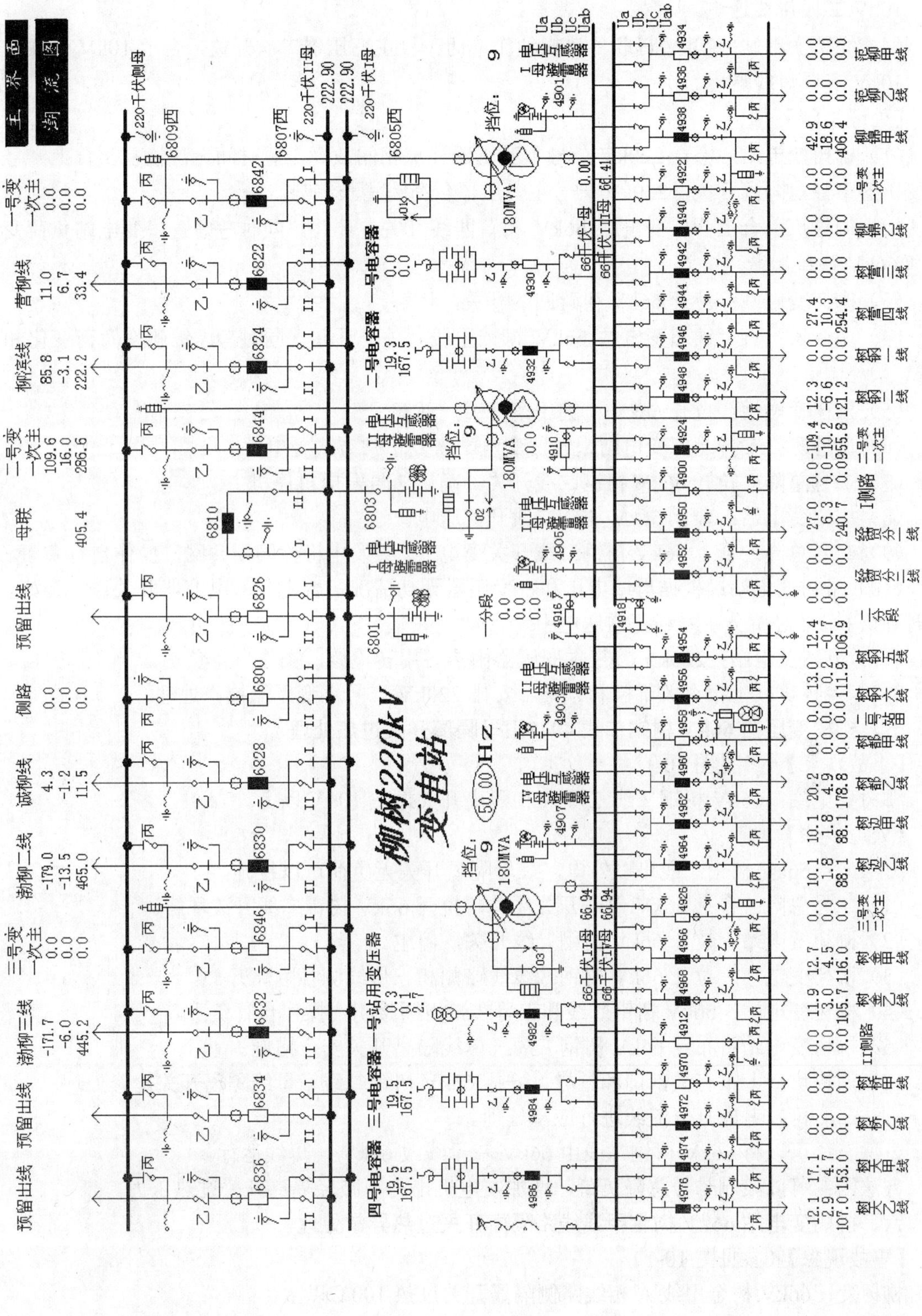

图 10-3　柳树变 66kV 树钢一线故障图

（2）二号总降：2 号发电机低周解列动作，2 号发电机开关跳闸。

（3）北郊变电站：10kV 母联备自投动作，切一号主变压器二次开关，合上 10kV 母联开关，10kV 二段母线送电。

（4）经贸变电站：10kV 母联备自投动作，切一号主变压器二次开关，合上 10kV 母联开关，10kV 二段母线送电。

【处理步骤】

（1）柳树变电站：检查 220kV 二号主变压器外部相间故障，短时间无法恢复。合上一号主变压器中性点隔离开关，220kV 一号主变压器负荷有增长趋势。

（2）调控班：合上营口变电站 66kV 树营四线开关，环并。同时考虑营口变电站负荷变化和 66kV 系统调谐。

（3）柳树变电站：拉开 66kV 树营四线开关，环解。

（4）调控班：合上锦州变电站 66kV 柳锦甲线开关，环并。同时考虑锦州变负荷变化和 66kV 系统调谐。

（5）柳树变电站：拉开 66kV 柳锦甲线开关，环解。

（6）调控班：安排北郊变电站、经贸变电站恢复正常方式受电。

（7）二号总降：拉开 66kV 树钢二线开关。确认 2 号发电机停机中。

（8）柳树变电站：合上 66kV 树钢二线开关送电。

（9）二号总降：合上 66kV 树钢二线开关受电。2 号发电机检同期并网，操作自行负责。

（10）柳树变电站：根据母线电压和主变压器无功情况，合上二号电容器开关送电良好。同时确认 66kV 经贸分 1 号线正常送电中。

（11）柳树变电站：220kV 二号主变压器由热备用转检修，操作自行负责。

（12）调控班：上报有关部门和领导，安排 220kV 二号主变压器抢修处理。

五、柳树变压器 66kV 树钢二线 4948Ⅲ母隔离开关过热处理

【事故现象】（参见图 10-1）

柳树变电站：66kV 树钢二线三母 A 相隔离开关过热 100℃以上。

【处理步骤】

方法一：66kV 树钢二线可以停电，三母隔离开关无负荷可以拉开。

（1）二号总降：合上 66kV 母联开关环并，拉开 66kV 树钢二线开关环解。

（2）柳树变电站：拉开 66kV 树钢二线开关，停电。

（3）柳树变电站：拉开 66kV 树钢二线线路侧和三母线侧各隔离开关。

（4）柳树变电站：66kV 树钢二线和三母线带电断接引，操作自行负责。

（5）柳树变电站：布置 66kV 树钢二线三母线隔离开关安全措施。

（6）调控班：上报有关部门和领导，安排 66kV 树钢二线三母线隔离开关抢修处理。

方法二：可以考虑打分流线进行应急处理。

方法三：可以将 66kV 树钢二线由 66kV 三母线改 66kV 一母线运行。

方法四：可以限制二号总降负荷，增加发电机出力，减轻隔离开关过热压力。

六、柳树变电站 66kV 树金甲线线路隔离开关过热异常处理

【事故现象】（参见图 10-1）

柳树变：66kV 树金甲线 A 相线路侧隔离开关过热 100℃以上。

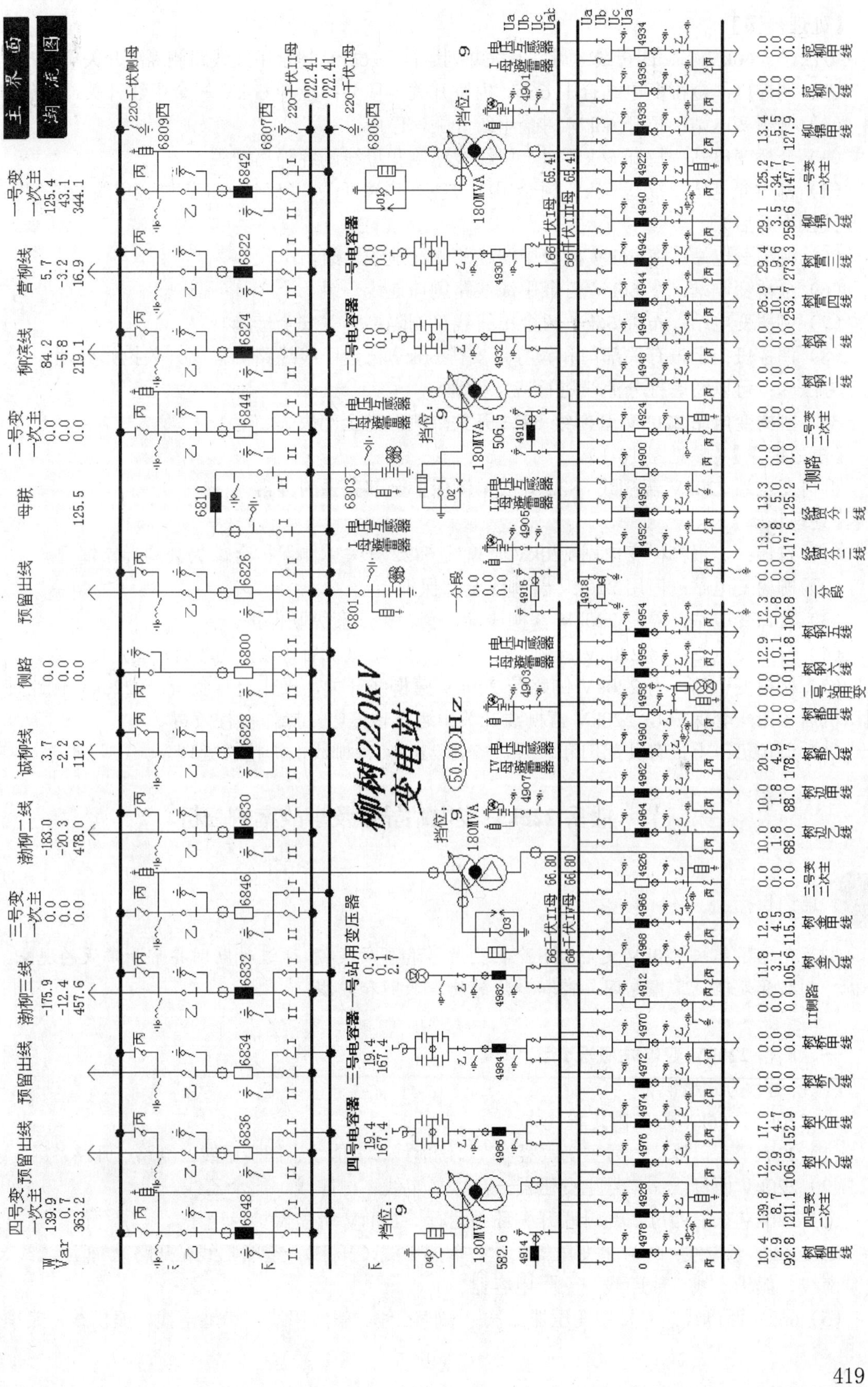

图 10-4　柳树变 220kV 2 号主变压器外部相间故障图

【处理步骤】

方法一：66kV 二、四母线经母联开关并列运行。（66kV 树金甲线线路侧隔离开关拉不开）

（1）调控班：金桥变电站合上 66kV 内桥开关，环并；拉开 66kV 树金甲线开关，环解。

（2）柳树变电站：拉开 66kV 树金甲线开关，停电。

（3）金桥变电站：拉开 66kV 树金甲线线路侧和母线侧各隔离开关。

（4）柳树变电站：拉开 66kV 树金甲线母线侧隔离开关。（确认 66kV 树金甲线线路侧隔离开关拉不开后）

（5）柳树变电站：在 66kV 树金甲线线路侧挂地线一组。

（6）金桥变电站：在 66kV 树金甲线线路侧挂地线一组。

（7）柳树变电站：布置 66kV 树金甲线线路侧隔离开关安全措施。

（8）调控班：上报有关部门和领导，安排 66kV 树金甲线线路侧隔离开关抢修处理。

方法二：可以考虑打分流线进行应急处理。

七、柳树变电站 220kV 营柳线 6822 开关单侧保护全部失去

【事故现象】（参见图 10-1）

柳树变电站 220kV 营柳线 6822 开关单侧保护全部失去的异常。

【处理步骤】

（1）省调：上报柳树变电站 220kV 营柳线 6822 开关单侧保护全部失去的异常情况。

（2）柳树变电站：停用 220kV 营柳线全部保护。

（3）营口变电站：停用 220kV 营柳线第一套、第二套纵联保护。

（4）营口变电站：将 220kV 营柳线第一套、第二套微机后备保护均改第一套定值投入。

（5）柳树变电站：用 220kV 侧路带 220kV 营柳线开关，操作自行负责。（220kV 侧路使用微机后备第一套保护），220kV 营柳线开关由运行转停电，操作自行负责。

（6）调控班：上报有关部门和领导，安排 220kV 营柳线保护抢修处理。

第二节　熊岳 220kV 变电站异常及事故案例分析

培训目标

本节介绍了熊岳 220kV 变电站 8 个典型异常和事故案例，通过对电网异常和事故的现象、分析、判断和处理，掌握电网异常和事故的处理原则和方法。

一、熊岳 220kV 变电站概况介绍

【系统运行方式概况】

1. 220kV、66kV 母线固定接线方式

（1）220kV 东母线：一号主变压器一次、渤熊线、盖熊线、熊牵甲线、侧路（开路备用）。

（2）220kV 西母线：二号主变压器一次、熊宝线、电熊线、熊牵乙线。

（3）220kV 东、西母线经母联开关环并运行；220kV 母差保护启用中。

（4）66kV 东母线：一号主变压器二次、盖熊甲线（开路）、望熊乙线（开路）、熊港北线、熊泵南线、熊华乙线、熊印线、一号电容器。

（5）66kV 西母线：二号主变压器二次、盖熊乙线、望熊甲线、熊港南线、熊杨线、熊华

甲线、熊硅线、二号电容器、侧路（开路备用）。

（6）66kV 东、西母线经母联开关开路分列运行；母联备自投启用中。

2. 66kV 系统运行方式

（1）66kV 望熊环在望海变电站 66kV 望熊甲线开关开路，环在熊岳变电站 66kV 望熊乙线开关开路。

（2）66kV 盖熊环在熊岳变电站 66kV 盖熊甲线开关开路。

（3）红海变电站 10kV 母联备自投启用中。

（4）留屯变电站 10kV 母联备自投启用中。

（5）小河沿变电站：10kV 母联备自投启用中，过负荷联切装置停用中。

（6）红旗变电站：10kV 母联备自投启用中，过负荷联切装置停用中。

（7）浴场变电站：66kV 主变压器备自投启用中。

（8）熊二变电站：10kV 母联备自投启用中。

熊岳 220kV 变电站主接线图见图 10-5。

3. 地方电源

（1）熊印变电站：3 台机（12MW×3）经 66kV 熊印线与系统并列。

（2）风电场：2 台机（3MW×2）经 66kV 熊华甲、乙线与系统并列。

4. 重要用户

（1）熊印变电站：66kV 熊印线保安电力 2000kW。

（2）硅石变电站：熊硅线保安电力 3000kW。

（3）熊泵变电站：熊泵南线、熊华甲线保安电力 3000kW。

（4）220kV 牵引站：为电气化铁路供电。

5. 66kV 消弧线圈安装情况

（1）红海变电站：二号主变压器（盖熊乙线）有 1 个消弧线圈。

（2）熊二变电站：二号主变压器（熊华乙线）有 1 个消弧线圈。

（3）神井变电站：有 1 个消弧线圈备用。

6. 负荷情况

熊岳变电站 66kV 各回路负荷列表见表 10-2。

表 10-2　　熊岳变电站 66kV 各回路负荷列表　　A

66kV 东母线	1 号主二次	盖熊甲线	望熊乙线	熊港北线	熊泵南线	熊华乙线	熊印线
	357	0	0	262	42	79	31
66kV 西母线	2 号主二次	盖熊乙线	望熊甲线	熊港南线	熊杨线	熊华甲线	熊硅线
	1109	200	307	114	90	188	136

（1）盖州变电站：主变压器二次负荷为 63.8+92.5MW。（66kV 母联开关开位）

（2）望海变电站：主变压器二次负荷为 90.2+94.6MW。（66kV 母联开关开位）

（3）熊印变电站：3 台机组出力为 3MW。

（4）风电场：2 台机组出力为 6.2MW。

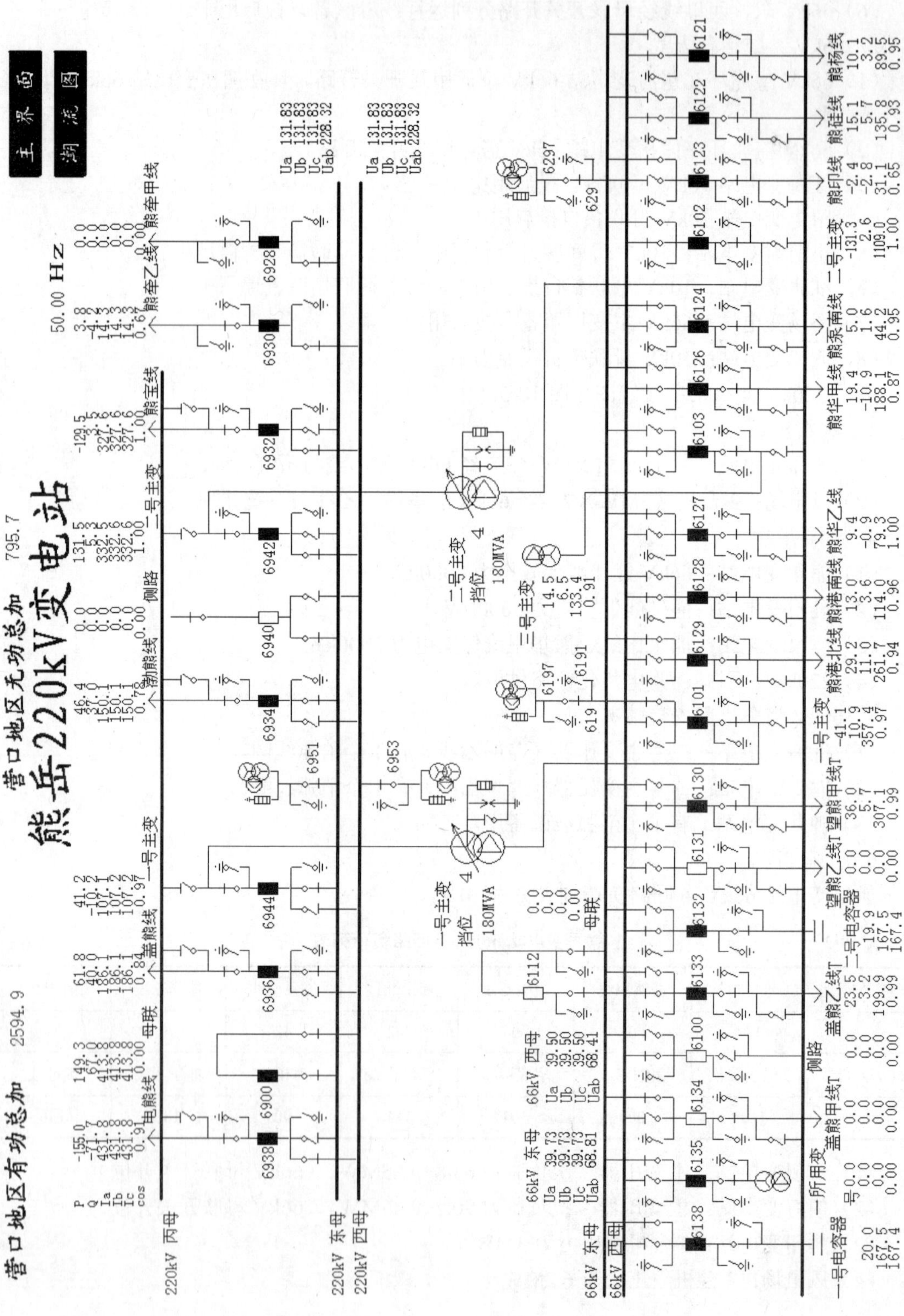

图 10-5 熊岳 220kV 变电站主接线图

7. 保护配置

（1）220kV 线路保护配置：双套纵联差动保护、距离保护、零序保护、重合闸。

（2）220kV 母线保护配置：双套母差保护及失灵保护。母联断路器配充电保护、失灵保护、三相不一致保护。

（3）220kV 主变压器保护配置：

1）主保护：差动保护、本体重瓦斯保护和有载调压重瓦斯保护。

2）后备保护：高压侧复合电压过流保护、低压侧复合电压过流保护、零序过流保护、间隙保护、过负荷保护等。

（4）66kV 线路保护配置：三段距离保护、三段电流保护、重合闸。

（5）66kV 母线保护配置：母差保护。

（6）备自投配置情况：66kV 母联备自投，主变压器备自投投入；进线备自投未投入。

二、熊岳变电站二号主变压器内部故障现象及处理

【事故现象】（参见图 10-6）

（1）熊岳变电站：220kV 二号主变压器瓦斯保护动作，切开 220kV 二号主变压器一、二次开关。66kV 母联备自投动作，联切 66kV 熊印线、熊硅线，熊华甲、乙线各开关停电中，合上 66kV 母联开关 66kV 西母线受电。

（2）熊二变电站：10kV 母联备自投动作，切一号主变压器二次开关，合上 10kV 母联开关，10kV 一段母线送电。

【处理步骤】

（1）熊岳变电站：监视 220kV 一号主变压器负荷情况。

（2）熊岳变电站：停用 66kV 母联备自投装置。

（3）熊印电站：确认 66kV 熊硅线、熊印线入口开关均在开位，站内机组停机中。

（4）熊岳变电站：合上熊印线开关，送电良好。

（5）熊印电站：合上 66kV 熊印线开关受电，自行检同期机组并列，尽力满发电。

（6）熊岳变电站：合上 66kV 熊硅线开关，送电。

（7）风电场：联系 66kV 熊华甲、乙线送电无问题。

（8）熊岳变电站：合上 66kV 熊华甲、乙线开关，送电良好。

（9）风电场：将风电机组检同期并网，操作自行负责。

（10）熊二变电站：自行恢复正常方式受电（10kV 母联备自投启用中）。

（11）熊岳变电站：66kV 母线以下各二次变压器自行恢复正常方式受电。

（12）熊岳变电站：220kV 二号主变压器由热备用转检修操作自行负责。

（13）调控班：上报省调以及有关部门和领导，安排二号主变压器抢修处理。

三、熊岳变电站 220kV 西母线 A 相永久故障

【事故现象】（参见图 10-7）

（1）熊岳变电站：220kV 母差保护动作，切 220kV 母联开关，切二号主变压器一次开关、切熊宝线开关、切熊牵乙线开关、切电熊线开关。

（2）万宝变电站：远切熊宝线开关。

（3）营口厂：远切电熊线开关。

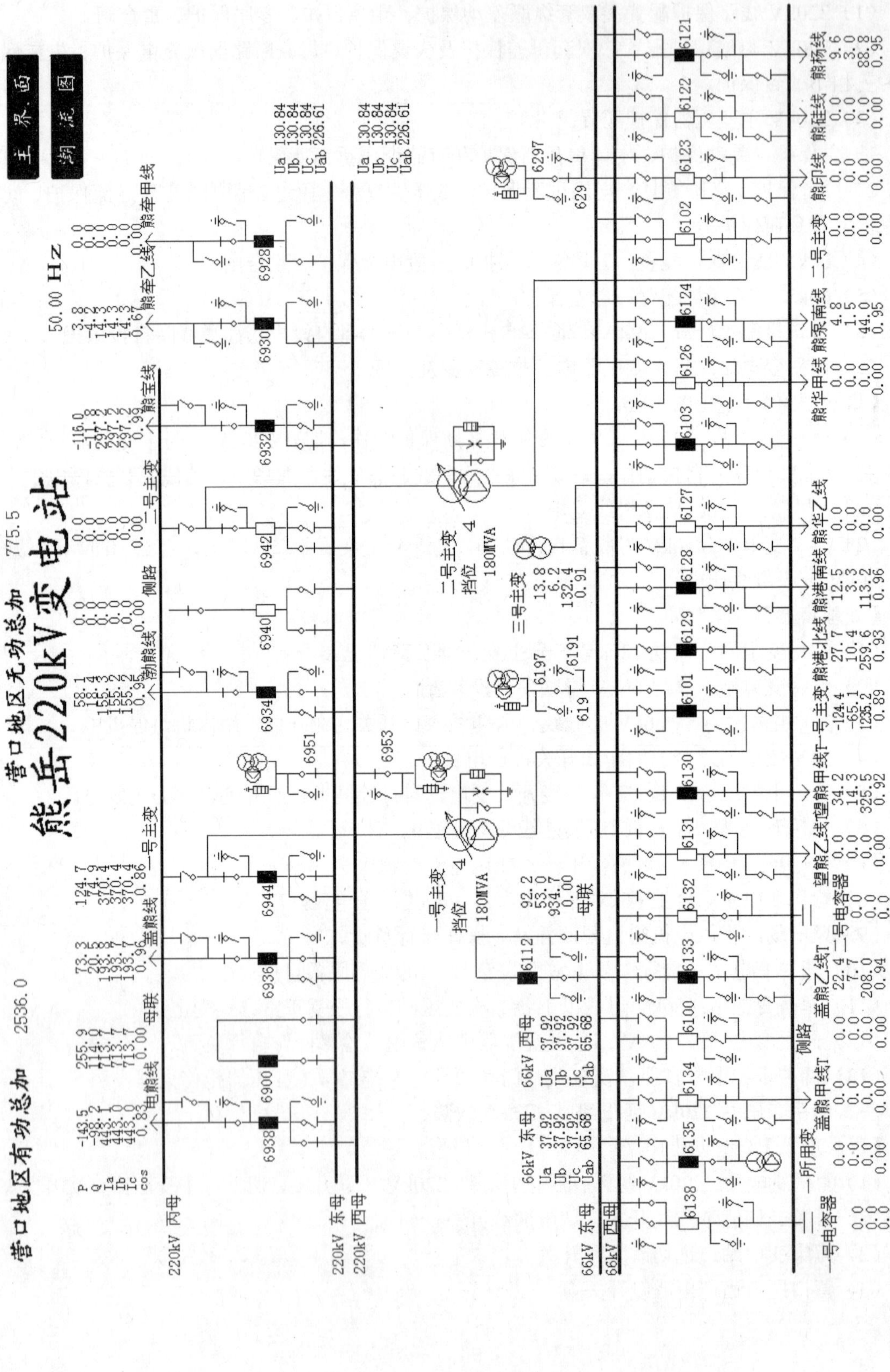

图 10-6 熊岳变电站 2 号主变压器内部故障图

（4）熊岳变电站：66kV 母联备自投动作，联切二号主变压器二次开关，66kV 熊印线、熊硅线、熊华甲/乙线各开关停电中，合上 66kV 母联开关 66kV 西母线受电。

（5）熊二变电站：10kV 母联备自投动作，切二号主变压器二次开关，合上 10kV 母联开关，10kV 一段母线送电。

【处理步骤】

（1）省调：将 220kV 东母母差保护动作，切 220kV 母联开关，切二号主变压器一次开关、切熊宝线开关、切熊牵乙线开关、切电熊线开关，母线失压，有关情况报调。

（2）省调：将 220kV 母差保护停用，将二号主变压器一次开关、熊宝线开关、熊牵乙线开关、电熊线开关均改 220kV 东母线热备用，无问题。

（3）熊岳牵引站：通报相关情况，自行将负荷改熊牵甲线受电。

（4）熊岳变电站：将 220kV 母差保护停用，将 2 号主变压器一次开关、熊宝线开关、熊牵乙线开关、电熊线开关均改 220kV 东母线热备用，操作自行负责。

（5）熊岳变电站：监视 220kV 一号主变压器负荷情况。

（6）熊岳变电站：停用 66kV 母联备自投装置。

（7）熊印电站：确认 66kV 熊硅线、熊印线入口开关均在开位，站内机组停机中。

（8）熊岳变电站：合上熊印线开关送电。

（9）熊印电站：合上 66kV 熊印线开关受电，机组检同期并网，操作自行负责，尽量满发电。

（10）熊岳变电站：合上 66kV 熊硅线开关，送电。

（11）风电场：联系 66kV 熊华甲、乙线送电，无问题。

（12）熊岳变电站：合上 66kV 熊华甲、乙线开关，送电。

（13）风电场：将风电机组检同期并网，操作自行负责。

（14）熊二变电站：恢复正常方式受电，操作自行负责（10kV 母联备自投启用中）。

（15）操作队：熊岳变电站 66kV 母线以下各二次变电站自行恢复正常方式受电，操作自行负责。

（16）熊岳变电站：汇报 220kV 西母线各回路已改东母线热备用。

（17）省调：汇报 220kV 西母线各回路已改东母线热备用，请求对 220kV 二号主变压器、熊牵乙线送电，无问题。

（18）熊岳变电站：220kV 二号主变压器由热备用转运行带负荷，操作自行负责。

（19）熊岳变电站：将 66kV 系统方式恢复到正常方式，操作自行负责。

（20）熊岳牵引站：联系熊牵乙线送电，无问题。

（21）熊岳变电站：合上 220kV 熊牵乙线开关，送电。

（22）熊岳牵引站：联系 220kV 系统恢复正常方式受电，操作自行负责。

（23）省调：省调指挥万宝变熊宝线开关、营口厂电熊线开关送电。

（24）熊岳变电站：合上熊宝线开关，环并。

（25）熊岳变电站：合上电熊线开关，环并。

（26）熊岳变电站：220kV 西母线由冷备用转检修，操作自行负责。

（27）调控班：上报省调以及有关部门和领导，安排 220kV 西母线抢修处理。

四、熊岳变电站 220kV 渤熊线 6934 开关拒动，线路单相接地故障

【事故现象】（参见图 10-8）

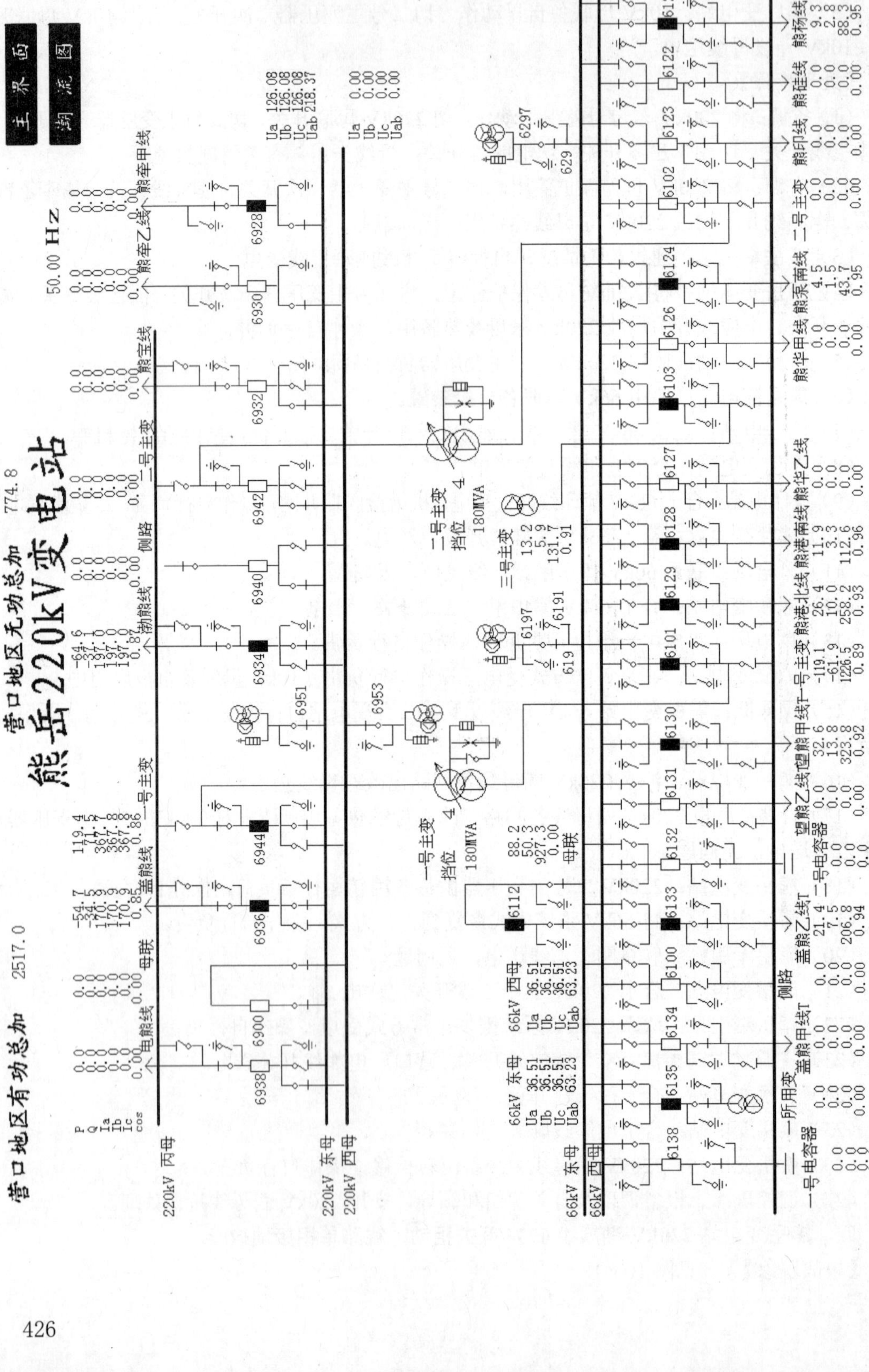

图 10-7 220kV 西母线 A 相永久故障图

（1）渤海变电站：220kV 渤熊线开关跳闸，纵联保护动作。

（2）熊岳变电站：220kV 渤熊线纵联保护动作。220kV 失灵保护动作，切 220kV 母联开关，切一号主变压器一次开关、熊牵甲线开关、盖熊线开关。

（3）盖州变电站：远切盖熊线开关。

（4）熊岳变电站：66kV 母联备自投动作，联切一号主变压器二次开关。66kV 熊印线、熊硅线、熊华甲、乙线各开关停电中，合上母联开关 66kV 东母线受电。

（5）熊二变电站：10kV 母联备自投动作，切二号主变压器二次开关，合上 10kV 母联开关，10kV 二段母线送电。

【处理步骤】

（1）省调：汇报熊岳变电站 220kV 渤熊线纵联保护动作，渤熊线开关拒动。220kV 失灵保护动作，切开 220kV 母联开关，切一号主变压器一次开关、熊牵甲线开关、盖熊线开关，220kV 东母线失压。

（2）熊岳变电站：无电压下拉开渤熊线线路侧和母线侧隔离开关（隔离故障开关）。

（3）熊岳牵引站：通报相关情况，自行将负荷改熊牵乙线受电。

（4）熊岳变电站：监视 220kV 二号主变压器负荷情况。

（5）熊岳变电站：停用 66kV 母联备自投装置。

（6）熊印电站：确认 66kV 熊硅线、熊印线入口开关均在开位，站内机组停机中。

（7）熊岳变电站：合上熊印线开关，送电。

（8）熊印电站：合上 66kV 熊印线开关受电，机组检同期并网，尽量满发电。

（9）熊岳变电站：合上 66kV 熊硅线开关，送电。

（10）风电场：联系 66kV 熊华甲、乙线送电，无问题。

（11）熊岳变电站：合上 66kV 熊华甲、乙线开关，送电良好。

（12）风电场：将风电机组检同期并网，操作自行负责。

（13）熊二变电站：自行恢复正常方式受电（10kV 母联备自投启用中）。

（14）操作队：66kV 母线以下各二次变压器自行恢复正常方式受电。

（15）省调：盖州变合上 220kV 盖熊线开关送电。同时恢复熊岳变电站 220kV 母线正常接线方式。

（16）熊岳变电站：合上 220kV 母联开关送电。220kV 母线恢复正常接线方式，操作自行负责。

（17）熊岳牵引站：联系 220kV 熊牵甲线送电，无问题。

（18）熊岳变电站：合上 220kV 熊牵甲线开关，送电。

（19）熊岳牵引站：联系 220kV 系统恢复正常方式，操作自行负责。

（20）熊岳变电站：合上 220kV 盖熊线开关，环并。

（21）熊岳变电站：220kV 一号主变压器由热备用转运行，操作自行负责。

（22）熊岳变电站：将 66kV 系统方式恢复到正常方式，运行操作自行负责。

（23）省调：合上渤海变电站 220kV 渤熊线开关，送电。

（24）熊岳变电站：用 220kV 侧路带渤熊线开关，环并，操作自行负责。

（25）熊岳变电站：220kV 渤熊线开关由冷备用转检修，操作自行负责。

（26）调控班：上报省调以及有关部门和领导，安排 220kV 渤熊线 6934 开关抢修处理。

五、熊岳变电站 66kV 熊华甲线故障（含消弧线圈和小电源线路）

【事故现象】（参见图 10-9）

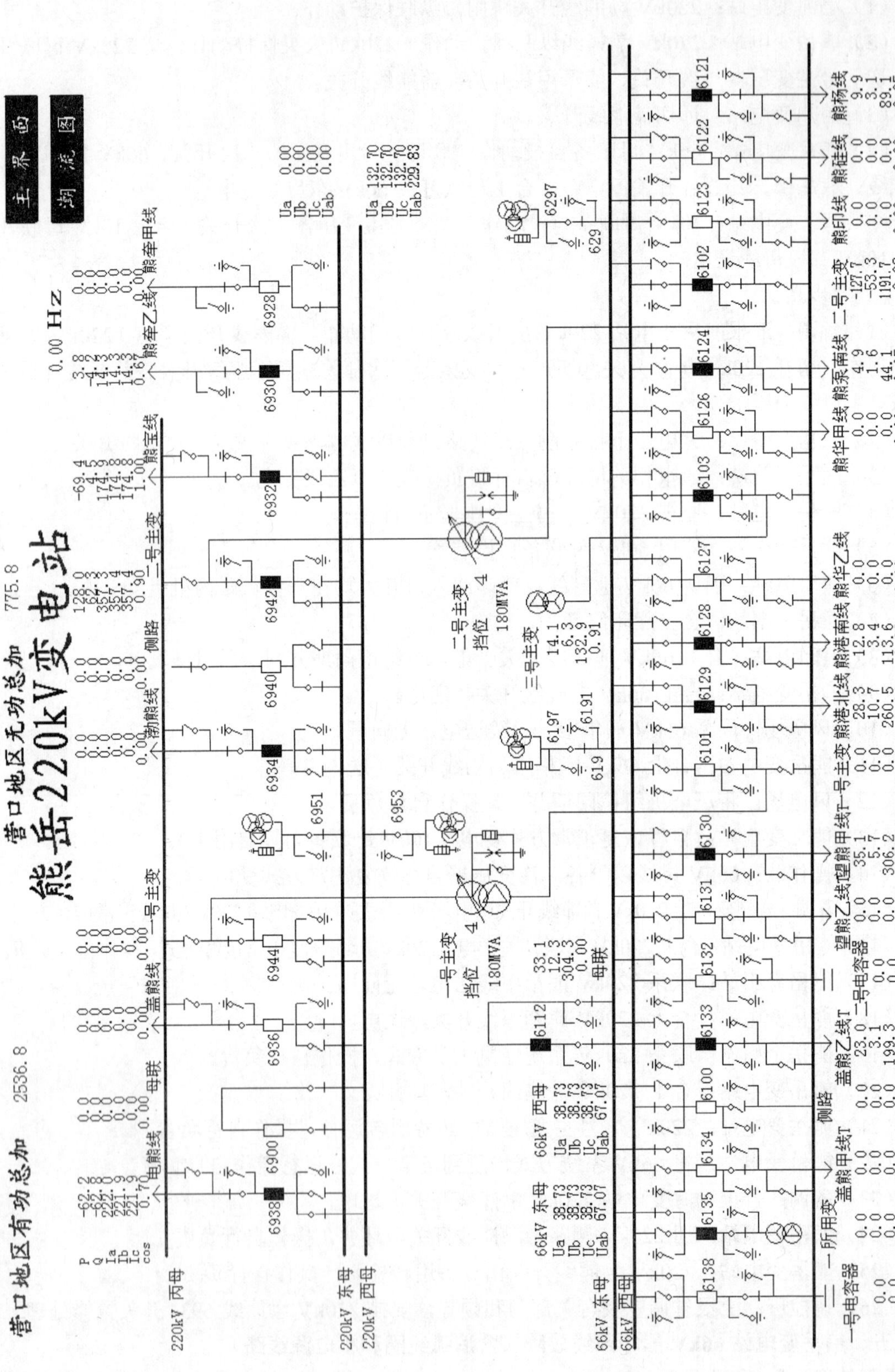

图 10-8 熊岳变电站 220kV 渤熊线故障图

熊岳变电站：66kV 熊华甲线距离保护动作，开关跳闸，重合不良。

熊二变电站：10kV 母联备自投动作，切二号主变压器二次开关，合上 10kV 母联开关，10kV 二段母线送电。

【处理步骤】

（1）调控班：合上熊岳变电站 66kV 熊华甲线开关送电，66kV 熊华甲线距离保护动作，66kV 熊华甲线开关跳闸。（强送一次）

（2）熊二变电站：停用 10kV 母联备自投，监视二号主变压器负荷变化。

（3）熊二变电站：将 66kV 消弧线圈改二号主变压器中性点运行，操作自行负责。

（4）熊岳变电站：将熊华乙线开关由东母线改西母线运行，操作自行负责。（西母线恢复有消弧线圈方式）

（5）风电场：将二号主变压器停电，合上 66kV 母联开关二段母线送电。二母线所带风电机组检同期并网，操作自行负责。

（6）熊泵变电站：拉开熊华甲线开关，合上 66kV 母联开关送电。

（7）调控班：安排熊岳变电站、熊二变电站、熊泵变电站、九垄地、风电场、能源化工、归州各变电站拉开入口开关和隔离开关，布置熊华甲线安全措施。

（8）调控班：上报有关部门和领导，安排 66kV 熊华甲线巡线抢修处理。

六、熊岳变电站 66kV 盖熊乙线保护拒动，线路相间故障

【事故现象】（参见图 10-10）

（1）熊岳变电站：66kV 二号主变压器二次过流保护动作，66kV 二号主变压器二次开关跳闸。低电压保护动作，跳开二号电容器开关。

（2）红海变电站：10kV 母联备自投动作，切二号主变电站二次开关，合上 10kV 母联开关，10kV 二段母线送电。

（3）红旗变电站：10kV 母联备自投动作，切二号主变压器二次开关，合上 10kV 母联开关，10kV 二段母线送电。一号主变压器过负荷，1.45 倍过载。

（4）留屯变电站：10kV 母联备自投动作，切二号主变压器二次开关，合上 10kV 母联开关，10kV 二段母线送电。

（5）神井变电站：10kV 母联备自投动作，切二号主变压器二次开关，合上 10kV 母联开关，10kV 二段母线送电。

（6）熊二变电站：10kV 母联备自投动作，切一号主变压器二次开关，合上 10kV 母联开关，10kV 一段母线送电。

（7）小河沿：10kV 母联备自投动作，切一号主变压器二次开关，合上 10kV 母联开关，10kV 一段母线送电。二号主变压器过负荷，1.4 倍过载。

【处理步骤】

（1）熊岳变电站：无电压下拉开 66kV 西母线 66kV 盖熊乙线、望熊甲线、熊港南线、熊杨线、熊华甲线、熊硅线各开关。

（2）配调：限制小河沿 10kV 母线负荷，使其满足二号主变压器额定容量。限制红旗变电站 10kV 母线负荷，使其满足一号主变压器额定容量。

（3）熊岳变电站：检查二号主变压器外观无问题，合上 220kV 二号主变压器二次开关 66kV 西母线送电良好。

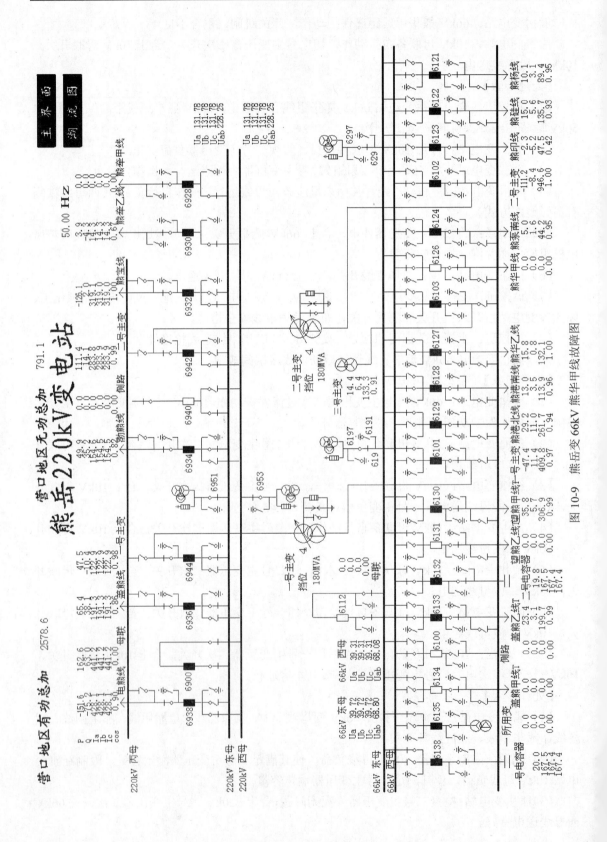

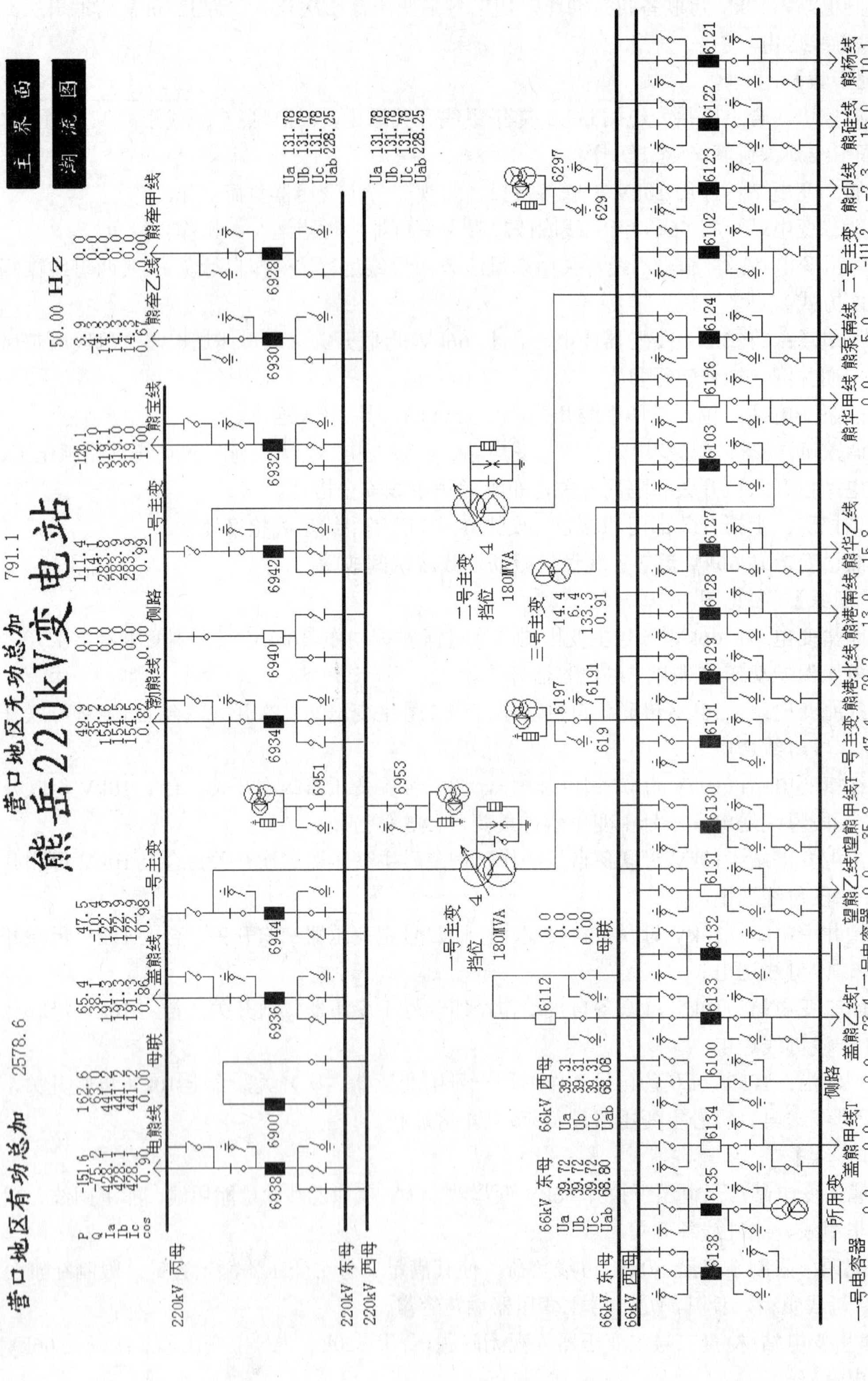

图 10-9 熊岳变 66kV 熊华甲线故障图

（4）熊岳变电站：合上盖熊乙线开关送电，220kV 二号主变压器二次过流保护动作。220kV 2 号主变压器二次开关再次跳闸。（初步判定盖熊乙线保护拒动所致）

（5）熊岳变电站：拉开盖熊乙线开关，合上 220kV 二号主变压器二次开关，66kV 西母线送电良好。

（6）熊岳变电站：分别合上 66kV 西母线望熊甲线、熊港南线、熊杨线、熊华甲线、熊硅线各开关，送电。

（7）调控班：安排红海变电站、红旗变电站、留屯变电站、神井变电站、熊二变电站、小河沿恢复正常方式受电。

（8）调控班：安排 66kV 盖熊乙线线路由停电转检修，考虑系统调谐，启用备用消弧线圈。

（9）调控班：上报有关部门和领导，安排 66kV 盖熊乙线保护抢修和线路带电巡线处理。

七、熊岳变电站 66kV 盖熊乙线 A 相接地

【事故现象】（参见图 10-11）

（1）熊岳变电站：66kV 西母线 A 相 100%接地。

$U_a=0$kV，$U_b=66$kV，$U_c=66$kV，$U_{ab}=66$kV。

（2）熊岳变电站：66kV 西母线所带各二次变：66kV 系统 A 相 100%接地。

$U_a=0$kV，$U_b=66$kV，$U_c=66$kV，$U_{ab}=66$kV。

（3）小河沿变电站：66kV 一号主变压器一次侧：66kV 系统 A 相 100%接地。

$U_a=0$kV，$U_b=66$kV，$U_c=66$kV，$U_{ab}=66$kV。

（4）红旗变电站：66kV 二号主变压器一次侧：66kV 系统 A 相 100%接地。

$U_a=0$kV，$U_b=66$kV，$U_c=66$kV，$U_{ab}=66$kV。

（5）红海变电站：66kV 二号主变压器一次侧：66kV 系统 A 相 100%接地。

$U_a=0$kV，$U_b=66$kV，$U_c=66$kV，$U_{ab}=66$kV。

（6）留屯变电站：66kV 二号主变压器一次侧：66kV 系统 A 相 100%接地。

$U_a=0$kV，$U_b=66$kV，$U_c=66$kV，$U_{ab}=66$kV。

【处理步骤】

一、进行 66kV 西母线接地选择

判断 66kV 熊杨线：直配线停选。

（1）熊岳变电站：拉开 66kV 一、二号电容器开关停电。

（2）调控班：拉开熊岳变电站 66kV 熊杨线开关停电，不是，恢复正常。

二、判断 66kV 熊华甲线：倒选

（1）熊岳变电站：停用 66kV 母联备自投装置，合上 66kV 母联开关，环并。

（2）调控班：合上熊二变电站 10kV 母联开关，环并。拉开 66kV 一号主变压器二、一次开关，环解。

（3）风电场变电站：合上 10kV 母联开关，环并。

（4）风电场变电站：拉开 66kV 二号主变压器二、一次开关，环解。

（5）熊泵变电站：合上内桥开关，环并。

（6）熊泵变电站：拉开 66kV 熊华甲线开关，环解。

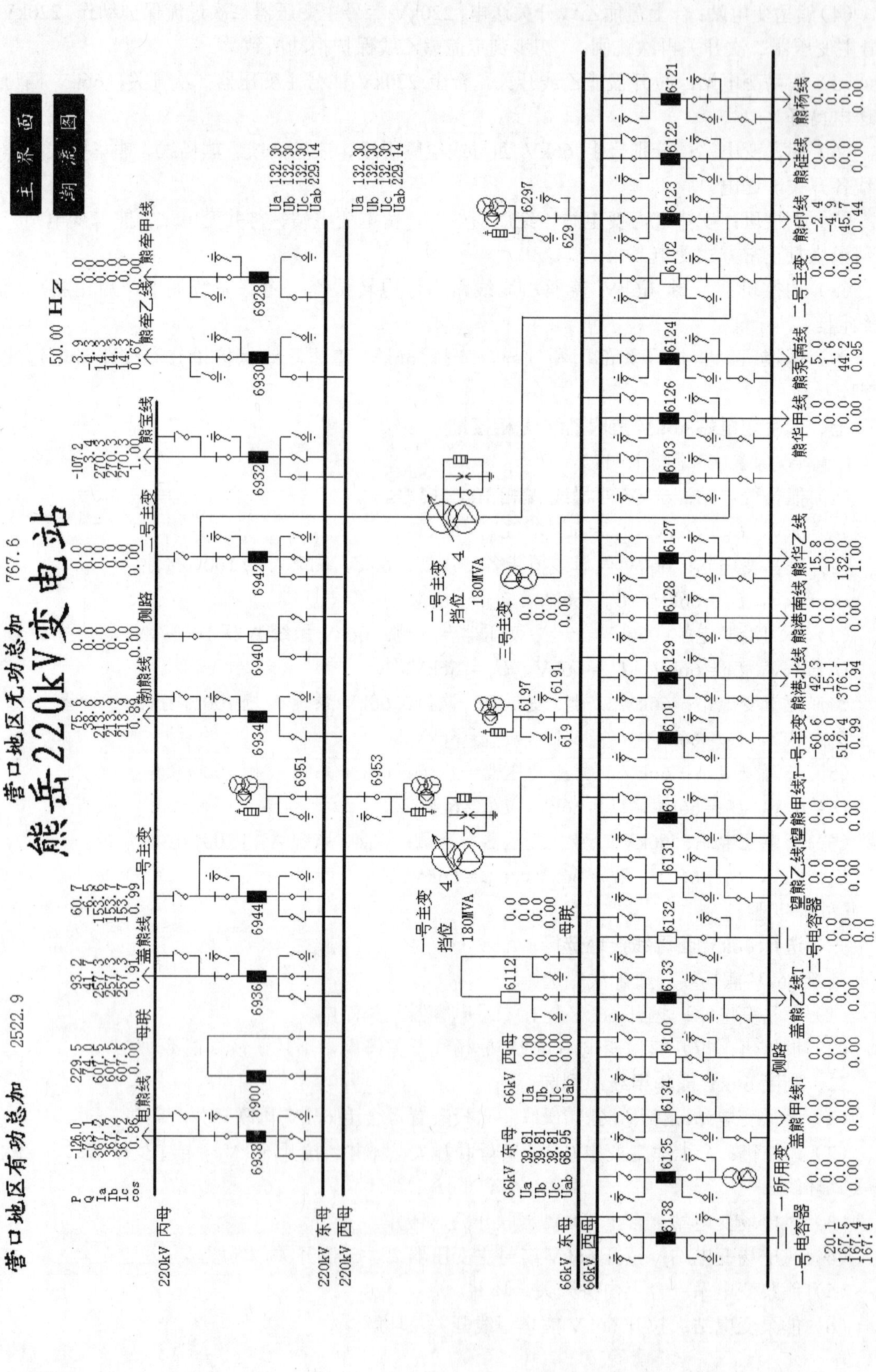

图 10-10 熊岳变电站 66kV 盖熊乙线复合故障图

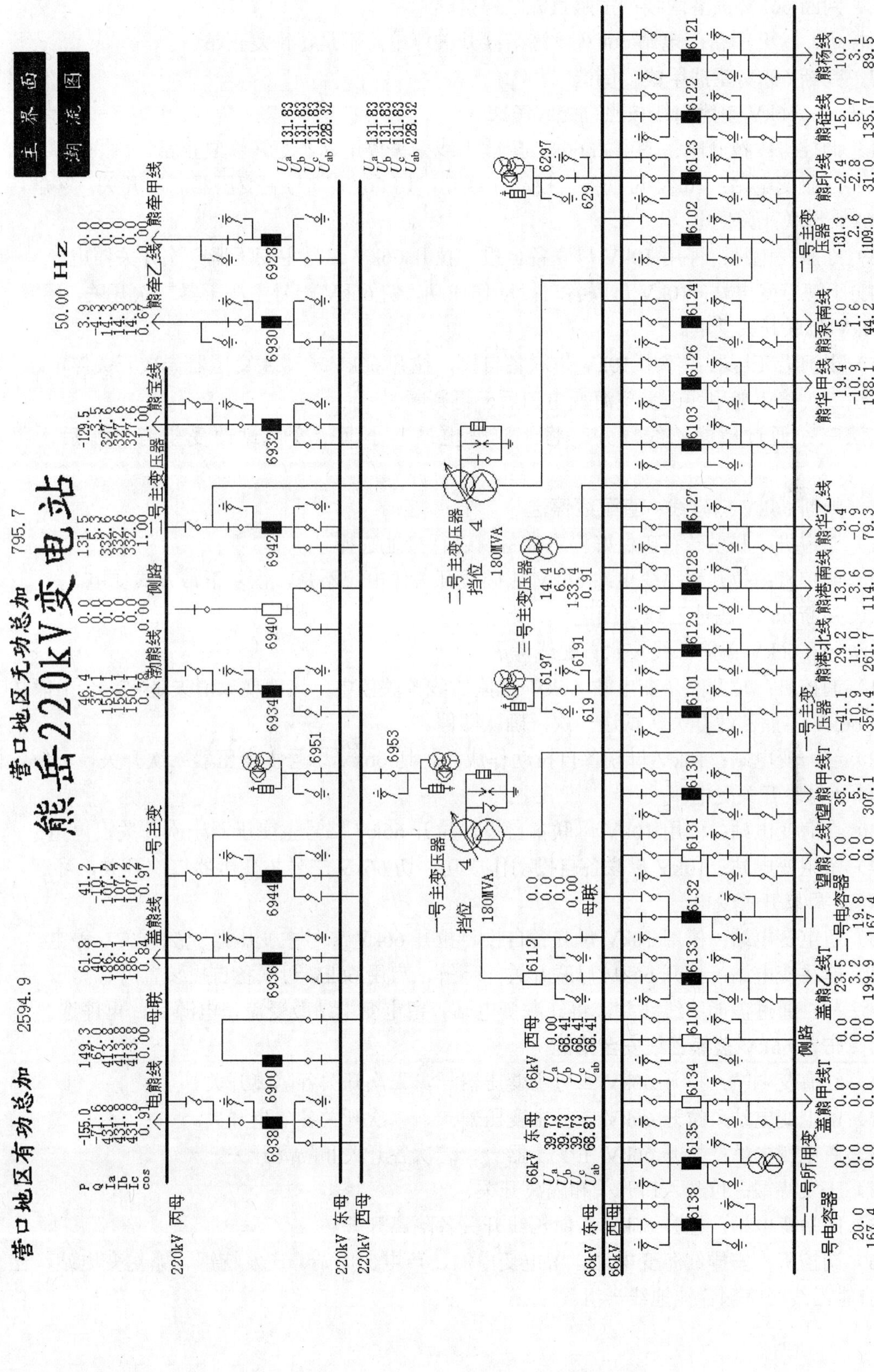

图 10-11　熊岳变电站 66kV 盖熊乙线 A 相接地故障图

（7）调控班：拉开熊岳变电站 66kV 熊华甲线开关停电，不是，恢复正常。

三、判断 66kV 熊港南线：按照直配线停选

调控班：拉开熊岳变电站 66kV 熊港南线开关停电，不是，恢复正常。

四、判断 66kV 望熊甲线：倒选

方法一：66kV 望熊甲线按照直配线考虑。

（1）调控班：拉开熊岳变电站 66kV 望熊甲线开关停电，不是，恢复正常。

（2）红旗变电站：10kV 母联备自投动作成功，切 66kV 二号主变压器二次开关，环解，合上 10kV 母联开关受电。

（3）红旗变电站：停用 10kV 母联备自投，拉开 66kV 二号主变压器一次开关停电。

（4）小河沿变电站：10kV 母联备自投动作成功，切 66kV 一号主变压器二次开关，环解，合上 10kV 母联开关受电。

（5）小河沿变压器：停用 10kV 母联备自投，拉开 66kV 一号主变压器一次开关停电。

方法二：将望熊甲线改受望海变电源后，再判断。

方法三：通过望熊乙线环并，将红旗变电站、小河沿变电站改受望海电源后，再停选。

五、判断 66kV 熊硅线：直配线停选

（1）调控班：联系硅石矿做好停电准备，进行接地选择。

（2）调控班：拉开熊岳变电站 66kV 熊硅线开关停电。不是，恢复正常方式受电。

六、判断 66kV 盖熊乙线：倒选

方法一：66kV 盖熊乙线按照直配线考虑。

（1）调控班：拉开熊岳变电站 66kV 盖熊乙线开关停电，接地现象消失是它。合上熊岳变电站 66kV 盖熊乙线开关，试送一次，确认即停。

（2）红海变电站：10kV 母联备自投动作成功，切 66kV 二号主变压器二次开关，环解，合上 10kV 母联开关受电。

（3）红海变电站：停用 10kV 母联备自投，拉开 66kV 二号主变压器一次开关，停电。

（4）留屯变电站：10kV 母联备自投动作成功，切 66kV 二号主变压器二次开关，环解，合上 10kV 母联开关受电。

（5）留屯变电站：停用 10kV 母联备自投，拉开 66kV 二号主变压器一次开关，停电。

（6）熊岳变电站：拉开 66kV 母联开关，环解，启用 66kV 母联备自投装置。

方法二：通过盖熊甲线环并，将红海变电站、留屯变电站改受盖州电源后，再停选。

七、布置 66kV 盖熊乙线安全措施

（1）红海变电站：拉开 66kV 二号主变压器一、二次开关各隔离开关。

（2）留屯变电站：拉开 66kV 二号主变压器一、二次开关各隔离开关。

（3）芦屯变电站：拉开 66kV 主变压器一、二次各开关和隔离开关。

（4）庆发特钢：拉开入口开关和隔离开关。

（5）熊岳变电站：拉开 66kV 盖熊乙线开关各隔离开关。

（6）调控班：安排红海变电站、留屯变电站、芦屯变电站、庆发特钢、熊岳变电站，在 66kV 盖熊乙线线路侧各挂地线一组。

八、查找故障点

安排66kV盖熊乙线查线处理。

九、熊岳变电站66kV盖熊乙线A相接地选择过程中，消弧线圈温度接近允许值

【事故现象】（参见图10-11）

（1）熊岳变电站：66kV西母线A相100%接地。

$U_a=0kV$，$U_b=66kV$，$U_c=66kV$，$U_{ab}=66kV$。

（2）熊岳变电站：66kV西母线所带各二次变压器：66kV系统A相100%接地。

$U_a=0kV$，$U_b=66kV$，$U_c=66kV$，$U_{ab}=66kV$。

（3）小河沿：66kV一号主变压器一次侧：66kV系统A相100%接地。

$U_a=0kV$，$U_b=66kV$，$U_c=66kV$，$U_{ab}=66kV$。

（4）红旗变电站：66kV二号主变压器一次侧：66kV系统A相100%接地。

$U_a=0kV$，$U_b=66kV$，$U_c=66kV$，$U_{ab}=66kV$。

（5）留屯变电站：66kV二号主变压器一次侧：66kV系统A相100%接地。

$U_a=0kV$，$U_b=66kV$，$U_c=66kV$，$U_{ab}=66kV$。

（6）红海变电站：66kV二号主变压器一次侧：66kV系统A相100%接地。

$U_a=0kV$，$U_b=66kV$，$U_c=66kV$，$U_{ab}=66kV$。

汇报消弧线圈温度已经达到允许值，不能坚持运行。

【处理步骤】66kV东、西母线经母联开关开路分列运行，母联备自投启用中。

方法一：可以利用66kV东母线的消弧线圈。

（1）神井变电站：将消弧线圈分接头调至可以补偿红海变电站消弧线圈的补偿度。

（2）熊岳变电站：停用66kV母联备自投装置，合上66kV母联开关，环并。

（3）红海变电站：停用10kV母联备自投装置。

（4）红海变电站：合上10kV母联开关，环并。

（5）红海变电站：拉开66kV二号主变压器二次开关，环解。

（6）红海变电站：拉开66kV二号主变压器一次开关，停电。

（7）红海变电站：拉开66kV消弧线圈隔离开关，停电。

（8）红海变电站：合上66kV二号主变压器一次开关，送电。

（9）红海变电站：合上66kV二号主变压器二次开关，环并。

（10）红海变电站：拉开合上10kV母联开关，环解。

（11）红海变电站：启用10kV母联备自投装置。

（12）红海变电站：将66kV消弧线圈由停电转检修，操作自行负责。

（13）调控班：上报有关部门和领导，安排66kV消弧线圈抢修处理。

方法二：可以利用熊二变压器66kV消弧线圈补偿66kV西母线系统（欠补偿）。

十、熊岳变电站多重故障

熊岳变电站二号主变电站油温异常升高，在考虑倒负荷时，二号主变压器重瓦斯保护动作，跳开两侧开关，同时熊港北线线路故障，但开关拒动，220kV一号主变压器二次开关跳闸，66kV东母全停。

【事故现象】（参见图10-12）

（1）熊岳变电站：220kV二号主变压器重瓦斯保护动作，切开二号主变压器一、二次开

关。66kV 母联备自投动作，联切 66kV 熊印线、熊硅线、熊华甲、乙线各开关停电中，合上母联开关 66kV 西母线受电。

（2）熊二变电站：10kV 母联备自投动作，切一号主变压器二次开关，合上 10kV 母联开关，10kV 一段母线送电。

（3）熊岳变电站：66kV 熊港北线过流保护动作开关未分闸，220kV 一号主变压器低压侧过流保护动作，切 220kV 一号主变压器二次开关。66kV 母联开关，66kV 东、西母线全停电中。

（4）红海变电站：10kV 母联备自投动作，切二号主变压器二次开关，合上 10kV 母联开关，10kV 二段母线送电。

（5）红旗变电站：10kV 母联备自投动作，切二号主变压器二次开关，合上 10kV 母联开关，10kV 二段母线送电。一号主变压器过负荷。

（6）留屯变电站：10kV 母联备自投动作，切二号主变压器二次开关，合上 10kV 母联开关，10kV 二段母线送电。

（7）小河沿：10kV 母联备自投动作，切一号主变压器二次开关，合上 10kV 母联开关，10kV 一段母线送电。二号主变压器过负荷。

【处理步骤】

（1）调控班：合上望海变电站 66kV 望熊甲线开关，熊岳变电站 66kV 西母线送电带负荷。

（2）熊岳变电站：拉开熊港北线线路侧和母线侧隔离开关（隔离故障点）。

（3）熊岳变电站：合上一号主变压器二次开关，66kV 东母线送电。

（4）熊岳变电站：合上 66kV 母联开关，66kV 西母线送电。停用 66kV 母联备自投装置。

（5）调控班：拉开望海变电站 66kV 望熊甲线开关，环解。

（6）调控班：监视熊岳变电站 220kV 一号主变压器负荷情况。

（7）熊印电站：确认 66kV 熊硅线、熊印线入口开关均在开位，站内机组停机中。

（8）熊岳变电站：合上 66kV 熊印线开关，送电良好。

（9）熊印电站：合上 66kV 熊印线开关受电，机组检同期并网，尽量满发电。

（10）熊岳变电站：合上 66kV 熊硅线开关，送电良好。

（11）风电场：联系 66kV 熊华甲、乙线送电，无问题。

（12）熊岳变电站：合上 66kV 熊华甲、乙线开关，送电良好。

（13）风电场：将风电机组检同期并网，操作自行负责。

（14）熊二变电站：恢复正常方式受电，操作自行负责（10kV 母联备自投启用中）。

（15）调控班：红海变电站、红旗变电站、留屯变电站、小河沿恢复正常方式受电。

（16）熊岳变电站：将 220kV 二号主变压器由热备用转检修，操作自行负责。

（17）熊岳变电站：用 66kV 侧路带熊港北线开关对线路送电，良好。

（18）调控班：上报有关部门和领导，对 220kV 二号主变压器和 66kV 开关进行抢修处理。对 66kV 熊港北线线路进行带电巡线，发现问题联系处理。

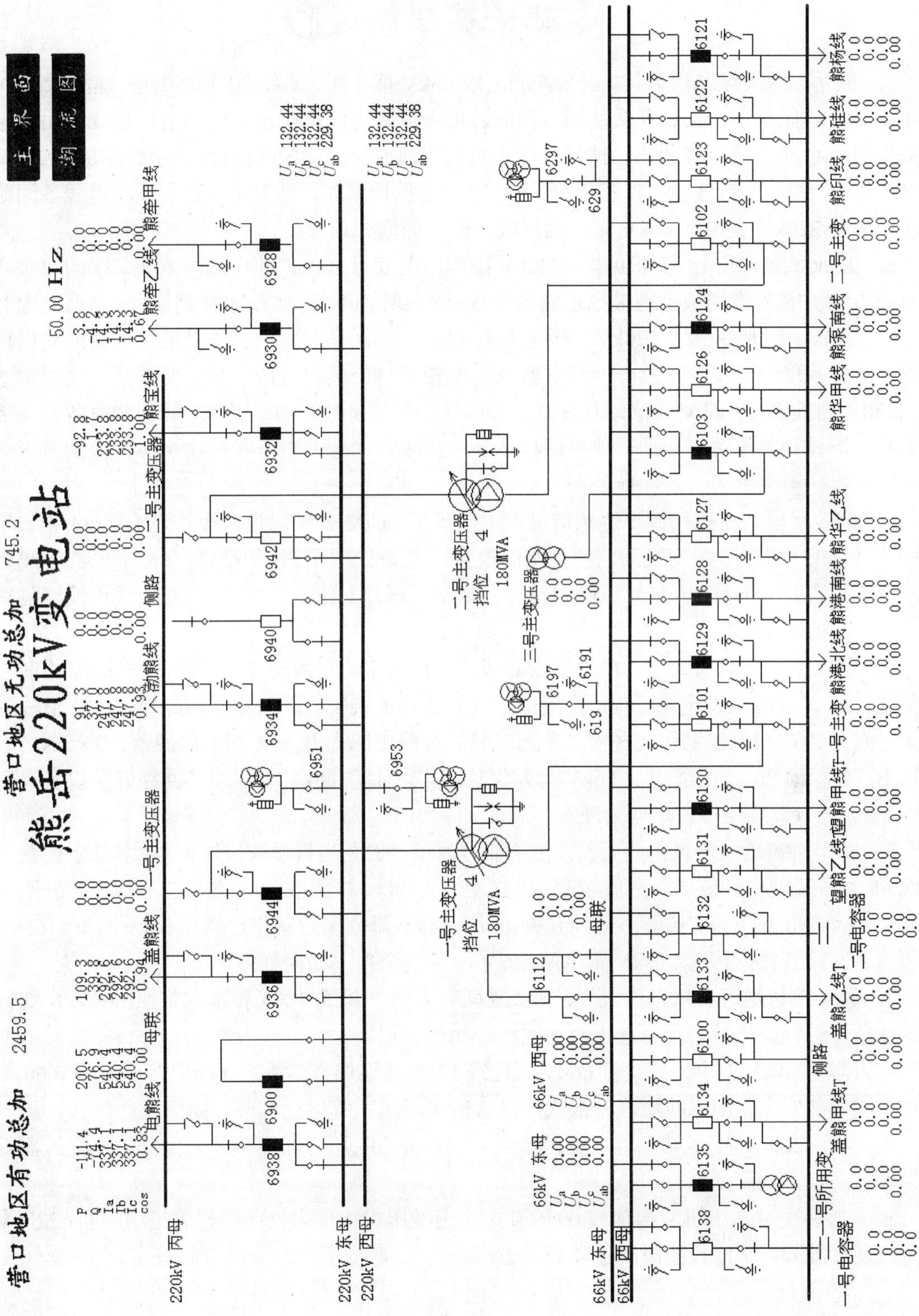

图 10-12　熊岳变电站多重故障图

思　考　题

1．熊岳地区大风暴雨天气，雨水冲刷造成66kV熊华甲、乙线22号塔倒塔，熊岳220kV变电站66kV熊华甲、乙线开关跳闸。同时，由于短路电流产生巨大电动力，造成熊岳变电站熊华甲线C相上层母线脱落、熊华乙线东母线隔离开关A相引线脱落，分别将66kV西母线A、B、C相，东母线A、B相缠绕，66kV母差保护动作，跳开66kV东、西母线各回路开关；熊岳220kV变电站66kV东、西母线全停。如何处理？

2．220kV渤熊线18号塔倒塔，220kV渤熊线两套纵联保护动作，两侧开关跳闸，重合不良。原因为18号塔周围土地被挖走露出塔基，导致塔基不稳，被雨水冲刷倒塔。如何处理？

3．220kV滨海变电站220kV一号主变压器一、二次开关跳闸，一号主变压器差动保护动作（检查发现一号主变压器一次避雷器A、B相瓷柱断裂，造成一号主变压器一次避雷器A、B相短路故障），66kV母联动作成功，220kV二号主变压器过负荷联切66kV海防乙线装置启动，但该开关未跳闸拒动，现手动拉不开，220kV二号主变压器过载38%，现滨海变电站场地大雾，雨夹雪天气，如何处理？

4．滨海变电站在执行调令倒负荷过程中，听见66kV开关场地有爆炸声响，66kV二母各回路及66kV母联开关均跳闸，检查站内设备发现66kV母差保护动作，66kV滨红甲线保护动作，检查开关场发现66kV滨红甲线开关拒动，爆炸有烟火，66kV滨红甲线母线侧隔离开关B、C相引流线短路后并缠绕在一起。如何处理？

5．营口地区暴风雨天气，由于雷击断线，造成66kV营西一、二号线57～58号塔间导线缠绕，营口220kV变电站66kV营西一、二号线开关跳闸。同时由于短路电流大，造成营西1号线开关C相母线侧引线脱落、营西二号线线路侧隔离开关A相引线脱落，将66kV二母线B、C相缠绕，烧损严重；66kV母差保护动作，跳开66kV二母线各回路开关以及母联开关，66kV二母线全停。如何处理？

6．营口柳树地区暴风雷雨天气，由于靠近河道，加之当日暴雨侵蚀，导致66kV树营三号线68号塔基础受到破坏，造成66kV树营三号线68号塔倒塔，A、B、C三相相互缠绕，柳树220kV变电站66kV树营三号线开关拒动，66kV母差保护动作，跳开66kV母联、66kV一母线各回路开关；柳树220kV变电站66kV一母线全停。如何处理？

7．营口柳树地区暴风雷雨天气，导致66kV系统一母线100%接地，按照66kV系统接地选择顺位进行选择后，没有选出接地线路。如何处理？

8．滨海220kV变电站在进行66kV二母线100%接地选择过程中，66kV二母线所带66kV滨西甲线西部变电站消弧线圈温升很快，是否需要退出系统运行，应该如何处理？

9．熊岳220kV变电站二号主变压器主一次开关SF_6压力低闭锁开关报警，主变压器重瓦斯保护动作，如何处理？

10．熊岳变电站220kV电熊线6938开关由于液压机构压力低闭锁开关拒动，同时220kV西母线发生故障，试汇报故障现象和处理思路？

附录A 调 度 术 语

1 调度管理

1.1 调度管辖范围：指调控机构行使调度指挥权的发电、输电、变电系统，包括直调范围和许可范围。

1.2 调度同意：值班调度员对其下级调控机构值班调度员、相关调控机构值班监控员、厂站运行值人员及输变电设备运维人员提出的工作申请及要求等予以同意。

1.3 调度许可：下级调控机构在进行许可设备运行状态变更前征得本级值班调度员许可。

1.4 直接调度：值班调度员直接向下级调控机构值班调度员、值班监控员、厂站运行值班人员及输变电设备运维人员发布调度指令的调度方式。

1.5 间接调度：值班调度员通过下级调控机构值班调度员向其他运行人员转达调度指令的方式。

1.6 授权调度：根据电网运行需要将调管范围内指定设备授权下级调控机构直调，其调度安全责任主体为被授权调控机构。

1.7 越级调度：紧急情况下值班调度员越级下达调度指令给下级调控机构直调的运行值班单位人员的方式。

1.8 调度关系转移：经两调控机构协商一致，决定将一方直接调度的某些设备的调度指挥权，暂由另一方代替行使。转移期间，设备由接受调度关系转移的一方调度全权负责，直至转移关系结束。

2 调度

2.1 调度指令：值班调度员对其下级调控机构值班调度员、相关调控机构值班监控员、厂站运行值班人员及输变电设备运维人员发布有关运行和操作的指令。

2.1.1 口头令：由值班调度员口头下达（无须填写操作票）的调度指令。

2.1.2 操作令：值班调度员对直调设备进行操作，对下级调控机构值班调度员、相关调控机构值班监控员、厂站运行值班人员及输变电设备运维人员发布的有关操作的指令。

a）单项操作令：值班调度员向受令人发布的单一一项操作的指令。

b）逐项操作令：值班调度员向受令人发布的操作指令是具体的逐项操作步骤和内容，要求受令人按照指令的操作步骤和内容逐项进行操作。

c）综合操作令：值班调度员给受令人发布的不涉及其他厂站配合的综合操作任务的调度指令。其具体的逐项操作步骤和内容，以及安全措施，均由受令人自行按规程拟订。

2.2 发布指令：值班调度员正式向受令人发布调度指令。

2.3 接受指令：受令人正式接受值班调度员所发布的调度指令。

2.4 复诵指令：值班调度员发布调度指令时，受令人重复指令内容以确认的过程。

2.5 回复指令：受令人在执行完值班调度员发布的调度指令后，向值班调度员报告已经执行完调度指令的步骤、内容和时间等。

2.6 许可操作：在改变电气设备的状态和方式前，根据有关规定，由有关人员提出操作项目，值班调度员同意其操作。

2.7　配合操作申请：需要上级调控机构的值班调度员进行配合操作时，下级调控机构的值班调度员根据电网运行需要提出配合操作申请。

2.8　配合操作回复：上级调控机构的值班调度员同意下级调控机构的值班调度员提出的配合操作申请，操作完毕后，通知提出申请的值班调度员配合操作完成情况。

3　开关和隔离开关

3.1　合上开关：使开关由分闸位置转为合闸位置。

3.2　拉开开关：使开关由合闸位置转为分闸位置。

3.3　合上隔离开关：使隔离开关由断开位置转为接通位置。

3.4　拉开隔离开关：使隔离开关由接通位置转为断开位置。

3.5　开关跳闸：

3.5.1　开关跳闸：未经操作的开关三相同时由合闸转为分闸位置。

3.5.2　开关×相跳闸：未经操作的开关×相由合闸转为分闸位置。

3.6　开关非全相合闸：开关进行合闸操作时只合上一相或两相。

3.7　开关非全相跳闸：未经操作的开关一相或两相跳闸。

3.8　开关非全相运行：开关非全相跳闸或合闸，致使开关一相或两相合闸运行。

3.9　开关×相跳闸重合成功：开关×相跳闸后，又自动合上×相，未再跳闸。

3.10　开关×相跳闸，重合不成功：开关×相跳闸后，又自动合上×相，开关再自动跳开三相。

3.11　开关（×相）跳闸，重合闸未动跳开三相（或非全相运行）：开关（×相）跳闸后，重合闸装置虽已投入，但未动作，××保护动作跳开三相（或非全相运行）。

3.12　开关跳闸，三相重合成功：开关跳闸后，又自动合上三相，未再跳闸。

3.13　开关跳闸，三相重合不成功：开关跳闸后，又自动合上三相，开关再自动跳开。

4　继电保护装置

4.1　对分为投入和退出两种状态的保护：

4.1.1　投入×设备×保护（×段）：×设备×保护（×段）投入运行。

4.1.2　退出×设备×保护（×段）：×设备×保护（×段）退出运行。

4.2　对分为跳闸、信号和停用三种状态的保护：

4.2.1　将保护改投跳闸：将保护由停用或信号状态改为跳闸状态。

4.2.2　将保护改投信号：将保护由停用或跳闸状态改为信号状态。

4.2.3　将保护停用：将保护由跳闸或信号状态改为停用状态。

4.3　保护改跳：由于方式的需要，将设备的保护改为不跳本设备开关而跳其他开关。

4.4　联跳：某开关跳闸时，同时联锁跳其他开关。

4.5　×设备×保护（×段）改定值：×设备×保护（×段）整定值（阻抗、电压、电流、时间等）由某一定值改为另一定值。

4.6　母差保护改为有选择方式：母差保护选择元件投入运行。

4.7　母差保护改为无选择方式：母差保护选择元件退出运行。

4.8　高频保护测试通道：高频保护按规定进行通道对试。

5 合环、解环

5.1 合环：电气操作中将线路、变压器或开关构成的网络闭合运行的操作。

5.2 同期合环：检测同期后合环。

5.3 解除同期闭锁合环：不经同期闭锁直接合环。

5.4 解环：电气操作中将线路、变压器或开关构成的闭合网络断开运行的操作。

6 并列、解列

6.1 核相：用仪表或其他手段检测两电源或环路相位是否相同。

6.2 定相：新建、改建的线路、变电站在投运前分相依次送电核对三相标志与运行系统是否一致。

6.3 核对相序：用仪表或其他手段，核对两电源的相序是否相同。

6.4 相位正确：开关两侧A、B、C三相相位均对应相同。

6.5 并列：使两个单独运行电网并为一个电网运行。

6.6 解列：将一个电网分成两个电气相互独立的部分运行。

7 线路

7.1 线路试送电：线路开关跳闸，经检查并处理后送电。

7.2 线路试送成功：线路开关跳闸，经检查并处理后送电正常。

7.3 线路试送不成功：线路开关跳闸，经检查并处理后送电，开关再跳闸。

7.4 带电巡线：对带电或停电未采取安全措施的线路进行巡视。

7.5 停电巡线：在线路停电并挂好地线情况下巡线。

7.6 故障巡线：线路发生故障后，为查明故障原因的巡线。

7.7 特巡：对在暴风雨、覆冰、雾、河流开冰、水灾、地震、山火、台风等自然灾害和保电、大负荷等特殊情况下的带电巡线。

8 主要设备状态及变更用语

8.1 检修：设备的所有开关、隔离开关均断开，挂好保护接地线或合上接地开关（并在可能来电侧挂好工作牌，装好临时遮栏）。

8.1.1 开关检修：开关及两侧隔离开关拉开，在开关两侧挂上接地线（或合上接地开关）。

8.1.2 线路检修：线路隔离开关及线路高抗高压侧隔离开关拉开，并在线路出线端合上接地开关（或挂好接地线）。

8.1.3 串补装置检修：旁路开关在合闸位置，隔离开关断开，接地开关合上。

8.1.4 主变压器检修：变压器各侧隔离开关均拉开并合上接地开关（或挂上接地线）。

8.1.5 母线检修：母线侧所有开关及其两侧的隔离开关均在分闸位置，合上母线接地开关（或挂接地线）。

8.1.6 高压电抗器检修：高抗各侧的隔离开关拉开并合上电抗器接地开关（或挂接地线）。

8.2 设备备用：

8.2.1 备用：泛指设备处于完好状态，所有安全措施全部拆除，接地开关在断开位置，随时可以投入运行。

8.2.2 热备用：指设备（不包括带串补装置的线路和串补装置）开关断开，而隔离开关仍在合上位置。此状态下如无特殊要求，设备保护均应在运行状态。带串补装置的线路，线路隔离开关在合闸位置，其他状态同上。

如线路电抗器接有高抗抽能线圈，则在线路热备用状态下，抽能线圈低压侧断开。无单独开关的线路高抗、电压互感器［PT或CVT（电容式电压互感器）］等设备均无热备用状态串补装置热备用：旁路开关在合闸位置，串补两侧隔离开关合上，接地开关断开。

8.2.3　冷备用：指线路、母线等电气设备的开关断开，其两侧隔离开关和相关接地开关处于断开位置。

a）开关冷备用：是指开关及两侧隔离开关拉开。

b）线路冷备用：是指线路两侧隔离开关拉开，有串补的线路串补装置应在热备用以下状态。

c）串补装置的冷备用：串补两侧隔离开关在断开位置，接地开关断开。

d）主变压器冷备用：是指变压器各侧隔离开关均拉开。

e）母线冷备用：是指母线侧所有开关及其两侧的隔离开关均在分闸位置。

f）高压电抗器冷备用：是指高抗各侧的隔离开关拉开。

8.2.4　紧急备用：设备停止运行，隔离开关断开，但设备具备运行条件（包括有较大缺陷可短期投入运行的设备）。

8.2.5　旋转备用：指运行正常的发电机组维持额定转速，随时可以并网，或已并网但仅带一部分负荷，随时可以加出力至额定容量的发电机组。

8.3　运行：指设备（不包括串补装置）的隔离开关及开关都在合上的位置，将电源至受电端的电路接通。

串补装置运行：旁路开关在断开位置，串补两侧隔离开关合上，接地开关断开。

8.4　充电：设备带标称电压但不接带负荷。

8.5　送电：对设备充电并带负荷（指设备投入环状运行或带负荷）。

8.6　停电：拉开开关及隔离开关使设备不带电。

8.7　×次冲击合闸：合断开关×次，以额定电压给设备连续×次充电。

8.8　零起升压：给设备由零起逐步升高电压至预定值或直到额定电压，以确认设备无故障。

8.9　零起升流：电流由零逐步升高至预定值或直到额定电流。

9　母线

9.1　倒母线：线路、主变压器等设备从结在某一条母线运行改为结在另一条母线上运行。

9.2　母线轮停：将双母线的两组母线轮流停电。

10　用电

10.1　按指标用电：不超过分配的用电指标用电。

10.2　用电限电：通知用户按调度指令自行限制用电。

10.3　拉闸限电：拉开线路开关强行限制用户用电。

10.4　×分钟限去超用负荷：通知用户或下级调控机构值班调度员按指定时间自行减去比用电指标高的那一部分用电负荷。

10.5　×分钟按事故拉闸顺序切掉×万千瓦：通知运行人员按事故拉闸顺序切掉×万千瓦负荷。

10.6　保安电力：保证人身和设备安全所需的最低限度的电力。

11 发电机组

11.1 发电机无（少）蒸汽运行：发电机并入电网，将主汽门关闭（或通少量蒸汽）作调相运行。

11.2 发电改调相：发电机由发电状态改调相运行。

11.3 调相改发电：发电机由调相状态改发电运行。

11.4 发电机无励磁运行：运行中的发电机失去励磁后，从系统吸收无功异步运行。

11.5 维持全速：发电机组与电网解列后，维持额定转速，等待并列。

11.6 变压运行：发电机组降低汽压运行，以大幅度降低出力。

11.7 力率：发电机输出功率（出力）的功率因数 $\cos\varphi$。

11.8 进相运行：发电机或调相机定子电流相位超前其电压相位运行，发电机吸收系统无功。

11.9 定速：发电机已达到额定转速运行但未并列。

11.10 空载：发电机已并列，但未接带负荷。

11.11 甩负荷：带负荷运行的发电机所带负荷突然大幅度降至某一值。

11.12 发电机跳闸：带负荷运行的发电机主开关跳闸。

11.13 紧急降低出力：电网发生故障或出现异常时，将发电机出力紧急降低，但不解列。

11.14 可调出力：机组实际可能达到的最大剩余发电能力。

11.15 单机最低出力：根据机组运行条件核定的最小发电能力。

11.16 盘车：用电动机（或手动）带动汽轮发电机组转子慢转动。

11.17 惰走：汽（水）轮机或其他转动机械在停止汽源（水源）或电源后继续保持转动。

11.18 转车或冲转：指蒸汽进入汽轮机，转子开始转动。

11.19 低速暖机：汽轮机升速过程中的低速运行，使汽轮机的本体整个达到规定的均匀温度。

11.20 升速：汽轮机转速按规定逐渐升高。

11.21 滑参数启动：一机一炉单元并列情况下，使锅炉蒸汽参数以一定速度随汽轮机负荷上升而上升的启动方式。

11.22 滑参数停机：一机一炉单元并列情况下，使锅炉蒸汽参数以一定速度随汽轮机负荷下降而下降的停机方式。

11.23 锅炉升压：锅炉从点火至并炉整个过程。

11.24 并炉：锅炉待蒸汽压力、蒸汽温度达到规定值后与蒸汽母管并列。

11.25 停炉：锅炉与蒸汽母管隔绝后不保持蒸汽温度、蒸汽压力。

11.26 失压：锅炉停止运行后按规程将压力泄去的过程。

11.27 吹灰：用蒸汽或压缩空气清除锅炉各受热面上的积灰。

11.28 向空排汽：开启向空排汽门使蒸汽通过向空排汽门放入大气。

11.29 灭火：锅炉运行中由于某种原因引起炉火突然熄灭。

11.30 打焦：用工具清除火嘴、水冷壁、过热器管等处的结焦。

11.31 导水叶开度：运行中机组在某水头和发电出力时相应的水叶的开度。

11.32 轮叶角度：运行中水轮发电机组在某水头和发电出力时相应轮叶的角度。

12 电网

电网是电力生产、流通和消费的系统，又称电力系统。具体地说，电网是由发电、供电（输电、变电、配电）、用电设施以及为保证上述设施安全、经济运行所需的继电保护安全自动装置、电力计量装置、电力通信设施和电力调度自动化设施等所组成的整体。

12.1 主网：220kV及以上电压等级的电网。

12.2 静态稳定：电力系统受到小干扰后，不发生非周期性失步，自动恢复到初始运行状态的能力。

12.3 暂态稳定：电力系统受到大扰动后，各同步发电机保持同步运行并过渡到新的或恢复到原来稳定运行方式的能力。

12.4 动态稳定：电力系统受到小的或大的干扰后，在自动调节和控制装置的作用下，保持长过程的运行稳定性的能力。

12.5 电压稳定：电力系统受到小的或大的扰动后，系统电压能够保持或恢复到允许的范围内，不发生电压崩溃的能力。

12.6 频率稳定：电力系统受到小的或大的扰动后，系统频率能够保持或恢复到允许的范围内，不发生频率崩溃的能力。

12.7 同步振荡：发电机保持在同步状态下的振荡。

12.8 异步振荡：发电机受到较大的扰动，其功角在 0°～360°之间周期性变化，发电机与电网失去同步运行的状态。

12.9 摆动：电网电压、频率、功率产生有规律的摇摆现象。

12.10 失步：同一系统中运行的两电源间失去同步。

12.11 潮流：电网稳态运行时的电压、电流、功率。

13 调整频率、电压

13.1 增加有功（或无功）功率：在发电机原有功（或无功）出力基础上，增加有功（或无功）出力。

13.2 减少有功（或无功）功率：在发电机原有功（或无功）出力基础上，减少有功（或无功）出力。

13.3 提高频率（或电压）：在原有频率（或电压）的基础上，提高频率（或电压）值。

13.4 降低频率（或电压）：在原有频率（或电压）的基础上，降低频率（或电压）值。

13.5 维持频率××校电钟：使频率维持在××数值，校正电钟与标准钟的误差。

13.6 ×变电站从××kV（×挡）调到××kV（×挡）：×变压器分接头从××kV（×挡）调到××kV（×挡）。

14 停电计划

14.1 停电检修票：日前停电工作计划。

14.2 计划停电：纳入月度设备停电计划，并办理停电检修票的设备停电工作。

14.3 临时停电：未纳入月度设备停电计划，但办理停电检修票的设备停电工作。

14.4 紧急停电：设备异常需紧急停运处理以及设备故障停运抢修、陪停等由值班调度员批准的设备停电工作。

14.5 年月计划免申报停电：对电网正常运行方式无明显影响的电气设备停电计划，可以不申报年度、月度计划，直接按规定办理停电检修票，为年月计划免申报停电。

14.6 带电作业：对有电或停电未做安全措施的设备进行检修。

15 接地、引线、短接

15.1 挂接地线：用临时接地线将设备与大地接通。

15.2 拆接地线：拆除将设备与大地接通的临时接地线。

15.3 合接地开关：用接地开关将设备与大地接通。

15.4 拉接地开关：用接地开关将设备与大地断开。

15.5 带电接线：在设备带电状态下接线。

15.6 带电拆线：在设备带电状态下拆线。

15.7 接引线：将设备引线或架空线的跨接线接通。

15.8 拆引线：将设备引线或架空线的跨接线拆断。

15.9 短接：用导线临时跨接在设备两侧，构成旁路。

16 电容、电抗补偿

16.1 消弧线圈过补偿：全网消弧线圈的整定电流之和大于相应电网对地电容电流之和。

16.2 消弧线圈欠补偿：消弧线圈的整定电流之和小于相应电网对地电容电流之和。

16.3 谐振补偿：消弧线圈的整定电流之和等于相应电网对地电容电流之和。

16.4 并联电抗器欠补偿：并联电抗器总容量小于被补偿线路充电功率。

16.5 串联电容器欠补偿：串联电容器总容抗小于被补偿线路的感抗。

17 水电

17.1 水库水位（坝前水位）：水电厂水库坝前水面海拔高程（m）。

17.2 尾水水位（简称尾水位）：水电厂尾水水面海拔高程（m）。

17.3 正常蓄水位：水库在正常运用的情况下，为满足兴利要求在供水期开始时应蓄到的高水位（m）。

17.4 死水位：在正常运用情况下，允许水库消落的最低水位（m）。

17.5 年消落水位：多年调节水库在水库蓄水正常情况下允许年度消落的最低水位（m）。

17.6 汛期防洪限制水位（简称汛限水位）：水库在汛期因防洪要求而确定的兴利蓄水的上限水位（m）。

17.7 设计洪水位：遇到大坝设计标准洪水时，水库坝前达到的最高水位（m）。

17.8 校核洪水位：遇到大坝校核标准洪水时，水库坝前达到的最高水位（m）。

17.9 库容：坝前水位相应的水库水平面以下的水库容积（亿 m^3 或 m^3）。

17.10 总库容：校核洪水位以下的水库容积（亿 m^3 或 m^3）。

17.11 死库容：死水位以下的水库容积（亿 m^3 或 m^3）。

17.12 兴利库容（调节库容）：正常蓄水位至死水位之间的水库容积（亿 m^3 或 m^3）。

17.13 可调水量：坝前水位至死水位之间的水库容积（亿 m^3 或 m^3）。

17.14 水头：水库水位与尾水位之差值（m）。

17.15 额定水头：发电机发出额定功率时，水轮机所需的最小工作水头（m）。

17.16 水头预想出力（预想出力）：水轮发电机组在不同水头条件下相应所能发出的最大出力（MW）。

17.17 受阻容量：电站（机组）受技术因素制约（如设备缺陷、输电容量等限制）所能发出的最大出力与额定容量之差。对于水电机组还包括由于水头低于额定水头时，水头预想出力与额定容量之差（MW）。

17.18 保证出力：水电厂相应于设计保证率的供水时段内的平均出力（MW）。

17.19 多年平均发电量：按设计采用的水文系列和装机容量，并计及水头预想出力限制计算出的各年发电量的平均值（亿 kWh 或 MWh）。

17.20 时段末控制水位：时段（年、月、旬）末计划控制的水位（m）。

17.21 时段初（末）库水位：时段（年、月、旬）初（末）水库实际运行水位（m）。

17.22 时段平均发电水头：指发电水头之时段（日、旬、月、年）平均值（m）。

17.23 时段平均入（出）库流量：指时段（日、旬、月、年）入（出）库流量平均值（m^3/s）。

17.24 时段入（出）库水量：指时段（日、旬、月、年）入（出）库水量（亿 m^3 或 m^3）。

17.25 时段发电用水量：指时段（日、旬、月、年）发电所耗用的水量（亿 m^3 或 m^3）。

17.26 时段弃水量：指时段（日、旬、月、年）未被利用而弃掉的水量（亿 m^3 或 m^3）。

17.27 允许最小出库流量：为满足下游兴利（航运、灌溉、工业引水等）及电网最低电力要求需要水库放出的最小流量（m^3/s）。

17.28 开启（关闭）泄流闸门：根据需要开启（关闭）溢流坝的工作闸门，包括大坝泄流中孔、底孔或泄洪洞、排沙洞等工作闸门。

17.29 开启（关闭）机组进水口工作闸门：根据需要开启（关闭）水轮机组进水口的工作闸门。

17.30 开启（关闭）进水口检修闸门：根据需要开启（关闭）水轮机组进水口检修闸门。

17.31 开启（关闭）尾水闸门（或叠梁）：根据需要开启（关闭）水轮机组尾水闸门（或叠梁）。

17.32 发电耗水率：每发 kWh 电量所耗的水量（m^3/kWh）。

17.33 节水增发电量：水电厂时段（月、年）内实际发电量与按调度图运行计算的考核电量的差值（亿 kWh 或 MWh）。

17.34 水能利用提高率：水电厂时段（月、年）内增发电量与按调度图运行计算的考核电量的百分比（%）。

18 新能源

18.1 风电场：由一批风电机组或风电机组群（包括机组单元变压器）、汇集线路、主升压变压器及其他设备组成的发电站。

18.2 光伏发电站：利用太阳电池的光生伏特效应，将太阳辐射能直接转换成电能的发电系统，一般包含变压器、逆变器、相关的平衡系统部件（BOS）和太阳电池方阵等。

18.3 风电机组/风电场低电压穿越：当电力系统故障或扰动引起并网点电压跌落时，在一定的电压跌落范围和时间间隔内，风电机组/风电场能够保证不脱网连续运行。

18.4 风电功率预测：以风电场的历史功率、历史风速、地形地貌、数值天气预报、风电机组运行状态等数据建立风电场输出功率的预测模型，以风速、功率、数值天气预报等数据作为模型的输入，结合风电场机组的设备状态及运行工况，预测风电场未来的有功功率。

18.5 短期风电功率预测：预测风电场次日零时起未来 72h 的有功功率，时间分辨率为 15min。

18.6 超短期风电功率预测：预测风电场未来 15min～4h 的有功功率，时间分辨率不小于 15min。

19 调度自动化

19.1 遥信：远方断路器、隔离开关等位置运行状态测量信号。

19.2 遥测：远方发电机、变压器、母线、线路等运行数据测量信号。

19.3 遥控：对断路器、隔离开关等位置运行状态进行远方控制及AGC控制模式的远方切换。

19.4 遥调：对发电机组出力、变压器抽头位置等进行远方调整和设定。

19.5 遥视：以视频传输的方式将调度管辖范围内的发电厂、变电站中电气元件的状况传送给调控中心。

19.6 AGC：自动发电控制。

19.7 TBC、FFC、FTC：AGC的三种基本控制模式，TBC是指按定联络线功率与频率偏差模式控制，FFC是指按定系统频率模式控制，FTC是指按定联络线交换功率模式控制。

19.8 ACE：联络线区域控制偏差。

19.9 T1、A1、A2、CPS1、CPS2：联络线控制性能评价标准，分别称为T标准、A标准、C标准。

19.10 DCS：火力发电厂分散式控制系统。

19.11 CCS：火力发电厂的计算机控制系统。

19.12 AVC：自动电压控制。

20 其他

20.1 幺、两、三、四、五、六、拐、八、九、洞：调度业务联系时，数字“1、2、3、4、5、6、7、8、9、0”的读音。

20.2 ××调（××电厂、××变电站）××（姓名）：值班调度员直接与下级调控机构值班调度员、相关调控机构值班监控员或调度管辖厂站运行人员电话联系时的冠语。

20.3 ××时××分××线路（或设备）工作全部结束，现场工作安全措施全拆除，人员撤离现场，送电无问题。现场值班人员或下级调度员向上级调度员汇报调度许可的设备上工作结束的汇报术语。

附录B 操 作 指 令

1 逐项操作令

1.1 开关、隔离开关的操作

1.1.1 拉开××（设备或线路名称）××（开关编号）开关。

1.1.2 合上××（设备或线路名称）××（开关编号）开关。

1.1.3 拉开××（设备或线路名称）××（隔离开关编号）隔离开关。

1.1.4 合上××（设备或线路名称）××（隔离开关编号）隔离开关。

1.2 解列、并列

1.2.1 用××（设备或线路名称）的××开关解列。

1.2.2 用××（设备或线路名称）的××开关同期并列。

1.3 解环、合环

1.3.1 用××（设备或线路名称）的××开关（或隔离开关）解环。

1.3.2 用××（设备或线路名称）的××开关（或隔离开关）合环。

1.4 保护投、退跳闸

1.4.1 ××（设备名称）的××保护投入跳闸。

1.4.2 ××（设备名称）的××保护退出跳闸。

1.4.3 ××线××开关的××保护投入跳闸。

1.4.4 ××线××开关的××保护退出跳闸。

1.5 投入、退出联跳

1.5.1 投入××（设备或线路名称）的××开关联跳××（设备或线路名称）的××开关的装置（连接片）。

1.5.2 退出××（设备或线路名称）的××开关联跳××（设备或线路名称）的××开关的装置（连接片）。

1.6 保护改跳

××（设备或线路名称）的××开关××保护，改跳××（设备或线路名称）的××开关。××（设备或线路名称）的××开关××保护，改跳本身开关。

1.7 投入、停用重合闸和改变重合闸重合方式

1.7.1 投入××线的××开关的重合闸。

1.7.2 停用××线的××开关的重合闸。

1.7.3 投入××线的××开关单相（或三相）或特殊重合闸。

1.7.4 停用××线的××开关单相（或三相）或特殊重合闸。

1.7.5 ××线路××开关的重合闸由无压重合改为同期重合。

1.7.6 ××线的××开关的重合闸由同期重合改为无压重合。

1.7.7 ××线的××开关的重合闸由单相重合改为三相重合。

1.7.8 ××线的××开关的重合闸由单相重合改为综合重合。

1.7.9 ××线的××开关的重合闸由三相重合改为单相重合。

1.7.10 ××线的××开关的重合闸由三相重合改为综合重合。

1.8 线路跳闸后送电

用××开关对××线试送电一次。

1.9 给新线路或新变压器冲击

用××的××开关对××（线路或变压器名称）冲击×次。

1.10 变压器改分头

将×号变压器（高压或中压）侧分头由×（或××kV×挡）改为×（或××kV）挡。

1.11 机组（电厂）投入、退出AGC控制

1.11.1 ××机组（电厂）投入AGC控制。

1.11.2 ××机组（电厂）退出AGC控制。

2 综合操作令

2.1 变压器

2.1.1 ×号变压器由运行转检修

拉开该变压器的各侧开关、隔离开关，并在该变压器上可能来电的各侧挂地线（或合接地开关）。

2.1.2 ×号变压器由检修转运行

拆除该变压器上各侧地线（或拉开接地开关），合上除有检修要求不能合或方式明确不合之外的隔离开关和开关。

2.1.3 ×号变压器由运行转热备用

拉开该变压器各侧开关。

2.1.4 ×号变压器由备用转运行

合上除有检修要求不能合或方式明确不合的开关以外的开关。

2.1.5 ×号变压器由运行转冷备用

拉开该变压器各侧开关，拉开该变压器各侧隔离开关。

2.1.6 ×号变压器由热备用转检修

拉开该变压器各侧隔离开关，在该变压器上可能来电的各侧挂地线（或合上接地开关）。

2.1.7 ×号变压器由检修转为热备用

拆除该变压器上各侧地线（或拉开接地开关），合上除有检修要求不能合或方式明确不合的隔离开关以外的隔离开关。

2.1.8 ×号变压器由冷备用转检修

在该变压器上可能来电的各侧挂地线（或合上接地开关）。

2.1.9 ×号变压器由检修转为冷备用

拆除该变压器上各侧地线（或拉开接地开关）。

注：不包括变压器中性点隔离开关的操作。中性点隔离开关的操作或下逐项操作指令或根据现场规定进行操作。

2.2 母线

2.2.1 ××kV×号母线由运行转检修

a）对于双母线接线：将该母线上所有运行和备用元件倒到另一母线，拉开母联开关和隔离开关及PT一次侧隔离开关，并在该母线上挂地线（或合上接地开关）。

b）对单母线或 3/2 接线：将该母线上所有的开关、隔离开关拉开。在该母线上挂地线（或合上接地开关）。

c）对于单母线开关分段接线：拉开该母线上所有的开关和隔离开关，在母线上挂地线（或合上地开关）。

2.2.2　××kV×号母线由检修转运行

a）对于双母线接线：拆除该母线上的地线（或拉开接地开关），合上 PT 隔离开关和母联隔离开关，用母联开关给该母线充电。

b）对于单母线或 3/2 接线：拆除母线上的地线（或拉开接地开关），合上该母线上除有检修要求不能合或方式明确不合以外的隔离开关（包括 PT 隔离开关）和开关。

c）对单母线开关分段接线：同单母线或 3/2 接线。

2.2.3　××kV×号母线由热备用转运行

a）对于双母线接线：合上母联开关给该母线充电。

b）对于单母线或 3/2 接线：合上该母线上除有检修要求不合或方式明确不合以外的开关。

c）对于单母线开关分段接线：同单母线或 3/2 接线。

2.2.4　××kV×号母线由运行转热备用

a）对于双母线接线：将该母线上运行和备用的所有元件倒到另一母线运行。拉开母联开关。

b）对于单母线及 3/2 接线：拉开该母线上的所有元件的开关。

c）对于单母线开关分段接线：拉开该母线上所有元件的开关及母线分段开关。

2.2.5　××kV×号母线由冷备用转运行

a）对于双母线接线：合上该母线 PT 隔离开关及母联隔离开关后，合上母联开关给该母线充电。

b）对于单母线或 3/2 接线：合上该母线上除因检修要求不合或方式明确不合以外所有元件的隔离开关及 PT 隔离开关后，合上该母线上除有检修要求不合或方式明确不合以外的开关。

c）对于单母线开关分段接线：同单母线或 3/2 接线。

2.2.6　××kV×号母线由运行转冷备用

a）对于双母线接线：将该母线上运行和备用的所有元件倒到另一母线运行。拉开母联开关，拉开该母线上全部元件隔离开关。

b）对于单母线及 3/2 接线：拉开该母线上的所有元件的开关后，拉开该母线上所有元件的隔离开关。

c）对于单母线分段接线：拉开该母线上所有元件的开关及母线分段开关后，拉开该母线上所有元件的隔离开关及母线分段开关的隔离开关。

2.2.7　××kV×母线由检修转热备用

a）对双母线接线：拆除该母线上地线（或拉开接地隔离开关），合上 PT 隔离开关及母联隔离开关。

b）对单母线及 3/2 接线：拆除该母线地线（或拉开接地开关），合上该母线上除因设备检修等要求不能合的隔离开关以外的所有元件的隔离开关。

c）对单母线开关分段接线：拆除该母线上地线（或拉开接地开关），合上该母线上除因设备检修等要求不能合的隔离开关以外的所有元件的隔离开关。

2.2.8　××kV×号母线由热备用转检修

拉开该母线上全部隔离开关。在该母线上挂地线（或合上接地开关）。

2.2.9　××kV×号母线由检修转冷备用

a）对双母线接线：拆除该母线上地线（或拉开接地开关）。

b）对单母线及3/2接线：拆除该母线上地线（或拉开接地开关）。

c）对单母线开关分段接线：拆除该母线上地线（或拉开接地开关）。

2.2.10　××kV×号母线由冷备用转为检修

在该母线上挂地线（或合上接地开关）。

2.2.11　××kV母线方式倒为正常方式

即倒为调控机构已明确规定的母线正常接线方式（包括母联及联络变压器开关的状态）。

3　开关

3.1　××（设备或线路名称）的××开关由运行转检修

拉开该开关及其两侧隔离开关。在开关两侧挂地线（或合上接地开关）。

3.2　××（设备或线路名称）的××开关由检修转运行

拆除该开关两侧地线（或拉开接地开关），合上该开关两侧隔离开关（母线隔离开关按方式规定合），合上开关。

3.3　××（设备或线路名称）的××开关由热备用转检修

拉开该开关两侧隔离开关。在该开关两侧挂地线（或合上接地开关）。

3.4　××（设备或线路名称）的××开关由检修转热备用

拆除该开关两侧地线（或拉开接地开关），合上该开关两侧隔离开关（母线隔离开关按方式规定合）。

3.5　××（设备或线路名称）的××开关由冷备用转检修

在该开关两侧挂地线（或合上接地开关）。

3.6　××（设备或线路名称）的××开关由检修转冷备用

拆除该开关两侧地线（或拉开接地开关）。

3.7　令用××（旁路或母联）××开关由×号母线代××（设备或线路名称）的××开关××（设备或线路名称）的××开关由运行转检修。

按母线方式倒为用旁路（或母联）代××（设备或线路名称）的××开关方式。拉开被代开关及其两侧隔离开关。在该开关两侧挂地线（或合上接地开关）。

4　调整

4.1　系统解列期间由你厂负责调频、调压

地区电网与主网解列单独运行时由调控机构临时指定某厂负责局部电网调频、调压。

4.2　系统解列期间你单位负责频率、电压监督和调整

地区电网与主网解列单独运行时，由上级调控机构指定单独运行电网中某一调控机构临时负责局部电网的频率、电压监督和调整。

附录C　调控运行交接班管理规定

1　交接班管理

1.1　调控人员应按调度控制专业（以下简称调控专业）计划值班表值班，如遇特殊情况无法按计划值班需经调控专业负责人同意后方可换班，不得连续当值两班。若接班值人员无法按时到岗，应提前告知调控专业负责人，并由交班值人员继续值班。

1.2　交接班应按照调控中心规定的时间在值班场所进行。

1.3　交班值调控人员应提前30min审核当班运行记录，检查本值工作完成情况，准备交接班日志，整理交接班材料，做好清洁卫生和台面清理工作。

1.4　接班值调控人员应提前15min到达值班场所，认真阅读调度、监控运行日志，停电工作票、操作票等各种记录，全面了解电网和设备运行情况。

1.5　交接班前15min内，一般不进行重大操作。若交接班前正在进行操作或事故处理，应在操作、事故处理完毕或告一段落后，再进行交接班。

1.6　交接班工作由交班值调控值长统一组织开展。交接班时，全体参与人员应严肃认真，保持良好秩序。

1.7　除调度、监控业务完全融合的地调、县调可由交班值长主持完成调控业务交接外，交接班一般应按以下顺序进行：

1.7.1　调控业务总体交接。由交班值调控值长主持，交接班调控人员参加。

1.7.2　调度业务及监控业务分别交接。调度业务交接由交班值调控值长或安全分析工程师主持，交接班值班调度人员（以下简称调度员）参加；监控业务交接由交班值调控值长或监控主值主持，交接班值班监控人员（以下简称监控员）参加。

1.7.3　补充汇报。接班值安全分析工程师、监控主值向本值调控值长补充汇报调度业务交接和监控业务交接的主要内容。

1.7.4　调度、监控业务融合的地调、县调可由交班值调控值长主持，同时完成调度和监控业务的交接班。

1.8　在值班人员完备的前提下，交接班时交班值应至少保留1名调度员和1名监控员继续履行调度监控职责。若交接班过程中系统发生事故，应立即停止交接班，由交班值人员负责事故处理，接班值人员协助，事故处理告一段落后继续进行交接班。

1.9　交接班完毕后，交、接班值双方调控人员应对交接班日志进行核对，核对无误后分别在交接班日志上签字，以接班值调控值长签名时间为完成交接班时间。

2　交接班内容

2.1　调控业务总体交接内容

2.1.1　调管范围内发、受、用电平衡情况。

2.1.2　调管范围内一、二次设备运行方式及变更情况。

2.1.3　调管范围内电网故障、设备异常及缺陷情况。

2.1.4　调管范围内检修、操作、调试及事故处理工作进展情况。

2.1.5　值班场所通信、自动化设备及办公设备异常和缺陷情况。

2.1.6 台账、资料收存保管情况。

2.1.7 上级指示和要求、电网预警信息、文件接收和重要保电任务等情况。

2.1.8 需接班值或其他值办理的事项。

2.2 调度业务交接内容

2.2.1 电网频率、电压、联络线潮流运行情况。

2.2.2 调管电厂出力计划及联络线计划调整情况。

2.2.3 调管电厂的机、炉等设备运行情况。

2.2.4 当值适用的启动调试方案、设备检修单、运行方式通知单，电网设备异动情况，操作票执行情况。

2.2.5 当值适用的稳定措施通知单及重要潮流断面控制要求、稳定措施投退情况。

2.2.6 当值适用的继电保护通知单、继电保护及安全自动装置的变更情况。

2.2.7 调管范围内线路带电作业情况。

2.2.8 通信、自动化系统运行情况，调度技术支持系统异常和缺陷情况。

2.2.9 其他重要事项。

2.3 监控业务交接内容

2.3.1 监控范围内的设备电压越限、潮流重载、异常及事故处理等情况。

2.3.2 监控范围内的一、二次设备状态变更情况。

2.3.3 监控范围内的检修、操作及调试工作进展情况。

2.3.4 监控系统、设备状态在线监测系统及监控辅助系统运行情况。

2.3.5 监控系统检修置牌、信息封锁及限额变更情况。

2.3.6 监控系统信息验收情况。

2.3.7 其他重要事项。

附录D 电力安全事故等级划分标准

表 D-1 电力安全事故等级划分标准

事故等级 \ 判定项	造成电网减供负荷的比例	造成城市供电用户停电的比例	发电厂或者变电站因安全故障造成全厂（站）对外停电的影响和持续时间	发电机组因安全故障停运的时间和后果	供热机组对外停止供热的时间
特别重大事故	（1）区域性电网减供负荷在30%以上。 （2）电网负荷在20000MW以上的省、自治区电网，减供负荷在30%以上。 （3）电网负荷在5000MW以上、20000MW以下的省、自治区电网，减供负荷在40%以上。 （4）直辖市电网减供负荷在50%以上。 （5）电网负荷在2000MW以上的省、自治区人民政府所在地城市电网，减供负荷在60%以上	（1）直辖市60%以上供电用户停电。 （2）电网负荷在2000MW以上的省、自治区人民政府所在地城市70%以上供电用户停电			
重大事故	（1）区域性电网减供负荷在10%以上、30%以下。 （2）电网负荷在20000MW以上的省、自治区电网，减供负荷在13%以上、30%以下。 （3）电网负荷在5000MW以上、20000MW以下的省、自治区电网，减供负荷在16%以上、40%以下。 （4）电网负荷在1000MW以上、5000MW以下的省、自治区电网，减供负荷在50%以上。 （5）直辖市电网减供负荷在20%以上、50%以下。 （6）省、自治区人民政府所在地城市电网减供负荷在40%以上（电网负荷在2000MW以上的，减供负荷在40%以上60%以下）。 （7）电网负荷在600MW以上的其他设区的市电网减供负荷在60%以上	（1）直辖市30%以上、60%以下供电用户停电。 （2）省、自治区人民政府所在地城市50%以上供电用户停电（电网负荷在2000MW以上的，50%以上、70%以下）。 （3）电网负荷在600MW以上的其他设区的市70%以上供电用户停电			
较大事故	（1）区域性电网减供负荷7%以上、10%以下。 （2）电网负荷在20000MW以上的省、自治区电网，减供负荷在10%以上、13%以下。 （3）电网负荷在5000MW以上、20000MW以下的省、自治区电网，减供负荷在12%以上、16%以下。 （4）电网负荷在1000MW以上、5000MW以下的省、自治区电网，减供负荷在20%以上、50%以下。 （5）电网负荷在1000MW以下的	（1）直辖市15%以上、30%以下供电用户停电。 （2）省、自治区人民政府所在地城市30%以上、50%以下供电用户停电。 （3）其他设区的市50%以上供电用户停电（电网负荷600MW以上的，50%以上、70%以下）。	发电厂或者220kV以上变电站因安全故障造成全厂（站）对外停电，导致周边电压监视控制点电压低于调度机构规定的电压曲线值20%并且持续时间30min以上，或者导致周边电压监视控	发电机组因安全故障停止运行超过行业标准规定的大修时间两周，并导致电网减供负荷	供热机组装机容量200MW以上的热电厂，在当地人民政府规定的采暖期内同时发生2台以上供热机组因安全故障停止运行，造成全厂对外停止供热并且持续时间48h以上

续表

判定项 事故等级	造成电网减供负荷的比例	造成城市供电用户停电的比例	发电厂或者变电站因安全故障造成全厂（站）对外停电的影响和持续时间	发电机组因安全故障停运的时间和后果	供热机组对外停止供热的时间
较大事故	省、自治区电网，减供负荷在40%以上。 （6）直辖市电网减供负荷在10%以上、20%以下。 （7）省、自治区人民政府所在地城市电网减供负荷在20%以上、40%以下。 （8）其他设区的市电网减供负荷在40%以上（电网负荷在600MW以上的，减供负荷在40%以上、60%以下）。 （9）电网负荷在150MW以上的县级市电网减供负荷在60%以上	（4）电网负荷150MW以上的县级市70%以上供电用户停电	制点电压低于调度机构规定的电压曲线值10%并且持续时间1h以上		
一般事故	（1）区域性电网减供负荷在4%以上、7%以下。 （2）电网负荷在20000MW以上的省、自治区电网，减供负荷在5%以上、10%以下。 （3）电网负荷在5000MW以上、20000MW以下的省、自治区电网，减供负荷在6%以上、12%以下。 （4）电网负荷在1000MW以上、5000MW以下的省、自治区电网，减供负荷在10%以上、20%以下。 （5）电网负荷在1000MW以下的省、自治区电网，减供负荷在25%以上、40%以下。 （6）直辖市电网减供负荷在5%以上、10%以下。 （7）省、自治区人民政府所在地城市电网减供负荷在10%以上、20%以下。 （8）其他设区的市电网减供负荷在20%以上、40%以下。 （9）县级市减供负荷在40%以上（电网负荷在150MW以上的，减供负荷在40%以上、60%以下）	（1）直辖市10%以上、15%以下供电用户停电。 （2）省、自治区人民政府所在地城市15%以上、30%以下供电用户停电。 （3）其他设区的市30%以上、50%以下供电用户停电。 （4）县级市50%以上供电用户停电（电网负荷150MW以上的，50%以上、70%以下）	发电厂或者220kV以上变电站因安全故障造成全厂（站）对外停电，导致周边电压监视控制点电压低于调度机构规定的电压曲线值5%以上、10%以下并且持续时间2h以上	发电机组因安全故障停止运行超过行业标准规定的小修时间两周，并导致电网减供负荷	供热机组装机容量200MW以上的热电厂，在当地人民政府规定的采暖期内同时发生2台以上供热机组因安全故障停止运行，造成全厂对外停止供热并且持续时间24h以上

注　1. 符合本表所列情形之一的，即构成相应等级的电力安全事故。

2. 本表中所称的“以上”包括本数，“以下”不包括本数。

3. 本表下列用语的含义：

（1）电网负荷是指电力调度机构统一调度的电网在事故发生起始时刻的实际负荷。

（2）电网减供负荷是指电力调度机构统一调度的电网在事故发生期间的实际负荷最大减少量。

（3）全厂对外停电是指发电厂对外有功负荷降到零（虽电网经发电厂母线传送的负荷没有停止，仍视为全厂对外停电）。

（4）发电机组因安全故障停止运行是指并网运行的发电机组（包括各种类型的电站锅炉、汽轮机、燃气轮机、水轮机、发电机和主变压器等主要发电设备），在未经电力调度机构允许的情况下，因安全故障需要停止运行的状态。

附录E 重大事件汇报要求

一、重大事件汇报的时间要求

（1）发生特急报告类事件调控运行人员须立即向省调调度员进行特急报告，从事件发生后到向省调汇报最长时间不超过 10min，省调调度员须在 15min 内向国调、分中心调度员进行特急报告。

（2）发生紧急报告类事件，地调调控运行人员及厂站运维人员须立即向省调调度员进行特急报告，从事件发生后到向省调汇报最长时间不超过 10min，省调调度员须在 30min 内向国调及分中心调度员进行紧急报告。

（3）发生一般报告类事件，地调调控运行人员及厂站运维人员须立即向省调调度员进行一般报告，从事件发生后到向省调汇报最长时间不超过 10min，省调调度员须在 2h 内向国调及分中心调度员进行一般报告。

（4）发生其他报告类事件，地调调控运行人员及厂站运维人员须立即向省调调度员进行报告，从事件发生后到向省调汇报最长时间不超过 10min。

（5）特急报告类、紧急报告类、一般报告类事件应按调管范围由发生重大事件的调控机构尽快将详细情况以书面形式报送至上一级调控机构，省调应同时抄报国调。

二、重大事件汇报的内容要求

（1）发生公司规定的重大事件后，相应调控机构及厂站的汇报内容主要包括事件发生时间、概况、造成的影响等情况。

（2）在事件处置暂告一段落后，相应调控机构及厂站应将详细情况汇报上级调控机构，内容主要包括事件发生的时间、地点、运行方式、保护及安全自动装置动作、影响负荷情况，调度系统应对措施、系统恢复情况，以及掌握的重要设备损坏情况，对社会及重要用户影响情况等。

（3）当事件后续情况更新时，如已查明故障原因或巡线结果等，相应调控机构应及时向上级调控机构汇报。

（4）线路故障跳闸需要远方强送时，省调及地调监控员应在 10min 内向省调调度员汇报保护动作情况、重合闸动作情况、开关监控信息等，未在规定时间内上报者，需向省调说明原因。

（5）需要提供详细汇报材料的，应按公司要求在规定时间内向省调报送电子版文件。

附录F 线路及变压器等设备常用额定参数

一、常见线路承载能力（见表F-1）

表F-1 LGJ钢芯铝绞线安全电流 A

导线型号	安全电流	导线型号	安全电流
LGJ—50	220	LGJ—185	515
LGJ—70	270	LGJ—240	610
LGJ—95	335	LGJ—300	710
LGJ—120	380	LGJ—400	845
LGJ—150	445		

二、常见变压器额定电流（见表F-2、表F-3）

表F-2 220kV变压器额定电流 A

电压 \ 容量	90MVA	120MVA	150MVA	180MVA	240MVA
231kV	225	300	375	450	600
220kV	236	315	394	472	630
69kV	753	1004	1255	1506	2008
66kV	787	1050	1312	1575	2100

表F-3 66kV变压器额定电流 A

电压 \ 容量	6.3MVA	8MVA	10MVA	16MVA	20MVA	31.5MVA	40MVA	50MVA
66kV	55	70	87	140	175	276	350	437
11kV	330	420	525	840	1050	1653	2100	2624
10.5kV	346	440	550	880	1100	1732	2200	2749

三、66kV系统消弧线圈常见参数表（见表F-4）

表F-4 66kV消弧线圈分接头不同挡位对应电流 A

容量 \ 分接头	1号（10）	2号（11）	3号（12）	4号（13）	5号（14）	6号	7号	8号	9号
950kVA	10	10.7	11.5	12.3	13.2	14.2	15.3	16.4	17.6
	18.9	20.2	21.7	23.3	25				
1900kVA	25	27.3	29.8	32.5	35.4	38.6	42.1	45.9	50

续表

容量 \ 分接头	1号（10）	2号（11）	3号（12）	4号（13）	5号（14）	6号	7号	8号	9号
1900kVA	25	26.4	27.8	29.3	30.9	32.6	34.4	36.3	38.3
	40.4	42.6	44.9	47.4	50				
3800kVA	50	54.5	59	64.8	70.7	77	84	91.6	100
3800kVA	50	52.8	55.6	58.6	61.8	65.2	68.8	72.6	76.6
	80.8	85.2	89.8	94.8	100				
5700kVA	75	79.1	83.4	88	92.8	97.9	103.3	108.9	114.9
	121.2	127.8	134.8	142.2	150				

附录G　电网常见继电保护装置定值书

某省电力公司		继电保护定值单		××调控（2016-96）号	
调度控制中心				原（——）号作废	
安装地点	××变电站	线路名称	一线	保护名称	侧路WXH 802
纵联保护		项目	定值	项目	定值
项目	定值	相间阻抗Ⅲ段	2.00Ω	过流Ⅱ段时间	0.2S
控制字	0243	接地Ⅱ段时间	0.5S	无流门槛	0.2A
TV变比	2200	接地Ⅲ段时间	9.9S	第二套定值	
TA变比	500	相间Ⅱ段时间	0.5S	零序Ⅱ段电流	1.00A
电抗补偿系数	0.39	相间Ⅲ段时间	2.0S	零序Ⅱ段时间	0.2S
电阻补偿系数	0.90	静稳电流	5.0A	软压板定值	
正序阻抗角	78°	无流门槛	0.2A	全相投零序Ⅰ段	1
线路全长电抗	0.22Ω	辅助启动	0.50A	全相投不灵敏Ⅰ段	0
RD电抗定值	3.75Ω	第二套定值		全相投零序Ⅱ段	1
XD电抗定值	2.50Ω	接地Ⅱ段时间	0.2S	全相投不灵敏Ⅱ段	0
零序停信定值	0.76A	相间Ⅱ段时间	0.2S	全相投零序Ⅲ段	1
负序停信定值	0.76A	软压板定值		全相投不灵敏Ⅲ段	1
静稳电流	5.0A	接地Ⅰ段投入	0	非全相投零序Ⅰ段	0
无流门槛	0.2A	接地Ⅱ段投入	1	非全相投不灵敏Ⅰ段	1
辅助启动	0.50A	接地Ⅲ段投入	1	非全相投零序Ⅱ段	0
自动测试时间	0	相间Ⅰ段投入	0	非全相投不灵敏Ⅱ段	1
软连接片定值		相间Ⅱ段投入	1	非全相投零序Ⅲ段	0
距离纵联投入	1	相间Ⅲ段投入	1	非全相投不灵敏Ⅲ段	1
零序纵联投入	1	零序电流保护		断线投过流Ⅰ段	1
备用	0	项目	定值	断线投过流Ⅱ段	1
距离保护		控制字	16FF	自动重合闸	
项目	定值	TV变比	2200	项目	定值
控制字	01E7	TA变比	500	控制字	0013
TV变比	2200	零序Ⅰ段电流	100.0A	TV变比	2200
TA变比	500	零序Ⅱ段电流	100.0A	TA变比	500
电抗补偿系数	0.39	零序Ⅲ段电流	1.00A	单重短延时	1.0S
电阻补偿系数	0.90	零序Ⅳ段电流	0.60A	单重长延时	1.0S
正序阻抗角	78°	不灵敏Ⅰ段电流	100.0A	三重短延时	2.0S
相间阻抗偏移角	15°	不灵敏Ⅱ段电流	0.60A	三重长延时	2.0S
每欧姆公里数	14.70	过流Ⅰ段电流	5.0A	检无压定值	14.0V
接地电阻定值	7.50Ω	过流Ⅱ段电流	5.0A	检同期角度	40°
接地电抗Ⅰ段	0.10Ω	零序Ⅱ段时间	9.9S	无流门槛	0.2A
接地电抗Ⅱ段	2.00Ω	零序Ⅲ段时间	5.90S	软压板定值	
接地电抗Ⅲ段	2.00Ω	零序Ⅳ段时间	5.9S	重合闸投入	1
相间阻抗Ⅰ段	0.10Ω	不灵敏Ⅱ段时间	5.4S	备用	0
相间阻抗Ⅱ段	2.00Ω	过流Ⅰ段时间	0.2S		
TV变比	2200	TA变比	2500/5	长度（kM）/阻抗（Ω）	
（1）所给定值均为二次值。					
（2）××变电站220kV联网工程下发定值。					
（3）正常使用第一套定值，第二套定值的使用听调度令。					
（4）侧路代送××一线时用此定值。					
要求改变日期	立即执行		实际执行日期		
批准	审　核		计　算		
省调核对人			现场核对人		

继电保护定值书

××调控（2017-01）

××电力调度控制中心　　　　原（　）号作废

安装地点	××220kV 变电站	1 号主变压器	保护名称	WBH-801A 差动保护

保护 A		保护 B	
系统参数		系统参数	
1 变压器铭牌最大容量	180MVA	1 变压器铭牌最大容量	180MVA
2 高压侧一次线电压	220kV	2 高压侧一次线电压	220kV
3 低压侧一次线电压	66kV	3 低压侧一次线电压	66kV
4 高压侧 TA 变比	240	4 高压侧 TA 变比	240
5 低压侧 TA 变比	400	5 低压侧 TA 变比	400
主保护定值		主保护定值	
1 主保护投退控制字	0007	1 主保护投退控制字	0007
2 最小动作电流	$0.5I_e$	2 最小动作电流	$0.5I_e$
3 最小制动电流	$1I_e$	3 最小制动电流	$1I_e$
4 比率制动系数	0.5	4 比率制动系数	0.5
5 励磁涌流识别方式	1	5 励磁涌流识别方式	0
6 差动速断电流	$6I_e$	6 差动速断电流	$6I_e$
7 TA 异常闭锁差动	1	7 TA 异常闭锁差动	1
控制字		控制字	
1 差动速断投退	1	1 差动速断投退	1
2 比率差动投退	1	2 比率差动投退	1
3 增量差动投退	1	3 增量差动投退	1

备注	（1）TA 变比：220kV 侧为 1200/5，66kV 侧为 2000/5。 （2）现场核对 TA 变比正确后，执行该定值。 （3）××220kV 变电站 1 号主变压器投运发定值，1 号主变压器容量为 180MVA

要求更改日期		实际更改日期	年　月　日	负责人	
批准		审核		计算	2017 年 3 月 1 日
调度值班员		运行值班员			

继 电 保 护 定 值 书

××调控（2017-02）

××电力调度控制中心　　　　原（　）号作废

<table>
<tr><td>安装地点</td><td>××220kV 变电站</td><td>1 号主变压器</td><td>保护名称</td><td>WBH-801A 高后备保护</td></tr>
<tr><td colspan="3">高压侧定值
1 相间后备投退控制字　依据定值自动生成
2 零序后备投退控制字　依据省调定值单整定
3 其他保护投退控制字　依据定值自动生成
4 复压闭锁负序相电压　4V
5 复压闭锁相间低电压　70V
6 过流动作电流　2.8A
7 过流复压控制字　2
8 过流方向控制　0
9 过流延时 t_1　4.0（跳高低压侧开关闭锁备自投）
10 过流延时 t_2　3.6（跳低压侧开关闭锁备自投）
11 过流延时 t_3　最大
12～34 依据省公司继电出定值整定
35～38 不用，定值取最大值
39 过负荷动作电流　2.4A
40 过负荷延时时间　9s</td><td colspan="2">相间后备控制字
1 过流 t_1 投退　1
2 过流 t_2 投退　1
3 过流 t_3 投退　0
零序后备控制字
1 依据省公司继电处定值整定
2 其他保护控制字
3 非全相投退　0
4 失灵启动 t_1 投退　依据省公司继电处定值整定
5 失灵启动 t_2 投退　依据省公司继电处定值整定
6 通风启动投退　0
7 调压闭锁投退　0</td></tr>
<tr><td>备注</td><td colspan="4">（1）TA 变比：220kV 侧为 1200/5，66kV 侧为 2000/5。
（2）现场核对 TV 变比正确后，执行该定值。
（3）××220kV 变电站 1 号主变压器投运发定值，1 号主变压器容量为 180MVA。
（4）高后备保护：保护 A、保护 B 两套保护定值相同</td></tr>
<tr><td>要求更改日期</td><td></td><td>实际更改日期</td><td>年　月　日</td><td>负责人</td></tr>
<tr><td>批准</td><td></td><td>审核</td><td>计算</td><td>2017 年 3 月 1 日</td></tr>
<tr><td>调度值班员</td><td></td><td>运行值班员</td><td colspan="2"></td></tr>
</table>

继电保护定值书

××调控（2017-03）

××电力调度控制中心　　原（　　）号作废

<table>
<tr><td>安装地点</td><td>××220kV 变电站</td><td>1 号主变压器</td><td>保护名称</td><td colspan="3">WBH-801A 低后备保护</td></tr>
<tr><td colspan="4">低压侧定值
1 后备保护投退控制字　依据定值自动生成
2 复压闭锁负序相电压　4V
3 复压闭锁相间低电压　70V
4 过流动作电流　5.5A
5 过流复压控制字　0
6 过流方向控制　0
7 过流延时 t_1　3.3S（跳母联闭锁备自投）
8 过流延时 t_2　最大
9 过流延时 t_2　最大
10 零序过压告警动作电压　最大
11 零序过压告警延时时间　最大
12 过负荷动作电流　最大
13 过负荷延时时间　最大</td><td colspan="3">后备保护控制字
1 过流 t_1 投退　1
2 过流 t_2 投退　0
3 过流 t_3 投退　0
4 零序过压告警投退　0</td></tr>
<tr><td>备注</td><td colspan="6">（1）TA 变比：220kV 侧为 1200/5，66kV 侧为 2000/5。
（2）现场核对 TA 变比正确后，执行该定值。
（3）××220kV 变电站 1 号主变压器投运发定值，1 号主变压器容量 180MVA。
（4）高后备保护：保护 A、保护 B 两套保护定值相同</td></tr>
<tr><td>要求更
改日期</td><td></td><td>实际更
改日期</td><td colspan="2">年　月　日</td><td>负责人</td><td></td></tr>
<tr><td>批准</td><td></td><td>审核</td><td></td><td>计算</td><td></td><td>2017 年 3 月 1 日</td></tr>
<tr><td colspan="2">调度值班员</td><td colspan="2"></td><td colspan="2">运行值班员</td><td></td></tr>
</table>

继电保护定值通知单

××调继（2017-04）号

××电力调度控制中心　　　　原调继（　）号作废

安装地点	××变电站	保护名称	220kV 母差及失灵保护	保护型号	NSR-371A-G-X

序号	定值名称	单位	整定值	备注
设备参数定值				
1	定值区号		1	
2	TV 一次额定值	kV	220	
3	基准 TA 一次值	A	1500	
4	基准 TA 二次值	A	5	
母差保护定值				
5	差动启动电流定值	A	6.00	
6	TA 断线告警定值	A	0.30	
7	TA 断线闭锁定值	A	0.40	
8	母联分段失灵电流定值	A	3.00	
9	母联分段失灵时间	S	0.30	
失灵保护定值				
10	低电压闭锁定值	V	40.00	
11	零序电压闭锁定值	V	4.00	
12	负序电压闭锁定值	V	3.00	
13	三相失灵相电流守信	A	3.00	
14	失灵零序电流定值	A	0.80	
15	失灵负序电流定值	A	0.80	
16	失灵保护1时限	S	0.30	
17	失灵保护 2 时限	S	0.30	
保护控制字定值				
18	差动保护		1	
19	失灵保护		1	
母线保护软连接片				
20	差动保护软连接片		1	见注 4
21	失灵保护软连接片		1	见注 4
22	母线互联软连接片		现场根据实际情况自行整定	见注 5
23	远方投退软连接片		现场根据实际情况自行整定	
24	远方切换定值区软连接片		现场根据实际情况自行整定	
25	远方修改定值软连接片		现场根据实际情况自行整定	

注：1．××变压器新增第一套 220kV 母差及失灵保护发定值。
2．母差保护、失灵保护的定值均为二次值。
3．本定值单中未列出的设备参数定值由现场根据实际情况自行整定，对于未使用支路的“支路 TA 一次值”整定为 0。
4．差动保护、失灵保护的硬连接片、软连接片、控制字为“与”逻辑关系。
5．母线互联软连接片、母线互联硬连接片为“或”逻辑关系

要求更改日期		立即执行		实际执行日期		
批准		审核		计算		2017 年 3 月 1 日

继电保护定值书

××调控（2017-05）

××电力调度控制中心　　　　原（　）号作废

安装地点	××变电站	线路	66kV 五鸿乙线	保护名称	W×H-816A

保护定值					
1 距离控制字	依据定值自动生成	24 过流加速段电流定值	20A	过流Ⅱ段经方向	0
2 过流保护控制字	依据定值自动生成	25 低电压闭锁定值	70V	过流Ⅲ段经方向	0
3 重合闸控制字	依据定值自动生成	26 负序电压闭锁定值	3V	过流Ⅳ段经方向	0
4 突变量启动值	1	27 过流Ⅰ段时间	0.5s	过流Ⅰ段经复压闭锁	0
5 线路正序阻抗角	80°	28 过流Ⅱ段时间	0.5s	过流Ⅱ段经复压闭锁	0
6 相间阻抗偏移角	15°	29 过流Ⅲ段时间	3.0s	过流Ⅲ段经复压闭锁	0
7 负荷电阻	6.4Ω	30 过流Ⅳ段时间	3.0s	过流Ⅳ段经复压闭锁	0
8 静稳电流	7.0A	31 重合闸延时	2.0s	过流Ⅲ、Ⅳ段永跳	1
9 相间阻抗Ⅰ段定值	0.08Ω	32 同期角	60°	TV 断线留Ⅰ段	1
10 相间阻抗Ⅱ段定值	0.13Ω	距离控制字		TV 断线留其他段	1
11 相间阻抗Ⅲ段定值	7.4Ω	相间距离Ⅰ段	1	重合闸控制字	
12 距离Ⅰ段时间	0s	相间距离Ⅱ段	1	检同期	0
13 相间Ⅱ段时间	0.5s	相间距离Ⅲ段	1	检线路无压母线有压	0
14 相间Ⅲ段时间	3.0s	加速距离Ⅱ段不经振荡	0	检线路有压母线无压	0
15 加速距离Ⅲ段时间	0.3s	加速距离Ⅲ段	1	检线路无压母线无压	0
16 TV 断线相过流定值	7A	距离保护经振荡	0	检邻线有流	0
17 TV 断线过流时间	3.0s	距离Ⅱ段永跳	0	无检定方式投	1
18 线路正序电抗	0.1Ω	距离Ⅲ段永跳	0	偷跳允许重合	1
19 线路全长公里数	1.4km	过流保护控制字		软连接片	
20 过流Ⅰ段电流定值	20A	过流Ⅰ段	1	距离保护	1
21 过流Ⅱ段电流定值	20A	过流Ⅱ段	1	重合闸	1
22 过流Ⅲ段电流定值	7A	过流Ⅲ段	1	不对称相继速动	0
23 过流Ⅳ段电流定值	7A	过流Ⅳ段	1	双回线相继速动	0
		过流Ⅰ段经方向	0	过流保护	1

备注	TA 变比为 800/5，停用值为 800A。现场核对 TA 变比正确后使用该定值

要求更改日期		实际更改日期	年　月　日	负责人	

批准		审核		计算		2017 年 3 月 1 日

调度值班员		运行值班员	

附录H 监控运行分析月报

××省（区、市）调控中心　　　　　　　　　　　　年　月　日

统计时间　　年　月　日～　　年　月　日

一、总体情况

本月监控运行工作总体情况，设备运行情况总体情况。

二、本月监控信息统计

对当月监控信息按站和时间进行统计、分析。

三、监控信息分类分析

1. 事故类信号

事故类信号原因：对各变电站出现的事故类信号进行分析，是否出现误发、漏发等现象。

2. 异常类信号

异常类信号原因：对各变电站出现的重要异常类信号进行分析，是否出现误发、漏发等现象。对异常类信号所反映出的设备运行缺陷进行说明。

3. 越限类信号

越限类信号原因：对各变电站出现的越限类信号进行分析，对频繁出现的越限类信号是否需要改变越限值等问题进行处理建议。

4. 变位类信号

变位类信号原因：对各变电站出现的变位类信号进行分析，是否出现误发现象。

四、异常缺陷处理情况

本月新增缺陷××条，本月已处理缺陷××条，目前遗留缺陷共有××条。主要针对由监控信号所反映出的设备异常缺陷进行分析，见表H-1～表H-3。

H-1　　本月已处理严重危急缺陷××条

序号	站名	异常信号	产生原因及处理结果	信号分析、结论
1	××变电站	填写由监控系统报出的异常信号	根据现场运维人员反馈情况进行填写，填写反馈现场消缺处理情况	填写信号分析结论

H-2　　本月发现未处理严重危急缺陷××条

序号	站名	异常信号	产生原因及采取措施	信号分析结论/消缺责任部门
1	××变电站	填写由监控系统报出的异常信号	根据现场运维人员反馈情况进行填写，填写反馈现场采取的措施情况	填写分析结论，指定消缺责任部门

H-3　严重危急缺陷遗留共有××条

序号	站名	异常信号	产生原因及处理结果	信号分析结论/消缺责任部门
1	××变电站	填写由监控系统报出的异常信号	根据现场运维人员反馈情况进行填写 填写反馈现场消缺处理情况	填写分析结论，指定消缺责任部门

五、其他需要分析的事项

（填写其他需要在信息分析报表中体现的内容）

附录Ⅰ 监控班月度工作指导及季节性事故预防卡

春季、夏季、秋季、冬季监控班月度工作指导及季节性事故预防卡见表Ⅰ-1～Ⅰ-4。

Ⅰ-1 监控班月度工作指导及季节性事故预防卡

春季（2～5月）	气候特点
	（1）多风。 （2）乍寒乍暖。 （3）绵绵细雨。 （4）易发生雾霾天

气候变化时容易忽视的不安全因素	防范措施	易出现的信息
1．连续一个冬季的运行，使地处污秽严重地区的变电站设备外绝缘积污较多，容易在第一场绵绵春雨中发生污闪事故	通过遥视监控对所辖无人变电站的瓷柱、瓷瓶污秽进行监控	母线失灵保护动作，母差保护动作
2．大地回暖，农民春浇特别是漫水灌溉可能造成变电站地下水位上升，使变电站渗井内水位上升反灌电缆沟；户外设备基础发生倾斜	通过遥视监控对所辖无人变电站特别是农电66kV变电站设备巡检发生设备基础倾斜或导线驰度过紧，通知运维人员处理	直流接地，农业线路过负荷
3．大地回春、农民焚烧秸秆准备种植，燃烧的火焰可能危及变电站设备或线路运行	加强对220、66kV线路的监控，防止突发事故跳闸	纵联保护动作，线路距离保护动作，重合闸动作，过流动作
4．春季由于地表完全裸露，所以刮风时可能将农民上年遗弃的塑料薄膜、垃圾中的塑料带等刮飞到站内设备及线路上造成放电等事故	通过遥视监控对变电站门构及线路有无漂浮物进行重点监控	纵联保护动作，距离保护动作，零序保护动作，重合闸动作，过流动作
5．春季柳絮到处飞扬，往往能造成变压器散热器内冷却管通风间隙被堵塞，使变压器散热效果减弱，变压器油温升高	加强对220kV变电站主变压器油温的监控	主变压器油温高越限报警，备用风冷器启动，主变压器压力释放阀动作
6．由于气温回升，加热电源未及时退出，造成机构箱等温度过高，使SF_6开关密度继电器误发“压力升高/降低”信号	加强对监控信息监控，特别是液压/空气储能机构，电动机频繁打压，要及时通知运维人员到现场进行检查	断路器电动机启动，电动机交流失电，开关压力闭锁
7．由于春季早晚温差大，对户外GIS设备易出现内结露现象	监控信息出现GIS气室压力降低，极易引发母线故障，要立即通知运维人员到现场进行检查设备	GIS气室压力降低告警，电动机频繁打压
8．每年五月底六月初一般雨水较少，地表温度很高，在持续干旱后第一场雨时，雨量蒸发特别厉害，电缆沟内潮气极易进入端子箱，在造成端子箱端子锈蚀的同时，还易发生直流接地现象	针对雨后出现的直流系统异常信号，要及时通知运维人员现场检查	直流接地，直流装置故障

I-2　　监控班月度工作指导及季节性事故预防卡

夏季 （6～8月）	气候特点
	（1）雷电频繁。 （2）雨水多。 （3）风大。 （4）天气炎热

气候变化时容易忽视的不安全因素	防范措施	易出现的信息
1．下雨巡视66kV及以上避雷器时，由于避雷器密封不严进水，使避雷器放电计数器损坏	接地选择后，仍选不出接地，要通知操作检查避雷器表记有可能是内部击穿	变电站母线接地，线路接地
2．夏季由于雷害较多，线路绝缘子极易遭受绕击雷，造成线路跳闸后重合于永久故障，引起故障扩大	对于台风、雷雨中出现的突发性线路跳闸，监控人员要与调度人员配合好，解决突发线路故障	纵联保护动作，距离保护动作，零序保护动作，重合闸动作，过流动作
3．大雨后变电站主控室等房屋渗漏造成保护装置异常	出现装置异常后，要立即通知运维人员并汇报调度，做好突发性事故预案	装置异常，直流接地
4．持续高温造成开关压力异常；持续高温、大负荷造成主变压器油枕油位升高，而呼吸器呼吸不畅，使主变压器运行压力增加，释放阀或防爆筒动作，甚至使主变压器瓦斯动作跳闸	出现高温天气，易出现开关压力异常，充油设备溢油等现象的发生	开关压力闭锁，主变压器压力释放阀动作，绕组温高、油温高、压力突变，跳闸动作
5．持续高温、大负荷引发母线及引下线弧垂降低，特别是线路导线弛度降低，如导线下有工程极易危及人员及设备安全	此类故障多为66kV系统，因为66kV线路导线弛度降低后，抓钩机极易触及导线，而引发事故	线路单相接地
6．由于气温变化，绝缘支柱法兰防水胶开裂，造成法兰积水生锈产生张力开裂，加上“春检”频繁倒闸操作易引发瓷柱断裂事故	监控人员可通过遥视系统对220kV、66kV倒闸操作情况进行现场跟踪，发现异常，汇报调度	母差保护动作，远跳保护动作，距离保护动作，零序保护动作

I-3　　监控班月度工作指导及季节性事故预防卡

秋季 （9～10月）	气候特点
	（1）秋高气爽、秋风起。 （2）气候渐冷、出现冰霜。 （3）有时有雾

气候变化时容易忽视的不安全因素	防范措施	易出现的信息
1．秋季雨水较多，特别是八、九月份台风登陆，易发生输电线路跳闸、倒塌等恶性事故	配合调度人员做好事故处理，监控人员实时监控系统，谨防主变压器、线路过负荷	纵联保护动作，距离保护动作，零序保护动作重合闸动作，过流动作
2．秋季温差加大，室外无功补偿装置特别是电容器易发生熔丝熔断现象	VQC装置动作后或手动投入电容器出现“三相不平衡”保护信息后，立即通知运维人员进行检查	三相不平衡保护动作，电容器开关跳闸
3．秋季雨水较多，空气中潮气大，保护装置易出现异常	保护装置出现异常或告警监控人员要及时通知运维人员进行现场检查	装置异常、装置告警

I-4 监控班月度工作指导及季节性事故预防卡

冬季 （11～次年1月）	气候特点
	（1）寒冷干燥。 （2）北风加大，持续低温。 （3）日短夜长

气候变化时容易忽视的不安全因素	防范措施	易出现的信息
（1）冬季由于变电站内设备箱、柜取暖造成低压交流回路电流增大，易引发低压交流事故	监控人员如发现主变压器风冷器电源失去或线路、端子箱交流失电要立即通知运维人员，严防设备异常扩大	主变压器风冷器交流失电，控制回路断线，站用变压器交流切换装置（低压备自投）动作
（2）无人变电站保护装置低于正常温度，易出现装置异常、计量失准	发现变电站装置异常要及时通知运维人员现场检查	装置异常、RTU通道频繁中断，变电站数据不刷新
（3）天气剧烈变化时处于热备用状态的充油设备油位过低，易引发设备绝缘击穿等事故，影响安全运行	通过遥视监控，发现设备油位低，通知运维人员现场检查	变电站设备单元数据变化较大，保护频繁启动；充油设备油位低报警
（4）雨雪形成冰凌，易造成设备闪络放电、配电线路舞动（特别是66kV变电站穿墙套管易发生放电闪络）	与调度人员做好配合，及时调整运行方式，确保电网安全运行	纵联保护动作，距离保护动作，零序保护动作，重合闸动作，过流动作
（5）天气寒冷，小动物进入室内引发短路故障	多为低压交流、直流故障	监控信号中断，设备回路交流失电，直流接地
（6）液压操作机构加热电源滞后投入，加热器不工作	监控信息显示断路器频繁打压，断路器交流失电要立即通知运维人员到现场进行检查	电动机打压，电动机交流失电
（7）东北地区冬季持续时间较长，土地易发生"冷涨热缩"现象，造成设备二次接线电缆（铁）套管受外力作用，磕破电缆绝缘或将隔离开关转换开关顶偏引发设备异常	监控系统显示某间隔，隔离开关位置与实际不符或总在不断变位	直流接地，监控系统显示某一线路有功、无功、电压消失，隔离开关频繁分合

附录J 监控常见信息处理流程

J-1 监控常见信息处理流程

说明	危急事件	立即汇报省、地调	通知运维人员到现场进行检查	备注
一类缺陷（危急缺陷）：如开关跳闸、火灾报警或设备处在极不稳定状态易引发设备事故的，监控人员要第一时间汇报调度，并通知运维人员到现场进行巡检、处理，并将检查结果上报调度	线路开关跳闸	第一时间汇报调度	并立即通知运维人员现场检查	（1）夜间线路跳闸重合良好，如调度无指示可等天亮检查。 （2）开关跳闸后，开关出现弹簧未储能、频繁启动、通道异常，应汇报调度后，通知现场检查。 （3）此类信息要做好记录并及时汇报调度
	线路开关跳闸后出现异常时			
	线路开关闭锁			
	主变压器主保护动作			
	主变压器温升过快、并持续发展			
	保护装置闭锁			
	220kV 母线失压			
	火灾报警			
	母联备自投动作			
	控制回路断线			
	电网发生谐振			
	主变压器过负荷 1.3 倍			
	现场人员汇报需紧急停电设备			

说明	严重事件	立即汇报省、地调	通知运维人员到现场进行检查	备注
二类缺陷（严重缺陷）：如保护装置模块故障，保护装置频发异常信息，影响设备安全运行，设备在此异常状态极易引发、扩大事故或异常。一天内将该异常信息进行处理，相关部门及人员应将设备处理结果告知运维人员，再由运维人员汇报监控人员	开关频繁打压、打压超时、告警	待现场人员检查后再汇报调度	第一时间通知运维人员到现场进行检查	监控人员通知运维人员后，应将通知时间记录在监控日志中。运维人员回馈信息也应记录时间及回馈内容。后半夜班期间发现此类异常信息，第一时间通知运维人员检查并记录时间，下班前向运维人员索要回馈信息，如运维人员没去现场，可将此类信息汇报地调及交班监控人员，接班人员应在接班 2h 内索要回馈信息，遇有运维人员推诿，可告知管理人员，由管理人员处理
	保护采样无效			
	电容器三相不平衡动作			
	保护装置动作后未有复位			
	VQC 装置异常、闭锁			
	220kV 母线隔离开关位置不对应			
	三相电压、电流不平衡			
	线路接地后巡检			
	主变压器油温过高			
	开关、隔离开关位置不对应			
	直流装置异常、故障			
	主变压器风冷器全停、故障			
	主变压器满负荷运行			
	其他类似信息（变电站主设备类）			

续表

说明	一般事件	立即汇报省、地调	通知运维人员到现场进行检查	备注
三类缺陷（一般缺陷）：这类信息由运维人员通知相关专业人员处理，如有不能及时处理的，可由现场对该信息进行暂时屏蔽。待设备异常处理后，通知运维人员验收合格后，再由运维人员向监控人员汇报，此类故障（信息）处理时间不应超过15天	围墙电网动作 保护装置动作后复位 保护装置告警 开关跳闸且重合良好 线路带电显示装置故障 遥视装置摄像头故障 其他类似信息（变电站非主设备类）	待现场人员检查后视处理情况，再汇报调度	第一时间通知运维人员现场检查	监控人员通知运维人员后，应将通知时间及现场回馈时间记录在监控日志中。如围墙电网、线路带电显示装置异常，现场运维人员不能立即处理的异常，监控人员可令现场运维人员将该装置停用，并要求运维人员上报生产部尽快处理

附录K 监控值班工作日历

序号	工作项目	主要工作内容	工作要求	工作时间		
				白班	前夜班	后夜班
一、常规工作						
1	接班	查阅相关记录，听取交班人员交代内容，检查运行状况，经双方确认后接班，并安排值内工作	（1）接班人员提前15min到达调控大厅，阅读监控运行日志、缺陷记录、停电工作票、操作票等各种记录，了解电网和设备运行情况。 （2）接班人员认真听取交班内容情况，对不明确的问题要询问清楚，保证接班工作连贯，内容完整、准确。 （3）接班人员对变电站运行方式、系统通道工况、未复归告警信息、检修置牌、信息封锁等进行核对。 （4）布置安排值内工作，强调相关要求	√	√	√
2	实时监视	通过监控系统和输变电设备状态在线监测系统实时监视告警信息	实时监视事故、异常、越限、变位四类告警信息和设备状态在线监测告警信息，确保不漏监信息，对各类告警信息及时确认	√	√	√
3	全面巡视	全面巡视监控变电站的运行工况	（1）通过监控系统巡视电气设备运行工况、线路潮流、母线电压、站用电系统、告警信号等。 （2）通过输变电设备状态在线监测系统巡视设备状态信息。 （3）通过工业视频系统巡视变电站场景，原则上在白班进行。 （4）巡视完毕后填写巡视记录	√	√	√
4	电压调整	检查AVC系统功能投退和电压越限情况，进行电压无功调整	（1）当AVC异常时，应汇报值班调度员，按规定退出相应AVC功能，通知相关人员，做好记录。 （2）当AVC退出后，根据电压曲线进行电压无功调整，并做好记录	√	√	√
5	缺陷闭环管理	跟踪、掌握重要缺陷处理情况，实施缺陷闭环管理	（1）跟踪、了解设备重要缺陷处理情况，并做好相关记录。 （2）缺陷处理完毕后，进行信息确认验收，并做好记录。 （3）对于逾期缺陷，及时通知设备监控管理人员协调处理	√		
6	记录管理	填写相关记录，并进行整理、完善和归档	按照记录填写相关规定、要求及时填写相关记录，监控记录主要包括运行日志、调度指令记录、缺陷记录、巡视记录、检修置牌记录、信息封锁记录、故障跳闸记录等	√	√	√
7	告知信息统计	统计每日告知信息	统计前一日告知类信息，并反馈运维单位，做好记录			√
8	交班	检查整理完善交班资料，向接班人员交代工作情况	（1）交班前0.5h，统计计划检修、远方操作、设备缺陷、事故处理等情况，检查、整理并完善监控运行日志、缺陷记录等交班资料。 （2）对交班人员交代值内工作情况，重点交代计划检修、设备缺陷以及其他需强调说明的事项，并对接班人员提出的问题给予明确答复	√	√	√

续表

序号	工作项目	主要工作内容	工 作 要 求	工作时间		
				白班	前夜班	后夜班
二、计划工作						
1	检修配合	了解检修工作计划安排，设置或清除检修标识牌	（1）了解监控变电站检修工作内容以及工作进展情况，分析电网运行风险，制定重点监视范围。 （2）检修工作开工后，核对信号和方式，设置检修标识牌，并做好记录。 （3）检修工作完毕后，清除检修标识牌，核对信号和方式，并做好记录	√	√	√
2	远方操作	根据工作计划和操作范围，执行远方操作	（1）操作前，监控员应考虑操作过程中的危险点及预控措施。 （2）操作时，监控员应核对相关变电站一次系统图，严格执行模拟预演、唱票、复诵、监护、录音等要求，并按规定通知相关单位和人员。 （3）操作时，若发现电网或现场设备发生事故及异常，影响操作安全时，监控员应立即终止操作并报告调度员，必要时通知运维单位；若监控系统异常或遥控失灵，监控员应停止操作并汇报调度员，通知相关人员处理。 （4）操作完毕后核对电流、电压、光字牌及方式，并做好记录。如对操作结果有疑问，应查明原因，必要时通知运维单位核对设备状态	√	√	√
3	传动试验	对遥控、遥信、遥调、遥测数据进行传动试验	（1）根据传动工作计划安排及设备传动作业指导书，进行传动试验，传动中与现场密切配合，并做好相关记录。 （2）传动中发现问题及时反馈，并做好记录	√	√	
4	特殊巡视	根据相关规定要求，对重载元件、缺陷设备等进行特殊巡视	（1）在恶劣天气、特殊运行方式、重要保电等特殊情况下，按照重点监视范围，增加监视频度。 （2）将特殊巡视范围、时间、人员及巡视情况记入巡视记录	√	√	√
5	资料整理	整理、完善相关技术资料	根据设备变更等情况，将相关技术资料进行整理、归档，主要包括启动方案、一次系统图、最小载流元件、调度范围划分、监控信息表、现场运行规程、典型倒闸操作票、事故预案等		√	
三、应急工作						
1	异常处理	按照规程、规定处置异常、越限信息和设备状态在线监测告警信息	（1）发现告警信息后，应迅速收集相关信息，按照规程、规定进行处理并及时汇报调度，通知运维单位。输变电设备状态在线监测告警信息还需及时通知相应技术支持单位。 （2）如定性为缺陷的，应按照缺陷流程进行处置，并做好记录；对于重要缺陷，应做好相应的风险防控预案。 （3）处置结束后，应与运维人员进行信息状态核对，并做好记录	√	√	√
2	事故处理	事故发生后进行事故汇报及处理	（1）故障跳闸后，监控员迅速、准确记录故障时间和开关变位、保护动作等情况，分析、判断故障原因，并及时上报，按规定通知相关单位和人员，做好记录。 （2）根据调度指令做好事故处理和恢复送电准备，执行远方操作，做好记录	√	√	√

√表示需要做的工作。

附录L　运行方式通知单

编号：M2017-028　　　　　　　　　　　　　　　　　　　　　　　　日期：2017年6月3日

<table>
<tr><td>名称</td><td colspan="6">××变电站　220kV 母线正常接线方式</td></tr>
<tr><td rowspan="2">批准</td><td rowspan="2"></td><td rowspan="2">会签</td><td>调度处</td><td></td><td>审　核</td><td></td></tr>
<tr><td>继电处</td><td></td><td>编　制</td><td></td></tr>
<tr><td colspan="7">一、正常接线方式
Ⅰ母：历柳一线、历柳三线、一号主变压器、三号主变压器。
Ⅱ母：历柳二线、历柳四线、柳牵线、二号主变压器、四号主变压器。
母联开关环并运行，侧路母线及侧路开关备用。
二、母线重合闸方式
母线重合闸停用。
注：
（1）本通知单自220kV历柳一、二、三、四线（原渤柳2号、3号线，诚柳线，柳滨线Л入历林变电站形成）投运起执行，原××号运行方式通知单同时作废。
（2）××调度负责将此通知单及时下发至××变电站现场。</td></tr>
</table>

<table>
<tr><td>执行单位</td><td>执行人</td><td>执行日期</td></tr>
<tr><td>省调</td><td></td><td rowspan="2"></td></tr>
<tr><td>××变电站</td><td></td></tr>
</table>

附录 M　变电站新设备命名申请单

××××××有限公司文件

××××〔20××〕××号　　　　签发人：××××

关于××××变电站及其设备命名及调度关系的请示

国网××供电公司电力调度控制中心：

为做好××公司××变电站投运工作，现就××kV 变电站及其出线设备命名事项建议如下：

一、变电站命名建议

××公司××变电站位于××市××内，建议该变电站命名为××变电站。

二、新建线路命名建议

××公司××变电站××kV 送出线路总长××公里，接于××变电站，建议该线路命名为××线。

三、设备命名及编号建议

（1）××公司××kV 变电站变压器命名为×号变压器。

（2）××公司××kV 变电站线路侧开关命名为××开关。

（3）以上设备编号建议为××。详见一次主接线图。

妥否，请批复

附件：××××有限公司××××kV 变电站一次系统接线图及编号图（略）

二〇××年××月××日

××公司

附录N 电网运行风险预警通知单

表 N-1 电网运行风险预警通知单

编号：2017 年第 001 号

××电力调度控制中心（盖章） 预警日期：2017 年 1 月 1 日

<table>
<tr><td>停电设备</td><td colspan="3">××220kV 变电站：220kV ××一线停电 （此变电站仅 2 条输电线路）</td></tr>
<tr><td>预警事由</td><td colspan="3">××220kV 变电站：220kV ××二线单线供电</td></tr>
<tr><td>预警时段</td><td colspan="3"></td></tr>
<tr><td>风险等级</td><td colspan="3">五级</td></tr>
<tr><td>主送部门</td><td colspan="3">安质部 运检部 营销部 建设部</td></tr>
<tr><td>责任单位</td><td colspan="3">检修分公司</td></tr>
<tr><td>风险分析</td><td colspan="3">（1）停电期间，××站：220kV ××二线单线供电。
（2）停电期间，××站：最大负荷 120MW，如××二线故障跳闸，××负荷倒出 30MW 负荷，损失负荷 90MW</td></tr>
<tr><td rowspan="7">管控措施及要求</td><td colspan="2" rowspan="7">一、运检部
（一）单线供电前
提前一个工作日做好 220kV××二线巡视检查工作。
（二）单线供电期间
（1）做好 220kV××二线特巡、特护、红外线测温及站内间隔监视等工作。
（2）加强相关负荷监视工作。
（3）督促施工单位做好各项准备工作，保证如期完成作业。
二、调控中心
（1）方式计划室做好 220kV××二线单线供电运行方式安排。
（2）地区调控班加强 220kV××二线及××站监视工作，并做好相关事故预案。
（3）调控通知××重要用户供电可靠性降低，做好事故预案。
三、安质部
（1）停电期间，公司安质部按照发布的电网运行风险预警通知，督促相关单位按照预警要求做好相应部署，确保预警期间电网安全稳定运行。
（2）停电期间，做好施工组织、技术、安全措施监督工作，确保安全作业。
（3）严格作业计划管理管控，加强现场安全监督，严厉查处各种违章行为，确保施工安全。对作业进行全过程管控监督。
四、营销部
（1）书面通知××220kV 变电站所带××等重要用户供电可靠性降低，停电期间妥善安排生产。
（2）加强用户侧电气设备运行状况巡视检查，做好突发停电事件应急预案，有效落实系统保安措施。
五、建设部
（1）提前对现场进行勘察，严禁误入带电运行设备区域，保证文明施工。
（2）确保施工单位有序工作，保证现场安全施工</td><td>会签及签收</td></tr>
<tr><td>运检部：</td></tr>
<tr><td>调控中心：</td></tr>
<tr><td>安质部：</td></tr>
<tr><td>营销部：</td></tr>
<tr><td>建设部：</td></tr>
<tr><td></td></tr>
<tr><td>编 制</td><td></td><td>审 核</td><td></td></tr>
<tr><td>批 准</td><td colspan="3">公司副总签字</td></tr>
</table>

呈送：公司总经理（姓名）

电网运行风险预警通知单

表 N-2

编号：2017 年第 002 号

××电力调度控制中心（盖章）　　　　　　　　　　　　预警日期：2017 年 1 月 1 日

<table>
<tr><td>停电设备</td><td colspan="3">××220kV 变电站：一号主变压器停电</td></tr>
<tr><td>预警事由</td><td colspan="3">××220kV 变电站：二号主变压器单变压器运行</td></tr>
<tr><td>预警时段</td><td colspan="3"></td></tr>
<tr><td>风险等级</td><td colspan="3">六级</td></tr>
<tr><td>主送部门</td><td colspan="3">安质部　运检部　营销部　建设部</td></tr>
<tr><td>责任单位</td><td colspan="3">××供电分公司</td></tr>
<tr><td>风险分析</td><td colspan="3">××220kV 变电站：一号主变压器停电期间，二号主变压器单变压器带 66kV 系统负荷，如果二号主变压器故障跳闸，通过联络线可以送出保安电力，损失负荷 35MW</td></tr>
<tr><td rowspan="7">管控措施及要求</td><td colspan="2" rowspan="7">一、运检部
（一）××220kV 变电站一号主变压器停电前
提前一个工作日做好××220kV 变电站二号主变压器巡视检查工作。
（二）一号主变压器停电期间
（1）做好××220kV 变电站相关设备特巡、特护、红外线测温等工作。
（2）加强相关负荷监视工作。
（3）督促施工单位提前做好各项准备工作，保证如期完成作业。
二、调控中心
（1）××220kV 变电站一号主变压器停电期间做好运行方式安排。
（2）加强××220kV 变电站监视工作，做好相关事故预案。
三、安质部
（1）停电期间，公司安质部按照发布的电网运行风险预警通知，督促相关单位按照预警要求做好相应部署，确保预警期间电网安全稳定运行。
（2）严格作业计划管理管控，加强现场安全监督，严厉查处各种违章行为，确保作业全过程管控监督。
四、营销部
（1）书面通知××220kV 变电站所带重要用户供电可靠性降低，停电期间妥善安排生产。
（2）加强用户侧电气设备运行状况巡视检查，做好突发停电事件应急预案，有效落实系统保安措施。
五、建设部
（1）提前对现场进行勘察，严禁误入带电运行设备区域，保证文明施工。
（2）确保施工单位有序工作，保证现场安全施工</td><td>会签及签收</td></tr>
<tr><td>运检部：</td></tr>
<tr><td>调控中心：</td></tr>
<tr><td>安质部：</td></tr>
<tr><td>营销部：</td></tr>
<tr><td>建设部：</td></tr>
<tr><td></td></tr>
<tr><td>编制</td><td>××</td><td>审核</td><td>××</td></tr>
<tr><td>批准</td><td colspan="3">公司（副）总工程师签字</td></tr>
</table>

呈送：公司总经理

附录O　事故跳闸（预）报告

一、背景说明

（1）时间：××年××月××日。

（2）天气情况。

（3）跳闸前主要相关联一、二次设备运行方式。

（4）跳闸前负荷情况。

（5）现场工作情况。

（6）当班调度人员情况及主要处理人。

二、事件说明

（1）事故现象。

（2）初步判断的事故原因。

（3）处理经过。

（4）停电时间及负荷、电量损失。

三、暴露问题

（1）保护（及自动装置）是否不正确动作。

（2）远动信息是否不正确显示、变位。

（3）公司相关部门（变电、输电、检修、用电等）是否存在不配合处理、处理不当或错误处理的现象。

（4）县调（地调电厂、用户）是否存在不配合处理、处理不当或错误处理的现象。

附录P　事故跳闸（正式）报告

一、背景说明（调度班编写）

（1）时间：××年××月××日。

（2）天气情况。

（3）跳闸前相关一次设备运行方式（66kV 以上者附简图）。

（4）跳闸前相关二次设备投退情况。

（5）跳闸前负荷情况。

（6）现场工作情况。

（7）地调当班人员情况及主要处理人。

二、事故说明（调度班编写）

（1）事故现象。

（2）事故原因。

（3）处理经过。

（4）停电时间及负荷、电量损失。

三、远动信息情况分析（自动化班填写）

（1）远动信息显示（变位）情况。

（2）不正确显示（变位）分析结论及责任部门。

四、保护（自动装置）动作情况分析（保护专责填写）

（1）调取故障报告情况。

（2）动作过程分析。

（3）动作行为结论。

五、现场故障情况图片说明（运维检修专责填写）

（1）现场故障点具体情况。

（2）现场设备具体情况。

六、电网方式分析（方式班编写）

（1）电网运行方式对事故处理的影响。

（2）事故处理后，相关电网运行方式调整恢复的建议。

（3）事故对计划安排的影响。

七、事故处理评估（调度班编写）

（1）公司相关部门（变电、输电、检修、用电等）是否存在不配合处理、处理不当或错误处理的现象。

（2）县调（地调电厂、用户）是否存在不配合处理、处理不当或错误处理的现象。

（3）地调是否存在处理不当或错误处理的现象。

八、暴露问题（中心安全员编写）

九、整改及预防措施（中心安全员编写）

附录Q 220kV设备故障跳闸向省调处理汇报规范

（1）220kV 设备故障发生跳闸，迅速检查开关位置、保护及自动装置动作情况。及时向省调汇报。

（2）第一时间向省调汇报内容：故障发生时间、变电站及故障设备名称、保护动作信息、重合情况。

例：16 时 15 分，××变电站 220kV××线两套纵联保护动作，开关跳闸，重合良好。并通知变电运维及二次专业人员到现场进行检查，汇报调控中心相关领导及生产部调度。

如省调询问其他信息，掌握的及时汇报，当时不能掌握的信息向省调说明情况待现场检查后汇报。

（3）第二时间，待变电运维到达现场检查汇报后，将结果与第一时间省调汇报的内容核对一致后再报省调。如有出入核对准确再报省调。二次专业问题以二次检修主管领导提供为准。

第二时间向省调汇报的内容：故障发生时间、变电站及故障设备名称、保护动作信息、重合情况、故障相别、测距、故障电流、$3I_0$电流（电流均要一次值）。

例：16 时 15 分 ，××变电站 220kV××线两套纵联保护动作，开关跳闸，重合良好。故障相别 A 相、测距 5.3km、故障电流××××A、$3I_0$电流××××A（电流均要一次值）。

（4）以上汇报内容如省调提出异议，向相关专业人员询问清楚再报，及时通知调控相关管理人员。

（5）故障点汇报：现场人员（输电、变电、配电、高压、二次检修、生产部等）汇报故障点详细记录，请示调控中心主管领导或经生产部同意后报省调。

例：220kV××线故障点：35 号至 36 号塔间，距 35 号塔约 30m 处 A 相导线有麻点或断×股，不影响运行（一定明确是否影响运行）。

（6）做好详细记录及交接班。

备注：

（1）判定重合不良，必须检查重合闸后加速动作。

（2）故障发生时间：××时××分（以 SOE 时间为准）。

（3）故障设备名称：××变电站××母线、××变电站××主变压器、××变电站××线路等。

（4）重合闸动作情况：重合良好或不良（不要说：重合闸动作）。

（5）保护动作信息。

1）母线保护：母差保护及对端变电站线路远跳、远切保护。

2）主变压器保护：主保护差动保护、瓦斯保护。后备保护零序、过流保护，复压过流等。

3）线路保护：主保护第一、二套纵联保护。后备保护距离、零序等。

附录R　××供电公司××220kV变电站事故处理演习方案

一、运行方式

（一）220kV运行方式

220kV Ⅰ、Ⅱ母线经220kV母联开关并列运行。

220kV Ⅰ母线：九×线、一主一次。

220kV Ⅱ母线：××线、×东线、二主一次。

（二）66kV运行方式

66kV双母线带侧路，66kV南、北母线分列运行，66kV母联开关热备用。

66kV南母：一主二次、×光线、×五甲线、×财甲线、×水线、×安甲线、×锦东线、×鸭甲线、×鸭乙线、××甲线。

66kV北母：二主二次、×五乙线、×安乙线、×锦西线、××乙线、×三线、×财乙线、×江线、×山线（40号断引中），66kV母联备自投运行中。

二、负荷情况

（一）×家沟变电站

×光线6A、×五甲线70A、×财乙线100A、×水线55A、×安甲线100A、×锦东线75A、×鸭甲线70A、×鸭乙线15A、×五乙线145A、×安乙线170A、×锦西线80A、××甲线150A，×江线80A、×山线78A、×三线130A、××乙线5A、×财甲线120A。一主二次650A，二主二次680A。

（二）×电厂

××甲线线路允许负荷200A，主变压器中压侧允许负荷260A。

三、故障类型

×家沟变电站220kV母差保护动作，Ⅰ、Ⅱ母线全停。

四、处置原则

（一）×龙背变电站经主变压器备自投改由风光线代送。

（二）×光变电站倒负荷改至风光线代送。

（三）××甲线代送×家沟66kV南、北母线。

（四）×专用变压器、×坎子变电站、×蟆塘变电站、×道变电站、×桥变电站部分重要用户根据负荷情况选择性优先送出。

（五）配调：×江山变电站、×道变电站、×安变电站通过10kV联络线改至×东变电站代送（重要用户根据负荷情况优先送出）。

五、演习目的

（1）进一步掌握负荷分配及电网方式倒换原则。

（2）提升调度员对66kV及10kV重要负荷优先恢复送电意识。

六、人员及时间安排

演习人：吴××。

被演人：张××。

演习时间：

七、演习步骤（处理参考过程）

（1）监控：×家沟变电站 220kV 母差保护动作，220kV 系统全部开关跳闸，站内全停。×龙背变电站主变压器备自投动作成功，×龙背负荷已改×光线电源送出（80A）。×蛤变电站、×桥主变压器备自投动作。

（2）省调：汇报×家沟变电站 220kV 母差保护动作，站内全停，联系 220kV Ⅰ母线由九×线试送，220kV Ⅱ母线由×东线试送。若其中一条母线试送成功，则带两台主变压器送出全部负荷；若全部试送失败，（×家沟变电站九×线、×东线无压合好，由对侧改二套分别对 220kV Ⅰ、Ⅱ母线试送）按一下步骤执行。

（3）调度：汇报领导及通知相关单位，短信群发。

（4）×石河电站：机组已解列。

（5）×山变电站：机组已解列。

（6）×德电厂：机组已解列。

（7）三×电站：机组已解列。

（8）×光变电站：拉开×光线 3212 开关。

（9）×光变电站：合上凤×线 3214 开关。

（10）×家沟变电站：拉开除××甲线开关之外 66kV 系统所有开关。

（11）监控：永甸变电站合上×永线 3412 开关。

（12）×电厂：拉开×永线 4022 开关。

（13）×北变电站：限负荷至 20A，保高铁站内用电负荷。

（14）配调：拉开太平×变电站主变压器二次开关，九道变电站两台主变压器二次开关；马家变电站保留套外线，保九连城开关站 2 号站用变压器负荷。

（15）宽供调：拉开×平变电站、×山变电站主变压器二次开关。

（16）×电厂：合上××甲线 4021 开关，监视负荷。

（17）×家沟变电站：合上 66kV 母联 9750 开关。

（18）通知配调×家沟变电站所带变电站除五龙背变电站外，只能带 24000kW 负荷，优先选送 10kV 重要用户线路，其余 10kV 配电开关全部拉开（由监控操作）。单个变电站操作完后，联系×调送 66kV 线路。

（19）×家沟变电站：合上×鸭甲线 9767、×鸭乙线 9768、×三线 9762、××乙线 9764 开关，监视负荷。

（20）海德电厂：机组可以并网，并通知自发自用，保证供暖。

（21）三×电站：机组可以并网，按现有情况，尽可能多增加出力。

（22）配调：锦变电站保留×内线（97A）、×昌线（125A）、×山线（210A）、×专线（34A）负荷，其余 10kV 配电线开关已拉开，×锦东、西线可以送电。

（23）监控：×家沟变电站合上×锦东线 9771 开关，×锦西线 9774 开关。

（24）配调：永安变电站保留×安线（136A）、×虹线（56A）、×桥线（257A）负荷，×安变电站其余 10kV 配电线及虹桥变电站两台主变压器二次开关均拉开，×安甲、乙线可以送电。

（25）监控：×家沟变电站合上×安甲线 9769 开关，×安乙线 9770 开关。

（26）配调：×道变电站保留七九乙线（117A）、×锦甲线（100A）负荷，其余 10kV 配电线开关已拉开，××江、山线可以送电。

（27）监控：×家沟变电站合上××江线 9772 开关，××山线 9773 开关。

（28）配调：×坎子变电站保留东镇线（95A）、×水二线（52A）、×源一线（97A）负荷，×坎子变其余 10kV 配电线及×专用变压器两台主变压器二次开关已拉开，×财甲、乙线可以送电。

（29）监控：×家沟变电站合上×财甲线线 9765 开关×财乙线 9766 开关。

（30）配调：×蟆塘变电站保留古城线（114A）、×纺甲线（188A）负荷，其余 10kV 配电线开关已拉开，×五甲、乙线可以送电。

（31）监控：×家沟变电站合上×五甲线线 9775 开关×五乙线 9776 开关。

（32）配调：九变电站保留×水甲线（217A）负荷。其他 10kV 配电开关全部拉开，九变电站 2 号主变压器二次开关可以送电。

（33）告联系监控九变电站 2 号主变压器二次开关可以送电。×家沟变电站其余负荷通过 10kV 系统倒至×东变电站代送。

（34）蒲石河电站：机组可以并网。

（35）小山变电站：机组可以并网。

（36）×电厂：投入××甲线保护及重合闸。

（37）×甸变电站：退出×永线备自投装置，投入×永线保护，退出宽永线保护。

（38）×甸变电站：退出 66kV 母线无电压解列装置。

（39）×家沟变电站：退出 66kV 母联备自投装置及××甲线保护。

（40）×家沟变电站：投入 66kV 母差保护跳××甲线跳闸连接片。

（41）配调：退出相关 66kV 变电站主变压器、母联备自投装置。

（42）变运一班：×家沟变电站拉开 220kV Ⅰ、Ⅱ母线所有隔离开关。

（43）变运一班：×家沟变电站 220kV 母线故障处理工作可以开始。

（44）调度：汇报领导×家沟变电站已送出负荷 4.5 万 kW，仍有 6 万 kW 负荷未送出。

参 考 文 献

[1] 王世祯．电网调度运行技术［M］．沈阳：东北大学出版社，1997．
[2] 刘家庆．电网调度［M］．北京：中国电力出版社，2010．
[3] 河南省电力公司洛阳供电公司．地区电网调度技术及管理［M］．北京：中国电力出版社，2010．
[4] 左亚芳．电网调度与监控［M］．北京：中国电力出版社，2013．
[5] 陈锡祥．地县调电网设备监控实用手册［M］．北京：中国电力出版社，2014．
[6] 朱斌．电网设备监控实用手册［M］．北京：中国电力出版社，2015．
[7] 孙骁强，范越，白兴忠，等．电网调度典型事故处理与分析［M］．北京：中国电力出版社，2011．
[8] 艾新法．变电站异常运行处理及反事故演习［M］．北京：中国电力出版社，2009．
[9] 张红艳．变电运行（220kV）上、下［M］．北京：中国电力出版社，2010．
[10] 贺家李，宋从矩．电力系统继电保护原理［M］．北京：中国电力出版社，1994．
[11] 国家电网调度控制管理规程［M］．北京：中国电力出版社，2014．
[12] 中国法制出版社．电力安全事故应急处置和调查处理条例［M］．北京：中国法制出版社，2011．
[13] 贾伟，电网运行与管理技术问答．北京：中国电力出版社，2007．
[14] 浙江电力调度通信中心．电力调度员上岗培训教程　省调篇．北京：中国电力出版社，2011．
[15] 李坚．变电运行及生产管理技术问答［M］．北京：中国电力出版社，2008．
[16] 国家电力调度控制中心．电网调控运行实用技术问答．北京：中国电力出版社，2015．
[17] 国家电力调度控制中心．电网调控运行人员实用手册．北京：中国电力出版社，2013．
[18] 焦日升，等．电网调控故障处理［M］．北京：中国电力出版社，2015．